U0323123

冶金专业教材和工具书经典传承国际传播工程

Project of the Inheritance and International Dissemination
of Classical Metallurgical Textbooks & Reference Books

高品质钢
冶炼工艺及关键技术

赵 沛 等编著

北 京

冶 金 工 业 出 版 社

2024

内 容 提 要

本书以提高钢铁材料的冶金质量为基础，介绍各类高品质钢，如优质碳素结构钢（硬线钢）、合金结构钢（齿轮钢）、弹簧钢、轴承钢、合金工具钢（高速钢、合金模具钢）、高锰钢、不锈钢、电工钢、管线钢、桥梁钢、深冲 IF 钢等钢类的冶金质量特点、国内外标准及冶金工艺的演变；结合我国的资源条件和企业实际情况，介绍冶炼各类高品质钢的主流工艺及新工艺；将金属学、物理化学理论与冶金工程实践有机结合，既介绍冶炼关键技术，也介绍冶炼—精炼—连铸的整体流程，并适当延伸至轧制、热处理等后步生产工序。

本书可供冶金及相关领域的科研、设计、生产、管理等人员阅读，也可作为高等院校冶金工程专业师生参考书。

图书在版编目（CIP）数据

高品质钢冶炼工艺及关键技术/赵沛等编著.

北京：冶金工业出版社，2024.8. --ISBN 978-7-5024-9923-5

Ⅰ. TF7

中国国家版本馆 CIP 数据核字第 202401LH03 号

高品质钢冶炼工艺及关键技术

出版发行	冶金工业出版社		电　话	(010)64027926
地　址	北京市东城区嵩祝院北巷 39 号		邮　编	100009
网　址	www. mip1953. com		电子信箱	service@ mip1953. com

责任编辑　刘小峰　曾　媛　美术编辑　彭子赫　版式设计　郑小利
责任校对　王永欣　责任印制　禹　蕊
北京捷迅佳彩印刷有限公司印刷
2024 年 8 月第 1 版，2024 年 8 月第 1 次印刷
787mm×1092mm　1/16；35.75 印张；675 千字；552 页
定价 298.00 元

投稿电话　(010)64027932　投稿信箱　tougao@cnmip. com. cn
营销中心电话　(010)64044283
冶金工业出版社天猫旗舰店　yjgycbs. tmall. com
（本书如有印装质量问题，本社营销中心负责退换）

序

  钢铁是国民经济和社会发展的必选材料。习近平总书记指出，"推动中国制造向中国创造转变、中国速度向中国质量转变、中国产品向中国品牌转变"。在这个过程中，发展高品质钢具有战略意义。高品质钢具有优异的冶金质量、使用性能和工艺性能，各类使用领域有着不断更新的需求，是衡量一个国家科技进步和工业化水平的重要标志之一。高品质钢通常要求精确化学成分、高洁净度、高均质化、高表面质量以及高尺寸精度，除了检验化学成分与力学性能以外，还有其他特殊的检验项目。

  新中国成立之初（1949—1952 年），旧中国遗留下来的钢铁工业底子非常薄弱，1949 年产钢量只有 15.8 万吨，当时急需解决钢材有无的问题，还谈不上高品质钢材。在"一五"和"二五"计划时期（1953—1963 年），钢铁工业和特殊钢受到党和政府重视和支持，抚顺钢厂、大连钢厂、太原钢厂、大冶钢厂、重庆钢厂得到恢复和扩建，同时新建了本溪特钢、北满特钢、北京钢厂、上钢五厂等企业，特殊钢生产初具规模，初步形成了特钢生产企业的专业化分工，特殊钢向着质量高级化、品种多样化的方向发展。当时的高品质钢专指特殊钢，即优质碳素结构钢、合金结构钢、弹簧钢、轴承钢、碳素工具钢、合金工具钢（高速钢、合金模具钢）、电工钢（纯铁、硅钢）、不锈钢和耐热合金等，习惯称为"八大类"。自党的十一届三中全会（1978 年）以来，钢铁行业的改革开放不断走向纵深，国营、民营、中外合资特钢企业纷纷崛起，高品质钢也从特殊钢范畴扩展至量大面广的普通优质钢材。随着复吹转炉、超高功率电炉、炉外精炼、连铸机、连轧机等关键技术装备的引进、消化吸收和自主开发，高品质钢的生产流程和技术装备水平取得长足的进步。20 世纪 80 年代初期，宝钢的建设和成功投产，为我国钢厂的现代化建设和管理提供了里程碑式的借鉴。随后，"以连铸为中心"的六项关键共性技术在全国范围内突破，我国钢铁工业的整体水平和高品质钢的生产水平得到了快速提升，在世界钢铁工业中占居重要地位。进入 21 世纪以来，下游产业和新兴产业的发展促进了供给侧结构性改革，对钢材的性能和稳定性提出了更高要求；与此同时，钢铁制造流程朝着连续、紧凑、绿色和高效化的方向发展，并与自动化、信息化、人工智能相融合。当前，面临全球气候变暖的严峻挑战，钢铁工业和高品质钢的生产正在积极寻求"低碳化、智能化、品牌化"的发展途径。

为了适应钢铁行业的发展和社会发展对于高品质钢的需求，中国金属学会和冶金工业出版社组织多名冶金专家、学者和一线工程师编写此书，认真总结了国内外钢铁工业在高品质钢研发、生产、管理、设计、使用等方面的科技成果和实践经验。作者们有着宽阔的学术视野，丰富的实践经验，深厚的研发功底；理论联系实际，周密思考，乃成。

此书根据国家和行业标准以及高端用户对各类钢材的性能要求，对高品质钢的冶金理论、国内外先进的生产流程和若干关键共性技术以及新工艺、新装备进行了比较系统的介绍和分析，理论联系实践，内容丰富，与时俱进，实用性强。

应该将此书推荐给读者们，此书可作为冶金科技工作者在科研、生产、工程设计和科技管理等方面的实用案头书，也可作为相关大专院校师生的教学参考书。相信，此书的付梓出版将会对高品质钢的发展起到有力、有益的推进作用。

2024 年 6 月 3 日

前　言

钢铁材料是国民经济的必选材料，其质量、品种和成本决定着产品的市场竞争力，大力提升高品质钢铁产品的有效供给水平，是我国钢铁行业推进供给侧结构性改革的重要着力点之一。

进入 21 世纪以来，经济和科技的快速发展对钢铁材料的品种和质量不断提出更高的要求，各国的钢铁企业都在致力于材料、工艺及装备的创新和优化，以便能够更为高效和经济地生产高品质钢铁材料。同时，由于"碳达峰、碳中和"目标的提出和推进，各国对钢铁产品均提出"低碳"生产的要求，未来的钢铁生产工艺流程必须适应"低碳"的发展趋势。我国作为举世瞩目的钢铁大国，钢铁产品的高效率、高质量、低成本、低碳排放的生产工艺将不断与时俱进，从而保持我国钢铁业的国际竞争力。

冶金工业出版社曾于 1992 年出版了高等学校教学用书《合金钢冶炼》。在过去的 30 多年里，冶炼技术更新很快，需要在此基础上重新编写，以反映出新技术、新装备和新流程，并且能够涵盖更多的钢材品种。根据行业、企业和冶金工作者的需求，中国金属学会和冶金工业出版社组织有关专家耗时两年编写了《高品质钢冶炼工艺及关键技术》一书，目的是促进在高品质钢冶炼领域的技术交流与技术进步。

本书参照国际惯例，并根据我国钢材产品研发、生产和使用的历史与现状，将高品质钢主要分为以下两大类：

（1）高品质特殊钢。我国钢铁行业习惯地把特殊钢分成八大类，即优质碳素结构钢、合金结构钢、弹簧钢、轴承钢、合金工具钢（含高速钢、合金模具钢）、不锈钢、电工钢、耐热钢及耐热合金。在八大类特殊钢中，本书选择其中的优质碳素结构钢（硬线钢）、合金结构钢（齿轮钢）、弹簧钢、轴承钢、合金工具钢（高速钢、合金模具钢）、不锈钢、电工钢的冶炼原理及工艺技术作为主要内容。优质碳素结构钢和合金结构钢是用量最大、用途最广、品种规格最为齐全的钢类，采用炉外精炼工艺后，洁净度和成分控制精度大幅提高。本书分别以质量要求和使用要求最为严格的硬线钢和齿轮钢为代表，介绍其冶金质量要求和工艺技术。耐热钢及耐热合金与不锈钢的冶炼工艺比较相似，故本书不再赘述。高锰钢由于铸造性能和加工硬化特性，主要以铸造方式生产，其合金含量高、耐磨性好，广泛用于铸造和钢铁等行业，本书也将其纳入特殊钢的范畴加以介绍。

（2）高品质低合金高强度钢。考虑到强度因素，凡是合金元素不高于 5%，屈服强度不低于 275 MPa，具有良好的焊接性、成型性、耐大气腐蚀性的结构用钢，称为低合金高强度钢（HSLA）。微合金化钢也属于低合金高强度钢的范畴，其基本化学成分相当于未合金化的结构钢或低合金钢，再添加 Nb、V、Ti、B 等微合金化元素，添加的量比传统意义上的合金化元素含量低 1~2 个数量级，但对性能有显著影响。油气管线钢、低合金重轨钢、大跨度桥梁用钢、汽车用超深冲 IF 钢等均属于微合金化的低合金高强度钢。

本书以提高钢铁材料的冶金质量为基础，编写时注重以下几方面：介绍各类高品质钢的冶金质量特点、国内外标准及冶金工艺的演变；结合我国的资源条件和企业实际情况，介绍主流工艺，同时也尽量介绍新的工艺；既介绍冶炼关键技术，也介绍冶炼—精炼—连铸的整体流程，并适当延伸至轧制、热处理等后步生产工序，以便给读者完整的概念；努力将金属学、物理化学理论与冶金工程实践有机结合。全书尽量避免内容的重复，但考虑到各章节的完整性，章节之间的少许重复在所难免。

本书的主要读者对象是冶金工程师、研究人员、钢铁企业管理者以及高等院校冶金、材料学科的研究生。

本书第 1 章总论，由赵沛（中国金属学会）编写；第 2 章齿轮钢，由赵沛、马文俊（首钢）编写；第3章弹簧钢，由成国光（北京科技大学）、王启明（永兴材料）编写；第4章轴承钢，由成国光、苗志奇（兴澄特钢）、张国磊（太原重工）编写；第5章不锈钢，由赵沛、邓小旋（首钢）编写；第6章电工钢，由赵沛、项利（北京科技大学）编写；第7章高速工具钢，由马党参（钢铁研究总院）编写；第8章模具钢，由马党参编写；第9章高锰钢，由翟启杰、陈湘茹（上海大学）编写；第10章汽车用钢，由赵沛、邓小旋编写；第11章管线钢，由杨利彬、汪成义、戴雨翔（钢铁研究总院）编写；第12章桥梁用钢，由郭爱民、刘中柱（中信金属）编写；第13章硬线钢，由杨利彬编写。全书由赵沛统稿审定。

在编写过程中，作者尽量对工艺流程、关键技术和新工艺等根据自己的实践和理解给出相应的分析和建议，以供读者参考。限于作者水平和时间，疏漏和不妥之处恐难避免，恳请读者批评和指正。

作　者

2024 年 5 月

目　　录

1 总 论

到目前为止，世界各国工业界对高品质钢（Quality Steel，High-Grade Steel）尚无统一和严格的定义，一般来说，能够满足广大用户对实物质量的高端要求、具有优异冶金质量和使用性能的钢材就可以称为高品质钢，既包括国民经济重点部门用的特殊钢，也包括量大面广的普通钢。

高品质钢通常要求精确的化学成分、高洁净度、高均质化、高表面质量、高尺寸精度以及优异的使用性能和工艺性能。

1.1 高品质钢的分类

根据我国钢材产品研发、生产和使用的历史和现状，可将高品质钢主要分为两大类：第一类：高品质特殊钢。我国钢铁行业习惯地把特殊钢分为优质碳素结构钢、合金结构钢、弹簧钢、轴承钢、合金工具钢、不锈钢、电工钢、耐热钢及耐热合金。第二类：高品质低合金高强度钢（包括微合金化钢）。考虑到强度因素，凡是合金元素不高于5%、屈服强度不低于275 MPa、具有良好的焊接性、成型性、耐大气腐蚀性的结构用钢，称为低合金高强度钢（HSLA）。微合金化钢也属于低合金高强度钢范畴。油气输送管线钢、低合金重轨钢、大跨度桥梁钢、造船及采油平台用钢等均属于低合金高强度钢，为了降低成本和提高生产效率，多采用控轧控冷的方式生产。汽车用超深冲 IF 薄板等也属于低合金高强度钢。

1.2 我国高品质钢的发展历程

新中国成立以来，在薄弱的工业基础上，我国主要依靠自力更生，通过两个"五年计划"，不断满足国民经济对钢材的急需，钢铁工业在品种、质量、性能、数量等方面的进展与国民经济的需求大体适应。此阶段对钢材品质的要求主要集中在特殊钢领域。

十一届三中全会吹响了我国改革开放的号角，高品质钢的生产和应用迎来了宝贵的历史机遇，国营、民营、合资企业纷纷崛起，40 多年来，我国高品质钢的生产流程及关键技术、实物质量、品种及规格等均得到快速发展，建成了遍布全国的薄钢板带、中厚板、优质碳素钢和特殊钢长形材、无缝钢管、不锈钢、特殊钢锻材等先进生产企业和生产线，形成了"五位一体"（铁水预处理—转炉—炉外精炼—连铸—轧制）或"四位一体"（电炉—炉外精炼—连铸—轧制）的高品质钢生产平台。

经过几代钢铁人的努力，我国高品质钢的质量、品种及规格等取得长足进步，应用领域不断拓展[1]，例如，汽车、家电、电子工业、食品工业用的薄钢板；国防军工、航空航天、导弹及常规武器用高温合金、钛合金、精密合金、低合金高强度钢、微合金非调质钢、易切削钢、高合金弹簧钢；轿车用窄淬透性齿轮钢、气门弹簧钢丝、悬挂弹簧钢丝、阀门银亮材、轿车排气消音系统新型铁素体不锈耐热钢板及钢管；家电行业用塑料模具钢材，玻璃、陶瓷等非金属材料加工用的模具钢材和模块；飞机、轿车、汽轮机及军工制造业用超硬超韧高速钢、高耐磨性高速钢及高钴特种高速钢；热电站用新型耐热不锈钢（600~650 ℃汽轮发电机用超级奥氏体和马氏体耐热钢），水电站用耐气蚀和泥沙磨损新型高强、高韧不锈钢；核电、火电、水电、船用的大型铸锻件。

进入 21 世纪以来，高品质钢的共性关键技术的研发、生产及应用取得了重要进展，包括先进的材料设计、冶炼、轧制、质量稳定化、界面衔接、智能化等技术。大力提升高品质钢铁产品的有效供给水平，是我国钢铁行业的重点任务之一。我国对高品质钢的需求涉及海洋工程及船舶、轨道交通、汽车、能源电力、航空航天等重点领域，也涉及建筑、机械、家电等大宗钢材应用领域。2022 年 6 月，工业和信息化部、国家发展和改革委员会、生态环境部三部门联合发布《关于促进钢铁工业高质量发展的指导意见》，要求在航空航天、船舶与海洋工程装备、能源装备、先进轨道交通及汽车、高性能机械、建筑等领域推进质量分级分类评价，持续提高产品实物质量稳定性和一致性，促进钢材产品实物质量提升。瞄准下游产业升级与战略性新兴产业发展方向，重点发展高品质特殊钢、高端装备用特种合金钢、核心基础零部件等关键钢材。

1.3　高品质钢的冶金质量要求

1.3.1　精确的成分

精确的成分是对应客户要求的服役条件，控制狭窄而准确的成分规格。轴承钢、弹簧钢、合金结构钢、工具钢等均有精确控制成分的要求。例如，末端淬透性用来评价齿轮钢质量；淬透性带宽度和离散度越窄，则越有利于提高齿轮啮合精度，轿车齿轮钢要求淬透性带 HRC≤6。C 元素对淬透性起到决定性作用，所以应将 C 含量控制在中限且波动值不超过 ±0.01%，同时控制 Cr、Ni、Mo、B、Ti 等合金元素的波动值不超过 ±0.02%。再例如，精确的铝含量对于以 AlN 作为主抑制剂的 Hi-B 硅钢片的电磁性能有重要影响，冶炼时须将钢中 Al_s 含量控制在 0.02%~0.03%，并减少自 RH 至连铸过程中 Al_s 含量的波动，尽量使其波动值不超过 0.001%，在板坯加热时使凝固析出的 AlN 尽可能固溶，再使其在热轧和常化过程中以微细弥散的第二相粒子析出，从而达到 Hi-B 高磁感硅钢片所需要的抑制剂强度。

高水平的转炉炼钢企业通过智能传感器和智能控制系统，可以获得高的终点 C-T 目标比（≥95%）和高精度的成分控制水平，实现高品质钢的高效率和低成本生产。

1.3.2 高洁净度

钢中总氧量是洁净度的重要标志。高品质钢的洁净水平汇总于表 1-1。实践表明，轴承钢中 T.O 含量从 0.0030% 降到 0.0005%，可使轴承疲劳寿命提高 30 倍。我国兴澄特钢可以做到轴承钢 T.O ≤ 0.0005%。如果能将镍铬不锈钢中的磷含量降低至 0.0003%，就可以完全避免应力腐蚀。优质齿轮钢材要求 T.O ≤ 0.0015%，德国和日本齿轮钢材的 T.O 含量最低可达到 0.0007%。

管线钢中硫含量会提高裂纹敏感率，还会降低管线钢低温冲击韧性，为了提高管线钢性能，往往将钢中硫含量控制在 0.002% 以内。对于抗酸管线钢，钢中硫含量通常控制在 0.0005%~0.0010%。

表 1-1　典型高品质钢的洁净水平　　　　　　　　　　　　　（%）

典型钢种	控制水平	C	P	S	T.O	N	Ti	H
弹簧钢	最佳	波动值 ±0.01	0.010	0.005	≤0.0010	≤0.0015	≤0.0020	≤0.0001
	平均	波动值 ±0.02	0.020	0.010	0.0025	0.005	≤0.0050	0.00015
轴承钢	最佳	—	0.005	0.005	0.0004	—	—	≤0.0001
	平均	—	0.015	0.015	0.0015	—	—	≤0.00015
管线钢	最佳	—	0.004	0.0004	0.0007	0.0020	—	≤0.0001
	平均	—	0.012	≤0.002	0.0015	0.0050	—	≤0.00015
桥梁钢	最佳	—	0.010	0.006	0.0010	0.0030	—	≤0.0001
	平均	—	0.020	0.010	≤0.0015	≤0.0080	—	≤0.00015
帘线钢	最佳	—	≤0.005	≤0.003	≤0.0010	—	—	≤0.0001
	平均	—	≤0.010	≤0.005	≤0.0030	≤0.0030	—	≤0.00015

续表 1-1

典型钢种	控制水平	C	P	S	T. O	N	Ti	H
齿轮钢	最佳	波动值 ±0.01	0.010	0.002	≤0.0010	0.005	波动值 ±0.01	≤0.0001
	平均	波动值 ≤±0.02	≤0.030	≤0.030	0.0015~ 0.0020	0.010~ 0.018	波动值 ±0.02	≤0.00015
无取向硅钢	最佳	≤0.002	—	≤0.0010	—	≤0.0015	≤0.0015	≤0.0001
	平均	0.0050	≤0.015	≤0.0025		≤0.0050		≤0.00015
超纯不锈钢	最佳	0.0050	≤0.010	≤0.005	≤0.003	0.0060		≤0.0001
	平均	0.0100	≤0.030	≤0.030	≤0.005	0.0100		≤0.00015
深冲 IF 钢	最佳	0.0010	0.004	0.0005	≤0.0010	≤0.0010		≤0.0001
	平均	≤0.0030	0.007	0.0020	0.0012	≤0.0030	—	≤0.00015

钢中非金属夹杂物的数量、形态和分布对性能有显著影响。非金属夹杂物的形状主要分为团簇状、圆球形、延伸形和点状，位于铸坯表面和靠近表面的尺寸超过 100 μm 的点状、团簇状夹杂物对超深冲钢板表面质量的危害最大。钢帘线中夹杂物的大小和形态决定着拉拔断丝率，对于 ϕ0.15 mm 的钢帘线，要求拉拔 200 km 不发生断丝，故要求非塑性夹杂物直径小于 15 μm，甚至要求 T. O 小于 0.0010%（10 ppm）[2]。石油无缝钻管、油气输送管线钢中 MnS 夹杂物的轧后变形率很高，延伸的 MnS 末端是金属基体中应力集中的地方，溶解的氢扩散至此，引起应力腐蚀裂纹和氢致裂纹，因此管线钢要求 MnS 夹杂物不大于 100 μm，甚至控制在 10~30 μm。

目前，钢铁企业通过铁水预处理、高效复吹、少渣炼钢、高效炉外精炼和连铸等技术，大幅度提高了钢的洁净度。高品质钢的夹杂物控制水平汇总于表 1-2。

表 1-2　高品质钢的夹杂物控制水平

典型钢种	夹杂物的控制水平
轴承钢	细系 A+B+C+D≤2.0 级，D 类夹杂物≤0.5 级，Ds 类夹杂物尺寸≤15 μm，T. O≤0.0010%，Ti≤0.0015%
硬线钢	夹杂物数量<1000 个/cm²，非塑性夹杂物尺寸≤15 μm，高强度帘线钢中夹杂物直径小于钢丝直径的 2%
显像管荫罩钢	夹杂物尺寸≤5 μm
汽车深冲钢	Ds 类夹杂物尺寸≤100 μm（高级用途≤50 μm）
DI 罐	夹杂物尺寸≤40 μm
钢轨用钢	链状夹杂物尺寸≤100 μm，Ds 类夹杂物尺寸≤15 μm
管线钢	MnS 夹杂物尺寸≤100 μm，S≤0.0010%，通过钙处理将长条状 MnS 变性

应该指出，高品质钢并不意味着追求极限洁净度，而应该根据钢种特点、标准要求以及用户实际需要来确定经济、合理的洁净度。

1.3.3　高表面质量和高尺寸精度

不锈钢板、汽车面板、电工钢板等诸多产品对表面质量有严格的要求，甚至趋于苛刻。例如，IF钢的表面缺陷主要有线状缺陷、边裂、结疤等，线状缺陷所占比例最大，一种是微裂纹（Sliver），即铸坯中大型夹杂物暴露在冷轧薄板表面；另一种是管状裂纹（Pencil Pipe），来自于带有夹杂物的氩气泡在轧制后撑破了薄钢板表皮。连铸结晶器液面异常波动等原因会使氧化铝夹杂物和保护渣卷入凝固坯壳，热轧和冷轧时在钢板表面形成线状缺陷。通过减小结晶器液面波动、改善钢液洁净度和选择合适的保护渣等措施，可以大幅度减少其发生的概率。

表面缺陷主要由钢液脱氧产物、二次氧化产物、耐火材料和结晶器保护渣所致，在钢中形成来自铝脱氧的氧化铝系（Al_2O_3）、来自钢包/中间包渣的钙铝酸盐系（$CaO \cdot Al_2O_3$）和来自保护渣的钙硅酸盐系（$CaO \cdot SiO_2$）夹杂物。这些不同种类的夹杂物往往在钢中共存，说明形成机理非常复杂，至今仍缺乏足够透彻的解释。

高品质钢材常常也需要满足高尺寸精度的要求，因此，需要控制化学成分的窄范围及偏析，以获得稳定的力学性能和降低热处理变形；使用Kocks轧机、限动芯棒轧机等高精度轧机，以提高棒材和无缝管的尺寸精度；轧制过程采用先进的板形控制以及在连退或热镀锌机组后设立光整拉矫机组等，以保证汽车板等冷轧薄板的良好板形和板面平直度。

1.3.4　高均质化和无缺陷铸坯

均质化包括碳化物的均质化和组织的均质化。轴承钢、弹簧钢、模具钢等高碳钢种容易出现碳化物偏析。目前生产企业可以将轴承钢中碳化物尺寸降低至0.5 μm以下，且呈球状均匀分布，使轴承寿命得到大幅度提高。模具钢生产企业通过控制碳化物不均匀度，可显著提高大截面Cr12系列冷作模具钢材的质量稳定性和使用寿命。

采用低过热度、恒拉速、保护浇注、倒角结晶器、二冷工艺优化、电磁搅拌和凝固末端动态压下等系列连铸技术，可以显著改善铸坯质量，降低S、P、C、Mn等元素的偏析程度，促进铸坯化学成分和组织的均匀化。适当降低开轧温度及控制终轧温度，可以抑制热加工后再结晶晶粒的长大。

1.3.5　优异的使用性能和工艺性能

不同钢铁产品由于服役条件各异，对使用性能和工艺性能有着不同的要求。例如，合金结构钢用于机械制造，要求良好的综合力学性能和加工性能。弹簧钢用于制造各类弹簧，必须具有高的弹性极限、屈服极限和疲劳极限。轴承钢用来制造滚动轴承的滚动体和套圈，必须具有高的接触疲劳寿命。高速工具钢用于制造刃具材料，要求高的硬度、耐磨性和红硬性。冷作模具钢工作在高压力、高冲击力条件下，要求高的强度、硬度、耐磨性和足够的韧性。热作模具钢用来制造热锻模和热挤压模等，对抗高温氧化能力和疲劳寿命有较高要求。不锈钢用于各种腐蚀环境，要求高的耐腐蚀性。电工钢用于制造电机和变压器铁芯，要求高的电磁性能，同时防止高硅所引起的热加工裂纹。高锰钢用于制造球磨机衬板、破碎机颚板、挖掘机斗齿、拖拉机和坦克履带等零部件，由于加工困难，基本上都是铸件，要求高的耐磨损性、冲击韧性以及抗磁化性。

高品质钢在性能方面的严苛要求涉及成分设计、冶炼、轧制（锻造）、冷加工和热处理等各个环节，冶金质量是产品优异的性能和高的使用寿命的重要保障。

1.4   高品质钢的生产流程及其特点

为了满足客户日趋严格的冶金质量要求，钢铁生产企业不断开发和优化高品质钢的工艺流程和关键技术。高品质钢的生产并非单一工序能够完成的，而是铁水预处理、转炉（或电炉）、炉外精炼、连铸、轧制等各工序技术和界面衔接技术的系统集成，换句话说，需要搭建"五位一体"或"四位一体"的高品质钢生产工艺平台，在高品质钢的生产过程中，还要求低成本和环境友好。下面简述主要高品质钢类的生产工艺流程及其特点。

1.4.1   合金结构钢

齿轮钢和弹簧钢是合金结构钢中用量最大的典型钢种，其质量要求和生产流程最具代表性。目前齿轮钢和弹簧钢的主要冶炼流程为：转炉（或电弧炉）—LF/VD 精炼（或 RH 真空精炼）—大方坯（圆坯）连铸。

1.4.1.1   齿轮钢

齿轮钢属于中低碳合金结构钢。随着我国引进高档轿车的生产线，齿轮钢的质量要求越来越高。为了满足窄淬透性带、低氧含量、改善带状组织和易切削性能等要求，在齿轮钢冶炼流程中重点应关注成分精确控制（[C] 控制在中限，波动值不大于 $\pm 0.01\%$）、低氧含量控制（T.O $\leqslant 0.0015\%$）、偶发 Ds 类夹杂物控制（CaO/Al_2O_3 控制在 1.5~2.5）、偏析和带状组织控制（带状组织不高于 3 级）、易切削齿轮钢的硫化物数量和形态控制（硫含量在 0.020% ~ 0.035%，硫化物由长条状向纺锤状转变）以及防止连铸水口结瘤。

1.4.1.2 弹簧钢

弹簧钢属于中高碳合金结构钢。为了满足弹簧对高的弹性极限、屈服强度和疲劳极限等要求，弹簧钢应具有高洁净度、高均匀性和良好的表面状态。

目前弹簧钢冶炼工艺主要有两种：一是超低氧工艺，采用铝脱氧以及高碱度精炼渣，将钢中绝大部分溶解氧转化为 Al_2O_3，然后通过精炼将钢水中总氧含量降至 0.0009% ~ 0.0010%，获得高洁净度。不足之处是钢中 B 类、D 类及 Ds 类夹杂物含量较高。二是夹杂物塑性化工艺，采用硅锰脱氧和低碱度精炼渣，可以减少钢中 Al_2O_3 和 $mCaO \cdot nAl_2O_3$ 及 Ds 类夹杂物的生成，钢中 [Al]$_s$ 含量控制在不高于 0.0020%。夹杂物塑性化工艺的不足之处是钢液洁净度偏低，夹杂物平均尺寸偏大，需要较长的精炼时间来提高钢液洁净度。

1.4.2 轴承钢

轴承要求高的接触疲劳强度、抗压强度、耐磨性、弹性极限以及一定的抗腐蚀性能。国内兴澄特钢是轴承钢的龙头企业之一，采用的冶炼工艺流程为：100 t EAF/BOF 初炼—LF/VD 精炼—RH 真空精炼—大方坯连铸。

兴澄特钢等国内特钢企业生产的轴承钢已批量供应 SKF、Timken 等国际知名轴承企业，但在偶发的大尺寸夹杂物控制和轴承钢产品质量稳定性方面尚需进一步提高，以满足客户的高端需求。

轴承钢冶金质量主要包括洁净度、碳化物均匀性以及组织均匀性。洁净度是影响轴承钢疲劳寿命的关键因素，近年来我国轴承钢氧、钛含量控制水平取得了明显进步，国内先进企业可以将钢中钛含量稳定地控制在 0.0015% 以下，将氧含量控制在 0.0004% ~ 0.0007%，达到或接近国际先进水平。轴承钢是典型的铝脱氧钢，形成的液态 $CaO\text{-}Al_2O_3$ 类夹杂物与钢液润湿性良好，在 RH 阶段去除困难，通过 LF 精炼初期脱氧和脱硫来控制夹杂物成分，使得夹杂物主要成为 Al_2O_3 和 $MgO\text{-}Al_2O_3$ 类夹杂物，以便在 RH 过程上浮去除。

1.4.3 合金工模具钢

合金工模具钢包括高速钢和模具钢。高速钢具有高碳、高合金的特点，属于莱氏体钢，容易出现铸态碳化物偏析（包括共晶碳化物和大块角状碳化物）和裂纹。模具钢与高速钢相似，也容易出现粗大的碳化物颗粒、网状碳化物等显微缺陷以及疏松、宏观偏析、白点等低倍缺陷，在钢材性能方面表现出各向异性。

高质量的合金工模具钢多采用以下冶炼工艺流程：中频感应炉（或电弧炉）—LF/VD 精炼—模铸（或连铸）电极坯—退火—电渣重熔—开坯（或成材）。经过 LF+VD 炉外精炼，钢中有害气体和夹杂物含量降低。经过电渣重熔后，碳化物不均匀度和洁净度均明显改善。为了改善钢材碳化物偏析，应合理选择锭型，中温出钢，在较低温度下浇注，从而改善碳化物不均匀性。近些年来，连铸技术也在工模具钢生产中得到应用。

1.4.4　电工钢

电磁性能不合和高硅含量引起的热加工裂纹是电工钢的主要质量问题。目前电工钢的主要生产流程为：KR 铁水预处理—复吹转炉—RH 精炼—板坯连铸。无取向电工钢与取向电工钢的工艺内涵有所不同。高牌号无取向电工钢要求极低的碳、硫、氮（C≤0.003%，S≤0.0025%，N≤0.005%）以及极低的夹杂物含量。通过铁水预处理、转炉防止回硫以及 RH 精炼炉喷粉脱硫，可以将无取向电工钢硫含量降至不高于0.0010%的极低水平。通过 RH 真空脱碳，可以将碳含量降至不高于0.002%。整个生产流程中需要防止增碳和增氮。

高牌号无取向电工钢要求极低的夹杂物数量，细小的 MnS、AlN、TiN 等夹杂物会阻碍磁畴的移动，使磁滞损耗和矫顽力增高。无取向电工钢的 Al 含量高，如果钢中 Al_2O_3 夹杂物去除不充分，会造成连铸水口结瘤，还会引发产品的质量缺陷。在无常化处理的情况下，无取向硅钢片表面沿轧制方向易出瓦楞状缺陷，最有效的解决办法是电磁搅拌，将柱状晶比例控制在35%以上。

取向电工钢需要一定数量的细小 MnS、AlN 等作为抑制剂。与无取向电工钢比较，冶炼过程中 C、S 含量相对较高，但是需要严格控制钢中 Al、N、Mn、S 等抑制剂形成元素的波动范围。

1.4.5　不锈钢

耐腐蚀性和表面质量是不锈钢的突出问题。降碳保铬是不锈钢冶炼的重要任务。VOD 和 AOD 精炼方法相继发明之后，出现了不锈钢冶炼的二步法：EAF 初炼—AOD 氩氧脱碳—连铸。二步法大量使用高碳铬铁和返回废钢，效率高，经济可靠，主要生产300系不锈钢。

长流程钢铁企业有充足的铁水供应，故采用以铁水为原料的三步法：铁水预处理（脱硅、脱磷）—AOD 氩氧脱碳（或 K-OBM）—VOD 真空脱碳—连铸。三步法在使用铁水、降低氩气消耗、生产超纯铁素体不锈钢等方面具有明显优势，主要用于生产400 系不锈钢。随着红土镍矿的矿热炉—回转窑工艺（RK-EF）的发展，低成本镍铬生铁被大量用于生产奥氏体不锈钢，由于镍铬生铁中 C、Si、S、P 等杂质元素含量高，需采用电弧炉（或转炉）高效脱硅和脱磷，以及 AOD 炉高效还原脱硫工艺。

1.4.6 超深冲 IF 钢

IF 钢要求良好的深冲性能和表面质量，主要用于汽车面板等超深冲部件，其成分特点是极低的间隙元素含量（$C \leqslant 0.0025\%$、$N \leqslant 0.0030\%$），并加入微合金化元素 Ti、Nb 与残留的 C、N 元素形成碳氮化物，使钢中基本不存在 C、N 间隙原子。炼钢厂提供超低碳氮、高洁净度、无表面缺陷的连铸坯，并且满足产量大、节奏快的生产要求，因此，KR 铁水预处理—复吹转炉—RH 真空精炼—板坯连铸工艺流程是多数钢厂生产IF 钢的首选，能够高效脱碳和去除夹杂物，冶炼周期快，洁净度高，生产成本低。生产 IF 钢的关键技术包括全量铁水预处理、转炉高供氧强度和良好底部搅拌、转炉少渣炼钢、钢包渣改质、RH 吹氧强制脱碳、大型夹杂物控制，以及恒拉速、无缺陷的连铸技术。

1.4.7 油气输送管线钢

管线钢是在低碳、低合金钢中添加微量 Nb、V、Ti、Mo 等元素，通过微合金化与控轧、控冷工艺相结合，综合利用晶粒细化、析出强化和位错亚结构强化，大幅度提高钢材综合性能，可使管线钢达到 X100 钢的强韧性水平。

为了提高管线钢的止裂性能和抗硫化氢腐蚀性能，往往要求钢中硫含量$\leqslant 0.002\%$。对于抗酸管线钢，钢中硫含量控制得更低（$0.0005\% \sim 0.0010\%$）。管线钢对大尺寸夹杂物有严格要求，以避免管线钢探伤不合格。在保证钢液极低硫含量的条件下，还需要采用钙处理方法，当 Ca/S>0.5 时，可以避免形成长条状 MnS 夹杂物。

管线钢的冶炼工艺路线主要为：铁水预处理—BOF—RH—（LF）—钙处理—CC。其中，KR 铁水预脱硫、RH 真空循环和钙处理已经成为冶炼高级管线钢的重要工艺措施，大容量中间包、结晶器电磁搅拌和动态轻压下等则成为管线钢连铸不可或缺的工艺措施。

1.4.8 大跨度桥梁用钢

桥梁用钢属于低合金高强度钢，要求高强度、低屈强比、优良的焊接性能和低温韧性。目前采用低碳、多元微合金化的成分体系，按 TMCP 工艺组织生产，钢种已经从 Q345q(16Mnq) 钢发展到 Q370(14MnNbq)、Q420qE 钢和 Q500q 等。当桥梁钢板厚度超过 50 mm 时，需要特别关注中心偏析和层状撕裂等问题。

当前桥梁钢的主要工艺流程为：KR 铁水预脱硫—复吹转炉—LF—RH—板坯连铸。桥梁钢生产工艺通过大幅度降低碳含量来保证可焊性；通过控制 Mn、Nb 等元素，达到低屈强比、高强度与韧性的良好匹配；通过控制硫含量和硫化物形态来提高桥梁钢厚板的抗层状撕裂性能。

1.4.9 硬线钢

硬线钢是高碳的优质碳素结构钢，其线材（盘条）用于生产轮胎钢丝、弹簧钢线、预应力钢丝、镀锌钢丝、钢绞线、钢丝绳用钢丝等。钢帘线是硬线钢中的精品，因其超洁净、超高强度和高尺寸精度等要求，被誉为"线材皇冠上的明珠"。日本神户制钢生产的钢帘线号称世界最优，其工艺流程为：铁水预处理—240 t LD 转炉/OTB（顶吹氧气+环缝底吹惰性气体）—LF 钢包精炼—RH 真空处理—立弯式连铸（300 mm×430 mm，结晶器电磁搅拌+二冷电磁搅拌，弯曲半径 10 m）—超声波探伤、涡流探伤、板坯清理—加热炉加热—高速线材轧机轧制—在线热处理。

钢帘线对夹杂物有严格要求：T.O ≤0.0010%，夹杂物数量不超过 1000 个/cm^2，夹杂物尺寸不大于 15 μm，以高 SiO_2 含量的 MnO-SiO_2-Al_2O_3 复合夹杂为主，不允许纯 Al_2O_3 夹杂物和铝酸钙类夹杂物存在。精炼时采用硅锰脱氧和低碱度精炼渣工艺，严格控制钢中酸溶铝含量不高于 0.0005%，使钢中脆性夹杂物转变为低熔点的塑性夹杂物。连铸时通过低过热度、结晶器和二冷区电磁搅拌、凝固末端电磁搅拌和轻压下等措施，控制铸坯的中心偏析和中心疏松，从而减轻碳偏析产生的渗碳体网状组织对线材力学性能和拉拔性能的有害影响。

1.5　高品质钢的冶炼共性关键技术

高品质钢的冶炼技术包括全量铁水预处理、转炉少渣炼钢、转炉高效炼钢、夹杂物控制、高效和经济的炉外精炼以及无缺陷连铸技术等。

1.5.1　全量铁水"三脱"

全量铁水"三脱"是生产洁净钢所不可缺少的重要方法，国内外钢铁企业一直在探索和创新铁水的"三脱"工艺。从工业实践看，铁水罐、鱼雷罐均不大适合脱硅和脱磷，会引起脱碳反应同时发生，造成钢渣的溢出。日本和歌山钢厂和首钢京唐公司采用 LD-ORP（LD Converter-Optimized Refining Process）式"全三脱"工艺：铁水经过 KR 脱硫，可将铁水硫含量降至不大于 0.0020%。然后，在脱磷转炉中进行脱硅和脱磷预处理，较低的温度和合适的炉渣碱度是脱磷转炉实现脱磷保碳的关键。最后，将经过"三脱"的铁水（或称半钢）兑入脱碳转炉进行少渣炼钢。

除了上述"全三脱"工艺外，新日铁公司君津厂和国内不少企业采用 MURC（Multi Refining Converter）式"全三脱"工艺也取得了良好效果，即铁水经过 KR 脱硫，在转炉中进行脱硅和脱磷预处理，利用转炉的强力搅拌和高强度供氧功能，在高氧势、低碱度条件下进行脱磷，适时倾倒出脱磷渣。然后，在同一转炉中进行脱碳操作。由于下一炉脱磷是在脱碳炉留渣的条件下进行的，因此热量损失小，并且可以显著减少炉渣的数量。但是，这种"双渣＋留渣"工艺需要遵循严格的操作规程，以避免影响生产节奏和防止留在炉内的氧化性渣造成喷溅事故。

两种"全三脱"流程中预脱硅和预脱磷如图 1-1[3] 所示。"全三脱"工艺的冶炼效果见表 1-3。采用转炉式铁水脱磷处理时，可以在大炉容比较低渣碱度和较低渣熔点条件下进行无氟渣的脱硅和脱磷吹炼，因此没有必要使铁水硅含量最小化，如新日铁高炉铁水硅含量由 0.53% 逐年提高至 0.57%。但是，为了减少炼钢炉渣和提高钢产量，近年来名古屋厂、大分厂均扩建了鱼雷罐车（TPC）脱硅设施。

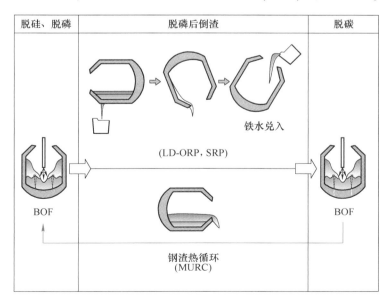

图 1-1　转炉式铁水脱磷工艺

表 1-3　"全三脱"工艺的冶炼效果比较

技术参数		传统流程	"全三脱"流程
生产率	转炉吹氧时间/min	12~17	9~11
	出钢-出钢时间/min	35~45	25~30
	日产炉数/座	25~30	40~48
洁净度/%	[P]	0.008~0.020	0.002~0.005
	[S]	0.008~0.015	0.002~0.008
	[H]	<0.0003	<0.00015
	[N]	<0.0020	<0.0015
	[P+S]	0.025~0.030	0.01~0.015
消耗	石灰/kg·t^{-1}	65	25
	渣量/kg·t^{-1}	100~120	50~70
	O_2/Nm^3·t^{-1}	50	45
	钢铁料/kg·t^{-1}	1080	1071
	锰铁/kg·t^{-1}	1.0	0.5
	铝/kg·t^{-1}	2.5~3.5	0.5~1.0

1.5.2　转炉冶炼

先进的转炉冶炼是高效复吹、少渣炼钢、过程智能控制等多项技术的集成，具体包括：

（1）高效复吹技术。高效复吹的优势不仅体现在降低冶炼终点钢液的碳氧积，而且体现在缩短冶炼周期、提高脱磷率、降低渣中氧化铁等诸多方面。目前转炉的先进指标为：供氧强度 3.5 m^3/（t·min），底部供气强度 0.16 m^3/（t·min），全炉役的钢液碳氧积不高于 0.0017，低碳钢终点氧含量不高于 0.06%，脱磷率不低于 88%，渣中氧化铁不高于 20%，冶炼周期不高于 35 min。国内某重点钢铁企业 210 t 转炉生产高品质低碳钢的平均冶炼时间和辅助时间如图 1-2 所示。从中可以看出，高效复吹技术不仅应该重视缩短冶炼时间，而且还应重视缩短各种辅助操作时间。

（2）少渣炼钢技术。经过"三脱"的铁水进行少渣炼钢，通过改善转炉钢-渣的反应动力学条件，形成富磷相（C_2S-C_3P-少量 FeO）脱磷渣系，从而在保证脱磷效率的前提下大幅度降低渣量，总渣量不高于 65 kg/t，石灰消耗不高于 30 kg/t，渣中铁损也明显降低。

（3）吹炼过程智能控制。目前大中型转炉采用副枪（或炉气分析）与动态炼钢模型相结合，实现了钢液终点温度和碳含量目标的"双命中"，称为"一键式"全自动

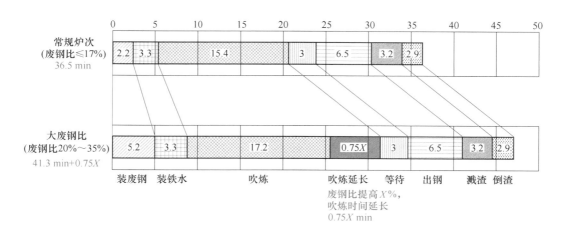

图 1-2　某重点钢企 210 t 转炉生产高品质低碳钢的平均冶炼和辅助时间

炼钢。有的钢厂还能做到自动加料和自动出钢。全自动炼钢对于提高生产效率和钢液质量、降低消耗均有重要促进作用。

（4）高碳出钢（又称高拉碳）。高碳出钢可以减少炉渣和钢液的氧化性，降低铁合金、脱氧剂和钢铁料的消耗，减少 CO_2 排放，减少炉衬材料侵蚀，降低钢中氧含量和夹杂物含量。但是，高拉碳操作时吹炼终点温度和成分精确控制的难度较大，还会影响废钢的加入量。转炉高碳出钢在冶炼中、高碳钢种时尤为必要。轴承钢、弹簧钢等高碳钢种可将转炉终点碳含量提高至 0.3% 左右，使转炉钢液终点氧含量不高于 0.01%；管线钢、齿轮钢等低碳钢种可将转炉终点碳含量控制在不低于 0.08%，使钢液终点氧含量不高于 0.04%。高拉碳工艺是铁水脱磷、炉渣控制、终点温度和成分控制等技术的综合体现。

（5）挡渣和钢包渣改质。挡渣出钢和钢包渣改质是比较简单的操作技术，但对钢的洁净度有着重要影响，因此也不可忽视。

1.5.3　电炉冶炼

据不完全统计，目前我国规范企业有 30 t 以上电弧炉超过 250 座。电炉炼钢技术的进展主要体现在先进的炉型设计、高效冶炼和辅助能源利用、精细操作、环保技术、自动化和智能化技术等方面。这些技术进步是保护生态环境、降低投资、提高效率、市场灵活性等要求所驱动。

1.5.3.1　电弧炉的产品适应性

电弧炉在不锈钢（板材、长材）、管坯用钢和合金钢、特殊钢长材生产中占据优势，在特殊钢锻材生产中也占据优势。从宝钢电炉生产的主要产品便可看出电炉流程的适应性，见表 1-4[4]。直流炉具有对电网污染小、电极消耗低、耗电少等优点，但直流炉一般采用单电极、大电流操作，在同样功率条件下，实际弧长是交流炉的1.723倍。冶炼高铬不锈钢等钢种时，由于渣中氧化铬高，难以形成泡沫渣包裹电弧，大电流长弧对炉壁和炉盖的损伤很大。因此，直流电弧炉的钢种适应性受到一定限制，不太适合冶炼不锈钢、耐热合金、耐蚀合金等钢种。

表 1-4　宝钢电炉流程的主要产品

电炉产线	轧钢机组	主要产品（钢种）
宝分产线 1	140 mm 无缝钢管轧机 高速线材轧机	油井管、锅炉管、结构管等无缝钢管圆坯，冷镦钢、硬线钢、弹簧钢、钢帘线钢等高速线材方坯
宝分产线 2	1350 mm 初轧机	帘线钢、高级弹簧钢、轴承钢、工模具钢方坯，各类高合金钢管坯
特钢产线 2	棒线材轧机	碳结钢、合金结构钢、轴承钢等，镍不锈钢、少量铬不锈钢
特钢产线 3	炉卷轧机	镍基合金、低磁钢、精密合金、工模具钢、特殊不锈钢、轴承钢、耐磨钢、结构钢、耐热钢
不锈钢产线	1780 mm 热轧机	不锈钢（奥氏体、铁素体、马氏体、双相钢）板坯
宝通产线 1	螺纹钢轧机	油井管、锅炉管、结构管等无缝钢管圆坯，螺纹钢方坯，冷镦钢、结构钢等特钢方坯
宝通产线 2	460 mm 轧管机组	油井管、锅炉管、结构管等无缝钢管圆坯
八钢产线 1	小型线材轧机	建材用钢、硬线钢、弹簧钢、抽油杆钢
八钢产线 2	1750 mm 热轧机	碳素结构钢、深冲钢板坯

1.5.3.2　超高功率技术

超高功率是电弧炉的重要发展趋势。超高功率电弧炉发展初期，为了提高电弧稳定性和炉衬寿命，采用低电压、大电流、短电弧操作。由于短电弧操作时电气特性不好，为了电弧炉的稳定运行，改善电气特性和降低对电网的冲击，逐渐演变为高电压、小电流、长电弧、高功率因数操作。现代电弧炉比功率为 700~1000 kVA/t，甚至 1500 kVA/t。超高功率供电与集束射流供氧、喷炭粉等技术相结合，生产效率提高 50% 以上，目前在世界上，最高比功率为 1500 kVA/t（120 t 电弧炉、180 MVA 变压器），最大超高功率电弧炉容量为 300 t（240 MVA 变压器）。先进电弧炉在全废钢条件下冶炼周期降至 40 min，电耗 290 kWh/t，电极消耗 1.2 kg/t，炉龄 800~1000 炉次。

高阻抗是超高功率电弧炉的重要进步。高阻抗电弧炉主电路与传统电弧炉主电路的主要区别在于前者的主电路中串联一台很大的电抗器。在变压器一次侧串联电抗器后，100 t 级高阻抗电弧炉的总电抗值比原来高出 50% 以上，使电弧连续稳定地燃烧、电弧电流减小、电弧电压和电弧功率以及电效率提高、谐波发生量以及对供电电网的冲击减小。

1.5.3.3 辅助能源技术

电能在电炉钢成本中占较大比例，采用低成本的辅助能源（氧燃烧嘴、强化供氧）和节能措施（泡沫渣埋弧、废钢预热、降低电极消耗），对于降低成本十分必要。在保证钢质量的前提下，可采用优化供电、强化供氧、二次燃烧、底吹搅拌等高效化技术，最大限度缩短冶炼周期。

氧-燃辅助能源所供应的能量约占电炉总能量的 30%~40%。氧-燃辅助能源技术包括氧-煤烧嘴、氧-油烧嘴、氧-天然气烧嘴、炉门氧枪等，炉门氧枪和炉壁氧枪已从超声速氧枪发展为集束氧枪。我国 60 多台电弧炉上均采用集束射流氧枪，单支氧枪的流量不低于 3500 m³/h。

1.5.3.4 二噁英防治技术

在钢铁生产过程中，除了烧结工序以外，电炉炼钢是产生二噁英的主要来源。防治电炉炼钢中二噁英从以下几方面着手：（1）综合考虑废钢的价格、质量及清洁度等因素，对废钢进行分选和加工处理，严格控制入炉的氯源。（2）国内外众多电弧炉均重视全封闭冶炼，在控制烟尘放散方面采取专门措施，特别是日本 ECOARC 炉，采取"硬连接"式的废钢预热室，可将二噁英等有毒物质的放散可能性降至最低。（3）建立热分解燃烧室和喷雾冷却室，电炉烟气温度加热至 900 ℃以上，使各种有机物全部分解；如何对燃烧后的烟气进行急冷，使其快速冷至 200 ℃以下，防止二噁英的再合成。（4）对于未采取急冷降温的电炉烟气，在 600~800 ℃向烟道内喷入碱性物质粉料，可减少导致生成二噁英的氯源。

1.5.3.5 废钢预热和精细操作技术

通过高温炉气预热废钢，废钢在入炉前可预热到 400~800 ℃，回收约 45% 的废气热量。连续加料式电弧炉、竖炉型电弧炉、双壳电弧炉等均是废钢预热技术的代表。连续加料式电炉（Consteel）不间断加入废钢，控制熔池温度、废钢给进速率及废钢成分，废气进入预热系统，使废钢温度达 315~450 ℃，可增产 10%，电耗、电极消耗明显下降。竖炉式半连续加料的"生态"电炉（ECOARC）100% 预热废钢，年平均电耗 250 kWh/t、电极消耗 0.95 kg/t。双竖炉式电炉（SHARC）采用直流单电极，使双竖井设计得以实现，对称布置的双竖井的有效容积比单竖井增加一倍，因此可实现废钢 100% 预热，双竖井对称结构也有利于机械负荷和热负荷的均匀分布。

电炉实行大留钢量和扁平熔池操作，废钢持续加入炉内，在被泡沫渣包裹的电弧下端一直保持着扁平的熔池，减少"穿井"操作，废钢熔化效率和收得率显著提高，电耗和电极消耗显著下降。

交流电弧炉采用底吹搅拌工艺，底吹元件寿命可以与炉龄同步。国内的数据显示，实现全程有效的底部搅拌，可以提高脱碳速度 20%~30%，提高脱磷率 5%~10%，缩短冶炼周期 4 min，降低冶炼电耗 9 kWh/t，降低钢铁料消耗 9 kg/t。

由于采用废钢冶炼，通常电炉钢的残余元素比转炉钢高，这是电炉钢的主要问题之一。解决办法是提高废钢代用品的比例。欧洲煤钢共同体的研究表明，全废钢冶炼时，氮含量不低于 0.0040%；而当 DRI 比例不低于 70% 时，电炉钢的氮含量可降至 0.0020%~0.0030%；如果采用 CO_2 作载气喷吹炭粉，氮含量甚至可以不超过 0.0020%。我国的 DRI 大都采用煤基法生产，煤中灰分和硫含量较高，导致 DRI 指标不太好。因此，需要控制 DRI 的合适加入量和加入方式，并且采用封闭炉门、泡沫渣埋弧等工艺措施，以获得较好的电炉经济技术指标。

1.5.3.6　电弧炉智能化技术

废钢成本约占电炉钢成本的 40%~70%。电炉智能化料场在智能感知、炉料跟踪、实时存储、动态 3D 图像、数字化等技术的基础上，可实现废钢自动分类、高效配料以及作业无人化、管理精细化等目标。

在自动化基础上，电弧炉供电系统向电极高灵敏度调节和柔性智能供电升级。电弧炉冶炼过程能够实现各种喷枪的动态轮吹和相互匹配，保证最佳熔池搅拌和化学能输入。在炉料精细化管控和冶炼过程参数在线检测的基础上，通过高精度的冶炼终点控制模型，实现电弧炉"一键式"自动炼钢。先进电炉短流程钢厂具备一至四（五）级自动化系统，这些自动化层级是逐渐升级形成的，应当注重功能而不必拘泥于自动化层级。

1.5.4　炉外精炼

LF 钢包炉/VD 真空脱气和 RH 真空循环脱气是生产高品质钢不可或缺的精炼手段。LF 钢包炉是目前发展比较迅速的炉外精炼技术之一，对稳定生产节奏和生产高品质产品起着重要作用。RH 真空循环精炼对于去除夹杂物最为有效，RH 真空循环精炼包括深脱碳工艺、深脱硫工艺、在高真空度下对钢液进行脱气和去除夹杂物的工艺（即本处理）、在较低真空度下对未脱氧钢液进行短时间处理的工艺（即轻处理）等多种处理模式，可根据钢种要求进行选择。日本主要钢铁企业对所有钢种均进行 RH 处理。本节将 LF/VD 和 RH 精炼能够达到的精炼水平汇总于表 1-5。

表 1-5　LF/VD 和 RH 的功能及其优秀精炼水平

功能/精炼方法	LF	RH	VD
脱碳/%	基本不具备	≤0.0015	≤0.0030
脱硫/%	≤0.0010	≤0.0015（喷粉）	≤0.0020

功能/精炼方法	LF	RH	VD
脱氧/%	≤0.0015	≤0.0015	≤0.0015
脱气/%	基本不具备	[H]≤0.00015 [N]≤0.0020	[H]≤0.0002 [N]≤0.0020
夹杂物	控制夹杂物形态效果佳	去除夹杂物效果最佳	吸附夹杂物能力强，但须避免钢渣剧烈反应造成卷渣
升温	电极加热升温，升温速率 3~5 ℃/min	吹 O_2 进行铝氧化升温，升温速率 5~10 ℃/min	基本不具备

企业可以根据自己的产品大纲和实际情况来选择不同的精炼工艺，如图1-3[5]所示。

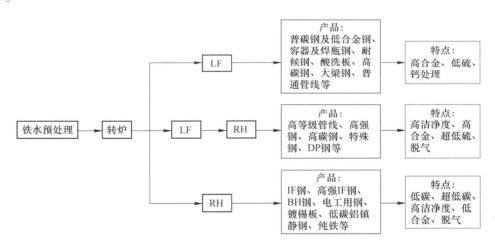

图 1-3 典型产品的精炼工艺选择

1.5.5 夹杂物控制

高品质钢中的非金属夹杂物的来源包括：来自转炉或电炉、精炼炉、钢包、中间包和结晶器的下渣；来自耐火材料的侵蚀；钢液的细小脱氧产物的聚集。对于夹杂物控制的要求因钢种而异，例如，轴承钢要求严格控制 Al_2O_3、$MgO \cdot Al_2O_3$ 尖晶石、TiN 和 Ds 类夹杂物，帘线钢要求严格控制 TiN-Al_2O_3 复合夹杂物，采用 TMCP 工艺生产和大线能量焊接的 HSLA 钢板则要求细微的复杂析出物。虽然各钢种对夹杂物的要求有所不同，但是，夹杂物控制思路和方法可以广泛用于各种高品质钢。

钢中的总氧含量是洁净度的重要标志。铝是最强的脱氧剂，为了减少钢中铝脱氧产物的数量，首先需要控制初炼炉终点的钢液氧含量和钢包渣的氧化性。其次，在

RH、VD 等精炼工序往往先采用真空碳脱氧工艺，再采用铝脱氧工艺。炉渣的特性对脱氧也有着重要影响，适当提高 CaO/Al_2O_3 比值，降低 Al_2O_3 活度，可使铝的脱氧能力显著提高。RH 装置具有真空下大循环流量的特点，可以促使钢液中的夹杂物碰撞聚集和上浮去除。

马钢公司针对铝脱氧工艺容易导致脆性氧化物夹杂，改进了脱氧方法，使高速、重载车轮中 Al_2O_3 夹杂微细化（≤3 μm）、弥散化，并且形成 MnS 包裹 Al_2O_3 的夹杂物塑性化技术，与碳极差控制技术相结合，有效防止了高速、重载车轮轮辋的开裂。

日本高村、沟口等研究者在 20 世纪 90 年代初提出"氧化物冶金（Oxides Metallurgy）"的概念[6]，引起了研究氧化物冶金理论和应用技术的热潮。其核心内容是控制氧化物的组成、尺寸和分布，从而达到提高钢的焊接热影响区性能的目的。据称该技术已用于非调质钢、HSLA 钢、管线钢等品种的开发，众多研究者认为 Ti_2O_3、MgO 是具有应用前景的氧化物。但是，氧化物主要在液态钢液中形成，从 Ti-O 热力学平衡曲线可以看出，在钢的凝固和固相转变过程中形成 Ti_2O_3 的体积分数很小，难以起到钉扎奥氏体晶界的作用，也难以形成大量、细微的复合核心来诱导针状铁素体。在炼钢实际操作中，既能够深度脱氧又能够形成微细 Ti_2O_3 夹杂物也几乎是不可能的。采用 Ti 脱氧工艺，即使钢中 [Ti] 含量高达 0.02%~0.03%，也无法使钢中氧含量低于 0.005%。钢液采用 Mg 脱氧工艺更不具有可行性。实践证明，钢中具有微细尺寸和较高体积分数、与铁素体晶粒之间有较小错配度的氮化物，才是钉扎奥氏体晶界和诱导针状铁素体的主要角色。

1.5.6 连铸

高品质钢的连铸需要重视以下问题：

（1）水口结瘤控制。可以采取以下措施控制高品质钢的夹杂物和水口结瘤：1）防止和减少转炉至中间包的下渣和结晶器保护渣的卷入；2）在钢包至中间包的长水口和/或中间包至结晶器的浸入式水口进行吹氩，防止空气进入，在此过程中空气的渗入会形成氧化铝夹杂物；3）提高钢液可浇性，防止浸入式水口结瘤；4）采取钙处理，使用 CaO 耐火材料作为浸入式水口的内衬，促使 Al_2O_3 类夹杂物变性为低熔点夹杂物。但是，以提高钢液可浇性为目标的钙处理应该慎用。

（2）表面缺陷控制。控制铸坯表面缺陷的措施有：1）采用较高碱度的结晶器保护渣，可以控制卷渣，并使结晶器冷却变得柔和；2）采用倒角结晶器和非正弦高频率振动方式，减轻铸坯与结晶器壁的摩擦力和振痕深度，防止发生角横裂等缺陷；3）

通过结晶器电磁搅拌和浸入式水口，控制结晶器内的钢液流动；4）改进气雾喷嘴的布置，优化二冷模式。

（3）中心偏析控制。许多高品质钢对中心偏析有严格要求，尤其是大断面高碳钢铸坯和用于大跨度、重载荷桥梁的厚钢板（厚度超过 50 mm），中心偏析问题更为突出，需要更加重视。连铸过程中减少中心偏析的主要措施有：1）降低浇注过热度；2）均匀的二次冷却；3）二冷区电磁搅拌和凝固末端电磁搅拌；4）凝固末端动态轻压下或重压下等。电磁搅拌和轻压下技术对于改善铸坯缺陷的基本作用汇总于表1-6，其中一些技术相互组合的应用效果更佳。电磁搅拌和凝固末端压下技术需要针对钢种特点来选择合适的工艺参数，才能取得好的效果。例如，M-EMS+S-EMS 有利于提高中、高碳钢的等轴晶率，M-EMS+F-EMS 有利于改善中心偏析[7]，再配以凝固末端动态压下，则可以显著改善疏松和缩孔缺陷。

表 1-6　不同类型的电磁搅拌和轻压下对改善铸坯缺陷的作用

缺陷类型	电磁搅拌及轻压下				
	EMBr	M-EMS	S-EMS	F-EMS	凝固末端压下
表面针孔、气孔	√	√			
皮下夹杂、气泡	√	√			
纵裂、漏钢	√	√			
内部裂纹	√	√			
等轴晶组织		√	√		
中心疏松		√	√	√	√
中心缩孔		√	√	√	√
中心偏析		√	√	√	√
V 型偏析				√	√
适应的铸坯类型	板坯（高拉速）、薄板坯	板坯、方坯、圆坯	板坯、方坯、圆坯	方坯、圆坯	板坯、方坯、圆坯
适应的典型钢种	冷轧薄板、镀锡板钢	冷轧薄板、高级管线钢、合金棒材、焊丝钢、准沸腾钢	高级中厚板（桥梁、船板等）、铁素体不锈钢、电工钢、管线钢、工模具钢	硬线钢、轴承钢、弹簧钢、高合金钢	高级中厚板钢、高强管线钢、重轨钢、硬线钢、轴承钢

1.6　未来钢厂及其生产流程一瞥

1.6.1　未来钢厂模式和生产流程

考虑到品种、规模和环保等因素，从世界范围来看，未来钢厂的生产流程如图 1-4[8] 所示，即可以分为：（1）传统钢铁联合企业，主要用于生产高质量钢的板带材；（2）使用废钢的电炉企业，用于生产棒材和型材；（3）采用非高炉炼铁的钢铁联合企业，主要生产板材和型材；（4）大量使用废钢代用品的电炉企业，主要生产棒材和型材。后两类钢铁流程生产的产品有可能占到 40% ~ 50%。

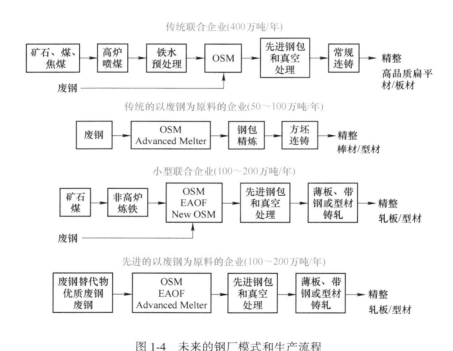

图 1-4　未来的钢厂模式和生产流程

OSM—氧气转炉；EAOF—氧气电弧炉；New OSM—氧气炼钢或带废钢预热的氧气炼钢；

Advanced Melter—化石燃料等多种燃料混合的废钢预热熔炼炉

从我国钢铁工业的现状、资源、能源和环保等视角看，未来钢厂将主要分成两大类：一类是以高炉—转炉长流程、生产板材为主的大型联合企业，主要布置在沿海地区；另一类是以生产建筑用长材为主的全废钢电炉短流程钢厂，主要是布置在城市周边，即"城市钢厂"[9]。随着低碳的要求及其技术进步，使用氢冶金技术的钢厂可能也有一定比例。高品质钢及其生产工艺将会适应低碳化和智能化的要求，在长流程钢铁联合企业和短流程钢厂中不断创新和发展。欧盟将从 2026 年正式起征"碳关税"，欧洲汽车生产厂已经要求钢铁企业提交产品的低碳生产证明，绿色贸易壁垒将成为长期趋势，钢铁业面临着严峻的挑战。尽管大废钢比例的转炉工艺会造成辅助能源和成本的显著增加，而电炉流程又难以满足产品对超低氮和残余元素含量的要求，但是在新形势下，钢铁企业不得不考虑开发高废钢比（40%~50%）的转炉工艺和新的电炉工艺来生产高质量汽车板、家电板等品种。

1.6.2　未来的绿色钢铁产品

与传统钢铁产品相比较，未来的钢铁产品须满足全生命周期低碳化的要求。这些产品由于性能提高，使用过程中产品消耗和能耗降低，可以直接或间接减少 CO_2 的排放。从全生命周期看，可视为绿色产品。日本新日铁对其生产的汽车板、取向硅钢、造船用厚板、电站锅炉管、不锈钢板等五类产品共 810 万吨进行统计和分析，结论是在全生命周期中减少 CO_2 排放 1881 万吨。德国钢铁协会也做过类似的统计，其绿色钢铁产品为能源、交通、制造业等行业的节能减排贡献率达到 33%。

因此，在未来 20~30 年里，我国需要针对传统市场和新兴战略产业，持续开展产品和制造技术的研发。一方面，需要不断提高量大面广的钢材产品的实物质量和稳定性，加快标准升级，实现高效化和减量化生产，挖掘产品的潜能，提高产品附加值，并为用户提供应用技术服务；另一方面，需要满足航空航天、海洋工程、核电、新能源等战略性新兴产业的需求，提供特殊性能和特殊用途的高端产品，并且做到产品全生命周期的环境友好。

参 考 文 献

[1] 徐匡迪. 中国特钢生产 60 年 [J]. 钢铁，2014，49（7）：2-7.

[2] 松宫徹. 连铸的作用和挑战 [J]. 新日铁月报，2004.

[3] 曾根英彰，加藤雄一郎，熊倉誠治. 製鋼技術の進展と今後の展望 [J]. 日本製鉄技報，2019（414）.

[4] 王喆. 电炉炼钢技术概况 [R]. 中国金属学会专家委员会专题报告，2015 年 10 月.

[5] 马文俊. RH 精炼技术的发展 [R]. 首钢技术研究院技术讲座，2021 年 4 月.

[6] Takamura J, Mizoguchi S. Proc. of 6th Int. Iron and Steel Cong., Nagoya, ISIJ, 1990, 1：591.

[7] 毛斌，张桂芳，李爱武. 连续铸钢用电磁搅拌的理论与技术 [M]. 北京：冶金工业出版社，2012：22-27.

[8] Fruehan R J. Future steelmaking technologies and the role of basic research [J]. Metallurgical and Materials Transactions B, 1997, 28B：743-747.

[9] 殷瑞钰. 我国电炉流程发展趋势 [R]. 第三届中国电炉炼钢科学发展论坛，2020.

2 齿 轮 钢

齿轮钢具有优良的淬透性和冷热变形性能，强度高、韧性好、耐磨性较高，是合金结构钢中一个用量很大的典型钢种，目前我国齿轮钢年产量超过 450 万吨，用于制造各种要求的齿轮。随着我国引进高档轿车的生产线，对齿轮钢的质量要求越来越高。冶炼工艺是保证齿轮成品高质量、高性能的重要前提。齿轮钢是保淬透性的合金结构钢，其冶炼工艺对于所有的保淬透性结构钢和冷镦钢等钢种均有重要的借鉴作用。

2.1 齿轮钢的分类和用途

国内外齿轮钢的主要系列和典型牌号见表 2-1，主要牌号及化学成分见表 2-2，汽车用齿轮钢对冶金质量和加工质量的要求见表 2-3[1]。

表 2-1 国内外齿轮钢的主要系列和典型牌号

国家	成分系列	典型牌号	车 型	用 途
中国	Cr-Mn-Ti 系	20CrMnTi	国产品牌轿车、载重汽车	变速箱的轴齿类零件、驱动桥齿轮
日本	Cr 系	Cr420H（20CrH） S37CrS4	夏利轿车、载重汽车	变速箱齿轮、转向器齿条
日本	Cr-Mo 系	SCM420 SCM822H	丰田、本田轿车和载重汽车	变速箱及驱动桥齿轮
德国	Mn-Cr 系	16MnCr5 20MnCr5 25MnCr5 27MnCr5	奥迪、桑塔纳等轿车	变速箱的轴齿类零件
德国	Mn-Cr-B 系	ZF6（16CrMnBH） ZF7（20CrMnBH）	上汽大众、上汽通用、沈阳宝马、北汽福田	德国 ZF 公司的变速箱轴齿类零件
美国	Cr-Ni-Mo 系	SAE8620H SAE8720H SAE4320H	一汽伊顿、陕西法士特和南京依维柯汽车	变速箱的轴齿类零件

表2-2　国内外齿轮钢的主要系列及成分

序号	统一数字代号	牌号	化学成分（质量分数）/%										
			C	Si①	Mn	Cr	Ni	Mo	B	Ti	V	S②	P
1	U59455	45H	0.42~0.50	0.17~0.37	0.50~0.85	—	—	—	—	—	—	≤0.035	≤0.030
2	A20155	15CrH	0.12~0.18	0.17~0.37	0.55~0.90	0.85~1.25	—	—	—	—	—	≤0.035	≤0.030
3	A20205	20CrH	0.17~0.23	0.17~0.37	0.50~0.85	0.70~1.10	—	—	—	—	—	≤0.035	≤0.030
4	A20215	20Cr1H	0.17~0.23	0.17~0.37	0.55~0.90	0.85~1.25	—	—	—	—	—	≤0.035	≤0.030
5	A20255	25CrH	0.23~0.28	≤0.37	0.60~0.90	0.90~1.20	—	—	—	—	—	≤0.035	≤0.030
6	A20285	28CrH	0.24~0.31	≤0.37	0.60~0.90	0.90~1.20	—	—	—	—	—	≤0.035	≤0.030
7	A20405	40CrH	0.37~0.44	0.17~0.37	0.50~0.85	0.70~1.10	—	—	—	—	—	≤0.035	≤0.030
8	A20455	45CrH	0.42~0.49	0.17~0.37	0.50~0.85	0.70~1.10	—	—	—	—	—	≤0.035	≤0.030
9	A22165	16CrMnH	0.14~0.19	≤0.37	1.00~1.30	0.80~1.10	—	—	—	—	—	≤0.035	≤0.030
10	A22205	20CrMnH	0.17~0.22	≤0.37	1.10~1.40	1.00~1.30	—	—	—	—	—	≤0.035	≤0.030
11	A25155	15CrMnBH	0.13~0.18	≤0.37	1.00~1.30	0.80~1.10	—	—	0.0008~0.0035	—	—	≤0.035	≤0.030
12	A25175	17CrMnBH	0.15~0.20	≤0.37	1.00~1.40	1.00~1.30	—	—	0.0008~0.0035	—	—	≤0.035	≤0.030
13	A71405	40MnBH	0.37~0.44	0.17~0.37	1.00~1.10	—	—	—	0.0008~0.0035	—	—	≤0.035	≤0.030
14	A71155	45MnBH	0.42~0.49	0.17~0.37	1.00~1.40	—	—	—	0.0008~0.0035	—	—	≤0.035	≤0.030
15	A73205	20MnVEH	0.17~0.23	0.17~0.37	1.05~1.45	—	—	—	—	—	0.07~0.12	≤0.035	≤0.030
16	A74205	20MnTiBH	0.17~0.23	0.17~0.37	1.20~1.55	—	—	—	—	0.04~0.10	—	≤0.035	≤0.030
17	A30155	15CrMoH	0.12~0.18	0.17~0.37	0.55~0.90	0.85~1.25	—	0.15~0.25	—	—	—	≤0.035	≤0.030
18	A30205	20CrMoH	0.17~0.23	0.17~0.37	0.55~0.90	0.85~1.25	—	0.15~0.25	—	—	—	≤0.035	≤0.030

续表 2-2

序号	统一数字代号	牌号	化学成分（质量分数）/%										
			C	Si①	Mn	Cr	Ni	Mo	B	Ti	V	S②	P
19	A30225	22CrMoH	0.19~0.25	0.17~0.37	0.55~0.90	0.85~1.25	0.35~0.45	—	—	—	—		
20	A30355	35CrMoH	0.32~0.39	0.17~0.37	0.55~0.95	0.85~1.25	0.15~0.35	—	—	—	—		
21	A30425	42CrMoH	0.37~0.44	0.17~0.37	0.55~0.90	0.85~1.25	0.15~0.25	—	—	—	—		
22	A34205	20CrMnMoH	0.17~0.23	0.17~0.37	0.85~1.20	1.05~1.40		0.20~0.30	—	—	—		
23	A26205	20CrMnTiH	0.17~0.23	0.17~0.37	0.80~1.20	1.00~1.45			—	0.04~0.10	—	≤0.035	≤0.030
24	A42175	17Cr2Ni2H	0.14~0.20	0.17~0.37	0.50~0.90	1.40~1.70	1.40~1.70	—	—	—	—		
25	A42205	20CrNi3H	0.17~0.23	0.17~0.37	0.30~0.65	0.60~0.95	2.70~3.25	—	—	—	—		
26	A43125	12Cr2Ni4H	0.10~0.17	0.17~0.37	0.30~0.65	1.20~1.75	3.20~3.75	—	—	—	—		
27	A50205	20CrNiMoH	0.17~0.23	0.17~0.37	0.60~0.95	0.35~0.75	0.35~0.75	0.15~0.25	—	—	—		
28	A50225	22CrNiMoH	0.19~0.25	0.17~0.37	0.60~0.95	0.35~0.75	0.35~0.75	0.15~0.25	—	—	—		
29	A50275	27CrNiMoH	0.24~0.30	0.17~0.37	0.60~0.95	0.35~0.75	0.35~0.75	0.15~0.25	—	—	—		
30	A50215	20CrNi2MoH	0.17~0.23	0.17~0.37	0.40~0.70	0.35~0.65	1.55~2.00	0.20~0.30	—	—	—		
31	A50405	40CrNi2MoH	0.37~0.44	0.17~0.37	0.55~0.90	0.65~0.95	1.55~2.00	0.20~0.30	—	—	—		
32	A50185	18Cr2Ni2MoH	0.15~0.21	0.17~0.37	0.50~0.90	1.50~1.80	1.40~1.70	0.25~0.35	—	—	—		

①根据需方要求，16CrMnH、20CrMnH、25CrH 和 28CrH 钢中的硅含量允许不大于 0.12%，但应考虑其对力学性能的影响。

②根据需方要求，钢中的硫含量也可以在 0.015%~0.035% 范围。此时，硫含量允许偏差为±0.005%。

表 2-3　汽车用齿轮钢的冶金质量和加工质量要求

项目	国　外	国　内
材料冶金质量	碳含量偏差控制在+0.01%	碳含量偏差控制在+0.01%
	氧含量控制在 0.0015% 以内	钢中氧含量控制在 0.0020%，部分厂家可控制在 0.0015%
	淬透性控制，轿车企业采用四点以上或者全带控制，带宽 HRC 4~5，商用车带宽 HRC 6~7	主要采用单点或两点淬透性控制，带宽 HRC 6~8
硫化物含量、形态	硫含量 0.035%~0.045%	硫含量 0.015%~0.035%，部分轿车企业要求硫含量为 0.02%~0.04%
	短棒状、点状及长条状硫化物	长条状硫化物为主
齿轮毛坯处理技术	毛坯多采用锻造余热等温退火工艺，HRC 硬度散差小于 10	毛坯采用等温退火工艺，同件 HRC 硬度散差小于 20
	铁素体含量不高于 40%，硬度要求 HB=160~200，部分齿轮和同步器零件采用淬火加高温回火工艺，硬度要求 HB=170~210	铁素体含量不低于 50%
切削加工性能	齿轮加工多采用干切及硬车技术	齿轮加工多采用湿切技术，少数企业也采用干切技术
齿轮精度控制	齿轮精度可以控制在 5~6 级	齿轮精度 6~7 级
	齿轮热处理精度衰减 0.5~1.0 级	齿轮热处理精度衰减 2~3 级
	压淬合格率 100%	驱动桥齿轮压淬合格率 85%
齿轮喷丸强化及表面处理	重要齿轮都采用强力喷丸处理，不同齿轮选择不同喷丸等级，强力喷丸表面残余压应力要求不低于−700 MPa，次层残余压应力不低于−1200 MPa	变速箱齿轮采用强力喷丸处理，表面残余压应力不低于−600 MPa，次表层残余压应力不低于−1000 MPa
	为改善齿轮早期磨损，国外重要齿轮强力喷丸后，均选择表面磷化处理	残余压应力不低于−900 MPa 以上驱动桥齿轮强力喷丸后，采用表面磷化处理

　　长期以来，我国齿轮钢沿用前苏联 20CrMnTi，由于符合我国的资源特点，且生产工艺较为稳定，产品性能好，成本低，目前 20CrMnTi 仍占据我国汽车齿轮钢产量的 50% 左右。20 世纪 90 年代以后，我国引进了许多车型，相应的也引进了国外的齿轮钢种。例如，日系丰田、本田等轿车引入时，也引进了 JIS 标准和对应的 Cr 系、Cr-Mo 系齿轮钢；德系奥迪、桑塔纳等轿车引入时，同时也引进了大众企标和 Mn-Cr 系齿轮钢[2]。目前，我国汽车齿轮钢已发展为 Cr-Mn-Ti 及 Cr、Cr-Mo、Cr-Ni-Mo、Mn-Cr、Mn-Cr-B 并存的状态。

2.2 齿轮钢标准及其演变

我国齿轮钢经过 60 多年的发展，尤其是改革开放以来，质量水平有了很大提升，朝着高强韧性、高可靠性、高性价比、易切削性、微小变形的方向发展，其标准的演变也体现出高端需求和发展趋势。

各国汽车用的齿轮钢均为保淬透性的结构钢。中国标准与 ISO、DIN 标准相近，都有宽带与窄带之分。由于国内及国外保淬透性用钢标准对钢中氧含量未做要求，且淬透性带较宽，不能满足齿轮行业对齿轮加工的要求，因此，2004 年齿轮行业协会公布了《车辆齿轮用钢技术条件》和《车辆齿轮用钢市场准入条件》，在这两个标准中，明确了汽车齿轮钢的氧含量和非金属夹杂物应满足表 2-4 的要求。在 GB/T 5216—2014 中，将 20CrMnTi 分为 20CrMnTiHH、20CrMnTiH、20CrMnTiHL 三类。其中 H (Hardenability) 表示保淬透性，HH 表示淬透性带宽在 H 钢的 2/3 上限，HL 表示淬透性带宽在 H 钢的 2/3 下限。

表 2-4   国内外主要齿轮加工企业对汽车齿轮钢的冶金质量要求

质 量 要 求		范 围	
末端淬透性	淬透性带宽（上限减下限）	HRC≤7	
总氧含量		≤0.0020%（20 ppm）	
非金属夹杂物	A 类	细系≤2.5 级	粗系≤2.5 级
	B 类	细系≤2.5 级	粗系≤2.5 级
	C 类	细系≤2.0 级	粗系≤2.0 级
	D 类	细系≤2.5 级	粗系≤2.5 级
晶粒度	奥氏体晶粒度	细于或等于 5 级	
表面质量	符合《合金结构钢》（GB/T 3077—1999）的规定		
尺寸	符合《热轧圆钢和方钢尺寸、外形、重量及允许偏差》（GB/T 702—1986）的规定		

2014 年，我国修订了国家标准《保淬透性结构钢》（GB/T 5216—2014），国内齿轮钢牌号由 24 个增加到 32 个（不包括含硫钢），增加 25CrH、28CrH、35CrMoH、17Cr2Ni2H、22CrNiMoH、27CrNiMoH、40CrNi2MoH、18Cr2Ni2MoH 等 8 个牌号及相关技术要求，统一了对钢中残余元素（Cu、Cr、Ni）和杂质元素（S、P）的含量要求。对残余元素要求为 Cu≤0.25%、Cr≤0.30%、Ni≤0.30%，热压力加工用钢的 Cu≤0.20%。对杂质元素要求为 S≤0.035%、P≤0.030%。此外，增加了 O≤0.0020% 的要求，更改了末端淬透性的表示方法。对低倍组织要求进行了分组规定，并增加了连铸钢"中心偏析"的要求。酸浸低倍组织合格级别应符合表 2-5 规定。

表 2-5　低倍合格组织级别

组别	一般疏松	中心疏松	锭型偏析[①]	中心偏析[②]
	级　别			
Ⅰ	≤2	≤2	≤2	≤2
Ⅱ	≤3	≤3	≤3	≤3

①仅适用于模铸钢;

②仅适用于连铸钢。

部分国产齿轮钢牌号与国外牌号的对照见表 2-6[3]。

表 2-6　部分国产齿轮钢牌号与外国牌号对照表

序号	中国 GB/T 5216	日本 JIS G 4052 牌号	欧洲 EN 10084 牌号	美国 ASTM A304 牌号
1	15CrH	SCr415H		
2	20Cr1H	SCr420H		
3	28CrH		28Cr4H	
4	16CrMnH		16MnCr5H	
5	20CrMnH		20MnCr5H	
6	15CrMoH	SCM415H		
7	20CrMoH	SCM420H		
8	22CrMoH	SCM822H		
9	35CrMoH	SCM435H		4135H
10	42CrMoH	SCM440H		4140H
11	17Cr2Ni2H		17CrNi6-6H	
12	20CrNiMoH			8620H
13	22CrNiMoH			8622H
14	27CrNiMoH			8627H
15	20CrNi2MoH			4320H
16	40CrNi2MoH			4340H
17	18Cr2Ni2MoH		18CrNiMo7-6H	

随着国内特钢企业的钢包精炼、真空脱气和连铸水平的提高,我国生产的汽车用齿轮钢在控制淬透带、氧含量、晶粒度、非金属夹杂物以及组织等方面基本达到国际先进水平,但在带状组织控制等方面与日本、德国的齿轮钢尚有一定差距。

2.3　齿轮钢中合金元素的作用

合金元素是影响钢铁材料价格、质量、性能的重要因素,不同的合金元素在钢中起到不同的作用。合金元素在钢中一般以四种形式存在：（1）以游离态存在，如铅、铜等；（2）溶在奥氏体、铁素体等相中形成固溶体；（3）形成金属间化合物、合金渗碳体等强化相；（4）形成非金属夹杂物。深入了解不同合金元素在钢中的作用，对改进和开发钢种、提高合金元素的利用效率具有重要意义。

齿轮钢中常加入的合金元素有 Mn、Si、Cr、Ni、Mo、Ti 等，其具体作用如下：

（1）Mn。锰在齿轮钢中突出的优点是能够显著提高钢的淬透性。锰显著降低过冷奥氏体的分解速率，降低 A_{r1} 的温度，每增加 1% 的锰可使 A_{r1} 下降约 50 ℃。锰在奥氏体中的扩散速率远小于铁和碳的扩散速率，使得过冷奥氏体的优先相 $(Fe,Mn)_3C$ 形核困难，难以转化为珠光体。同时，锰使 C 曲线显著向右移动，临界淬火冷却速率显著降低，淬透性显著提高。此外，锰能降低 M_s 点，增加了残余奥氏体的量，并增加了钢的塑性指标。

锰部分固溶于奥氏体（或铁素体）中形成固溶体，部分形成含锰的渗碳体 $(Fe,Mn)_3C$。锰扩展奥氏体区的作用与镍相似，故在齿轮钢中可用锰替代部分的镍，以降低成本。锰元素的不利影响是增加钢的过热敏感性，还会增加回火脆性。一般来说，各国不同牌号齿轮钢的锰含量范围为 0.5%~1.5%，我国 20CrMnTiH 钢的锰含量较高，为 0.8%~1.2%。

（2）Si。硅在钢中不会形成碳化物，仅以固溶体的形式存在，在铁素体中的固溶强化效果仅次于碳和磷，从而提高钢的硬度和强度。少量硅可细化钢中的珠光体，当过冷奥氏体中析出 Fe_3C 时，由于硅不参与 Fe_3C 的形成而被全部排出在 Fe_3C 周围，阻碍了其生长。同理，钢中硅还可以有效抑制回火中碳化物的聚集，从而降低钢的回火脆性。在提高淬透性方面，硅的作用效果较差，但是与其他元素发生协同作用时，比单独加入一种合金元素要大得多。这就是低合金钢中硅与其他合金元素配合使用，采用多元合金化的原因。

硅的不利影响是降低钢的塑性和韧性。硅还会提高钢中碳元素活性，增加热处理中的脱碳倾向。齿轮钢要求较低的硅含量，大约为 0.17%~0.37%，一般应控制在中下限。

（3）Cr。铬在钢中能形成固溶体和各种碳化物，当钢中铬含量较高时，可以形成 CrC_3 和 $Cr_{23}C_5$ 复合碳化物。这些碳化物分散在钢中，起到析出强化的作用。铬是钢中强淬透性元素，使奥氏体区缩小，C 曲线向右移动，钢的淬透性增加。值得注意的是，奥氏体中溶解的铬元素能提高淬透性，如果含铬的碳化物在加热和保温过程中未曾完全溶解，则会起到形核核心的作用，促进过冷奥氏体的珠光体转变，反而降低钢的淬透性。

由于铬元素的固溶强化和提高淬透性作用，可提高钢的硬度和强度。齿轮钢中铬含量一般小于 2%，此时铬元素具有独特的优点。由于铬可有效提高钢的塑性，因而广泛用于齿轮钢等中、低合金结构钢中。铬的不利影响是会增大钢的回火脆性。

（4）Ni。镍是非碳化物形成元素，仅在钢中形成固溶体。镍固溶于奥氏体中，扩大了奥氏体相区，使相变临界温度下降，钢中元素的扩散速度降低，因此，过冷奥氏体的稳定性增加，C 曲线向右移动，提高钢的淬透性。镍不易氧化，在氧化气氛下形成富镍的稳定层，从而改善钢的抗氧化性。虽然含镍钢的淬透性大，但是由于合金元素含量高，渗碳—淬火后渗碳层中残余奥氏体量较多，为了消除这部分残余奥氏体，致使热处理工艺相当复杂。因此，只有大截面或重要的零件，例如风电和坦克齿轮等，才使用 12Cr2Ni4H、18Cr2Ni2MoH、20CrNi2MoH 等钢号。

（5）Mo。钼在钢中可形成固溶体或碳化物。随着钼含量的增加，钢中钼元素形成的碳化物按以下顺序变化：$Mo_{23}C_6$、Mo_2C、MoC。钼溶解在钢中，可显著提高钢的再结晶温度，钼含量每增加 1%，再结晶温度可提高 115 ℃。钼具有使 C 曲线向右移动、显著提高淬透性的特点，其作用强于铬而次于锰。与铬类似，钼也将 C 曲线的珠光体转变部分与贝氏体转变部分分开。含钼钢在低冷却速度下更容易获得贝氏体，因此钼也是贝氏体钢中的主要合金元素。

对齿轮钢而言，钼可显著提高淬透性和强度，提高耐磨性和抗回火稳定性，以及抑制渗碳层内部氧化。美国齿轮钢几乎都含钼，其含量大约为 0.15% ~ 0.35%。但是钼合金的价格很贵，0.35% 的钼含量约占齿轮钢原材料成本的 1/2。

（6）Ti。在低合金钢中，钛含量通常低于 0.2%。若钛含量过高，就会有多余的钛固溶于铁素体，引起铁素体的脆化，从而抵消了其细化晶粒的作用。钛可以固定氮和硫，形成 $Ti(C,N)$ 和 TiS_2，提高钢的强度，含钛的合金结构钢经正火可使晶粒细化，钢的塑性和冲击韧性得到显著改善。钛元素对淬透性的影响较为复杂，钛含量控制在 0.07% 可以最大程度提高淬透性，过高或过低都会降低淬透性[4]。

Cr-Mn 系齿轮钢在渗碳时晶粒会长大，因此对于要求较高的零件渗碳处理后不宜直接淬火，需要经正火处理再进行淬火。在 Cr-Mn 系齿轮钢中加入少量钛，可以改善钢的过热倾向，细化晶粒，零件渗碳后便可以直接淬火，获得良好的强度和韧性。

2.4 齿轮钢的冶金质量要求

2.4.1 淬透性

末端淬透性用来评价齿轮钢质量。末端淬透性的稳定与否对齿轮热处理后变形量的影响很大，淬透性带宽度越窄，离散度越小，则越有利于齿轮加工及提高其啮合精度。齿轮钢的淬透性带宽一般要求控制在 HRC = 4~7，根据齿轮的技术要求和模数大小，可选择淬透性控制点以及一点控制、两点控制、三点控制甚至全带控制。我国现行 GB/T 5216—2014 标准中，淬透性带"带宽"水平与美国、德国的 HH 钢、HL 钢的标准基本相当，例如 J9 和 J15（J9 为距淬火端 9 mm 处的淬火硬度，J15 为 15 mm 处淬火硬度）一般分别控制在 HRC = 30~42 和 HRC = 20~37 的范围。实际上企业将淬透性带宽波动均控制在 HRC ≤ 7，甚至 HRC ≤ 3。石钢通过 20CrMnTi 齿轮钢的成分微调模型，C、Si、Mn、Cr 及 Ti 成分控制精度大幅提升，实现窄淬透性带控制，J9 处带宽波动值为 HRC = 2.9，J15 处波动值为 HRC = 4.1[5]。国内外部分钢种的标准带宽水平见表 2-7。

表 2-7 国内外部分钢种的标准带宽水平

钢号	国别	HRC（J9）	HRC（带宽）	备注
ZF6	德国 ZF	28~35	7	Cr-Mn-B
ZF7	德国 ZF	31~39	8	Cr-Mn-B
16MnCr5	德国大众	29~35	6	Cr-Mn
SCM420H	日本	34~42	8	Cr-Mo
SNCM220H	日本	29~34	5	Cr-Ni-Mo
SN225	美国	3~43	4	Cr-Ni-Mo
SAE8620H	美国	27~35	8	Cr-Ni-Mo
20CrMnTiH	中国	30~42	12	Cr-Mn-Ti

影响钢材淬透性的因素很多，但化学成分是影响淬透性最主要的因素。提高钢淬透性的元素有 C、Mn、P、Si、Ni、Cr、Mo、B、Cu、N 等，而降低淬透性的元素有 S、T、Co、W、Se 等。

碳元素对淬透性起到决定性作用，决定钢的最高硬度，碳含量 0.77% 是一个临界点，当碳含量在临界点以下时，随着碳含量的提高，奥氏体稳定提高，降低临界冷却速度，过冷奥氏体转变曲线右移，提高淬透性；当碳含量在临界点以上时，则出现相反的结果，临界冷却速度增大，过冷奥氏体转变曲线左移，降低淬透性[6]。

合金元素对淬透性有显著的影响，Mn、Cr、Ni、Mo、B 等都是强淬透性合金元素，导致过冷奥氏体转变曲线右移，提高其淬透性。当合金元素溶入奥氏体中，其主要富集于奥氏体晶界，降低晶界的表面能，阻碍相变的形核过程，延缓铁素体的转变，提高奥氏体稳定性[7]。

成分偏析对淬透性也会产生显著的影响，对于大断面的连铸坯而言，如果结晶器电磁搅拌操作不当，反而会形成皮下负偏析带，影响淬透性。

2.4.2　洁净度

氧含量对齿轮疲劳寿命有显著的影响，当氧含量从 0.0025% 降至 0.001% 以下时，疲劳寿命数倍地增加。进口齿轮钢氧含量见表 2-8。日本、德国等国齿轮钢的氧含量控制在 0.0007%~0.0018% 范围。

表 2-8　进口齿轮钢氧含量

钢号	SCM420H	16MnCr5	20MnCr5	25MnCr5	27MnCr5
国家	日本	奥地利	德国	德国	德国
T.O/%	0.0014	0.0016	0.0007~0.0012	0.0018	0.0012~0.0016

电炉单炼法生产 20CrMnTi 齿轮钢的氧含量约为 0.003%~0.004%，电炉+LF 精炼的工艺流程生产的齿轮钢氧含量约为 0.0025%，经 VD 真空处理后不高于 0.002%。目前，齿轮行业已将汽车用齿轮钢的氧含量规定为不高于 0.002%，很多采用 LF-VD 或 LF-RH 精炼工艺的特殊钢厂，可以将齿轮钢的氧含量控制在 0.0015% 以下。

非金属夹杂物中 B、D 类夹杂物对齿轮的疲劳寿命有显著影响，这两类夹杂物与氧含量有关，目前要求 B 类和 D 类夹杂物均不高于 1.0 级。偶发的大颗粒 Ds 类夹杂物也越来越引起关注，对夹杂物要求较高的产品，Ds 类夹杂物应不高于 2.0 级。A 类夹杂物对齿轮的疲劳寿命影响不大，并且随着易切削齿轮的发展，对硫含量的上、下限都提出了要求，今后还会对齿轮钢 A 类夹杂物的数量、形态及分布提出要求。C 类夹杂物为硅酸盐类，目前国内大多数特钢厂均可达到 1.0 级以下。

2.4.3　晶粒度

细小均匀的奥氏体晶粒度对于齿轮的强度和韧性有重要贡献，特别是提高渗碳钢的脆断抗力。同时可以稳定钢材的淬透性，减少齿轮热处理后的变形量。粗晶粒导致脆性增加，使弯曲强度下降，齿面容易剥落。如果出现混晶，如图 2-1 所示，有可能使齿牙之间因热处理变形而无法配对。

晶粒细化通过添加少量的细化晶粒元素（Al、Ti、Nb 等）来实现。目前齿轮钢的晶粒度级别一般要求不低于 6 级，甚至要求不低于 8 级。细化晶粒的主要做法是控制铝含量在 0.020%~0.055% 范围，以便形成 AlN 钉扎奥氏体晶界，阻止晶粒长大。在 20CrMnTi 齿轮钢中，钛是细化晶粒和防止出现混晶的元素，但是在钢中容易生成带棱角、非常硬的 TiN，轧制时在其与基体之间造成裂纹，所以齿轮钢不宜加入过量的钛，尽量采用铝或铌（0.020%~0.030%）来细化晶粒。工业发达国家的齿轮钢标准中均没有含钛齿轮钢。

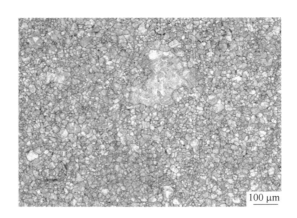

图 2-1　20CrMnTi 齿轮钢的混晶组织形貌

2.4.4　带状组织

钢在凝固过程中由于选分结晶的缘故，在钢坯横向及纵向会出现成分不均匀性，在轧后冷却过程中合金元素的贫化区域形成先共析铁素体，合金元素富集区域形成珠光体，最终形成铁素体区与珠光体区交替的层状分布，即带状组织，如图 2-2 所示。齿轮厂一般要求带状组织不高于 3 级。严重的带状组织不但会增加齿轮热处理后的变形，而且在渗碳处理后造成齿高各部位的显微硬度差异，影响齿轮的疲劳寿命。Cr-Mo、Cr-Ni-Mo 钢的带状组织较其他钢种严重。带状组织不易消除，选择合适的连铸工艺来改善成分偏析、提高轧制温度和热处理冷却速度，有利于改善带状组织。

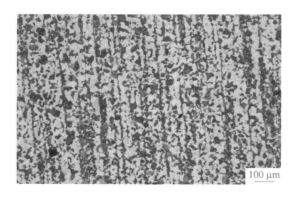

图 2-2　齿轮钢的带状组织形貌

2.4.5　锭型偏析

锭型偏析是在浸蚀后的横向低倍试片上呈方框形的偏析，如图 2-3 所示。

在锭型偏析区有 C、P、S 等元素的正偏析，有时也伴有夹杂物。断面越大，浇注

图 2-3 齿轮钢的锭型偏析形貌（20CrMnTi，$\phi80$ mm）

温度越高，则越容易产生锭型偏析。锭型偏析是钢液凝固时受结晶规律的影响，柱状晶带与等轴晶带之间形成成分偏析和气体及夹杂物的聚集。在连铸过程中应采用二冷区电磁搅拌和较低的过热度等措施减轻锭型偏析的危害。

齿轮钢坯的锭型偏析是有害的，会在齿根附近造成热处理变形量过大。齿轮制造厂注重锭型偏析的大小和形状，钢厂只注重偏析框的严重程度，因此用户提出应在国家标准（结构钢低倍组织缺陷评级图）中增加锭型偏析框不大于 1/2 半径等要求。

2.4.6 易切削性

随着齿轮加工线的自动化，为了不断提高生产效率，许多国家正在研究和使用易切削的齿轮钢。在法国和德国标准中，有不少对硫含量有下限要求的钢种牌号，硫含量一般为 0.020%~0.035%，并非越低越好。这些钢的硫含量比我国国标《易切削结构钢》（GB 8731—1988）规定的硫含量（最低硫含量为 0.04%~0.08%，最高硫含量为 0.23%~0.33%）低得多。仅靠增加钢中硫含量来提高易切削性并非是好方法，需要通过合适的冶炼和连铸工艺以改善硫化物的形状及其分布状态来达到。另外，通过钢材锻轧后的空冷处理，防止粒状贝氏体的出现，改善金相组织，也是提高切削性能的有效途径。

2.5 齿轮钢的冶炼关键技术

2.5.1 低氧含量控制

2.5.1.1 转炉高碳出钢

高碳出钢可以防止钢液的过氧化。首钢原 80 t 转炉冶炼齿轮钢时，采取高碳出钢，钢液中碳含量与氧含量的关系如图 2-4[8] 所示。当碳含量不低于 0.08% 时，钢中氧含量可以不高于 0.04%。转炉高碳出钢不但防止了钢液和炉渣的过氧化，而且可以与少渣炼钢工艺相结合，实现对添加的富锰矿熔融还原，将转炉终点锰含量由不高于 0.05% 提高至 0.5% 以上，如图 2-5[9] 所示。

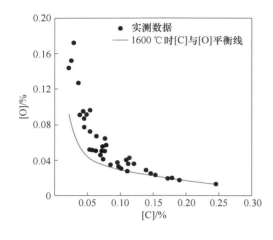

图 2-4　转炉终点 [C] 与 [O] 之间关系　　图 2-5　少渣冶炼时锰矿加入量对残锰的影响

2.5.1.2　控制下渣量和钢包渣改质

电炉采用偏心底出钢，严格控制下渣量。转炉维护好出钢口形状，保证钢液呈圆流出钢，并采用有效的挡渣措施，减少下渣量。在出钢过程中加入改质剂和脱氧剂，进行钢包渣改质。钢包送至 LF 工位后，在渣面加少量铝粒或碳化硅，使精炼渣中 (T. Fe+MnO) ≤ 1%，进一步降低炉渣氧化性。

2.5.1.3　精炼渣控制

随着炉渣碱度的增加，LF 精炼的脱氧常数增加，钢中总氧含量降低[10]。当精炼渣中 CaO/SiO_2 在 3.0~8.5，精炼结束时钢液 T. O 含量均随炉渣碱度的增加而降低。如图 2-6[11] 所示。在生产实践中为了防止出现含 Ca-Mg-Al 的 Ds 类夹杂物，往往控制精炼渣碱度不大于 5。

降低渣中 SiO_2 含量可以减少其与钢中铝反应形成的夹杂物数量，当渣中 SiO_2 含量不高于 5% 时，精炼结束时钢中 T. O 可降至 0.001% 以下[12]。

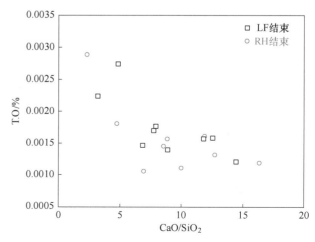

图 2-6　炉渣 CaO/SiO_2 对 T. O 含量的影响

除了碱度之外，精炼渣中 CaO/Al₂O₃ 对钢液总氧含量也有显著的影响。图 2-7 为 1600 ℃时 CaO-Al₂O₃-SiO₂-MgO(6%) 四元渣系中 Al₂O₃ 等活度图[13]。由图可知，随着渣中 CaO/Al₂O₃ 减小，（Al₂O₃）的活度缓慢增大。在 CaO/Al₂O₃ = 1.5~2.0 时，精炼渣熔点进入 1450 ℃液相区域，而且这个区域内（Al₂O₃）的活度也相对较低，有利于降低总氧含量和去除夹杂物。韩国浦项将渣中 CaO/Al₂O₃ 控制在 1.7~1.8，精炼渣熔化温度从 1500 ℃降低到 1350 ℃，铸坯总氧含量从 0.0010%~0.0012%降低到 0.0005% ~0.0008%[14]。

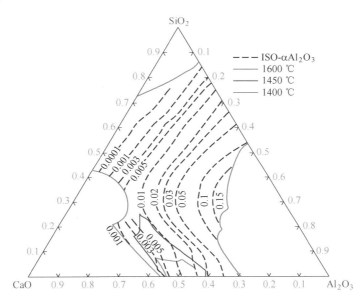

图 2-7   1600 ℃时 CaO-Al₂O₃-SiO₂-MgO(6%) 四元渣系 Al₂O₃ 等活度图

2.5.1.4 铝强制脱氧

齿轮钢钢液采用铝强制脱氧工艺，控制酸溶铝不低于 0.03%，同时降低渣中（Al₂O₃）活度，可使钢液中 T. O≤0.0015%。Ohta H、Itoh A 等人研究表明[15-16]，铝脱氧钢中溶解氧含量由铝含量、温度及渣中（Al₂O₃）活度共同决定。钢液中铝脱氧平衡反应可以由式（2-3）和式（2-4）表示。

$$2[Al] + 3[O] \Longrightarrow (Al_2O_3) \tag{2-1}$$

$$\lg K_3 = \frac{63655}{T} - 20.58 \tag{2-2}$$

$$K_3 = \frac{a_{Al_2O_3}}{a_{[Al]}^2 \cdot a_{[O]}^3} \tag{2-3}$$

$$\lg K_3 = \lg a_{Al_2O_3} - 2\lg(w[Al]) - 2\lg f_{Al} - 3\lg(w[O]) - 3\lg f_O \tag{2-4}$$

根据式（2-4）计算出 T = 1873 K 时，（Al₂O₃）活度对 [Al]-[O] 平衡的影响，如

图 2-8 所示。（Al₂O₃）活度对于［Al］-［O］平衡的影响是很明显的，当钢液中铝的含量为 0.03%，（Al₂O₃）的活度从 1 降低到 0.1 时，钢液中的氧活度可以降低 0.0002% ~ 0.0003%，这对于要求总氧含量低于 0.002% 的齿轮钢来说是非常必要的。

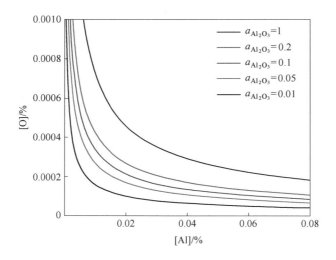

图 2-8   Al₂O₃ 活度对［Al］-［O］平衡的影响

2.5.1.5   出钢温度控制

出钢温度不宜过高。转炉出钢温度与钢液碳氧积的关系如图 2-9 所示[8]，降低出钢温度有利于降低碳氧积，即有利于降低终点氧含量。根据钢的液相线计算公式，20CrMnTiH 钢的液相线为 1512 ℃，因此，应控制转炉出钢温度为 1620 ~ 1650 ℃，LF/VD 精炼结束温度 1580 ~ 1600 ℃，中间包温度1530 ~ 1540 ℃。炉容量不同，上述各工序的温度控制范围也有所差异。

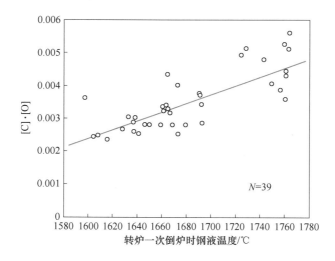

图 2-9   转炉终点钢液温度与钢液碳氧积之间关系

2.5.2 成分精确控制

钢中碳是极强的淬透性元素，应将其控制在中限，同时控制碳波动值不高于 $\pm 0.01\%$。锰可提高钢的淬透性和改善渗碳性能，铬可提高钢的强度和淬透性，因此将齿轮钢的锰、铬含量控制在中上限，以保证较好的强度、塑性和冲击韧性。首钢对"转炉—LF—VD—CC"工艺冶炼齿轮钢的生产数据进行统计回归，建立齿轮钢淬透性值预报模型，成分控制精度为：$[C]\pm 0.01\%$、$[Si]\pm 0.02\%$、$[Ti]\pm 0.02\%$、$[Mn]\pm 0.02\%$、$[Cr]\pm 0.03\%$、$[Ti]\pm 0.01\%$，淬透性带宽 $HRC \leqslant 6$ 的合格率达到 99.3%，$HRC \leqslant 4$ 的合格率达到 93.3%。

对于 20CrMnTi 齿轮钢而言，为了得到细晶粒和防止混晶现象，钢中钛含量一般控制在 $0.050\% \sim 0.075\%$、铝含量在 $0.015\% \sim 0.035\%$。过高的钛和铝含量会产生大量 TiO_2 和 Al_2O_3 氧化物夹杂，污染钢液和堵塞连铸水口。

为了提高齿轮钢的冲击性能，应降低钢中磷、硫含量。电炉和转炉均可将齿轮钢的磷含量控制在不高于 0.025% 的水平。

2.5.3 夹杂物控制

齿轮作为机器设备和汽车的重要零部件，对于强韧性和疲劳寿命有较高要求。此外，也要求具备一定的切削性能。汽车企业对齿轮钢中非金属夹杂物的要求是：A 类 $\leqslant 2.0$ 级，B 类 $\leqslant 1.5$ 级，C 类 $\leqslant 0.5$ 级，D 类 $\leqslant 0.5$ 级。齿轮钢的夹杂物控制主要包括以下几方面。

2.5.3.1 氧化物夹杂物控制

齿轮钢中氧化物夹杂主要以 Al_2O_3、$MgAl_2O_4$（镁铝尖晶石）、$CaO\text{-}Al_2O_3\text{-}SiO_2\text{-}MgO$ 复合夹杂物为主。Ds 类夹杂物主要以 $MgAl_2O_4$ 为核心，外部包裹钙铝酸盐或 CaS。这类大颗粒不易变形的夹杂物对齿轮钢疲劳寿命影响极大。

在 LF 精炼过程中，通常采用 $CaO\text{-}Al_2O_3$ 精炼渣系，其碱度和成分的调控对于夹杂物控制起到重要作用。Jae Hong Shin 等的研究发现[17]，当精炼渣中 $CaO/Al_2O_3 < 1.5$ 时，夹杂物演变顺序为：$Al_2O_3 \rightarrow MgAl_2O_4 \rightarrow MgAl_2O_4 +$ 液态氧化物（$CaO\text{-}Al_2O_3\text{-}SiO_2\text{-}MgO$）；当渣中 $1.5 < CaO/Al_2O_3 < 2.5$ 时，夹杂物演变顺序为：$Al_2O_3 \rightarrow MgAl_2O_4 \rightarrow$ 液态氧化物（$CaO\text{-}Al_2O_3\text{-}SiO_2\text{-}MgO$）；当 $CaO/Al_2O_3 > 3.0$ 时，形成 MgO 所需要的镁活度增加，夹杂物演变顺序为：$Al_2O_3 \rightarrow MgAl_2O_4 \rightarrow$ 液态氧化物（$CaO\text{-}Al_2O_3\text{-}SiO_2\text{-}MgO$）$\rightarrow$ MgO。因此，将 CaO/Al_2O_3 控制在 $1.5 \sim 2.5$ 范围，可以抑制精炼过程中形成有害的镁铝尖晶石和 Ds 类夹杂物。Mamoru Suda 等也发现[18]，当精炼渣中 CaO/Al_2O_3 为 1.8

时，吸附 Al_2O_3 夹杂物的能力最强。上述理论适合于精炼后的 Ca 处理工艺，而精炼过程则希望能够形成 Al_2O_3 和镁铝尖晶石（$MgAl_2O_4$）类的固相夹杂物，可以快速上浮和去除。

2.5.3.2　MnS 类夹杂物控制

钢中加入一定量的硫可以形成 MnS，从而改善切削性能。但是 MnS 具有良好的变形能力，在轧制过程中沿轧制方向延展成为大尺寸长条状，使得钢材力学性能呈各向异性，明显降低材料的横向性能。为了降低 MnS 对齿轮钢力学性能的影响，同时能更好地发挥其作为易切削相的功能，需要将其控制为弥散化分布的纺锤状或球状夹杂物[19]。应该指出，军工、重载齿轮等从韧性考虑，要求钢中极低的硫含量。影响钢中 MnS 夹杂物形态的因素较多，其中 ［Mn］/［S］对钢中硫化物的形态和数量的影响较大，如图 2-10 所示，随着 ［Mn］/［S］的增大，钢中夹杂物的纺锤率增大，同时夹杂物数量减少[20]。

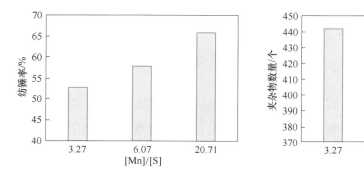

图 2-10　MnS 夹杂物纺锤率和数量与锰硫比的关系

钙元素常用作 MnS 夹杂物的改质剂。钢中加入钙合金可以促使硫化物由长条状向纺锤状转变，当硫化物中的 Ca>0.7% 时，硫化物的长宽比小于 3，转变为纺锤形。钢中 ［Ca］/［S］也对夹杂物形状影响显著，如图 2-11 所示，钢液中 ［Ca］/［S］在 0.7 左右时，夹杂物平均形状因子接近最大值，进一步增大 ［Ca］/［S］对形状因子影响不大[21]。

2.5.3.3　TiN 夹杂物控制

近年来，由于洁净钢二次精炼技术的发展钢中总氧含量不断降低，钢中氧化物夹杂含量不断减少，氧化物夹杂对钢材质量的影响也逐渐降低，在这种背景下，TiN 夹杂对钢材性能的影响受到研究者的关注。

TiN 是一种硬而脆的夹杂物，在相同尺寸情况下，TiN 比氧化物危害更大。通过热力学分析，20CrMnTi 钢凝固过程中固—液两相区内局部区域元素实际浓度积大于平衡

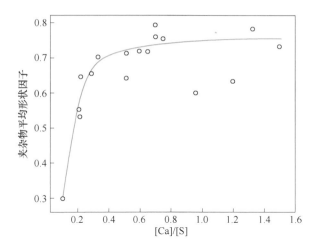

图 2-11 夹杂物形状因子与钢中 ［Ca］/［S］ 的关系

溶度积，析出 TiN 夹杂物。为了避免在凝固过程中形成大尺寸 TiN 夹杂物，当钢液 ［N］ 控制在 0.005% 时，最大 ［Ti］ 不应超过 0.06%[22]，如图 2-12 所示。为了防止两相区析出大尺寸氮化钛，渗碳齿轮钢的最高钛含量不宜超过 0.06%。

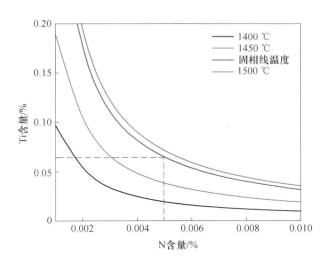

图 2-12 ［Ti］、［N］ 元素的含量对 TiN 析出的影响

2.5.3.4 水口结瘤控制

连铸水口结瘤的原因较多，主要原因之一是固态 Al_2O_3 类和 CaS 类夹杂物在水口内壁聚集。齿轮钢是铝脱氧钢，并且加入硫，部分钢种还加入钛，因此容易产生水口结瘤现象，需要将固态 Al_2O_3 类夹杂物变性为液态钙铝酸盐夹杂物，同时防止过量 CaS 类夹杂物产生。采用钙处理技术，可以将 Al_2O_3 夹杂物变性为 $12CaO \cdot 7Al_2O_3$ 和

3CaO·Al$_2$O$_3$ 等液态钙铝酸盐夹杂物。一般认为，[Ca]/[Al]≥0.05，可以有效防止水口结瘤。

如果硫含量高，钙处理时会生成 CaS 和固态 CaO·Al$_2$O$_3$。Fruehan 等通过热力学计算预测存在下列反应，并在实验室和钢厂均得到验证：

$$(Al_2O_3) + (CaS) \Longleftrightarrow (CaO\text{-}Al_2O_3) + [Al] + [S] \qquad (2\text{-}5)$$

式中，(Al$_2$O$_3$) 为富 Al 的固态夹杂物；(CaS) 为固态夹杂物；(CaO-Al$_2$O$_3$) 为液态夹杂物，这个反应可以用图 2-13 表示[23]。如果加入钙时钢液化学成分位于图 2-13 的曲线上方，则形成 CaS 和固态 CaO·Al$_2$O$_3$，而液态 (CaO-Al$_2$O$_3$) 不能形成。因此，必须控制硫含量，钙处理才能得到合适的液态夹杂物。对于含碳量较高的钢种，由于硫活度增加且浇注温度降低，钙处理时应将钢液中硫含量控制得更低，比图 2-13 低 30%～40%。我国标准《保证淬透性结构钢》（GB/T 5216—2014）中，已经将含硫钢的硫含量下限从 0.02% 降低至 0.015%。

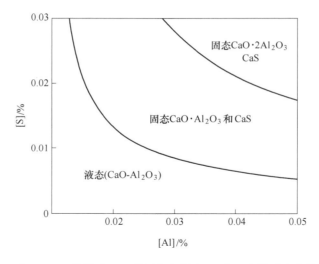

图 2-13　在 Fe-Al-S 熔体和 CaS 的平衡相图中 Al 和 S 含量对夹杂物的影响

对于含硫齿轮钢而言，Ca-S 在精炼温度下的平衡关系如图 2-14[24]所示。由图可知，在 LF 精炼后期喂钙线之前，钢液硫含量为 0.004% 左右，此时生成 CaS 夹杂物所对应的平衡钙含量为 0.0059%。而含硫齿轮钢的目标硫含量≥0.015%，所对应的平衡钙含量为 0.0015%。因此很容易析出 CaS 夹杂物。为了达到既能变性 Al$_2$O$_3$ 夹杂物，又能尽量降低 CaS 夹杂物析出的目的，应控制精炼后期向钢液中喂钙线和喂硫线（或加入 FeS）的时间间隔，喂硫线的操作甚至可移至 VD 或 RH 工序进行。同时，控制喂钙线的数量，喂钙线后使钢液中钙含量通常不高于 0.0020%。

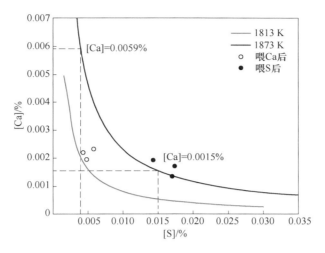

图 2-14 Ca-S 在精炼温度下的平衡关系

2.6 齿轮钢的冶炼工艺流程解析

2.6.1 齿轮钢的冶炼工艺

电炉单炼法生产齿轮钢已成为历史。目前国内外钢厂主要采用转炉—LF/VD 精炼—方坯连铸工艺流程和电弧炉—LF/VD 精炼炉—方坯连铸工艺流程来生产高品质齿轮钢，也有企业在 LF 精炼之后衔接 RH 真空循环精炼。国内外齿轮钢的部分生产工艺流程见表 2-9[25-26]。

表 2-9 国内外齿轮钢冶炼工艺

生产厂家	工 艺 流 程
兴澄	100 t UHP-DC-EBT—LF—VD—CC （五流：M-EMS, F-EMS, 300 mm×300 mm）
大冶	60 t UHP-DC(AC)-EBT-LF×2-VD—CC （四流：ϕ155 mm, ϕ190 mm, 150 mm×150 mm, 180 mm×180 mm; 三流：240 mm×240 mm, 350 mm×470 mm）
宝钢特钢	100 t UHP-DC-EBT—LF—VD—CC （五流：220 mm×220 mm, 140 mm×140 mm, M-EMS）
抚钢	50 t UHP-EBT—LF—VD—模铸 60 t UHP-EBT—LF—VD—CC （四流：220 mm×220 mm, 240 mm×240 mm, 280 mm×320 mm）
莱钢	120 t BOF—LF—CC 50 t UHP-EBT—LF—VD—CC 100 t UHP-EBT—LF—VD—CC

生产厂家	工 艺 流 程
攀钢	120 t BOF—LF—RH—CC （四流：360 mm×450 mm，320 mm×410 mm； 六流：160 mm×160 mm，200 mm×200 mm，280 mm×325 mm，280 mm×380 mm）
承德建龙	70 t BOF—LF—VD—CC
日本山阳	EAF-LF-RH-CC（370 mm×470 mm）
日本住友	KR-BOF-VAD-CC（410 mm×560 mm）
大同知多厂	EAF-LF-RH-CC（370 mm×480 mm）
德国 Krupp	EAF-LF-RH-CC（265 mm×265 mm）
意大利 ABS	EAF-LF-VD-CC（280 mm×280 mm）

目前齿轮钢精炼时存在着两种不同的工艺思路：一是高碱度精炼渣（碱度不低于5）+钙处理工艺，例如攀钢和兴澄特钢，将固态 B 类夹杂物变性为液态夹杂物，特点是可以有效防止水口结瘤，但容易形成 Ds 类夹杂物；二是中高碱度精炼渣（碱度为3~5）+非钙处理工艺，例如宝钢特钢和山阳特钢，特点是防止形成 Ds 类夹杂物，但此时钢中 B 类夹杂物容易堵塞水口。两种精炼工艺各有特点，钢厂可以根据产品要求和工艺装备条件等进行选择。

2.6.2　非钙处理工艺

2.6.2.1　宝钢

宝钢生产的 SCr420H 齿轮钢主要供日系汽车使用。其生产工艺流程为：超高功率 EAF—LF—VD—圆坯 CC（ϕ380 mm）。

由于这类钢种含较高的铝、硫，内生夹杂物主要为高熔点尖晶石类夹杂物，很容易导致水口堵塞以及 B 类夹杂物超标。通过钙处理将这些夹杂物转变为低熔点 CaO-Al_2O_3 或 CaO-Al_2O_3-MgO，可以解决水口堵塞及钢中 B 类夹杂物超标问题。但是，钙处理产物 CaO-Al_2O_3 或 CaO-Al_2O_3-MgO 恰恰是 Ds 类夹杂物的主要成分，日系高铝、高硫的 SCr420H 齿轮钢为了控制 Ds 类夹杂物，汽车厂家不允许钢厂采用钙处理工艺。那么，如何做到既控制 Ds 类夹杂物，又防止水口堵塞呢？

宝钢采取的主要做法是[27]：

（1）合金化方式。合金化主要在电炉出钢过程完成，仅在 LF 进行微调。在 VD 真空处理过程中严禁加合金，加合金操作会破坏真空度，频繁的真空度变化会加剧钢包内壁耐火材料剥落，铁合金中夹杂物和氧含量很高，在后期加入合金也缺乏足够的时间使夹杂物上浮去除。

（2）精炼炉渣控制。适当降低精炼渣碱度（从 7~10 降至 3.5~5.0），控制精炼过程尤其是真空处理过程向钢液的传钙现象，防止大型 Ds 类夹杂物（CaO-Al$_2$O$_3$-MgO）出现；降低渣中 Al$_2$O$_3$ 活度，以促进炉渣吸收高熔点 B 类夹杂物（Al$_2$O$_3$＋MgO·Al$_2$O$_3$）。

（3）VD 真空处理。VD 真空处理可去除钢中夹杂物，但也容易发生卷渣和钢包内壁耐火材料的严重侵蚀，导致夹杂物的发生。为了大幅降低 VD 出站前钢液中 Ds 类夹杂物的数量，破空后进行软吹镇静，时间控制在 15 min 左右。一般来说，软吹镇静时间越长，钢中夹杂物应该越少。但是，实际上随着软吹镇静时间的增加，大于 5 μm 和大于 10 μm 的夹杂物先减少后增加，见表 2-10。软吹镇静时间过长，对钢包的侵蚀严重，钢包内壁掉落的夹杂物会进入钢液，这可能就是后期夹杂物数量增加的原因。

表 2-10　宝钢 VD 软吹镇静时间对齿轮钢中夹杂物的影响

软吹镇静时间/min	夹杂物总数	≥5 μm 夹杂物数量	≥10 μm 夹杂物数量	最大夹杂物尺寸/μm
3	165	24	8	20
15	193	15	3	27
25	178	20	7	32

宝钢在生产日系 SCr420H 齿轮钢的过程中，不采用钙处理工艺，而是通过以上措施，在非钙处理条件下使连浇炉数由不多于 2 炉提高到 6 炉，成品中 B 类夹杂物由 3.0 级降低至 ≤0.5 级，Ds 类夹杂物 ≤1.0 级。

2.6.2.2　鞍钢

鞍钢采用转炉生产 ϕ90~210 mm 等规格的齿轮钢棒材，冶炼工艺流程如下：铁水预处理—转炉—LF—VD—CC（280 mm×380 mm）—连轧。其齿轮钢 20CrMnTi 化学成分控制见表 2-11。

表 2-11　鞍钢齿轮钢 20CrMnTi 主要化学成分　　　　　　　（%）

成分	C	Si	Mn	P	S	Cr	Ti	Al$_s$	T.O
实际值	0.20~0.22	0.23~0.26	1.04~1.08	0.010~0.015	0.002~0.004	1.20~1.25	0.048~0.056	0.008~0.015	0.0011~0.0017
标准值	0.17~0.23	0.17~0.37	0.80~1.15	≤0.030	≤0.030	1.00~1.35	0.040~0.100	无要求	≤0.0020

其工艺控制要点为[28]：

（1）转炉工艺。采用脱硫至 0.008% 的铁水和低硫废钢，以及高碳出钢，严格控制冶炼终点的补吹次数，控制出钢 [C]≥0.08%、[P]≤0.012%、[S]≤0.015%。出钢过程中进行脱氧、合金化操作，调整 C、Si、Mn、Cr 至成品下限。出钢后扒渣并造新渣，以保证精炼渣系的稳定性，为稳定齿轮钢化学成分和降低钢液氧含量奠定基础。

（2）LF 精炼工艺。采用微正压、较大渣量（白灰 6～8 kg/t、萤石 1.0～1.5 kg/t）、缩短电极加热时间至 20 min 左右，以控制钢水的增氮量。LF 过程中进行两次成分调整，粗调时加入 0.5～0.8 kg/t 铝粉进行脱氧操作，精调时将钢中 C、Si、Mn、Cr 含量按成品目标调整，钛含量按大于成品目标 0.025% 调整，回收率按 50% 计算，从而保证 VD 破空后的钛含量。酸溶铝含量按 0.025%～0.032% 控制。LF 精炼结束将炉渣调稠，以保证后序 VD 处理过程炉渣的稳定性。

（3）VD 精炼工艺。采用碱度≥3.0、（FeO+MnO）含量≤1.5%、Al_2O_3 含量 10%～15% 的中高碱度、低氧化性精炼渣，真空处理时间控制在 15 min 以上，控制钢中氢含量不高于 0.00015%，VD 破空后软吹 10 min，软吹结束后静置 10～15 min，保证夹杂物充分上浮。VD 成分控制目标为：钛含量 0.055%～0.060%、酸溶铝含量 0.010%～0.020%。

（4）连铸工艺。采用全程保护浇注技术，规范中间包水口密封、中间包覆盖剂的加入、保证中间包液位浇注高度等，保证浇注过程控制钛烧损量≤0.005%、酸溶铝烧损量≤0.004%、增氮量≤0.0003%。采用低过热度（≤20 ℃）、低拉速技术（0.70～0.75 m/min），结晶器电磁搅拌与凝固末端电磁搅拌相结合，以控制连铸坯宏观偏析。具体电磁搅拌参数见表 2-12，连铸坯低倍检验结果见表 2-13。

表 2-12　连铸电磁搅拌控制参数

电磁搅拌位置	电流强度/A	电流频率/Hz
结晶器电磁搅拌	300～500	1.0～2.0
凝固末端电磁搅拌	400～600	5.0～6.0

表 2-13　连铸坯低倍检验结果

中心疏松	中心偏析	缩孔	等轴晶率/%
0～0.5 级	0～0.5 级	0 级	30～36

（5）轧制工艺。轧制温度控制是影响淬透性的关键因素之一。鞍钢采用延长钢坯高温均热时间和轧后缓冷方式控制钢坯偏析及带状组织。连轧温度控制情况见表 2-14。控制加热炉在炉时间 3.5～4.5 h，高温均热时间 1.5～2.0 h，轧后缓冷时间 24 h。

表 2-14　连铸坯轧制温度控制　　　　　　　　（℃）

加热炉均热段	出炉温度（铸坯）	连轧咬入温度	缓冷进坑温度
1180～1210	1080～1120	990～1010	600～620

鞍钢齿轮钢 20CrMnTi 铸坯总氧含量为 0.0011% ~ 0.0017%，均值为 00014%；A、B、C、D 各类夹杂物级别均≤1.0 级；ϕ130 mm 棒材的带状组织为 1.0 ~ 1.5 级，晶粒度级别≥7.0 级，J9 硬度值 HRC = 35.6 ~ 41.3，淬透性带宽 HRC = 7。

2.6.2.3 日本山阳特殊钢

山阳特殊钢的 SNRP（Sanyo New Refining Process，山阳新精炼法）工艺流程为：150 t 超高功率电弧炉—LF 钢包精炼—RH 真空脱气—立式大断面连铸（370 mm×470 mm），是目前世界上最先进的工艺路线之一，如图 2-15 所示[29]。

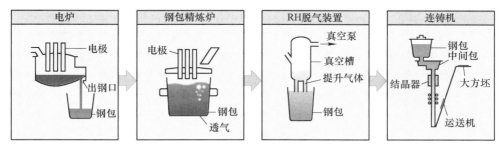

图 2-15 山阳特殊钢超洁净钢生产工艺流程

山阳特殊钢厂对钢中夹杂物的主要来源总结见表 2-15。

表 2-15 钢中夹杂物来源

工序	电 炉	炉外精炼	真空脱气炉	连 铸
氧化物来源	钢中的氧化渣卷入钢包，耐火材料	熔渣卷入，钢包耐火材料，空气氧化	初期熔渣卷入，耐火材料，空气氧化	钢包流出渣，保护渣卷入，耐火材料，空气氧化

为了防止夹杂物对钢液的污染，山阳特殊钢厂采取的 SNRP 工艺具有以下特点：

（1）电弧炉—LF—RH 工序：

1）电炉钢水在钢包耐火砖接缝处凝固，随后在 LF 精炼末期熔化，会污染钢包内的精炼钢水。山阳特殊钢公司采用钢包预热方法，使接缝处凝固的钢在精炼初期熔化。

2）LF 精炼时将脱硫程度作为主要指标。但是，硫是表面活性元素，在后序 RH 脱气处理时，硫含量有利于非金属夹杂物的凝集和上浮，所以山阳特殊钢公司在 LF 钢包精炼炉脱硫时，保持钢水中一定量的硫含量，从而促进 RH 脱气处理时钢液中夹杂物的上浮和分离。

3）LF 钢包精炼初期钢水脱氧生成 Al_2O_3，在精炼终了转变为 $MgO \cdot Al_2O_3$ 系和 $CaO \cdot Al_2O_3$ 系氧化物，其中 $CaO \cdot Al_2O_3$ 系液相夹杂物与钢水的浸润性好，在后续 RH 处理时难以被去除。山阳特殊钢公司对 LF 精炼中 CaO、CaF_2 用量和加入时间进行优化，使氧化物转变为固相 $MgO \cdot Al_2O_3$ 系夹杂物，在 RH 处理过程中易于凝集和上浮，如图 2-16 所示。

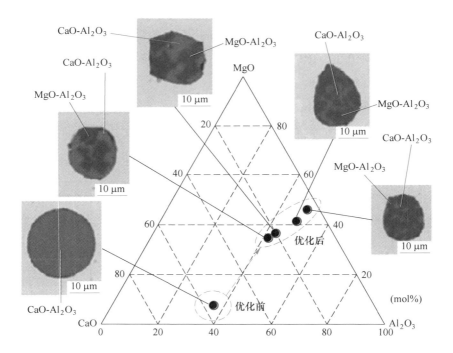

图 2-16　LF 精炼工艺优化前后夹杂物的组成（单位为物质的量分数）

4）当 RH 浸渍管插入钢包内的钢水中时，钢包表面的熔渣会被吸入真空槽内，污染钢水。山阳公司在浸渍管底部安装一个盆形容器，浸渍管插入钢包中时钢包表面熔渣不会被吸入真空槽内，仅将钢水吸入真空槽内进行环流脱气。

（2）连铸工序：

1）钢包向中间包注入钢水时，要用氧将钢包底部的水口烧开，被氧污染的钢水注入中间包，使中间包钢水受到严重的氧污染。山阳特殊钢公司在另外设置的容器上方进行钢包水口烧氧开口。利用这种方法，完全消除了污染钢水注入中间包的情况。

2）钢水在注入中间包的过程中，当钢包内液面降至一定高度时，钢水中会产生涡流，将熔渣卷入中间包。山阳特殊钢公司求出涡流发生时间的公式。在涡流发生之前，便停止钢包向中间包注入钢水。采取这个措施，在未显著降低钢水连铸收得率的情况下有效防止了熔渣对中间包钢水的污染。

山阳特殊钢总结了钢材性能要求和对应的制造措施，见表 2-16。

表 2-16　钢材性能要求和对应的制造措施

项目	性　　　能	制 造 措 施
外观	尺寸精度高（长度、直径、形状）	精密轧制、控制矫直工艺
	无表面缺陷	控制凝固、开坯、产品轧制工艺

项目	性　能	制　造　措　施
内部质量	成分稳定均匀（同一炉钢、各炉钢之间成分波动小），保证淬透性	控制精炼和凝固工艺
	夹杂物少（微观夹杂物、宏观夹杂物）	控制精炼和凝固工艺
	无内部缺陷	控制凝固和开坯工艺
加工性	锻造性良好（锻造不良品少）	保证成分、防止表面缺陷
	切削性良好（易切削、切屑易处理）	保证成分、控制热处理条件
	热处理性良好（可获得目标硬度、硬度波动小）	控制精炼、凝固、开坯、轧制工艺
使用性	强度高、耐久性好	材料设计、不纯物控制
	性价比高	材料设计

2.6.3　钙处理工艺

2.6.3.1　攀钢

攀钢生产齿轮钢 20CrMnTiH 采用铁水预处理—120 t 转炉—LF—RH-CC（200 mm×200 mm）工艺流程，其特点是采用转炉冶炼和 RH 真空处理以及 Ca 处理。工艺要点为[30-32]：

（1）转炉工艺。入炉铁水硫含量不高于 0.02%，转炉终点碳控制在 0.05%～0.15%，平均 0.07%。出钢时，钢包渣层厚度控制在 50～80 mm，出钢过程加入 4～6 kg/t 高碱度渣，并采用硅钙钡或铝粒等还原剂对钢包顶渣进行脱氧，初步调整钢包渣组分和降低其氧化性，使（FeO+MnO）≤1%。

（2）LF 精炼工艺。LF 精炼渣成分按表 2-17 控制，平均碱度约为 5，平均（CaO）/（Al_2O_3）约为 1.8；白渣精炼时间大于 15 min，以均匀成分和去除非金属夹杂物，LF 出站前将 C、Cr、Mn 成分调整至中限，温度控制在 1590～1605 ℃。

表 2-17　齿轮钢（20CrMnTi）钢包精炼渣成分

样本数/炉	CaO/%	SiO_2/%	Al_2O_3/%	CaO/Al_2O_3	MI（曼内斯曼指数）
15	$\dfrac{45.1\sim57.0}{49.7}$	$\dfrac{6.2\sim12.6}{9.5}$	$\dfrac{4.9\sim36.5}{29.7}$	$\dfrac{1.5\sim2.3}{1.8}$	$\dfrac{0.15\sim0.29}{0.20}$

（3）RH 精炼工艺：对于采取 RH 真空精炼的钢厂，应采取本处理模式脱气。控制真空度不大于 300 Pa，真空处理时间不少于 12 min，真空度达到规定要求后进行成分微调。为保证晶粒度要求，在真空状态下将钢中酸溶铝调整到 0.020%，RH 出站温度控制在 1560～1575 ℃，以保证连铸时中间包钢液 20 ℃左右的过热度。

（4）钙处理工艺。一般来说，钙处理应在 1600 ℃以上进行，控制酸溶铝为

0.03%、[Ca]/[Al]$_s$≥0.05，可以生成 12CaO·7Al$_2$O$_3$ 和 3CaO·Al$_2$O$_3$ 等低熔点夹杂物。此外，应控制较低的硫含量，如果硫含量不低于 0.015%，则钢水中 Al$_2$O$_3$ 夹杂很难完全变性为低熔点夹杂物。攀钢在 LF 和 RH 结束时均喂入一定量 Ca-Si 线，但为了提高钙收得率，大部分是在 RH 处理结束后喂入的，成品中钙含量平均 0.0011%，有利于改善硫化物和提高钢液可浇性。需要指出，由于钙处理会带来钢液二次氧化、Ds 类大型夹杂物以及成本上扬等缺点，目前对于是否采用钙处理工艺存在较大的争论，建议尽量不采用钙处理工艺。

攀钢中间包 20CrMnTiH 钢液总氧含量不大于 0.0010%；铸坯中心疏松、中心偏析、中心缩孔均不高于 1.0 级；等轴晶率为 31.5%~39.3%；铸坯横断面上各成分分布均匀，其中碳的偏析指数为 0.94~1.05；棒材硬度值分布较好，断面硬度波动控制在 HV=±10 以内。

2.6.3.2 兴澄特钢

兴澄特钢生产齿轮钢的流程为：100 t 超高功率直流电炉—100 t LF/VD 精炼炉—钙处理—CC（R12 m，五机五流，200 mm×340 mm）。其工艺要点为[33]：

（1）电炉工艺。在电炉—精炼炉冶炼齿轮钢流程中，电弧炉的功能主要是熔化、升温和脱磷。兴澄特钢采用热装部分铁水、氧燃烧嘴输入化学能以及二次燃烧技术，缩短冶炼周期。控制终点碳含量，防止钢水过氧化。出钢碳含量控制低于下限，磷含量控制不高于 0.030%，出钢温度控制在 1620~1650 ℃，出钢过程中严格控制下渣量，钢包内加入铝预脱氧。

（2）精炼工艺：

1）为了提高洁净度，采用 LF+VD 精炼工艺，降低钢中气体及非金属夹杂物含量，可使钢材氧含量不高于 0.0015%，非金属夹杂物 A 类≤2.5 级（包括硫含量高于 0.03% 的高硫齿轮钢），B、C、D 类均为≤2.0 级，B+C+D 类≤5 级。ZF 系列齿轮钢的残余钛含量不高于 0.0050%。

2）为了改善钢的切削性能，需要控制硫化物形态。电炉出钢时加入硫铁矿，精炼结束后采用钙处理工艺，将钢中长条形硫化物转变为纺锤形，不但能够改善切削性能，而且还能降低夹杂物级别，使其分布均匀。

3）为了减小成分波动范围，精炼过程中采用计算机成分微调及淬透性预报技术，主元素碳和锰含量的波动为±0.02%，以获得窄的淬透性带（HRC 4~6）和稳定的力学性能。

4）为控制晶粒度，将钢中铝含量和氮含量分别控制在 0.020%~0.050% 和 0.010%~0.018%，形成 AlN 起到钉扎作用，阻止晶粒长大。

（3）连铸工艺。连铸机具备下渣检测、保护浇注、液面自动控制、保护渣自动添加、电磁搅拌、二冷汽雾冷却等功能。为了防止成分偏析，连铸过热度控制在 15～25 ℃，采用结晶器电磁搅拌与末端搅拌。拉速控制较低，高硫齿轮钢连铸拉速为 0.60～0.65 m/min。各类齿轮钢轧材的低倍偏析均不高于 2.5 级，其中≤1.0 级的比例达到 65%以上。

2.7　本　章　小　结

（1）齿轮钢的冶金质量问题主要是淬透性、洁净度、晶粒度、带状组织和易切削性。我国齿轮钢生产水平和质量已达到国际先进水平，包括成材低氧含量和窄成分控制等，但是高端产品的性能稳定性与国际顶级水平尚有差距，主要体现在淬透性带宽控制、偶发大颗粒夹杂物控制、晶粒度控制、带状组织控制等方面。未来需要进一步开发高端齿轮钢，包括窄淬透性带齿轮钢、超低氧渗碳钢、低晶界氧化层渗碳钢、超细晶粒渗碳钢、高温抗软化渗碳钢、易切削齿轮钢、冷锻齿轮用钢等。

（2）齿轮钢冶炼工艺对于所有保证淬透性合金结构钢和冷镦钢等钢种均有重要借鉴作用。齿轮钢的主要冶炼流程为：超高功率电弧炉（或转炉）—LF—VD（或 RH）—大方坯（或圆坯）连铸。从冶炼角度需要重点关注的技术包括：1）成分精确控制；2）低氧含量的控制；3）偶发大颗粒 Ds 类夹杂物和氮化钛的控制；4）宏观偏析和带状组织控制；5）易切削齿轮钢中硫化物形态、数量及分布的控制；6）连铸水口结瘤控制。

（3）齿轮钢中酸溶铝含量、精炼渣的碱度和渣中（Al_2O_3）活度对总氧含量有显著影响，钢中硫含量和 [Mn]/[S] 对硫化物的形态和数量的影响较大，20CrMnTi 钢凝固过程中固相分率超过 0.53 时会析出大尺寸硬而脆的 TiN 夹杂。因此，在精炼过程中应注意控制钢液中 [Al]$_s$ 含量、[S] 含量和 [Mn]/[S]、[Ti] 和 [N] 含量，同时，还应注意控制精炼渣的碱度和（Al_2O_3）活度。

（4）通过 LF—VD（或 RH）精炼工艺来提高齿轮钢钢液的洁净度和可浇性，尽量不采用或少采用钙处理工艺，以防止 Ds 类大型夹杂物的形成。

参 考 文 献

[1] 张宇. 汽车零部件用齿轮钢, 2019 年全国高品质特殊钢生产技术研讨会论文集 [C]. 中国金属学会, 2019: 1-11.

[2] 朱蕴策. 我国汽车齿轮钢的几点思考 [J]. 金属热加工, 2008 (17): 8-10.

[3] 任琪. 20CrMnTiH 系列齿轮钢带状组织控制 [D]. 沈阳：东北大学, 2018.

[4] 易文. 20CrMnTi（FQ）淬透性工艺研究 [J]. 特钢技术, 2012, 18 (2): 27.

[5] 史志强, 等. 20CrMnTi 齿轮钢淬透性控制技术研究 [J]. 炼钢, 2008, 24 (6): 47-49.

[6] 宋月鹏, 等. 合金元素淬透性系数的经验电子理论分析 [J]. 中国科学（E辑：技术科学）, 2008, 38 (7): 1042-1049.

[7] 崔玉珍. 国外汽车齿轮钢晶粒度的研究 [J]. 机械工程材料, 1990 (3): 10-12.

[8] 林平. 转炉生产高品质齿轮钢冶炼工艺与产品质量研究 [D]. 沈阳：东北大学, 2009.

[9] 刘浏. 洁净钢生产技术的发展与创新 [J]. 中国冶金, 2016, 16 (10): 18-28.

[10] 梶冈博幸, イセ. 取鍋精錬炉における脱硫挙動について：LF 法による精錬反応の研究 [J]. 鉄と鋼, 1976, 62 (11): 139.

[11] 赵克文, 等. 齿轮钢中非金属夹杂物控制技术 [J]. 钢铁钒钛, 2009, 30 (3): 38-43.

[12] Hajime M, et al. Deoxidation of Al-killed steel by secondary refining [J]. Tetsu-to-Hagané, 1986, 72 (12): S1110.

[13] 马文俊. 高碳铬轴承钢精炼过程中夹杂物控制的关键技术研究 [D]. 北京：北京科技大学, 2014.

[14] Yoon B H, et al. Improvement of steel cleanliness by controlling slag composition [J]. Ironmaking and Steelmaking, 2003, 30 (2): 51-59.

[15] Itoh H, et al. Thermodynamics on the formation of non-metallic inclusion of spinel（$MgO \cdot Al_2O_3$）in liquid steel [J]. Tetsu-to-Hagané, 1998, 84 (2): 85-90.

[16] Ohta H, et al. Activities in CaO-SiO_2-Al_2O_3 slags and deoxidation equilibria of Si and Al [J]. Metallurgical and Materials Transactions B, 1996, 27B (6): 943-953.

[17] Jae Hong Shin, Joo Hyun Park. Effect of CaO/Al_2O_3 ratio of ladle slag on formation behavior of inclusions in Mn and V alloyed steel [J]. ISIJ International, 2018, 58 (1): 88-97.

[18] Mamoru Suda. Control of ladle slag composition for the production of the ultra-low carbon clean steel [J]. Current Advances in Materials and Processes, 1990, 3 (1): 241.

[19] 杨文, 等. 钢中 MnS 夹杂物控制综述 [J]. 炼钢, 2013, 29 (6): 71-74.

[20] 蒋光辉. 含硫易切削钢冶炼技术实验室研究 [D]. 昆明：昆明理工大学, 2007.

[21] Blais C, et al. Development of an integrated method for fully characterizing multiphase inclusions and its application to calcium-treated steels [J]. Materials Characterization, 1997, 38: 25-37.

[22] Ma Wenjun, et al. Control of the precipitation of TiN inclusions in gear steels [J]. International Journal of Minerals, Metallurgy and Materials, 2014, 21 (3): 1-6.

[23] Fruehan. Future steelmaking technologies and the Role of basic research [J]. Metallurgical and Materials Transactions B, 1997, 28B: 748-749.

[24] 苑一波, 等. 20CrMnTiH 齿轮钢精炼全流程夹杂物演变 [C]. 第 23 届全国炼钢学术会议论文集（A）, 南京, 2022: 292-299.

[25] 康旭. 钙处理及造渣工艺对齿轮钢 20CrMnTiH 夹杂物的影响 [D]. 沈阳：东北大学, 2019.

[26] 张贵. 我国齿轮钢生产技术发展状况 [J]. 工业加热, 2015, 44 (5): 46-48.

[27] 杨光维, 等. 高等级齿轮钢夹杂物控制技术研究 [J]. 炼钢, 2019, 35 (1): 61-65.

［28］杨辉，等．鞍钢齿轮钢 20CrMnTi 炼钢工艺生产实践［J］．鞍钢技术，2019，417（3）：56-58.

［29］Sugimoto S，Oi S. Development of high productivity process of ultra-high-cleanliness bearing steel［J］. Sanyo Technical Report，2018，25（1）：50-54.

［30］陈亮．小方坯连铸 20CrMnTiH 齿轮钢宏观偏析控制［J］．钢铁钒钛，2019，40（4）：110-115.

［31］陈天明，等．120 t LD-LF-RH-CC 流程生产齿轮钢的氧含量控制工艺［J］．2010，31（1）：24-27.

［32］蒲学坤．齿轮钢冶炼工艺研究［D］．昆明：昆明理工大学，2006.

［33］刘兴洪，张旭东，彭继承．兴澄齿轮钢短流程生产与质量控制探讨［C］．第七届中国钢铁年会论文集 2，2009：13-17.

3 弹 簧 钢

弹簧是十分常用的机械零件，其作用非常重要，在各种机械、仪器、仪表、汽车、铁道车辆、飞机、卫星、宇航设备、石油化工，以及家用电器和日常生活用品等领域广泛使用。弹簧在各种设备中起着缓冲、减震、储能、传力、连接、支撑等作用，主要是在动载荷，即冲击、震动或长期均匀的周期性交变应力的条件下工作。

3.1 弹簧钢的用途、分类和性能要求

3.1.1 弹簧钢的用途

为了适应各种用途的需要，弹簧种类繁多，性能各异。按照受力形式进行划分，弹簧包括拉伸弹簧、压缩弹簧、扭转弹簧和弯曲弹簧。按照形状进行划分，弹簧主要包括叠板弹簧、螺旋弹簧、碟形弹簧、盘簧、扭力杆以及各种弹性元件，如弹性垫圈、弹簧挡环、弹性扣件等。按照大小和重量，弹簧包括重工业用的大型弹簧，以及仪器仪表用的细丝状弹簧。此外，弹簧还要适应十分恶劣和复杂工作环境的要求，如高温、低温、腐蚀、静载荷、动载荷等。

弹簧钢是制造各种用途叠板弹簧、螺旋弹簧、盘簧等弹簧和弹性元件的钢，主要因其在经过淬火和回火处理后具有优良的弹性。弹簧钢的弹性取决于其弹性变形能力，即在规定的范围内，弹性变形的能力使其承受一定的载荷，在载荷去除之后不出现永久变形[1]。

3.1.2 弹簧钢的分类

根据 GB/T 13304.1 标准，弹簧钢按照其化学成分分为碳素弹簧钢（非合金弹簧钢）和合金弹簧钢。

3.1.2.1 碳素弹簧钢

碳素弹簧钢的碳元素质量分数一般在 0.62%～0.90%。按照其中锰元素质量分数，又分为一般锰含量弹簧钢和较高锰含量弹簧钢。一般锰含量弹簧钢中锰元素质量分数在 0.50%～0.80%左右，如 65、70、80、85 弹簧钢，较高锰元素弹簧钢中锰元素质量

分数在 0.90% ~ 1.20% 左右，如 65Mn、70Mn 弹簧钢。

3.1.2.2 合金弹簧钢

合金弹簧钢是在碳素弹簧钢的基础上，通过适当加入一种或几种合金元素来提高钢的力学性能、抗疲劳性能、抗弹减性能、淬透性和其他性能，以满足制造各种弹簧所需的性能。

合金弹簧钢的基本组成系列包括硅锰弹簧钢、硅铬弹簧钢、铬锰弹簧钢、铬钒弹簧钢、钨铬钒弹簧钢等。在这些系列的基础上，有一些牌号为了提高某些方面的性能加入了钼、硼等合金元素。

此外，还从其他钢类，如优质碳素结构钢、碳素工具钢、高速工具钢、不锈钢，选择一些牌号作为弹簧用钢。

3.1.3 弹簧钢的性能要求

弹簧和弹性元件的工作条件非常恶劣，要承受多种形式的应力，如拉伸、压缩、扭转、弯曲、冲击、疲劳等。一些弹簧还要能在如高温、低温、腐蚀等环境下工作。因此，不仅要求用作制造弹簧和弹性元件的弹簧钢必须具有优良的材料性能，同时还应满足制造形状、尺寸、重量各异的弹性类产品元件所需的工艺性能。

（1）力学性能。力学性能主要包括弹簧钢的弹性极限、比例极限、抗拉强度、硬度、塑性、韧性、屈强比等。根据弹簧的用途和工作条件，使这些性能很好地组合，以得到最好的综合力学性能。

（2）疲劳性能。疲劳性能是弹簧钢承受交变应力的能力，是决定弹簧疲劳寿命的重要因素，是弹簧破坏最主要的形式之一。影响疲劳性能的主要因素有强度、硬度、表面缺陷（包括表面脱碳）、钢材洁净度、残余内应力，以及显微组织的类型、均匀性和粒度等。

（3）抗弹减性能（弹簧的抗弹性减退能力，又称抗松弛能力）。抗弹减性能是指弹簧在长期静、动载荷作用下承受载荷、抗变形的能力，也就是在室温下的蠕变抗力。抗弹减性能低的弹簧在工作一段时间后明显变形，承载能力大大下降，以致失效，这是弹簧破坏的另一种主要形式。为了提高弹簧钢的设计应力，减轻弹簧重量，必须提高抗弹减性能。采用固溶强化、析出强化、细化晶粒强化等可提高抗弹减性能。以上可以通过调整化学成分和热处理工艺来实现。

（4）淬透性。淬透性指钢经加热和奥氏体化后接受淬火的能力，用钢淬火后从表面到内部的硬度分布情况来表示。钢材淬透性的高低决定了能够制造弹簧的最大直径或厚度。要求弹簧钢的淬透性优良、稳定，热处理变形波动小，使制成弹簧的尺寸、形状及组织和性能稳定，这是对弹簧钢非常重要的要求。

（5）热处理工艺性能。要求弹簧钢的热处理工艺性能优良，包括淬火变形小、不易过热、组织和晶粒细小、回火稳定性高、不易氧化、脱碳和石墨化倾向小等。

（6）加工成型性能。弹簧钢一般需要经过加工成型（热加工或冷加工）制成弹簧。因此，弹簧钢要具有优良的加工成型性能，如下料、冲孔、矫形、弯曲、扭转、缠绕等。

为了满足上述性能要求，弹簧钢必须具有优良的冶金质量，包括严格控制钢的化学成分、高的洁净度（主要为低的杂质元素和非金属夹杂物含量），并控制非金属夹杂物的形态、尺寸和分布。同时，还要求弹簧钢组织的高均匀性和稳定性。此外，弹簧钢还应具有良好的表面状态，因为表面质量严重影响弹簧的疲劳极限，不同表面状态的弹簧的疲劳极限可以相差 7~8 倍，所以弹簧钢表面不应有裂纹、折叠、飞边、气泡、夹杂物和氧化铁皮的嵌入及表面脱碳。为保证弹簧受力均匀，要求弹簧具有高精度的外形和尺寸。

3.2　弹簧钢的冶金质量要求

3.2.1　化学成分特点

为了满足弹簧钢的性能要求，必须严格控制各种弹簧钢的化学成分。我国常用弹簧钢的化学成分见表 3-1。弹簧钢属于中高碳合金结构钢，经常加入的合金元素有 Si、Mn、Cr、V、W、Mo、B 等。

钢中的 C 元素主要用来满足强度要求。碳元素在钢中主要发挥固溶强化、沉淀强化作用，当溶解于铁素体或奥氏体时发挥固溶强化作用，形成碳化物析出时起到析出强化作用。碳元素不仅对弹簧钢的强度、塑性及硬度有显著影响，还对疲劳性能、脱碳敏感性等有重要影响。研究表明，提高碳元素含量可有效提高弹簧钢抗弹性减退性能。弹簧钢一般在淬火、中温回火后使用，调质处理状态下的弹簧钢具有较高的强度、疲劳极限及弹性极限。

钢中添加 Si 元素可显著提高弹性极限、屈服强度、屈强比和疲劳强度，并使钢在淬火时不致敏感，提高回火稳定性，从而可在更高的温度下回火以得到良好的综合力学性能。研究表明，硅元素是增强弹簧抗弹减性能最有效的元素。硅元素虽然有很强的固溶强化作用，但是容易降低钢的塑性和韧性。此外，硅含量较高的钢热处理时容易出现石墨化，脱碳敏感性大。

钢中添加 Mn、Cr、B 能增加钢的淬透性，改善大截面弹簧钢的组织均匀性，保证

表3-1 弹簧钢牌号和化学成分（GB/T 1222—2016）

（%）

序号	牌号	化学成分（质量分数）											
		C	Si	Mn	Cr	V	W	Mo	B	Ni	Cu②	P	S
1	65	0.62~0.70	0.17~0.37	0.50~0.80	≤0.25	—	—	—	—	≤0.35	≤0.25	≤0.030	≤0.030
2	70	0.67~0.75	0.17~0.37	0.50~0.80	≤0.25	—	—	—	—	≤0.35	≤0.25	≤0.030	≤0.030
3	80	0.77~0.85	0.17~0.37	0.50~0.80	≤0.25	—	—	—	—	≤0.35	≤0.25	≤0.030	≤0.030
4	85	0.82~0.90	0.17~0.37	0.50~0.80	≤0.25	—	—	—	—	≤0.35	≤0.25	≤0.030	≤0.030
5	65Mn	0.62~0.70	0.17~0.37	0.90~1.20	≤0.25	—	—	—	—	≤0.35	≤0.25	≤0.030	≤0.030
6	70Mn	0.67~0.75	0.17~0.37	0.90~1.20	≤0.25	—	—	—	—	≤0.35	≤0.25	≤0.030	≤0.030
7	28SiMnB	0.24~0.32	0.60~1.00	1.20~1.60	≤0.25	—	—	—	0.0008~0.0035	≤0.35	≤0.25	≤0.025	≤0.020
8	40SiMnVBE①	0.39~0.42	0.90~1.35	1.20~1.55	—	0.09~0.12	—	—	0.0008~0.0025	≤0.35	≤0.25	≤0.020	≤0.012
9	55SiMnVB	0.52~0.60	0.70~1.00	1.00~1.30	≤0.35	0.08~0.16	—	—	0.0008~0.0035	≤0.35	≤0.25	≤0.025	≤0.020
10	38Si2	0.35~0.42	1.50~1.80	0.50~0.80	≤0.25	—	—	—	—	≤0.35	≤0.25	≤0.025	≤0.020
11	60Si2Mn	0.56~0.64	1.50~2.00	0.70~1.00	≤0.35	—	—	—	—	≤0.35	≤0.25	≤0.025	≤0.020
12	55CrMn	0.52~0.60	0.17~0.37	0.65~0.95	0.65~0.95	—	—	—	—	≤0.35	≤0.25	≤0.025	≤0.020
13	60CrMn	0.56~0.64	0.17~0.37	0.70~1.00	0.70~1.00	—	—	—	—	≤0.35	≤0.25	≤0.025	≤0.020
14	60CrMnB	0.56~0.64	0.17~0.37	0.70~1.00	0.70~1.00	—	—	—	0.0008~0.0035	≤0.35	≤0.25	≤0.025	≤0.020
15	60CrMnMo	0.56~0.64	0.17~0.37	0.70~1.00	0.70~1.00	—	—	0.25~0.35	—	≤0.35	≤0.25	≤0.025	≤0.020

续表 3-1

序号	牌号	化学成分（质量分数）											
		C	Si	Mn	Cr	V	W	Mo	B	Ni	Cu②	P	S
16	55SiCr	0.51~0.59	1.20~1.60	0.50~0.80	0.50~0.80	—	—	—	—	≤0.35	≤0.25	≤0.025	≤0.020
17	60Si2Cr	0.56~0.64	1.40~1.80	0.40~0.70	0.70~1.00	—	—	—	—	≤0.35	≤0.25	≤0.025	≤0.020
18	56Si2MnCr	0.52~0.60	1.60~2.00	0.70~1.00	0.20~0.45	—	—	—	—	≤0.35	≤0.25	≤0.025	≤0.020
19	52SiCrMnNi	0.49~0.56	1.20~1.50	0.70~1.00	0.70~1.00	—	—	—	—	0.50~0.70	≤0.25	≤0.025	≤0.020
20	55SiCrV	0.51~0.59	1.20~1.60	0.50~0.80	0.50~0.80	0.10~0.20	—	—	—	≤0.35	≤0.25	≤0.025	≤0.020
21	60Si2CrV	0.56~0.64	1.40~1.80	0.40~0.70	0.90~1.20	0.10~0.20	—	—	—	≤0.35	≤0.25	≤0.025	≤0.020
22	60Si2MnCrV	0.56~0.64	1.50~2.00	0.70~1.00	0.20~0.40	0.10~0.20	—	—	—	≤0.35	≤0.25	≤0.025	≤0.020
23	50CrV	0.46~0.54	0.17~0.37	0.50~0.80	0.80~1.10	0.10~0.20	—	—	—	≤0.35	≤0.25	≤0.025	≤0.020
24	51CrMnV	0.47~0.55	0.17~0.37	0.70~1.10	0.90~1.20	0.10~0.25	—	—	—	≤0.35	≤0.25	≤0.025	≤0.020
25	52CrMnMoV	0.48~0.56	0.17~0.37	0.70~1.10	0.90~1.20	0.10~0.20	—	0.15~0.30	—	≤0.35	≤0.25	≤0.025	≤0.020
26	30W4Cr2V	0.26~0.34	0.17~0.37	≤0.40	2.00~2.50	0.50~0.80	4.00~4.50	—	—	≤0.35	≤0.25	≤0.025	≤0.020

① 40SiMnVBE 为专利牌号；

② 根据需方要求，钢中残余铜含量可不大于 0.20%。

大截面弹簧钢的强度。铬元素还能防止弹簧钢脱碳和石墨化。

钢中添加 V 可提高钢的强度、屈强比,尤其是比例极限和弹性极限,可降低热处理时的脱碳敏感性。这是因为钒是极强的碳化物形成元素,可细化奥氏体晶粒,提高晶粒粗化温度,增加淬火后的回火稳定性,并产生二次硬化效应。

钢中添加 W、Mo,与碳元素形成难溶碳化物,在较高的温度回火时,能延缓碳化物的聚集,并且保持较高的高温强度。钨还有减小过热敏感性、抑制回火脆性的作用。钼也能提高弹簧钢的抗弹减性能。

各种弹簧钢中化学成分的区别导致其性能上存在差异。

碳素弹簧钢中碳元素含量一般为 $0.60\% \sim 0.90\%$,主要满足高的强度、硬度和弹性。碳素弹簧钢的塑性和韧性不高,淬透性和耐热性较差。

锰系弹簧钢以锰为合金元素,性能优于碳素弹簧钢。其强度和淬透性较高,脱碳倾向小,但有过热敏感性和回火脆性,容易产生淬火裂纹。

硅锰系弹簧钢以硅、锰为合金元素,具有良好的强度极限、屈强比、弹性极限、疲劳强度,较高的抗弹减性能和一定的淬透性。但是,硅锰系弹簧钢热处理时容易出现石墨化,脱碳敏感性大,淬透性不算高,在加热时晶粒容易粗化。

铬锰系弹簧钢以铬、锰为合金元素。与硅锰系弹簧钢相比,铬锰系弹簧钢淬透性高、脱碳倾向小、不易出现石墨化现象、抗氧化和耐腐蚀性能好,即铬锰系弹簧钢的综合性能高于硅锰系弹簧钢。但是,铬锰系弹簧钢的抗弹减性能不如硅锰系弹簧钢。其过热敏感性虽比锰系弹簧钢低,但比硅锰系弹簧钢高。

硅铬系弹簧钢以硅、铬为合金元素。与硅锰系弹簧钢相比,当塑性指标接近时,硅铬系弹簧钢具有较高的抗拉强度和屈服强度,在硬度相同时又有较好的冲击韧性。此外,硅铬系弹簧钢的过热敏感性较低,而且在高温工作条件下具有稳定的力学性能。硅铬系弹簧钢综合了硅锰系和铬锰系弹簧钢的优点,具有良好的综合性能,特别是抗弹减性能。

铬钒系弹簧钢是以铬元素为主,以钒元素为辅的合金弹簧钢。铬钒系弹簧钢淬透性高,综合力学性能良好。因为铬钒系弹簧钢中碳元素含量较低,在相同强度水平下比其他弹簧钢的塑性、韧性、疲劳性能好。其缺口敏感性低、低温冲击韧性好、回火稳定性高,在高温工作时性能比较稳定。

铬锰钼系弹簧钢有极好的淬透性,是所有标准弹簧钢中最高的。钨铬钒系弹簧钢属于高强度耐热弹簧钢。

3.2.2 杂质元素及危害性

为了满足弹簧钢的性能要求,生产过程中必须保证钢材的洁净度,降低钢材中杂质元素的含量。弹簧钢中常见的杂质元素包括 O、P、S、N、H 等。

钢中氧元素总量包括溶解氧含量和氧化物中氧元素含量。弹簧钢中氧元素含量和氧化物夹杂的数量、尺寸相关，而氧化物直接影响钢材的洁净度，进一步影响弹簧钢的疲劳性能。赵海民等[2]研究夹杂物对 60Si2CrVA 高强度弹簧钢的疲劳性能的影响，结果表明，氧含量控制在 0.001% 以下，氧化物夹杂尺寸减小，弹簧钢疲劳源出现几率减小。日本大同特殊钢厂用超洁净弹簧钢生产工艺试验了洁净度对悬挂弹簧钢性能的影响，证实了氧含量低于 0.0015% 是实现悬挂弹簧高应力值的一种有效手段。弹簧钢国标要求 40SiMnVBE 钢材（或坯）中的氧含量应不大于 0.0015%，其他合金弹簧钢材（或坯）中的氧含量应不大于 0.0025%。

磷是表面活性元素，在晶界及相界面偏析严重，造成钢材"冷脆"，显著降低钢材的低温冲击韧性。同时磷对钢材延展性、调质钢回火脆性都有很大影响。因此，大多数钢种都要求降低磷含量。弹簧钢国标要求碳素弹簧钢材（或坯）中磷含量应不大于 0.030%，40SiMnVBE 钢材（或坯）中的磷含量应不大于 0.020%，其他合金弹簧钢材（或坯）中的磷含量应不大于 0.025%。

除易切削钢外，硫通常是钢中的有害元素。硫在钢中形成硫化物夹杂（MnS、CaS 等），降低钢的延展性和韧性，特别是冲击韧性；当硫元素以硫化铁的形式存在时，会引起热脆，显著降低钢的热加工性能。钢中硫化物还是连铸坯外裂和内裂的根源之一，钢中硫含量控制越低，连铸坯质量改善越明显。可见，最大限度地降低钢中硫含量可提高钢材性能。弹簧钢国标要求碳素弹簧钢材（或坯）中硫含量应不大于 0.030%，40SiMnVBE 钢材（或坯）中的硫含量应不大于 0.012%，其他合金弹簧钢材（或坯）中的硫含量应不大于 0.020%。

氮、氢是常见气体元素。钢液中氮元素含量过高，弹簧钢凝固过程中会形成氮气泡，降低钢材的致密度；此外，钢液中含有一定量残余钛元素时，凝固过程中钛、氮元素偏析会析出不规则形状的 TiN 夹杂物，严重损害弹簧钢的疲劳性能。弹簧钢白点敏感性强，钢液中氢含量控制不当容易形成白点缺陷。

3.2.3　非金属夹杂物

弹簧钢中氧元素是常见杂质元素，通过和钢中脱氧元素形成非金属夹杂物影响钢材的性能。弹簧在工作状态下承受复杂的交变应力，钢中夹杂物破坏了钢基体的均匀连续性，容易造成应力集中，在钢基体与夹杂物接触部位容易产生微裂纹，微裂纹在周期应力作用下不断扩展，加速疲劳破坏的过程，最终导致弹簧疲劳断裂。在高周疲劳体系下，夹杂物作为裂纹源引起疲劳断裂需要满足两个条件：一个是夹杂物变形指数；另一个是临界尺寸，该尺寸与夹杂物到钢材表面的距离有关。

　　大量研究表明，夹杂物的成分、形貌、尺寸、数量、分布以及变形能力均会影响弹簧钢的疲劳寿命。夹杂物的变形能力可以通过塑性变形来表征，结合力弱且尺寸大的脆性夹杂物和球状不变形夹杂物对弹簧使用性能的危害可能是致命的。

　　单相 Al_2O_3 以及钙铝酸盐的危害性最大，而 MnS 夹杂物的危害最小。表 3-2 总结了文献中报道的弹簧钢疲劳断裂源处，夹杂物的形貌、成分及尺寸特征。这些夹杂物主要为 Al、Ca、Si、Mg 等元素的氧化物，呈现规则或者不规则的形貌，夹杂物尺寸较大，基本都在 15 μm 以上，有的甚至达到 100 μm 以上，有时候仅仅一个大尺寸夹杂物便会造成钢材的致命性缺陷。Al_2O_3 夹杂物在轧制钢材中呈链状存在，在夹杂物评级中称为 B 型夹杂物；含有 20% CaO 以上的钙铝酸盐夹杂物在轧制钢材中保持铸态时的球状，在夹杂物评级中称为 D 类或 Ds 类夹杂物。B、D、Ds 类夹杂物均对弹簧疲劳寿命非常有害。

表 3-2　断裂面夹杂物形貌及尺寸[3-8]

钢　种	疲劳断裂处夹杂物形貌	夹杂物成分	夹杂物尺寸/μm
60Si2MnA		$CaO\text{-}MgO\text{-}Al_2O_3\text{-}SiO_2$	20
60Si2MnA		$CaO\text{-}MgO\text{-}Al_2O_3\text{-}SiO_2\text{-}CaS$	60
60Si2CrVA		$Al_2O_3\text{-}MgO$ $Al_2O_3\text{-}MgO\text{-}CaO\text{-}SiO_2$	23.4, 30.7 20.7, 31.2
60Si2CrVA H-60		$Al_2O_3\text{-}MgO\text{-}CaO\text{-}SiO_2$	21.0~32.1

钢　　种	疲劳断裂处夹杂物形貌	夹杂物成分	夹杂物尺寸/μm
50CrV4	 50 μm	Al_2O_3-CaO	50
50CrV4	 30 μm	Al_2O_3-CaO-SiO_2	29
—	 50 μm	Al_2O_3-CaS	105
1800 MPa 级弹簧钢	 20 μm	Al_2O_3	27
JIS	 50 μm	Al_2O_3	43
SWOSC-V	 10 μm	TiN	8

在铝脱氧弹簧钢中，有时发现部分氧化物夹杂表面含有 CaS 覆盖层，此类夹杂物在钢中呈现球形，与周围的钢基体存在明显的空洞，破坏钢的连续性，降低钢材的疲劳寿命。在弹簧钢断裂源处除了氧化物外，还发现了大尺寸 TiN 夹杂物。对于脆性夹

杂物和点状不变形夹杂物来说，相同尺寸条件下，熔点高、硬度大的 TiN 对钢材的危害性是最大的，6 μm 的 TiN 对钢材质量的恶化作用相当于 25 μm 的氧化物夹杂。因此，除了控制氧化物，还须严格控制钢液中 N、Ti 元素含量，以控制 TiN 夹杂物的尺寸和数量。

夹杂物的尺寸是影响弹簧钢疲劳寿命的关键因素，只有当夹杂物尺寸大于某一临界尺寸后，其对钢材疲劳强度的影响才显现出来。夹杂物的临界尺寸与夹杂物到钢材表面的距离以及钢的强度密切相关。位于钢材近表面的夹杂物比钢材内部的夹杂物的危害性更大。Kawada[9] 通过旋转弯曲疲劳试验得出夹杂物作为裂纹源的临界尺寸与其到钢材表面距离的关系，如图 3-1 所示，可以看出，随着夹杂物到钢材表面的距离减小，其能够成为疲劳裂纹源的夹杂物临界尺寸减小。阙石生[10] 实验得出了夹杂物尺寸和位置对 51CrV4 弹簧钢疲劳寿命的影响，提出夹杂物的尺寸和其到钢材表面距离共同影响着疲劳寿命，夹杂物的尺寸越大，距离钢材表面越近，弹簧钢的疲劳寿命越低。

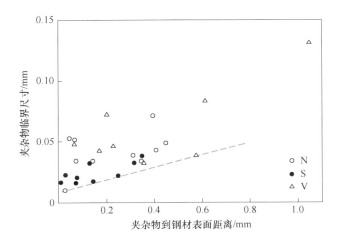

图 3-1　作为裂纹源的夹杂物临界尺寸与其到钢材表面距离的关系

当夹杂物的类型和尺寸分布相同时，夹杂物数量的增加会导致弹簧钢疲劳寿命的降低，在一定的应力范围内，疲劳裂纹的生长速度随着夹杂物的数量的增加而加快。

为了满足弹簧钢的性能要求，严格控制生产过程中夹杂物的类型、尺寸、数量和分布。钢材应进行非金属夹杂物检验，其结果应符合表 3-3 中的规定。

表 3-3　弹簧钢非金属夹杂物合格级别 （GB/T 1222—2016）

非金属夹杂物类型	合 格 级 别			
	1 组		2 组	
	细系	粗系	细系	粗系
A	≤2.0	≤1.5	≤2.5	≤2.0

非金属夹杂物类型	合格级别			
	1 组		2 组	
	细系	粗系	细系	粗系
B	≤2.0	≤1.5	≤2.5	≤2.0
C	≤1.5	≤1.0	≤2.0	≤1.5
D	≤1.5	≤1.0	≤2.0	≤1.5
Ds	≤2.0		—	

3.2.4 组织和性能

弹簧钢向着高强度化、轻量化方向发展，但是又不能破坏其塑性，因此弹簧钢的组织控制非常重要。

弹簧钢热轧材的室温组织一般为珠光体。根据产品质量要求，高质量弹簧钢的理想组织是索氏体+微量珠光体+极少量铁素体，应避免出现过多的自由铁素体、屈氏体、贝氏体或马氏体等异常组织。目前，国外的优质弹簧钢的索氏体化率高达 93%。高质量弹簧钢除了强调高索氏体比率外，组织中的其他缺陷对其疲劳寿命也有很大影响，如网状铁素体。先共析铁素体优先在晶界上析出、长大并形成网状，在外力的作用下首先在晶界上形成微裂纹，随着外力的增强，裂纹迅速扩展、断裂，反映到宏观上就是抗拉强度较低、韧性差。

控轧控冷技术[11]生产弹簧钢是在钢材洁净度提高和铸坯无缺陷的基础上，利用形变与相变的交互作用，在不增加成本的前提下有效提高弹簧钢的强韧性的生产技术。通过该技术的实施，可以达到抑制奥氏体晶粒长大、控制碳化物析出、细化珠光体球团、获得尽可能多的索氏体组织的效果。

文献[12]报道，38SiMnVB 弹簧钢常规轧制工艺轧制的晶粒度为 8 级左右，组织为贝氏体+珠光体和少量的马氏体，而控制轧制工艺获得的晶粒度大于 10 级，组织为铁素体+珠光体。60Si2Mn 弹簧钢采用控轧控冷技术，得到细小球团状且均匀分布的珠光体+少量铁素体组织，热轧钢材的强韧性显著提高，同时减少了脱碳程度[13]。

目前淬火及回火是弹簧钢的典型热处理工艺。为了得到较高的强度，中碳弹簧钢的热处理大都采用淬火加中温回火，淬火后得到全马氏体组织，回火后得到回火屈氏体组织。为了保证大断面弹簧钢组织的均匀性，需严格要求其淬透性，GB/T 1222—2016 要求对 55SiMnVB 和 28SiMnB 弹簧钢进行末端淬透性试验，距淬火端 9 mm 处的最小洛氏硬度值应符合表 3-4 的规定。

表 3-4 弹簧钢淬透性试验（GB/T 1222—2016）

牌号	正火温度/℃	端淬温度/℃	距淬火端 9 mm 处的最小硬度值 HRC
55SiMnVB	900～930	860 ± 5	52
28SiMnB	880～920	900 ± 20	40

为了进一步提高弹簧钢和弹簧的各项性能，冶金工作者在弹簧钢的热处理方面做了不少研究。这里对弹簧钢快速加热技术和形变热处理技术进行简略介绍：

（1）快速加热技术。油淬火钢丝一般是将从冷拔机出来的冷拔钢丝在辐射炉中加热油淬火，再用铅浴加热回火。日本采用高频感应加热技术，成功地开发了一种新型 Si-Cr 钢油淬火钢丝。由于短时加热淬火及回火，这种钢丝组织和晶粒细化，表面不发生脱碳；快速加热后保持适当时间，钢丝整体温度均匀，整个截面上组织和硬度均匀。使用这种钢丝制造的高强度螺旋弹簧，抗拉强度大，抗弹减性能好；制造的汽车悬挂弹簧，在相同性能指标下，比一般处理的弹簧质量减轻 10%～20%。

（2）形变热处理。形变热处理（又称热机械处理）是将奥氏体化后的钢在奥氏体状态下进行变形，在来不及再结晶或冷却分解的条件下立即淬火，以便使形变和淬火紧密结合的一种热处理工艺。形变热处理可以同时发挥形变强化和热处理强化的作用，获得单一强化方式所达不到的综合力学性能。S. P. Chakraborty 等[1]研究了 450～550 ℃亚稳奥氏体形变对 Cr-V 和 Cr-V-Mo 弹簧钢强化的影响，发现与常规热处理试样相比，弹簧钢经形变热处理后马氏体得到明显强化，硬度提高；马氏体具有较高的抗回火软化能力，力学性能得到极大改善。

3.2.5 表面质量和脱碳层

弹簧钢成品钢材的表面就是制成弹簧后的工作表面，因此钢材的表面情况对弹簧的使用寿命影响很大。通过统计分析汽车在规定工作时间内所有破损阀门弹簧的破损原因发现，表层夹杂物引起的破损占 40%，表面缺陷和脱碳引起的破损占 30%，居第二位。因此，钢厂在生产高质量弹簧钢时采取一系列措施，尽量消除表面缺陷和减轻脱碳，以满足汽车弹簧不断提高的质量要求。

在交变载荷作用下，弹簧表面所受外应力最大，表面的微观不规则几何形状、刀具和研磨产生的擦痕、磨裂等以及钢材本身的表面缺陷都有可能像锋利的缺口一样，引起应力集中，降低弹簧的疲劳极限，所以表面质量对疲劳寿命的影响比钢材内在质量的影响更为明显。抗拉强度越高的材料，表面质量对疲劳极限的影响越大[14-15]，所以标准 GB/T 1222—2007 中规定弹簧钢材不得有裂纹、折叠、结疤、夹杂和压入的氧化铁皮等表面超标缺陷。对于铁路车辆用弹簧圆钢，一般黑皮材要求通过磁粉探伤，表面无毛细裂纹。随着高速铁路的发展，还要求使用磨光材，并且表面无缺陷。随着材料生产加工技术和制簧、喷丸等弹簧加工技术的进步，可以使表面质量得到稳定，从而提高弹簧钢的疲劳性能。

弹簧钢表面或多或少都存在一定程度的脱碳，表面脱碳 0.1 mm 就会使其疲劳极限明显下降，如果出现铁素体全脱碳层，可降低疲劳极限 50%。随着钢材表面脱碳层深度的增加，疲劳寿命下降。这是由于钢材淬火后，表面脱碳层达不到所要求的硬度及力学强度，图 3-2 所示为脱碳层的硬度分布，可知表面层不同部位淬火时膨胀系数不同，致使部件全脱碳层与半脱碳层之间的过渡区产生微裂纹，这些可见的或不可见的裂纹成为应力集中区，并作为裂纹继续发展的起源，引起弹簧的失效断裂[16-17]。高强度优质弹簧钢要求脱碳倾向越小越好，不允许出现铁素体全脱碳层组织，GB/T 1222—2016 中严格限定了弹簧钢材总脱碳层深度。

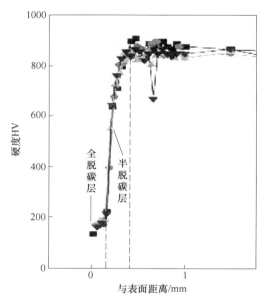

图 3-2   脱碳层硬度分布

从弹簧钢脱碳的研究文献[18-19]可知，脱碳主要发生在钢坯加热到轧制冷却这段过程，不同钢种的脱碳敏感性不同。弹簧钢的脱碳程度受到化学成分、加热制度和冷却方式的影响。

化学成分影响碳活度，而脱碳深度与碳活度的相关性极大。碳活度越大，脱碳深度越大。碳、锰含量相同的 Si-Mn 和 Cr-Mn 弹簧钢在不同温度下加热 30 min 后测定的脱碳层深度，表明 Si-Mn 钢比 Cr-Mn 钢更容易脱碳。经 1200 ℃加热后，Cr-Mn 钢脱碳层深 0.5 mm 左右，而 Si-Mn 钢脱碳层深 0.7 mm 左右。主要是由于硅提高了钢中碳活度，增加了钢的脱碳倾向；这也解释了含硅弹簧钢容易出现石墨化现象。另外，铬是碳化物形成元素，提高了碳扩散的激活能，减轻了钢的脱碳倾向。

加热制度对脱碳的影响主要表现在加热温度、时间以及加热气氛等方面。弹簧钢在轧制加热或热处理加热过程中，暴露在氧化性气氛中的钢材表面同时经历着脱碳和氧化反应，产生脱碳和烧损现象。烧损所产生的铁鳞可在轧制前用高压水去除，或在冷拉前采用酸洗或喷丸办法消除，而剩余的脱碳层是影响钢材质量的重要因素。

3.3　弹簧钢标准的发展

由于日常生活和工业领域对弹簧的要求逐渐提高，弹簧钢不断发展创新，弹簧钢的标准也在不断更新。目前弹簧钢的国家标准包括 GB/T 1222—1975、GB/T 1222—1984、GB/T 1222—2007、GB/T 1222—2016 四个版本。以下内容将主要根据 GB/T 1222—1984、GB/T 1222—2007、GB/T 1222—2016 三个标准，介绍弹簧钢的发展过程。

3.3.1　弹簧钢牌号的演变

在弹簧钢发展过程中，其种类不断丰富。不同阶段，弹簧钢的牌号见表 3-5。GB/T 1222—1975 标准中，弹簧钢的牌号共有 19 种。GB/T 1222—1984 标准中，弹簧钢的牌号共有 17 种，其中牌号不带 A 的钢种表示钢中磷、硫元素含量均不大于 0.040%，相较于牌号带 A 的钢种，要求较低。与 GB/T 1222—1984 标准相比，GB/T 1222—2007 标准中删除了 55Si2Mn、55Si2MnB 和 60CrMnMoA 三个牌号，增加了 55SiCrA 牌号。GB/T 1222—2016 标准在 GB/T 1222—2007 标准基础上，新增了 80、70Mn、28SiMnB、40SiMnVBE 等 11 个牌号，即弹簧钢的牌号逐渐增多。

表 3-5　弹簧钢牌号的演变

GB/T 1222—1975	GB/T 1222—1984	GB/T 1222—2007	GB/T 1222—2016
65	65	65	65
70	70	70	70
75	—	—	—
—	—	—	80
85	85	85	85
65Mn	65Mn	65Mn	65Mn
—	—	—	70Mn
—	—	—	28SiMnB
—	—	—	40SiMnVBE
55SiMnVB	55SiMnVB	55SiMnVB	55SiMnVB
—	—	—	38Si2
60Si2Mn/60Si2MnA	60Si2Mn/60Si2MnA	60Si2Mn/60Si2MnA	60Si2Mn
55CrMn	55CrMnA	55CrMnA	55CrMn
—	60CrMnA	60CrMnA	60CrMn
—	60CrMnBA	60CrMnBA	60CrMnB

GB/T 1222—1975	GB/T 1222—1984	GB/T 1222—2007	GB/T 1222—2016
—	—	—	60CrMnMo
—	—	55SiCrA	55SiCr
60Si2CrA	60Si2CrA	60Si2CrA	60Si2Cr
—	—	—	56Si2MnCr
—	—	—	52SiCrMnNi
—	—	—	55SiCrV
60Si2CrVA	60Si2CrVA	60Si2CrVA	60Si2CrV
—	—	—	60Si2MnCrV
50CrVA	50CrVA	50CrVA	50CrV
—	—	—	51CrMnV
—	—	—	52CrMnMoV
30W4Cr2VA	30W4Cr2VA	30W4Cr2VA	30W4Cr2V
55Si2Mn	55Si2Mn	—	—
55Si2MnB	55Si2MnB	—	—
—	60CrMnMoA	—	—
70Si3MnA	—	—	—
60Si2MnWA	—	—	—
55SiMnMoV	—	—	—
55SiMnMoVNb	—	—	—

3.3.2 洁净度要求的演变

P、S 元素是钢中常见的有害元素,要求弹簧钢中含量越低越好。弹簧钢中 P、S 元素含量要求的变化见表 3-6 中,GB/T 1222—1975 标准中 P、S 元素的上限在 0.030% ~ 0.040%,GB/T 1222—1984 标准中 P、S 元素的上限在 0.030% ~ 0.035%,GB/T 1222—2007 标准中 P、S 元素的上限严格到 0.025% ~ 0.035%,而 GB/T 1222—2016 标准中 P、S 元素的上限进一步严格到 0.020% ~ 0.030%。随着国标的更新,同种牌号的弹簧钢中 P、S 元素的要求逐渐严格。

此外,对弹簧钢中氧含量也逐步提出了明确要求。在早期的 GB/T 1222—1975 标准、GB/T 1222—1984 标准和 GB/T 1222—2007 标准中均没有对弹簧钢中氧含量提出具体要求,而 GB/T 1222—2016 标准中则明确提出合金弹簧钢材(或坯)中的氧含量应不大于 0.0025%,40SiMnVBE 钢材(或坯)中的氧含量应不大于 0.0015%,弹簧钢标准对氧含量的规定越来越严格。

表 3-6　弹簧钢中 P、S 元素上限变化（质量分数）　　　　　　　（%）

弹簧钢牌号	GB/T 1222—1975		GB/T 1222—1984		GB/T 1222—2007		GB/T 1222—2016	
	P	S	P	S	P	S	P	S
65	≤0.040	≤0.040	≤0.035	≤0.035	≤0.035	≤0.035	≤0.030	≤0.030
70	≤0.040	≤0.040	≤0.035	≤0.035	≤0.035	≤0.035	≤0.030	≤0.030
85	≤0.040	≤0.040	≤0.035	≤0.035	≤0.035	≤0.035	≤0.030	≤0.030
65Mn	≤0.040	≤0.040	≤0.035	≤0.035	≤0.035	≤0.035	≤0.030	≤0.030
55SiMnVB	≤0.040	≤0.040	≤0.035	≤0.035	≤0.035	≤0.035	≤0.025	≤0.020
60Si2Mn	≤0.035	≤0.030	≤0.030	≤0.030	≤0.025	≤0.025	≤0.025	≤0.020
55CrMn	≤0.040	≤0.040	≤0.030	≤0.030	≤0.025	≤0.025	≤0.025	≤0.020
60CrMn	—	—	≤0.030	≤0.030	≤0.025	≤0.025	≤0.025	≤0.020
60CrMnB	—	—	≤0.030	≤0.030	≤0.025	≤0.025	≤0.025	≤0.020
55SiCr	—	—	—	—	≤0.025	≤0.025	≤0.025	≤0.020
60Si2Cr	≤0.035	≤0.030	≤0.030	≤0.030	≤0.025	≤0.025	≤0.025	≤0.020
60Si2CrV	≤0.035	≤0.030	≤0.030	≤0.030	≤0.025	≤0.025	≤0.025	≤0.020
50CrV	≤0.035	≤0.030	≤0.030	≤0.030	≤0.025	≤0.025	≤0.025	≤0.020
30W4Cr2V	≤0.035	≤0.030	≤0.030	≤0.030	≤0.025	≤0.025	≤0.025	≤0.020

3.3.3　非金属夹杂物评级的演变

弹簧钢中非金属夹杂物是导致其疲劳断裂的主要原因，因此严格控制弹簧钢中非金属夹杂物的类型、尺寸和数量是非常重要。早期弹簧钢标准 GB/T 1222—1975、GB/T 1222—1984 中没有对弹簧钢中非金属夹杂物提出要求。GB/T 1222—2007 标准中首次对弹簧钢中非金属夹杂物的合格级别提出要求，具体见表 3-7。2016 年实行的

表 3-7　弹簧钢中非金属夹杂物合格级别变化

非金属夹杂物类型	合格级别					
	GB/T 1222—2007		GB/T 1222—2016			
			1 组		2 组	
	细系	粗系	细系	粗系	细系	粗系
A	≤2.5	≤2.0	≤2.0	≤1.5	≤2.5	≤2.0
B	≤2.5	≤2.0	≤2.0	≤1.5	≤2.5	≤2.0
C	≤2.0	≤1.5	≤1.5	≤1.0	≤2.0	≤1.5
D	≤2.0	≤1.5	≤1.5	≤1.0	≤2.0	≤1.5
Ds	—		≤2.0		—	

GB/T 1222—2016 弹簧钢标准中进一步提高了对非金属夹杂物合格级别的要求，将
GB/T 1222—2007 标准中的相关要求设为 2 组，进一步提出了 1 组的要求，不仅提高
了对 A、B、C、D 类夹杂物的要求，还明确提出了对 Ds 类夹杂物的要求。因此，对
弹簧钢中非金属夹杂物的要求逐渐提高。

3.3.4 低倍缺陷评级的演变

弹簧钢横截面酸浸低倍试片上不应有目视可见的残余缩孔、气泡裂纹、夹杂、翻
皮、白点、晶间裂纹。不同阶段弹簧钢标准中，酸浸低倍缺陷的合格级别应符合表 3-8
中的规定。GB/T 1222—1975 标准要求低倍缺陷中一般疏松、中心疏松、中心偏析的
级别分别不大于 3.0，GB/T 1222—1984 标准和 GB/T 1222—2007 标准要求低倍缺陷中
一般疏松、中心疏松、中心偏析的级别分别不大于 2.5，而 GB/T 1222—2016 标准中
要求以上低倍缺陷的级别分别不大于 2.0，此外还要求中心偏析级别不大于 2.0，即弹
簧钢的低倍缺陷评级的要求越来越严格。

表 3-8 弹簧钢中低倍缺陷合格级别变化

弹簧钢标准	一般疏松	中心疏松	中心偏析	锭型偏析
	级 别			
GB/T 1222—1975	≤3.0	≤3.0		≤3.0
GB/T 1222—1984	≤2.5	≤2.5	—	≤2.5
GB/T 1222—2007	≤2.5	≤2.5	—	≤2.5
GB/T 1222—2016	≤2.0	≤2.0	≤2.0	≤2.0

3.3.5 脱碳层要求的演变

随着钢材表面脱碳层深度的增加，疲劳寿命下降。因此，严格要求弹簧钢表面脱
碳层深度非常重要。弹簧钢表面总脱碳层深度要求的变化见表 3-9，GB/T 1222—1975
标准中对热轧材脱碳层深度进行了规定。GB/T 1222—1984 标准和 GB/T 1222—2007
标准中对热轧材和冷拉材的脱碳层深度都进行了规定，两个标准对弹簧钢脱碳层的要
求基本相同。GB/T 1222—2016 标准中将其他弹簧钢的公称尺寸由之前的两类细分为
三类，对公称尺寸在 20 mm 以上的弹簧钢的脱碳层深度提出了更高的要求；此外，将
脱碳层深度的要求分为 1 组和 2 组，其中 2 组和以往标准中要求相同，而 1 组中的要
求更加严格，即弹簧钢中表面总脱碳层深度的要求逐渐严格。

表 3-9　弹簧钢中表面总脱碳层深度要求的变化

标准	牌号	公称尺寸/mm	总脱碳层深度不大于公称尺寸的百分比/%				冷拉材
			热轧材				
			圆钢、盘条		方钢、扁钢		
			1组	2组	1组	2组	
GB/T 1222—2016	硅弹簧钢	≤8	2.0	2.5	2.5	2.8	2.0
		>8~30	1.8	2.0	2.0	2.3	1.5
		>30	1.5	1.5	1.6	1.8	—
	其他弹簧钢	≤8	1.8	2.0	2.0	2.3	1.5
		>8~20	1.2	1.5	1.6	1.8	1.0
		>20	1.0	1.5	1.2	1.6	1.0
GB/T 1222—2007	硅弹簧钢	≤8	2.5		2.8		2.0
		>8~30	2.0		2.3		1.5
		>30	1.5		1.8		—
	其他弹簧钢	≤8	2.0		2.3		1.5
		>8	1.5		1.8		1.0
GB/T 1222—1984	硅弹簧钢	≤8	2.5		2.8		2.0
		>8~30	2.0		2.3		1.5
		>30	1.5		1.8		—
	其他弹簧钢	≤8	2.0		2.3		1.5
		>8	1.5		1.8		1.0
GB/T 1222—1975	硅弹簧钢	≤8	2.5（二级3.0）				
		>8~30	2.0（二级2.5）				
		>30	1.5（二级2.0）				
	其他弹簧钢	≤8	2.0（二级2.5）				
		>8	1.5（二级2.0）				

　　根据以上的描述可知，近年来弹簧钢的种类逐渐增多，同时对弹簧钢的质量要求逐渐提高，包括有害元素含量、非金属夹杂物级别、低倍缺陷合格级别、表面脱碳层深度等方面的要求，对弹簧钢的生产也提出了更高的要求。

3.4   弹簧钢的冶炼关键技术

目前弹簧钢冶炼工艺主要有两种：

（1）超低氧弹簧钢即洁净钢工艺。此工艺采用铝脱氧以及高碱度精炼渣（碱度 $R=4\sim5$）进行生产，将钢水中总氧含量降至不高于 0.001%，获得高洁净度。其技术原理是：采用强脱氧剂铝脱氧，将钢中绝大部分溶解氧转化为 Al_2O_3，然后通过吹氩搅拌及真空处理等手段促进夹杂物上浮，被合适的精炼渣吸收。从而达到钢中总氧含量低，钢中 Al_2O_3 类夹杂物数量少、尺寸细小且弥散分布的目的。采用超低氧洁净钢工艺的技术难点就是要使钢中不变形的 B 类、D 类（Ds 类）夹杂物有效去除，因为这些夹杂物对弹簧钢的疲劳寿命有不利影响。

（2）脱氧工艺与合成渣二次精炼相结合的夹杂物塑性化工艺。此工艺主要采用弱脱氧剂硅锰脱氧，低碱度精炼渣（碱度 $R\leqslant1.2$）精炼技术，将钢中 $[Al]_s$ 含量控制在 0.002% 以下。采用夹杂物塑性化工艺的优点是减少钢液中高硬度脆性夹杂物（Al_2O_3/B 类）和铝酸钙（$mCaO\cdot nAl_2O_3$/D 类或 Ds 类）的生成，转而形成低熔点、具有良好变形能力的 $CaO\text{-}SiO_2\text{-}Al_2O_3$ 和 $MnO\text{-}SiO_2\text{-}Al_2O_3$ 等类型夹杂物，其不足之处在于钢液洁净度偏低，夹杂物的平均尺寸偏大，需要足够长的精炼时间来提高钢液洁净度。

邢台钢铁公司采用 BOF—LF—RH—CC 流程冶炼高质量弹簧钢（55SiCrA、60Si2MnA），开发了两种冶炼工艺[20]：第一种为高铝-高碱度-低氧钢工艺（即上述洁净钢工艺），适合于大规格材、对氧元素含量要求严格、对夹杂物塑性化并不苛刻的用户；第二种工艺为低铝-低碱度-夹杂物塑性化工艺（即上述夹杂物塑性化工艺），该工艺适合高强度细规格、对夹杂物塑性化要求严格的用户。

3.4.1   超低氧洁净钢工艺

弹簧钢的洁净化工艺主要是通过尽可能降低钢中总氧含量，将钢中溶解氧转变为 Al_2O_3 夹杂物，再使用合适的炉渣成分进行渣钢反应或采用钙处理对 Al_2O_3 夹杂物进行变性，并通过吹氩搅拌、真空处理等促进夹杂物上浮去除，达到降低夹杂物数量和尺寸的目的，从而提高弹簧钢的疲劳寿命。

3.4.1.1   铝含量对钢中总氧含量和夹杂物的影响

超低氧钢的生产都是以铝作为终脱氧剂，根据铝脱氧活度积 $a_{Al}^2\cdot a_O^3=2.5\times10^{-4}$（1600 ℃时），当钢中溶解铝含量为 0.030% 时，钢水平衡氧含量可降到 0.0003% 以下。

用铝脱氧来降低钢中总氧含量存在一个最佳区域，许多研究表明[1,21-22]，［Al］为 0.01%~0.02% 时，对应的总氧含量较低，当总氧含量降到 0.0005% 以后，进一步增加 ［Al］，钢中总氧含量反而增加，如图 3-3 所示。有人认为，这是铝对氧活度的影响所致，也有人认为是钢中铝脱氧产物不能排除所致。因此，生产超低氧钢的关键是如何去除钢中的 Al_2O_3 夹杂物，以及防止钢水在浇注时的二次氧化。未去除的 Al_2O_3 夹杂容易导致连铸结晶器浸入式水口结瘤，而保留在钢材中的 Al_2O_3 夹杂成为 B 类夹杂物，严重损害弹簧钢的疲劳性能[23]。

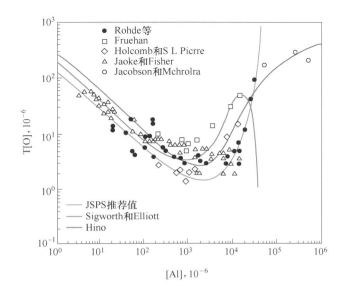

图 3-3　钢中铝氧平衡示意图

3.4.1.2　炉渣成分对钢中总氧含量和夹杂物的影响

严格意义上来讲，炉渣/钢液/夹杂物三者之间完全达到热力学平衡是很难的。但是，实际的冶金过程中，钢液/夹杂物、钢液/炉渣、炉衬/钢液之间的局部平衡却可以实现。通过合适的炉渣成分及精炼时间的选择，可以实现对夹杂物成分的有效控制。

研究表明，炉渣碱度的提高有利于钢液脱氧[24-25]。在铝脱氧合金钢生产中，当二元炉渣碱度（CaO/SiO_2）从传统的 3~4.5 提升到改进后的 5~8 后，钢中总氧含量由 0.0012%~0.0017% 降低至 0.0007%~0.0010%，如图 3-4（a）所示。另外，对钢中总氧含量影响较大的还有炉渣中 CaO/Al_2O_3 的比值。当渣中未加入 CaF_2 保证流动性时，渣中 CaO/Al_2O_3 范围从传统的 2~4 减小至 1.3~2.5，钢中总氧含量从原来的 0.0010%~0.0017% 降低到 0.0007%~0.0011%，如图 3-4（b）所示。

成田贵一等[26]研究了脱氧精炼渣中 CaO/Al_2O_3 比值及渣中 SiO_2 与钢中总氧含量的关系后认为，在 $SiO_2 \leq 10\%$ 时，当 $CaO/Al_2O_3 \geq 1.0$ 时，钢中总氧含量不高于

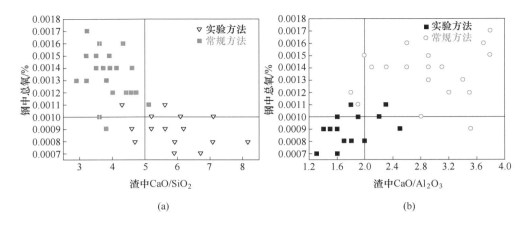

图 3-4 炉渣碱度 CaO/SiO_2（a）和 CaO/Al_2O_3（b）与钢中总氧含量的关系

0.0015%，而当 $CaO/Al_2O_3 = 0.33$ 时，钢中总氧含量为 0.0044%，由此认为要获得较好的脱氧能力，炉渣中的 CaO/Al_2O_3 应大于 1.0，且随着比值的提高，脱氧速度越快。韩国浦项钢铁公司在生产轴承钢时，将炉渣中的 CaO/Al_2O_3 由 2.0~4.4 降低至 1.7 左右，钢中平均总氧含量由 0.0012% 降低至 0.0008%。由此可见，炉渣中 CaO/Al_2O_3 并非越高越好，而应控制在适当的范围之内。

文献［20］的研究发现，55SiCrA 弹簧钢盘条中全铝质量分数在 0.0092% 左右，氧元素质量分数降低至 0.0011%；60Si2MnA 弹簧钢盘条中全铝质量分数在 0.024% 左右，氧元素质量分数降低至 0.001%；两种高质量弹簧钢均采用高铝高碱度的超低氧弹簧钢生产工艺。在此基础上运用炉渣结构共存理论，针对弹簧钢的 LF 精炼过程的渣-钢平衡进行相关的热力学计算，结果如图 3-5 所示。从图 3-5（a）可以看出，当炉渣中 Al_2O_3 的质量分数为 30% 时，随着炉渣碱度的增大，钢液中氧元素质量分数逐渐降低，即高碱度渣配合高铝含量能有效脱氧，但是当炉渣碱度高于 3 之后，对脱氧效果逐渐减小；而图 3-5（b）的计算表明，当炉渣碱度为 3 时，随着渣中 Al_2O_3 的质量分数的降低，钢液中氧元素质量分数逐渐减小，即降低渣中 Al_2O_3 的质量分数能促进脱氧。当然，渣中 Al_2O_3 含量的高低要综合考虑钢中铝含量的高低、炉渣的流动性、炉渣吸收钢中 Al_2O_3 夹杂物能力等多方面的因素。

根据以上的研究结果可知，炉渣碱度 CaO/SiO_2 越高，铝脱氧时钢液中溶解氧含量越低，同时要合理控制炉渣中 Al_2O_3 的质量分数。但是过高碱度的炉渣与钢液中硅、铝等元素反应，向钢液中传递钙元素，促进低熔点、上浮去除难度较大的钙铝酸盐夹杂物生成，未及时上浮去除而保留在钢材中成为 D 类或 Ds 类夹杂物，对弹簧钢的疲劳性能损害严重。

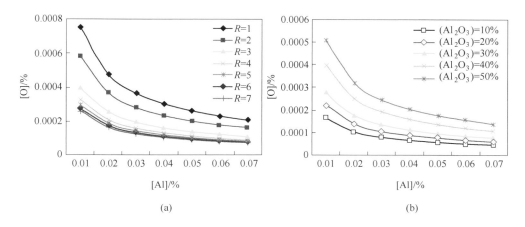

图 3-5　炉渣碱度 CaO/SiO$_2$ 和渣中 Al$_2$O$_3$ 质量分数与钢中氧含量的关系

（a）渣中 Al$_2$O$_3$ 质量分数 30%；（b）炉渣碱度 $R = 3$

3.4.1.3　钙处理对钢中总氧含量和夹杂物的影响

钙处理是目前工业生产中常用的铝脱氧夹杂物改性方式，能够有效将钢中 Al$_2$O$_3$ 夹杂物转变为低熔点的钙铝酸盐夹杂物，改善浇注时水口结瘤，保证连铸的顺行[28]。

张健等[29]研究表明，喂 SiCa 线使钢中钙铝比达到 0.1 以上时，钢中 Al$_2$O$_3$ 夹杂物能获得较好的改性，夹杂物中 CaO/Al$_2$O$_3$ 比值随喂线后钢中钙铝比的增大而呈线性增加。文献［30］作者建立钙改性 Al$_2$O$_3$ 夹杂物模型，阐述了钙处理过程中钙元素对 Al$_2$O$_3$ 夹杂物转变过程的影响[30]，发现 Al$_2$O$_3$ 夹杂物发生如下转变：Al$_2$O$_3$→CA$_6$→CA$_2$→CA→CA$_{x（液态）}$。此外，钢液中硫含量较高时会对钙改性行为产生不利影响。龚坚[31]研究认为，当 1600 ℃下钢液氧含量为 0.00026%~0.00067%、铝含量为 0.020%、钙含量为 0.0002%~0.0034% 时，当 Al$_2$O$_3$ 转变为 CaO·Al$_2$O$_3$，为避免生成 CaS，钢中硫含量应低于 0.063%；当 Al$_2$O$_3$ 转变为 12CaO·7Al$_2$O$_3$，为避免生成 CaS，钢中硫含量应低于 0.017%。

钙处理能够减少连铸水口堵塞，保证冶炼顺行。但是，低熔点钙铝酸盐上浮去除较难，保留在钢材中的低熔点钙铝酸盐成为 D 类或 Ds 类夹杂物，严重影响弹簧钢的性能。因此，在保证弹簧量连铸顺行的前提下，应尽量减少钙处理时钙线的喂入量。

3.4.1.4　吹气搅拌和真空处理对钢中总氧含量和夹杂物的影响

为了减少超低氧洁净钢冶炼过程中高熔点 Al$_2$O$_3$、MgO·Al$_2$O$_3$、CaO·6Al$_2$O$_3$、CaO·2Al$_2$O$_3$、CaO·Al$_2$O$_3$ 夹杂物，以及低熔点钙铝酸盐夹杂物的数量，降低钢中总氧含量，提高钢材的洁净度，应采取有效方式促进夹杂物的上浮去除。文献［20］作者建立了夹杂物上浮理论模型以及 LF 精炼过程中弹簧钢氧含量预测模型，计算发现在 LF 炉精炼的中期和后期，钢液中的结合氧（氧化物中的氧）呈指数关系降低，由此认为 LF 精炼过程中总氧含量降低主要是夹杂物上浮的结果，而与钢液中的溶解氧关系不大。

吹气搅拌配合真空脱气是熟悉的处理方法，目的是降低夹杂物含量、减小夹杂物尺寸和严格限制钢中氧含量。张旭[32]研究表明，铝脱氧 60Si2MnA 弹簧钢经过 LF 炉和 RH 或 VD 真空处理，钢中总氧含量能够控制在 0.001% 以下，形成的 Al_2O_3-SiO_2-CaO-MgO-CaS 夹杂物的数量及尺寸均减小，有效提高了弹簧钢洁净度。

3.4.2 夹杂物塑性化工艺

变形能力差的夹杂物容易诱发钢中产生疲劳裂纹，不能有效传递钢基体中存在的应力。当脆性氧化物夹杂长度不低于 16 μm 时，在一定条件下，特殊钢中裂纹发生几率为 100%；而半塑性的氧硫化物和塑性的硫化锰长度分别达到 65 μm 和 300 μm 时产生裂纹的几率才达到 100%[33]。氧化铝等 B 类夹杂物和钙铝酸盐等 D 类或 Ds 类夹杂物变形能力差。塑性夹杂物具有良好的变形能力，这类夹杂物包括硫化物、硅锰酸盐（MnO·SiO_2）、MnO-SiO_2-Al_2O_3 三元系中锰铝榴石（3MnO·Al_2O_3·3SiO_2）、CaO-SiO_2-Al_2O_3 三元系中假硅灰石（CaO·SiO_2）和钙斜长石（CaO·Al_2O_3·2SiO_2）共晶区。其中，MnO-SiO_2-Al_2O_3 和 CaO-SiO_2-Al_2O_3 三元相图中可塑性夹杂物的目标成分如图 3-6 所示[34]，目标夹杂物中 Al_2O_3 的质量分数在 20% 左右，熔点低于 1350 ℃，变形能力最好，如图 3-7 所示[35]。

目前，越来越多的钢厂改变过去将 LF、ASEA-SKF、RH、VAD 主要用来减少夹杂物数量的做法，而是在上述工艺装置中利用精炼合成渣来控制夹杂物的组成和形态，消除不变形夹杂物和有害夹杂物，促进夹杂物的塑性化。

住友金属小仓钢厂提出一种超纯净气门弹簧钢的生产工艺：用硅代替 Si-Al 脱氧，减少富 Al_2O_3 夹杂物的生成；使用碱度严格控制的合成渣，控制夹杂物的化学成分。神户制钢[36-37]利用 ASEA-SKF 炉，控制炉渣碱度和成分，将钢中总氧含量控制在最佳值，使钢中形成 CaO-SiO_2-Al_2O_3 和 MnO-SiO_2-Al_2O_3 等在热轧时易变形的低熔点塑性夹杂物，其夹杂物的控制目标如图 3-8 所示。

3.4.2.1 钢液铝含量对夹杂物的影响

在实际生产过程中，各种原料、渣钢反应、耐火材料、连铸过程和二次氧化等因素都会造成钢液中溶解铝 [Al]$_s$ 含量的波动。要实现弹簧钢中夹杂物的塑性化，必须严格控制夹杂物中 Al_2O_3 的含量，而夹杂物中 Al_2O_3 的含量与钢中 [Al]$_s$ 含量密切相关。

Suito H 等[38-39]对汽车发动机门阀弹簧钢（C 0.6%，Si 1.5%，Mn 0.7%，Cr

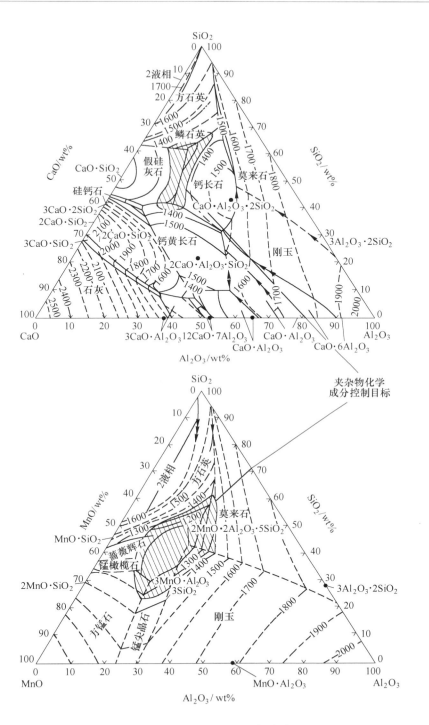

图 3-6 夹杂物塑性化的目标成分

0.8%）中钢液-夹杂物-精炼渣的关系进行了热力学计算，得到的 $MnO\text{-}SiO_2\text{-}Al_2O_3$ 和 $CaO\text{-}SiO_2\text{-}Al_2O_3$ 三元系的等氧线及等铝线，结果如图 3-9 所示。对于 $MnO\text{-}SiO_2\text{-}Al_2O_3$ 三元系来说，将钢中 $[Al]_s$ 和 $[O]$ 分别控制在 0.0002% ~ 0.0012%、0.0041% ~

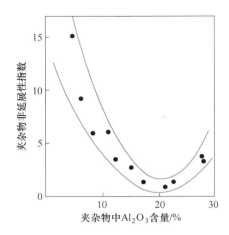

图 3-7　夹杂物变形指数与其 Al_2O_3 含量的关系

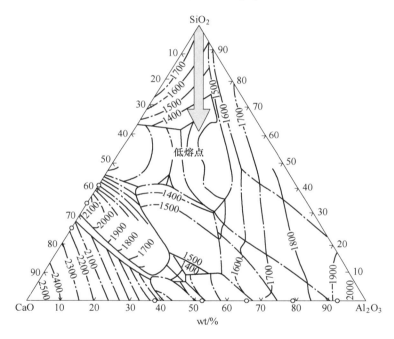

图 3-8　神户制钢夹杂物塑性化目标

0.0057% 时，夹杂物成分落在低熔点区域；对于 CaO-SiO_2-Al_2O_3 三元系来说，将钢中 $[Al]_s$ 和 $[O]$ 分别控制在 0.00005%~0.0005%、0.0043%~0.0054% 时，夹杂物成分落在低熔点区域。

　　陈书浩等[40]研究了 72 级别帘线钢中 $[Al]_s$ 含量对夹杂物的影响，钢中单位面积夹杂物的数量随着 $[Al]_s$ 的上升迅速增大；随着钢中 $[Al]_s$ 的上升，夹杂物中的 Al_2O_3 含量增加。当夹杂物中 Al_2O_3 含量过高时，夹杂物的成分就会偏离低熔点区域，在后续轧制过程中不变形，从而成为疲劳裂纹的断裂源，严重影响钢材的使用性能。

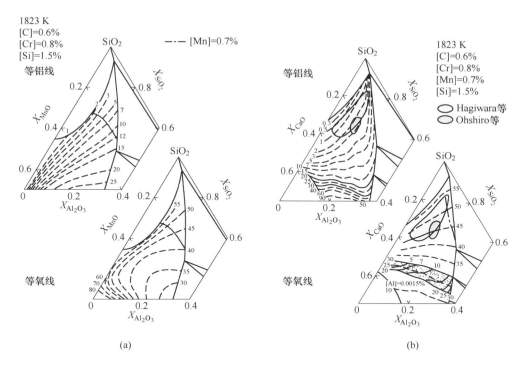

图 3-9　MnO-SiO₂-Al₂O₃（a）和 CaO-SiO₂-Al₂O₃（b）三元系中等铝等氧线

Cai 等[41]研究了钢中铝含量对硅锰脱氧的 60Si2MnA 弹簧钢中夹杂物的影响，发现随着 [Al]ₛ 含量的上升，钢中单位面积夹杂物的数量迅速增大，夹杂物中 Al₂O₃ 含量也增加。因此，若要将夹杂物成分控制在液相区，必须同时控制钢中 [Al]ₛ 含量及镁含量。

夹杂物的塑性变形能力和夹杂物熔点与温度有很大的关系，而氧化物夹杂物的熔点和其成分有很大关系。根据陈书浩的研究，当 [Al]ₛ 上升到 0.0015% 以上时，大部分夹杂物成分偏离了低熔点区域。文献[42]通过计算得出 60Si2MnA 弹簧钢（液相线温度 1474 ℃）在精炼温度 1550 ℃、浇注温度 1500 ℃ 的条件下，若想不析出 Al₂O₃，则钢中 [Al]ₛ 含量必须控制在 0.0012% 以下。

采用夹杂物塑性化工艺生产弹簧钢过程中，钢液中的 [Al]ₛ 主要来自炉渣中，钢渣界面上的化学反应式如下：

$$2(Al_2O_3) + 3[Si] \longrightarrow 4[Al] + 3(SiO_2) \tag{3-1}$$

从反应方程式可知，炉渣向钢液中传递 [Al]ₛ 和炉渣中 SiO₂ 和 Al₂O₃ 的活度相关：

（1）炉渣碱度。根据热力学数据可知，随着炉渣碱度的增大，渣中 SiO₂ 活度快速减小，在温度不变的情况下，钢中 [Al]ₛ 迅速增大，且当炉渣碱度从 1.5 到 2.0 时，这种趋势更为强烈[43-44]。

（2）炉渣中 Al_2O_3 含量。根据热力学数据可知，随着渣中 Al_2O_3 含量的增大，Al_2O_3 的活度增加，促进反应的发生，提高了钢液中 $[Al]_s$ 含量[45-46]。

李正邦等[47]研究了合成渣处理对弹簧钢脱氧及夹杂物控制的影响，如图 3-10 所示，精炼渣碱度、Al_2O_3 和 MgO 含量均对钢渣反应产生较大影响。当渣中 Al_2O_3 含量为 10% 时，钢中 $[Al]_s$ 含量由碱度 0.8 时的 0.0019% 增加到碱度 1.2 时的 0.0024%。若固定渣碱度为 1，当精炼渣中 Al_2O_3 含量由 5% 增加到 20% 时，钢中 $[Al]_s$ 含量则由 0.0017% 增加到 0.0026%。

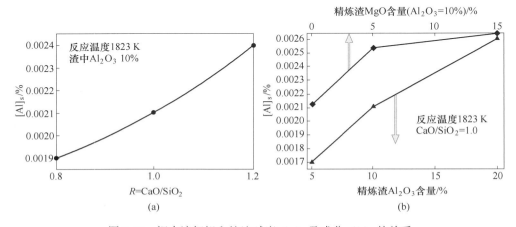

图 3-10 钢中溶解铝和炉渣碱度（a）及成分（b）的关系

成国光等[20]研究低碱度、低铝工艺冶炼弹簧钢时发现，该工艺具有夹杂物塑性好、LF 少渣量、节铝等显著优点，适合弹簧钢线材生产，但应注意降低冶炼过程中钢液中铝含量。

综合以上研究结果可知，为了实现夹杂物的塑性化，采用硅锰合金脱氧或硅脱氧，严格控制钢液中 $[Al]_s$ 含量在 0.002% 以下，严格控制原材料、炉渣成分及耐火材料，防止钢液中 $[Al]_s$ 含量过高。

3.4.2.2 炉渣成分对钢液铝含量及夹杂物的影响

根据以上研究可知，夹杂物塑性化工艺中，炉渣通过影响钢液中 $[Al]_s$、$[Ca]$、$[O]$ 含量，从而影响夹杂物的成分，控制夹杂物的塑性化过程。

Park 等[48]在研究炉渣成分对 Si-Mn 脱氧钢夹杂物中 Al_2O_3 含量的影响时得出了炉渣碱度与夹杂物中 Al_2O_3 含量的对应关系，如图 3-11 所示。当炉渣碱度小于 1.5 时，夹杂物中 Al_2O_3 含量随着炉渣碱度的升高而增加，当炉渣碱度大于 1.5 时，夹杂物中 Al_2O_3 含量在 40%±10% 范围内波动，为了避免富 Al_2O_3 夹杂物生成，在精炼过程中应将炉渣碱度控制在 1.5 以下。

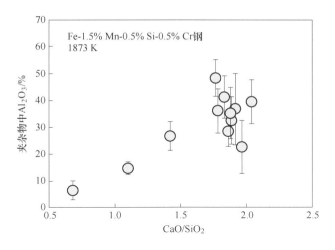

图 3-11 炉渣碱度与夹杂物中 Al_2O_3 含量的关系

夹杂物塑性化通常控制精炼渣碱度在 1.0~2.0 之间，大部分在 1.0 左右。日本川崎和神户制钢分别采在 RH 和 LF 炉中用低碱度合成渣对夹杂物进行塑性化处理来生产汽车轮胎钢丝。川崎在 RH 真空脱气装置中采用 $R = 1.0$、$Al_2O_3 = 10\%$ 的炉渣对夹杂物进行处理，使钢中总氧量降到 $0.001\% \sim 0.002\%$；神户制钢在钢包炉中用 $R = 1.0$、$Al_2O_3 = 8\%$ 的合成渣对夹杂物进行处理。

Yang 等[49-50]研究了低碱度精炼渣条件下，精炼渣的组成对夹杂物塑性化的影响。研究指出，在 MgO 存在的四元系 $CaO\text{-}SiO_2\text{-}Al_2O_3\text{-}MgO$ 中存在一个渣系的低熔点区域，考虑到弹簧钢中氧含量、铝含量以及硫含量的控制，认为渣系碱度 $R = CaO/SiO_2$ 应该控制在 1 以上，CaO/Al_2O_3 的值要大于 9，在此范围内的低熔点区域定义为"最优区域"，利用 FactSage 计算得出当 $MgO = 7\%$ 时，最优区域面积最大，因此将精炼渣中的 MgO 组成设计在 7% 左右。

综上所述，为了实现夹杂物的塑性化，应控制合成精炼渣碱度 $R = 1 \sim 1.2$，渣中 Al_2O_3 含量要小于 10%，MgO 含量在 7% 左右。

3.4.3 超低 TiN 工艺

TiN 夹杂的尖利棱角和不变形性，对弹簧钢的疲劳寿命影响很大；在粒度相同时，TiN 夹杂的危害性远远超过氧化物夹杂[54]。所以控制钢中 TiN 的析出对提高弹簧钢的疲劳寿命至关重要。

钢中 TiN 形成的热力学反应式为：

$$[Ti] + [N] \longrightarrow TiN(s) \tag{3-2}$$

根据上式可计算出 TiN 夹杂物在固液相线之间析出的［Ti］、［N］的浓度范围，如图 3-12 所示。由图可以看出[56-57]，在一般钢液中的［Ti］、［N］浓度范围内，TiN 不会在钢液凝固以前析出。

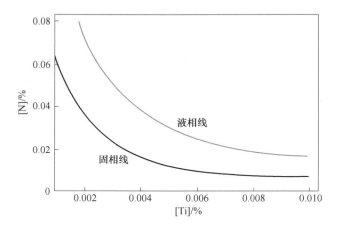

图 3-12　［Ti］-［N］平衡相图

防止 TiN 夹杂形成的最根本办法是降低钢中 Ti、N 含量，同时使钢液快速凝固，缩短钢液从液相线温度降到固相线温度的时间，减少凝固前沿 Ti、N 的富集。超低 TiN 工艺需要将钢中［Ti］含量控制到 0.003% 以下，同时进行脱气处理，控制钢中［N］到 0.002%~0.003%。日本大同特殊钢厂对采用超低氧+超低氮化钛工艺（ULO+UL·TiN）生产高洁净度的 SUP12 弹簧钢，并与其他工艺生产的 SUP12 弹簧钢的夹杂物情况进行了比较，结果如图 3-13 所示。对比发现，用 ULO+UL·TiN 工艺生产的钢，其氧化物夹杂数量达到真空电弧重熔（VAR）钢的水平；而 TiN 夹杂物数量则明显少

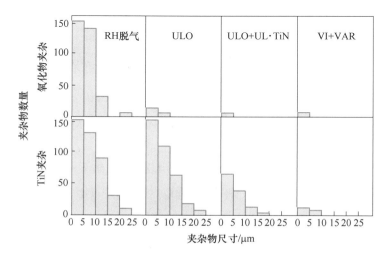

图 3-13　不同冶炼方法下 SUP12 弹簧钢的夹杂物尺寸分布情况

于 RH 脱气工艺和 ULO 工艺。实践证明，采用 ULO+UL·TiN 工艺生产的超纯净弹簧钢可用来制造高应力气门弹簧。

此外，TiN 夹杂容易在凝固前沿以 Al_2O_3、$MgO·Al_2O_3$ 等高熔点氧化物为核心析出，故可以通过减少钢中 Al_2O_3、$MgO·Al_2O_3$ 等氧化物来减少铸坯中 TiN 夹杂的数量。

3.5 国内外弹簧钢冶炼典型工艺流程解析

3.5.1 国外先进弹簧钢生产企业

国外弹簧钢生产起步较早，在生产设备、新工艺、新技术研究、产品质量控制等方面积累了丰富的经验，如粗钢供应采用大电炉或高炉—转炉流程，在用电炉作初炼炉时，对所用废钢进行精选，从而保证粗钢中的残余元素处于较低的水平；对电炉采用喷粉脱磷和无渣出钢技术；转炉钢进行真空除渣，以降低磷含量和防止氧化渣进入精炼炉；在 LF 精炼的基础上采用 RH 真空脱气工艺；连铸坯断面尺寸较大，通过大的压缩比来改善或消除由铸造造成的部分缺陷，采用多级电磁搅拌，减少连续性偏析与锻造缺陷；采用轻压下、大直径辊强压下和连续锻压等液相穴压下技术减少偏析；在精整热处理方面，具有完善的精整热处理装备和质量保证体系。

3.5.1.1 日本爱知钢厂

爱知钢厂和许多钢厂采用超低氧（ULO）工艺来生产高质量弹簧钢。具体操作是将超高功率电弧炉熔炼的钢液用硅铁和铝锭预脱氧后，用 RH 真空脱气装置进行脱气和去除夹杂物处理。在 RH 处理过程中，调整钢液中铝含量，使钢中总氧含量降低到 0.0015% 以下，然后进行保护浇注，工艺流程如图 3-14 所示[58]。

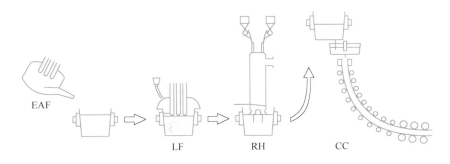

EAF → LF → RH → CC

图 3-14 日本爱知钢厂超低氧弹簧钢生产工艺流程

爱知钢厂超低氧弹簧钢生产工艺流程通过超高功率电弧炉提供高温钢液。传统电弧炉操作集熔炼、精炼和合金化于一炉，包括熔化期、氧化期和还原期，在炉内既要完成熔化、脱磷、脱碳、升温，又要进行脱氧、脱硫、去气、去除夹杂物、合金化以及温度、成分调整，因而冶炼周期很长。随着炉外精炼技术的出现，现代电弧炉只保留了熔化、升温和必要的精炼，如脱磷、脱碳功能，包括熔化期和氧化期，将其余的精炼过程转移到炉外精炼工序中去。电弧炉冶炼弹簧钢对其原材料、熔化期、氧化期及出钢工艺均有一定的要求[59]。

原材料要求：电弧炉冶炼弹簧钢的炉料由废碳钢和增碳剂组成，其中增碳剂包括生铁、焦炭、无烟煤等。特殊地，由于硅锰弹簧钢中硅元素含量较高，容易吸收气体，白点敏感性较高，因此原材料必须清洁干燥，减少钢液中氢元素含量。配料时，大块废钢应放在电弧炉下部，以防止熔化时滑落碰断电极。原料中低碳、高熔点轻薄料多时，要适当配入含碳材料（如生铁、高碳废钢以及焦炭等），降低熔点，加速熔化。碳应配至熔清后高出规格上限 0.35% 以上，以保证氧化期有足够的脱碳量。

熔化期要求：熔化期是电弧炉冶炼过程中最长的一个阶段，熔化期约占全部熔炼时间的 2/3。炉料的熔化大体可分为四个阶段，包括起弧阶段、穿井阶段、电极上升阶段和熔末阶段。电弧炉炼钢过程中，吹氧对降低电耗、缩短冶炼时间有显著的效果，由于现代电弧炉采用留钢留渣操作，所以从冶炼一开始即可吹氧。吹氧助熔时，氧枪对准红热废钢，或切割、或造成未熔废钢周围钢液搅动以促进熔化。如果吹氧造泡沫渣，要求氧枪在熔池较浅部位吹氧，有利于泡沫渣的形成。此外，为了加速电弧向废钢的传热，提高熔池成分和温度的均匀性，电弧炉常采用底吹气体搅拌。常用的底吹气体包括氩气和氮气。熔化期及早造好渣，对于稳定电弧和脱磷是十分必要的。连续不断的激烈的碳氧反应和较大的渣量生成的厚泡沫渣，有效地屏蔽和吸收了电弧辐射能，并传递给熔池，提高了传热效率，缩短了冶炼时间，减少了辐射到炉壁、炉盖的热损失。研究表明，电弧自由燃烧，即未埋于渣中时，电能转换为热能的转换率为 36%；当电弧的 1/2 或全部埋于渣中时，辐射能的 1/2 或全部通过渣传递给熔池，转换率分别达到 65% 和 93%，因此泡沫渣对提高电弧炉加热效率是十分重要的。熔化中后期，在炉温较低（约 1500~1540 ℃）的有利条件下，利用造好的炉渣，适量地补加石灰，扒除或自动流出熔化渣，尽可能多地去除钢液中的磷，为氧化期减轻脱磷任务，集中力量脱碳、升温创造条件。

氧化期要求：电弧炉氧化期开始温度应大于 1560 ℃，氧化方法可以采用吹氧氧化或矿石-吹氧综合氧化。氧化期的任务主要包括脱磷、脱碳、升温及合金化。脱磷反应在渣钢界面上发生，整个反应如下：

$$2[P] + 5(FeO) + 4(CaO) \longrightarrow 4(CaO \cdot P_2O_5) + 5[Fe] \tag{3-3}$$

磷在渣钢间的分配与 3 个因素密切相关，即炉渣的氧化性（%TFeO）、石灰含量（%CaO）和温度。Healy 提出如下表达式：

$$\lg \frac{(\%P)}{(\%P)} = \frac{22350}{T} - 16.0 + 0.08(\%CaO) + 2.5\lg(\%TFeO) \qquad (3-4)$$

随着渣中 TFeO、CaO 含量的提高和温度的降低，磷的分配比明显增大，因此在电弧炉中脱磷主要通过控制上面三个因素来进行，主要包括强化熔化期吹氧助熔，提高初渣的氧化性；尽快造成氧化性强、石灰含量较高的泡沫渣，并充分利用熔化期温度较低的有利条件，提高炉渣吸磷的能力；及时扒除磷含量较高的初渣，并补充新渣，防止温度升高后的回磷；采用喷吹操作强化脱磷，即用氧气将石灰-萤石粉直接吹入熔池，可取得良好的脱磷效果；采用无渣或少渣出钢技术，严格控制下渣量，把出钢后回磷降至最低，但是实际生产中氧化期结束时应控制磷含量低于规格下限 0.01%。电弧炉脱碳主要通过氧气脱碳和矿石脱碳两种方式。对比发现，在相同条件下，吹氧脱碳的速度要比矿石脱碳快得多，矿石脱碳每小时脱碳量不小于 0.6% C，而吹氧脱碳每小时脱碳量可达 1.0% ~ 2.0% C 以上。此外吹氧脱碳搅拌熔池，扩大渣钢界面，有利于钢液成分和温度的均匀化、脱磷、去除气体和夹杂物。一般弹簧钢的脱碳量应大于 0.4%，但是考虑冶炼后期增碳，氧化期结束后应控制碳含量低于规格下限 0.02%。良好的温度控制是顺利完成冶金过程的保证，为使后期冶炼正常进行，氧化期结束时应控制钢液温度为 1570 ~ 1600 ℃。

无渣出钢和留钢操作要求：经初炼后温度、成分达到出钢要求的钢水为顺利转入炉外精炼，要求无渣（少渣）出钢。同时，无渣出钢操作必然会使炉内留有一部分钢水（10% ~ 15%）和几乎全部炉渣，这为下一炉加速熔化、早期脱磷创造了条件。现代电弧炉冶炼工艺中，还原主要在电弧炉出钢至钢包的过程中进行。电弧炉出钢过程中，向钢包内添加脱氧剂、石灰等造渣剂以及合金。脱氧剂主要包括铝锭或硅锰合金，根据脱氧剂的种类选择造对应的渣系。

爱知钢厂超低氧弹簧钢生产工艺流程中，EAF 出钢后，钢液转移至 LF 炉进行精炼。要达到好的精炼效果，主要从初炼炉出钢、LF 炉造渣和搅拌几个环节入手[60]。

出钢：初炼炉出钢时注意要完全挡渣，少量留钢。当钢水出至 1/3 时，开始吹氩搅拌。一般 50 t 以上的钢包的氩气流量控制在 200 L/min 左右，使钢液合成渣、合金充分混合。当钢出至 3/4 时，将氩气流量降至 100 L/min 左右，以防过度降温。

造渣：LF 精炼过程中泡沫渣（埋弧渣）淹没电弧，提高热效率，减少耐火材料侵蚀。要达到埋弧的目的，就要有较厚的渣层。但是精炼过程中又不允许过大的渣量，因此就要使炉渣发泡，以增加渣层厚度。造泡沫渣的基本办法是在渣料中加入一定量的石灰石，使之在高温下分解生成二氧化碳气泡，使炉渣发泡。

脱氧是 LF 精炼的重要任务。如果采用洁净钢工艺生产弹簧钢，脱氧剂选择铝锭，同时 LF 精炼炉造高碱度精炼渣，碱度控制在 $R = 4 ~ 5$，可以将钢液中总氧含量降至

0.0009%~0.0010%，但是钢液中会生成大量的 B 类夹杂物，需要足够的时间上浮去除。如果采用夹杂物塑性化工艺，脱氧剂选择硅铁、硅锰合金和碳化硅等，同时 LF 精炼炉造低碱度精炼渣，碱度控制在 $R = 1.03 \sim 1.16$，渣中氧化铝质量分数在 7%~8% 左右，钢中 [Al]$_s$ 含量控制在 0.002% 以下，防止 B 类夹杂物的生成，但是钢水洁净度偏低，夹杂物平均尺寸偏大，需要足够长的精炼时间来提高钢液洁净度。

脱硫的问题就目前冶金工艺水平而言已经解决。日本某厂通过炉外精炼技术可将钢中的硫含量降到 0.0002% 的水平。脱硫应保证炉渣的高碱度、强还原性，即渣中自由 CaO 含量要高；渣中（FeO+MnO）要充分低，一般要求低于 0.5%。

搅拌：在 LF 的加热阶段不使用强搅拌，强搅拌会引起电弧的不稳定。加热结束之后，从脱硫的角度出发，应增大搅拌强度。脱硫结束后应采用弱搅拌，促进夹杂物上浮去除。

爱知钢厂超低氧弹簧钢生产工艺流程利用 RH 真空脱气装置进行脱气和去除夹杂物处理。RH 炉脱氢效果显著，由于从上升管吹入驱动气体，在上升管内生成大量气泡核，进入真空室的钢液又被喷射成极细小的液滴，大大增加了钢液脱气的表面积，有利于脱气的进行。通常 RH 炉的脱氢率可达 50%~80%。处理20 min 后，钢液中的氢含量可降至 0.0002% 以下。如果延长时间、提高钢液的循环速度，氢含量可进一步降至 0.0001% 以下。

与其他真空脱气方法一样，RH 炉脱氮比较困难，脱氮率比较低。当原始含氮量较低时，如氮含量小于 0.005%，处理前后几乎没有变化，当氮含量大于 0.01% 时，脱氮率只有 10%~20%。但在强脱氧、大氩气流量、确保真空度条件下，也能使钢液的含氮量降低 20% 左右。

RH 炉冶炼弹簧钢主要采用本处理工艺，本处理是指在高真空度下，以去除钢液中氢、氮、非金属夹杂物为目的的真空脱气方式。RH 炉精炼通常与 LF 炉精炼配合使用。RH 炉精炼时，首先将钢包运至 RH 工位，在钢包中测温、取样，然后降下真空室，将升降管插入钢液内，深度不小于 150~200 mm。启动真空泵，随着真空室压力的降低，钢液沿着升降管上升，当向上升管吹入驱动气体，真空室压力降到 13~26 kPa 时，钢液明显地经过真空室循环，并在真空室内喷溅，表面积显著增大，加速脱气过程。之后全泵迅速投入，要求在 4~5 min 内真空度小于 0.2 kPa。为了缩短处理周期，可以预抽真空。全程真空度小于 0.2 kPa 的时间须大于 16 min。脱气后的钢液汇集到真空室底部，在重力作用下，以 1~2 m/s 的速度返回钢包，冲击未脱气的钢液，使其相互搅拌和混合。经过若干次循环后，可将钢液内的气体降到相当低的水平。循环初期每隔 10 min 测温、取样一次，接近处理终点时每隔 5 min 测温、取样一次，根据取样分析结果，如需补加合金料，在不破坏真空度的条件下以恒定的加料速度将合金料加入真空室内，料加完后再循环几分钟，以保证成分温度均匀。处理完毕后，在关闭真空泵提升真空室的同时，再测温、取样，成分合格后将钢包移出工位。

爱知钢厂超低氧弹簧钢生产工艺流程采用连铸工艺生产质量合格的铸坯。目前，在国内外的弹簧钢生产中均已广泛应用连铸工艺。弹簧钢连铸坯的缺陷分为表面缺陷和内部缺陷。表面缺陷包括表面纵裂纹、表面横裂纹、网状裂纹、脱方和鼓肚等。内部缺陷主要是中心致密度问题，包括中心碳偏析、疏松、缩孔、气泡及非金属夹杂物等。由于连铸时强烈的柱状晶生长趋势及随后柱状晶的搭接，弹簧钢的中心致密度问题较难控制。生产中通常调节以下连铸工艺参数来控制连铸坯的缺陷问题[61]。

浇注温度：柱状晶和等轴晶区的大小主要取决于浇注温度。在接近液相线温度浇注，等轴晶区可达 60% 以上。然而，这会造成冻水口，使浇注困难，因此钢液必须有一定的过热度。过热度大于 20 ℃ 时，柱状晶区增宽，可能形成搭桥，使中心疏松、缩孔加剧。从铸坯内部质量来看，要求钢液过热度低一些；从生产操作稳定性来看，要求过热度高一些。弹簧钢的浇注温度因钢种和铸坯规格而异。根据国外厂家的经验，弹簧钢的最佳过热度为 10~15 ℃。在此过热度下弹簧钢铸坯中偏析小，裂纹少，也不至于发生钢液的冻结。我国部分特殊钢厂连铸中间包容量比较小（7~15 t），在过热度控制上较松一些，较好水平为 20~30 ℃。

拉坯速度：从理论上说，拉坯速度增加，钢水在结晶器内的停留时间减少，钢水过热度导出延迟，增加柱状晶区。同时，拉坯速度增加，液相穴延长，钢液补缩不好，形成凝固桥和中心疏松，甚至出现漏钢风险。降低拉坯速度又限制了连铸机的生产效率。因此生产中须合理控制拉坯速度，最佳拉坯速度取决于凝固钢液中热量的排出速率。当铸坯断面较大和钢液过热度较高时，凝固时钢液中热量的排出需要较长时间，故拉速需要适当低些；反之，当铸坯断面较小和钢液过热度较低时，拉速应适当提高一些。国内某厂通过弧形连铸机生产 65Mn、60Si2Mn、55SiMnVB 等牌号弹簧钢时，拉速选择见表 3-10。

表 3-10 弹簧钢的设定拉速　　　　　　　　　　　　　　　　　　（m/min）

断面/mm²	过热度/℃				
	≤14	15~35	36~40	41~45	46~50
140×140	2.0	1.8	1.6	1.6	1.6
180×180	1.2	1.1	0.9	0.9	0.9
200×200	1.0	0.9	0.8	0.8	0.8

冷却强度：为了保证钢液及时凝固，要求结晶器和二冷区有相应的冷却强度。弹

簧钢连铸时，结晶器的冷却和其他钢种没有太大差异。通常水缝水流速为 6~8 m/min。特殊钢连铸时，二冷区宜采用中等或较弱的冷却强度（水量为 0.6~0.8 L/kg），使铸坯表面温度在 900 ℃ 以上的单相奥氏体区矫直。冷却强度确定后，须合理分配用水量，以保证铸坯冷却均匀，在铸坯纵向和横向、内弧和外弧冷却水量分配的具体方法和比例，各类铸机、各个工厂都不一样。

保护浇注：精炼后钢水很"干净"了，在浇注过程中，防止钢水与空气、耐火材料、炉渣、覆盖剂发生二次氧化重新污染钢水非常重要，因此需要采用保护浇注。保护浇注的要点包括：钢包-中间包注流采用长水口保护浇注，其 $\Delta[N]=[N]_{中间包}-[N]_{钢包}\leq0.0003\%$ 是可接受的，最好是零吸氮；中间包-结晶器采用浸入式水口（SEN），其 $\Delta[N]<0.0001\%$；中间包盖密封充氩，解决开浇头坯中夹杂物问题，可使头坯中总氧含量 T.O 减少 0.0010%~0.0015%，酸溶铝含量损失减少 0.0070%，吸氮减少 0.0005%~0.0010%；中间包覆盖剂采用碱性覆盖渣，$(CaO+MgO)/(SiO_2)>3$，吸收夹杂物能力强，可防止渣中（SiO_2）与钢水中 $[Al]_s$ 反应；中间包衬使用 MgO-CaO 涂料，有利于吸附钢水中夹杂物，防止包衬中（SiO_2）与钢水中 $[Al]_s$ 反应。爱知钢厂超低氧弹簧钢生产工艺流程中强调了连铸过程中的保护浇注。

电磁搅拌：在连铸坯液相穴长度上安装电磁搅拌 EMS 改善铸坯质量已成共识。根据搅拌器安装位置不同分为结晶器电磁搅拌（M-EMS）、二冷区电磁搅拌（S-EMS）、凝固末端电磁搅拌（F-EMS）。搅拌方式有单一搅拌，也有组合搅拌，如结晶器电磁搅拌+凝固末端电磁搅拌。电磁搅拌应用非常适合柱状晶向等轴晶的转变。为了扩大等轴晶率和减少偏析，需要采用较高的搅拌强度。结晶器电磁搅拌+凝固末端电磁搅拌组合搅拌可以使弹簧钢铸坯中偏析带降至最低程度，疏松、缩孔及内部裂纹敏感性都有望减小。但是，搅拌强度过高会导致白亮带的出现。白亮带是 C、S 等元素的负偏析，经酸浸后呈白色亮带，对零件的淬火均匀性不利。我国某钢厂的小方坯连铸机（铸坯断面 180 mm×180 mm），以 10~20 ℃ 过热度为目标，采用结晶器电磁搅拌+凝固末端电磁搅拌组合搅拌，使弹簧钢中心偏析得到显著改善。其中，结晶器电磁搅拌强度为 40~50 A，凝固末端电磁搅拌强度为 205 A。

轻压下技术：从本质上来看，中心偏析形成的起因是连铸两相区内溶质元素富集和凝固末端钢液流动。轻压下是一种改善铸坯中心疏松和中心偏析的重要手段，其工作原理是在凝固中后期对连铸坯进行轻微的压下，在轻压下所产生的挤压作用下使两相区内浓缩钢液向上游（沿拉坯的反方向）流动，浓缩钢液被重新混合稀释，从而使铸坯的凝固组织更加均匀致密，起到改善中心偏析和减少中心疏松的作用。轻压下的工艺参数是该技术的工艺核心，主要包括压下区间、压下量、压下率和压下效率。

磁致振荡技术：翟启杰等开发了脉冲磁致振荡[62-63]（简称PMO）凝固均质化技术。首先在中试工厂对65Mn钢在其浇注过程中进行磁致振荡处理，铸锭的柱状晶数量显著减少，晶粒尺寸显著变小；等轴晶率从17%提高到50%以上，晶粒尺寸细化2倍以上。之后针对中天钢铁公司在60Si2Mn弹簧钢生产过程中出现的连铸坯柱状组织发达、中心缩孔等级偏高、铸坯初生相非对称性生长等问题，施加PMO后，60Si2Mn弹簧钢连铸坯的柱状枝晶呈对称生长，二次枝晶臂间距减小，中心凝固组织明显细化，中心缩孔基本消除。

爱知钢厂EAF—LF—RH工艺冶炼的超低氧弹簧钢与一般EAF—RH工艺，以及EAF单独冶炼的钢中氧、氮、氢含量对比如图3-15所示。可见超纯净弹簧钢的总氧含量接近VAR精炼弹簧钢的水平。一般EAF—RH处理钢生产过程中，为了补偿RH处理过程中的热损失，需要将电炉出钢温度提高到1700 ℃以上。而EAF—LF—RH冶炼工艺流程可以通过LF升温，因此成为当前主要的生产流程。

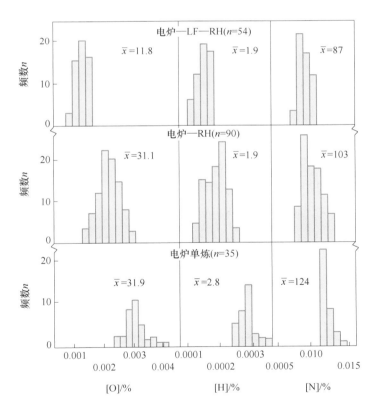

图3-15　不同工艺生产的弹簧钢氧、氮、氢含量对比

3.5.1.2　日本大同特殊钢知多钢厂

日本大同特殊钢公司超洁净弹簧钢的生产工艺如图3-16所示[64]。图中超低氧工

艺（ULO）的具体步骤为：在70 t超高功率碱性电弧炉中将钢水熔化，吹氧后向钢液中加入Fe-Si或Al进行预脱氧，得到高碱度还原渣，然后将钢液倒入钢包中送入RH炉中。RH真空精炼时保持真空度小于13.3 Pa，将小流量氩气引入钢水中，钢水发泡进入真空室，碳脱氧反应快速进行。当碳氧反应达到平衡时，加入铝脱氧剂；为了促进碳氧产物的上浮分离和去除，以及保持脱氧状态的稳定，继续进行脱氧操作，最后调整加铝量。RH循环脱气后，氧含量为0.0015%以下。在钢水浇注及凝固时保持钢水无氧化浇注，防止钢水二次氧化。

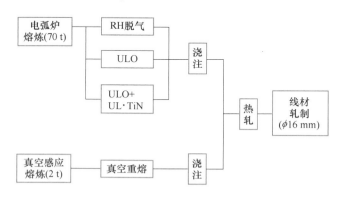

图 3-16 日本大同特殊钢的超纯洁弹簧钢生产工艺

超低氮化钛（UL・TiN）处理工艺包括：选择材料，已得到钛含量0.003%~0.005%；进行脱气操作，降低氮含量到0.004%~0.006%。如果进行过ULO处理后再进行UL・TiN处理，钢中氧化物和TiN夹杂物可大幅度下降。

大同特殊钢厂利用图3-16中所示不同精炼工艺生产了SUP6、SUP7及SUP12弹簧钢，发现经超低氧和普通RH脱气处理后钢液的化学成分见表3-11。

表 3-11 不同精炼工艺的弹簧钢化学成分比较 （%）

钢种	工艺	C	Si	Mn	P	S	Cr	Ti	N	O
SUP6	RH脱气	0.63	1.78	0.88	0.014	0.010	0.15			0.0033
SUP6	ULO	0.62	1.76	0.91	0.015	0.012	0.15			0.0011
SUP7	RH脱气	0.59	2.09	0.84	0.017	0.012	0.15			0.0029
SUP7	ULO	0.58	2.08	0.87	0.017	0.013	0.13			0.0011
SUP12	RH脱气	0.53	1.41	0.69	0.011	0.008	0.67	0.006	0.011	0.0021
SUP12	ULO	0.54	1.50	0.65	0.010	0.011	0.69	0.009	0.008	0.0010

进一步研究了不同精炼工艺生产的SUP6、SUP7及SUP12弹簧钢的纯洁度及其对弹簧钢性能的影响，得到以下结果：

（1）验证了氧含量小于0.0015%的超低氧钢是实现悬挂弹簧钢达到2000 MPa高应力值的有效手段。

（2）用超低氧加超低氮化钛工艺生产的弹簧钢的疲劳强度与真空电弧重熔（VAR）弹簧钢相同，因而可以用这种工艺生产制造高应力气门弹簧所需的超洁净弹簧钢。

3.5.1.3　日本住友金属

日本住友金属BOF—VAD—CC超纯洁弹簧钢生产工艺流程如图3-17所示，铁水预脱磷、预脱硫后进入转炉中，初炼完成后进入VAD炉精炼，之后连铸成型[65]。

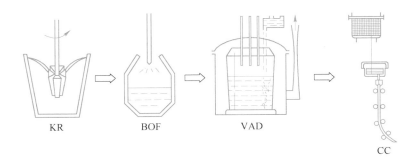

图3-17　日本住友金属弹簧钢生产工艺流程

与前述两种典型的电弧炉流程不同的是，日本住友金属利用转炉提供高温钢液。针对能生产铁水的大型钢铁企业，转炉优先作为弹簧钢冶炼的初炼炉。氧气顶吹转炉的原料包括铁水、废钢和增碳剂等。其中，铁水一般占转炉装入量的70%~100%。废钢是冷却效果稳定的冷却剂，通常占装入量的30%以下，适当地增加废钢比，可以降低转炉钢的成本。转炉冶炼弹簧钢对其预脱磷、预脱硫、吹炼期及出钢工艺有一定的要求[66]。

铁水预脱磷、预脱硫要求：铁水预脱磷、预脱硫能降低转炉钢液中的初始磷、硫含量，减轻转炉脱磷、脱硫的负担，减少转炉渣量和提高金属收得率。

吹炼期工艺要求：根据钢液成分和温度变化，转炉吹炼分为三个阶段，即硅锰氧化期（吹炼前期）、碳氧化期（吹炼中期）和碳氧化末期（吹炼末期）。转炉吹炼过程中对炉渣成分、钢液中碳、磷、硫含量以及钢液温度都有一定的要求。转炉吹炼各期，都要求炉渣具有一定的碱度、合适的氧化性和流动性。吹炼前期，需要保持炉渣有较高的氧化性，以促进石灰熔化，迅速提高炉渣碱度，尽量提高前期脱磷、脱硫率，避免酸性渣侵蚀炉衬，炉渣氧化性不得过低（通常含FeO不低于8%~9%），避免炉渣返干；吹炼末期，要保证脱磷、脱硫所需的炉渣高碱度，同时控制好终渣氧化性。炉渣黏度和泡沫化程度应满足冶炼进程的需要。炉渣泡沫化不足，将显著降低脱磷效率；炉渣过泡，容易导致剧烈溢渣和喷溅，降低转炉寿命。

转炉吹炼不同阶段脱碳的特点也不相同。吹炼前期，以硅、锰氧化为主，由于钢液温度升高，脱碳速率逐渐加快；吹炼中期以碳的氧化为主，脱碳速率达到最大，几乎为常数；吹炼后期，随着钢液中碳含量的减少，脱碳速度逐渐降低。终点碳控制是吹炼末期的重要操作。吹炼弹簧钢和其他中高碳钢时，广泛采用高拉碳法。弹簧钢含碳量较高，终点较难判断，一次拉碳成功率不高，一般都要进行补吹。如果拉碳后钢中碳含量低于规格，可以用铁水、炭粉和生铁增碳，但加入量不宜过大，否则会影响钢的质量。

一般在吹炼低碳钢种时，吹炼时间较长，后期渣中 FeO 含量升高后，有一定的脱磷效果。但是用高拉碳法吹炼弹簧钢时，与吹炼低碳钢时的情况不同，吹炼时间短，给脱磷带来困难。因此，吹炼弹簧钢时，对铁水中的磷硫含量要求比较严格，要充分利用前期温度低，且 FeO 含量高的条件脱磷。弹簧钢吹炼时间短，热量不富裕，所以在吹炼过程中，要少加或不加冷却剂，即使需要加冷却剂，可以不用废钢，而使用矿石和铁皮，以利于造渣脱磷。

转炉吹炼过程中升温大致分为三个阶段，吹炼前期升温速度很快，吹炼中期升温速度趋缓慢，吹炼末期升温速度又加快。

脱氧及出钢要求：转炉出钢时间为 2~6 min，应采用红包出钢和挡渣出钢。转炉出钢过程中通常在钢包内加入脱氧剂、造渣剂以及合金。加入过程中一般要掌握好以下两个操作：第一，加入的时间掌握得要准确，通常当炉内钢水流出 1/4~3/4 之间加入比较适宜；第二，加入的地点要正确，应加在钢包内的钢流冲击部位，这样有利于合金的熔化以及合金元素在钢液中的均匀性。

住友金属传统工艺和新工艺的具体生产步骤及比较如图 3-18 所示。与传统工艺相比，新工艺的特点是：（1）转炉中用硅铁代替铝脱氧，以减少富铝夹杂物的生成；（2）改变钢包内衬材料，以减少氧化铝夹杂物；（3）VAD 炉精炼时使用 CaO-SiO$_2$ 系低碱度合成渣，以控制夹杂物的化学成分。

从弹簧钢线材上取样分析发现，传统方法的夹杂物几乎全部是 Al$_2$O$_3$，而新工艺中夹杂物是低熔点和变形能力良好的 CaO-SiO$_2$-Al$_2$O$_3$ 系夹杂物。进一步比较新工艺和传统工艺生产的阀门弹簧钢的化学成分和性能发现，传统的铝脱氧钢的氧含量为 0.001%，疲劳极限是 701.2 MPa；采用新工艺后，钢中氧含量为 0.002%，疲劳极限是 740.4 MPa。

3.5.1.4 日本神户制钢

日本神户制钢生产超洁净阀门弹簧钢的 BOF—ASEA-SKF—CC 工艺流程如图 3-19

所示[67]。其中 ASEA-SKF 精炼法是集电弧加热、电磁搅拌、真空脱气、造渣精炼于一体的精炼方法。

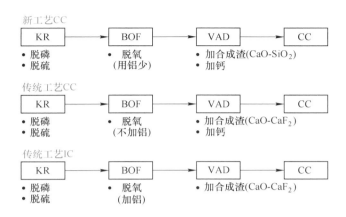

图 3-18 日本住友金属弹簧钢生产工艺及比较

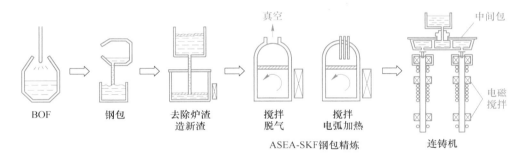

图 3-19 日本神户制钢超洁净弹簧钢生产工艺流程

ASEA-SKF 炉和其他精炼炉显著的不同是它的搅拌方式。一般精炼炉采用底吹气体搅拌，而 ASEA-SKF 炉采用电磁感应搅拌。产生感应搅拌的设备是由变压器和低频变频器以及感应搅拌器组成，通过自动或手动方式调整搅拌频率。搅拌频率一般控制在 $0.5\sim1.5$ Hz，钢液运动速度一般控制在 1 m/s 左右。通过感应搅拌器的不同布置可以控制钢液的不同流动状态。

与其他精炼炉相比，ASEA-SKF 炉的功能较多，冶炼工艺较复杂。钢液从初炼炉无渣出钢至钢包后，将钢包吊至放有搅拌器的小车上，钢包车运行至电弧加热工位，电弧加热至需要的温度，之后钢包车运行至脱气工位，盖上真空盖进行真空脱气 $15\sim20$ min，同时进行电磁感应搅拌。脱气后通过斜槽漏斗加入合金，再进行电弧加热以达到合适的温度。精炼时间根据炉子的容量的不同而异，一般在 $1.0\sim3.0$ h。电弧加热时，为了钢液温度的均匀化，需要进行电磁感应搅拌。

电磁搅拌状态下钢液流动稳定，不会像底吹气体搅拌那样，可以使钢液和炉渣很好地混合，产生较好的脱硫效果。为了进行造渣精炼，加快钢渣传质，促进钢渣反应，现在设计使用的 ASEA-SKF 炉一般配有底吹搅拌系统，有利于钢液的深脱硫。这种精炼设备的最大缺点是投资太大。

日本神户制钢生产超洁净阀门弹簧钢工艺的要点是将转炉吹炼的钢液经钢包倒入 ASEA-SKF 炉中，在此过程中扒除转炉渣。钢液用硅铁脱氧以避免产生富含 Al_2O_3 的夹杂物。SKF 炉中加入低碱度合成渣，依靠电磁搅拌和真空脱气促进夹杂物上浮。电弧加热使钢液保持合适温度，调节炉渣成分可将钢液中氧含量控制在最佳值，使硅铁中带入的铝生成的高熔点夹杂物转变为低熔点的 $CaO\text{-}SiO_2\text{-}Al_2O_3$ 系夹杂物。

神户制钢用此工艺生产的 SAE9254 弹簧钢的疲劳极限可达到 825 MPa，比用常规铝脱氧方法生产的弹簧钢的疲劳极限提高 60 MPa。尽管常规铝脱氧方法的钢中氧含量只有 0.0007%，而这种新工艺生产的 SAE9254 弹簧钢的氧含量为 0.0018%~0.0019%。

3.5.2   国内先进弹簧钢生产企业

我国弹簧钢生产经过 50 多年来的发展，取得了很大的进步，使弹簧钢的生产技术水平有了较大的提高。目前我国弹簧钢生产厂主要有宝钢、武钢、沙钢、兴澄特钢、东北特钢、湘钢、南钢、杭钢、马钢等。

3.5.2.1   宝钢

宝钢生产的弹簧钢线材主要用于制造悬架簧、气门簧，钢种主要有 60Si2Mn、55CrSi、50CrV、60Si2Cr 等[68]。生产过程中强化精炼操作，采用结晶器电磁搅拌，改进脱氧工艺，合理控制连铸坯拉速和中间包钢水过热度、控制轧制。生产工艺有长流程和短流程两条线路：

（1）长流程线路：高炉炼铁—铁水预处理—转炉炼钢—二次精炼（RH 真空脱气装置、KIP 喷粉装置、CAS-OB 装置、LF 炉）—模铸（钢锭质量 9.2 t）—开坯—坯料精整—线材轧制（高速线材厂全线采用无扭轧制，最高轧制速度可达 110 m/s）—成品检验—线材出厂；

（2）短流程线路：废钢+铁水—150 t 电炉—精炼—连铸 160 mm×160 mm 方坯—钢坯表面全剥皮处理—加热炉钢坯加热—高速线材轧机轧制—斯太尔摩控冷线冷却—成品检验—线材出厂。

与国外先进弹簧钢生产企业采用连铸工艺生产弹簧钢不同的是，宝钢长流程路线中采用模铸工艺生产弹簧钢。

模铸钢锭的主要缺陷是偏析、中心疏松和裂纹等，这是由于弹簧钢自身凝固特点之外，还与钢锭存在"固有"的不均匀性有关。靠近钢锭底部，由于等轴晶的"沉积"效应,使常常与等轴晶伴生的氧化物夹杂(如大颗粒铝酸盐、硅酸盐夹杂物)聚集。为了保证钢锭质量,以下几个因素应加以重视[69]。

锭型尺寸:从改善非金属夹杂物的不均匀性看,小型铸锭较好。但考虑到精整、开坯以及经济效益,采用适当重量的铸锭有好处,有利于减少各种材料、能源消耗,便于浇注设备和行车周转,提高钢锭加工比,改善钢材低倍组织。

热帽技术:由于弹簧钢含碳量高,钢液在凝固时收缩量大,因此缩孔和中心疏松情况比较严重,浇注时必须有良好的补缩。为此,模铸成型时广泛采用热帽技术,即绝热板、保护渣、防缩孔剂联合应用。保护渣对弹簧钢的表面质量和低倍组织都起到了改善作用,也起到了绝热保温、防止二次氧化和吸收夹杂物等作用。防缩孔剂有两种类型,一是发热型,以铝粉或硅铁粉作发热剂;二是保温型,如膨胀石墨、碳化稻壳、电厂烟道灰等。由于发热铝粉价格贵,效果并不理想,因此很少使用。

浇注温度:钢锭质量和浇注温度关系很大,温度过低会使模内产生凝固壳,导致翻皮缺陷;钢液黏度增大,夹杂物不易上浮去除,出现局部聚集;水口冻结,浇注中断。浇注温度过高,耐火材料严重侵蚀,夹杂物增多;二次氧化加剧,钢锭裂纹增加,轴向疏松、偏析加重。由于弹簧钢碳、硅含量较高,钢液流动性好,浇注时容易吸收气体,因此浇注温度不宜过高,控制在 1510~1530 ℃ 为宜,防止钢液大量吸收气体或从铸模底部跑钢。

浇注速度:浇注速度与钢种、锭型、浇注温度等有直接关系。对同一钢种,国内外不同工厂由于生产条件不同,采用的浇注速度相差悬殊。

浇注速度需要与锭型配合。锭型不同,平均注速也不同,例如 3 t 钢锭下注锭平均注速为 2.5~5.5 min,线速度为 250~650 mm/min,而 8.2~13.5 t 钢锭下注锭平均注速为 9~15 min,线速度为 140~240 mm/min,即钢锭断面越大,平均线速度越低。

浇注速度还需要与浇注温度配合。注速与注温两者密切相关,通常用"高温慢注"和"低温快注"来概括注温和注速之间的关系。因此,必须根据注温调节注速。这是由于注速过快的影响,相当于注温过高,因为同一时间内带进模内的热量增加,模内平均温度就高,将使钢锭激冷层减薄,整个钢锭凝固时间延长,成分偏析加重,夹杂物增加,柱状晶比较发达,钢的收缩也增大。另外,注速过快导致模内钢水静压力增加快,钢中气体不易排出,也容易在钢锭中、下部产生纵裂纹。但注速快可加速钢水在模内的循环对流作用,模内钢液面不断更新,避免结膜、结壳造成的翻皮缺陷,故对表面质量又有好的影响。因此,注速对钢质量的影响要辩证地分析,在质量允许的条件下,应努力提高注速,以提高铸锭跨的生产率。

值得注意的是,宝钢由于各精炼设备的功能不同,可以根据产品的质量要求来选择不同的精炼工艺，如 RH 具有脱气、脱碳、调节温度和调整成分功能；KIP 具有脱碳、微调成分温度和变性夹杂物的功能；CAS-OB 能够调节钢水成分和温度，并能减少夹杂物；LF 具有升温、去夹杂和合金化的功能。宝钢的 RH 精炼与 VD 相比，在相同的氧含量条件下，钢中夹杂物的数量少、尺寸小，特别是大尺寸夹杂物明显少于 VD 处理的钢，其生产的弹簧钢具有优异的疲劳性能，并具有良好的疲劳寿命稳定性[70]。

3.5.2.2 淮钢

弹簧钢是淮钢主要的产品之一，其生产的铁道压簧、扣件用弹簧钢市场占有率在 80% 左右。生产的钢种主要有 60Si2Mn(A)、60Si2CrA、60Si2CrVA 和 55SiMnVB。其工艺流程为：80 t 超高功率电弧炉—70 t LF 精炼炉—5 机 5 流小方坯连铸机—18 机架连轧机组，或 80 t 转炉冶炼—90 t LF 精炼—100 t RH 真空处理—喂线进行夹杂变性—连铸[71]。

转炉冶炼中，铁水配加 88~91 t/炉，废钢配加 9.2~11.5 t/炉，冶炼时间 32~37 min，出钢温度在 1639~1654 ℃，出钢时间 4 min 左右。通过采用 LF 白渣精炼，实现钢水脱硫、脱氧，并通过喂包芯线工艺实现窄成分控制。RH 精炼温度在 1591~1615 ℃，出站温度在 1548~1590 ℃，处理时间 46~82 min。最低真空室压力为 0.08~0.096 kPa，氩气流量 50~100 m³/h。连铸采用全程保护浇注，控制过热度在 20~30 ℃，结晶器电磁搅拌。

3.5.2.3 大冶钢厂

大冶钢厂生产弹簧钢的工艺流程为：EAF—LF—VD—CC—650 mm 连轧（半连轧），φ42~75 mm 棒材。超高功率电弧炉使用氧化法冶炼，EBT 无渣出钢，炉后造渣，炉外合金化，出钢随钢流加入铝块沉淀脱氧。LF/VD 精炼，采用"入 LF 炉喂铝线预脱氧，VD 真空前喂铝线终脱氧，并进行真空处理"的脱氧制度。在成分控制上，在 LF 炉将碳、硅、锰、硫、钒等成分调整至目标值；VD 破空后再进行成分微调，软吹氩后起吊浇注[72]。

大冶钢厂采用 VD 进行真空处理。VD 法是把钢包真空脱气法和吹氩搅拌相结合产生的一种精炼方法。钢包真空脱气法是出钢后将钢包置于真空室内，盖上真空盖后抽真空使钢液内气体由液面逸出。在包内无强制搅拌装置的情况下，脱气主要靠负压作用在钢液上层进行，并借助于钢液内的碳自发脱氧反应形成的 CO 气泡的排除造成钢液沸腾搅拌钢液，增大气液界面积，提高了传质系数，从而提高了脱气效果。因此，认为脱气由液面脱气和上浮气泡脱气构成，但因无强制搅拌措施，只有钢包上部一层钢液与真空作用，所以脱气效果差。特别是大容量钢包，因钢液静压力的影响大，包底层的气体不易逸出。而 VD 法的精炼手段是底吹氩搅拌与真空相结合。在真空状态下吹氩搅拌钢液,一方面增加了钢液与真空的接触界面积;另一方面从包底上浮的氩气泡吸收钢液内溶解的气体,加强了真空脱气效果,脱氢率可达到 42%~78%,同时上浮的氩气泡还能黏附非金属夹杂物,促使夹杂物从钢液内排出,使钢的洁净度提高,清除钢的白点和发纹缺陷。

VD 炉精炼一般和 LF 炉精炼配合使用。VD 精炼过程中,首先将钢包坐入真空室内,接通吹氩管吹氩搅拌,测温取样,再盖上真空盖,启动真空泵,10~15 min 后可达到工作真空度(13.33~133.3 Pa),在真空下保持 10 min 左右,达到脱气、去夹杂、均匀成分和温度的作用,整个精炼时间约 30 min。

吹氩搅拌贯穿整个精炼过程。吹氩压力过小形不成气泡,压力过大,使气泡分散性下降,严重时形成连泡气柱,使氩气利用率下降,同时剧烈搅拌增加热损失。实际操作时,供气压力根据液面运动情况进行调节,最佳压力应是刚好使氩气泡在钢液底部形成,排出的气体不冲突渣层而使液面上、下脉动。常用压力为 200~350 kPa。

以上工艺流程中值得注意的关键点包括氧含量及洁净度控制、控制表面脱碳等。其中,氧含量及洁净度控制措施,包括初炼炉严格控制出钢碳量,实行无渣出钢;出钢时加铝块进行沉淀脱氧,入 LF 炉后及时喂铝线预脱氧,同时加入一定的 SiC 粉进行渣面脱氧,尽可能在 LF 炉将氧含量降至 0.002% 以下;入 VD 工位后,根据钢中残铝量喂铝线终脱氧,同时保证真空吹氩处理 25 min 以上,并在高真空度下保持 10 min 以上,促进夹杂物充分上浮。

控制表面脱碳采取的措施,包括加热时尽量缩短脱碳高峰区温度(1130 ℃左右)的钢坯停留时间、钢坯涂层保护、控制加热炉炉腔气氛、控制轧后冷却速度。脱碳层一般控制在厚度的 1% 左右,其中采用了钢坯涂层保护的扁钢脱碳层厚度达到 0.16~0.5 mm 的较好水平。

3.5.2.4 武钢

武钢生产 55SiCr 弹簧钢的工艺流程为:铁水脱硫预处理—120 t 顶底复吹转炉—LF 炉一次精炼—RH 钢水循环脱气—LF 炉二次精炼—200 mm×200 mm 方坯连铸[73]。该工艺要求点是:

(1)LF 炉初次精炼采用高纯度硅铁合金脱氧及合金化,控制钢中 [Al]$_s$ 含量,降低 B 类 Al$_2$O$_3$ 系夹杂物数量;

(2)在两次 LF 炉精炼之间进行约 20 min RH 真空循环脱气处理,降低钢液中的氢与氧含量,提高钢水洁净度;

(3)LF 炉二次精炼时采用两种不同的合成渣系:高碱度渣系(R = 1.5~2.5)和

低碱度渣系（$R=0.5\sim1.2$）；

（4）在 LF 炉二次精炼过程中，两种渣系下均保证 30 min 以上的氩气软吹时间，使夹杂物有充分时间上浮。

通过以上工艺冶炼得到的弹簧钢中总氧含量控制在 0.0012%～0.0018%，夹杂物成分接近 $CaO\text{-}SiO_2\text{-}Al_2O_3$ 三元系中低熔点区域。

3.5.2.5 杭钢

杭州钢铁集团采用 100 t EAF—LF—VD—CC 生产弹簧钢，主要操作要点包括[74]：

（1）出钢时钢包内加入低铝含量的硅铁和锰铁合金，同时向钢包内加入合成渣进行渣洗操作，合成渣的成分见表 3-12；

（2）LF 精炼：第一次加入 SiC、CaC_2 合金以及活性石灰，电极加热 10 min 钟后加入精炼渣，待精炼渣熔化后第二次加入 SiC、CaC_2 合金进行扩散脱氧，精炼 40 min 钟后进入 VD 站；

（3）保证 VD 脱气时间在 15 min 以上，小于 300 Pa 的脱气时间在 10 min 以上，VD 结束后，软吹氩时间为 30 min，保证从 LF 到软吹的钢渣反应时间达到 80 min。

通过上述工艺冶炼弹簧钢，钢中总氧含量控制在 0.0016%，而且 75% 的夹杂物熔点低，变形能力大。

表 3-12 弹簧钢精炼渣组成   （%）

成分	CaO	SiO_2	Al_2O_3	MgO
含量	47.5～50.2	41.9～45.6	0～2.79	6～8

3.5.2.6 韶钢

韶钢于 2015 年 4 月开展了转炉生产高品质弹簧钢 55SiCr 的工艺试验研究，其生产工艺流程为 KR 铁水脱硫—130 t BOF—LF—RH—320 mm×320 mm 大方坯连铸—开 160 mm 方坯—轧制成线材—精整[75]。该工艺要求：

（1）转炉采用双渣冶炼，保证脱磷率达到 94% 以上，使用不含铝的钢包出钢，出钢至 1/3 时加入高纯硅铁、低碳锰铁、低碳铬铁等脱氧合金化，合金加完后吨钢加入 4～5 kg 石灰进行渣洗，炉内留钢 8～15 t，滑板挡渣，避免钢水下渣造成钢水二次氧化。

（2）LF 精炼使用高纯硅铁、碳化硅进行扩散脱氧，加入低碱度渣，精炼后期喂入 200 m 的硅钡丝进行终脱氧，表 3-13 为 LF 精炼终渣控制情况，精炼渣碱度 1.03～1.16，渣中 Al_2O_3 含量 7.13%～7.81%。

（3）RH 真空室压力不超过 66.7 Pa，纯脱气时间不小于 18 min。RH 处理结束后，加入碳化稻壳进行保温，软吹氩气搅拌时间不小于 20 min，进一步去除钢中非金属夹杂，软吹过程中，底吹氩气流量合适，严禁钢水裸露。

（4）采用低拉速、低过热度浇注。采用长水口氩封保护，中间包采用整体式水口浇注，钢包开浇后迅速加入中间包覆盖剂和碳化稻壳保温，控制钢水过热度不大于30 ℃。钢包留钢水不小于 5 t，中间包留钢水不小于 10 t。

表 3-13　LF 精炼终渣控制情况　　　　　　　　　　（%）

炉号	CaO	SiO₂	Al₂O₃	MgO	T. Fe	MnO	TiO₂	碱度
5G401231	42.64	36.77	7.29	7.24	0.72	0.35	0.36	1.16
5G401232	39.80	38.46	7.13	8.43	0.61	0.64	0.41	1.03
5G401233	42.48	37.30	7.81	8.28	0.52	0.73	0.47	1.14

3.6　本章小结

本章主要介绍了弹簧钢的用途、分类和性能要求，弹簧钢的冶金质量，弹簧钢标准的发展，冶炼关键技术以及国内外弹簧钢冶炼典型工艺流程解析等五个部分，具体总结如下：

（1）弹簧钢属于中高碳合金结构钢，通常添加 Si、Mn、Cr、V、B 等合金元素来满足材料的力学性能、抗疲劳性能和加工性能等要求。常见的牌号有 60Si2Mn、55SiCr、60Si2CrV 及类似品种。高强度化是弹簧钢的发展方向。弹簧钢的表面质量对弹簧使用性能有很大影响，近表面大尺寸夹杂物和严重的脱碳层会显著降低弹簧的疲劳性能。

（2）弹簧钢国家标准中对氧、硫、磷等杂质元素和夹杂物均提出了越来越严格的要求。氧含量要求小于 0.0015%；在 GB/T 1222—2016 标准中不仅对夹杂物 A、B、C、D 类进行的具体的规定，更进一步要求钢中 Ds 类夹杂物不大于 2.0 级；同时对弹簧钢低倍缺陷要求也逐步严格化，一般缩松、中心缩松、中心偏析及锭型偏析均要不大于 2.0 级。

（3）目前弹簧钢冶炼工艺主要有两种，一种是超低氧即洁净钢工艺，此工艺采用铝脱氧以及高碱度精炼渣（碱度 $R=4\sim5$），将钢水中总氧含量降至不高于 0.001%，获得高洁净度；另一种是夹杂物塑性化工艺，此工艺采用硅锰弱脱氧剂脱氧和低碱度精炼渣（碱度 $R\leqslant1.2$）精炼技术，将钢中 $[Al]_s$ 含量控制在 0.002% 以下，形成熔点低、具有良好变形能力的 CaO-SiO₂-Al₂O₃ 和 MnO-SiO₂-Al₂O₃ 类塑性夹杂物。第一种工艺适合于对氧含量要求严格，但对夹杂物塑性化并不苛刻的较大规格的钢材产品生产；第二种工艺更适合高强度细规格、对夹杂物塑性化要求严格的钢材产品。严格的铝含量控制范围、合理的精炼渣成分设计均是以上两种冶炼工艺共性的关键技术。

（4）高质量弹簧钢对 TiN 夹杂物的大小和数量有严格要求，降低钢中钛和氮含量对减少 TiN 危害很重要。通常要求 Ti<0.003%，N<0.006%。弹簧钢含有较高的 Si、Cr 合金成分，要严格控制所添加的硅铁合金、铬铁这些合金中的残余钛含量，所添加的精炼渣中的 Ti 同样严格限制。钢中溶解氧含量的高低对钢中钛含量也有影响，当进行铝脱氧工艺时，容易导致钢中钛含量升高。真空处理能有效去除钢液中氮、氢元素，对减少钢中 TiN 夹杂物和提高弹簧疲劳寿命起到促进作用。低氧、低钛含量是提高弹簧钢使用性能的有效手段。

参 考 文 献

[1] 项程云. 合金结构钢 [M]. 北京：冶金工业出版社，1999.

[2] 赵海民，惠卫军，聂义宏，等. 夹杂物尺寸对 60Si2CrVA 高强度弹簧钢的高周疲劳性能的影响 [J]. 钢铁，2008，43（5）：66-70.

[3] 曹杰，丁朝晖. 冷拔 60Si2MnA 弹簧钢制簧过程的断裂分析 [J]. 特殊钢，2015，36（3）：3.

[4] 刘剑辉，惠卫军，董瀚，等. 超低氧弹簧钢 60Si2MnA 疲劳断口夹杂物来源研究 [C]. 全国高品质特殊钢生产技术研讨会，2011.

[5] 李永德，柳洋波，杨振国，等. 汽车用高强度弹簧钢 50CrV4 的超高周疲劳性能的研究 [C]. 全国 MTS 材料试验学术会议，2007.

[6] Furuya Y, Abe T, Matsuoka S. Inclusion-controlled fatigue properties of 1800 MPa-class spring steels [J]. Metallurgical & Materials Transactions A, 2004, 35（12）：3737-3744.

[7] Abe T, Furuya Y, Matsuoka S. Gigacycle fatigue properties of 1800 MPa class spring steels [J]. Fatigue & Fracture of Engineering Materials & Structures, 2004, 27（2）：159-167.

[8] Furuya Y, Abe T, Matsuoka S. 1010-cycle fatigue properties of 1800 MPa-class JIS-SUP7 spring steel [J]. Fatigue & Fracture of Engineering Materials & Structures, 2010, 26（7）：641-645.

[9] Kawada Y, Nakazawa H, Kodama S. The effects of the shapes and the distributions of inclusions on the fatigue strength of bearing steels in rotary bending [J]. Transactions of the Japan Society of Mechanical Engineers, 1963, 29（206）：1674-1683.

[10] 阙石生，梁益龙，赵飞. 夹杂物尺寸及位置对 51CrV4 弹簧钢疲劳寿命的影响 [J]. 机械工程材料，2011, 35（7）：3.

[11] 於亮，刘军会，宋惠改. 控轧控冷技术的发展和应用 [J]. 河北冶金，2006，(1)：11-13, 15.

[12] 张宇，王宇. 超细晶粒 38SiMnVB 弹簧钢的控制轧制 [J]. 特殊钢，2005，26（2）：48-50.

[13] 冯光纯，张鹅. 控轧控冷工艺对 60Si2Mn 弹簧钢组织性能的影响 [J]. 重庆大学学报（自然科学版），1995，18（5）：99-102.

[14] Satoh H, Kawagushi Y, Nakbnnlra M, et al. Influence of surface flaw on fatigue life of valve springs [J]. Wire Journal International, 1995（3）：120-125.

［15］ Yamata N, Inukai T, Okuda J, et al. Effect of surface finishing on fatigue strength of spring steel（SUP10）［J］. Material, 1979, 305（28）: 20-25.

［16］ 蔡海燕, 张忠铧, 张弛. 60Si2Mn 弹簧钢表面脱碳的研究［J］. 金属制品, 2005, 31（3）: 35-37.

［17］ 赵中英. 高速线材生产的弹簧钢盘卷的表面脱碳分析［J］. 宝钢技术, 2003（3）: 55-58.

［18］ 温宏权, 向顺华, 张永杰, 等. 60Si2Mn 弹簧钢加热温度对表面脱碳的影响［J］. 宝钢技术, 2008（3）: 44-47.

［19］ 王猛, 陈伟庆, 郝占全, 等. 加热期间弹簧钢 55SiCr 表面脱碳的影响因素研究［J］. 河南冶金, 2010, 18（2）: 12-14, 52.

［20］ 林芳, 姜方, 成国光, 等. LF 炉精炼过程钢中氧含量的预测模型［J］. 钢铁研究学报, 2008（增刊）.

［21］ 殷雪. 汽车悬架弹簧钢非金属夹杂物塑性化控制研究［D］. 北京: 北京科技大学, 2018.

［22］ 胡阳. 汽车悬架簧用高品质弹簧钢质量控制研究［D］. 北京: 北京科技大学, 2017.

［23］ 薛正良, 李正邦, 张家雯. 弹簧钢超低氧精炼技术［J］. 特殊钢, 1998, 19（3）: 31-35.

［24］ Yoon B H , Heo K H , Kim J S, et al. Improvement of steel cleanliness by controlling slag composition［J］. Ironmaking & Steelmaking, 2002, 29（3）: 214-217.

［25］ Ma W J, Bao Y P, Wang M, et al. Influence of slag composition on bearing steel cleanness［J］. Ironmaking & Steelmaking, 2014, 41（1）: 26-30.

［26］ 成田贵一, 牧野武久, 松本洋, 等. 铁と钢. 1979, S646: 132.

［27］ 苗志奇. 高端轴承钢中大尺寸夹杂物形成机理与关键冶金工艺［D］. 北京: 北京科技大学, 2023.

［28］ 贺道中. 含铝钢水的钙处理［J］. 钢铁研究, 2002, 30（3）: 13-15.

［29］ 张健, 姜钧普, 高扯, 等. 钢包喂 CaSi 线对钢中夹杂物变性的影响［J］. 炼钢, 2000, 16（2）: 26-30.

［30］ Ye G, Jonsson P, Lund T. Thermodynamics and kinetics of the modifiction of Al_2O_3 inclusions［J］. ISIJ International, 1996, 36: S105-S108.

［31］ 龚坚, 王庆祥. 钢液钙处理的热力学分析［J］. 炼钢, 2003, 19（3）: 56-59.

［32］ 张旭, 惠卫军, 樊刚, 等. 高速铁路用弹簧钢 60Si2MnA 洁净度分析［J］. 热加工工艺, 2012, 41（11）: 56-59.

［33］ Cogne J Y, Heritier B, Monnot J. Cleanness and fatigue life of bearing steels［J］. Clean Steel 3, 1986: 26-31.

［34］ Wang X H , Jiang M , Li C H . Study on formation of non-metallic inclusions with lower melting temperatures in extra low oxygen special steels［J］. Science China Technological Sciences, 2012.

［35］ Maeda S, Soejima T, Saito T. Shape control of inclusions in wire rods for high tensile tire cord by refining with synthetic slag［C］. Steelmaking Conference Proceedings, ISS, Warrendale PA, 1989, 72: 379-385.

［36］ Yoshihara N. History of development of wire rods for valve springs［J］. R&D 神户製鋼技報, 2011, 61（1）: 39-42.

［37］ Todoroki H , Mizuno K. Variation of inclusion composition in 304 stainless steel deoxidized with aluminum

［J］. Iron & Steelmaker，2003，30（4）：2245-2254.

［38］ Ohta H，Suito H. Activities in MnO-SiO$_2$-Al$_2$O$_3$ slags and deoxidation equilibria of Mn and Si［J］. Metallurgical and Materials Transactions B，1996，27：263-270.

［39］ Ohta H，Suito H. Activities in CaO-SiO$_2$-Al$_2$O$_3$ slags and deoxidation equilibria of Si and Al［J］. Metallurgical and Materials Transactions B，1996，27：943-953.

［40］ 陈书浩，王新华，何肖飞，等. 帘线钢中酸溶铝含量的变化及其对夹杂物的影响［J］. 钢铁，2011，46（10）：6.

［41］ Cai X，Bao Y，Lin L，et al. Effect of Al content on the evolution of non-metallic inclusions in Si-Mn deoxidized steel［J］. Steel Research International，2015.

［42］ Xue Zhengliang，Li Zhengbang，Zhang Jiawen，et al. Theory and practice of oxide inclusion composition and morphology control in spring steel production［J］. 钢铁研究学报：英文版，2003，10（2）：7.

［43］ Suito H，Inoue R. Thermodynamics on control of inclusions composition in ultraclean steels［J］. ISIJ International，1996，36（5）：528-536.

［44］ Yang H，Ye J，Wu X，et al. Optimum composition of CaO-SiO$_2$-Al$_2$O$_3$-MgO slag for spring steel deoxidized by Si and Mn in production［J］. Metallurgical and Materials Transactions B，2016，47（2）：1435-1444.

［45］ Itoh H，Hino M，Ban Ya S. Assessment of Al deoxidation equilibrium in liquid iron［J］. Tetsu-to-Hagane，1997，83（12）：773-778.

［46］ 王立峰，王新华，张炯明，等. 控制高碳钢中 CaO-Al$_2$O$_3$-SiO$_2$ 类夹杂物成分的实验研究［J］. 钢铁，2004.

［47］ 李正邦，王玉. 合成渣处理对弹簧钢脱氧及夹杂物控制的影响［J］. 特殊钢，2000，21（3）：10-13.

［48］ Park J S，Park J H. Effect of slag composition on the concentration of Al$_2$O$_3$ in the inclusions in Si-Mn-killed steel［J］. Metallurgical and Materials Transactions B，2014，45：953-960.

［49］ Yang H L，Ye J S，Wu X L，et al. Effect of top slag with low basicity on transformation control of inclusions in spring steel deoxidized by Si and Mn［J］. ISIJ International，2016，56（1）：108-115.

［50］ Yang H，Ye J，Wu X，et al. Optimum composition of CaO-SiO$_2$-Al$_2$O$_3$-MgO slag for spring steel deoxidized by Si and Mn in production［J］. Metallurgical and Materials Transactions B，2016，47（2）：1435-1444.

［51］ He X F，Wang X H，Chen S H，et al. Inclusion composition control in type cord steel by top slag refining［J］. Ironmaking & Steelmaking，2014，41（9）：676-684.

［52］ Chen S H，Jiang M，He X F，et al. Top slag refining for inclusion composition transform control in tire cord steel［J］. International Journal of Minerals，Metallurgy，and Materials，2012.

［53］ 王世芳，麻晗. CaO-MgO-SiO$_2$-Al$_2$O$_3$ 类夹杂物塑性化对帘线钢加工断丝率的影响［J］. 特殊钢，2012，33（3）：4.

［54］ 蒋国昌. 纯净钢与二次精炼［M］. 上海：海科技出版社，1996：84.

［55］ 傅杰，朱剑，迪林，等. 微合金钢中 TiN 的析出规律研究［J］. 金属学报，2000，36（8）：801-807.

[56] 薛正良，李正邦，张友平，等."零夹杂"超级纯净钢精炼理论与工艺探讨 [J]. 武汉科技大学学报（自然科学版），2002，25（1）：1-4.

[57] 薛正良. 弹簧钢氧化物夹杂成分及形态控制技术研究 [D]. 北京：北京科技大学，2000.

[58] 饭久保知人，伊藤幸生，林博昭，藤鉄夫，高木伸雄. ばね鋼の曲げ疲れ強さに及ぼす超清浄化の影响 [J]. 電気製鋼，1986，57（1）：23-32.

[59] 李世琦. 现代电弧炉炼钢 [M]. 北京：原子能出版社，1995.

[60] 冯聚和. 铁水预处理与钢水炉外精炼 [M]. 北京：冶金工业出版社，2006.

[61] 蔡开科. 连铸坯质量控制 [M]. 北京：冶金工业出版社，2010.

[62] 曹同友，翟启杰，李仁兴，等. 磁致振荡对 65Mn 钢铸锭内部组织的影响 [J]. 钢铁研究，2014（6）.

[63] 朱富强，任振海，陈志亮，等. PMO 作用对 60Si2Mn 弹簧钢凝固组织的影响 [J]. 上海金属，2020，42（4）：5.

[64] Hagiwara T, Kawami A, Ueno A, et al. Super-clean steel for valve spring quality [J] Wire Journal International, 1991, (4): 29-31.

[65] 《钢铁材料手册》总委员会. 钢铁材料手册 第 8 卷 [M]. 北京：中国标准出版社，2004.

[66] 戴云阁. 现代转炉炼钢 [M]. 沈阳：东北大学出版社，1998.

[67] Kiyoshi Shiwaku, Jiro Koarai, et al. Super clean steel for valve spring [J]. R&D 神户製鋼技報，1985，35（4）：75.

[68] 陆志新，唐劲松. 宝钢线材的实物质量及改进方向 [J]. 金属制品，2003，29（4）：36-39.

[69] 孟凡钦. 钢锭浇注与钢锭质量 [M]. 北京：冶金工业出版社，1994.

[70] 郝立群，惠卫军，项金钟，惠荣，翁宇庆. 两种不同冶金工艺生产的 60Si2CrVA 弹簧钢的高周疲劳性能 [J]. 钢铁，2009，44（2）：64-68.

[71] 杨武，薛正良，李正邦. 淮钢弹簧钢连铸小方坯质量的提高 [J]. 钢铁，2002，37（4）：21-23.

[72] 李德胜，叶婷，黄小萍，等. 高性能弹簧扁钢 38SiMnVB 的试制及应用 [J]. 特殊钢，2003，24（2）：50-51.

[73] 吴超，孙宜强，罗德信，等. 不同碱度精炼渣系对弹簧钢夹杂物的影响 [J]. 武汉科技大学学报，2013，36（4）：254-257.

[74] 顾超，包燕平，林路，等. 弹簧钢 LF 精炼渣系优化与工业试验 [J]. 炼钢，2015，31（4）：11-15.

[75] 吴学兴，孙海波，余大华. 高品质汽车悬架弹簧钢 55SiCr 生产工艺实践 [J]. 江西冶金，2016，36（2）：13-16.

4 轴 承 钢

轴承钢主要用于制造各类轴承的套圈和滚动体,有少量轴承钢也用来制造油泵、油嘴、轧辊,也可以用来制造精密量具、冷冲模、丝杠等工模具。不同类型的轴承由于所承受的冲击载荷、腐蚀环境、高温环境等的差异[1],对轴承钢的性能要求也有所不同。

随着我国在航空航天、精密仪器、高速动车、高端制造、风力发电等领域的快速发展,对轴承的耐高温、高精度、高寿命、低摩擦、低噪声、耐腐蚀性能等提出了越来越高的要求,促使轴承钢向着高质量、高稳定性和多品种方向发展。

4.1 轴承钢的分类和性能要求

4.1.1 轴承钢分类

国际标准中将轴承钢分为四大类,分别为全淬透型轴承钢、表面硬化型轴承钢、不锈轴承钢和高温轴承钢。我国的轴承钢同样分为四大类,分别为高碳铬轴承钢(GB/T 18254—2016)[2]、渗碳轴承钢 (GB/T 3203—2016)[3]、高碳铬不锈轴承钢(GB/T 3086—2019)[4]和高温轴承钢(GB/T 38886—2020)[5],并可进一步细分为其他不同类型,具体见表4-1。

表 4-1　不同类型轴承钢细分标准与具体分类

轴承钢分类	细分标准	具 体 分 类
高碳铬轴承钢	按冶金质量分类	优质钢、高级优质钢、特级优质钢
	按浇注工艺分类	模铸钢、连铸钢
	按使用加工方法分类	压力加工用钢、切削加工用钢
	按最终用途分类	套圈用、滚动体用
渗碳轴承钢	按冶金质量分类	优质钢、高级优质钢
	按冶炼方法分类	真空脱气、电渣重熔
	按加工方法分类	锻制、热轧、冷拉、银亮(剥皮和磨光)
	按使用加工用途分类	压力加工用钢、切削加工用钢

轴承钢分类	细分标准	具 体 分 类
高碳铬不锈轴承钢	按使用加工方法分类	压力加工用钢、切削加工用钢
	按最终用途分类	套圈用、滚动体用(钢球用和滚子用)
高温不锈轴承钢	按使用加工方法分类	压力加工用钢、切削加工用钢
	按最终用途分类	套圈用、滚动体用(钢球用和滚子用)

为了适应高端装备用轴承的需要,国家标准中进一步细化提出 GB/T 38885—2020《超高洁净高碳铬轴承钢通用技术条件》[6]、GB/T 38936—2020《高温渗碳轴承钢》[7]、GB/T 38884—2020《高温不锈轴承钢》[8]。不同类型轴承钢包含的具体钢种牌号见表4-2。

表 4-2 不同类型轴承钢包含的钢种牌号

轴承钢分类	钢 种 牌 号
高碳铬轴承钢	G8Cr15、GCr15、GCr15SiMn、GCr15SiMo、GCr18Mo
渗碳轴承钢	G20CrMo、G20CrNiMo、G20CrNi2Mo、G20Cr2Ni4、G10CrNi3Mo、G20Cr2Mn2Mo、G23Cr2Ni2Si1Mo
高碳铬不锈轴承钢	G95Cr18、G65Cr14Mo、G102Cr18Mo
高温轴承钢	GW9Cr4V2Mo、GW18Cr5V、GCr4Mo4V、GW6Mo5Cr4V2、GW2Mo9Cr4VCo8
超高洁净高碳铬轴承钢	G8Cr15、GCr15、GCr15SiMn、GCr15SiMo、GCr18Mo
高温渗碳轴承钢	G13Cr4Mo4Ni4V、G20W10Cr3NiV
高温不锈轴承钢	G105Cr14Mo4、G115Cr14Mo4V

4.1.1.1 高碳铬轴承钢

高碳铬轴承钢是最典型的轴承钢,属于全淬透型轴承钢,其中代表性钢种为GCr15,已经有 100 多年的历史。化学成分基本没有变化,含 1.0% C 和 1.5% Cr,高碳含量可以保证足够的硬度,因添加了一定量的 Si、Mn 元素,使得钢材的淬透性有所提升,提高了轴承钢的强度和硬度[9]。GCr15 轴承钢的综合性能良好,球化退火后有良好的切削加工性能,淬火和回火后硬度高,耐磨性能和接触疲劳强度高。因此,GCr15 轴承钢可以满足大部分常规使用条件下轴承套圈和滚动体,适用范围广。为满足高端技术装备的需要,国家标准专门提出超高洁净高碳铬轴承钢通用技术条件,对原有牌号的冶金质量提出了更为严格的要求。

4.1.1.2 渗碳轴承钢

高碳铬轴承钢含碳量较高,钢材的冲击韧性会有所降低,在需要承受较大冲击载荷的工作环境中服役则不再适合,因此在低合金结构钢的基础上研发出了渗碳轴承钢。渗碳轴承钢中碳含量较低,一般在 0.2% 左右,切削和冷加工性能良好,镍和钼的加入可以提高钢的韧性。表面经渗碳处理后具有高硬度、高疲劳强度和高耐磨性，尺寸稳定性较好，可以满足轴承钢基本性能要求，而心部良好的韧性可承受强烈的冲击载荷[10]，可以用来制造承受冲击载荷较大的轴承，如 G20CrNiMo 渗碳轴承钢用于制造中小型汽车用轴承，G20CrNi2Mo 渗碳轴承钢用于制造铁路货车用轴承。

4.1.1.3　高碳铬不锈轴承钢

随着石油、化工、造船、食品工业的发展，对在腐蚀环境中服役的轴承需求日益增加，要求也越来越高，耐蚀性轴承钢品种不断丰富，逐步发展成为目前的一大类轴承钢——高碳铬不锈轴承钢。目前国家标准中高碳铬不锈轴承钢的碳含量一般在0.6%以上，属于中高碳马氏体不锈钢，可以保证足够的硬度和耐磨性，钢中铬含量在18%左右，可以保证足够的耐蚀性。这类轴承钢主要用于石油机械、化学机械、食品机械、造船和某些仪器的轴承制造，这些轴承的服役环境大多具有腐蚀性，例如海洋环境、河水环境、酸溶液或者蒸气、盐溶液或者蒸气。另外也可用于制造低摩擦、低扭矩仪器仪表的微型精密轴承[11]。

4.1.1.4　高温轴承钢

随着航空、航天工业的发展，日益迫切需要制造喷气发动机、燃气轮机和宇航飞行器等，装备的轴承的工作温度将越来越高，大部分已经高于 300 ℃。随着温度的升高，轴承材料的硬度逐渐降低，严重的会导致轴承元件出现压痕而无法转动。高温轴承钢能在高温条件下保持高的硬度和尺寸稳定性，而且能耐高温氧化，具有低的热膨胀性和高的抗蠕变强度，专门用于制造服役在高温环境中的轴承。我国国家标准中规定的高温轴承钢适用于制造耐 300~550 ℃高温轴承用热轧或锻制圆钢、冷拉圆钢及钢丝。高温轴承钢又可细分出高温渗碳轴承钢和高温不锈轴承钢。

4.1.2　性能要求

4.1.2.1　轴承的工作条件

轴承是重要的机械传动部件，由内、外套圈和滚动体组成。轴承工作的条件十分复杂，需要承受较高的交变应力，比如摩擦力、压力、拉力、剪切应力等，有时还要承受较大的冲击载荷，另外轴承工作面还会受环境中水分、杂质和润滑油侵蚀的影响。这些工作条件使得轴承材料容易产生摩擦磨损失效、接触疲劳失效、断裂失效、变形失效和腐蚀失效等形式的失效。其中疲劳失效是最常见的失效形式，有两种类型，其中最主要的一种是轴承零件出现剥落小坑，即点蚀，这种点蚀缺陷随着继续使用会不断扩展，最终导致轴承失效；第二种是表层剥落，这种缺陷一般对常规轴承的影响较小，但对于高标准轴承来说，这类情况也是不允许出现的。

4.1.2.2 对轴承钢的性能要求

基于以上轴承的工作条件和常见的失效原因，对轴承钢的性能提出了以下要求：

（1）具有高的接触疲劳强度和抗压强度；

（2）具有高而均匀的硬度和较高的耐磨性；

（3）高的弹性极限，防止在高载荷作用下轴承材料发生过量的塑性变形；

（4）具有一定的韧性，防止轴承在冲击载荷作用下发生破坏；

（5）尺寸稳定性好，防止轴承在长期存放或使用中尺寸发生变化而降低精度；

（6）一定的抗腐蚀性能，在大气和润滑剂作用下尽量减缓生锈发生，保持轴承良好的工作状态；

（7）良好的工艺性能，如冷热成型性能、切削性能、磨削性能、热处理工艺性能等。

除上述的常规要求以外，对于在特殊工作环境下服役的轴承钢提出了更加具体和苛刻的要求，如耐高温、耐腐蚀、耐冲击、防磁、自润滑等。

4.2 轴承钢的化学成分与碳化物

轴承钢的冶金质量关系到轴承钢材料性能，进一步影响轴承的疲劳寿命。冶金质量包括精确的化学成分、高的洁净度和组织均匀性。其中洁净度涉及到杂质元素和夹杂物的控制；均匀性主要指碳化物的大小和分布。本节主要介绍轴承钢的化学成分和碳化物。

4.2.1 化学成分特点

4.2.1.1 主要化学成分

以最常见的高碳铬轴承钢为例，不同牌号高碳铬轴承钢的化学成分见表4-3。

表4-3 不同牌号高碳铬轴承钢的化学成分

牌号	化学成分（质量分数）/%				
	C	Si	Mn	Cr	Mo
G8Cr15	0.75~0.85	0.15~0.35	0.20~0.40	1.30~1.65	≤0.10
GCr15	0.95~1.05	0.15~0.35	0.25~0.45	1.40~1.65	≤0.10
GCr15SiMn	0.95~1.05	0.45~0.75	0.95~1.25	1.40~1.65	≤0.10
GCr15SiMo	0.95~1.05	0.65~0.85	0.20~0.40	1.40~1.70	0.30~0.40
GCr18Mo	0.95~1.05	0.20~0.40	0.25~0.40	1.65~1.95	0.15~0.25

高碳铬轴承钢中碳含量范围在0.95%~1.05%，用来保证足够的抗压强度、抗疲

劳性和耐磨性。但是碳含量高会增加钢的脆性，同时出现较为严重的碳化物不均匀性，不利于提高轴承钢的寿命。G8Cr15 钢中要求碳含量控制在 0.75%~0.85% 范围内，相对较低的碳含量可以改善轴承钢中碳化物的不均匀性，还可以提高冷热变形性能和切削性能。

硅在钢中不形成碳化物，会以固溶体的形态存在于铁素体和奥氏体中，能够起到强化作用，有利于提高弹性极限、屈服强度、疲劳强度、淬透性，改善抗回火软化性能，大截面轴承钢的硅含量均较高。对于高碳铬轴承钢来说，硅含量的增加会使得钢的过热敏感性、裂纹和脱碳倾向性增大[12]，因此一般高碳铬轴承钢中硅含量控制在 0.50% 以内，个别硅含量较高的牌号，如 GCr15SiMn 和 GCr15SiMo，其硅含量控制在 0.60%~0.80%。

在高碳铬轴承钢中，锰可显著提高钢的淬透性，部分锰会溶于铁素体中，提高铁素体的强度和硬度。锰还可以改变钢中硫化物形态。锰含量在 0.10%~0.60% 范围时，对钢的性能有良好的作用；锰含量在 1.00%~1.20% 时，钢的强度随着锰含量增加而提高，同时钢的塑性基本不受影响。锰含量过高时，钢的热敏感性和裂纹倾向性增加，且尺寸稳定性下降。在高碳铬轴承钢中锰含量一般在 0.20%~0.45%。

轴承钢中铬形成 $(Fe,Cr)_3C$ 等含铬的渗碳体，在退火时组织稳定，颗粒细小均匀，保证了钢的性能；铬是强淬透性元素，能够提高轴承钢的淬透性；铬提高抗蚀性能，还能减小钢的过热倾向和表面脱碳速度。但是，铬也会导致偏析，增加残余奥氏体比例，影响轴承的精度和稳定性。高碳铬轴承钢中铬含量一般在 1.30%~1.95%，过高的铬含量容易形成大块的碳化物，如 Cr_7C_3，这种难熔碳化物会使钢的韧性降低，影响轴承的使用寿命。

钼在高碳铬轴承钢中一般作为残余元素存在，目前国标中有两个牌号明确规定含有一定的钼，GCr15SiMo 要求钼含量为 0.30%~0.40%，GCr18Mo 要求钼含量为 0.15%~0.25%。钼在此类钢中的作用是提高淬透性和抗回火稳定性，细化退火组织，减小淬火变形，提高疲劳强度，改善力学性能。

4.2.1.2 残余元素

镍在高碳铬轴承钢中会增加淬回火后残余奥氏体量，降低硬度，因此作为残余元素受到限制。钢中铜的存在使得钢加热时容易形成表面裂纹，同时也会引起钢的时效硬化，影响轴承的精度。磷会加重凝固时的偏析，磷溶于铁素体会使晶粒粗大，且增加冷脆性。硫、钙、氧、钛、铝的存在主要是影响钢中的非金属夹杂物，夹杂物对轴承钢性能的影响在后续章节介绍。砷、锡、锑、铅作为钢中常见的有害元素，在轴承钢中存在会引起轴承零件表面出现软点，硬度不均匀。对高碳铬轴承钢中的残余元素含量的具体要求见表 4-4。

表 4-4　高碳铬轴承钢残余元素含量

冶金质量	化学成分（质量分数）/%										
	Ni	Cu	P	S	Ca	O	Ti	Al	As	As+Sn+Sb	Pb
优质钢	≤0.25	≤0.25	≤0.025	≤0.020	—	≤0.0012	≤0.0050	≤0.050	≤0.04	≤0.075	≤0.002
高级优质钢	≤0.25	≤0.25	≤0.020	≤0.020	≤0.0010	≤0.0009	≤0.0030	≤0.050	≤0.04	≤0.075	≤0.002
特级优质钢	≤0.25	≤0.25	≤0.015	≤0.015	≤0.0010	≤0.0006	≤0.0015	≤0.050	≤0.04	≤0.075	≤0.002

4.2.2　轴承钢中碳化物

随着轴承钢洁净度的提高，轴承钢中碳化物的含量、分布及尺寸大小逐渐成为影响轴承钢寿命与可靠性的关键因素。为了提高轴承寿命，要重视改善碳化物不均匀性。当钢的洁净度提高后，均匀性应提高到更重要的地位。钢中碳化物的尺寸越大、均匀程度越低，轴承失效的概率越大；碳化物越小、越均匀，轴承的疲劳寿命越长。

轴承钢中含有较多的合金碳化物形成元素，如 Mn、Cr、Mo 等，极易引起碳化物发生偏析现象，导致碳化物分布不均匀，从而降低轴承的疲劳寿命。钢中的碳化物存在形式主要为碳化物液析、网状碳化物以及带状碳化物三种。其中，带状碳化物与碳化物液析的形成与凝固过程有关，而网状碳化物则主要是在热加工及冷却过程中和热处理阶段形成的。分析其起源是枝晶偏析引起的组织不均匀，凡是增加枝晶偏析的因素，都会增大碳化物的不均匀程度。随着冶炼和浇注工艺的改进，碳化物液析会得到消除；而网状碳化物需通过一定的热轧工艺（如控轧控冷）才能减轻；对于中碳轴承钢或渗碳轴承钢，由于其碳含量较低，以带状碳化物为主，需通过球化处理以细化碳化物。轴承钢材经退火球化处理后供轴承厂使用，其组织应是细小、均匀、完全球化的珠光体。再经车削（毛坯）—淬火加低温回火（获得高硬度、弯曲疲劳强度和冲击韧性、消除淬火应力、提高稳定性）—稳定化处理（进一步消除组织因素和残余应力）—磨光或抛光—装配成轴承。必要时，在磨削后还要进行若干次"附加回火处理"，以获得最高的稳定性，避免表面龟裂。通常淬火下，GCr15 钢中马氏体占 80% 以上，碳化物占 7%~9%，残余奥氏体占 10% 左右。一般认为，在含碳 0.45%~0.50% 的马氏体基体上均匀分布粒度为 0.5~0.6 μm 的 3%~6% 的碳化物和必要的细小残余奥氏体时轴承钢的疲劳寿命最高。由此，要获得良好的显微组织，以求得高的疲劳寿命，就必须要控制原始组织上碳化物的数量，并使颗粒细小且分布均匀。为此，需要严格控制连铸和球化退火工艺，尽可能消除液析碳化物、带状碳化物和网状碳化物。

高端轴承钢除了对钢中碳化物需要精细控制之外，对中心疏松、缩孔、偏析等低倍缺陷的要求也极为严格。还需要严格控制疏松、白点等缺陷，提高产品质量稳定性。

4.3　轴承钢中的夹杂物

洁净度是影响轴承钢疲劳寿命的关键因素之一。近年来，我国轴承钢中氧、钛含量控制水平已经取得了明显进步，国内先进企业已经能够将氧含量控制在 0.0007% 以下（少数高水平特殊钢厂达到 0.0004%~0.0007%），钛含量小于 0.0015%。

近年来，在轴承钢低氧含量稳定控制的基础上，工业界开始关注钢中偶发性大尺寸夹杂物控制问题，包括尺寸几十微米的微观大尺寸夹杂物和尺寸几百微米甚至是毫米级的宏观大尺寸夹杂物。大尺寸夹杂物的出现有很大的随机性，一旦残留到材料中，对轴承的疲劳性能有极大危害。国内企业在大尺寸夹杂物控制方面还不够稳定，往往不能满足高端客户的要求。

4.3.1　夹杂物对轴承钢疲劳寿命的影响

轴承中夹杂物对其疲劳寿命的影响，最根本的原因是夹杂物与基体性质不同，破坏了基体的连续性。在前期加工制造和后期服役环境下，夹杂物周围会产生局部应力集中，产生内部或表面的裂纹，最终导致轴承疲劳失效[13-17]。

当夹杂物在轴承交变载荷作用下与金属基体产生间隔时，钢的连续性被破坏。一般来说，夹杂物含量越多，单颗粒越大，夹杂物离材料表面越近，其对材料疲劳寿命的影响也越大[19]。

氧化物夹杂一般具有较大的尺寸，所以对轴承钢疲劳失效的影响最为严重，尤其是高硬度的 Al_2O_3、MgO-Al_2O_3 和 CaO-Al_2O_3-MgO 类夹杂物。

图 4-1 所示为轴承钢中各类夹杂物对疲劳性能的影响[21]。从图中可以看出，夹杂物尺寸越大，对轴承钢疲劳寿命的危害因子也就越大，其中 CaO-Al_2O_3 类夹杂物占有的区域最大，说明这类夹杂物的危害较大。相同尺寸的 TiN 夹杂物其危害性大于 Al_2O_3。有研究认为轴承钢中 6 μm 的 TiN 夹杂物，其对疲劳寿命的危害作用与 25 μm 的氧化物夹杂物相当[22]。这主要是因为 TiN 的二维形貌多为四边形，硬度大且不易变形，在热处理和使用过程中容易破坏钢基体，成为疲劳裂纹的早发源地，危害轴承钢的使用寿命[23]。在钢液凝固过程中，钢液中的钛和氮含量越高，TiN 夹杂物开始析出

的温度就越高，夹杂物的尺寸就越大[24-26]，对轴承钢的疲劳寿命影响越大。

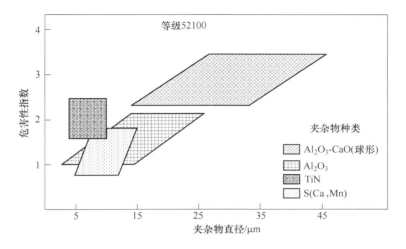

图 4-1　夹杂物种类和尺寸对轴承钢质量的影响

关于轴承钢中硫化物对疲劳寿命的影响，目前学术观点大致分为三种[27]：一种认为适当提高硫化物含量有利于疲劳寿命的提高；另一种观点认为硫化物含量增加会降低轴承疲劳寿命；还有一种观点认为硫化物含量与疲劳寿命关系不大。每种学术观点的提出都有其实际背景。例如，有研究发现裂纹起源于表层下的硫化物夹杂，然后扩展到组织偏析带内，并沿偏析带扩展，最终使轴承发生接触疲劳失效[28]。硫化物夹杂的存在破坏了基体连续性，在应力作用下形成分离裂纹并最终导致工件失效。

关于夹杂物对轴承钢疲劳寿命的影响，比较一致的观点是夹杂物的数量越多、尺寸越大，对轴承钢疲劳寿命危害越大。但有的研究表明电渣重熔钢中夹杂物的含量高，但由于其夹杂物细小分散分布，疲劳寿命比传统 EAF—LF—VD—CC 流程生产轴承钢的疲劳寿命高[29]，反映出夹杂物的尺寸和分布对疲劳寿命的重要性。有研究对真空脱气与电渣重熔两种冶金工艺制备的 GCr15 轴承钢进行了高周机械疲劳试验研究，发现在 10^7 次疲劳寿命条件下，电渣重熔轴承钢的旋弯疲劳强度高于真空脱气轴承钢，发现了大颗粒夹杂物尺寸（Ds）及分布是影响轴承钢旋弯疲劳强度与寿命的关键因素[30]。夹杂物的类型、形貌、尺寸、数量和分布等特征对轴承钢疲劳寿命的影响有所不同，其中随机出现的大尺寸 Ds 类夹杂物会严重降低轴承钢的疲劳寿命，对于高标准轴承钢，宏观大尺寸夹杂物的出现则会直接导致钢材判废。

4.3.2　轴承钢对夹杂物的要求

4.3.2.1　国家标准对轴承钢中夹杂物的要求
目前国家标准中对高碳铬轴承钢中的非金属夹杂物提出了明确的要求，见表4-5。

表 4-5　不同优质级别轴承钢中夹杂物要求

冶金质量	A 类硫化物类		B 类氧化铝类		C 类硅酸盐类		D 类球状氧化物类		Ds 类单颗粒球状类
	细系	粗系	细系	粗系	细系	粗系	细系	粗系	
	合格级别/级								
优质钢	≤2.5	≤1.5	≤2	≤1	≤0.5	≤0.5	≤1	≤1	≤2
高级优质钢	≤2.5	≤1.5	≤2	≤1	≤0	≤0	≤1	≤0.5	≤1.5
特级优质钢	≤2	≤1.5	≤1.5	≤0.5	≤0	≤0	≤1	≤0.5	≤1
超高洁净轴承钢	≤1.5	≤1	≤1	≤0.5	≤0	≤0	≤1	≤0.5	≤0.5

按照这个标准，轴承钢中的非金属夹杂物主要分为 A、B、C、D 和 Ds 五大类。每一类夹杂物的定义如下[34]：

（1）A 类（硫化物类）：具有高的延展性，有较宽范围形态比（长度/宽度）的单个灰色夹杂物，一般端部呈圆角。

（2）B 类（氧化铝类）：大多数没有变形，带角的，形态比较小（一般<3），黑色或带蓝色的颗粒，沿轧制方向排成一行（至少有 3 个颗粒）。

（3）C 类（硅酸盐类）：具有较高的延展性，有较宽范围形态比（一般≥3）的单个呈黑色或者深灰色夹杂物，一般端部呈锐角。

（4）D 类（球状氧化物类）：不变形，带角或圆形的，形态比小（一般<3），黑色或带蓝色的、无规则分布的颗粒。

（5）Ds 类（单颗粒球状类）：圆形或近似圆形，直径≥13 μm 的单颗粒夹杂物。

2020 年开始实施的新国标 GB/T 38885—2020《超高洁净高碳铬轴承钢通用技术条件》对轴承钢中夹杂物评级提出了更高的要求，具体见表 4-5 中超高洁净轴承钢要求部分，相比于特级优质钢的夹杂物评级标准，新标准对 A 类夹杂物、B 类细系夹杂物以及 Ds 类夹杂物提出了更高的要求。同时，首次明确规定要对钢材进行宏观夹杂物的超声探伤检测。

不同类型夹杂物的评级界限和宽度限定见表 4-6 和表 4-7。

表 4-6　评级界限（最小值）

评级图级别 i	夹杂物类别				
	A	B	C	D	Ds
	总长度/μm	总长度/μm	总长度/μm	数量/个	直径/μm
0.5	37	17	18	1	13
1.0	127	77	76	4	19

续表 4-6

评级图级别 i	夹杂物类别				
	A	B	C	D	Ds
	总长度/μm	总长度/μm	总长度/μm	数量/个	直径/μm
1.5	261	184	176	9	27
2.0	436	343	320	16	38
2.5	649	555	510	25	53
3.0	898（<1181）	822（<1147）	746（<1029）	36（<49）	76（<107）

表 4-7　夹杂物宽度

夹杂物类别	细　系		粗　系	
	最小宽度/μm	最大宽度/μm	最小宽度/μm	最大宽度/μm
A	2	4	>4	12
B	2	9	>9	15
C	2	5	>5	12
D	3	8	>8	13

4.3.2.2 标准对轴承钢中夹杂物要求的演变

随着我国轴承钢冶炼水平的不断提高，标准中对轴承钢中夹杂物的要求也越来越高。

A　中华人民共和国冶金工业部部颁标准《滚珠与滚柱轴承铬钢技术条件》YB 9—59

钢中的非金属夹杂物，按照标准中所附的氧化物、硫化物、碳化物液析和点状不变形夹杂物的级别图进行评定，具体要求见表 4-8。

表 4-8　YB 9—59 标准对夹杂物要求

钢　种	级　别			级别总数	点状不变形夹杂物
	氧化物	硫化物	碳化物液析		
冷拉钢	≤2	≤2	≤1	≤4	≤3
热轧和锻制退火钢	≤2.5	≤2.5	≤1.5	≤5	≤3
热轧和锻制不退火钢	≤3.0	≤2.5	≤3	≤6	≤3

该标准中提出，退火钢每炉所取的试样，允许其中一个试样上其氧化物或硫化物加高半级，而级别总数也按照此数量同时加高半级；另外，将微细裂纹归为氧化物，并将其加入非金属夹杂物的级号总数中。此标准中对于点状不变形夹杂物进行单独评定，但小于一级的点状不变形夹杂物纳入一般氧化物或硫化物内进行评定。

B   《军用甲组轴承铬钢试制技术条件》 军甲 61

品种为钢丝，非金属夹杂物的含量按冶标 YB 9—59 的夹杂物级别图进行评级，夹杂物的级数应符合表 4-9 规定。

表 4-9　军甲 61 标准对夹杂物要求

钢　种	级　别			总和	点状不变形夹杂物
	氧化物	硫化物	碳化物液析		
$\phi 0.5 \sim 10$ mm 冷拉盘钢	≤1.0	≤0.5	≤0.5	≤1.5	≤1.0
$\phi > 10 \sim 30$ mm 冷拉与热轧退火钢材	≤1.0	≤1.0	≤0.5	≤2.0	≤1.0
$\phi > 30$ mm 热轧及锻造退火钢材	≤1.5	≤1.0	≤1.0	≤3.0	≤1.0
$\phi > 30 \sim 120$ mm 热轧及锻造未退火钢材	≤1.5	≤1.5	≤1.0	≤3.5	≤1.0
$\phi > 120$ mm 热轧及锻造未退火钢材	≤2.0	≤2.0	≤2.0	5.0	≤1.0

由于该标准当时适用于军用钢丝的轴承铬钢，因此要求相比于冶标 YB 9—59 更为严格。而且标准中提出，显微裂纹和脆性硅酸盐按氧化物级别图进行评级、塑性硅酸盐按硫化物级别图进行评级；轴承厂在每批钢材逐支两端复验时，当有个别试样氧化物或硫化物超过半级时，不作为判废或退货的依据。

C   中华人民共和国冶金工业部部颁标准《滚珠与滚柱轴承铬钢技术条件》 YB 9—68

该标准中对非金属夹杂物的评定有了改动，将夹杂物分为脆性夹杂物、塑性夹杂物和点状不变形夹杂物，不再包括碳化物液析，而且取消了总级别数的限制。按照新的评级图评定的夹杂物级数要求见表 4-10。

表 4-10　YB 9—68 标准对夹杂物要求

规格及状态	脆性夹杂物	塑性夹杂物	点状不变形夹杂物
	级别/级		
冷拉钢及≤30 mm 的退火材	≤2	≤2.5	≤2.5
30~60 mm 的退火材及≤60 mm 的不退火材	≤3	≤3	≤3
>60 mm	≤3.5	≤3.5	≤3.5

D   中华人民共和国冶金工业部推荐标准《高碳铬轴承钢》 YB/T 1—80

该标准中明确提出，轴承钢应有高的洁净度，即非金属夹杂物应尽量少。此标准中非金属夹杂物的类型分为了 A、B、C、D 四种，每种夹杂物又细分为细系和粗系。同时标准中提到，检验结果中，所有试样的三分之二和每个钢锭至少有一个试样以及所有试样的平均级别均不应超过表 4-11 规定的级别。

表 4-11　YB/T 1—80 标准对夹杂物要求

非金属夹杂物类型	合格级别/级	
	细系	粗系
A	≤2 1/2	≤1 1/2
B	≤2	≤1 1/2
C	≤2	≤1 1/2
D	≤1 1/2	≤1 1/2

E　中华人民共和国国家标准《高碳铬轴承钢》GB/T 18254—2002

该标准进一步明确了模铸钢和连铸钢检验时的夹杂物要求。模铸钢所有试样三分之二和每个钢锭至少有一个试样以及所有试样的平均值不应超过规定级别；连铸钢所有试样三分之二和所有试样的平均值不应超过表 4-12 规定的级别。

表 4-12　GB/T 18254—2002 标准对夹杂物要求

非金属夹杂物类型	合格级别/级	
	细系	粗系
A	≤2.5	≤1.5
B	≤2.0	≤1.0
C	≤0.5	≤0.5
D	≤1.0	≤1.0

该标准进一步大幅度加严了 C 类夹杂物要求，粗系和细系均要求不大于 0.5 级；D 类夹杂物的标准也相应提高了，粗系和细系均要求不大于 1.0 级。

4.3.3　夹杂物的检测

4.3.3.1　金相检测

国家标准《钢中非金属夹杂物含量的测定——标准评级图显微检验法》中详细介绍了夹杂物的检测方法。夹杂物含量的测定可以采用 A 法和 B 法两种检验方法，这里进行简单介绍：

（1）A 法。应检验整个抛光面。对于每一类夹杂物，按细系和粗系记下与所检验面上最恶劣视场相符合的标准图片的级别数。

（2）B 法。应检验整个抛光面。试样每一视场同标准图片相对比，每类夹杂物按细系或粗系记下与检验视场最符合的级别数（标准图片旁边所示的级别数）。

（3）A 法和 B 法的通则。将每一个观察的视场与标准评级图谱进行对比。如果一个视场处于两相邻标准图片之间时，应记录较低的一级。

对于个别的夹杂物和串（条）状夹杂物，如果其长度超过视场的边长（0.710 mm），或宽度或直径大于粗系最大值（表4-7），则应当作超尺寸（长度、宽度或直径）夹杂物进行评定，并分别记录。但是，这些夹杂物仍应纳入该视场的评级。

非传统类型夹杂物按与其形态最接近的 A、B、C、D、Ds 类夹杂物评定。将非传统类别夹杂物的长度、数量、宽度或直径与评级图片上每类夹杂物进行对比，或测量非传统类型夹杂物的总长度、数量、宽度或直径，使用表4-6 和表4-7 选择与夹杂物含量相应的级别或宽度系列（细、粗或超尺寸），然后在表示该类夹杂物的符号后加注下标，以表示非传统类型夹杂物的特征，并在试验报告中注明下标的含义。

对于 A、B 和 C 类夹杂物，用 l_1 和 l_2 分别表示两个在或者不在一条直线上的夹杂物或串（条）状夹杂物的长度，如果两夹杂物之间的纵向距离 $d \leqslant 40~\mu m$ 且沿轧制方向的横向距离（夹杂物中心之间的距离）$s \leqslant 10~\mu m$ 时，则应视为一条夹杂物或串（条）状夹杂物（图4-2）。如果一个串（条）状夹杂物内夹杂物的宽度不同，则应将该夹杂物的最大宽度视为该串（条）状夹杂物的宽度。

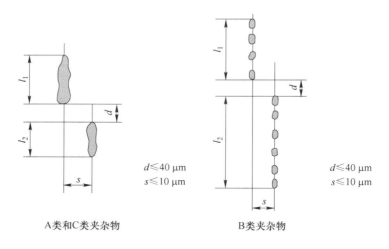

A类和C类夹杂物   B类夹杂物

图 4-2   一条夹杂物或串（条）状夹杂物的判定示意图

4.3.3.2　高频超声波水浸探伤检测

高频超声波水浸探伤检测是一种将探头和试样均浸入水中的非接触式超声波检测方法。这种检测方法具有无损、检测体积大的特点，因此可以检测热轧棒材中随机出现的尺寸从几百微米到几毫米的大尺寸夹杂物[35-37]。探头为非接触式探头，因此探头磨损小。在传统的金相检测中，由于检测面积有限，很难发现随机出现的大尺寸夹杂物，高频超声波水浸探伤检测方法弥补了传统金相检测结果不全面的缺陷，在发现随机出现的大尺寸夹杂物方面具有明显的优势。

图4-3所示为高频超声波水浸探伤检测原理的示意图。图4-3中箭头表示超声波路径，当试样中存在缺陷时，超声波会被反射，探头可以检测到返回的超声波信号，通过对其进行分析处理，从而确定缺陷的大小和位置。待检测试样表面需要进行车光处理，以保证尽量减少产生声学信号异常。

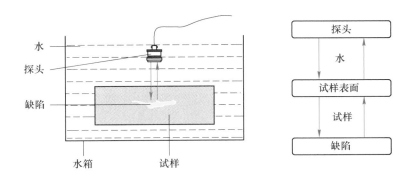

图4-3 高频超声波水浸探伤原理示意图

热轧棒材高频超声波水浸探伤的结果如图4-4（a）所示。使用专门的数据处理软件可以测量得到缺陷的指示长度，图4-4（b）中测量的指示长度达到了7.25 mm。

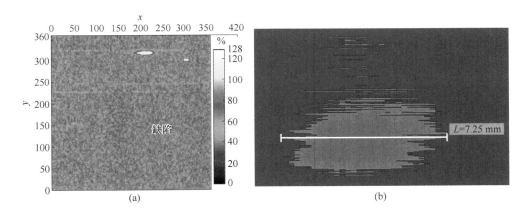

图4-4 高频超声波水浸探伤所发现的缺陷扫描结果

（a）水浸探伤的扫描结果；（b）缺陷指示长度测量结果

利用高频超声波水浸探伤检测定位到大尺寸夹杂物，然后对部分试样解剖得到宏观大尺寸夹杂物纵截面形貌，结果如图4-5所示。从图中可以看出，宏观大尺寸夹杂物纵截面形貌整体为不连续均匀的长串。不同位置的横向宽度有所不同，从长度方向来看是由许多大小不同的夹杂物共同聚集链接形成的。

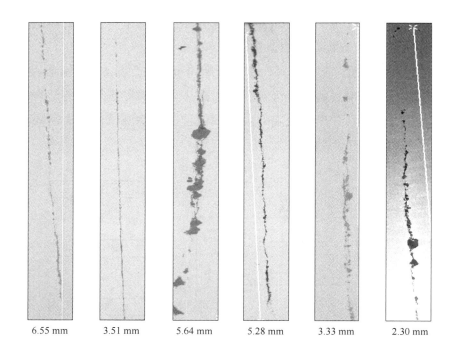

6.55 mm　　3.51 mm　　5.64 mm　　5.28 mm　　3.33 mm　　2.30 mm

图4-5　解剖试样得到的宏观大尺寸夹杂物纵截面形貌

4.4　我国轴承钢标准及其演变

20世纪80年代初以来，我国轴承钢标准不断提升，从苏联标准体系的YB 9—68标准转变到以欧、美标准体系为基础的标准，其演变过程为：YB 9—59→YB 9—68→YB（T）1—80→YJZ 84（两部协议）→GB/T 18254—2000（轴承钢总体国家标准）→GB/T 18254—2002（轴承钢总体国家标准）→GB/T 18254—2016（轴承钢总体国家标准）→GB/T 38885—2020（轴承钢总体国家标准）。其中，GB/T 18254—2016和GB/T 38885—2020标准的发布和实施，标志着我国轴承钢标准已达到国际先进水平。GB/T 18254—2016《高碳铬轴承钢》标准的各项指标和总体水平达到国际先进水平。GB/T 38885—2020《超高洁净高碳铬轴承钢通用技术条件》主要是为了适应制作汽车、铁路、能源、数控机床等高性能、长寿命和高可靠性的轴承套圈和滚动体的要求，比GB/T 18254—2016《高碳铬轴承钢》的特级优质钢提升了对洁净度的要求。除此之外，该标准首次规定了材料接触疲劳寿命的控制要求。

标准的演变代表着国内轴承钢冶炼水平的发展。目前，我国轴承钢冶炼和轧制的工艺装备水平已达到国际先进水平，特别是真空脱气技术和装备的应用，使我国轴承钢的实物质量上了一个大的台阶，氧含量由原来电炉钢的0.003%～0.004%降至真空脱气模铸钢的 0.0005%～0.0012% 和连铸钢的 0.0004%～0.0012%。高档轴承钢大批量向 SKF、SCHAFFLER、NTN 等跨国轴承公司供货，氧含量、Ds 类夹杂物、接触疲劳寿命等指标均达国际先进水平，有的指标达到国际领先水平。

目前国内有关轴承钢材料的基础研究尚待深入，轴承钢抗疲劳性能与失效机制的研究及评价技术等存在一定的差距。例如轴承钢碳化物图谱还是引用几十年前的前苏联标准，与欧美标准的图谱差异较大，已成为制约我国轴承钢发展的因素之一。

4.4.1 钢种及适用范围

标准中钢种及适用范围的演变见表 4-13。从表 4-13 中可以看出，标准名称中从滚珠与滚柱轴承铬钢演变到高碳铬轴承钢以及超高洁净高碳铬轴承钢。从 YB 9—59 到 GB/T 18254—2002 标准中，GCr6、GCr9、GCr9SiMn 牌号陆续取消，新增 GCr4、GCr15SiMo、GCr18Mo，从 GB/T 18254—2016 标准开始，取消了 GCr4，新增了 G8Cr15。随着钢种的演变，钢种的适用范围也随之改变。从 20 世纪 80 年代前的条钢、圆钢和扁钢，到 80 年代的钢坯、圆钢、盘条和钢管，发展到现在，其主要区别在于取消了钢管。

表 4-13 标准中钢种及适用范围的演变

标　准	钢种数量	钢种牌号	适用范围
YB 9—59 滚珠与滚柱轴承铬钢技术条件	5	GCr6、GCr9、GCr9SiMn、GCr15、GCr15SiMn	制造普通滚珠与滚柱轴承所用的热轧、锻制及冷拉的各种条钢
YB 9—68 滚珠与滚柱轴承铬钢技术条件	5	GCr6、GCr9、GCr9SiMn、GCr15、GCr15SiMn	各钢号的圆钢及扁钢
YB/T 1—80 高碳铬轴承钢	4	GCr9、GCr9SiMn、GCr15、GCr15SiMn	制作轴承套圈及滚动体用的高碳铬轴承钢钢坯、热轧或锻制圆钢、冷拉圆钢、盘条及钢管
GB/T 18254—2002 高碳铬轴承钢	5	GCr4、GCr15、GCr15SiMn、GCr15SiMo、GCr18Mo	制作轴承套圈及滚动体用的高碳铬轴承钢热轧或锻制圆钢、盘条、冷拉（轧）圆钢（直条或盘状）和钢管。连铸钢不推荐做钢球用钢
GB/T 18254—2016 高碳铬轴承钢	5	G8Cr15、GCr15、GCr15SiMn、GCr15SiMo、GCr18Mo	制作轴承套圈及滚动体用的高碳铬轴承钢热轧或锻制圆钢、圆盘条、冷拉圆钢（直条或盘状）
GB/T 38885—2020 超高洁净高碳铬轴承钢通用技术条件	5	G8Cr15、GCr15、GCr15SiMn、GCr15SiMo、GCr18Mo	制作汽车、铁路、能源、数控机床等长接触疲劳寿命性能的轴承套圈和滚动体用直径不大于 150 mm 的热轧或锻制圆钢、盘条、冷拉圆钢和钢丝

4.4.2 残余元素要求

《滚珠与滚柱轴承铬钢技术条件》（YB 9—59）要求标准中各钢号的镍含量

≤0.30%，铜含量≤0.25%，镍和铜的总含量≤0.50%。硫含量≤0.020%，磷含量 ≤0.027%。标准中对残余元素的要求没有钢种的区分。

《滚珠与滚柱轴承铬钢技术条件》（YB 9—68）在 YB 9—59 标准的基础上进一步提出平炉钢的硫含量≤0.035%，平炉、转炉钢的磷含量≤0.030%，在冶炼工艺方面对残余元素的要求加以区分。

《高碳铬轴承钢》（YB/T 1—80）新增了钼作为残余元素，并且要求钼含量≤0.08%，允许偏差+0.01%。由于标准对冶炼方法提出了要求，因此取消了不同冶炼方法对残余元素的要求。

《高碳铬轴承钢》（GB/T 18254—2002）标准中新增了含钼的轴承钢，因此会根据钢种的不同，对其中的钼含量提出不同要求；另外，该标准中对钢中的氧含量提出了明确要求，即根据钢种的不同对氧含量提出了不同的要求，模铸和连铸的氧含量要求也有所不同。

《高碳铬轴承钢》（GB/T 18254—2016）中取消了 Ni+Cu≤0.50%的规定，增加了 G8Cr15 牌号及其相关技术要求，加严了镍、磷、硫、氧含量指标，增加了铝、钛、钙、锡、砷、锑、铅的考核指标，详见表4-4。

《超高洁净高碳铬轴承钢通用技术条件》（GB/T 38885—2020）对高碳铬轴承钢的标准进一步提高，主要加严了硫、钛、钙、铝、氧含量指标，以 GCr15 为例，要求硫含量≤0.006%，钛含量≤0.0010%，钙含量≤0.0005%，铝含量≤0.050%，氧含量≤0.0005%。对锡、锑、铅含量分别做了要求。

从标准中残余元素的演变中可以看出，国内轴承钢的冶炼水平逐步提高，可以将钢中残余元素含量控制得越来越低，轴承钢的实物质量越来越高。

4.4.3　冶炼方法的演变

标准中冶炼方法的演变见表4-14。从表中可以看出，从 YB/T 1—80 开始对冶炼方法提出了具体要求，要求电炉冶炼并经真空脱气处理。后续标准取消了电炉冶炼的要求，但明确要求真空处理，并一直延续至今。另外，GB/T 18254—2016 中要求，除非得到用户同意，生产厂不应有意加入钙及其合金脱氧或控制非金属夹杂物形态，并配合增加了对钙含量的要求和 Ds 类夹杂物的要求。

表 4-14　标准中冶炼方法的演变

标　　准	冶炼方法	其他要求
YB 9—59 滚珠与滚柱轴承铬钢技术条件	没有明确要求	无

标　准	冶炼方法	其他要求
YB 9—68 滚珠与滚柱轴承铬钢技术条件	没有明确要求	无
YB/T 1—80 高碳铬轴承钢	电炉冶炼并经真空脱气处理	无
GB/T 18254—2002 高碳铬轴承钢	应采用真空脱气处理	无
GB/T 18254—2016 高碳铬轴承钢	应采用真空脱气处理	除非得到用户同意，生产厂不应有意加入钙及 其合金脱氧或控制非金属夹杂物形态
GB/T 38885—2020 超高洁净高碳铬轴承钢 通用技术条件	应采用真空脱气处理	除非得到用户同意，生产厂不应有意加入钙及 其合金脱氧或控制非金属夹杂物形态

4.4.4　其他内容

本节主要对 2000 年以后的标准内容演变进行简单介绍，即主要介绍 GB/T 18254—2002、GB/T 18254—2016 和 GB/T 38885—2020 三个标准的演变。

GB/T 18254—2016《高碳铬轴承钢》（以下简称"新标准"）与 GB/T 18254—2002（以下简称"旧标准"）的主要不同点如下：

（1）旧标准未分质量等级，新标准按冶金质量将高碳铬轴承钢分为优质钢、高级优质钢和特级优质钢三个质量等级，以便于轴承企业根据轴承的使用寿命和可靠性要求进行科学、合理选材。

优质钢——与旧标准基本相同。与美国 ASTM A295-2009 标准相当，用于制造一般轴承。

高级优质钢——与瑞典 SKF D33-1:2009 标准相当，用于制造中端轴承。

特级优质钢——达到国外高碳铬轴承钢实物质量先进水平，用于制造高端轴承。

（2）旧标准对 Sn、As、Ti、Sb、Pb、Al 等有害残余元素定为"协商确定"，Ca 未列入。新标准增加了 Al、Ti、Ca、Sn、As、Sb、Pb 的控制指标。

（3）对轴承钢洁净度有很大影响的 O、Ti、S、P 含量，旧标准只有一种指标控制，新标准实行分级并加严控制。

（4）增加了轴承寿命影响最大的单颗粒球状 Ds 类（点状不变形夹杂物）和氮化钛的评定，旧标准没有明确规定，新标准规定了明确的分级控制指标。特别是 Ds 类规定是按最大值控制，而不是按平均值控制。

（5）此外，新标准对非金属夹杂物的级别、碳化物带状、碳化物液析进行了分级控制。增加了软化退火、热轧或锻制钢材的碳化物网状控制。

4.5　高碳铬轴承钢的冶炼工艺流程

目前轴承钢冶炼的基本流程为：初炼炉（电炉或者转炉）—LF 精炼—真空处理（RH 或者 VD）—浇注（连铸或者模铸）。本节以高碳铬轴承钢为例，介绍轴承钢冶炼的工艺流程。

4.5.1　国外先进轴承钢生产企业的典型工艺流程

国外一般采用真空脱气工艺生产高纯净轴承钢。目前，国外对超高纯净轴承钢的夹杂物控制与真空冶炼等技术的研究已经较为深入，其生产的高品质轴承钢不仅具有高的疲劳寿命，还有很高的可靠性。国外知名轴承钢生产厂家的工艺流程见表 4-15[38-40]。

表 4-15　国外知名轴承钢生产厂家的工艺流程

生产厂家	工 艺 流 程
日本山阳特钢	90 t EAF—LF—RH—CC—初轧开坯
日本大同知多厂	70 t EAF—LF—RH—CC—初轧开坯
日本爱知	80 t EAF—LF—RH—CC—初轧开坯或连轧
瑞典 SKF	100 t EAF（OBT）—SKF—MR—IC（4.2 t 钢锭）
德国 GMH	125 t EAF（DC）—LF—VD—CC（200 mm×240 mm）—CR
意大利 ABS	80 t EAF—LF—VD—CC（280 mm×280 mm）
美国 Timken	120 t EAF—LF—VD—IC—开坯
西班牙 Sidenor	70 t EAF—LF—VD—CC（155 mm×155 mm）—CR
日本川崎特钢	TBM—BOF—LF—RH—CC

从表 4-15 可以看出，不同厂家的设备特点和工艺路线有所不同，按照真空处理设备进行简单分类：一类是采用"LF—RH"流程的精炼工艺，选择此类工艺流程的国家以日本为主，这些企业中代表轴承钢生产领先水平的是日本山阳特钢；另一类是采用"LF—VD"流程的精炼工艺，选择此类工艺流程的主要是欧美企业，这些企业中代表轴承钢生产领先水平的是瑞典的 Ovako。

4.5.1.1　山阳特钢轴承钢冶炼工艺流程

山阳特钢采用超高洁净度钢工艺（Sanyo Ultra Refining Process，SURP）生产轴承钢[41]。该工艺通过电炉钢包预热、LF 精炼脱氧和脱硫控制夹杂物成分、防止 RH 炉渣卷入钢液、防止钢包下渣等一系列措施，钢中的氧含量、极值统计法判定的最大夹杂物尺寸和探伤发现的夹杂物数量进一步下降，达到了超高洁净钢的水平。具体工艺流程见第 2 章齿轮钢所叙，不在此赘述。

4.5.1.2 Ovako 轴承钢冶炼工艺

瑞典 Ovako 采用 "EAF—LF—VD" 流程的精炼工艺生产超高洁净轴承钢，工艺流程如图 4-6 所示。首先使用 100 t 偏心炉底电炉得到初炼钢水，出钢过程加入铝铁和硅铁合金，脱氧后进行扒渣，随后进入 LF 精炼，在 LF 精炼阶段完成造渣（主要为 CaO 和 Al_2O_3 渣）、脱硫、脱氧和合金成分调整，在 VD 过程完成脱氢并进行气体和电磁搅拌，再经过 LF 二次加热后进行模铸。该工艺流程生产的轴承钢均匀化程度高，极限疲劳强度和韧性的各向异性小，这是将氧含量稳定控制在 0.0004% ~ 0.0006%，而且严格控制夹杂物的形状和分布等基础上达到的结果[42]。

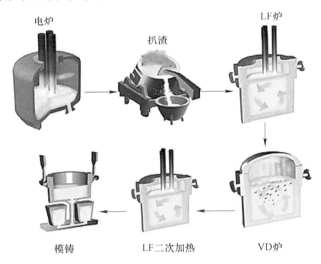

图 4-6 Ovako 生产高洁净轴承钢工艺流程

4.5.2 国内先进轴承钢生产企业的典型工艺流程

国内轴承钢典型生产厂家及工艺流程见表 4-16。国内以连铸轴承钢为主，因此表中并未体现出个别厂家小批量的模铸轴承钢。随着国内厂家生产水平的提高，已经有越来越多的厂家通过了国际知名轴承公司 SKF、Timken 等的认证，可以实现批量稳定供货[40,43-44]。目前我国轴承钢生产厂家的工艺流程和设备与国外先进企业基本类似，而且部分轴承钢生产厂家可以实现对国际知名轴承公司的批量供货，但是产品质量与国外高端产品的差距依然较大。瑞典 SKF 公司特殊钢生产流程的技术特点与国内的区别[45]见表 4-17。可以看出，其差距不仅涉及具体冶炼工艺，而且还涉及原材料准备和后续热处理等。

表 4-16   国内轴承钢典型生产厂家及工艺流程

生产厂家	工 艺 流 程
兴澄特钢	100 t EAF/BOF—LF—RH/VD—CC
大冶特钢	EAF/120 t BOF—LF—RH—CC
东北特钢	50 t UHP—LF—VD—CC
	100 t EAF—LF—RH—CC
	100 t BOF—LF—RH/VD—CC
南京钢铁	100 t UHP（EBT）—LF—VD—CC
西宁特钢	100 t EAF—LF—VD—CC
韶关钢铁	130 t BOF—LF—RH—CC
石家庄钢铁	60 t BOF—LF—VD—CC
中天钢铁	120 t BOF—LF—RH/VD—CC
济源钢铁	120 t BOF—LF—RH/VD—CC
邢台钢铁	80 t BOF—LF—RH—CC

表 4-17   瑞典 SKF 公司特殊钢流程的技术特点与国内区别

Ovako 厂特殊钢流程的工艺特点	国内技术差距
严格控制废钢质量，超高功率电炉全废钢冶炼	废钢质量不能保证
电炉偏心底出钢后全部实现钢包扒渣处理	无扒渣处理
LF 炉电磁搅拌，促进夹杂物上浮	吹氩搅拌，效果不佳
VD 炉真空脱气去除夹杂物	去除夹杂物效果不稳定
模铸，控制凝固偏析	偏析严重程度有差距
二火成材，初轧至 115 mm	多数一火成材
配备有热处理装置，包括连续退火炉	未配备

4.6   轴承钢的冶炼关键技术

4.6.1   极低氧

轴承钢中的总氧含量包括钢中的溶解氧和夹杂物中的氧，因此轴承钢极低氧的控制也应该从钢液中溶解氧的降低和夹杂物去除两个方面着手。

轴承钢冶炼时，需要在初炼炉（以下以转炉为例）出钢过程加入铝合金进行脱氧，生成高熔点的 Al_2O_3 夹杂物。Al_2O_3 夹杂物熔点高，与钢水接触角大，容易团簇成大尺寸夹杂物上浮去除。作为脱氧元素，铝含量的高低直接影响着钢液的脱氧效果，以下对钢液中铝含量控制进行讨论。

4.6.1.1 转炉出钢铝含量控制

转炉出钢时加入铝合金脱氧可以认为钢液为 Al-O-Fe 体系。使用 FactSage 热力学软件计算了 1873 K 时 Al-O-Fe 中的铝脱氧生成 Al_2O_3 夹杂物的 Al-O 平衡相图，如图 4-7 所示。为了保证前期钢液中铝脱氧的效果，需要控制初炼炉出钢后钢液中铝含量大于 0.05%。

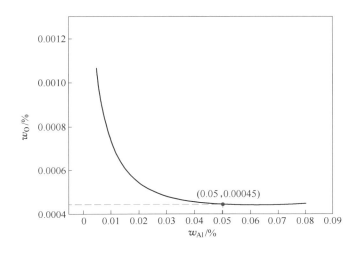

图 4-7　Al-O 平衡相图

4.6.1.2 LF 精炼铝含量控制

在轴承钢冶炼的初期，转炉出钢和氩站阶段，钢液中主要为铝脱氧反应，因此钢液中夹杂物以高熔点 Al_2O_3 类夹杂物为主。但在钢液精炼过程中，当钢包精炼渣碱度过高时，钢液中的 Al 会与炉渣发生反应导致炉渣向钢液中传钙。钢液中增加的钙与高熔点 Al_2O_3 类夹杂物反应，使得夹杂物中 CaO 含量逐步增加，最终生成低熔点 CaO-Al_2O_3 类夹杂物。LF 精炼过程夹杂物 CaO 增加如图 4-8 所示。为了控制大尺寸夹杂物形成，应该尽可能抑制精炼过程生成低熔点 CaO-Al_2O_3 类夹杂物。

通过 Factsage 热力学计算结果可以得出，当钢液中的铝含量大于 0.04% 时，钢液中镁含量控制为 0.0005%，钙含量在 0.0004% 以内，可以有效抑制低熔点 CaO-Al_2O_3 类夹杂物的生成。

4.6.2 极低钛

4.6.2.1 钢-渣间钛平衡热力学模型

钛分配比（L_{Ti}）是钛在炉渣和金属之间分配的关键参数，它可以直接反映炉渣的

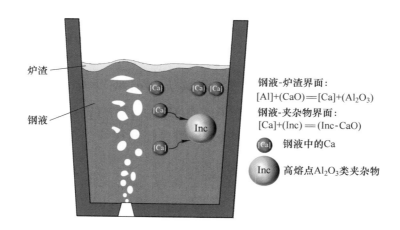

钢液-炉渣界面：
$[Al]+(CaO)=[Ca]+(Al_2O_3)$
钢液-夹杂物界面：
$[Ca]+(Inc)=(Inc\text{-}CaO)$

[Ca] 钢液中的Ca

Inc 高熔点Al_2O_3类夹杂物

图 4-8　LF 炉钢包精炼过程夹杂物中 CaO 增加示意图

脱钛能力。L_{Ti} 数值越大，钢液中钛转移至炉渣中的能力越强。因此，有必要从冶金原理出发，建立渣-钢间钛分配比热力学模型，达到预测和指导实际生产中稳定控制钢中钛含量的目的。

炉渣结构的分子-离子共存理论已经得到了广泛应用[49]，该模型依此为基础，建立了 LF 精炼过程中平衡炉渣成分的设计模型，并结合工业试验数据，对该模型的合理性进行验证。

模型的基本假设如下：

（1）在 LF 精炼初期，钢液和炉渣之间不断反应，钢渣界面存在 Al+Al_2O_3、Si+SiO_2、Mn+MnO、Fe+FeO 和 Ti+TiO_2 的热力学平衡体系。

（2）与钢水平衡的炉渣中每个结构单元是由 Ca^{2+}、Mg^{2+}、Fe^{2+}、Mn^{2+} 和 O^{2-} 作为简单离子，SiO_2、Al_2O_3 和 TiO_2 作为简单分子以及硅酸盐、铝酸盐等作为复杂分子所共同组成的。

（3）在炉渣或渣-钢界面处，简单离子和分子之间存在着动态平衡。炉渣中通过化学反应所形成的复杂分子遵循质量作用定律，且结构相对稳定，不参与渣-钢界面的化学反应。

利用该模型预测了国内某特钢厂 LF 精炼 20 炉次 GCr15SiMn 轴承钢的钛分配比，并与实际测量值进行了比较，其结果如图 4-9 所示。通过图中可以清楚地发现，LF 末期的 L_{Ti} 的模型预测值与测量结果接近，数据点大部分位于 1：1 线的±20%范围内。

为了进一步验证模型的适用性，还利用其他学者[51-53]在不同的炉渣系统中测量的平衡数据也进行了验算。其计算结果如图 4-10 所示，在误差允许的范围内，这与实验结果基本一致结果。因此该模型可以用于预测含 TiO_2 炉渣与钢液之间平衡钛的分布行为。

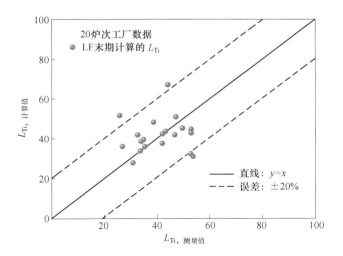

图 4-9　LF 精炼末期钛分配比的测量值与计算值

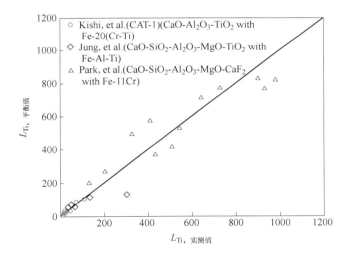

图 4-10　不同炉渣体系中 L_{Ti} 的测量值与计算值

4.6.2.2　影响钛分配比的工艺因素分析

合理设计钢液中铝含量对实现轴承钢的低钛、低氧具有重要意义。图 4-11 描述 1848 K 时，钢中铝含量对 $CaO\text{-}SiO_2\text{-}MgO\text{-}FeO\text{-}MnO\text{-}Al_2O_3\text{-}TiO_2$ 七元体系中平衡钛分配比的影响，炉渣中初始 CaO、MgO、TiO_2 设定为 55%、4%、0.1%。其中，虚线代表 Si = 0.2%，实线代表 Si = 0.55%，为模型计算的结果，红点代表 20 炉次 LF 末期的测量结果。由图可以看出，L_{Ti} 与铝含量之间存在明显的负相关关系。此外，还发现钢中的硅含量越高，达到相同 L_{Ti} 值所需的铝含量越低。换言之，铝含量对平衡 L_{Ti} 的影响也与钢中的硅含量密切相关。

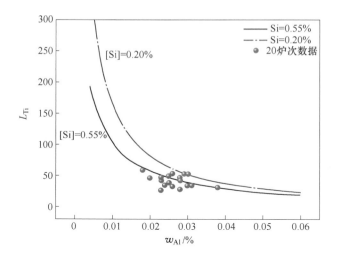

图 4-11   铝、硅含量对平衡 L_{Ti} 的影响

图 4-12 描述了 CaO 含量对七元炉渣 $CaO\text{-}SiO_2\text{-}MgO\text{-}FeO\text{-}MnO\text{-}Al_2O_3\text{-}TiO_2$ 系统下平衡钛分配比的影响，其中铝含量设定为 0.02%、0.03%、0.04%，MgO 含量为 4%，TiO_2 含量为 0.1%。图中标出了 8 炉次铝含量为（0.03±0.002）% 下实测的 L_{Ti} 炉次。结果表明，实测的 L_{Ti} 基本上接近预测 L_{Ti} 曲线，并且随着 CaO 含量的增加，两者都显示出显著的下降趋势。这可能与高碱度炉渣有利于降低钢中溶解氧含量有关。与 CaO 相比，MgO 对平衡钛分配比也有一定的影响，但并不显著，如图 4-13 所示。

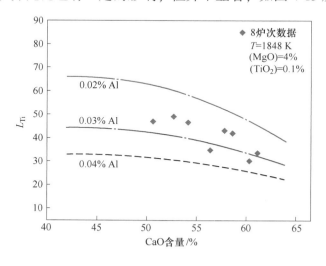

图 4-12   初始 CaO 含量对平衡 L_{Ti} 的影响

此外，为避免精炼渣中的 TiO_2 含量向钢液转移钛含量，达到限制钢中的钛含量增加的目的，图 4-14 显示了初始 TiO_2 含量对平衡的钛分配比的影响。结果表明，随着炉渣中 TiO_2 的增加，计算的 L_{Ti} 数值基本没有显著变化，工业数据可以很好地证明在

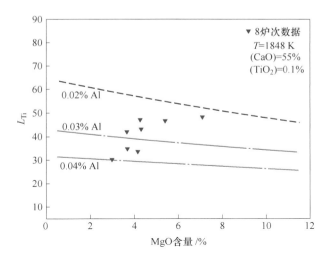

图 4-13　初始 MgO 含量对平衡 L_{Ti} 的影响

Al＝0.03％时，钛分配比的变化趋势。然而，在这个过程中，钢液中平衡钛含量会随着渣中 TiO_2 含量的增加显著上升，如图 4-15 所示。这意味着当钢中铝含量一定时，炉渣中 TiO_2 含量越高，钢中钛含量也同时升高，尽可能降低炉渣中的初始钛含量是获得低钛钢液的有效手段。

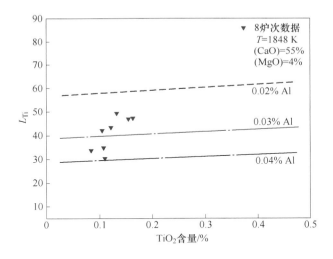

图 4-14　初始 TiO_2 含量对平衡 L_{Ti} 的影响

4.6.3　极低钙

　　轴承钢冶炼全过程严禁任何钙合金添加操作，但冶炼过程中仍然存在钢液中钙含量增加的现象，其中钙的来源主要有两个：一个是加入的合金中残余钙含量较高；另一个则是 LF 精炼过程钢液和炉渣之间反应，导致炉渣向钢液传钙。因此极低钙含量

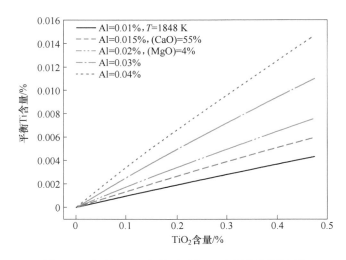

图 4-15　初始 TiO_2 含量对平衡 Ti 含量的预测结果

的控制也主要从以上两个方面着手。针对合金中带入的钙，需要严格把控冶炼过程中各种合金中的残存钙含量，对合金中钙含量进行监控，要选用无钙或者极低钙合金。针对钢渣反应炉渣向钢液传钙，需要建立钢渣之间平衡钙含量的热力学计算模型，通过设计合理的钢液和炉渣成分，控制钢液中的钙含量。影响钙含量的主要工艺因素分析如下。

4.6.3.1　钢液中铝含量对平衡钙含量的影响

在实际生产中铝含量的高低，除了要考虑钢液脱氧以外，还要兼顾对平衡钙含量的影响。下面通过热力学计算来考察铝含量对钢中钙含量的影响规律。计算选取的钢液和炉渣成分见表 4-18。

表 4-18　计算选取的钢液和炉渣成分　　　　　　　　　　（wt%）

项目	钢液成分					炉渣成分	
组元	C	Si	Mn	Cr	Al	CaO	MgO
含量	1.0	0.20	0.35	1.5	0.01~0.06	60	3

图 4-16 所示为不同铝含量对钢液中钙含量以及炉渣中 Al_2O_3 和 SiO_2 含量的影响关系。从图 4-16 中可以看出，当炉渣中 CaO 质量分数为 60% 时，随着钢液中铝含量的增加，钢液平衡钙含量呈现增加的趋势。当钢液中铝含量从 0.01% 增加到 0.06% 时，平衡的钙含量从 0.0003% 增加到 0.00096%。从图 4-16 中还看出，随着钢液中铝含量的增加，炉渣中平衡 Al_2O_3 含量呈现增加的趋势，平衡 SiO_2 含量相应的呈现下降的趋势。当钢液中的铝含量为 0.06% 时，炉渣中平衡的 Al_2O_3 含量高达 32.5%，而平衡 SiO_2 含量下降为 4.4%。

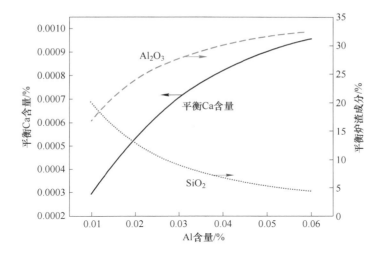

图 4-16 不同铝含量对平衡 Ca 含量和炉渣成分的影响（CaO = 60%）

4.6.3.2 炉渣中 CaO 含量对平衡钙含量的影响

炉渣中不同 CaO 含量对钢液中平衡钙含量以及炉渣中 Al_2O_3 和 SiO_2 含量的影响如图 4-17 所示。计算选取的钢液和炉渣成分见表 4-19。

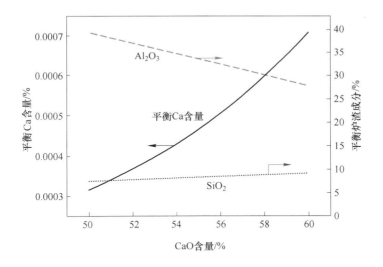

图 4-17 不同 CaO 含量对平衡 Ca 含量和炉渣成分的影响（Al = 0.03%）

表 4-19 计算选取的钢液和炉渣成分 （wt%）

项目	钢液成分					炉渣成分	
组元	C	Si	Mn	Cr	Al	CaO	MgO
含量	1.0	0.20	0.35	1.5	0.03	50~60	3

从图 4-17 可以看出，当钢液中铝含量在 0.03% 时，随着炉渣中 CaO 含量的增加，钢液中平衡钙含量呈现增加的趋势。当炉渣中 CaO 质量分数为 50% 时，钢液中平衡的钙含量较低，仅为 0.00032%；当炉渣中 CaO 质量分数为 60% 时，钢液中平衡钙含量则增加到了 0.00071%。另外从图 4-17 中可以看出，炉渣中 CaO 含量增加，炉渣中平衡 Al_2O_3 含量呈现下降的趋势，当炉渣中 CaO 质量分数从 50% 增加到 60% 时，炉渣中平衡的 Al_2O_3 质量分数从 39.4% 下降到 27.8%。平衡 SiO_2 含量变化趋势并不明显。

4.6.3.3　平衡钙含量分布云图的计算

钢液中主要是铝含量对平衡的钙含量影响较大，而炉渣中则是 CaO 含量对平衡的钙含量影响较大，为了更清晰直观地得到钢液中铝含量以及炉渣中 CaO 含量对平衡钙含量的影响，通过批量计算进一步得到了平衡钙含量的分布云图，计算结果见表 4-18。

从图 4-18 中可以看出，为了控制钢液中平衡钙含量在较低水平，需要控制钢液中的铝含量和炉渣中 CaO 含量在较低水平。但是从 LF 精炼过程脱氧和炉渣吸附夹杂物的角度来看，则应该控制钢液中的铝含量和炉渣中的 CaO 含量在较高水平。因此，应该从多角度综合考虑钢液中铝含量和炉渣中 CaO 含量的控制。在实际的冶炼过程中，可以通过在不同精炼阶段采用不同的钢液铝含量和炉渣成分设计，分阶段实施造渣工艺，最终在整个精炼过程实现夹杂物中 CaO 含量低、夹杂物容易上浮并被炉渣高效吸附的目标。

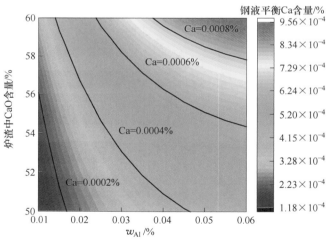

图 4-18　不同钢渣成分条件下平衡 Ca 含量分布云图

4.6.4　D 类和 Ds 类夹杂物

4.6.4.1　内生类

A　夹杂物特征

VD 真空处理过程钢渣反应剧烈，容易导致炉渣向钢液进一步传钙，使得 Al_2O_3 夹杂物中 CaO 含量增加，夹杂物低熔点化，尺寸变大，形成 D 类或者 Ds 类夹杂物。

使用扫描电镜和能谱分析仪对 Ds 类评级超标的夹杂物进行分析，发现这些夹杂物为基本为低熔点的 $CaO-Al_2O_3$ 类夹杂物，其形貌和面扫结果如图 4-19 所示。

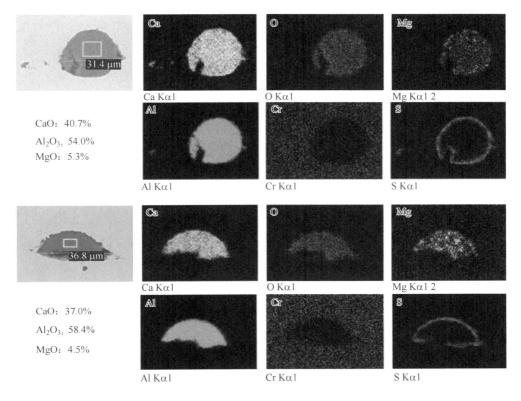

图 4-19　$CaO-Al_2O_3$ 类微观大尺寸 Ds 类夹杂物形貌与面扫描结果

从图 4-19 中可以看出，评级超标的 Ds 类夹杂物主要成分为 CaO 和 Al_2O_3，两者的质量分数总和达到了 90% 以上，且 CaO 含量较高，图中两个夹杂物中 CaO 的质量分数分别达到了 40.7% 和 37.0%。夹杂物二维形貌轮廓较为圆滑，近似圆形。其中，Al、Ca、O 元素没有明显的局部富集现象，分布相对均匀，Mg 元素的分布则存在局部富集现象，而且 Mg 元素相对富集的区域 Ca 元素含量很低，Mg 元素与 Ca 元素的分布区域有一定的互斥关系。S 元素主要集中在夹杂物的外围，与 Ca 元素在夹杂物外围形成一层 CaS 包裹，但 CaS 包裹并非全部均匀包裹，存在局部富集的现象。

将 $CaO-Al_2O_3$ 类夹杂物的成分投影到 $CaO-MgO-Al_2O_3$ 的 1873 K 三元相图上，结果如图 4-20 所示。可以看出，夹杂物的主要成分为 CaO 和 Al_2O_3，两者质量比为 $0.5<CaO/Al_2O_3<1.2$，而且夹杂物中 CaO 质量分数较高，基本在 30% 以上，大部分夹杂物的成分落在液相区。

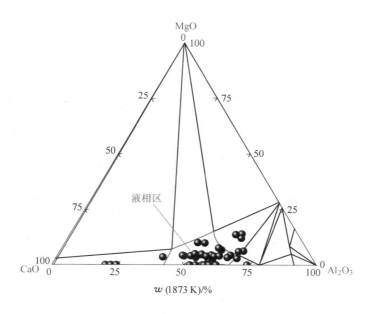

图 4-20   CaO-MgO-Al$_2$O$_3$ 类微观大尺寸夹杂物成分分布

B   内生夹杂物控制机理

本节以控制 VD 过程炉渣成分进一步降低夹杂物中 CaO 含量为例进行介绍。

为了抑制钢液中的铝与炉渣中的 CaO 反应，需要控制该反应的吉布斯自由能变化尽可能地接近 0，而且计算发现，可以通过增加炉渣中 Al$_2$O$_3$ 活度并且配合钢液中适当的铝含量，可以有效控制该反应的进行。图 4-21 所示为炉渣成分和钢液中的 Al 与炉渣中的 CaO 反应吉布斯自由能 ΔG 的关系。图 4-21 不同颜色表示不同的吉布斯自由能，选取的钢液成分为 VD 前的钢液成分。为方便计算，图 4-21 中固定了炉渣中 MgO 含量为 3%，CaO 和 CaF$_2$ 含量总和固定为 61%，Al$_2$O$_3$ 和 SiO$_2$ 含量总和固定为 36%，Ca 分压取 60 Pa。从图 4-21 中可以看出，为了控制反应的吉布斯自由能变化尽可能接近 0，炉渣中的 CaO 含量需要随着 Al$_2$O$_3$ 含量的增加（SiO$_2$ 含量的降低）而增加，当炉渣中 Al$_2$O$_3$ 含量为 28%、SiO$_2$ 含量为 8% 时，炉渣中 CaO 含量应为 57.3%；如果炉渣中 Al$_2$O$_3$ 含量从 28% 增至 30%、相对应的 SiO$_2$ 含量下降到 6% 时，则需要控制炉渣中的 CaO 含量从 57.3% 增至 58%。图 4-21 中 $\Delta G=0$ 时炉渣成分之间的关系式为：

$$w_{CaO} = 2.63\exp\left(\frac{w_{Al_2O_3}}{25.25}\right) + 49.39 \tag{4-1}$$

式中，w_i 为炉渣中组元 i 的质量分数，%。此式可以用来设计 VD 精炼渣成分。

C   夹杂物控制效果

根据以上计算结果，研究者进行了控制钢液和炉渣之间的反应的炉渣优化实验。

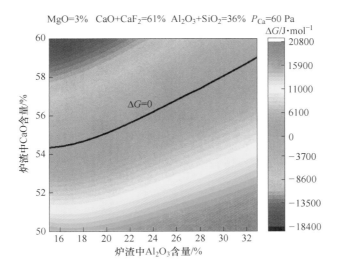

图 4-21 炉渣成分与钢渣反应吉布斯自由能变的关系

钢液中 C、Si、Mn、Cr 这些元素含量基本稳定不变，Al 含量控制在 0.02%~0.025%，优化实验的 VD 处理前、后的钢渣成分见表 4-20。优化后 VD 前的炉渣中 CaO 质量分数增加到了 56.56%，SiO_2 质量分数降低到了 7.69%，Al_2O_3 质量分数增加到了 30.09%，在保证高碱度的同时，适当提高了炉渣中 Al_2O_3，抑制钢液中的 Al 与炉渣中 CaO 的反应。

表 4-20 精炼渣优化后 VD 前后钢渣成分检测结果 （wt%）

钢液成分	C	Si	Mn	Cr	Al_s	Ca
VD-前	1.00	0.25	0.3	1.5	0.022	0.0006
VD-后	1.00	0.25	0.3	1.5	0.019	0.0006
炉渣成分	CaO	SiO_2	MgO	Al_2O_3	CaF_2	
VD-前	56.56	7.69	2.95	30.09	0.64	
VD-后	55.20	7.70	3.57	30.12	0.80	

经 VD 处理后，炉渣优化前后的钢渣成分变化如图 4-22 所示。可以看出，优化后 Δw_i 的绝对值差异均出现了明显的下降，尤其是炉渣中 CaO 质量分数在优化后仅下降了 1.36%，而未优化的精炼渣中 CaO 含量则下降了 7.23%；钢液中铝含量在优化后仅下降了 0.003%，该数值仅为优化前的 21%；另外钢液中的钙含量在优化后没有增加。从图 4-23 中可以看出，在优化后，所有夹杂物的平均尺寸从 VD 前的 4.1 μm 下降到了 3.9 μm，尺寸在 5 μm 以上的夹杂物的平均尺寸从 8.5 μm 下降到了 8.1 μm。

将优化前后的轧材夹杂物成分投影到 CaO-Al_2O_3-MgO 三元相图上，结果如图 4-24

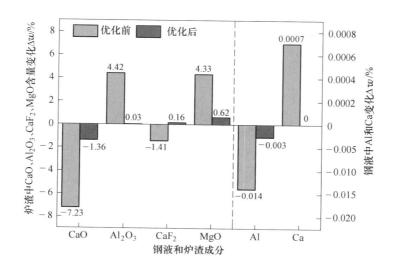

图 4-22　优化前后钢渣成分稳定性对比

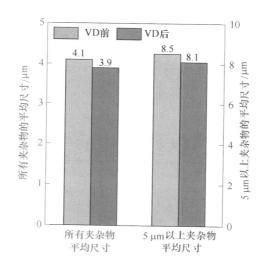

图 4-23　优化后 VD 前后夹杂物 CaO 含量与尺寸特征

所示。可以看出，优化后，夹杂物的主要类型转变为 $MgO-Al_2O_3$ 类夹杂物，而且总体来看夹杂物尺寸主要集中在 5 μm 以内。轧材夹杂物数量从优化前的 359 个下降到 264 个，这其中含 CaO 类的夹杂物数量从 146 个下降到 41 个，轧材中夹杂物 CaO 含量减少的同时尺寸也有所减小，这些夹杂物对产品质量的危害更小。

　　通过优化 VD 过程炉渣成分，抑制了钢液中的 Al 与炉渣中的 CaO 反应，因此炉渣向钢液中传钙量减少，进一步降低了 VD 过程中夹杂物 CaO 含量的升高。当夹杂物中 CaO 含量减少时，夹杂物尺寸也有所降低。

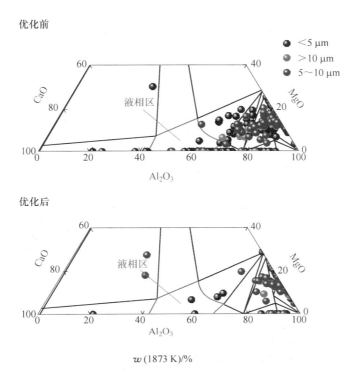

图 4-24　优化后轧材夹杂物成分尺寸特征

4.6.4.2　卷渣类

卷渣类夹杂物的典型特征是尺寸大（一般在 30 μm 以上）且含有一定量的 SiO_2，连铸过程保护渣卷渣则具有更明显的成分特征，比如含有 K、Na 等元素。一般认为，除保护渣卷渣以外，钢液卷渣还可能来自 LF 精炼、VD 真空处理以及 RH 处理前期等冶炼工序，但容易忽略转炉或者电炉出钢过程的卷渣。本节以改进出钢造渣制度减少卷渣夹杂物进行介绍。

A　含 SiO_2 的 CaO-Al_2O_3 类卷渣夹杂物特征

实际过程中发现的卷渣类夹杂物为含 SiO_2 的 CaO-Al_2O_3 类夹杂物，其形貌和电镜面扫描结果如图 4-25 所示。这类夹杂物中含有 3% 以上 SiO_2，尽管其含量相对 CaO 和 Al_2O_3 来说较低，但常见的铝脱氧轴承钢夹杂物中 SiO_2 的含量非常微量，低于 0.5%。这类高 SiO_2 夹杂物非常少见，因此查明这类大尺寸夹杂物来源很有意义。

将含 SiO_2 的 CaO-Al_2O_3 类夹杂物的主要成分投影到 CaO-Al_2O_3-SiO_2 的 1873 K 三元相图上，结果如图 4-26 所示。从该图中可以看出，夹杂物的主要成分同样是 CaO 和 Al_2O_3，两者质量比为 $1.5<CaO/Al_2O_3<2.5$，成分主要落在靠近 CaO 一角的液相区，CaO 质量分数较高，基本在 50% 以上。夹杂物中 SiO_2 含量大部分在 10% 以内。

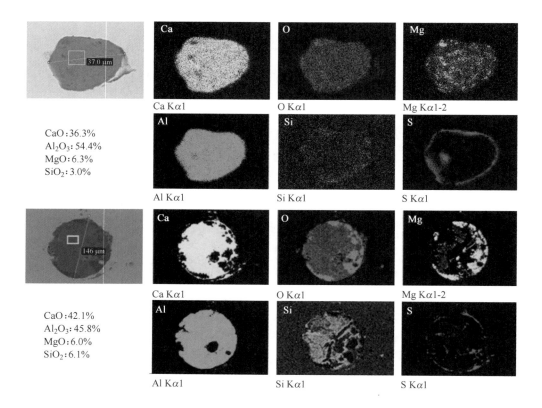

CaO:36.3%
Al$_2$O$_3$:54.4%
MgO:6.3%
SiO$_2$:3.0%

CaO:42.1%
Al$_2$O$_3$:45.8%
MgO:6.0%
SiO$_2$:6.1%

图 4-25　含 SiO$_2$ 微观大尺寸夹杂物形貌与面扫描结果

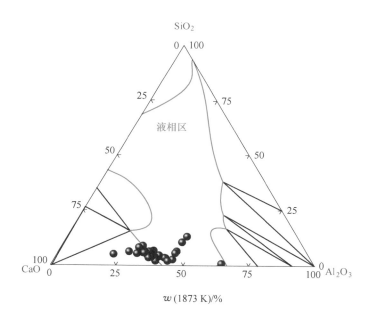

图 4-26　含 SiO$_2$ 微观大尺寸夹杂物成分分布

进一步统计了从吹氩站（转炉出钢后到 LF 精炼之间的操作工位）开始，经过 LF 精炼，一直到 RH 结束过程中所有尺寸不低于 13 μm 的大尺寸夹杂物的总面积占比，结果如图 4-27 所示。可以看出，含 SiO_2 的低熔点 $CaO\text{-}Al_2O_3$ 类夹杂物其总面积占比高达 82.73%，是最主要的大尺寸夹杂物。

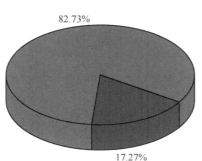

含 SiO_2 的低熔点 $CaO\text{-}Al_2O_3$ 类夹杂物

82.73%

17.27%

不含 SiO_2 的低熔点 $CaO\text{-}Al_2O_3$ 类夹杂物

图 4-27　冶炼过程两类大尺寸夹杂物的面积占比

进一步结合图 4-28 中可以看出，随着冶炼的进行，夹杂物中平均 SiO_2 质量分数呈现逐步下降的趋势，从吹氩站的 27.5% 下降到轧材的 3.0%。

通过以上分析可以得出，轴承钢中 Ds 类超标的含 SiO_2 的 $CaO\text{-}Al_2O_3$ 类夹杂物来源于冶炼过程中的大尺寸含 SiO_2 的低熔点 $CaO\text{-}Al_2O_3$ 类夹杂物，夹杂物中的 SiO_2 与初炼炉出钢合金化和造渣工艺有关，也与 LF 炉初期吹氩制度有关。

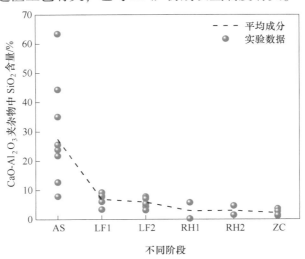

图 4-28　冶炼过程夹杂物中 SiO_2 含量变化

B   卷渣夹杂物控制机理

钢材中含 SiO_2 的 Ds 类微观大尺寸夹杂物有时来源于 LF 炉精炼初期的吹氩卷渣，这与转炉出钢过程加入高 SiO_2 含量的低碱度造渣剂有关。转炉出钢过程采用低碱度造渣剂和石灰混合加入的方式进行造渣，低碱度造渣剂主要成分为 30% 左右的 CaO 和 60% 左右的 SiO_2，详细成分见表 4-21。

表 4-21   低碱度造渣剂组分

成分	CaO	Al_2O_3	SiO_2	其他
含量/%	31.5±2.0	≤3	61±2.0	<3

a   造渣剂物理性质的影响

造渣剂熔化性质的影响：使用 FactSage 热力学软件的相图模块计算了 $CaO\text{-}SiO_2$ 二元相图，图 4-29 所示。图中可以看出，随着 $CaO\text{-}SiO_2$ 二元系中 CaO 质量分数的增加，会生成 $CaSiO_3$（1813 K）和 Ca_2SiO_4（2427 K）等高熔点的物相，当温度一定时，熔点高的炉渣熔化速度较慢，甚至难以熔化，这会导致炉渣结壳，不利于炉渣的快速熔化。

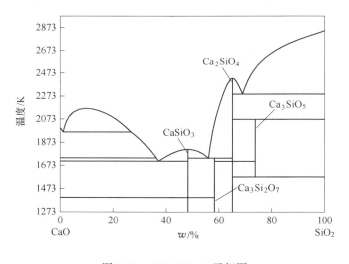

图 4-29 $CaO\text{-}SiO_2$ 二元相图

造渣剂流动性质的影响：SiO_2 含量对炉渣的黏度影响较大，而炉渣黏度是影响冶金过程动力学反应的重要物理性质。为了研究 SiO_2 对 $CaO\text{-}SiO_2$ 体系黏度的影响，参考表 4-21 的低碱度造渣剂成分，SiO_2 的质量分数按照 $CaO\text{-}SiO_2$ 二元体系折算后约为 66%，使用 FactSage 计算了 $CaO\text{-}SiO_2$ 二元体系的黏度，并与文献中[58-60] 提取的测量值进行对比验证，结果如图 4-30 所示。从图 4-30 中可以看出，计算值和文献中的测量值符合较好。$CaO\text{-}SiO_2$ 造渣剂的黏度随 SiO_2 含量的增加呈指数增加。例如，在 1873 K 时，当 SiO_2 含量从 44% 增加到 62% 时，炉渣黏度从 0.11 Pa·s 增加到 1.2 Pa·s，表现出一个数量级的变化。由于低碱度渣中高的 SiO_2 含量，熔化后黏度很高，计算值为 1.55 Pa·s（图 4-30），不容易与 CaO 形成均匀的熔渣，会导致炉渣流动性恶化，甚至结壳。

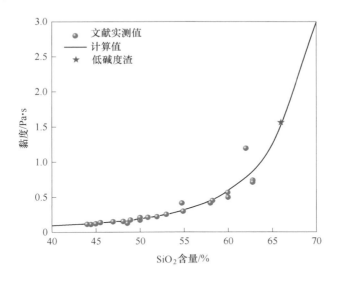

图 4-30　1873 K 条件下 CaO-SiO_2 渣系黏度变化

b　造渣剂成分的优化搭配

通过以上分析得出，为了实现快速成渣，需要调整转炉出钢的造渣制度，避免高熔点和高黏度的渣料加入，代之以低熔点和低黏度的渣剂。通过 FactSage 热力学软件计算得出新型造渣剂的熔点相对更低，为 1271 K，黏度也相对更低，为 0.084 Pa·s，适合用来替代低碱度造渣剂。新型造渣剂的主要成分见表 4-22。

表 4-22　新型造渣剂成分　　　　　　　　　　　　　（%）

渣成分	CaO	Al_2O_3	SiO_2	其他
新型造渣剂	50~55	35~45	<5	≤10

C　夹杂物控制工艺及效果

（1）调渣剂选择：不再使用低碱度造渣剂和石灰的搭配，改为使用新型造渣剂和石灰的搭配。

（2）造渣剂加入时机与顺序：转炉出钢过程中，在铝合金以及其他合金完全加入后，再开始加入造渣剂，加入的顺序为先加入造渣剂，后加入石灰。

（3）出钢时间控制：保证完整的转炉出钢时间在 3 min 以上，避免出钢时间不足导致的合金和渣料同时混加。

（4）成渣操作提前：吹氩站结束后到 LF 精炼开始前，不再添加任何渣剂，所有 LF 精炼前的成渣操作都集中到转炉出钢过程。

（5）底吹气体控制：出钢到吹氩站整个过程避免底吹气体的强烈搅拌。

工艺改进示意如图 4-31 所示。

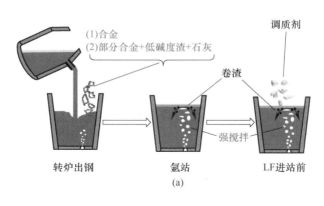

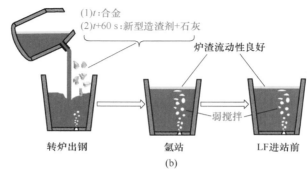

图 4-31 工艺改进示意图

（a）改进前；（b）改进后

调整后的转炉出钢成渣工艺为取消低碱度造渣剂的加入，改用添加新型造渣剂。新型造渣剂熔点低，黏度小，和石灰结合化渣速度快，可以均匀地覆盖在钢液表面。控制钢包底吹气体流量，避免过度强搅拌，保持钢-渣界面的稳定，有效降低了卷渣的可能性。改进后氩站良好的化渣效果如图 4-32 所示。

工艺改进后 2500 个试样的 Ds 类夹杂物评级结果如图 4-33 所示。图中可以看出，按照超高洁净轴承钢的 Ds 类夹杂物评级要求，改进后 Ds 类评级≤0.5 级的比例由 71% 提高至 86.38%，改进工艺效果明显。

4.6.5 宏观探伤夹杂物

4.6.5.1 宏观大尺寸夹杂物特征

利用高频超声波水浸探伤检测定位到大尺寸夹杂物。对热轧棒材中这些毫米级大尺寸夹杂物的纵截面进行扫描电镜检验，如图 4-34 所示。可以看出，这些大尺寸夹杂

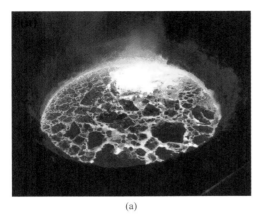 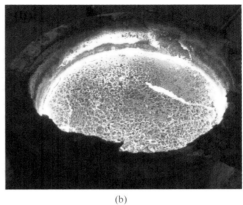

图 4-32　氩站结束时良好的化渣效果

（a）改进前；（b）改进后

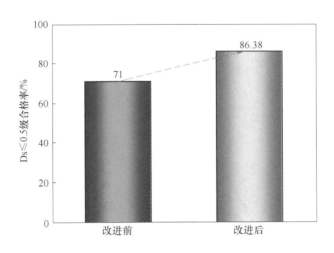

图 4-33　改进前后 Ds≤0.5 级的合格率

物是由不同的小尺寸 $CaO\text{-}Al_2O_3\text{-}MgO$ 夹杂物（从几微米到几十微米）团聚而成，在纵截面上呈细长的形貌，团聚形成长串状。夹杂物的长度约为 5 mm，宽度不均匀，最大宽度约为 100 μm。Al 元素几乎均匀地分布在整个夹杂物中，Ca、Mg 元素分布不均匀。

对大尺寸夹杂物的成分进行整理统计，将其主要成分投影到 $CaO\text{-}MgO\text{-}Al_2O_3$ 的 1873 K 三元相图上，结果如图 4-35 所示。可以看出，大尺寸夹杂物的成分特征较为明显，主要为液态 $CaO\text{-}Al_2O_3\text{-}MgO$ 和镁铝尖晶石的混合成分，属于半固态类型夹杂物，其中 CaO 和 Al_2O_3 的质量比为 $CaO/Al_2O_3<0.5$，CaO 含量在 0~35.3% 范围波动。三维形貌信息显示大尺寸夹杂物整体在长度方向并非完全实心填充，是由几微米到几十微

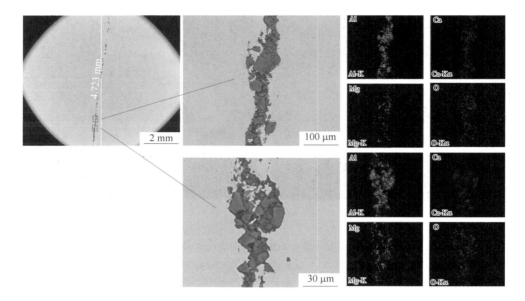

图 4-34   宏观大尺寸夹杂物纵截面的形貌和面扫描结果

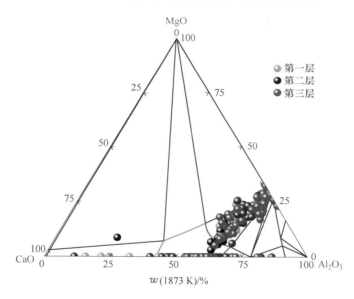

图 4-35   宏观大尺寸夹杂物成分分布

米不同的小尺寸 $CaO\text{-}Al_2O_3$ 类夹杂物团聚而成。

4.6.5.2   宏观大尺寸夹杂物形成机理

在实际的 LF 精炼过程中,炉渣不断向钢液中传钙,使得前期生成的高熔点 Al_2O_3 类夹杂物逐步变性为低熔点 $CaO\text{-}Al_2O_3$ 类夹杂物。这些夹杂物上浮效率较低,容易遗留在钢中。在 RH 精炼的后期,随着温度的不断降低,$CaAl_2O_4$ 和高熔点尖晶石会在低熔点 $CaO\text{-}Al_2O_3$ 类和半固态类夹杂物中析出。毫米级细长串形宏观大尺寸夹杂物主要在钢液凝固过程中由许多尺寸并不大的半固态夹杂物合并长大所形成，其机理如图 4-36 所示。

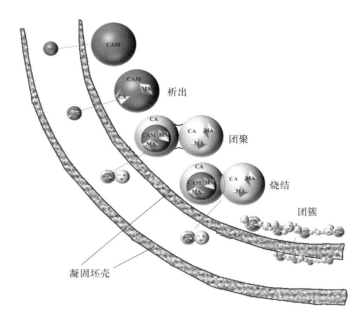

图 4-36 细线型大尺寸夹杂物形成机理示意图

在连铸过程中，一些液相质量分数小于 50% 的夹杂物可能会附着在水口内壁，而液相质量分数大于 50% 的夹杂物会顺利通过水口留在钢中[61-65]。在随后的凝固过程中，温度进一步降低，$CaAl_2O_4$ 主要在夹杂物外层析出，这些外层的 $CaAl_2O_4$ 夹杂物难以与钢水润湿，腔桥力将是夹杂物团聚的主要黏附力。理论上，相互接触的夹杂物将在几秒钟内完成烧结。由于尺寸较小，几十微米的夹杂物很容易被钢液流带到结晶器的深处。随着夹杂物数量的增加，夹杂物发生碰撞和团聚的几率增大。由于钢液流动和凝固速度的影响，当夹杂物团簇所在位置的液相分数低于 0.6 时[66]，夹杂物团簇会被逐一捕获和长大，最终形成细长串形的大尺寸夹杂物。轧制后，这些夹杂物有可能变为几毫米长或更长。

4.6.6 高洁净度、高稳定性综合控制技术

根据以上轴承钢冶炼极低氧的高洁净度控制技术，得出高稳定性的综合工艺技术。

4.6.6.1 初炼炉终点控制和出钢

（1）初炼炉终点碳含量满足 0.1%~0.4%；出钢温度满足 1590~1650 ℃。

（2）承接钢水的钢包预热至 1000 ℃以上，出钢加入的合金预热到 300 ℃以上。

（3）出钢过程先加铝脱氧，然后加入合金，最后加入优化的造渣剂，避免出钢下

渣，整个出钢过程控制在 3~8 min。

（4）LF 精炼前的成渣操作尽可能集中到转炉出钢过程，出钢过程尽可能做到渣料快速熔化和均匀化。

4.6.6.2 全程控铝

从出钢到精炼结束需要全程控铝：

（1）转炉出钢为保证钢液充分脱氧，控制转炉出钢后钢液中铝含量在 0.05%~0.06%。

（2）到 LF 精炼初期，控制钢液中铝含量在 0.035%~0.04%。

（3）随着精炼进行，过程中不进行补铝操作，LF 结束保证钢液中铝含量在 0.02%以上。

4.6.6.3 LF 精炼过程合理造渣

（1）在 LF 精炼初期，为保证铝在钢液中的脱氧效果，将铝含量控制在较高水平，示例设置铝质量分数为 0.035%，此时为了减少炉渣向钢液传钙，炉渣中 CaO 的质量分数应该控制在 55%以内。

（2）随着精炼的进行，分段加入石灰，逐步提高炉渣中 CaO 的含量。在脱氧基本完成后，不再向炉渣中补加石灰。

（3）LF 结束时，当钢液中铝质量分数为 0.02%时，炉渣中 CaO 质量分数应该控制在 57%，Al_2O_3 质量分数控制在 30%，SiO_2 质量分数控制在 10%。由于实际冶炼过程操作存在一定波动，批量稳定生产过程中 LF 精炼结束的炉渣各组元质量分数基本控制在一定的范围内：53% < (CaO) < 60%，5% < (SiO_2) < 10%，25% < (Al_2O_3) < 31%，3% < (MgO) < 8%。

4.6.6.4 真空处理及浇注

（1）RH 真空处理保证足够的真空处理时间，促进脱气和夹杂物上浮去除。

（2）VD 真空处理应控制合理的炉渣成分，避免钢渣剧烈反应，炉渣成分可以根据钢渣平衡模型进行计算设计。

（3）防止钢液的二次氧化，比如覆盖剂选择、钢包留钢、保护渣成分设计、结晶器流场控制等。

4.7 其他重要轴承钢品种冶炼特点

4.7.1 低碳轴承钢（G20CrNi2Mo）

4.7.1.1 成分特点

G20CrNi2Mo 是一种常用的低碳合金渗碳轴承钢，加入 Cr、Ni、Mo 元素，经表面渗碳及淬、回火处理后，其表面具有相当高的硬度、耐磨性和接触疲劳强度，心部还保留良好的韧性，能承受较高的冲击负荷；同时具有冷加工性能良好、耐冲击的优势，在国内主要应用于铁路货车滚动轴承套圈上。随着中国铁路货车向单车载重 70 t 级、时速 120 公里以及营运里程 150 万公里发展，铁路轴承需要更高的承载能力、更长的使用寿命和更高的可靠性，这对轴承钢的冶金质量也提出了更高的要求。

G20CrNi2Mo 钢中合金含量较低，各种元素协同配合效果较好。各个国家均将其列为推荐标准牌号，但不同的国家标准钢号不一样。美国标准钢号为 AISI4320，日本 JIS 标准钢号为 SNCM420，德国 DIN 标准钢号为 20NiCrMo7，英国 BS 标准钢号为 EN362，法国 NF 标准钢号为 20NCD7。不同生产厂家对此钢种的成分要求见表 4-23。由表可以看出，不同标准成分范围要求基本一致，碳含量为 0.17% ~ 0.23%，硅含量为 0.15% ~ 0.40%，锰含量为 0.40% ~ 0.70%，铬含量为 0.35% ~ 0.65%，镍含量为 1.55% ~ 2.00%，钼含量为 0.15% ~ 0.30%。

表 4-23　不同生产厂家对 G20CrNi2Mo 的成分要求　　　　　　（wt%）

厂家	C	Si	Mn	P	S	Cr	Ni	Mo
Sanyo	0.17 ~ 0.23	0.15 ~ 0.35	0.40 ~ 0.70	≤0.03	≤0.03	0.40 ~ 0.60	1.60 ~ 2.00	0.15 ~ 0.30
NSK	0.17 ~ 0.23	0.15 ~ 0.35	0.40 ~ 0.70	≤0.025	≤0.015	0.35 ~ 0.65	1.55 ~ 2.00	0.20 ~ 0.30
SKF	0.18 ~ 0.23	0.20 ~ 0.40	0.45 ~ 0.70	≤0.02	≤0.02	0.45 ~ 0.60	1.65 ~ 2.00	0.22 ~ 0.30
Schaeffler	0.17 ~ 0.23	0.15 ~ 0.40	0.40 ~ 0.70	≤0.02	≤0.02	0.40 ~ 0.60	1.60 ~ 2.00	0.20 ~ 0.30

表 4-24 为其基本力学指标。从表中可以看出，G20CrNi2Mo 轴承钢抗拉及屈服强度大，冲击韧性较好，适合用于制造承受大载荷的铁路轴承。据统计，美国渗碳轴承钢产量达到轴承钢总产量的 30%，日本为 10% ~ 15%，而我国的占比还不到 5%，因此其具有广阔的市场及发展前景。

表 4-24　G20CrNi2Mo 钢的力学性能指标

抗拉强度 R_m/MPa	屈服强度 R_e/MPa	冲击韧性 α_K/kJ
1300	1100	120

4.7.1.2　生产工艺

铁路用 G20CrNi2Mo 轴承钢通常要求用电渣重熔工艺生产，因此其冶炼工艺包含电极棒冶炼和电渣锭冶炼两部分。

A　电极棒冶炼工艺

国内某特钢厂生产 G20CrNi2Mo 轴承钢工艺路线为 EAF—LF—VD—CC，生产流程如图 4-37 所示。

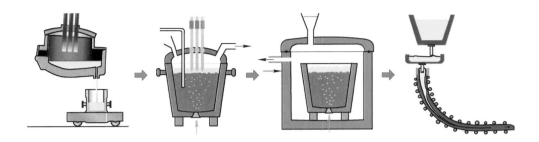

图 4-37　G20CrNi2Mo 自耗电极生产流程

电炉及炉外精炼的主要工艺要点如下：

（1）电炉终点碳含量控制范围为 0.04%~0.10%。出钢过程加铝进行预脱氧，加锰铁、铬铁、镍板进行合金化，之后加入石灰、造渣剂，尽快成渣。

（2）LF 精炼过程，通电后向渣表面添加适量 SiC 进行扩散脱氧，后喂入适量铝线。加入镍板、钼铁、硅铁进行成分微调。精炼过程炉渣成分控制范围为：55%~60% CaO，20%~25% Al_2O_3，10%~15% SiO_2，3%~5% MgO。整个精炼时间为 50~70 min。

（3）进入 VD 脱气，极限真空（67 Pa）时间为 15~25 min。破空后转入 LF 工位，送电升温。由于在 VD 过程钢液中铝发生一定程度的氧化，升温后喂入铝线，将铝补至 0.04%~0.05%。之后进行软吹，时间为 20~30 min。

　　B　电渣重熔工艺

除了电炉工艺之外，有的钢厂也采用电渣重熔工艺，电渣重熔工艺主要包括三个阶段：准备阶段、起弧及正常冶炼阶段、充填阶段。下面以 2.3 t（直径470 mm）的电渣锭为例进行工艺介绍：

（1）起弧前准备。利用修磨机将电极坯表面的氧化铁皮彻底去除。熔渣引燃前在底水箱上面安放引锭板，材质为本钢种，其主要作用为防止底水箱被电流击穿。之后在引锭板上放引弧剂。底水箱周围放围渣后安装结晶器，转入石墨电极后加入 75 kg 预先混合好的渣料，准备起弧。

（2）起弧及正常冶炼阶段。采用石墨电极起弧，起弧过程电流设定为 5000 A。造渣时间为 30 min。造渣结束后转入金属电极，其断面规格为 250 mm×280 mm。冶炼初期电流波动范围较大，为 8500 A±1500 A。随着冶炼的进行，电流逐渐趋于稳定。

全程进行氩气保护，流量为 100~140 L/min。炉口氧分压随冶炼时间的变化如图 4-38 所示。可以看出，随着冶炼的进行，炉口氧分压呈升高趋势，主要原因在于冶炼后期渣池表面到炉口距离不断降低，导致保护效果变差。

整个过程不添加任何脱氧剂。由于厂房高度限制，冶炼过程中间换一次电极。整个冶炼时间（造渣结束到充填前）为 300~400 min。用便携式红外测温计测量炉渣表

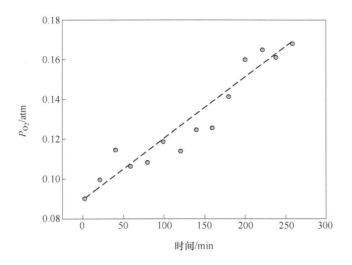

图 4-38　炉口氧分压的变化情况

面温度。炉渣表面温度随冶炼时间的变化情况如图 4-39 所示。随着冶炼的进行，炉渣表面温度呈升高趋势，到冶炼后期温度达到 2073 K（1800 ℃）以上，主要原因在于随着电极的熔化和钢锭的凝固，金属熔池通过底水箱的导热条件也在减弱。此外，随着电极长度的缩短，电抗也在改变，导致渣池中输入功率增加。

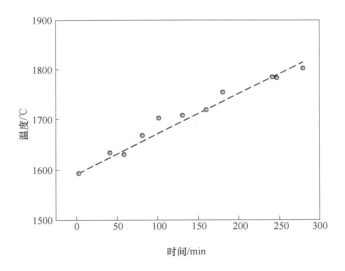

图 4-39　炉渣表面温度的变化情况

（3）充填阶段。采用先金属电极后石墨电极的连续式补缩的方法，其中金属电极补缩时间为 30 min，石墨电极补缩时间为 2 min。50 min 后脱锭，锭重为 2.3 t。

不同炉次的工艺参数见表 4-25。

表 4-25 不同炉次工艺参数

炉次	炉口电压/V	电流/A	熔速/kg·min⁻¹	渣温/℃	氩气流量/L·min⁻¹
1	52~56	7000~10000	6.34	1780	140
2	52~56	7000~10000	6.43	1790	140
3	52~58	7000~10000	6.76	1815	140
4	53~59	7000~10000	7.41	1840	140
5	53~59	7000~10000	6.92	1831	140
6	53~60	7000~10000	7.18	1820	140
7	50~55	7000~10000	5.63	1740	140
8	52~56	7000~10000	6.47	1763	140

4.7.2 高硅轴承钢（GCr15SiMn）

高碳铬轴承钢中的 GCr15SiMn 钢是在 GCr15 钢基础上，适当增加硅和锰含量的改型钢种，以改善其淬透性和弹性极限。GCr15SiMn 钢主要用于制作壁厚大于 12 mm、外径大于 250 mm 的轴承套圈。制造滚动体的适用尺寸范围比 GCr15 钢大，钢球直径大于 50 mm，圆锥、圆柱及球面滚子直径大于 22 mm。轴承零件的工作温度一般不超过 453 K（180 ℃）。

目前，GCr15SiMn 钢在不同的国家（中国、美国和德国等）的标准中主要化学成分见表 4-26。

表 4-26 不同生产厂家对 GCr15SiMn 的成分要求 （%）

国别	C	Si	Mn	Cr	S	P	Cu	Ni	Cu+Ni	Mo
中国	0.95~1.05	0.40~0.65	0.90~1.20	1.35~1.65	≤0.020	≤0.027	≤0.25	≤0.30	≤0.50	—
美国	0.85~0.97	0.50~0.80	1.40~1.70	1.40~1.75	≤0.025	≤0.025	≤0.35	≤0.25	—	≤0.08
德国	0.90~1.05	0.50~0.70	1.00~1.20	1.40~1.65	≤0.020	≤0.025	—	—	—	—

GCr15SiMn 钢的冶炼工艺流程与 GCr15 钢相似，但对于生产大规格轴承的 GCr15SiMn 钢而言，多采用模铸方式，真空模铸方式可以有效减少钢液的二次氧化，提高洁净度。

4.8 本 章 小 结

本章主要介绍了轴承钢的分类和性能要求、轴承钢的化学成分与碳化物、轴承钢中的夹杂物、我国轴承钢标准及其演变、高碳铬轴承钢的冶炼工艺流程，轴承钢冶炼关键技术、其他重要轴承钢品种冶炼特点等七个部分。

（1）我国轴承钢主要类型为高碳铬轴承钢、渗碳轴承钢、高碳铬不锈轴承钢和高温轴承钢。其中 GCr15 作为高碳铬的代表性品种，应用最为广泛。轴承钢的冶金质量对轴承的疲劳寿命有显著影响。主要涉及到钢的洁净度和组织均匀性。钢的洁净度包括杂质元素的最大去除和夹杂物最小化；组织均匀性主要涉及碳化物的形态和分布。

（2）洁净度中杂质元素主要涉及到氧、钛、钙含量的极低化。近年来我国轴承钢中氧、钛含量控制水平已经取得了明显进步，国内先进企业已经能稳定地将氧含量控制在 0.0007%（少数高水平特殊钢厂可以将氧含量控制在 0.0004%～0.0007%）。将钛含量控制在 0.0015% 以下水平。钢中钙含量的降低已经越来越引起关注。

（3）钢中氧化物夹杂物的控制问题越来越成为关注的重点。其中微观夹杂物中 B 类、D 类和 Ds 类对轴承寿命最有影响。随着各种材料无损探伤检测仪的开发，工业界开始关注钢中偶发性大尺寸夹杂物控制问题，包括几十微米夹杂物和尺寸几百微米甚至是毫米级的大尺寸夹杂物。大尺寸夹杂物出现有很大的随机性，一旦残留到材料中，对轴承的疲劳性能有极大危害。国内企业在大尺寸夹杂物控制方面还不够稳定，往往不能满足高端客户的要求。

（4）高洁净轴承钢的冶炼工艺包括 LF 炉精炼和真空处理，RH 和 VD 炉是被广泛采用的真空处理装备，其中 RH 在夹杂物极低化和工艺稳定性方面具有优势。

（5）铝脱氧工艺冶炼高洁净度轴承钢已经被实践所广泛认可和采用。炉渣成分的优化设计和合理控制是获得高洁净度的重要关键技术。炉渣成分要从 $CaO-SiO_2-Al_2O_3-MgO$ 多元系进行设计，查明精炼过程炉渣和钢液之间复杂化学反应很重要，相关的热力学模型和商务软件能够对工艺设计提供参考和指导。对于 TiN 夹杂物的最小化主要是使钢中钛含量极低化，降低冶炼过程的原副材料和各种添加剂中的残余钛含量是降低轴承钢中的钛含量非常有效的手段。

（6）降低随机性大尺寸夹杂物在钢材中的出现率是非常有难度的冶金任务。常见的大尺寸夹杂物的形成原因有：炉渣的卷入、耐火材料的侵蚀、小夹杂物的聚合、合金料的带入、钢包内的残渣等，科学的大夹杂物溯源方法以及严格的工艺管理是改进这类夹杂物的基础和前提。

参 考 文 献

[1] 曹文全，俞峰，王存宇，等 . 高端装备用轴承钢冶金质量性能现状及未来发展方向 [J]. 特殊钢，2021，42（1）：1-10.

[2] 中华人民共和国国家质量监督检验检疫总局，中国国家标准化管理委员会 . GB/T 18254—2016 高碳铬轴承钢 [S]. 北京：中国质检出版社，2016：8.

[3] 中华人民共和国国家质量监督检验检疫总局, 中国国家标准化管理委员会. GB/T 3203—2016 渗碳轴承钢 [S]. 北京: 中国质检出版社, 2017: 9.

[4] 国家市场监督管理总局, 国家标准化管理委员会. GB/T 3086—2019 高碳铬不锈轴承钢 [S]. 北京: 中国质检出版社, 2020: 5.

[5] 国家市场监督管理总局, 国家标准化管理委员会. GB/T 38886—2020 高温轴承钢 [S]. 北京: 中国质检出版社, 2020: 12.

[6] 国家市场监督管理总局, 国家标准化管理委员会. GB/T 38885—2020 超高洁净高碳铬轴承钢通用技术条件 [S]. 北京: 中国质检出版社, 2020: 6.

[7] 国家市场监督管理总局, 国家标准化管理委员会. GB/T 38936—2020 高温渗碳轴承钢 [S]. 北京: 中国质检出版社, 2020: 12.

[8] 国家市场监督管理总局, 国家标准化管理委员会. GB/T 38884—2020 高温不锈轴承钢 [S]. 北京: 中国质检出版社, 2020: 12.

[9] 王坤, 胡锋, 周雯, 等. 轴承钢研究现状及发展趋势 [J]. 中国冶金, 2020, 30 (9): 119-128.

[10] 中国钢铁新闻网. 我国轴承钢系列的特性、用途及代表钢种 [J]. 河北冶金, 2016 (12): 67.

[11] 刘波, 于明. 新版高碳铬不锈轴承钢和渗碳轴承钢标准的解读 [J]. 轴承, 2020 (11): 65-69.

[12] 钟顺思, 王昌生. 轴承钢 [M]. 北京: 冶金工业出版社, 2000.

[13] Hashimoto K, Fujimatsu T, Tsunekage N, et al. Study of rolling contact fatigue of bearing steels in relation to various oxide inclusions [J]. Materials & Design, 2011, 32 (3): 1605-1611.

[14] Mayer H, Haydn W, Schuller R, et al. Very high cycle fatigue properties of bainitic high carbon-chromium steel [J]. International Journal of Fatigue, 2009, 31 (2): 242-249.

[15] Yang C, Luan Y, Li D, et al. Very high cycle fatigue properties of bearing steel with different aluminum and sulfur content [J]. International Journal of Fatigue, 2018, 116: 396-408.

[16] Guan J, Wang L, Zhang C, et al. Effects of non-metallic inclusions on the crack propagation in bearing steel [J]. Tribology International, 2017, 106: 123-131.

[17] Yamashita Y, Murakami Y. Small crack growth model from low to very high cycle fatigue regime for internal fatigue failure of high strength steel [J]. International Journal of Fatigue, 2016, 93: 406-414.

[18] Fujimatsu T, Nagao M, Nakasaki M, et al. Analysis of stress around nonmetallic inclusions under rolling contact surface [J]. Sanyo Technical Report, 2006, 13 (1): 62-65.

[19] 王振华. 滚动轴承的疲劳失效与轴承钢中的非金属夹杂物的关系 [J]. 宝钢技术, 2003 (S1): 42-46, 68.

[20] 杨超云. 稀土对高碳铬轴承钢夹杂物-组织-性能的影响机理研究 [D]. 合肥: 中国科学技术大学, 2020.

[21] Monnot J, Heritier B, Cogne J Y. Relationship of melting practice, inclusion type, and size with fatigue resistance of bearing steels [C]. Philadelphia: American Society for Testing and Materials, 1988: 149-165.

[22] 傅杰, 朱剑, 迪林, 等. 微合金钢中 TiN 的析出规律研究 [J]. 金属学报, 2000 (8): 801-804.

［23］ 杨亮. 电渣重熔 GCr15SiMn 轴承钢 TiN 夹杂物形成机理及控制工艺［D］. 北京：北京科技大学，2017.

［24］ 田新中，刘润藻，周春芳，等. 轴承钢中 TiN 夹杂物的控制研究［J］. 北京科技大学学报，2009，31（S1）：150-153.

［25］ 周德光，傅杰，王平，等. 轴承钢中钛与氮的控制及作用研究［J］. 1999 中国钢铁年会论文集（上），1999，34（S）：586-589.

［26］ 曾新光. 轴承钢中 TiN 夹杂物析出的控制［J］. 北京科技大学学报，2009，31（S1）：145-149.

［27］ 周德光，王平，徐卫国，等. 轴承钢的生产与发展［J］. 炼钢，1998（5）：53-57.

［28］ 马惠霞，李文竹，黄磊，等. 轴承钢中硫化物夹杂诱发疲劳裂纹的微观分析［J］. 金属热处理，2012，37（3）：119-121.

［29］ 周德光，徐卫国，王平，等. 轴承钢电渣重熔过程中氧的控制及作用研究［J］. 钢铁，1998（3）：15-19.

［30］ 史智越，徐海峰，许达，等. 冶金工艺对 GCr15 高周旋转弯曲疲劳性能的影响［J］. 钢铁，2018，53（11）：85-92.

［31］ Liu Y B, Yang Z G, Li Y D, et al. Dependence of fatigue strength on inclusion size for high-strength steels in very high cycle fatigue regime［J］. Materials Science and Engineering：A, 2009, 517（1）：180-184.

［32］ Yang Z G, Li S X, Li Y D, et al. Relationship among fatigue life, inclusion size and hydrogen concentration for high-strength steel in the VHCF regime［J］. Materials Science and Engineering：A, 2010, 527（3）：559-564.

［33］ Li W, Sakai T, Li Q, et al. Effect of loading type on fatigue properties of high strength bearing steel in very high cycle regime［J］. Materials Science and Engineering：A, 2011, 528（15）：5044-5052.

［34］ 中华人民共和国国家质量监督检验检疫总局，中国国家标准化管理委员会. GB/T 10561—2005 钢中非金属夹杂物含量的测定标准评级图显微检验法［S］. 北京：中国质检出版社，2005：2.

［35］ Darmon M, Calmon P, Bèle B. An integrated model to simulate the scattering of ultrasounds by inclusions in steels［J］. Ultrasonics, 2004, 42（1）：237-241.

［36］ Cornish R. Assessment of inclusion distribution in steels using a microprocessor controlled ultrasonic scanning system［J］. Non-Destructive Testing-Australia, 1983, 20：23-27.

［37］ Ogilvy J A. A model for the effects of inclusions on ultrasonic inspection［J］. Ultrasonics, 1993, 31（4）：219-228.

［38］ 王一德，唐荻，党宁. 国外特殊钢产业的特点及发展趋势［J］. 钢铁，2013，48（6）：1-6.

［39］ 宗男夫，张慧，张兴中. 国内外高品质轴承钢洁净化与均质化控制技术的进展［J］. 轴承，2017（1）：48-53.

［40］ 王忠英，兰德年，刘树洲. 特殊钢连铸现状及发展［J］. 冶金管理，2002（S1）：30-35.

［41］ Sugimoto S, Oi S. Development of high productivity process of ultra-high-cleanliness bearing steel［J］. Sanyo Technical Report, 2018, 25（1）：50-54.

［42］ Riyahimalayeri K, Ölund P, Selleby M. Effect of vacuum degassing on non-metallic inclusions in an ASEA-

SKF ladle furnace [J]. Ironmaking & Steelmaking, 2013, 40 (6): 470-477.

[43] 杨欢. 国内轴承钢行业发展现状及趋势 [J]. 中国钢铁业, 2019 (7): 32-36.

[44] 干勇, 王忠英. 国内特殊钢连铸生产技术的现状与发展 [J]. 特殊钢, 2005 (3): 1-5.

[45] 刘浏. 高品质特殊钢生产流程技术研究 [J]. 中国冶金, 2011, 21 (12): 11-14.

[46] 张鉴. 冶金熔体和溶液的计算热力学 [M]. 北京: 冶金工业出版社, 2007.

[47] 李风伟. GCr15 轴承钢冶炼过程炉渣成分及夹杂物研究 [D]. 北京: 北京科技大学, 2014.

[48] The Japan Society for the Promotion of Science. Steelmaking Data Sourcebook [M]. New York: GBSB Publisher, 1984.

[49] Zhang J. Coexistence theory of slag structure and its application to calculation of oxidizing capability of slag melts [J]. 钢铁研究学报: 英文版, 2003.

[50] 廖鹏. 转炉冶炼高效脱磷渣系及工艺研究 [D]. 北京: 钢铁研究总院, 2013.

[51] Park J H, Lee S B, Kim D S, et al. Thermodynamics of titanium oxide in $CaO-SiO_2-Al_2O_3-MgOsatd-CaF_2$ slag equilibrated with Fe-11mass%Cr melt [J]. ISIJ International, 2009, 49 (3): 337-342.

[52] Jung S M, Fruehan R J. Thermodynamics of titanium oxide in ladle slags [J]. ISIJ International, 2001, 41 (12): 1447-1453.

[53] Mikine, Kishi, Ryo, et al. Thermodynamics of oxygen and nitrogen in liquid Fe-20mass% Cr alloy equilibrated with titania-based slags [J]. ISIJ International, 1994, 34 (11): 859-867.

[54] Wang Y, Cheng G, Li S, et al. A novel model to design the equilibrium slag compositions for bearing steel: Verification and application [J]. ISIJ International, 2021, 61 (5): 1514-1523.

[55] 孟晓玲. 特殊钢精炼渣系设计热力学模型 [D]. 北京: 北京科技大学, 2016.

[56] 李世健. 电渣重熔 G20CrNi2Mo 轴承钢过程洁净度控制机理及工艺 [D]. 北京: 北京科技大学, 2020.

[57] Li S, Cheng G, Yang L, et al. A thermodynamic model to design the equilibrium slag compositions during electroslag remelting process: Description and verification [J]. ISIJ International, 2017, 57 (4): 713-722.

[58] Saito T, Kawai Y. On the viscosity of molten slags (Ⅰ) [J]. Tetsu-to-Hagane, 1952, 38 (2): 81-86.

[59] Bockris J O, Lowe D C. Viscosity and the structure of molten silicates [J]. Proceedings of the Royal Society A: Mathematical, Physical and Engineering Sciences, 1954, 226 (1167): 423-435.

[60] Mizoguchi K, Yamane M, Suginohara Y. Viscosity measurements of the molten MeO (Me=Ca, Mg, Na)-$SiO_2-Ga_2O_3$ silicate systems [J]. Journal of the Japan Institute of Metals, 1986, 50 (1): 76-82.

[61] Gollapalli V, Rao M B V, Karamched P S, et al. Modification of oxide inclusions in calcium-treated Al-killed high sulphur steels [J]. Ironmaking & Steelmaking, 2019, 46 (7): 663-670.

[62] Pretorius E B, Oltmann H G, Cash T. The effective modification of spinel inclusions by Ca treatment in LCAK steel [J]. Iron and Steel Technology, 2010, 7 (7): 31-44.

[63] Yang S, Li J, Wang Z, et al. Modification of $MgO \cdot Al_2O_3$ spinel inclusions in Al-killed steel by Ca-treatment [J]. International Journal of Minerals, Metallurgy, and Materials, 2011, 18 (1): 18-23.

[64] Pistorius P C, Presoly P, Tshilombo K G. Magnesium: Origin and role in calcium-treated inclusions [C]. The Minerals, Metals & Materials Society, 2006: 373-378.

[65] Fuhr F, Cicutti C, Walter G, et al. Relationship between nozzle deposits and inclusion composition in the continuous casting of steels [J]. Iron & Steelmaker, 2003, 30 (12): 53-58.

[66] Liu Z, Li B. Transient motion of inclusion cluster in vertical-bending continuous casting caster considering heat transfer and solidification [J]. Powder Technology, 2016, 287: 315-329.

5 不 锈 钢

　　不锈钢产品广泛应用于国民经济各领域和人们的日常生活之中。据统计，1980—2019 年，全球不锈钢产量以每年 5.33% 的速度增加，明显高于其他金属的增长速度。2014—2021 年全球各地区不锈钢年产量见表 5-1[1]。2022 年我国不锈钢粗钢产量为 3197 万吨，2023 年增至 3667 万吨，在世界上的占比超过 58%。从不锈钢消费看，目前我国最大的不锈钢消费市场是金属制品，其次为机械设备和建筑装饰；从不锈钢的品种结构看，欧美国家均以 Cr-Ni 不锈钢（300 系）和 Cr 不锈钢（400 系）为主，我国 300 系占比 50% 左右，400 系占比 20% 左右，Cr-Mn 不锈钢（200 系）占比 30% 左右。随着现代工业的发展，不锈钢向着高耐蚀性、高均匀性、高纯度、高强度的方向发展。近年来，国内重点不锈钢企业加大超级奥氏体不锈钢、超纯铁素体不锈钢、双相不锈钢和高强不锈钢的研发和生产，产品广泛用于航空、航天、核电、海洋工程、石化等领域。

表 5-1　全球各国家/地区不锈钢年产量　　　　　　　　　　（kt）

国家/地区	2014 年	2015 年	2016 年	2017 年	2018 年	2019 年	2020 年	2021 年
比利时	1388	1607						
比利时/奥地利			1672	1698	1754	1481	1417	1632
芬兰	1216	2215						
芬兰/瑞典/英国			2327	2322	2285	2145		
芬兰/瑞典/英国/波兰/斯洛文尼亚/捷克							2165	2419
法国	323	291	287	293	310	2821	208	270
德国	864	459	414	436	433	401	366	429
意大利	1457	1452	1421	1469	1484	1441	1330	1501
西班牙	945	979	1002	1003	969	898	836	928
瑞典	541							
英国	295							
欧盟其他国家	223	165	157	156	151	159		

国家/地区	2014 年	2015 年	2016 年	2017 年	2018 年	2019 年	2020 年	2021 年
欧盟	**7253**	**7169**	**7280**	**7377**	**7385**	**6805**	**6323**	**7181**
美国	2389	2346	2481	2754	2808	2593	2144	2368
巴西	424	401	450	400	386	340	336	合并入"其他"
美洲	**2813**	**2747**	**2931**	**3154**	**3194**	**2933**	**2480**	**2366**
日本	3328	3061	3093	3168	3283	2963	2413	2865
韩国	2038	2231	2276	2383	2407	2349	2199	合并入"其他"
中国台湾	1108	1109	1263	1376	1172	997	859	962
中国	21692	21562	24608	25774	26707	29400	31039	32632
印度尼西亚				680	2195	2265	2829	合并入"其他"
印度	2858	3060	3324	3486	3740	3933	3157	3965
亚洲	**31025**							**40424**
南非	472							合并入"其他"
俄罗斯	123							合并入"其他"
其他								8316
全球	**41686**	**41548**	**45448**	**48081**	**50730**	**52218**	**51792**	**58289**

5.1　不锈钢的分类和用途

5.1.1　按照金相组织分类及用途

不锈钢按照金相组织分为五大类：铁素体不锈钢、奥氏体不锈钢、马氏体不锈钢、双相不锈钢和沉淀硬化不锈钢。

5.1.1.1　铁素体不锈钢

铁素体不锈钢为体心立方的铁素体组织，不能通过热处理改变其组织结构。这类钢以铬为主要合金元素，分为低铬（11%～15%）、中铬（16%～20%）及高铬（21%～30%），例如0Cr13、1Cr17、Cr25、Cr28 等。与用量最大的铬镍奥氏体不锈钢相比较，铁素体不锈钢不含镍或仅含少量镍，是节镍型不锈钢。铁素体不锈钢除了耐一般性腐蚀之外，其耐氯化物应力腐蚀、点腐蚀、缝隙腐蚀等局部腐蚀性能优良。铁素体不锈钢强度较高，导热系数为奥氏体不锈钢的 130%~150%，线膨胀系数仅为奥氏体不锈钢的 60%~70%。

虽然铁素体不锈钢具有如此多的优点，但因韧性较差、缺口敏感性高、对晶间腐蚀敏感、具有磁性、加工及焊接性能差等缺点，故与奥氏体不锈钢相比，其用途和产量有限。铁素体不锈钢中的 C、N 等间隙原子是产生上述缺点的关键因素，但随着不锈钢精炼技术的发展，已经能够大规模生产间隙原子极低（C+N≤0.02%）、高铬含量（17%~30%）的超纯铁素体不锈钢，克服了传统铁素体不锈钢的缺点，适用于耐大气、蒸气、水以及耐氯化物应力腐蚀、点腐蚀、缝隙腐蚀的场合，广泛用作厨房设施、家用电器、电梯、汽车装饰和排气管等。

5.1.1.2 奥氏体不锈钢

奥氏体不锈钢以铬和镍为主要合金元素，含 Cr 17%~20%，Ni 9%~11%，在正常热处理状态下基体组织为面心立方的奥氏体，以著名的 18-8 型铬镍不锈钢为代表，例如 0Cr18Ni9、1Cr18Ni9Ti、2Cr18Ni9、Cr18Ni12Mo2Ti、Cr18Ni10Cu3Ti 等钢号。奥氏体不锈钢无磁性，有较高的韧性和塑性，成型和焊接性能优良，但强度较低，且无法通过相变使其强化，只能通过冷加工强化。

奥氏体不锈钢除了耐氧化性酸介质腐蚀，还耐硫酸、磷酸、醋酸、尿素等腐蚀。当其碳含量不高于 0.03%或含 Nb、Ti 时，可显著提高其耐晶间腐蚀性能。铬镍奥氏体不锈钢用量最大，主要因为其具有很高的耐腐蚀性、良好的焊接性和冷热加工性、抗磁性及热强性。

5.1.1.3 马氏体不锈钢

马氏体不锈钢是可以通过热处理对性能进行调整的不锈钢。马氏体不锈钢在高温下以奥氏体状态存在，因为含铬量高，故淬火临界速度小，通过淬火和回火热处理可使奥氏体转变为马氏体。当马氏体不锈钢的铬含量不低于 12.5%，便可以形成耐腐蚀的钝化膜。

根据化学成分的不同，马氏体不锈钢可以分为马氏体铬钢和马氏体铬镍钢。马氏体铬钢的碳含量越高，钢的强度、硬度和耐磨性就越高，主要用于工具、刀具等，典型钢号有 1~4Cr13、9Cr8 等。马氏体铬镍钢含碳量较低（≤0.10%），并含有镍，有些钢号还含有钼、铜等元素，具有高强度的同时，强度与韧性的匹配以及耐腐蚀性、焊接性能均优于马氏体铬钢。最常见的马氏体铬镍不锈钢为 1Cr17Ni2。马氏体铬镍不锈钢综合力学性能较高，广泛用于抗腐蚀性能要求不太严格，但要求强韧性、耐磨性和焊接性的场合，例如高强结构件和螺栓等。

5.1.1.4　双相不锈钢

双相不锈钢通常由铁素体和奥氏体两相组织构成，两相组织独立存在且含量较大，一般在奥氏体基体上有不低于15%的铁素体，或者在铁素体基体上有不低于15%的奥氏体。两相组织的比例可以通过合金成分和热处理予以调整。目前广泛应用的双相不锈钢含有约50%的奥氏体和50%的铁素体。双相不锈钢兼有铁素体不锈钢和奥氏体不锈钢的性能优点，与铁素体不锈钢相比，其韧性高、脆性转变温度低、耐晶间腐蚀和焊接性能显著改善；与奥氏体不锈钢相比，其屈服强度、耐应力腐蚀和耐点腐蚀等性能显著提高。双相不锈钢的钢号和用途正在不断扩大，常用钢号有00Cr18Ni5Mo3Si2、00Cr22Ni5Mo3N等，适用于石油化工、尿素工业、制碱工业等耐局部腐蚀的场合。

5.1.1.5　沉淀硬化不锈钢

沉淀硬化不锈钢（Precipitation Hardening Stainless Steel）是高强度不锈钢，简称PH钢，在不锈钢化学成分的基础上添加强化元素，通过沉淀硬化过程析出碳化物、氮化物、碳氮化物和金属间化合物，既提高钢的强度又保持足够的韧性。沉淀硬化不锈钢根据其基体的金相组织可分为以下三类：

（1）马氏体沉淀硬化型，其碳含量一般低于0.1%，铬含量一般高于17%，并加入适量镍以改善耐蚀性。加入铜、铌、钛和铝等沉淀硬化元素进行强化，以弥补强度不足。典型牌号为0Cr17Ni4Cu4Nb，用于大型汽轮机末级叶片等耐蚀和高强度部件等。

（2）半奥氏体沉淀硬化型，其铬含量不低于12%。碳含量低，以铝作为其主要沉淀硬化元素，这类型钢比马氏体沉淀硬化不锈钢有更好的综合性能。典型牌号为0Cr17Ni7Al，用于制造飞机的结构件、喷气发动机零件、测量仪表等。

（3）奥氏体沉淀硬化型，是在淬火状态和时效状态都为稳定奥氏体组织的不锈钢，含镍（>25%）和锰都高，铬含量高于13%，以确保良好的耐蚀性和抗氧化性，通常添加钛、铝、钒、磷作为沉淀硬化元素，同时加入微量硼、氮等元素，以获得优良的综合性能。典型牌号为0Cr15Ni25Ti2MoVB，使用温度可达600~700 ℃。

5.1.2　按照合金体系分类及演变

不锈钢按照合金体系主要分为两大类，即铬不锈钢和铬镍不锈钢。在此基础上，根据添加的合金元素以及对C、N含量的要求，进而扩展出铬镍钼不锈钢、高钼不锈钢、高氮不锈钢、高纯不锈钢等分类。不锈钢家族的演变和发展如图5-1和图5-2所示[2]。因为本书主要讲述高品质钢的冶炼，所以采用与冶炼密切相关的合金体系分类方式。

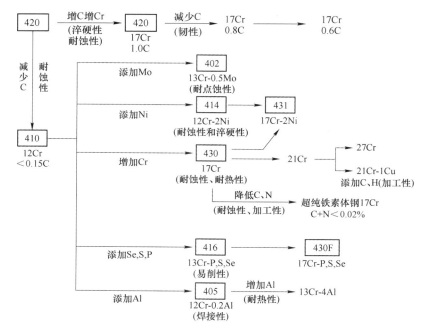

图 5-1　马氏体和铁素体不锈钢体系的演变和发展
(图中元素含量的单位为%)

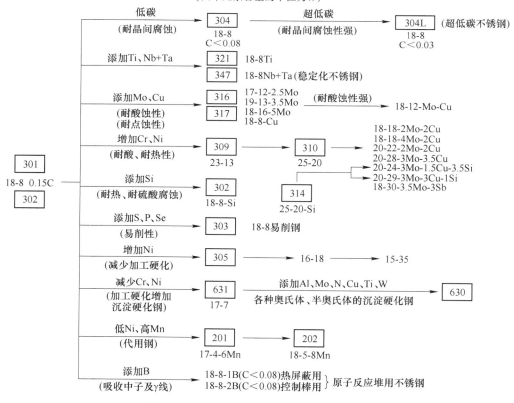

图 5-2　18-8 系奥氏体不锈钢的演变和发展
(图中元素含量的单位为%)

5.2 不锈钢标准演变及典型牌号

我国最早的不锈钢成分标准是 1952 年参照苏联 ГОСТ 5632—51 标准制定的，包括《高合金不锈钢耐热钢及高电阻合金品种》等两个标准，共有 23 个不锈钢牌号，基本为 Cr-Ni 不锈钢。依据初期的标准，主要生产 18-8 型 Cr-Ni 奥氏体不锈钢，如 1Cr18Ni9Ti。1959 年对标准进行了修订，合并为 YB 10—59《不锈耐酸钢技术条件》，有 36 个牌号，主要特点是增加了以 Mn、N 作为奥氏体形成元素的节镍型铁素体不锈钢。随后十多年中，该标准对我国不锈钢品种、质量和生产技术的发展，起到了重要作用。

1984 年，我国发布了参照日本 JIS 标准起草的包括不锈钢化学成分标准 GB/T 4229—1984 在内的 17 个国家标准和两个冶金部推荐标准，形成了我国比较完整的不锈钢标准体系。1984 版标准与日本、美国、西欧各国家和地区国际通用的牌号基本一致，同时保留了我国常用的不锈钢牌号，在世界范围内具有较大的通用性。1989 年，针对二次精炼装置的应用，将低碳和超低碳不锈钢的镍含量下限下调 1%。

2007 年，我国发布了 GB/T 20878—2007《不锈钢和耐热钢牌号及化学成分》等 6 项国家标准。2007 版标准参照了世界上最先进的标准，从编号格式到技术指标都有较大的变化，为不锈钢产品进入国际市场消除了技术壁垒。2007 版标准还增加了不锈钢的特性和用途，方便用户在设计和采购时根据自己的用途选择合适的牌号。表 5-2 列出了目前我国和美国、日本的典型不锈钢牌号及化学成分[3]。

5.3 不锈钢的冶金学问题

5.3.1 不锈钢的成分特点

（1）低碳和超低碳：碳与铬有较大的亲和力，形成 $Cr_{23}C_6$ 碳化物，降低钢的耐腐蚀性和抗氧化性。因此，对于不锈耐热钢、不锈耐酸钢和多数不锈钢而言，从耐腐蚀和有利于焊接及加工的角度考虑，要求低碳或超低碳。但是，碳有利于形成奥氏体，能够显著提高钢的硬度和耐磨性。因此，可以从不同的使用角度选择不同碳含量的不锈钢。不锈钢中铬使碳的活度系数降低（$e_{[C]}^{[Cr]} = -0.024$），脱碳过程中形成 Cr_3O_4，降低铬的回收率，所以不锈钢脱碳比普通钢困难。而镍使碳的活度系数升高（$e_{[C]}^{[Ni]} = 0.012$），所以含镍的奥氏体不锈钢脱碳比铁素体不锈钢容易。

表 5-2　典型的不锈钢牌号及化学成分

中国 (GB/YB)	美国 (AISI)	日本 (JIS)	化学成分/%										金相组织
			C	Si	Mn	Cr	Ni	S	P	Mo	V	Ti	
0Cr13	410S	—	<0.08	≤0.60	≤0.80	12.0~14.0	—	≤0.030	≤0.035	—	—	—	半铁素体型
Cr14S	416	—	≤0.15	≤0.60	≤0.80	13.0~15.0	—	0.20~0.40	≤0.035	<0.60	—	其他 Zr<0.60	半铁素体型
1Cr17	430	SUS430	≤0.12	≤1.00	≤0.80	16.0~18.0	—	≤0.030	≤0.035	—	—	—	铁素体型
0Cr17Ti	—	—	≤0.08	≤0.80	≤0.80	16.0~18.0	—	≤0.030	≤0.035	—	—	5×C%~0.08	铁素体型
1Cr25Ti	446	—	≤0.12	≤1.00	≤0.80	24.0~27.0	—	≤0.030	≤0.035	—	—	5×C%~0.08	铁素体型
1Cr17Mo2Ti	—	—	<0.10	≤0.80	≤0.80	16.0~18.0	—	≤0.030	≤0.035	1.60~1.90	—	>7×C%	铁素体型
1Cr13	403	SUS403	≤0.15	≤0.60	≤0.80	12.0~14.0	—	≤0.030	≤0.035	—	—	—	半铁素体型
2Cr13	420	SUS420J1	0.16~0.24	≤0.60	≤0.80	12.0~14.0	—	≤0.030	≤0.035	—	—	—	马氏体型
3Cr13	420	SUS420J2	0.25~0.34	≤0.60	≤0.80	12.0~14.0	—	≤0.030	≤0.035	—	—	—	马氏体型
4Cr13	—	—	0.35~0.45	≤0.60	≤0.80	12.0~14.0	—	≤0.030	≤0.035	—	—	—	马氏体型
1Cr17Ni2	431	SUS431	0.11~0.17	≤0.80	≤0.80	16.0~18.0	1.5~2.5	≤0.030	≤0.035	—	—	—	马氏体型
9Cr18	—	SUS440	0.90~1.00	≤0.80	≤0.80	17.0~19.0	—	≤0.030	≤0.035	—	—	—	马氏体型
9Cr18MoV	440B	SUS440B	0.85~0.95	≤0.80	≤0.80	17.0~19.0	—	≤0.030	≤0.035	1.00~1.10	0.07~0.12	—	马氏体型
1Cr18Mn8Ni5	202	SUS202	≤0.10	≤1.00	7.5~10.0	17.0~19.0	4.0~6.0	≤0.030	≤0.035	—	—	N<0.15~0.25	奥氏体型
0Cr18Ni9	304	SUS304	≤0.06	≤1.00	≤2.00	17.0~19.0	8.0~11.0	≤0.030	≤0.035	—	—	—	奥氏体型
1Cr18Ni9	302	SUS302	≤0.12	≤1.00	≤2.00	17.0~19.0	8.0~11.0	≤0.030	≤0.035	—	—	—	奥氏体型
1Cr18Ni9Ti	321	SUS321	≤0.12	≤1.00	≤2.00	17.0~19.0	8.0~11.0	≤0.030	≤0.035	—	—	5×(C%−0.02)~0.8	奥氏体型

（2）低硫：硫元素严重影响耐腐蚀性，特别是耐点腐蚀性。硫是表面活性元素，在不锈钢中的溶解度极低，在 1100 ℃时仅为 0.0005%。随着温度降低，MnS 沿晶界析出，显著降低不锈钢的热塑性。因此，硫在不锈钢中被视为有害元素，一般控制在不高于 0.03%。对于热加工性能较差的含少量铁素体的不锈钢、铬锰氮奥氏体不锈钢和双相不锈钢，不仅要降低钢中硫含量以防止热加工时出现表面裂纹，还要向钢中加入硅钙合金或稀土合金等强硫化物形成元素，将钢中硫固定，防止热加工时钢中固溶硫沿晶界析出。

硫的有益作用是提高钢的切削性能，在高硫易切削不锈钢中，硫含量一般控制在 0.15%~0.35%。

（3）脱氮和控氮：氮在 Cr13 型和 Cr17 型铁素体不锈钢中的固溶度很低，因此，沿晶界析出 CrN，与同时析出的 $Cr_{23}C_6$ 共同作用，造成铁素体不锈钢的韧性、抗缺口敏感性和耐晶间腐蚀性下降，与钢中氧含量的影响类似，在铁素体不锈钢中不受欢迎。不锈钢中 Cr、V、Mn 等合金元素降低氮的活度系数，如图 5-3[4]所示，所以铬含量高的不锈钢的脱氮操作比普通钢困难，超纯铁素体不锈钢要求极低的氮含量，冶炼时脱氮的难度更大。与铁素体不锈钢要求低氮或极低氮不同，奥氏体不锈钢要求有一定的氮含量。因为氮元素与碳相似，是强烈的奥氏体形成元素，约为镍形成奥氏体能力的 30 倍。氮作为固溶强化元素能够提高奥氏体不锈钢的屈服强度，同时抑制 $Cr_{23}C_6$ 的析出，提高了奥氏体不锈钢和双相不锈钢的耐腐蚀能力，特别是耐晶间腐蚀、点腐蚀、缝隙腐蚀等局部腐

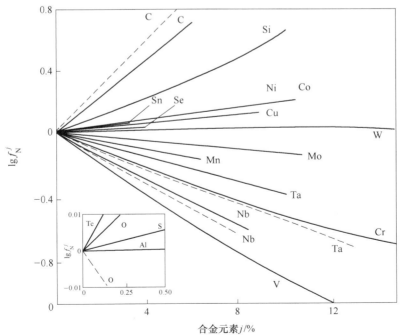

图 5-3　合金元素对铁水中氮活度系数的影响

蚀。含氮奥氏体不锈钢分为控氮型（N：0.05%~0.10%）、中氮型（N：0.10%~0.40%）和高氮型（N≥0.40%）三类。

5.3.2 不锈钢中合金元素的作用

5.3.2.1 合金化元素 Cr、Ni、Si、Mo、Mn、Al

Cr 是不锈钢获得耐腐蚀性的主要合金元素，在氧化介质中钢表面很快形成致密的氧化膜（厚度约 10^{-4} mm），能够防止金属基体继续破坏。随着 Cr 含量的增加，钢的耐腐蚀性提高，引起耐腐蚀性突变的铬含量约为 12%，因此不锈钢中的 Cr 含量均在 12% 以上。

Ni 是奥氏体形成元素，在不锈钢中促进形成稳定的奥氏体组织，但很少单独作为不锈钢的合金元素，而是与铬元素配合使用。与铁素体相比，奥氏体在高温下的晶粒长大倾向小，高温强度较高，焊接性能和冷加工性能较好。Mn 和 N 也是奥氏体形成元素，Mo、Si、Al、Cu、Nb、Ti 是铁素体形成元素。Mo 能够显著促进不锈钢的耐点腐蚀和缝隙腐蚀等能力，例如，含 Cr 17%~18% 的铁素体不锈钢中加入 2%~3% Mo，可在常压下耐任何浓度醋酸的腐蚀。Si、Al 与 Cr 的作用相似，能够形成致密的氧化膜，但其氧化膜较脆，只能与 Cr 配合使用。

5.3.2.2 强碳化物形成元素 Nb、Ti

Nb、Ti 不仅是铁素体形成元素，还是强碳化物形成元素，可以通过形成 Nb、Ti 的碳化物来固定 C，从而降低晶间腐蚀。加入 Nb、Ti 的数量与钢中碳含量有下述关系：

形成 TiC，则 Ti/C=47.9/12=4；

形成 NbC，则 Nb/C=92.81/12=8。

由于有一部分 Ti 或 Nb 留在固溶体中，还有一部分与钢中的氧和氮结合，因此计算公式如式（5-1）和式（5-2）所示：

$$[\%Ti]_{加入} = ([\%C] - 0.02\%) \times 5 \leqslant 0.8\% \tag{5-1}$$

$$[\%Nb]_{加入} = ([\%C] - 0.02\%) \times 10 \leqslant 1.0\% \tag{5-2}$$

式中，0.02% 为常温下钢中碳的饱和溶解度；5 和 10 为大于形成各种碳化物的摩尔百分比。

不锈钢冶炼过程中需要加入 Cr、Ni、Mn、Si 等合金，通常加入的合金成分见表 5-3 和表 5-4[5]。

表 5-3　供应 Cr 元素的原材料化学成分　（wt%）

Cr 元素来源	C	Cr	Si	N	Mn
低碳 Fe-Cr 合金	0.10	69	0.9	—	—
中碳 Fe-Cr 合金	0.13	70.7	0.9	—	0.2

Cr 元素来源	C	Cr	Si	N	Mn
低碳、低氮 Fe-Cr 合金	0.045	67.8	0.63	0.01	0.45
纯 Fe-Cr 合金	0.01	69	0.28	—	—
中碳 Fe-Cr 合金	2	55	0.1	—	0.15
高碳 Fe-Cr 合金 I	7.4	68.7	0.85	—	0.22
高碳 Fe-Cr 合金 II	7.7	69.2	0.17	—	0.16
Fe-Cr-Si 合金	0.055	37	40	—	0.27

表 5-4　供应 Ni 元素的原材料化学成分　　　　　　　　（wt%）

Ni 元素来源	C	Ni	Si	Co	S	Cr	Cu
Ni 块	—	99.9	—	—	—	—	—
低碳 Ni 珠	0.01	50	0.02	0.78	0.007	0.007	—
高碳 Ni 珠	1.64	28	1.4	0.6	0.06	0.7	—
Ni 生铁	0.07	39	0.4	0.7	0.015	0.15	—
镍-铜珠	0.3	51	0.1	—	—	1.2	26.5
氧化镍烧结矿	—	75	—	—	—	—	—

5.3.3　不锈钢的质量要求

不锈钢成品的要求主要包括耐腐蚀性、表面质量、力学性能、焊接性能以及冷加工性能。这里主要介绍对于耐腐蚀性和表面质量的要求。

5.3.3.1　耐腐蚀性

不锈钢的腐蚀类型如图 5-4 所示[6]。常见的腐蚀主要有四种类型：一般腐蚀（即全面腐蚀）、晶间腐蚀、点腐蚀和应力腐蚀。

A　晶间腐蚀（IGC）

在常见的四类腐蚀问题中，以晶间腐蚀（IGC）最为危险。晶间腐蚀是在酸性溶液中发生的沿着晶界的局部腐蚀。主要在奥氏体不锈钢中发生，在热处理或焊接过程中，不锈钢中的铬会与碳结合成为碳化铬（$Cr_{23}C_6$），造成晶界处贫铬，贫铬区成为微

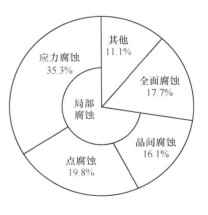

图 5-4　不锈钢的腐蚀类型

阴极，$Cr_{23}C_6$ 和其余奥氏体区成为微阳极，构成腐蚀的微电池，从而产生晶间腐蚀现象。由于铬在 δ 铁素体中的扩散系数比在奥氏体中高 10^2 倍，所以铁素体不锈钢的晶

间腐蚀问题不及奥氏体钢突出。

实际生产中常用三种方法解决晶间腐蚀问题：一是在奥氏体不锈钢中加入 Ti、Nb 等强碳化物形成元素来固定碳，使碳不能大量扩散至晶界处形成 $Cr_{23}C_6$ 而造成晶界贫铬。二是降低钢中碳含量，当碳含量不超过 0.03% 时，$Cr_{23}C_6$ 就不会在晶界析出。超低碳奥氏体不锈钢就是立足于降低碳含量，使晶间腐蚀问题得到极大的改善。三是改变晶界处 $Cr_{23}C_6$ 的析出数量及分布状态。例如 δ+γ 双相不锈钢在 450~850 ℃ 受热时，$Cr_{23}C_6$ 首先在 δ+γ 的 δ 铁素体一侧析出，并且呈分散点状，这样就减少了 $Cr_{23}C_6$ 在奥氏体晶界处的析出数量。

B 点腐蚀（Pitting Corrosion）

点腐蚀是不锈钢在特定介质（Cl^-、Br^-、I^- 等溶液）中表面产生无规律的小坑状腐蚀，也称孔蚀，与海水相关的介质都会造成点腐蚀，80~90 ℃ 是最危险的温度区间。不锈钢中 Cr、Mo、Si、N 是抗点腐蚀元素，其中 Cr、Mo、N 的影响最为显著。大量研究表明，不锈钢的点腐蚀往往发生在 MnS 夹杂物表面。无论是奥氏体，还是铁素体或双相不锈钢，其耐点蚀指数 PRE（Pitting Resistance Equivalent）一般可以由式（5-3）表示，来衡量耐点蚀的程度：

$$PRE = [\%Cr] + 3.3[\%Mo] + (13 \sim 16)[\%N] \tag{5-3}$$

5.3.3.2 表面质量

不锈钢的表面质量对于耐腐蚀性有直接影响。一般来说，表面质量越好，钢的耐腐蚀性也越高。多数不锈钢铸坯需要扒皮或者修磨处理。

A 铸坯的表面结疤和凹坑

不锈钢钢液含有大量的铬及少量钛、铝等易氧化元素，在浇注过程中形成较厚的氧化膜，当其黏附在模壁或结晶器壁时会产生表面结疤，模铸和连铸时分别使用液态保护渣和专用的结晶器保护渣来减少表面结疤缺陷。

奥氏体不锈钢的热膨胀率大，见表 5-5[7]，连铸时铸坯收缩量大，凝固坯壳在结晶器内的生长不均匀以及在拉坯方向的局部收缩容易产生铸坯表面凹坑，多为横向凹坑。表面凹坑不仅影响表面质量，严重时还会导致横向裂纹，甚至造成拉漏事故。

表 5-5 不锈钢与碳钢的导热系数及平均线膨胀系数比较

钢种	导热系数（1200 ℃）/W·(m·K)$^{-1}$	平均线膨胀系数/m·℃$^{-1}$
420 不锈钢	29.0	13.1×10^{-6}
18-8 不锈钢	31.9	19.4×10^{-6}
低碳钢	29.7	12.1×10^{-6}

B 铸坯的表面裂纹

铁素体不锈钢的高温强度低，加之急剧冷却时铸坯壳厚度不均匀，在钢液静压力作用下，刚刚凝固的薄壳破裂形成连铸坯表面裂纹。马氏体不锈钢的裂纹倾向与铁素体不锈钢相似。各类不锈钢的高温强度见表 5-6[7-8]。

表 5-6 典型不锈钢的力学性能

钢　　种	室温抗拉强度/MPa	1300 ℃抗拉强度/MPa
奥氏体不锈钢（304，316）	585	28
铁素体不锈钢（405，409）	415	24
马氏体不锈钢（403，410）	515	25

C 不锈钢板的线状缺陷（Sliver）和鼓包缺陷（Swollen）

不锈钢具有优良的耐蚀性，一般不进行涂层，但对表面要求严格。不锈钢板带表面的典型缺陷是线状缺陷，缺陷内存在夹杂物，多为 $MgO \cdot Al_2O_3$（尖晶石），如图 5-5 所示。Al_2O_3 和 $MgO \cdot Al_2O_3$ 类夹杂物主要在连铸的浸入式水口处聚集成大尺寸夹杂物，被钢液冲刷进入结晶器后被凝固坯壳捕获，在后续轧制过程被碾碎成线状缺陷。

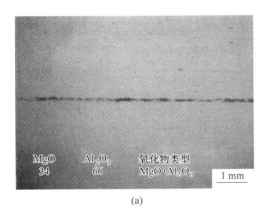
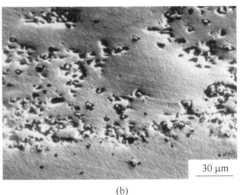

(a)　　　　　　　　　　　　　　(b)

图 5-5 不锈钢表面线状缺陷（钢板厚度 0.58 mm）

(a) 缺陷宏观形貌；(b) 缺陷微观形貌（$MgO \cdot Al_2O_3$）

除了线状缺陷之外，深冲不锈钢产品的表面还容易形成鼓包缺陷，宽度约 1 mm，深度约 0.1 mm，此类缺陷处也存在 $MgO \cdot Al_2O_3$ 类夹杂物，如图 5-6 所示[9]。

超低碳不锈钢液黏度大，夹杂物难以上浮去除，线状缺陷和鼓包缺陷尤为突出。尺寸超过 100 μm 的 $MgO \cdot Al_2O_3$ 容易导致线状缺陷和鼓包缺陷，进而形成微裂纹，因此必须防止夹杂物的产生和聚集长大。对用于电子产品的不锈钢冷轧薄带而言，对表面质量要求更为严格，即使是 10 μm 的难变形夹杂物也不允许出现。

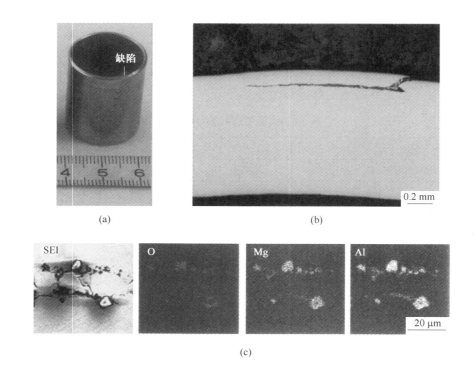

图 5-6   深冲不锈钢表面的鼓包缺陷

（a）宏观形态；（b）截面形貌；（c）夹杂物元素面分布

D   不锈钢板的皱曲缺陷（Ridging）

铁素体不锈钢在凝固过程中容易形成粗大柱状晶，甚至会延伸至铸坯中心，经过热轧也不能被完全破坏而被残留下来，在后续冷轧时造成不锈钢板面皱曲，也称"起皱"，因此应当在连铸过程中对铁素体不锈钢发达的柱状晶进行抑制，尽量扩大等轴晶区。不锈钢板坯连铸时采用二冷区电磁搅拌对改善冷轧板带出现的皱曲缺陷有重要作用，可以提高铸坯等轴晶率至 50% 以上，从而使冷轧薄板的单向波纹高度小于 30~50 μm。

5.4   不锈钢冶炼的物理化学基础

5.4.1   不锈钢"降碳保铬"的热力学

5.4.1.1   高铬钢液中 [C]-[Cr] 竞争氧化关系

当钢液中同时存在铬和碳时，二者的竞争氧化关系可以表示为式（5-4）和式（5-5）：

$$\frac{3}{2}[Cr] + 2CO \Longrightarrow 2[C] + \frac{1}{2}(Cr_3O_4) \tag{5-4}$$

$$\Delta G^\ominus = -465572 + 307.9T \, (J/mol) \tag{5-5}$$

在不锈钢冶炼时，当 [Cr]>9%，炉渣中铬以 (Cr_3O_4) 的形式存在。因为炉渣中 (Cr_3O_4) 组元呈饱和态，所以 $a_{(Cr_3O_4)}=1$，则有式（5-6）和式（5-7）：

$$\Delta G^\ominus = -RT\ln K = -RT\ln\left(\frac{f_{[C]}^2 \cdot [C]^2}{a_{[Cr]}^{3/2} \cdot p_{CO}^2}\right) = -465572 + 307.9T \, (J/mol) \tag{5-6}$$

$$\lg K = \lg\left(\frac{f_{[C]}^2 \cdot [C]^2}{a_{[Cr]}^{3/2} \cdot p_{CO}^2}\right) = \frac{-465572 + 307.9T}{19.155T} = 24305.51/T - 16.07 \, (J/mol) \tag{5-7}$$

由式（5-7）得出平衡 [C] 含量表达式，如式（5-8）所示：

$$[C] = (p_{CO} \cdot a_{Cr}^{3/4} \cdot K^{1/2})/f_{[C]} \tag{5-8}$$

由式（5-8）可见，在钢液保持一定铬含量的条件下，欲使平衡 [C] 含量降低，一是提高熔池温度，使反应式（5-4）的平衡常数 K 减小；二是降低 CO 分压（p_{CO}），促进脱碳反应进行。前者可利用向熔池吹氧，迅速提高熔池温度来"降碳保铬"，此即电炉返回吹氧法冶炼不锈钢的理论基础；后者可利用稀释气体或真空度"降碳保铬"，此即 AOD、CLU、K-OBM 和 VOD 等工艺的理论基础。同时还可以看出，钢液中铬含量越高，与之平衡的碳含量就越高。因此，为使高铬含量的钢液"降碳保铬"，就需要更高的熔池温度和更低的 p_{CO}。p_{CO} 和温度对"降碳保铬"的影响如图 5-7 所示[10]。

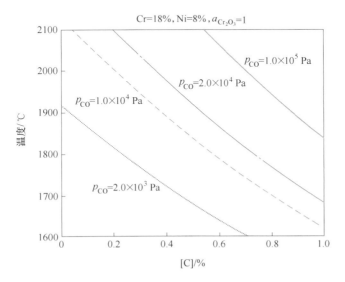

图 5-7　18-8 型不锈钢钢液中的 C-O 平衡关系

在工业实践中，提高温度往往带来高温下耐火材料的严重侵蚀，因此，提高温度是受限制的，冶金工作者更趋向于降低 CO 分压（p_{CO}）来实现"降碳保铬"。

5.4.1.2 [C]-[Cr] 氧化转化温度计算

根据式（5-4）和式（5-7），对不锈钢冶炼中 [C]-[Cr] 的氧化转化温度进行计算。当反应达到平衡时，从式（5-7）可推导出 [C]-[Cr] 氧化的转化温度，即可用式（5-9）表示：

$$T = \frac{24305.51}{\lg(f_{[C]}^2 \cdot [C]^2 / f_{[Cr]}^{3/2} \cdot [Cr]^{3/2} \cdot p_{CO}^2) + 16.07} \tag{5-9}$$

采用活度相互作用系数值 e_i^j 见表 5-7。

表 5-7　热力学计算采用的相互作用系数值

i	j		
	C	Cr	Ni
C	0.14	−0.024	0.012
Cr	−0.12	−0.0003	0.0002
Ni	0.042	−0.0003	0.0009

将相互作用系数值代入下面的活度系数通式（5-10）：

$$\lg f_i = \sum_{j=2}^n e_i^j [\%j] \tag{5-10}$$

计算出活度系数 $f_{[C]}$ 和 $f_{[Cr]}$，代入式（5-9），简化后得到成分-温度-CO 分压的关系式，见式（5-11）：

$$2\lg[\%C] - 1.5\lg[\%Cr] - 2\lg p_{CO} + 0.46[\%C] + 0.0237[\%Ni] - 0.0476[\%Cr]$$

$$= 24305.51/T - 16.07 \tag{5-11}$$

将相应的 [%Cr]、[%Ni] 含量代入式（5-11），就可以求出不同终点 [%C] 含量所对应的转化温度或 CO 分压。转化温度的计算结果见表 5-8[11]。常见的几种不锈钢冶炼工艺 [C]-[Cr] 氧化转化温度见表 5-9[12]。

表 5-8　不锈钢 [C]-[Cr] 氧化转化温度

序号	钢水成分/%			p_{CO}/atm	ΔG/cal（$\Delta G^\ominus = -111200 + 73.54T$）	转化温度/℃	O_2 : Ar : CO
	Cr	Ni	C				
1	12	9	0.35	1	−111200+61.04T	1555	
2	12	9	0.1	1	−111200+55.56T	1727	
3	12	9	0.05	1	−111200+52.70T	1835	

续表 5-8

序号	钢水成分/%			p_{CO}/atm	ΔG/cal ($\Delta G^{\ominus} = -111200 + 73.54T$)	转化温度/℃	$O_2 : Ar : CO$
	Cr	Ni	C				
4	10	9	0.05	1	$-111200+53.60T$	1800	
5	18	9	0.35	1	$-111200+58.57T$	1627	
6	18	9	0.1	1	$-111200+53.09T$	1820	
7	18	9	0.05	1	$-111200+50.19T$	1945	
8	18	9	0.35	2/3	$-111200+60.16T$	1575	1 : 1 : 2
9	18	9	0.05	1/2	$-111200+52.94T$	1830	1 : 2 : 2
10	18	9	0.05	1/5	$-111200+56.61T$	1690	1 : 8 : 2
11	18	9	0.05	1/10	$-111200+59.34T$	1600	1 : 18 : 2
12	18	9	0.02	1/20	$-111200+58.39T$	1630	1 : 38 : 2
13	18	9	1	1	$-111200+64.11T$	1460	
14	18	9	4.5	1	$-111200+77.40T$	1165	

表 5-9　不锈钢冶炼工艺的 [C]-[Cr] 氧化转化温度

工艺类型			钢液成分/%			p_{CO}/Pa	T_{C-Cr}/℃	备　注
			Cr	Ni	C			
电炉法	常用返吹法		12	9	0.05	1×10^5	1835	渣中氧化铬饱和，即 $a(Cr_3O_4)=1$
			10	9	0.03		1881	
	高铬返吹法		18	9	0.05		1945	
			18	9	0.03		2037	
AOD	$O_2 : Ar : CO$	1 : 2 : 2	18	9	0.05	0.5×10^5	1830	
		1 : 8 : 2	18	9	0.05	0.2×10^5	1690	
VOD	76 Torr		18	9	0.05	0.1×10^5	1600	
	38 Torr		18	9	0.02	0.05×10^5	1630	
BOF	高铬铁水转炉预脱碳		18	9	1	1×10^5	1460	

注：1 Torr = 133 Pa。

当实际温度高于转化温度时，反应式（5-4）向左进行，即碳优先氧化，能够"降碳保铬"；当实际温度低于转化温度时，反应式（5-4）向右进行，即铬优先氧化，能够"降铬保碳"，"降铬保碳"适用于含铬铁水脱铬炼钢的场合，此处不涉及。在转化温度时，反应式（5-4）实际处于平衡状态，温度-[C]-[Cr] 的平衡曲线如图 5-8 所示[11]。平衡曲线表示 ［C］与［Cr］同时氧化，在平衡曲线以上的区域是［C］氧化区，在平衡曲线以下是［Cr］氧化区。

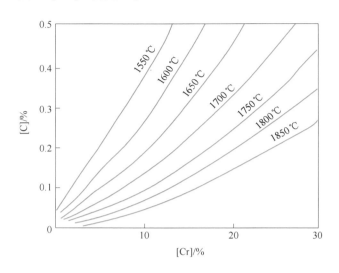

图 5-8　T-［C］-［Cr］平衡曲线

图 5-9[4] 所示为 ［Cr］= 18% 时 p_{CO} 与温度、［C］之间的关系。可以看出，提高真空度（即降低 p_{CO}）和温度，能够显著降低与 18%［Cr］所平衡的 ［C］含量。图中 A 区是返回吹氧法的基础，B 区则是减压法的基础。可见，在常压下冶炼 18%［Cr］不锈钢，如果 ［C］含量达到 0.03%，平衡温度高达 1900 ℃ 以上。如果在 5 kPa 减压条件下，［C］含量达到 0.03% 的平衡温度则降至 1700 ℃。考虑到耐火材料的熔损，升高温度是受限制的，因此不得不降低 p_{CO}，采用真空脱 C（VOD、RH 法）和惰性气体稀释脱碳（AOD、CLU 法）。

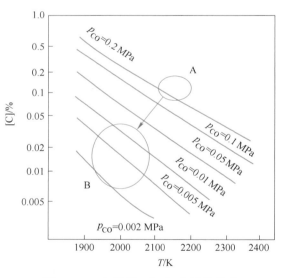

图 5-9　p_{CO} 与温度、［C］之间的关系

（［Cr］= 18%）

5.4.2　不锈钢液脱碳的动力学

由于大量铬的存在,高碳范围内供氧强度对脱碳速度的影响比碳钢更为明显,若无一定的供氧强度,钢液升温速度就不能适应钢液中［Cr］/［C］不断增加的要求,则

吹入的氧将大量用于 Cr 和 Fe 的氧化，而不是 C 的氧化。在不锈钢吹氧时，存在一个可以保证"降碳保铬"的临界供氧强度。供氧强度与不锈钢钢液的温升及脱碳效果的关系如图 5-10 和图 5-11 所示[12]。可以看出，在不锈钢液脱碳过程中，保持高的供氧强度至关重要。

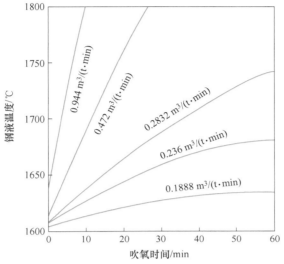

图 5-10 供氧强度与钢液温升的关系

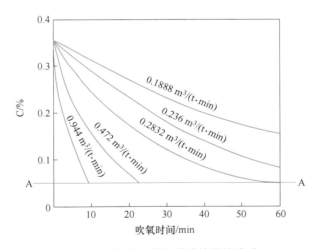

图 5-11 供氧强度与脱碳效果的关系

真空条件有利于不锈钢脱碳，动力学实验表明，温度越高，真空度越高，脱碳反应的速度常数值就越大。

此外，顶吹氧和真空脱碳的研究也表明，在高碳范围脱碳反应的限制性环节是氧的供应；在低碳范围，脱碳反应受到钢液中碳的扩散支配。在低碳范围内，影响铬氧化的主要因素是搅拌和过剩氧。因此，采用吹氩搅拌和根据碳含量变化吹氧量可以防止铬的氧化。

5.4.3　富铬渣的还原热力学

在不锈钢冶炼过程中，高铬钢液脱碳的同时，铬不可避免地要被氧化一部分，使渣中铬的氧化物含量增加，故在脱碳之后应尽量设法将其还原。含有大量氧化铬的炉渣被称作富铬渣，黏度很大，甚至呈固体状态，对其进行还原也有利于提高炉渣的流动性。不同冶炼方法的渣中铬含量的变化见表 5-10。

表 5-10　不锈钢冶炼过程中渣中铬含量的变化

工　艺	冶炼过程渣中含铬量（Cr_2O_3）/%			配铬回收率/%	钢液条件/%		
	吹氧前	吹氧后	还原后		$[C]_{终}$	$[Cr]_{配}$	$\Delta[Cr]$
返回吹氧法	5~10	25~40	8~2	75~80	0.04~0.05	12~14	3~4
AOD 法	2~8	15~25	1~3	>96	0.015~0.03	18	1.5~2.5
VOD 法	约5	10~20	0.25~1.5	97~98	0.015~0.03	18	1~2

注：$\Delta[Cr]$ 为 Cr 氧化损失量，%。

国内外研究者对高铬钢水冶炼时炉渣中氧化铬的存在形式有不同的看法：一种认为以（Cr_3O_4）存在；另一种认为以（Cr_2O_3）存在。最近有研究结果认为，温度、碱度和氧分压共同影响铬在炉渣中的价态[13]。在讨论不锈钢冶炼时，多数研究者假定渣中 Cr 以（Cr_3O_4）的形式存在。

用硅还原富铬渣的基本反应方程式为：

$$(Cr_3O_4) + 2[Si] \rule[0.5ex]{2em}{0.4pt} 2(SiO_2) + 3[Cr] \tag{5-12}$$

$$K = \frac{a_{[Cr]}^3 \cdot a_{(SiO_2)}^2}{a_{[Si]}^2 \cdot a_{(Cr_3O_4)}} \tag{5-13}$$

在一定温度下，K 是一个常数。当钢液含铬量确定时，式（5-13）可以整理为式（5-14）：

$$a_{(Cr_3O_4)} = \frac{K' \cdot a_{(SiO_2)}^2}{a_{[Si]}^2} \tag{5-14}$$

其中，
$$K' = a_{[Cr]}^3 / K$$

可以看出，渣中（Cr_3O_4）取决于炉渣的碱度和钢液 [Si] 含量，炉渣碱度越高（即 $a_{(SiO_2)}$ 越小）和钢液 [Si] 含量越高（即 $a_{[Si]}$ 越高），渣中（Cr_3O_4）含量则越低。炉渣碱度和钢液 [Si] 含量对渣中（Cr_3O_4）还原的影响如图 5-12[12] 所示。电弧炉冶炼不锈钢的实践证明，要使渣中（Cr_3O_4）降至 10% 以下，钢液 [Si] 含量必须大于 0.4%。钢液 [Si] 含量实际上反映了钢液中的氧活度水平，[Si] 含量低则氧活度必然高，不利于渣中 Cr、Fe、Mn 等金属元素的还原。

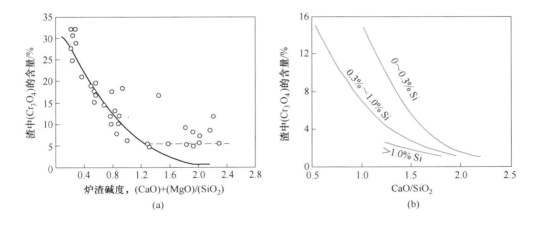

图 5-12　炉渣碱度和钢液［Si］含量对渣中（Cr$_3$O$_4$）还原的影响

（a）炉渣碱度；（b）钢液［Si］

5.4.4　不锈钢中夹杂物形成机理

用铝脱氧时，数秒之内就会在高铝浓度区域生成不大于 1 μm 微细 Al$_2$O$_3$ 夹杂物，在脱氧后很短时间内，Al$_2$O$_3$ 夹杂物开始聚集成为团簇（Cluster）。在顶渣存在的实际生产中，在产生 Al$_2$O$_3$ 的同时，渣中的 MgO 发生还原反应式（5-15），Mg 溶解至钢液中：

$$3（MgO）_{渣} + 2［Al］ \Longrightarrow （Al_2O_3）_{渣} + 3［Mg］ \tag{5-15}$$

$$\lg K = -33.09 + 50880/T \tag{5-16}$$

溶解的［Mg］与脱氧初期生成的 Al$_2$O$_3$ 夹杂物发生反应式（5-17），形成尖晶石夹杂物：

$$4（Al_2O_3）_{夹杂物} + 3［Mg］ \Longrightarrow 3（MgO \cdot Al_2O_3）_{夹杂物} + 2［Al］ \tag{5-17}$$

$$\lg K = -34.37 + 46950/T \tag{5-18}$$

钢液中［Mg］浓度和渣中（Al$_2$O$_3$）活度越大，则反应式（5-17）越容易向右进行。伴随着精炼和连铸过程中温度的下降，尖晶石夹杂物（MgO · Al$_2$O$_3$）析出。

铝脱氧的 304 奥氏体不锈钢中非金属夹杂物的稳定区域如图 5-13 所示[14]。

在多数情况下，不锈钢钢液主要采用硅脱氧工艺，脱氧产物是比较复杂的 CaO-SiO$_2$-MgO-Al$_2$O$_3$ 硅酸盐系夹杂物，偶尔还含有 MnO 和 Cr$_2$O$_3$。硅脱氧后形成夹杂物的主要反应式如式（5-19）和式（5-20）所示：

$$（SiO_2）_{夹杂物} + 2［Mg］ \Longrightarrow 2（MgO）_{夹杂物} + 2［Si］ \tag{5-19}$$

$$3（SiO_2）_{夹杂物} + 2［Al］ \Longrightarrow 2（Al_2O_3）_{夹杂物} + 3［Si］ \tag{5-20}$$

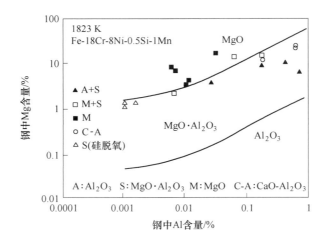

图 5-13   铝脱氧 304 不锈钢中非金属夹杂物的稳定区域

在硅脱氧条件下，反应式（5-19）和式（5-20）取代反应式（5-17），MgO 和 Al_2O_3 逐渐富集，形成尖晶石夹杂物（$MgO \cdot Al_2O_3$），夹杂物的演变如图 5-14 所示[15]。

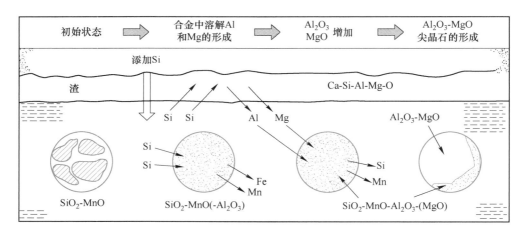

图 5-14   硅脱氧不锈钢中夹杂物的演变示意图

5.5   不锈钢的冶炼关键技术

从 1920 年开始，不锈钢在很长时期内主要由电炉生产，包括电弧炉不氧化法、电弧炉返回吹氧法等。20 世纪 60 年代以来，随着炉外精炼技术的迅速发展，AOD （Argon Oxygen Decarborization）、CLU （Creuset-Loire and Uddeholm） 等稀释气体精炼法和 VOD （Vacuum Oxygen Decarborization）、RH-OB （RH-Oxygen Blowing） 等真空精炼

法出现，与初炼炉（电弧炉或转炉）相联，逐步取代了电弧炉或转炉直接冶炼的方法，广泛用于不锈钢生产。

5.5.1 AOD 氩氧精炼法

AOD 氩氧精炼法是由美国联合碳化物公司（Union Carbide Corp）与 Josly 公司合作开发，于 1968 年投入不锈钢生产的。由于投资少、工艺简单、质量高、可以大量使用高碳铬铁等优势，得到各国冶金界的青睐，AOD 法为大规模生产高质量不锈钢开辟了道路，目前世界上 75%以上的不锈钢是由 AOD 法生产的。

5.5.1.1 AOD 的设备特点

AOD 炉的外形与转炉相似，在其底侧部安装有两支或多支双层风枪。内管常为铜管，吹入不同比例的（O_2+Ar）混合气体进行脱碳，外管常为不锈钢管，从缝隙中吹入 Ar 或碳氢化合物作为冷却气体，如图 5-15 所示。当 AOD 炉前倾时，风枪钢液面处于上方，可以进行取样、扒渣、出钢测温等操作。当 AOD 炉垂直时，风枪埋入钢液，吹入气体进行脱碳和精炼操作。

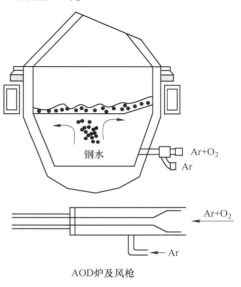

图 5-15 AOD 设备特点示意图

与转炉相比，AOD 炉有较高的装料比，即炉容比较小，一般 0.65 左右。炉帽有颚式、非对称式和对称式等三种形状，目前广泛采用对称式，方便操作人员对炉内的观察，同时简化炉帽的砌筑。AOD 出钢方式与转炉不同，是从炉帽上端的炉口出钢。AOD 炉衬寿命不高，一般不超过 500 次，所以一条生产线常常配备 3 座 AOD 炉：一座吹炼，一座预热，另一座砌筑。

5.5.1.2 AOD 法生产不锈钢的基本工艺

AOD 氩氧精炼炉主要进行不锈钢的脱碳、还原精炼和调整成分操作。AOD 冶炼时间大约为 1~1.5 h。气体消耗视原料和终点碳含量水平而不同，一般氩气消耗为 12~23 m^3/t，氧气消耗为 15~24 m^3/t。Fe-Si 用量为 8~20 kg/t，石灰 40~80 kg/t，冷却废钢量为钢液的 3%~10%。AOD 工艺可以满足将不锈钢中 C、N 含量分别降至 0.03%以下的基本要求。

A 装料制度

AOD 氩氧精炼一般与电炉冶炼双联，有时候也可用转炉作为初炼炉。电炉炉料以不锈钢废钢、高碳铬铁合金为主。初炼炉中主要合金元素 Cr、Ni、Mo 等配至规格的中下限；为了减少初炼炉中铬元素的烧损，初炼炉出钢的碳含量较高，一般为 1.5%~2.0%，硅含量不高于 0.3%~0.5%，以提高 AOD 炉衬寿命。

B 脱碳操作

将碳含量不低于 1.5% 的初炼炉钢液倒入 AOD 炉之后，首先进行脱碳操作，AOD 脱碳一般采用三阶段吹炼法，吹入的混合气体（氧气和氩气）比例随之变化。

第一阶段：O_2 : $Ar = 3 : 1$，碳含量从不低于 1.5% 降至 0.25% 左右；

第二阶段：O_2 : $Ar = 2 : 1$ 或 $1 : 1$，碳含量从 0.25% 降至 0.1% 左右；

第三阶段：O_2 : $Ar = 1 : 3$，碳含量从 0.1% 降至 0.03% 左右，再用纯氩气吹炼几分钟，使溶解在钢液中的氧继续脱碳，还可以减少还原阶段的硅铁合金用量。

脱碳后期，钢液温度升至 1710~1750 ℃，需要添加清洁的同钢种废钢来冷却钢液。

C 脱氮和控氮操作

氮在铁素体不锈钢中是有害元素。AOD 冶炼 N≤0.01% 的超低氮不锈钢是十分困难的，日本相模原不锈钢厂冶炼过程中氮含量的变化如图 5-16[16] 所示。

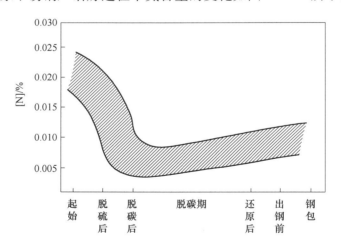

图 5-16 AOD 处理过程中氮含量变化

在使用纯氩吹炼的条件下，钢液中氮含量一般可以达到 0.02%~0.03%。日本金属工业公司（NTK）相模原不锈钢厂考虑到 S 和 O 影响脱氮，在 AOD 炉兑入铁水后，先进行脱硫操作，然后进行氧化脱硅，扒渣后再脱碳，可将钢液中氮含量降至不高于 0.006%。为了防止脱碳中期至出钢时的增氮，采取了减小 AOD 炉帽与吸尘罩间隙、缩短出钢距离以及钢包加盖并通氩气密封等有效措施[17]。

我国抚顺特钢采用 60 t EAF—AOD—LF—VD—模铸的工艺流程生产低氮 2Cr13 管

坯用不锈钢，冶炼过程各环节的平均 N 含量变化如图 5-17 所示[18]。可以看出，其中 AOD 出钢增氮量最为显著，可占总增氮量的 78%，因此，该钢厂重点控制 AOD 出钢增氮，同时减少 LF 过程以及模铸过程的增氮量，可以稳定获得冶炼终点 N≤0.008%、浇注过程增氮量≤0.001%、不锈钢管坯 N≤0.01% 的效果。

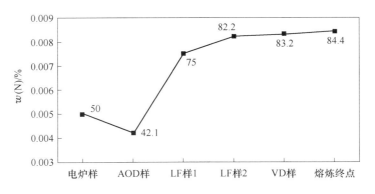

图 5-17　低氮 2Cr13 不锈钢冶炼过程中平均氮含量变化

与在铁素体不锈钢中的有害作用不同，氮在奥氏体不锈钢中可以作为提高抗腐蚀能力和屈服强度的合金化元素。AOD 的氮合金化包括两个方面：一是控氮，氮含量控制在 0.05%~0.10%，以提高钢的抗腐蚀能力，同时降低镍合金和氩气的消耗，降低成本；二是增氮，冶炼含氮量不低于 0.10% 的不锈钢。氮合金化的基本操作是在脱碳期先用氮气吹炼，再用氩气吹炼。

D　还原期操作

AOD 还原阶段一般采用硅脱氧工艺，加入 Fe-Si、Si-Cr 等还原剂和石灰等造渣材料。对于不含硅的超纯铁素体不锈钢，可以采用铝脱氧工艺。然后，在纯氩搅拌下调整钢液的成分和温度即可出钢。尽管 AOD 出钢时炉渣未完全变白，然而钢中夹杂物和氧含量与电炉返回法相当或略低。

AOD 炉脱硫的关键是控制炉渣碱度和提高对钢液的搅拌能力。由图 5-18 可见，将炉渣碱度控制在 2.3~2.7 时，炉渣的脱硫能力明显提高[16]。但是，过高的碱度会造成化渣困难，反而影响脱硫效果。加强搅拌钢液也是提高脱硫效率的重要因素，如图 5-19 所示。AOD 炉的搅拌能力强，炉渣与钢液接触面积大，所以脱硫能力明显高于 VOD 炉。

AOD 实际的脱硫工艺有以下三种[16]：

（1）脱碳期同时脱硫。日本川崎制铁开发了脱碳期同时脱硫工艺，适用于高硫钢液（硫含量约为 0.15%）脱硫。为了在脱碳期能够同时脱硫，在 O$_2$：Ar = 1：4 的条件下分 4~5 批次加入钢液重量 10% 的造渣剂（CaO 60%，CaF 20%，Si-Ca 20%），在脱碳

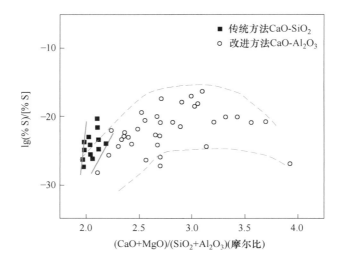

图 5-18　炉渣碱度对脱硫影响

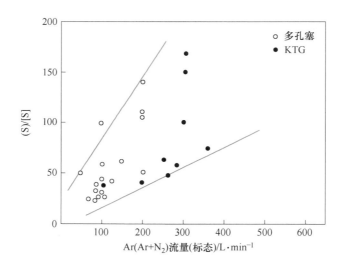

图 5-19　氩气搅拌流量对（S）/[S] 的影响

期内除渣 3 次，钢液温度 1650~1700 ℃。其结果钢中碳含量从 2% 降至 0.011%，硫含量从 0.15% 降至 0.0010%，硅含量从 0.15% 增加至 0.28%。日本太平洋金属公司八户厂在 30 t AOD 炉上采用类似的脱硫工艺，将石灰预先加入 AOD 炉，兑入钢液（碳含量 3%），脱碳至 1.3% 时除渣，然后加入 CaO、CaF、Fe-Si 进行预脱硫，硫含量从 0.3% 降至 0.005%，其后再进行正常操作。

（2）还原期双渣法脱硫。双渣法是在铬还原后期除渣，再造新渣进行脱硫精炼。由于排除了还原渣中不利于脱硫的 MnO、FeO 等低价氧化物，所以该工艺可以生产硫含量不高于 0.001% 的不锈钢。

（3）快速脱硫。新日铁公司光制铁所开发了 AOD 快速脱硫工艺，在铬还原期将添加 CaO、CaF、Fe-Si 改为添加 CaO 和 Al 块，形成硫容量大的 CaO-Al$_2$O$_3$ 渣系取代 CaO-SiO$_2$ 渣系，其中，CaO 加入量视铝加入量而定。当炉渣碱度约为 3 时炉渣脱硫能力最大。铝的加入使钢液温度得到补偿，有利于进行双渣法脱硫操作。太钢采用 AOD 单渣快速脱硫工艺，精炼期的炉渣碱度约为 2.5，在钢包内加入 Si-Ca 合金，利用出钢的强搅拌作用，脱硫率达到 70%，不锈钢硫含量稳定在 0.005% 以下[19]。

AOD 的出钢方式不同于转炉，是从炉口出钢，前期可以去除部分炉渣。对于需要进入 VOD 或 LF 炉的钢液，还需要进行扒渣操作，将渣层厚度控制在 50~150 mm。

5.5.1.3 AOD 工艺改进

A 顶吹氧 AOD 法（复吹 AOD）

为了提高 AOD 法在高碳区域的脱碳速度，日本于 1978 年开发了具有顶吹氧功能的 AOD 炉，实现了顶底复合吹炼。目前日本 40% 以上的 AOD 炉均配备了顶吹氧装置。我国的太钢等企业也采用 AOD 顶吹氧工艺，对缩短冶炼时间、提高铬收得率、减少还原剂用量均有明显效果。日本爱知特殊钢公司知多厂生产不锈钢的生产流程和 60 t 复吹 AOD 工艺分别如图 5-20 和图 5-21[20] 所示。

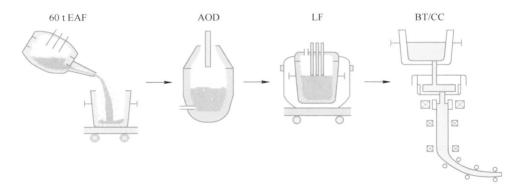

图 5-20 日本知多厂不锈钢的生产流程

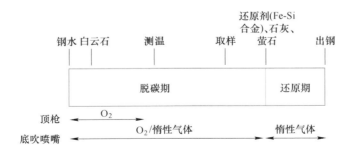

图 5-21 日本知多厂顶底复吹 AOD 工艺图

知多厂复吹 AOD 冶炼不锈钢分为两个阶段。60 t 电弧炉的钢液兑入 AOD 炉后，在钢液 [C] ≥ 0.5% 的第一阶段，从底部喷嘴吹 O_2 + 惰性气体（Ar 或 N_2）进行脱碳和脱氮操作，底吹 O_2/Ar 的比例根据钢液中 [C] 含量变化而调整。同时，从顶部氧枪吹氧，反应生成的 CO 经过二次燃烧，其释放热量的 75% ~ 90% 传至熔池，使钢液脱碳速度由传统的 0.055%/min 提高至 0.087%/min。顶吹氧强度对 AOD 升温和脱碳的影响如图 5-22 所示[16]。当碳含量达到目标值后，进入第二阶段，加入石灰、萤石和 Fe-Si 合金，进行还原期操作。不锈钢液的深度还原是在 LF 炉中进行的，经过约 60 min 处理，奥氏体不锈钢（SUS304）钢液的氧含量可以降低至 0.002% ~ 0.004%。

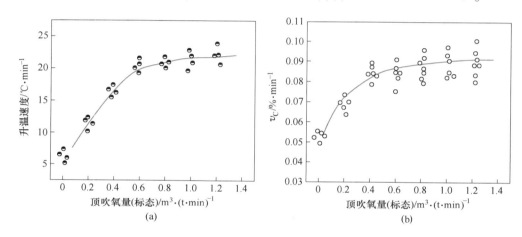

图 5-22　顶吹氧强度对 AOD 升温速率（a）和脱碳速率（b）的影响

B　真空 AOD 法（V-AOD）

AOD 法冶炼不锈钢，在高碳范围内的脱碳速率高，但是在低碳范围内的脱碳速率显著下降，虽然可以通过增大吹氩量来降低 p_{CO}，但是会使生产成本增加。因此，AOD 法难以生产超低碳不锈钢。为了弥补这一缺点，1991 年日本大同特殊钢在 70 t AOD 上开发了带有真空功能的 AOD-VCR（AOD-Vacuum Converter Refiner）工艺，如图 5-23 所示[21]。

该工艺先在常压下吹入 $Ar-O_2$ 混合气体进行脱碳，当碳降至预定值后，转换至真空模式，在真空条件下降低混合气体中 O_2 比例，甚至可以不吹 O_2，而是利用溶解氧和渣中氧化物实现不锈钢液的深脱碳。脱碳完成后加入还原剂，还原渣中铬的氧化物，同时完成钢液脱氧和脱硫。日本新日铁公司于 1996 年也将此技术引入不锈钢生产，称为 V-AOD 法，显著提高 AOD 在低碳阶段的脱碳效率，缩短 AOD 精炼时间，减少还原渣中（Cr_3O_4）所需要的 Si-Fe 合金用量。

新日铁光厂采用改进的 V-AOD 冶炼不锈钢，即同时配备顶吹氧枪和真空罩的 AOD 法，其操作过程如图 5-24 所示[10]。首先，在常压条件下顶吹氧和底吹氧-氩脱

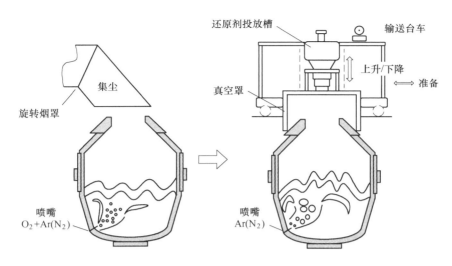

图 5-23 AOD-VCR 工艺示意图

碳。当碳含量降至预定值时，切换至真空操作模式，根据估计的碳含量变化调节真空度和底部氧气比例。当脱碳任务完成后，加入 Fe-Si 或 Al 还原渣中 Cr_3O_4 并脱除钢液中的 [O] 和 [S]。

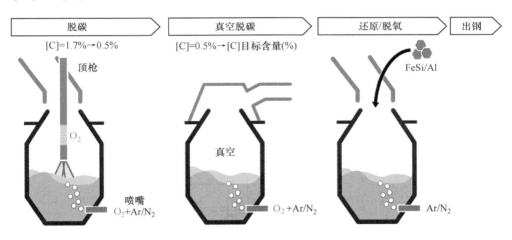

图 5-24 新日铁光厂改进 V-AOD 法冶炼不锈钢的操作过程

V-AOD 法还用来生产高氮不锈钢，钢液的增 [N] 量与底部吹 N_2 量、温度、压力等因素有关，新日铁公司通过开发智能控制系统（ASTRA）实现对 V-AOD 过程脱碳和增氮的精确控制，生产的典型高氮不锈钢成分见表 5-11[10]。

表 5-11 V-AOD 法生产的典型高氮不锈钢成分 （%）

钢种	C	Si	Mn	P	S	Ni	Cr	Mo	Cu	N
SUS312L（NSSC™270）	≤0.02	≤0.8	≤1	≤0.03	≤0.015	17.5~19.5	19~21	6~7	0.5~1	0.16~0.25

钢种	C	Si	Mn	P	S	Ni	Cr	Mo	Cu	N
SUS821L1 (NSSC2120™)	≤0.03	≤0.75	2~4	≤0.04	≤0.02	1.5~2.5	20.5~21.5	≤0.6	0.5~1.5	0.15~0.2
SUS316LN	≤0.03	≤1	≤2	≤0.045	≤0.030	10.5~14.5	16.5~18.5	2~3	—	0.12~0.22

5.5.2　VOD 真空精炼法

对于超低碳、氮不锈钢而言，常常需要在 AOD 氩氧精炼之后进行 VOD 真空精炼。VOD 真空脱碳法自从 Witten 公司 1967 年开发成功后，由于其优先脱碳和铬损失少的特点，立即被用于不锈钢生产。

5.5.2.1　VOD 的设备特点

VOD 具有吹氧脱碳升温、吹 Ar 搅拌、真空脱气、造渣及合金化等功能，适合于不锈钢、精密合金、高温合金的冶炼，尤其是超低碳、氮不锈钢和合金的冶炼。

VOD 主要设备由钢包、真空罐、真空泵系统、吹氧系统、吹氩系统、自动加料系统、过程检测及控制系统等组成，如图 5-25 所示[16]。因为不锈钢脱碳过程 C-O 反应剧烈和吹入 Ar 气，VOD 真空泵系统的抽气能力要比普通真空脱气装置大得多。VOD 钢包上方的自由空间较大，一般在渣面上方保持 800~1200 mm 的自由空间，以防止钢渣溢出。

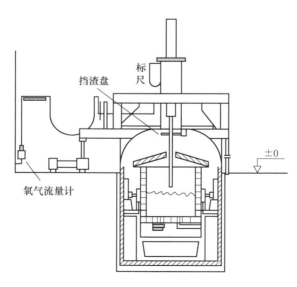

图 5-25　VOD 主要设备示意图

5.5.2.2　VOD 生产不锈钢的基本工艺

VOD 冶炼不锈钢工艺是先在初炼炉（电炉或转炉）中基本调整好钢液中除 C、S

以外的所有化学成分，出钢至钢包内，并将钢包移至真空室（罐）中，抽气达到一定真空度后，从上方用水冷氧枪向钢包内钢液吹氧脱碳，同时由钢包底部透气砖吹入 Ar 气搅拌钢液。吹氧脱碳结束后进行真空脱碳，然后加入渣料和还原剂，还原渣中氧化铬并脱氧。

A　VOD 脱碳和脱氮

真空条件下吹氧脱碳过程可以分为两个阶段，如图 5-26 所示[16]。

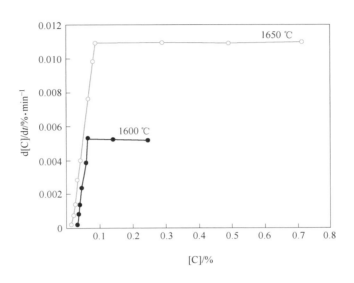

图 5-26　吹氧脱碳两个阶段示意图

第一阶段：高碳区（C≥0.05%~0.08%），脱碳速度为常数，与钢液中碳含量无关，由供氧量决定。在 VOD 冶炼的高碳区，脱碳速度随吹氧量、温度、真空度的提高以及吹氧枪位的降低而增加。在温度和真空度一定时，可以通过增大吹氧量、降低吹氧枪位提高脱碳速度。VOD 在高碳区域的脱碳速度一般控制在 0.02%/min~0.03%/min，过快的脱碳速度容易导致喷溅和溢钢事故。

第二阶段：低碳区（C≤0.05%~0.08%），脱碳速度随着钢液中碳含量减少而降低。在低碳区，碳在钢液内的扩散是脱碳反应的限制性环节，此时增大供氩量，提高钢液温度和真空度，可以降低吹氧终点的碳含量。如图 5-27 和图 5-28[16] 所示。吹氧终点可以根据废气温度及成分、氧电动势值和真空罐内残余压力进行判断。

VOD 的脱氮反应与脱碳反应是同时进行的。VOD 不锈钢液脱氮主要依靠［N］向脱碳反应形成的 CO 气泡转移。确保 VOD 足够的脱碳量，强化底吹氩搅拌，保持适当高的温度和真空度，以及防止精炼后钢液吸气，是脱氮的关键措施。当 VOD 的入炉碳含量不低于 0.5%时，成品氮含量可以降至 0.005%以下，如图 5-29 所示[16]。

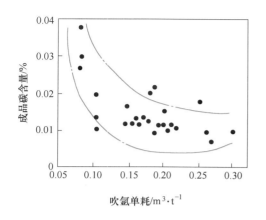

图 5-27　成品碳含量与吹氩量的关系

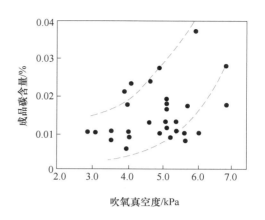

图 5-28　成品碳含量与吹氧真空度的关系

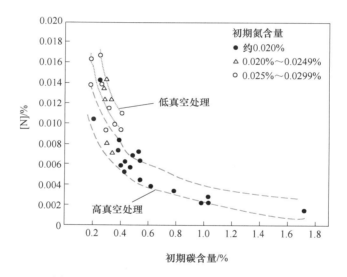

图 5-29　VOD 初期碳含量对终点氮含量的影响

B　VOD 脱硫

VOD 法利用吹氧产生的高温熔化渣料，形成碱度为 1.5~2.5 的流动性良好的炉渣，添加硅铁、铝、硅钙等脱氧剂，在还原氧化铬的同时，对钢液脱氧和脱硫。VOD 法由于熔剂加入量的限制和搅拌力较弱，故脱硫能力不及 AOD 法。

为了提高 VOD 脱硫的效率，部分钢厂在 VOD 上采用喷粉脱硫，粉剂由 VOD 顶部氧枪喷入，吨钢喷入 CaO（76%）-CaF$_2$（17%）-SiO$_2$（7%）粉剂 12 kg，喷入速度 0.8 kg/min，保持炉渣碱度不低于 2.0，硫分配比达到 400 以上，可以冶炼超低硫不锈钢。硫分配比与 VOD 炉渣碱度的关系如图 5-30[16] 所示。

C VOD 合金化操作

VOD 的钢液来自初炼炉或一次精炼炉，化学成分及温度都比较稳定，在 VOD 炉内只需要进行成分调整，各种合金料通过自动加料机构在真空条件下加入钢包。合金料加入时间和收得率见表 5-12[16]。

VOD 吹炼不锈钢的铬回收率高，一般为 98.5%~99.5%。提高铬回收率的具体措施是：提高开始吹氧的温度，提高真空度，减少过吹，加入足够的还原剂和保证还原反应的时间以及造碱性还原渣，并提高终点 Ar 气搅拌强度。

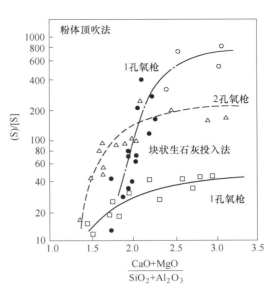

图 5-30 硫分配比与 VOD 炉渣碱度的关系

表 5-12 VOD 合金料加入时间和收得率

合金料	调整元素	加入时间	加入方法	收得率/%	钢种举例
高碳铬铁	C	脱氧后 5~10 min	真空自动加料	97	1Cr18Ni9Ti
	Cr	分析结果报回后	真空自动加料	98~99	1Cr18Ni9Ti
高碳锰铁 中碳锰铁 金属锰	C	脱氧后 5~10 min	真空自动加料	97	1Cr18Ni9Ti
	Mn	脱氧后 3~5 min	真空自动加料	85~95	1Cr18Ni9Ti
镍板	Ni	停氧后大气压下	手工加料	100	1Cr18Ni9Ti
铜板	Cu	停氧后大气压下	手工加料	100	17-4PH
钼铁	Mo	停氧后	自动或手工加料	100	00Cr13Ni6MoN
钒铁	V	解除真空前 5 min	真空自动加料	90~100	A286Ti
铌铁	Nb	解除真空前 5 min	真空自动加料	85~100	00Cr13Ni6MoNb
钛铁	Ti	解除真空前 5 min	真空自动加料	55	1Cr18Ni9Ti
		出罐扒部分渣	手工加料	85	1Cr18Ni9Ti
硅铁	Si	脱氧剂	真空自动加料	80~90	1Cr18Ni9Ti
		出罐前	手工加料	95~98	00Cr14Ni14Si4
铝	Al	脱氧剂	真空自动加料	约 13	GH132
		解除真空前 3 min	真空自动加料	100	GH132
硼铁	B	出罐前	钢包插入	75~100	17-4PH
氮化铬	N	解除真空前	自动加料	约 100	
电极粒	C	脱氧后 5~10 min	真空自动加料	95	1Cr18Ni9Ti

5.5.2.3 SS-VOD

传统 VOD 法的脱碳和脱氮效果均以 0.005% ~ 0.01% 为限。为了满足冶炼超纯铁素体不锈钢（C+N≤0.02%）的要求，日本川崎制铁公司发明了强搅拌 VOD 法（SS-VOD）。该 SS-VOD 真空室直径为 5000 mm，高 7953 mm，钢包直径为 2868 mm，高 2600 mm，铬镁质包衬，极限真空度 0.5 Torr（66.7 Pa）。40 t VOD 钢包采用 2~6 个直径 130 mm 的多孔塞吹氩，Ar 气流量较传统 VOD 大幅增加。钢包上方有 1300 mm 净空，防止喷溅。由于大量吹氩，可在 160 min 处理时间内，将碳含量降至 0.001% 以下。SS-VOD 工艺的脱碳曲线和搅拌条件如图 5-31[4] 所示。

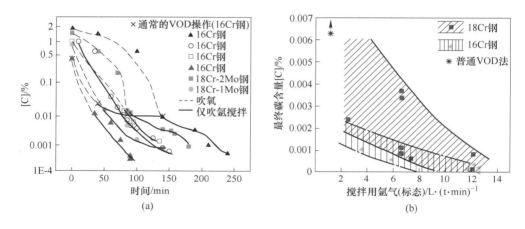

图 5-31 SS-VOD 工艺脱碳曲线（a）及 SS-VOD 工艺脱碳界限和搅拌条件（b）

与 VOD 的基本工艺相似，SS-VOD 工艺的脱碳也分为两个阶段：

第一阶段：初始碳含量不低于 0.8%，最高可达 2.0%，在 4 ~ 30 Torr（0.53 ~ 4.0 kPa）真空度下，以 700 ~ 1500 m³/h 的速度吹 O₂，从多孔塞以 0.01 ~ 0.02 m³/(t·min) 的速度吹 Ar，使碳含量降至 0.01% ~ 0.03%。对于 18Cr-2Mo 和 26Cr-1Mo 超纯铁素体不锈钢，铬的氧化量分别为 0.01% 和 0.026%。初始温度和吹氧终点温度分别为 1630 ℃ 和 1730 ℃。第一阶段终点的氮含量为 0.001% ~ 0.004%。

第二阶段：停止吹氧后，进入高真空脱碳期，到达极限真空度 0.5 torr（66.7 Pa），吹 Ar 速度 0.016 ~ 0.03 m³/(t·min)，渣中氧化铬含量不高于 23%，保持炉渣良好的流动性，温度约为 1600 ℃，第二阶段的终点碳含量可达到 0.003% 以下。在极低碳区域促进脱碳的措施，对于促进脱氮也同样有效。

脱碳后钢中氧含量约为 0.015% ~ 0.02%，需要加入 CaO、CaF₂ 等造渣剂和硅铁合金、铝等脱氧剂，还原程度取决于炉渣碱度、脱氧剂和搅拌，使用铝脱氧可以将钢中氧含量降至 0.003% 以下。

5.5.3 K-OBM-S 法 （K-BOP 法）

20世纪90年代，转炉冶炼不锈钢的工艺得到发展，日本川崎制铁开发了铁水预处理——K-BOP 冶炼铬不锈钢工艺。在一座 85 t K-BOP 转炉中采用铁水和铬球团，补加焦炭熔融还原初炼，在另一座 K-BOP 转炉中进行脱碳精炼。奥钢联公司开发了与 K-BOP 类似的不锈钢冶炼工艺及装备，命名为 K-OBM-S 法。

K-OBM-S 法是从顶部和炉底同时供氧的复吹转炉，底部喷枪由内管和外管组成，内管吹入冶炼气体（Ar-O_2 或 Ar-N_2），还可以根据需要再通过内管吹入 CaO 粉，通过内外管之间的环缝吹入冷却气体（Ar、N_2）保护喷枪。底部喷枪为消耗式，与炉衬同步消耗。K-OBM-S 工艺见图 5-32。

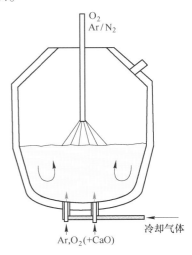

图 5-32 K-OBM-S 示意图

研究表明，LD 顶吹转炉的混匀时间为100 s，底吹转炉 Q-BOP（Quieter Blowing-Basic Oxygen Process）和强搅拌复吹转炉 K-BOP（Kawasaki-BOP）的混匀时间为 10~20 s，传统复吹转炉处于它们之间[22]。脱碳动力学的限制性环节由供氧控制转变为碳传递控制的临界碳含量范围，在 LD 转炉上是 0.8%~1.0%，在 K-BOP 复吹转炉上是 0.35%~0.55%，在 Q-BOP 底吹转炉上是 0.3%~0.5%[21]。K-OBM-S 的临界碳含量与 K-BOP 大致相同，强搅拌条件使其冶炼超低碳钢更为容易。当 C≤0.55%时，脱碳速度取决于碳的传递，通过加强熔池搅拌和升高熔池温度，能够满足脱碳保铬的需要。

我国太钢于 2002 年从奥钢联引进了 90 t K-OBM-S 转炉，采用日本川崎制铁的铁水"三脱"技术，在铁水罐中使用 CaO、CaF、氧化铁皮等，并配合吹氧，实现在较低温度下高效脱硅、脱磷和脱硫。然后将经过"三脱"预处理的铁水和电炉熔化的高碳铬铁合金，一起兑入 90 t K-OBM-S 转炉，当钢液成分和温度达到一定要求时，进入 VOD 进行精炼。表 5-13 分别为 K-OBM-S 转炉的主要冶金工艺参数和冶炼 18-8 不锈钢的成分和温度要求[23]。在实际生产中为了简化操作，常常不使用电炉熔化高碳铬铁合金，而是将其全部在 K-OBM-S 转炉阶段加入，同时加入焦炭、硅铁进行热量补偿。

表 5-13 太钢 90 t K-OBM-S 转炉主要冶金参数和冶炼 18-8 不锈钢时成分、温度要求

序号	项　　目	描　　述
1	转炉容积/t	90

序号	项　目	描　述
2	炉容比/m³·t⁻¹	0.65
3	顶吹氧枪/mm	φ194 四孔拉乌尔氧枪
4	底吹风嘴/mm	5 个内径 φ16 的环管
5	顶吹气体最大流量/m³·(t·min)⁻¹	2.5
6	底吹气体最大流量/m³·(t·min)⁻¹	1.5
7	初始碳/%	≥3.8
8	初始温度/℃	≥1250
9	出钢碳/%	≥0.15
10	出钢温度/℃	≥1650
11	脱碳速率/%·min⁻¹	0.15
12	铬回收率/%	95.29
13	硫分配比	40.6
14	氧气利用率/%	≥60

太钢 90 t K-OBM-S 转炉的最大供氧强度可以达到 2.5 m³/(t·min)，平均脱碳速度 0.15%/min，最高 0.30%/min，远高于带有顶枪的 AOD 炉，具有高速脱碳的特征。同时，K-OBM-S 转炉氧气利用率大于 60%，具有高效用氧的特点。因此，K-OBM-S 转炉适合以铁水作为主要原料冶炼不锈钢。冶炼 18-8 型不锈钢时，铬回收率为 95.29%，渣-钢间的硫分配比平均为 40.6，均稍低于 AOD 单工序的铬回收和脱硫效果。

5.5.4　主要精炼方法的比较

AOD 法冶炼不锈钢的特点是：

（1）可以吹入较多气体，在高碳区域脱碳容易。

（2）AOD 入炉碳含量 1.5%~2.0%，对电炉或转炉出钢的碳含量基本没有限制，因此可以大量使用高碳铬铁，铬的总回收率可达 98%。

（3）由于 Ar 的强搅拌作用，平均脱硫率不低于 70%，可以生产 S≤0.001% 的极低硫不锈钢。

（4）AOD 设备投资低，仅为 VOD 的 30%；AOD 法可以在大气下造渣、测温取样，工艺简单，操作方便，生产效率高，成本低。

（5）脱碳期 Cr 的氧化比 VOD 法高，还原剂使用量多。

（6）由于 AOD 出钢时附在炉壁上的废钢熔化造成钢液增碳，加之从大气中吸氮，使得 AOD 冶炼超纯铁素体不锈钢（C+N≤0.020%）极为困难，需要再经过 VOD 或 RH 真空处理。

VOD 法冶炼不锈钢的特点是：

（1）在真空条件下冶炼，钢液洁净度高，C、N 含量低，一般来说，VOD 钢液中的 C+N≤0.020%，而 AOD 的 C+N≥0.030%。因此，VOD 法更适合生产 C、N、O 含量极低的超纯铁素体不锈钢。

（2）VOD 平均脱硫率约为 40%，脱硫能力远不及 AOD。

（3）VOD 要求入炉碳含量在 0.4%~0.5%，因此不能大量使用高碳铬铁。

（4）VOD 的耐火材料在真空和高温下损坏严重，炉衬平均寿命仅为 20 余次，远低于 AOD（150 余次）和 K-OBM-S 的平均炉衬寿命（炉身 400 余次，炉底 200 余次）。

K-OBM-S 转炉冶炼不锈钢的特点是：

（1）采用经过"三脱"的铁水作为主要原料，解决了电炉工艺返回废钢中磷含量积累和 Cu、Pb、Sn、As 等有害残余元素较高的问题。

（2）供氧强度高，脱碳速率远高于带有顶枪的 AOD 炉，具有高速脱碳的特征，适合于铁水脱碳。

（3）由于 K-OBM-S 转炉的脱碳量和脱碳速度大，脱碳期钢液氮含量大幅度降低。因此 K-OBM-S—VOD 工艺特别适合冶炼超低碳、氮铁素体不锈钢。

（4）K-OBM-S 转炉的主要原料是铁水，且在吹炼过程加入大量高碳铬铁，钢液碳含量高（≥3.8%），是 AOD 入炉钢液碳含量的 2 倍以上，所以脱碳量大，吹炼时间长，过程温度高，炉底风口反应区温度高达 2500 ℃，炉底风口区和渣线区的耐火材料侵蚀速度快，还原剂使用量大。

5.5.5　炉衬材料的选择和提高炉龄的措施

采用 AOD、VOD 或 K-OBM-S 等方法冶炼不锈钢，共同的特点是钢液温度高且变化较大、搅拌强烈，炉渣对炉衬特定部位的冲刷侵蚀严重。

AOD 氧化末期钢液温度高达 1660~1710 ℃。炉渣碱度变化范围大，AOD 初期炉渣为低碱度（$R \leq 1.0$），还原脱硫期则需要高碱度（$R \geq 2.5$）。AOD 炉各部位的工作环境有所不同，侵蚀速度也不相同，风口区、渣线区侵蚀最为严重。因此，AOD 炉内衬除了使用一部分白云石砖外，基本上都是使用直接结合的铬镁砖。铬镁砖具有高温强度高、对中低碱度炉渣的抗侵蚀性好等优点，但铬镁砖与高碱度的脱硫渣不相容、抗热震性较差。白云石砖（一般含 CaO 40%~60%，MgO 30%~40%）可以克服上述缺点且价格便宜，不少钢厂采用镁白云石砖（含 MgO 50%~85%，CaO 10%~40%）作为 AOD 炉的内衬。太钢采用铬镁砖、白云石砖和镁白云石砖（镁钙砖），风口区采用铬镁砖，其余部位采用镁白云石砖，不同材质采取不同的砌筑厚度。同时，优化冶炼工艺，降低氧化末期温度，尽量稳定炉渣碱度；增设顶吹氧枪和专家控制系统，显著缩短了冶炼时间。从而使 AOD 平均炉龄达到 150 次，见表 5-14[24]。

表 5-14　太钢 AOD 炉龄提高情况

时间/年	炉型	风口		炉衬材质		炉龄/次	
		个数	砖长度	风口区	渣线区	平均	最高
1983—1999	18 t 标准炉型	2	—	镁铬质	镁钙质	45	60
1999.8—2000.5	40 t 标准炉型	3	530	镁铬质	镁钙质	27	35
2000.5—2001	40 t 改进炉型	3	300+530	镁钙质	镁钙质	80	99
2001—2003	40 t 改进炉型	3	800 或 300+700	富镁白云石或镁钙质	镁白云石或镁钙质	110	150
2004	45 t 新改进炉型	3	800	富镁白云石或镁钙质	镁白云石或镁钙质	150	178

VOD 炉在高温和真空条件下精炼不锈钢，处理周期长，炉衬耐火材料的使用条件十分恶劣。耐火材料在真空条件下有挥发行为，见表 5-15[16]，其中 SiO_2 系的挥发量最大，MgO 系也比较不稳定。此外，耐火材料在真空条件下会与钢液中［C］反应，各种耐火材料测定的反应性如图 5-33[25-26] 所示。因此，VOD 炉需要选择真空下挥发量和反应性小的耐火材料。

表 5-15　各种耐火材料在真空条件下的重量减少速度

序号	耐火砖材质	重量减少/%	重量减少速度/g·(cm²·min×10⁻⁴)⁻¹	
			实例	文献
1	高纯度氧化铝（99% Al_2O_3）	0.2	0.2	0.5
2	莫来石（72% Al_2O_3）	2.1	1.5	
3	高氧化铝（60% Al_2O_3）	4.4	3	
4	电铸氧化铝（96% Al_2O_3）	1.2	1.1	
5	高纯度稳定性氧化锆（96% ZrO_2）	0.15	0.17	0.4
6	锆石（66% ZrO_2）	3.8	3.9	
7	高纯度氧化镁（73% MgO）	6.2	5.4	5.2
8	直接结合镁铬（73% MgO）	6.6	5.2	
9	黏合型镁铬（62% MgO）	5	4.2	
10	氧化铬（19.5% MgO）	6.5	7.5	
11	石灰石（96% CaO）	1	0.6	0.2
12	高纯度白云石（99% MgO+CaO）	0.6	0.4	
13	电铸镁铬	14	12.0	
14	电铸氧化镁、尖晶石	4.8	3.2	

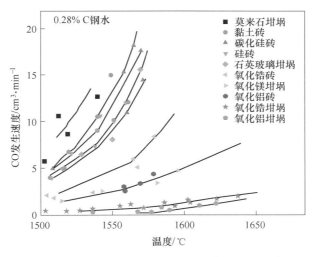

图 5-33 在减压条件下各种耐火材料与钢液的反应性

由于冶炼钢种和操作条件等不同，各国钢厂 VOD 使用的耐火材料有较大区别。一般而言，VOD 炉衬材料的类型与 AOD 相似，或以优质铬镁砖为主，或以白云石砖为主。日本 VOD 炉内衬主要使用优质铬镁砖，渣线部分使用低级氧化物含量很少的再结合铬镁砖（或半再结合铬镁砖），其余部分使用直接结合铬镁砖，其性能见表 5-16。太钢为了提高 VOD 炉龄，将永久层由黏土砖改为轻质浇注料，将内衬的铬镁砖和镁碳砖（渣线）改为全镁钙砖，并改进 VOD 冶炼工艺，提高全过程的炉渣碱度和渣中氧化镁含量，顶部氧枪由单孔改为双孔，减轻了炉渣和氧枪喷吹对渣线的侵蚀速度，使 VOD 平均炉龄由 8 次提高到 16 次，最高炉龄达到 22 次[24]。

表 5-16 日本 VOD 炉衬耐火材料的性能

使用部位		底部	渣线以下	渣线
耐火材料		直接结合镁铬砖	直接结合镁铬砖	半再结合镁铬砖
化学组成 /%	MgO	62	58.4	70.9
	Cr_2O_3	27.3	28.6	16.6
	Al_2O_3	4	4.8	6.3
	SiO_2	1.4	1.4	1.3
物理性能	体积密度/g·cm⁻³	3.27	3.26	3.16
	显气孔率/%	15.2	15.1	15.4
	常温耐压强度/MPa	99.4	96.9	123.7

国内外 K-OBM-S 及其类似工艺使用的内衬材料有低碳镁碳砖、镁白云石砖、铬镁砖和镁砖等，太钢根据自己的钢种和工艺特点，采用以电熔镁砂（MgO≥98%）和石墨为主要原料的低碳镁碳砖，碳含量不高于6%，其理化指标见表5-17[24]。

表 5-17 K-OBM-S 专用镁碳砖的理化指标

项目	化学成分/%		常温耐压/MPa	体积密度/g·cm⁻³	显气孔率/%
	$w(MgO)$	$w(C)$			
国产专用	89.70	5.98	64.7	3.10	4.6
进口	88.07	6.18	43.5	3.08	5.2

冶炼不锈钢的 K-OBM-S 转炉炉身耐火材料寿命约为 400 次，炉底约为 200 次，中途需要更换炉底。太钢合理调整 K-OBM-S 转炉的底供气强度，控制风口反应区的"蘑菇头"尺寸，从而减轻了对风口区的严重损坏。同时，改进工艺操作，提高冶炼全过程的炉渣碱度和渣中（MgO）含量，使渣线区炉衬寿命大幅提高。

5.5.6 不锈钢的连铸技术

一般来说，不锈钢钢液在 AOD 处理后即可以送往连铸工序；对于需要深脱碳的，可以送至 VOD 精炼工序。对于需要进行微合金化、深脱硫和精炼渣调控的，可以送至 LF 精炼工序。

5.5.6.1 抑制水口结瘤

不锈钢中合金元素在高温下容易形成 Cr_2O_3、TiO_2、Al_2O_3 等高熔点氧化物夹杂，为了使其充分上浮，通常选择直弧形连铸机。不锈钢（尤其是铁素体不锈钢）的高温强度较低，对于连铸机的辊列设计提出更高的要求，采取连续弯曲、连续矫直，将铸坯的变形速度控制在 $10^{-4}\sim10^{-3}$ mm/s 以下，有效控制连铸坯在 900~1300 ℃ 弯曲、矫直过程中产生的热脆性。

钢液中铝含量影响可浇性，连铸时容易形成尖晶石类（MgO·Al_2O_3）水口结瘤。从相稳定区域图（图5-34）看出，有两个途径可以避免形成 MgO·Al_2O_3：一是将钢液中铝含量降低至 0.001% 以下；二是适当增加钢液中镁含量[20]。

日本知多厂[20]在生产中尽量减少铝的来源，例如采用无铝的白云石炉衬、降低 AOD 脱氧以及 LF 炉调整炉渣的用铝量等措施，见表5-18，钢液可浇性显著提高，消除了浸入式水口内壁上的尖晶石类结瘤，使用后的水口内壁仅有少量 MgO 夹杂物。

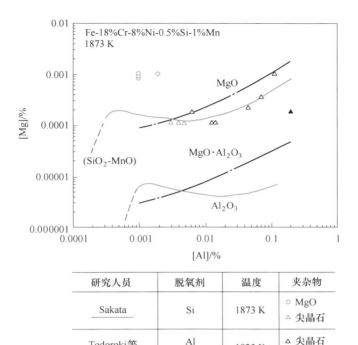

图 5-34 MgO·Al₂O₃ 相稳定区域图

研究人员	脱氧剂	温度	夹杂物
Sakata	Si	1873 K	○ MgO △ 尖晶石
Todoroki等 ——	Al MgO坩埚	1823 K	△ 尖晶石 ▲ Al₂O₃

表 5-18　减少钢液中铝来源的主要措施

铝 的 来 源		传统工艺	改进工艺
钢包耐材	渣线	MgO-C	MgO-C
	包壁，包底	Al₂O₃-MgO-C	MgO-CaO
Fe-Si 合金	铝含量/%	1	0.01
炉渣	电炉出钢渣（Al₂O₃）含量/%	17~23	5
	LF 处理之前去除	不去除	强制去除
	LF 处理结束（Al₂O₃）/%	7~10	2

5.5.6.2　防止含钛不锈钢"结鱼"现象

钛稳定化奥氏体不锈钢在连铸过程中容易发生水口结瘤和结晶器"结鱼"现象，"结鱼"又称结块或结壳，是结晶器中形成的、漂浮在钢液与保护渣接触区域的凝固钢块，会导致铸坯和板带的表面缺陷，大尺寸"结鱼"物还会恶化保护渣的润滑效果，甚至引起黏性漏钢事故。钢水中已形成的 TiN 在结晶器内聚集，并与保护渣中 SiO₂ 和 Fe₂O₃ 等氧化物反应放出氮气，反应如式（5-21）所示：

$$2(TiN) + 2[SiO_2] = 2(TiO_2) + 2[Si] + N_2 \tag{5-21}$$

$$\Delta G^{\ominus} = 206094 - 120.93T \qquad (5\text{-}22)$$

由于式（5-21）是吸热反应，促使局部钢水温度下降，冷却凝固而形成悬浮钢块。

在结晶器内高钛钢液表面形成的"结鱼"主要与温度和 TiN 聚集有关，可以从提高钢液表面温度和减少 TiN 形成两方面进行控制。对 321 不锈钢的研究发现，保持钢中 $[\%Ti] \times [\%N] \times 10^3 < 3.5$ 和 $Al_s \leqslant 0.01\%$ 时，可避免形成"结鱼"[27]。

5.5.6.3　防止不锈钢铸坯表面缺陷

不锈钢的抗氧化性远大于碳钢，如果连铸产生的振痕比较深，则在热轧加热时很难通过形成氧化铁皮而去除。这种热轧坯送去冷轧，就会在冷轧钢板表面上产生缺陷。因此，不锈钢连铸时选择高振频、小振幅、非正弦振动，尽量减小振痕深度。对于深度超过 0.2 mm 的振痕，则要修磨去除。不锈钢对表面质量有严格的要求，所以其铸坯一般须经修磨处理。正是因为此原因，薄板坯连铸连轧或薄带坯铸轧工艺极少用于不锈钢生产。

奥氏体不锈钢的热膨胀率大，连铸时容易产生表面凹坑、横向裂纹等缺陷，需要选择合适的结晶器保护渣，保证液渣膜的稳定性和适当的黏度，配合相应的拉速和结晶器弱冷措施，来降低结晶器液面的局部热流和凝固坯壳生长的不均匀性。奥氏体不锈钢中有些含钛钢种（例如 321、1Cr18Ni9Ti 等），由于加入了与氧、氮亲和力很强的钛，连铸时形成 TiN、TiO_2、Al_2O_3 的复合夹杂物团簇，导致浸入式水口结瘤和铸坯表面缺陷。含钛不锈钢连铸生产的难度很大，更强调无氧化浇注等措施。随着 AOD、VOD 等精炼技术的发展，生产抗晶界腐蚀性能优越的低碳和超低碳不锈钢已经没有困难。因此，美、日、欧等国家和地区基于提高 AOD 冶炼效率和连铸工艺稳定性以及降低成本的考虑，已经从含钛铬镍不锈钢为主转变为低碳及超低碳铬镍不锈钢为主，含钛钢仅占奥氏体不锈钢产量的 1% 左右。

铁素体不锈钢的高温强度比奥氏体不锈钢低，结晶速度快，柱状晶发达，容易产生表面裂纹和内部裂纹，连铸时应注意控制二冷段的冷却水量，弱冷可以改善不均匀冷却造成的不均匀收缩，防止产生纵裂以及漏钢事故。不锈钢连铸漏钢后，由于钢的黏度大，难以处理。由于铁素体不锈钢和马氏体不锈钢的裂纹倾向大，连铸时中间包内钢液过热度应控制较低，约为 20~30 ℃，而奥氏体不锈钢液的过热度可以控制在 30~50 ℃。同时，要注意控制拉速与过热度的关系，不同钢种采用不同的拉速，对于高温强度低、凝固系数小的不锈钢钢种，通常采用稍低的拉速（$\leqslant 1.0$ m/min）。

铁素体不锈钢柱状晶发达，冷轧时容易产生板面皱曲，有效办法是采用电磁搅拌和降低钢液过热度，在凝固过程中抑制粗大柱状晶区，扩大细小等轴晶区。生产实践证明：不锈钢铸坯等轴晶率不低于 50% 就可以确保皱曲高度不高于 0.15 μm。因此，二冷区电磁搅拌是铁素体不锈钢连铸必不可少的配置。马氏体不锈钢与铁素体不锈钢的连铸特点相似，且在 300 ℃（M_s 相变点）以下会发生马氏体相变，容易产生变形裂纹，因此，马氏体不锈钢连铸坯需要在 300 ℃ 以上装入退火炉退火或者缓冷。

5.6 不锈钢冶炼工艺流程解析

5.6.1 不锈钢冶炼的二步法和三步法

Witton 公司和联合碳化物公司相继发明 VOD 和 AOD 精炼方法之后，以 EAF—VOD 或 EAF—AOD 为主的不锈钢二步法冶炼逐渐取代了电弧炉单炼法。随后，K-OBM-S、MRP-L 等工艺也出现在二步法中。同时，日本、德国又开发出三步法不锈钢工艺流程。

不锈钢二步法是指初炼炉熔化—精炼炉脱碳的工艺流程，精炼炉一般指有脱碳功能的 AOD、VOD、RH-OB、CLU、K-OBM-S、MRP-L 等，其他不以脱碳为主要功能的精炼装备，例如 LF 钢包炉、钢包吹氩、喷粉等，在划分二步法和三步法时则不算作其中的一步。此外，专门用于熔化铁合金的电弧炉和感应炉等装备，也不算作其中的一步。有些不锈钢生产企业使用高炉铁水作为原料，因此通常把铁水脱硅、脱磷预处理也算作其中的一步。

不锈钢冶炼的二步法与三步法各有千秋，其主要工艺参数的比较如图 5-35[16] 所示。

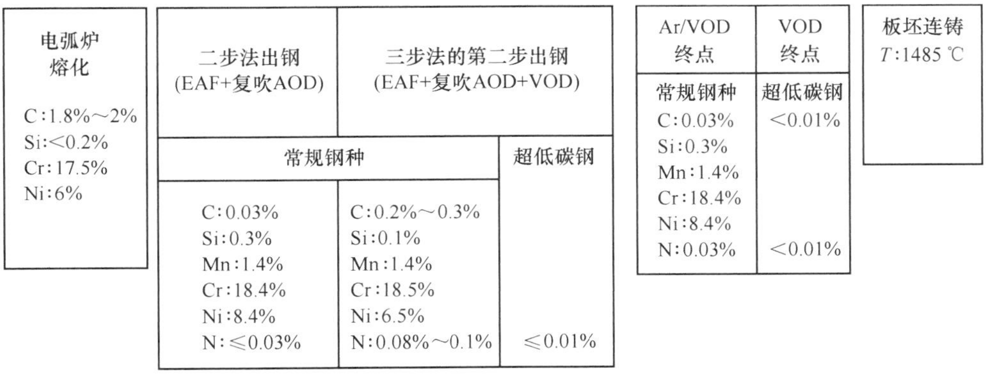

电弧炉 熔化 C：1.8%～2% Si：<0.2% Cr：17.5% Ni：6%	二步法出钢 (EAF+复吹AOD)		三步法的第二步出钢 (EAF+复吹AOD+VOD)		Ar/VOD 终点	VOD 终点	板坯连铸 T：1485 ℃
	常规钢种			超低碳钢	常规钢种	超低碳钢	
	C：0.03% Si：0.3% Mn：1.4% Cr：18.4% Ni：8.4% N：≤0.03%		C：0.2%～0.3% Si：0.1% Mn：1.4% Cr：18.5% Ni：6.5% N：0.08%～0.1%	≤0.01%	C：0.03% Si：0.3% Mn：1.4% Cr：18.4% Ni：8.4% N：0.03%	<0.01% <0.01%	

图 5-35 浦项不锈钢冶炼二步法和三步法的工艺参数比较

不锈钢二步法采用 AOD 与初炼炉配合，可以大量使用高碳铬铁，效率高，经济可靠，与连铸节奏匹配。电弧炉作为初炼炉时，有充足的热量供应，可以大量使用含镍生铁。转炉作为初炼炉时，冶炼周期短，生产成本低。

不锈钢三步法的各步终点碳含量分别约为 1.8% ~ 2.0%、0.2% ~ 0.3%、0.01% ~ 0.03%。第三步基本采用 VOD 而不是 AOD，主要由于 AOD 的入炉碳含量 1.5% 左右才具有优势，而第三步入炉碳含量 0.2% ~ 0.3%，最高不超过 0.7%，所以第三步采用 VOD 法比较适合。太钢作为长流程钢铁企业，有充足的铁水供应，故采用以铁水为原料的三步法，主要生产 400 系不锈钢。三步法在使用铁水，减少氩气消耗量，获得更低 C、N 含量，质量及品种等方面具有明显优势。太钢采用铁水预脱 Si、P—K-OBM-S—VOD 三步法与 EAF/BOF—AOD 二步法相比，生产效率和成本更具有优势，见表 5-19[28]。因此，该三步法工艺路线生产的 400 系不锈钢比例由 18% 逐步扩大到 90%，具有较强的市场竞争力。

表 5-19 太钢三步法与二步法的效率和成本比较

项 目	三步法 De-P—K-OBM-S—VOD	二步法 EAF/BOF—AOD	备注
主要原料	高炉脱磷铁水、铁合金	含镍生铁、 不锈钢废钢、合金	二步法生产 400 系铬钢时采用 BOF—AOD 工艺，使用高炉铁水、铁合金
冶炼炉容量/t	90，K-OBM-S×1 90，VOD×1	180，BOF×1 160，EAF×2 180，AOD×2	
连铸拉坯规格，厚度×宽度/mm×mm	200×(900~1280)	200×(1000~2100)	直弧形单流板坯连铸机
连铸台时产量/t·h^{-1}	102	150	
吨钢耐火材料消耗/元·吨$^{-1}$	235	115	
工序步骤费/元·吨$^{-1}$	990	1050	
铬收得率/%	94	93	三步法计算 K-OBM-S—VOD 两工序，二步法计算 EAF—AOD 两工序
镍收得率/%	98	97	
初炼炉冶炼时间/min	304 K-OBM-S 70 430 K-OBM-S 55	EAF 100 BOF 30	冶炼时间为兑钢到本炉出钢的间隔时间
精炼炉冶炼时间/min	304 VOD 60 430 VOD 55	AOD 65 AOD 76	

5.6.2 典型的不锈钢冶炼工艺流程

太钢是我国生产高级不锈钢产品的龙头企业，具有悠久的生产不锈钢历史，其不锈钢冶炼工艺流程具有代表性和先进性。太钢的不锈钢新区具有能够大量使用廉价原料、生产不同品种以及工艺灵活组合等特点。目前，新区不锈钢总产能超过 320 万吨，其工艺装备见表 5-20[29]。表中的太钢新区不锈钢设备与碳钢系统的铁水预处理、转炉等设备相结合，组成了适合生产铬不锈钢和镍不锈钢的多种工艺流程。

表 5-20 太钢新区不锈钢设备工艺参数

设备	炉数/座	公称容量/t	最大出钢量/t	炉膛尺寸/mm	冶炼周期
中频炉	3	50	60	1980	60
电弧炉	2	160	180	8000	80
AOD	3	180	200	5835	75
VOD	1	180	180	—	90
LF	2	180	200	—	40

5.6.2.1 铬系不锈钢冶炼工艺流程

太钢不锈钢新区采用碳钢系统供应的高炉铁水，利用转炉脱磷或铁水"三脱"预处理，结合中频炉熔化高碳铬铁，开发出以"转炉—AOD"为主的铬系（400 系）不锈钢生产工艺，具体如下：

（1）铁水"三脱"预处理（160 t）—AOD 氩氧脱碳（180 t）—LF/VOD（180 t）—连铸；

（2）转炉脱磷（180 t）+中频感应炉熔化高碳铬铁—AOD（180 t）—LF/VOD（180 t）—连铸；

（3）转炉脱磷（180 t）—AOD 氩氧脱碳（180 t）—LF/VOD（180 t）—连铸。

AOD 冶炼高铬含量的铬系不锈钢时，高碳铬铁加入量大，并且全部在 AOD 冶炼前期加入，吹氧脱碳过程中铬烧损严重，使 AOD 的还原难度增加，硅铁合金消耗量高，铬收得率偏低。为此，在生产线上增设了功率 42 MW 的双坩埚中频感应炉，用于预先熔化高碳铬铁合金，再兑入 AOD 炉中，感应炉熔化的高温铬铁母液改善了 AOD 钢液"脱碳保铬"的温度条件，铬回收率由 92.73% 提高至 95.20%，硅铁合金消耗由 21.87 kg/t 降低至 16.37 kg/t，还可以向 AOD 炉中加入 10~15 kg/t 铬不锈钢返回料，提高生产率。

超纯铁素体不锈钢由于含有较高的铬和钼元素，降低了钢液中碳、氮的活度，增加了脱碳和脱氮难度。国外普遍采用 VOD 法生产超纯铁素体不锈钢，日本采用强搅拌的 SS-VOD 和顶吹铁矿石粉的 VOD-PB 法，也有部分企业采用 RH-OB 或 RH-KTB 等方法。太钢生产超纯铁素体不锈钢时，由邻近的碳钢车间的转炉供应经过脱磷"半钢"钢水，由于转炉供应的"半钢"中［C］含量已经降至 0.5% 以下，使 AOD 操作时间由 90 min 显著缩短至 70 min，再经过 VOD 精炼，生产的超纯铁素体不锈钢 C+N 含量

≤0.02%。

根据生产实践, VOD 中钢液的脱碳量和初始氮含量对超纯铁素体不锈钢脱氮的影响最为显著, 如图 5-36 和图 5-37 所示。

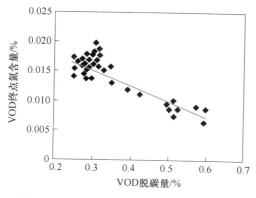

图 5-36　VOD 脱碳量对终点氮含量的影响

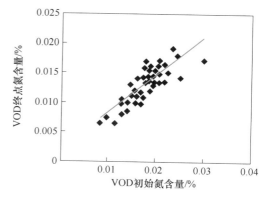

图 5-37　初始氮含量对终点氮含量的影响

冶炼超纯铁素体不锈钢时, 为了降低 VOD 终点氮含量, 把入炉碳含量从 0.3% 提高至不低于 0.7%, 而把入炉氮含量降至不高于 0.01%, 同时, 将底吹 Ar 气流量由 8 L/(t·min) 提高至 16 L/(t·min), VOD 入炉钢液温度由 1620 ℃ 提高至 1640 ℃ 以上, 以及防止吹氧结束后的增氮。通过以上关键措施, 取得了极低 C、N 的精炼效果, 见表 5-21[25]。

表 5-21　VOD 冶炼超纯铁素体不锈钢碳、氮含量　　　　　　　（wt%）

钢种	C	Cr	Mo	N	Nb	Ti
409L	0.007	11.24	—	0.0070	0.16	0.11
436L	0.005	17.49	1.0	0.012	0.2	0.15
441	0.009	17.7	—	0.010	0.45	0.15
439	0.009	17.5	—	0.010	0.2	0.25
443	0.010	21.0	—	0.012	0.15	0.20
444	0.010	18.5	2.0	0.012	0.12	0.20

在不锈钢新区建设之前, 太钢还从奥钢联引进公称容量 90 t 的 K-OBM-S 转炉, 以铁水和合金为主要原料, 在 K-OBM-S 转炉中通过顶吹氧气和底吹氧气+氮气（或氩气）脱碳。其工艺流程如下（图 5-38）: 铁水预处理脱硅、脱磷—K-OBM-S 转炉脱碳、升温、合金化—VOD 真空深脱碳、精炼—LF—连铸。K-OBM-S 工艺生产 430 不锈钢时, 转炉热量基本平衡, 而生产 304 不锈钢时需要加入 1.5 kg/t 焦炭用于升温, 冶炼时间也高于 430 不锈钢, 见表 5-22[28]。可以看出, K-OBM-S 转炉冶炼铬系不锈钢具有明显优势。

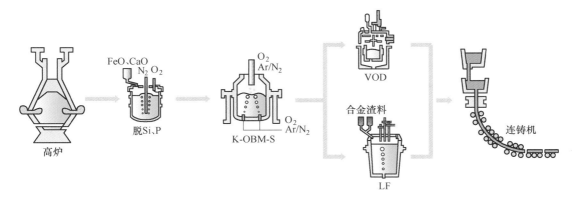

图 5-38　铁水预处理—K-OBM-S—VOD 三步法冶炼 400 系不锈钢工艺流程图

表 5-22　K-OBM-S 转炉冶炼典型钢种的参数

钢种	脱磷铁水/t	高碳铬铁/t	纯镍/t	出钢量/t	升温焦炭/t	石灰单耗/kg·t^{-1}	后工序 VOD 氩气单耗/m^3·t^{-1}	冶炼时间/min
0Cr13	77	15	0	85	0	47	1.0	49
409L	75	14.5	0	83	0	47	21	49
430	72	20	0	86	0.3	73	1.0	55
304	60	24	7.0	84	1.5	90	0	69

注：高碳铬铁含铬 69%，纯镍含镍 99.5%；脱磷铁水的温度和碳含量基本相同，出钢温度和碳含量基本相同。

5.6.2.2　镍系不锈钢冶炼工艺流程

太钢新区主要采用"EAF—AOD"工艺生产镍系(300 系)不锈钢。具体如下：

(1) "电弧炉+电弧炉"双联工艺，即 EAF 熔化镍铬生铁及脱磷（160 t）—EAF 冶炼不锈钢母液（160 t）—AOD（180 t）—LF/LTS（钢包处理站）—连铸。

"双电弧炉"冶炼不锈钢母液的工艺是在一座脱磷电弧炉中熔化镍铬生铁和脱碳、脱硅、脱磷，在另一座电弧炉中装入 50%脱磷钢水并加入返回废钢、高碳铬铁冶炼不锈钢母液，然后两座电弧炉中的钢液一并兑入 AOD 中进行奥氏体不锈钢的精炼。

(2) "感应炉+电弧炉"双联工艺，即中频感应炉熔化高碳铬铁（50 t）+ EAF 熔化镍铬生铁及脱磷（160 t）—AOD（180 t）—LF/LTS—连铸。

生产镍系不锈钢时，在电弧炉中加入镍铬生铁、高碳铬铁、废钢等固体原料，通电时间长，电极消耗高，铬收得率低，与 AOD 生产节奏不匹配。因此，太钢采用"中频感应炉+电弧炉预熔化"双联工艺，中频感应炉（双坩埚，50 t）主要熔化高碳铬铁，冶炼时间约为 70 min；电弧炉（160 t）主要熔化镍铬生铁和脱磷，冶炼时间约为 60 min。然后，将熔化的高碳铬铁和镍铬生铁兑入 AOD 炉（180 t）中，部分铁合金可以通过高位料仓加入 AOD 炉。当冶炼镍系不锈钢时，为了降低成本，需要大量使用高磷镍铬生铁，因此杂质元素含量明显增加，见表 5-23[28]。由于 AOD 及后续工序不具备脱磷能力，脱磷任务须在电炉工序完成，因此，电弧炉采用高效脱磷技术，即采用高磷容量的 $CaO-CaF_2-Cr_2O_3$ 渣系，充分利用电弧炉的动力学条件实现高磷铬镍铁水的脱磷，脱磷率可达 50%。

表 5-23 典型镍铬生铁成分及生产方式

镍铬生铁	化学成分/%						生产方式
	Ni	Cr	P	S	C	Si	
高镍低磷	≥8.0	2.0	≤0.040	0.22	2.5	≥2.5	矿热炉
中镍高磷	4.0~8.0	3.2	≥0.050	0.11	3.5~4.2	1.0~2.5	高炉或矿热炉
低镍高磷	≤4.0	3.0	≥0.050	0.07	4.0	≤2.5	高炉

（3）"双感应炉+电弧炉"三联工艺，即中频感应炉熔化高碳铬铁（50 t）+中频感应炉熔化镍铬生铁（50 t）+EAF 熔化镍铬生铁（160 t）—AOD（180 t）—LF/LTS—连铸。采用"双感应炉+电弧炉"三联预熔化工艺，在一座 50 t 中频感应炉中熔化高碳铬铁，另一座 50 t 中频感应炉熔化镍铬生铁，而一座 160 t 电弧炉主要熔化镍铬生铁和脱磷，然后将"双感应炉+电弧炉"熔化的不锈钢母液兑入 180 t AOD 中进行精炼。

应该指出，不锈钢的工艺流程不是一成不变的，往往需要根据原料条件、产品质量、成本要求以及工艺装备功能等情况对流程进行改进和优化。太钢在生产实际中不断探索，开发出多种工艺组合，称为"多位一体"。

5.6.3 红土矿/镍铁水冶炼不锈钢工艺

5.6.3.1 从红土矿中火法提取镍铁水

随着高品位硫化镍矿资源渐趋枯竭，目前红土镍矿成为镍的主要来源，约 70% 的镍产量来自低品位氧化镍矿（俗称红土镍矿）。主要产地在印度尼西亚和泰国等国家。红土镍矿中含有 NiO、CoO、Fe_2O_3、Al_2O_3、SiO_2 等多种氧化物，基本组成见表 5-24。国内进口的红土镍矿含镍量偏低，一般为 0.8%~1.5%。

表 5-24 红土镍矿的基本组成 （%）

Ni	Fe	Cr	MgO	SiO₂	物理水和结晶水
0.8~2.5	10~45	0.5~3.0	5~35	5~40	30~40

A 红土镍矿还原热力学

在红土镍矿的熔点范围内（1600~1700 K），各氧化物的稳定性依次为 $CaO>SiO_2>Fe_2O_3>CoO>NiO$。根据选择性还原原理，红土镍矿中 NiO 被完全还原为金属镍，Fe_2O_3 被部分还原为金属铁，其余被还原为 FeO 进入熔渣，Fe_2O_3 还原程度可以通过还原剂

（焦炭粉）加入量调整。红土镍矿中 NiO 的还原反应如式（5-23）~式（5-26）所示：

$$(NiO) + [C] = [Ni] + CO \tag{5-23}$$

$$\Delta G^{\ominus} = 87660 - 142.4T \tag{5-24}$$

$$(NiO) + [Fe] = [Ni] + FeO \tag{5-25}$$

$$\Delta G^{\ominus} = -29380 - 41.5T \tag{5-26}$$

NiO 还原反应的热力学如图 5-39[29] 所示。从图中可以看出，NiO 很容易被 C 还原，甚至铁液就能将它还原，所以普遍采用"少碳工艺"。大多数红土镍矿的熔化温度在 1350~1550 ℃，而还原开始的理论温度仅为 475 ℃，红土镍矿在形成熔渣时，大部分还原反应已经完成。

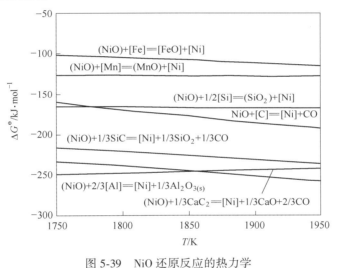

图 5-39　NiO 还原反应的热力学

B RK-EF 冶炼工艺

红土镍矿冶炼厂普遍采用回转窑-电炉还原熔炼工艺（RK-EF）火法冶炼工艺。该工艺主要包括脱水干燥、回转窑焙烧预还原、矿热电弧炉熔炼等工序。由于原矿含有大量附着水和结晶水，熔炼前的炉料须脱水和干燥，一般是在干燥窑内脱除附着水。在较长的回转窑内焙烧预还原，进一步脱除结晶水，同时炉料得到预热，部分镍、铁氧化物预还原。炉料的出窑温度多为 700~900 ℃，回转窑焙烧预还原出来的热矿砂通过连续加料或间断加料方式，加入矿热电弧炉内，在炉内熔化和还原，制取镍铁水或镍铁块，用作冶炼不锈钢的原料。其流程如图 5-40[30] 所示。我国回转窑-电炉还原熔炼工艺的生产线有 80 多条，代表性工厂有青山公司、德胜镍业等，国外有新喀里多尼亚 SLN 镍公司、哥伦比亚 BHP 公司、印度尼西亚 P. T Income 公司等，仅印度尼西亚就有 250 多条生产线。由于我国使用的红土镍矿主要依靠进口，进口矿品位低，与印尼等国使用较高品位红土镍矿大量生产镍铁相比，我国生产的镍铁有可能逐步缺乏价格竞争力。解决这一问题可能的技术途径，一是开发合理的选矿工艺，提高红土镍矿中的镍含量；二是进一步优化矿热炉生产镍铁水的技术。

由于红土矿含镍量很低，因此电弧炉熔炼过程的渣量巨大，电弧炉渣层厚度超过 1 m，冶炼电耗很高，每吨焙砂的焙烧电耗

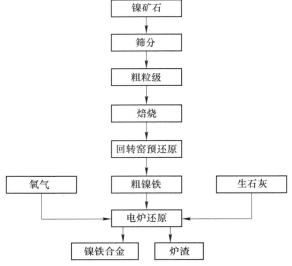

图 5-40　回转窑-电炉还原熔炼工艺流程图

为 450~620 kWh，每吨镍铁的冶炼电耗为 4000~5000 kWh。该工艺使用廉价红土镍矿来生产含镍量较高的镍铁水，可以供给 AOD 炉冶炼 300 系镍-铬不锈钢。回转窑-矿热炉生产的镍铁水成分见表 5-25。

表 5-25　回转窑-矿热炉工艺生产的镍铁水成分　　　　　　　　　　（%）

元素	Ni	C	Si	P	S	Fe
成分范围	8~12	1.8~2.5	3.5~4.5	0.06~0.3	0.03~0.25	余量
典型成分	10	2.0	3.5	0.06	0.035	余量

C　高炉冶炼红土镍矿工艺

高炉冶炼红土镍矿工艺是我国民营企业开发成功的。其核心技术是在原料中添加部分萤石，突破了高炉冶炼长期不敢将萤石作为常规炉料冶炼的束缚。通过持续的技术进步，冶炼镍铁的小高炉容量已从 100 m³ 提高到 600 m³。由于红土矿的成分复杂性，导致高炉冶炼红土镍矿存在不少难点，主要包括：（1）红土矿中 MgO 含量较高，造渣制度与普通高炉有很大的不同。（2）红土矿冶炼时渣量远大于普通炼铁高炉，导致热量难以传到炉缸下部，铁水温度变低，含镍的铁水不易流出。（3）红土矿冶炼时高炉渣中含有 Cr_2O_3，加剧了炉渣变稠，不利于传热，影响炉缸中含镍铁水温度和流动性。（4）由于红土矿特殊的成分和造渣制度，使高炉软熔带位置上移，恶化上部炉料透气性，解决办法是加入更多焦炭，普通炼铁高炉矿焦比在 4.6∶1 左右，而红土矿冶炼过程矿焦比降为 4∶1，甚至降低到 2.5∶1。

使用低铁含量的红土矿有利于降低能耗。目前高炉冶炼红土矿的技术，含铁量一

般控制在20%~45%。如果进一步降低铁含量（例如15%左右），对提高镍铁合金的价值和降低能耗十分有利。使用低铁含量的红土矿的冶炼难度大于含铁量较高的红土矿，需要解决诸多冶炼难题。

采用烧结机+小高炉生产的镍铁水成分见表5-26。用于此工艺生产的镍铁水含镍低，企业往往用于冶炼镍含量低的200系不锈钢。

表5-26 烧结机+小高炉工艺生产的镍铁水成分　　　　　　　　　　　　　　（%）

元素	Ni	C	Si	P	S	Fe
范围	1.65~1.75	4.0~4.2	0.8~1.2	≤0.06	≤0.15	余量
典型成分	1.7	4.0	≤1.0	0.053	0.035	余量

5.6.3.2　镍铁水冶炼不锈钢的工艺流程和关键技术

A　镍铁水冶炼不锈钢的工艺流程

红土矿镍铁水冶炼不锈钢的典型工艺流程如图5-41所示[31]。

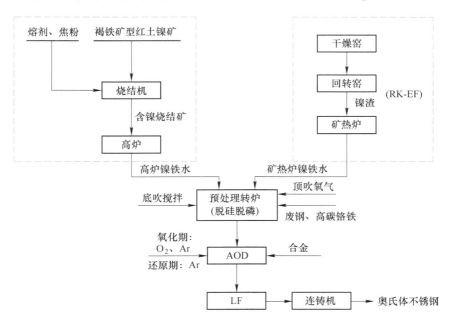

图5-41　红土矿镍铁水冶炼不锈钢的工艺流程

矿热电弧炉每隔6~7h出一次镍铁水，出铁温度约1520℃，兑入铁水罐，冶炼不锈钢所需要的高碳铬铁和返回废钢则由感应炉熔化，也兑入装有镍铁水的铁水罐中或直接兑入AOD炉。镍铁水的AOD工艺与传统不锈钢AOD冶炼工艺基本相同，不在此赘述。采用RK-EF镍铁水生产300系不锈钢时，成本可降低20%~30%。

近年来，青山钢铁开发出镍铁水热装工艺和多功能转炉脱硅工艺，既能处理高炉镍铁水或矿热炉镍铁水，还能处理两者以一定比例混合的镍铁水，为冶炼奥氏体不锈钢供给低成本、低硅、低磷的镍铁水。

B 镍铁水热送

对普通高炉铁水而言，铁水"一罐到底"是一项成熟技术，但红土矿镍铁水有所不同，需要考虑以下因素：其一，镍铁水的熔点较普通铁水高，要求铁水罐中镍铁水的温度大于 1400 ℃；其二，镍铁水的流动性较差，随着温度的降低镍容易析出，粘在铁水罐壁上，影响镍的收得率，因此应防止运输过程镍铁水温降过大；其三，高炉/矿热炉出铁节奏与不锈钢车间的生产节奏不易匹配。

我国 Q 钢厂将高炉/矿热炉镍铁水的受铁罐和不锈钢预处理炉的兑铁罐合二为一，用同一个铁水罐完成高炉镍铁水的承接、运输、储存、转炉兑铁、周转和铁水保温等全过程，取消了传统的混铁炉，减少了镍铁水的二次倒罐，节约了镍铁水运输时间，降低了铁水温降，减少了因倒罐引起的环境污染。同时，Q 钢厂在高炉/矿热炉车间与 AOD 炼钢车间之间建立了多功能脱硅转炉，在预脱硅处理的同时还起到缓冲作用。

C 镍铁水脱硅脱磷

以红土镍矿为原料生产出的镍铁水中硅含量较高，部分炉次高达 2%~4%。镍铁水中的硅元素对 AOD 炉衬寿命影响较大，而且只有当镍铁水中硅含量不高于 0.20% 时，才能进一步脱除镍铁水中的磷。

Q 钢厂采用脱硅转炉，对含镍高硅铁水进行脱硅、脱磷预处理。预处理过程可分为两个阶段。第一阶段：由于铁水中硅含量较高，吹炼前期转炉熔池反应剧烈，为防止喷溅，先加入占炉料总量 65%~70% 的含镍高硅铁水，此时炉容比达到 0.97 m^3/t，能够为脱硅提供足够的反应空间，将铁水中硅含量降至 0.2% 以下。第二阶段：将中频炉熔化的废钢及铁合金兑入脱硅转炉，兑入量为脱硅转炉出钢量的 30%~35%，此时炉容比相当于 0.6 m^3/t，进一步进行脱硅、脱磷、脱碳操作。冶炼后期不再吹氧，而是通过底部吹入氮气来搅拌熔池，利用高碳铬铁水中 [Si] 充分还原渣中 (Cr_2O_3)。当渣中 (Cr_2O_3)≤3% 时，挡渣出钢，"半钢"钢液从脱硅转炉兑入 AOD 炉。

脱硅转炉采用顶底复吹，炉容比为 0.97~0.6 m^3/t。脱硅转炉炉型与 AOD 炉的炉型一致，仅增加了出钢口和底吹氮气装置。脱硅转炉采用活炉座，当炉衬达到使用寿命时，直接更换炉壳，省去在线修炉时间，与 AOD 炉作业时间相匹配。脱硅转炉采用溅渣护炉以及喷补料护炉操作，使用寿命不低于 1000 炉。

脱硅转炉不仅可以对红土矿镍铁水进行脱硅处理，减轻 AOD 炉的冶炼负担，而且充当了高炉/矿热炉车间与不锈钢炼钢车间之间的"缓冲器"，使生产节奏的衔接更为顺畅。

5.6.4 铬矿砂熔融还原冶炼不锈钢工艺

日本川崎制铁公司（现 JFE 东日本制铁所）千叶厂开发出以铬矿砂为主要原料、以熔融还原为主要特点的不锈钢冶炼工艺，1994 年投产，至今仍然在稳定生产。该工艺流程如图 5-42 所示[32]。在此流程中，初炼炉包括铬矿砂熔融还原转炉（SRF）和脱碳转炉（DCF），精炼炉采用 VOD 炉进行深脱碳，此外，还配置有一座用熔融还原方法处理含铬粉尘和炉渣的竖炉型鼓风炉（STAR）。其配料为：铬矿砂和废钢分别为 230~280 kg/t 和 190~130 kg/t，STAR 装置可提供 50~250 kg/t 再生金属，其他为铁水。

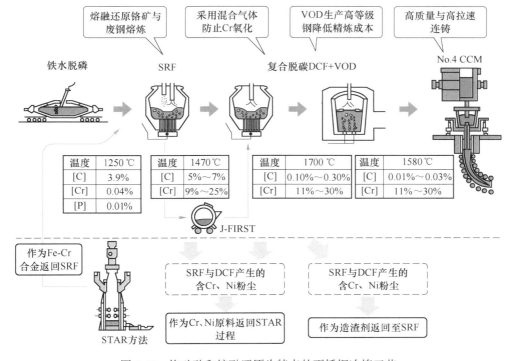

图 5-42　铬矿砂和熔融还原为特点的不锈钢冶炼工艺

铬矿砂的熔融还原是吸热反应，需要提高供氧速率使钢液中［C］、炉气中 CO 发生氧化反应，提供热量补偿。提高供氧速率能够显著提高生产率，但同时会造成粉尘增加，CO 后燃烧也会增加耐火材料的侵蚀。为了解决上述矛盾，日本于 2012 年开发出使用氢基燃料的特殊喷嘴，热效率提高到了 80%，铬矿砂在特殊喷嘴的火焰中被充分加热；此外，由于降低了用作热量补偿的碳消耗量，CO_2 排放量也显著降低。这种加热铬矿砂的特殊喷嘴与传统喷嘴的传热效果比较如图 5-43[32] 所示。

铬矿砂熔融还原冶炼不锈钢工艺流程能够大量使用铬矿砂，节约能耗，降低成本，减少排放，适合大量生产铬不锈钢。目前仅有川崎制铁公司采用此工艺，我国尚处于研究阶段。

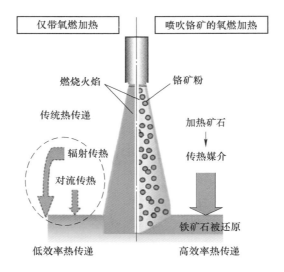

图 5-43 加热铬矿砂的特殊喷嘴与传统喷嘴的传热效果比较

5.6.5 铬铁水冶炼不锈钢的工艺流程

芬兰 Tormio 公司用铬矿生产铬铁水，然后采用电弧炉/转炉—AOD 炉冶炼不锈钢。工艺流程如图 5-44[16] 所示。

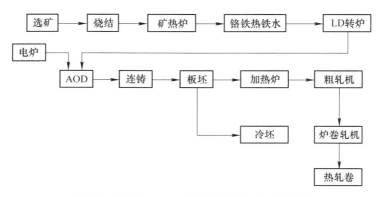

图 5-44 芬兰 Tormio 公司不锈钢生产工艺流程

Tormio 公司以含氧化铬 26% 的铬矿粉为原料，经过脱水、造球，在带式烧结机上加热至 700 ℃ 左右，送入埋弧式矿热炉中，冶炼成为含 Cr 52%、C 7%、Si 3% 的铬铁水。由于在埋弧式矿热炉中使用含铬烧结球团，因此不易破碎，不结料，不塌料，提高了铬的收得率，降低了能耗，吨铬铁水的电耗仅为 3000 kWh，使铬铁水的成本大幅度下降。

该公司将不锈钢返回料和含镍废钢在容量 60 t 电弧炉中熔化，铬铁水在氧气转炉中吹炼。随后,一并兑入容量 90 t 的 AOD 炉中,入炉碳含量 1.2%~1.5%,温度约为 1550 ℃,进行 Ar-O₂ 吹炼和成分调整,AOD 炉出钢温度约为 1650 ℃。不锈钢板坯经过热轧开坯,由 6 辊炉卷轧机热轧成卷,再分别经过 3 架森吉米尔轧机轧成优质冷轧板卷。

5.7 本 章 小 结

(1) 现代不锈钢冶炼流程可分为二步法和三步法,二步法指初炼炉(电弧炉或转炉)熔化—精炼炉脱碳的工艺流程,精炼炉指有脱碳功能的 AOD、VOD、RH-OB、CLU、K-OBM-S、MRP-L 等。其他不以脱碳为主要功能的精炼装备,例如 LF 炉、钢包吹氩、喷粉等则不算作其中的一步。专门用于熔化铁合金的电弧炉和感应炉等装备,也不算作其中的一步。不锈钢冶炼的二步法与三步法各有千秋,二步法多采用 AOD 与初炼炉配合,可以大量使用高碳铬铁,效率高,经济可靠,与连铸节奏匹配,但深脱碳有困难。三步法的每一步都有明确的目标,使操作最优化,质量和品种优于二步法,但增加了一套精炼设备。

(2) 从国内外生产实践看,生产 400 系不锈钢时,多以铁水为原料,采用 AOD 炉(或 K-OBM 转炉)脱碳工艺;生产有特殊要求的 400 系不锈钢时,可使用经过脱磷和脱碳的"半钢"钢水。生产 300 系不锈钢时,可以镍铬生铁、高碳铬铁合金、返回废钢等为原料,采用电炉—AOD 炉工艺流程。在冶炼对杂质元素要求苛刻的高级 300 系不锈钢时,可采用经过预处理的铁水为主要原料。生产超低碳钢种时,在 AOD 炉(或 K-OBM 转炉)之后需增设 VOD 真空脱碳炉。为了提高合金收得率,避免铁合金在高温电弧下的烧损,使用中频感应炉预先熔化高碳铬铁合金、镍铬生铁以及不锈钢返回料。

(3) 随着低品位红土镍矿生产镍铬生铁的矿热炉-回转窑工艺(RK-EF)的发展,我国不锈钢原料逐渐转为以低成本的镍铬生铁、高碳铬铁为主。大量使用镍铬生铁时,由于 C、Si、S、P 等杂质元素含量高,可采用电弧炉(或转炉)高效脱硅脱磷、AOD 炉高效还原脱硫工艺。镍铁水的熔点高、流动性较差,需要采用合适的热装工艺。

(4) 铬矿砂熔融还原冶炼不锈钢工艺能够大量使用铬矿砂,具有节约能耗、降低成本、减少排放的特点,适合大量生产铬不锈钢,需要根据我国的情况进行研究和开发。

参 考 文 献

[1] 世界不锈钢协会. 2022 年不锈钢数据 [R]. 比利时布鲁塞尔,2022:8.

[2]　徐匡迪. 不锈钢精炼 [M]. 上海：上海科学技术出版社，1985：10.

[3]　冶金工业信息标准研究院. GB/T 20878—2007 不锈钢和耐热钢牌号及化学成分 [S]. 北京：中华人民共和国国家质量监督检验检疫总局，中国国家标准化管理委员会，2007.

[4]　梶冈博幸. 炉外精炼——向多品种、高质量钢大生产的挑战 [M]. 李宏，译，北京：冶金工业出版社，2002.

[5]　Patil B V, Chan A H. Choulet R J. Chapter 12：Refining of stainless steels, the making, shaping and treating of steels [M]. Association of Iron and Steel Engineers：1998：723.

[6]　殷瑞钰. 钢的质量现代进展（下册）[M]. 北京：冶金工业出版社，1995：363.

[7]　陈家祥. 连续铸钢手册 [M]. 北京：冶金工业出版社，1991：12.

[8]　Lula R A. Stainless steel [M]. American Society for Metals, Metals Park, Ohio 44073, USA, 1986：34-65.

[9]　Park J H, Todoroki H. Control of MgO-Al$_2$O$_3$ spinel inclusions in stainless steels [J]. ISIJ International, 2010, 50（10）：1333-1346.

[10]　Kikuchi S, Tanaka T, Kinoshita Y, et al. Development to improve the accuracy of refining control of vacuum argon oxygen decarburization（V-AOD）[J]. Nipponsteel technicalreport, 2021（126）：117-122.

[11]　魏寿昆. 冶金过程热力学 [M]. 上海：上海科学技术出版社，1980：78-79.

[12]　赵沛. 合金钢冶炼 [M]. 北京：冶金工业出版社，1992.

[13]　郭汉杰. 冶金物理化学 [M]. 北京：高等教育出版社，2021：249-254.

[14]　稻田爽一，轰秀和. 不锈钢与高合金钢的夹杂物控制 [M]. 第 182-183 回西山纪念技术讲座，2004：229-241.

[15]　Park J H, Todoroki H. Control of MgO·Al$_2$O$_3$ inclusions in stainless steels [J]. ISIJ International, 2010, 50（10）：1333-1346.

[16]　赵沛. 炉外精炼及铁水预处理实用技术手册 [M]. 北京：冶金工业出版社，2004.

[17]　藤崎正俊，義村博，大西常稔. AODプロセスによる極低炭素，窒素ステンレス鋼の精錬法 [J]. 铁と鋼，1984，70（2）：A33.

[18]　吉海峰，等. 低氮不锈钢生产过程中氮含量控制和变化的研究 [J]. 工业加热，2022，51（5）：6-8.

[19]　王一德，李学锋. 太钢不锈钢生产技术的新发展 [J]. 钢铁，2002，（6）：64-67.

[20]　Sakata K. Technology for production of austenite type clean stainless steel [J]. ISIJ International, 2006, 46（12）：1795-1799.

[21]　萬谷志郎. 钢铁冶炼 [M]. 李宏，译，北京：冶金工业出版社，2001：196-199.

[22]　Nagai J, Yamamoto T, Yamada H, et al. Metallurgical characteristics of combined-blown converters [J]. Kawasaki Steel Technical Report, 1982, (6)：12.

[23]　刘承志. 太钢 90 吨 K-OBM-S 转炉不锈钢冶金效果 [C]. 2008 年全国炼钢—连铸生产技术会议，2008：86-88.

[24]　张朝霞. 太钢不锈钢冶炼用耐火材料的现状及发展 [J]. 中国冶金，2006，16（1）：4-8.

[25]　孙铭山，王立新. 太钢 VOD 冶炼超纯铁素体不锈钢的工艺进步 [C]. 2009 全国炉外精炼技术交流

研讨会文集，2009：161-165.

[26] 杉田清. 钢铁用耐火材料 [M]. 张绍林，等译. 北京：冶金工业出版社，2004：256-259.

[27] 郑宏光，陈伟庆，陈宏，等. 钛稳定化 321 不锈钢连铸结晶器"结鱼"的研究 [J]. 特殊钢，2004，25（4）：50-52.

[28] 刘卫东. 三步法和两步法不锈钢冶炼工艺的分析和生产实践 [J]. 特殊钢，2013，34（5）：34-37.

[29] 王建昌，刘卫东，王新录. 多位一体不锈钢冶炼在太钢的生产与实践 [J]. 特殊钢，2020，41（2）：32-35.

[30] 郭培民，赵沛，李正邦，等. 矿物炼钢 [M]. 北京：化学工业出版社，2007：73-75.

[31] 樊君，石红勇，冀中年. 红土矿镍铁水直接冶炼不锈钢工艺 [J]. 炼钢，2015，31（5）：56-60.

[32] Kikuchi N. Development and prospects of refining techniques in steelmaking process [J]. ISIJ International，2020，60（12）：2731-2744.

6 电 工 钢

电工钢是在工业纯铁的基础上发展起来的。1900 年，英国哈德菲尔特（R. A. Hadfield）和巴雷特（W. F. Barrett）等证明 2.5%～5.5% Si-Fe 合金具有良好的磁性能，从此电工钢得到发展。冷轧电工钢是 20 世纪 30 年代开发的，与热轧硅钢相比，磁感应强度提高 25%～30%，铁损降低 30%～40%。

在此基础上，1934 年高斯（Goss）发布生产晶粒取向电工钢的二次冷轧方法专利，制成的电工钢具有 (110) [100] 晶体织构，当沿轧制方向应用时，其磁性能显著优于无取向电工钢。此后这项技术以美国 Armco 公司为中心不断发展，至 20 世纪 60 年代初，世界上 80% 的取向电工钢是按照 Armco 技术生产的。

1964 年以后日本新日铁公司发明生产取向电工钢的一次冷轧法。采用一次大压下率冷轧，并用 AlN 作为二次再结晶的主抑制剂，取向电工钢的磁感应强度和铁损均优于高斯专利生产的取向电工钢。该产品被命名为高磁感取向电工钢，目前在世界上占主导地位。

我国 20 世纪 70 年代从日本新日铁公司引进 3 台单流弧形板坯连铸机和 3 套 1700 mm 薄板轧机，使我国电工钢生产技术显著提高。经过半个世纪的努力，我国电工钢生产技术已经进入国际先进行列。

6.1 电工钢的分类和磁性能要求

6.1.1 电工钢的分类

按照用途，电工钢分为电机钢（无取向电工钢）、变压器钢（取向电工钢）及特殊用途电工钢（如用于磁屏蔽材料等电工钢）。按照化学成分，电工钢分为碳含量很低且硅含量低于 0.5% 的电工钢和硅含量为 0.5%～6.7% 的硅钢，其中硅含量为 4.5%～6.7% 的被称为高硅钢。通常情况下，电工钢和硅钢的名称存在混用的现象。按照轧制工艺，分为热轧硅钢和冷轧硅钢。热轧硅钢由于生产工艺落后、环境污染严重以及产品质量差等原因，已经被冷轧硅钢所替代。按照晶粒取向，冷轧电工钢分为冷轧无取向电工钢（成品晶粒自由排列）和冷轧取向电工钢（成品晶粒在特定方向排列）。

冷轧无取向电工钢含硅量一般为 0.2% ~ 3.5%，厚度一般为 0.35 mm、0.50 mm，要求磁各向同性，多用于电机。冷轧无取向电工钢主要依据铁损值分为低、中和高牌号无取向电工钢。用于微小电机和家电的中、低牌号无取向电工钢的用量远高于高牌号。随着能效标准的提高，用于大电机、高效中小型电动机、电动汽车电机和精密仪表等领域的中、高牌号冷轧无取向电工钢的用量在逐年增加。

冷轧取向电工钢含硅量一般为 2.8% ~ 3.5%。又分为单取向硅钢和双取向硅钢，前者一般称为取向硅钢，轧向为易磁化方向，厚度一般为 0.23 mm、0.27 mm、0.30 mm 和 0.35 mm，主要用于变压器和大型电机。后者为 (100)[001] 立方织构取向硅钢，轧向和横向均为易磁化方向，厚度薄至 0.025 ~ 0.1 mm，用于各种电机、仪表和电子仪器。取向电工钢按照 (110)[001] 取向度和磁性能，通常分为普通取向电工钢（Conventional Grain Oriented Silicon Steel，CGO 钢）和高磁感取向电工钢（High Magnetic Induction Grain Oriented Silicon Steel，Hi-B 钢）两类。高磁感取向电工钢（Hi-B 钢）的铁损低、磁感应强度高、磁致伸缩小，用它制造的变压器具有空载损耗低、噪声小、体积小等优点，因此 Hi-B 钢的产量逐年增加。

在产品厚度规格上，分为常规厚度和薄规格电工钢。在常规厚度基础上，不论是无取向还是取向电工钢，随着产业政策的驱动、电工钢的工艺技术进步以及新能源汽车等新兴市场的高速发展，薄规格（0.14 mm、0.15 mm、0.18 mm、0.20 mm、0.23 mm 取向电工钢和 0.15 mm、0.20 mm、0.25 mm 无取向电工钢）和超薄、极薄规格（0.02 mm、0.025 mm、0.03 mm、0.05 mm、0.08 mm、0.1 mm）等电工钢的产量逐渐增加。

6.1.2　电工钢的磁性能及影响因素

6.1.2.1　电工钢的磁性能
电工钢的磁性能主要包括以下几方面。

A　磁感应强度
磁感应强度 B 是铁芯单位截面积上通过的磁力线数，也称磁通密度。它代表材料的磁化能力，单位为 T。设截面积为 S 的铁芯通过的磁力线总数（也称磁通量）为 Φ，则有：

$$B = \Phi/S \tag{6-1}$$

磁感应强度 B 与外磁场强度 H 之间的关系为：

$$B = \mu H \tag{6-2}$$

式中，μ 为磁导率，与物质的性质有关，可以用来表示物质的磁性大小。磁导率 μ 的单位为 H/m，磁场强度 H 的单位为 A/m。可以看出，在同一磁场强度 H 下，电工钢的磁导率 μ 越大，磁感应强度 B 越大，即其磁性能越好。习惯上采用磁感应强度 B 来表示磁性能。实际在磁性能测量中，测量的是磁极化强度 J。

磁极化强度 J 和磁感应强度 B 之间的关系用下式表示：

$$J = B - \mu_0 H \tag{6-3}$$

式中，μ_0 为真空中的磁导率，取 $4\pi \times 10^{-7}$ H/m。

国家标准中规定了电工钢在一定磁场强度 H 下的最小磁极化强度值，例如牌号 23QG090 高磁感取向电工钢的最小磁极化强度 J_{800} 为 1.88 T，即 0.23 mm 厚取向电工钢在 50 Hz 或 60 Hz 频率、磁场强度 H 为 800 A/m（用峰值表示）下的磁极化强度 $\geqslant$ 1.88 T。

  B 铁损

铁损也称"铁芯损耗"，是指铁芯在不低于 50 Hz 交变磁场下磁化时所消耗的无效电能，单位为 W/kg。这种由于磁通变化受到各种阻碍而消耗的无效电能，通过铁芯发热而损失掉，同时又引起电机和变压器的温升。电工钢的铁损（P_T）包括磁滞损耗（P_h）、涡流损耗（P_e）和反常损耗（P_a）三部分。

  a 磁滞损耗

电工钢属于铁磁体，具有两大特点：其一，具有较大的磁导率，同时随着磁场强度 H 而变化；其二，当外加磁场停止作用时，即 $H = 0$ 时，仍能够保持磁化状态，即有剩磁。铁磁体的这两个特点可以用磁滞回线表示出来。图 6-1 中 OA 曲线为 B-H 磁化曲线，A 点为磁饱和状态。B 与 H 不是单值函数关系。当磁场达到饱和磁感应强度 A 点对应的饱和磁场 H_s 后，将磁场再逐渐降低到零时，B 不按原磁化曲线降为零，而按 A-B_r 曲线降到 B_r 点（剩余磁感应强度）。当磁场 H 以相反方向逐渐增加到 H_c 点（矫顽力）时，磁感应强度才变为零。

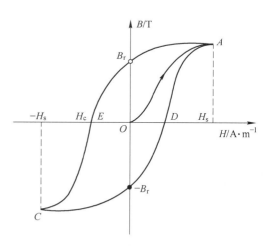

图 6-1 磁化曲线与磁滞回线

若继续反向增大磁场-H，又会在反方向达到磁饱和 C 点（对应-H_s）。这种磁感应强度落后于磁场强度的现象称为磁滞。这样循环一周形成 AECD 封闭曲线，称为磁滞回线。

磁滞回线所包围的面积代表电工钢往复磁化一次所消耗的能量，称为磁滞损耗 P_h。为了降低 P_h，要求剩磁感应强度 B_r 和矫顽力 H_c 小，因此希望电工钢的晶粒度大、杂质少，有利于磁畴转向。

b 涡流损耗

铁芯在交流电作用下磁化时，由于磁场是交变的，铁芯中会产生涡电流，同样使电能以热的形式损失掉，称为涡流损耗 P_e。按照 Maxwell 方程推导出的薄板材料的涡流经典公式为：

$$P_e = \frac{1}{6} \times \frac{\pi^2 t^2 f^2 B_m^2 k^2}{r\rho} \times 10^{-3} \tag{6-4}$$

式中，t 为板厚，mm；f 为频率，Hz；B_m 为最大磁感应强度，T；ρ 为材料的电阻率，$\Omega \cdot mm^2/m$；r 为材料的密度，g/cm^3；k 为波形系数，对正弦波形来说，$k = 1.11$。可见，涡流损耗 P_e 与材料的电阻率成反比，与厚度、最大磁感应强度和频率的平方成正比。

在我国电工钢国家标准中，铁损是电工钢质量的一项重要指标，在冷轧无取向电工钢牌号中，字母 W 表示无取向电工钢，前面的数字是 100 倍的厚度值，后面的数字是在 50 Hz 频率下，磁感应峰值为 1.5 T 时单位重量的 100 倍铁损值。例如 50W470 牌号，表示厚度 0.5 mm 的无取向电工钢，其铁损值应为 $P_{1.5/50} \leq 4.7$ W/kg。冷轧取向电工钢牌号中，字母 Q 表示取向电工钢，前面的数字表示 100 倍的厚度值，后面的数字是在 50 Hz 频率下，磁感应峰值为 1.7 T 时单位重量的 100 倍铁损值，有时在 Q 后加上 G 表示高磁感。例如 30QG110，表示公称厚度为 0.30 mm，最大比总损耗 $P_{1.7/50}$ 为 1.10 W/kg 的高磁感冷轧取向电工钢。有时在 Q 后加上 H 表示磁畴细化。例如 30QH100，表示公称厚度为 0.30 mm，最大比总损耗 $P_{1.7/50}$ 为 1.00 W/kg 的磁畴细化级冷轧取向电工钢。

6.1.2.2 影响电工钢磁性能的物理因素

A 晶粒取向

电工钢是由体心立方的 α 铁素体晶粒组成，晶胞在各个方向上的磁性能是不相同的，称为磁各向异性，如图 6-2 所示。

[100]方向最容易磁化，[110]方向次之，[111]方向最难磁化。如果大多数晶粒都做有规则排列，使用时磁化又都发生在容易磁化方向，那么电工钢的磁性能就会显著提高。这种各个晶粒

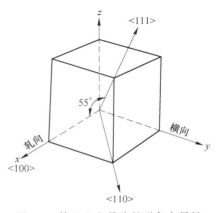

图 6-2 体心立方晶胞的磁各向异性

取向趋近一致的状态称为织构。冷轧取向电工钢主要是高斯织构，如图 6-3 所示。

取向电工钢得到高斯织构的条件是：合适的抑制剂、冷变形程度和退火温度，加热时防止初次再结晶晶粒长大，这样才有可能在高温退火时依靠界面能为动力，使二次再结晶晶粒突然长大，发展为大小均匀的取向晶粒。

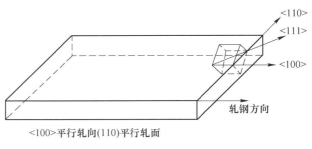

<100>平行轧向(110)平行轧面

图 6-3 冷轧取向电工钢的高斯织构

对于无取向电工钢，希望各个方向的晶粒分布更均匀，保证成品磁各向异性小。

B 晶粒大小

对取向电工钢来说，晶粒大小是指高温退火后的铁素体晶粒尺寸。晶粒越大，会使晶粒边界减少，从而使磁滞损失减少。但是晶粒不宜过大，因为晶粒增大、晶界减少时，电阻也会减小，导致涡流损失增大。此外，晶粒过大也会导致塑性降低、脆性增加。取向电工钢比较合适的成品晶粒平均尺寸约为 5～30 mm。受抑制剂和生产工艺的影响，Hi-B 钢成品晶粒的圆整度不如 CGO 钢高。一般来说，在满足塑性的条件下，希望得到比较大且均匀的晶粒。对无取向电工钢来说，成品晶粒也为铁素体晶粒，平均晶粒尺寸一般为 10～150 μm。与取向电工钢不同的是，无取向电工钢成品的晶粒是在成品退火过程中初次再结晶的产物，因此，其尺寸远小于取向电工钢在高温退火过程中二次再结晶形成的晶粒尺寸。

C 非金属夹杂物

电工钢中非金属夹杂物的主要类型是 O、S、N、C 的化合物，都是非铁磁性物质。夹杂物分布在晶粒内，会造成晶格扭曲。分布在晶界，会阻碍晶粒的长大。因此，非金属夹杂物会恶化磁性能。为了满足低铁损、高磁感等磁性能的要求，应最大限度地去除钢中夹杂物。细小分散的夹杂物比粗大聚集的夹杂物对磁性能的危害大，长条针状夹杂物比球状的危害大，呈棱角状的含铝夹杂物对磁性能的危害最大。

对于无取向电工钢，成品中的非金属夹杂物在百纳米左右时，对成品磁性能的危害最大，因此，尽量减少成品中非金属夹杂物的同时，使夹杂物粗大，对提升成品磁性能有利。

对于取向电工钢，在特定条件下非金属夹杂物也会成为"有利夹杂"，用来提高晶粒的取向度。这类"有利夹杂"尺寸在 10 nm 数量级，在取向电工钢中能够稳定抑制初次再结晶晶粒的长大，促使二次再结晶时晶粒突然长大，并具有良好取向性。"有利夹杂"在完成抑制作用后，经过高温退火被净化去除，减少了非金属夹杂物对最终成品磁性能的危害。细小弥散的 AlN、MnS 和 Cu_2S 等"有利夹杂"（抑制剂）被广泛用于取向电工钢的生产中。

D　应力和厚度

内应力是电工钢中的间隙元素和非金属夹杂物等引起晶格畸变所造成的；外应力是轧制、热处理后快冷等过程中产生的。内应力和外应力都会使电工钢的铁损和矫顽力增加，使磁导率降低，恶化磁性能，应当设法避免或减小。

电工钢厚度越薄，产生的涡流损失越小，因此希望电工钢的厚度减小。但是极薄的电工钢制作工艺复杂、成本高，而且矫顽力和磁滞损失也会增加。在高频率下使用的电工钢，由于涡流的影响突出，所以厚度减小许多。

6.1.3　主要化学元素对电工钢磁性能的影响

（1）Si。硅是电工钢中最重要的合金元素，对组织和磁性能具有决定性作用。当钢中硅含量不低于 1.7%时，它的组织全部为铁素体，在加热和冷却时没有相变，这对于获得完善的二次再结晶并保留铁素体的优良磁性能是十分重要的。硅的有利作用在于：1）随着硅含量的提高，电阻率提高，从而使涡流损耗降低；2）硅含量增加使磁化容易，磁阻减小，因而能够降低磁滞损耗；3）硅使晶粒粗大，减少晶粒界面，降低矫顽力，提高磁导率。同时在弱磁场下磁感也提高，但在强磁场下磁感降低。

虽然硅对磁性能有利，但是随着硅含量的提高，钢的强度和硬度增加，脆性也显著增加，使得轧制和加工困难。因此，一般情况下，冷轧电工钢的硅含量不高于 3.5%。

对于冷轧无取向电工钢，随着牌号的提升，硅含量从 0.2%左右提升至 3.5%，牌号越高，硅含量越高；对于冷轧取向电工钢，硅含量范围较窄，一般为 3.0%~3.4%。硅含量提高，碳含量也要相应提高，以保证热轧过程中有20%~30%数量的 γ 相比例。

（2）Al。无取向电工钢一般需要加入铝。铝与硅对磁性的作用相似，均为缩小 γ 区。对于低牌号冷轧无取向电工钢来说，酸溶铝 Al_s 在 0.005%~0.014%范围内易形成细小 AlN，从而阻碍晶粒长大；$Al_s \geqslant 0.15\%$时，钢中易形成粗大 AlN，减小铁损和磁各向异性。

在冷轧无取向电工钢中，铝对钢强度和硬度的影响不像硅那样明显。按原子半径顺序：Al<Fe<Si，铝引起铁的晶格畸变比硅更轻，脆性增加程度小。较高的 Al_s 含量能够减少高硅含量所引起的铸坯缺陷。因此，随着无取向电工钢牌号升高，硅含量一般不高于 3.5%，而铝含量则逐步提高到约 1%。硅含量和 Al_s 含量的配比也会影响磁性能，有研究表明，2.2% Si 无取向电工钢的合适 Al_s 含量为 0.48%~0.81%[1]。

在冷轧取向电工钢中，铝是抑制剂 AlN 的组成元素，尤其对高磁感取向电工钢（Hi-B 钢）具有重要意义。以 AlN 为主抑制剂的 Hi-B 钢中 Al$_s$ 一般在0.02%~0.03%。

（3）C。碳对磁性能极有害。它与铁原子形成间隙式固溶体，使晶格畸变严重，引起很大内应力，使磁性能明显下降。碳也是产生磁时效的主要元素，大量数据表明，成品电工钢中 C≤0.003%时便不会产生磁时效现象。

无取向电工钢在转炉出钢时碳含量一般为 0.03%~0.05%，再利用精炼设备进行脱碳处理，铸坯中的碳含量可降至不高于 0.003%，甚至不高于 0.002%。目前，脱碳任务能够在炼钢过程完成，因此，无取向电工钢成品退火过程无需再进行脱碳处理。

普通取向电工钢（CGO）的碳含量规定比无取向电工钢高得多，约为0.03%~0.05%，高磁感取向电工钢（Hi-B 钢）中碳含量更高，约为 0.04%~0.08%，其目的是保证在热轧和高温常化时有较多数量（25%~30%）的 γ 相。由于氮在 γ 相中固溶度比在 α 相中大 10 倍，快冷时可形成大量细小弥散 AlN 第二相，作为取向电工钢的抑制剂。取向电工钢在后工序退火中有脱碳过程，再将碳含量降至 0.003%以下。

（4）S。一般来说，硫是对电工钢磁性能有害的元素。对于冷轧无取向电工钢来说，硫与锰形成细小 MnS，不利于晶粒长大，提高矫顽力和磁滞损耗。加热、热轧和退火过程中需要防止析出细小 MnS，并使钢中已存在的 MnS 粗化。此外，硫也是引起热脆的元素。

在冷轧取向电工钢中，硫是形成硫化物抑制剂的必要元素。一般需要 0.015%~0.030%的硫含量，以便析出一定体积分数的细小 MnS、Cu$_2$S 等硫化物作为主抑制剂或辅助抑制剂。

（5）P。磷在无取向电工钢中与硅一样，也能促使 γ 区缩小，并提高电工钢电阻率，从而降低铁耗。磷能明显提高钢的硬度，在低牌号的无取向电工钢生产时，在硅含量低的情况下向钢中添加磷元素，有利于改善成品的硬度，提高冲片性能。但是磷很容易在晶界偏聚，产生冷脆现象，使产品冷加工性能变差，所以随着 Si+Al$_s$ 含量的增高，应降低磷含量以避免冷脆，一般要求 P≤0.015%。

（6）Mn。锰是扩大 γ 相区元素，在硅含量较低的无取向硅钢中，当锰含量高时，扩大 α+γ 两相区，成品退火后晶粒易不均匀，对磁性能不利。Mn≤0.3%时，对磁性能的影响较小。如果继续增加锰含量，将使电工钢的磁导率降低。锰提高钢的强度和硬度，当 Si+Al$_s$ 含量高时，锰使电工钢的冷轧性能变差。然而，电工钢中锰也有两方面的有利作用：其一，锰与硫形成 MnS，防止沿晶界形成低熔点 FeS 所引起的热脆现象，改善热轧加工性；其二，锰促使晶粒长大，提高磁性能。无取向电工钢一般要求锰控制在 0.2%~0.3%，同时 Mn/S≥10。对于不采用常化（或无电磁搅拌）生产

1.0%~1.7%硅含量无取向电工钢的情况，为了防止成品出现瓦楞缺陷，可适当提高锰含量，以增加 γ 相含量。

对于取向电工钢，锰是形成 MnS 抑制剂的元素。CGO 钢中一般锰含量为 0.05%~0.30%，硫含量为 0.015%~0.03%；Hi-B 钢中一般锰含量为 0.05%~0.16%，硫含量为 0.004%~0.01%。

（7）Cu。一般用于取向电工钢中，能够扩大钢中的 γ 相区，使得钢中生成 Cu_2S（$Cu_{1.8}S$）抑制剂，有利于初次再结晶晶粒的细小均匀，发展更为完善的二次再结晶晶粒。在 CGO 中 Cu_2S 可作主抑制剂，铜含量一般为 0.4%~0.6%，Hi-B 钢中 Cu_2S 可做辅助抑制剂，铜含量一般为 0.05%~0.2%。

（8）钢中气体。冶金工作者一般将 O、N、H 称为钢中气体。氧是对电工钢磁性能有害的元素，氧含量高，则铁损高。钢中氧大多数以夹杂物状态存在，极少量溶于 α-Fe 中。这两种形式的氧对磁性能的危害都很大。溶于 α-Fe 中的氧是引起磁时效的原因之一。

氮也是电工钢中的有害元素，固溶氮会提高矫顽力，降低磁导率，也会引起磁时效。所以最大限度地去除电工钢中的氮是十分必要的。如果将氮含量由 0.005%降低至 0.003%，就能将铁损降低 15%左右。冷轧无取向电工钢炼钢过程尽可能将氮降至最低，但是在冷轧取向电工钢中需要在初次再结晶和二次再结晶过程中利用适量氮与铝形成的细小弥散的 AlN 作抑制剂，来获得完善的组织和织构，之后再净化钢中的氮，最终得到优良的磁性能。

氢会增加电工钢的铁损，并使电工钢发生氢脆现象。含硅高的钢液会吸收大量氢，造成浇注过程冒涨，轧制中也会由于氢析出而产生气泡缺陷。为了控制钢中 O、N 和 H 的元素含量，电工钢需要进行真空精炼。

（9）Ti、Zr、V 等微量元素。钛、锆和钒都对无取向硅钢的磁性能有害，可通过析出 TiN、Ti(CN)、ZrN、VN、V(CN) 和形成复合夹杂物等来阻碍晶粒长大，恶化磁性能，一般控制钛含量不高于 0.003%，锆含量不高于 0.003%，钒含量不高于 0.003%。

Ti、Nb、V 元素对于取向硅钢来说，形成的 TiN 比 AlN 更稳定，一般不适合作为抑制剂。NbN 和 VN 为亚稳定第二相，可作为抑制剂。少量的 TiN、NbN 和 VN 可作辅助抑制剂。

6.2 电工钢标准及生产工艺流程进展

6.2.1 电工钢标准

6.2.1.1 我国电工钢标准
我国最早的电工钢标准是 1960 年的冶金工业部标准 YB 73—60。当时，标准中未区分冷轧和热轧电工钢,产品以热轧电工钢为主,冷轧电工钢还处于研发阶段。牌号如 D11、D22、DH41 等,D 表示电工钢,G、H、R 表示磁场"高、中、低",第一位数字表示硅含量的级别,第二位数字表示磁性能级别。

1981 年,国家标准演变为 GB 2521—81,此时,我国已正式生产冷轧电工钢。1988 年修订为 GB 2521—88,牌号如 DW310-35、DQ122G-30 等,DW 表示电工用无取向钢,DQ 表示电工用取向钢,G 表示高磁感,后面数字表示铁损的 100 倍,最后数字表示厚度值的 100 倍。1989 年,国家标准修订为 GB 11255—89;1996 年修订为 GB 2521—1996,将厚度值放在了牌号的最前面,把 G 放在字母的第二位。

2008 年,国家标准演变到 GB/T 2521—2008。与 GB/T 2521—1996 相比,标准更细化,厚度规格更全面,牌号进一步提升。取向电工钢分为普通级电工钢和高磁导率级电工钢,增加 0.23 mm 的厚度规格牌号。普通级取向硅钢 0.27 mm 厚度规格增加 27Q110 牌号,0.3 mm 厚度硅钢增加 30Q120 牌号,删除了 35Q165 牌号。高磁导率级取向电工钢 0.27 mm 厚度规格增加了 27QG090、29QG095 和 27QG105 牌号。0.3 mm 厚度规格增加了 30QG105 牌号,删除了 30QG130 低牌号。0.35 mm 厚度规格增加了 35QG115 牌号。

2016 年,我国发布无取向(GB/T 2521.1—2016)和取向(GB/T 2521.2—2016)的国家标准,其中磁性能和技术特性见表 6-1 和表 6-2。与 GB/T 2521—2008 相比,增加了冷轧无取向电工钢磁各向异性的要求及测试方法。随着我国生产的无取向硅钢产品磁性能的整体提升,标准中淘汰了 50W1300 等 10 个落后牌号,增加了 35W210 等 6 个优良牌号。

表 6-1　我国标准中无取向电工钢钢带(片)的磁性能和技术特性(GB/T 2521.1—2016)

牌号	公称厚度 /mm	约定密度 /kg·dm^{-3}	最大比总损耗 $P_{1.5/50}$/W·kg^{-1}	最小磁极化强度 J_{5000}(50 Hz 或 60 Hz)/T	比总损耗的各向异性 T/%	最小弯曲次数	最小叠装系数
35W210		7.60	2.10	1.62	±17	2	
35W230		7.60	2.30	1.62	±17	2	
35W250		7.60	2.50	1.62	±17	2	
35W270	0.35	7.65	2.70	1.62	±17	2	0.95
35W300		7.65	3.00	1.62	±17	3	
35W360		7.65	3.60	1.63	±17	5	
35W440		7.70	4.40	1.65	±17	5	

续表6-1

牌号	公称厚度 /mm	约定密度 /kg·dm^{-3}	最大比总损耗 $P_{1.5/50}$/W·kg^{-1}	最小磁极化强度 J_{5000}（50 Hz 或 60 Hz）/T	比总损耗的各向异性 T/%	最小弯曲次数	最小叠装系数
50W230	0.50	7.60	2.30	1.62	±17	2	0.97
50W250		7.60	2.50	1.62	±17	2	
50W270		7.60	2.70	1.62	±17	2	
50W290		7.60	2.90	1.62	±17	2	
50W310		7.65	3.10	1.62	±14	3	
50W350		7.65	3.50	1.62	±12	5	
50W400		7.70	4.00	1.64	±12	5	
50W470		7.70	4.70	1.65	±10	10	
50W600		7.75	6.00	1.67	±10	10	
50W800		7.80	8.00	1.70	±10	10	
50W1000		7.85	10.00	1.73	±8	10	
65W310	0.65	7.60	3.10	1.63	±15	2	0.97
65W350		7.60	3.50	1.63	±14	2	
65W470		7.65	4.70	1.65	±12	5	
65W530		7.70	5.30	1.65	±12	5	
65W600		7.75	6.00	1.68	±10	10	
65W800		7.80	8.00	1.70	±10	10	

表 6-2 我国标准中取向电工钢钢带（片）的磁性能和技术特性（GB/T 2521.2—2016）

牌号	公称厚度 /mm	最大比总损耗 $P_{1.5/50}$/W·kg^{-1}	最大比总损耗 $P_{1.7/50}$/W·kg^{-1}	最大比总损耗 $P_{1.7/60}$/W·kg^{-1}	最小磁极化强度 J_{800}（50 Hz 或 60 Hz）/T	最小叠装系数
23Q110	0.23	0.73	1.10	1.45	1.82	0.945
23Q120		0.77	1.20	1.57	1.82	
27Q120	0.27	0.80	1.20	1.58	1.82	0.950
27Q130		0.85	1.30	1.68	1.82	
30Q120	0.30	0.79	1.20	1.20	1.82	0.955
30Q130		0.85	1.30	1.30	1.82	
35Q145	0.35	1.03	1.45	1.45	1.82	0.960
35Q155		1.07	1.55	1.55	1.82	

牌号	公称厚度/mm	最大比总损耗 $P_{1.5/50}$/W·kg^{-1}	最大比总损耗 $P_{1.7/50}$/W·kg^{-1}	最大比总损耗 $P_{1.7/60}$/W·kg^{-1}	最小磁极化强度 J_{800} （50 Hz 或 60 Hz）/T	最小叠装系数
23QG085	0.23	—	0.85	1.12	1.88	0.945
23QG090	0.23	—	0.90	1.19	1.88	0.945
23QG095	0.23	—	0.95	1.25	1.88	0.945
23QG100	0.23	—	1.00	1.32	1.88	0.945
27QG090	0.27	—	0.90	1.19	1.88	0.950
27QG095	0.27	—	0.95	1.25	1.88	0.950
27QG100	0.27	—	1.00	1.32	1.88	0.950
27QG110	0.27	—	1.10	1.45	1.88	0.950
30QG105	0.30	—	1.05	1.38	1.88	0.955
30QG110	0.30	—	1.10	1.46	1.88	0.955
30QG120	0.30	—	1.20	1.58	1.88	0.955
35QG115	0.35	—	1.15	1.51	1.88	0.960
35QG125	0.35	—	1.25	1.64	1.88	0.960
35QG135	0.35	—	1.35	1.77	1.88	0.960
23QH080	0.23	—	0.80	1.06	1.88	0.945
23QH085	0.23	—	0.85	1.12	1.88	0.945
23QH090	0.23	—	0.90	1.19	1.88	0.945
23QH100	0.23	—	1.00	1.32	1.88	0.945
27QH085	0.27	—	0.85	1.12	1.88	0.950
27QH090	0.27	—	0.90	1.19	1.88	0.950
27QH095	0.27	—	0.95	1.25	1.88	0.950
27QH100	0.27	—	1.00	1.32	1.88	0.950
30QH095	0.30	—	0.95	1.25	1.88	0.955
30QH100	0.30	—	1.00	1.32	1.88	0.955
30QH1010	0.30	—	1.10	1.46	1.88	0.955

6.2.1.2 与国外先进标准的对比

由于篇幅所限，本节仅列出日本无取向和取向电工钢的最新标准（2014 年的 JIS C 2552:2014 和 2019 年的 JIS C 2553:2019），见表 6-3 和表 6-4。

表 6-3 日本标准中无取向电工钢钢带（片）的磁性能和技术特性（JIS C 2552:2014）

牌号	公称厚度 /mm	约定密度 /kg·dm⁻³	最大比总损耗 $P_{1.5/50}$/W·kg⁻¹	最小磁极化强度 J_{5000}（50 Hz 或 60 Hz）/T	比总损耗的各向异性 T/%	最小弯曲次数	最小叠装系数
35A210		7.60	2.10	1.60	±17	2	
35A230		7.60	2.30	1.60	±17	2	
35A250		7.60	2.50	1.60	±17	2	
35A270		7.65	2.70	1.60	±17	2	
35A300	0.35	7.65	3.00	1.60	±17	3	0.95
35A330		7.65	3.30	1.60	±17	3	
35A360		7.65	3.60	1.61	±17	3	
35A440		7.70	4.40	1.64	±17	3	
50A230		7.60	2.30	1.60	±17	2	
50A250		7.60	2.50	1.60	±17	2	
50A270		7.60	2.70	1.60	±17	2	
50A290		7.60	2.90	1.60	±17	2	
50A310		7.65	3.10	1.60	±14	3	
50A330		7.65	3.30	1.60	±14	3	
50A350		7.65	3.50	1.60	±12	5	
50A400	0.50	7.65	4.00	1.63	±12	5	0.96
50A470		7.70	4.70	1.64	±10	10	
50A530		7.70	5.30	1.65	±10	10	
50A600		7.75	6.00	1.66	±10	10	
50A700		7.80	7.00	1.69	±10	10	
50A800		7.80	8.00	1.70	±10	10	
50A940		7.85	9.40	1.72	±8	10	
50A1000		7.85	10.00	1.72	±8	10	
50A1300		7.85	13.00	1.72	±8	10	
65A310		7.60	3.10	1.60	±15	2	
65A330		7.60	3.30	1.60	±15	2	
65A350		7.60	3.50	1.60	±14	2	
65A400	0.65	7.65	4.00	1.62	±14	2	0.97
65A470		7.65	4.70	1.63	±12	5	
65A530		7.70	5.30	1.64	±12	5	

续表 6-3

牌号	公称厚度 /mm	约定密度 /kg·dm^{-3}	最大比总损耗 $P_{1.5/50}$/W·kg^{-1}	最小磁极化强度 J_{5000}（50 Hz 或 60 Hz）/T	比总损耗的各向异性 T/%	最小弯曲次数	最小叠装系数
65A600	0.65	7.75	6.00	1.66	±10	10	0.97
65A700		7.75	7.00	1.67	±10	10	
65A800		7.80	8.00	1.70	±10	10	
65A1000		7.80	10.00	1.71	±10	10	
65A1300		7.85	13.00	1.71	±8	10	
65A1600		7.85	16.00	1.71	±8	10	
100A600	1.00	7.60	6.00	1.63	±10	2	0.98
100A700		7.65	7.00	1.64	±8	3	
100A800		7.70	8.00	1.66	±6	5	
100A1000		7.80	10.00	1.68	±6	10	
100A1300		7.80	13.00	1.70	±6	10	

表 6-4　日本标准中取向电工钢钢带（片）的磁性能和技术特性（JIS C 2553:2019）

牌号	公称厚度 /mm	最大比总损耗 $P_{1.5/50}$/W·kg^{-1}	最大比总损耗 $P_{1.7/50}$/W·kg^{-1}	最大比总损耗 $P_{1.7/60}$/W·kg^{-1}	最小磁极化强度 J_{800}/T	最小叠装系数
23G110	0.23	0.73	1.10	1.45	1.78	0.945
23G120		0.77	1.20	1.57	1.78	0.945
27G110	0.27	0.77	1.10	1.48	1.80	0.950
27G120		0.80	1.20	1.58	1.78	0.950
27G130		0.85	1.30	1.68	1.78	0.950
30G120	0.30	0.83	1.20	1.58	1.80	0.955
30G130		0.85	1.30	1.71	1.78	0.955
30G140		0.92	1.40	1.83	1.78	0.955
35G135	0.35	0.97	1.35	1.78	1.80	0.960
35G145		1.03	1.45	1.91	1.78	0.960
35G155		1.07	1.55	2.04	1.78	0.960
23P085	0.23	—	0.85	1.12	1.87	0.945
23P090		—	0.90	1.19	1.87	0.945
23P095		—	0.95	1.25	1.87	0.945
23P100		—	1.00	1.32	1.87	0.945

牌号	公称厚度 /mm	最大比总损耗 $P_{1.5/50}$/W·kg^{-1}	最大比总损耗 $P_{1.7/50}$/W·kg^{-1}	最大比总损耗 $P_{1.7/60}$/W·kg^{-1}	最小磁极化强度 J_{800}/T	最小叠装系数
27P090		—	0.90	1.19	1.88	0.950
27P095		—	0.95	1.25	1.88	0.950
27P100	0.27	—	1.00	1.32	1.88	0.950
27P110		—	1.10	1.45	1.88	0.950
30P095		—	0.95	1.26	1.88	0.955
30P100		—	1.00	1.30	1.88	0.955
30P105		—	1.05	1.38	1.88	0.955
30P110	0.30	—	1.10	1.46	1.88	0.955
30P115		—	1.15	1.52	1.88	0.955
30P120		—	1.20	1.58	1.88	0.955
35P115		—	1.15	1.51	1.88	0.960
35P125	0.35	—	1.25	1.64	1.88	0.960
35P135		—	1.35	1.77	1.88	0.960
23R075		—	0.75	1.01	1.87	0.945
23R080		—	0.80	1.05	1.87	0.945
23R085	0.23	—	0.85	1.12	1.87	0.945
23R090		—	0.90	1.19	1.87	0.945
27R085		—	0.85	1.12	1.87	0.950
27R090	0.27	—	0.90	1.19	1.87	0.950
27R095		—	0.95	1.25	1.87	0.950

有关无取向和取向电工钢的标准，我国标准与国际标准、欧洲标准和日本标准存在个别的差异之处，对照详见表 6-5 和表 6-6。从牌号命名上看，各标准中牌号虽然写法有所不同，但都体现了类型、厚度和铁损值最大值。在铁损要求上无差异，但在最小磁极化强度上略有不同。对于无取向硅钢最小磁极化强度，国际标准、欧洲标准和日本标准的要求相同，我国标准大部分牌号高出 0.01 ~ 0.03 T。对于取向硅钢最小磁极化强度，我国标准全部等于或高于其他标准，部分牌号高于日本标准、国际和欧洲标准 0.01 ~ 0.04 T。

6.2.2 生产工艺流程进展

电工钢标准的演变反映出对产品质量、能源消耗以及环境保护等方面的要求逐步

表 6-5　无取向电工钢不同标准牌号对照表

牌号差异				磁性能差异：最小磁极化强度 J_{5000}（50 Hz 或 60 Hz）/T			
国际标准 IEC 60404-8-4 (2013年)	我国标准 GB/T 2521.1—2016 (2016年)	欧洲标准 EN 10106:2015 (2015年)	日本标准 JIS C 2552:2014 (2019年)	国际标准 IEC 60404-8-4 (2013年)	我国标准 GB/T 2521.1—2016 (2016年)	欧洲标准 EN 10106:2015 (2015年)	日本标准 JIS C 2552:2014 (2019年)
M210-35A 5	35W210	M210-35A	35A210	1.60	1.62	1.60	1.60
M230-35A 5	35W230	—	35A230	1.60	1.62	—	1.60
M235-35A 5	—	M235-35A	—	1.60	—	1.60	—
M250-35A 5	35W250	M250-35A	35A250	1.60	1.62	1.60	1.60
M270-35A 5	35W270	M270-35A	35A270	1.60	1.62	1.60	1.60
M300-35A 5	35W300	M300-35A	35A300	1.60	1.62	1.60	1.60
M330-35A 5	—	M330-35A	35A330	1.60	—	1.60	1.60
M360-35A 5	35W360	—	35A360	1.60	1.63	—	1.61
—	35W440	—	35A440	—	1.65	—	1.64
M230-50A 5	50W230	M230-50A	50A230	1.60	1.62	1.60	1.60
M250-50A 5	50W250	M250-50A	50A250	1.60	1.62	1.60	1.60
M270-50A 5	50W270	M270-50A	50A270	1.60	1.62	1.60	1.60
M290-50A 5	50W290	M290-50A	50A290	1.60	1.62	1.60	1.60
M310-50A 5	50W310	M310-50A	50A310	1.60	1.62	1.60	1.60
M330-50A 5	—	M330-50A	50A330	1.60	—	1.60	1.60
M350-50A 5	50W350	M350-50A	50A350	1.60	1.62	1.60	1.60
M400-50A 5	50W400	M400-50A	50A400	1.63	1.64	1.63	1.63
M470-50A 5	50W470	M470-50A	50A470	1.64	1.65	1.64	1.64
M530-50A 5	—	M530-50A	50A530	1.65	—	1.65	1.65
M600-50A 5	50W600	M600-50A	50A600	1.66	1.67	1.66	1.66
M700-50A 5	—	M700-50A	50A700	1.69	—	1.69	1.69

续表 6-5

牌号差异				磁性能差异：最小磁极化强度 J_{5000}（50 Hz 或 60 Hz）/T			
国际标准 IEC 60404-8-4（2013 年）	我国标准 GB/T 2521.1—2016（2016 年）	欧洲标准 EN 10106:2015（2015 年）	日本标准 JIS C 2552:2014（2019 年）	国际标准 IEC 60404-8-4（2013 年）	我国标准 GB/T 2521.1—2016（2016 年）	欧洲标准 EN 10106:2015（2015 年）	日本标准 JIS C 2552:2014（2019 年）
M800-50A 5	50W800	M800-50A	50A800	1.70	1.70	1.70	1.70
M940-50A 5	—	M940-50A	50A940	1.72	—	1.72	1.72
M1000-50A 5	50W1000	—	50A1000	1.72	1.73	—	1.72
—		—	50A1300	—	—	—	1.72
M310-65A 5	65W310	M310-65A	65A310	1.60	1.63	1.60	1.60
M330-65A 5		M330-65A	65A330	1.60	—	1.60	1.60
M350-65A 5	65W350	M350-65A	65A350	1.60	1.63	1.60	1.60
M400-65A 5		M400-65A	65A400	1.62	—	1.62	1.62
M470-65A 5	65W470	M470-65A	65A470	1.63	1.65	1.63	1.63
M530-65A 5	65W530	M530-65A	65A530	1.64	1.65	1.64	1.64
M600-65A 5	65W600	M600-65A	65A600	1.66	1.68	1.66	1.66
M700-65A 5		M700-65A	65A700	1.67	—	1.67	1.67
M800-65A 5	65W800	M800-65A	65A800	1.70	1.70	1.70	1.70
M1000-65A 5	—	M1000-65A	65A1000	1.71	—	1.71	1.71
—		—	65A1300	—	—	—	1.71
—		—	65A1600	—	—	—	1.71
M600-100A 5	—	M600-100A	100A600	1.63	—	1.63	1.63
M700-100A 5	—	M700-100A	100A700	1.64	—	1.64	1.64
M800-100A 5	—	M800-100A	100A800	1.66	—	1.66	1.66
M1000-100A 5	—	M1000-100A	100A1000	1.68	—	1.68	1.68
M1300-100A 5	—	M1300-100A	100A1300	1.70	—	1.70	1.70

表 6-6　取向电工钢不同标准牌号对照表

牌号差异				磁性能差异：最小磁极化强度 J_{800}/T			
国际标准 IEC 60404-8-7:2020 (2020年)	我国标准 GB/T 2521.2-2016 (2016年)	欧洲标准 EN 10107:2022 (2022年)	日本标准 JIS C 2553:2019 (2019年)	国际标准 IEC 60404-8-7:2020 (2020年)	我国标准 GB/T 2521.2-2016 (2016年)	欧洲标准 EN 10107:2022 (2022年)	日本标准 JIS C 2553:2019 (2019年)
—	—	M100-23S	—	—	—	1.80	—
M110-23S5	23Q110	M110-23S	23G110	1.78	1.82	1.78	1.78
M120-23S5	23Q120	M120-23S	23G120	1.78	1.82	1.78	1.78
—	—	M105-27S	—	—	—	1.80	—
M110-27S5	—	M110-27S	27G110	1.80	—	1.80	1.80
M120-27S5	27Q120	M120-27S	27G120	1.78	1.82	1.78	1.78
M130-27S5	27Q130	M130-27S	27G130	1.78	1.82	1.78	1.78
—	—	M110-30S	—	—	—	1.80	—
M120-30S5	30Q120	M120-30S	30G120	1.80	1.82	1.80	1.80
M130-30S5	30Q130	M130-30S	30G130	1.78	1.82	1.78	1.78
M140-30S5	—	M140-30S	30G140	1.78	—	1.78	1.78
—	—	M150-30S	—	—	—	1.75	—
M135-35S5	—	M135-35S	35G135	1.80	—	1.80	1.80
M145-35S5	35Q145	M145-35S	35G145	1.78	1.82	1.78	1.78
M155-35S5	35Q155	M155-35S	35G155	1.78	1.82	1.78	1.78
—	—	M165-35S	—	—	—	1.75	—
M85-23P5	23QG085	M85-23P	23P085	1.88	1.88	1.88	1.87

续表 6-6

牌号差异				磁性能差异（最小磁极化强度 J_{800}/T）			
国际标准 IEC 60404-8-7:2020（2020 年）	我国标准 GB/T 2521.2—2016（2016 年）	欧洲标准 EN 10107:2022（2022 年）	日本标准 JIS C 2553:2019（2019 年）	国际标准 IEC 60404-8-7:2020（2020 年）	我国标准 GB/T 2521.2—2016（2016 年）	欧洲标准 EN 10107:2022（2022 年）	日本标准 JIS C 2553:2019（2019 年）
M90-23P5	23QG090	M90-23P	23P090	1.87	1.88	1.87	1.87
M95-23P5	23QG095	M95-23P	23P095	1.87	1.88	1.87	1.87
M100-23P5	23QG100	M100-23P	23P100	1.85	1.88	1.85	1.87
M90-27P5	27QG090	M90-27P	27P090	1.88	1.88	1.88	1.88
M95-27P5	27QG095	M95-27P	27P095	1.88	1.88	1.88	1.88
M100-27P5	27QG100	M100-27P	27P100	1.88	1.88	1.88	1.88
M110-27P5	27QG110	M110-27P	27P110	1.88	1.88	1.88	1.88
M95-30P5	—	M95-30P	30P095	1.88	—	1.88	1.88
M100-30P5	—	M100-30P	30P100	1.88	—	1.88	1.88
M105-30P5	30QG105	M105-30P	30P105	1.88	1.88	1.88	1.88
M110-30P5	30QG110	M110-30P	30P110	1.88	1.88	1.88	1.88
—	—	—	30P115	—	—	—	1.88
M120-30P5	30QG120	M120-30P	30P120	1.85	1.88	1.85	1.88
M115-35P5	35QG115	M115-35P	35P115	1.88	1.88	1.88	1.88
M125-35P5	35QG125	M125-35P	35P125	1.88	1.88	1.88	1.88
M135-35P5	35QG135	M135-35P	35P135	1.88	1.88	1.88	1.88
—	—	M65-20R	—	—	—	1.85	—

续表 6-6

牌号差异				磁性能差异（最小磁极化强度 J_{800}/T）			
国际标准 IEC 60404-8-7:2020 （2020年）	我国标准 GB/T 2521.2—2016 （2016年）	欧洲标准 EN 10107:2022 （2022年）	日本标准 JIS C 2553:2019 （2019年）	国际标准 IEC 60404-8-7:2020 （2020年）	我国标准 GB/T 2521.2—2016 （2016年）	欧洲标准 EN 10107:2022 （2022年）	日本标准 JIS C 2553:2019 （2019年）
M70-20R5	—	M70-20R	—	1.85	—	1.85	—
M75-20R5	—	M75-20R	—	1.85	—	1.85	—
—	—	M70-23R	—	1.85	—	1.85	—
M75-23R5	—	M75-23R	23R075	1.85	—	1.85	1.87
M80-23R5	23QH080	M80-23R	23R080	1.85	1.88	1.85	1.87
M85-23R5	23QH085	M85-23R	23R085	1.85	1.88	1.85	1.87
M90-23R5	23QH090	M90-23R	23R090	1.85	1.88	1.85	1.87
—	23QH100	—	—	—	1.88	—	—
M85-27R5	27QH085	M85-27R	27R085	1.85	1.88	1.85	1.87
M90-27R5	27QH090	M90-27R	27R090	1.85	1.88	1.85	1.87
M95-27R5	27QH095	M95-27R	27R095	1.85	1.88	1.85	1.87
—	27QH100	—	—	—	1.88	—	—
—	30QH095	—	—	—	1.88	—	—
—	30QH100	—	—	—	1.88	—	—
—	30QH1010	—	—	—	1.88	—	—

趋于严格。中高牌号无取向电工钢、高磁感取向电工钢（Hi-B 钢）和低温板坯加热的取向电工钢（尤其是低温 Hi-B 钢）逐渐成为主流产品，热轧硅钢等产品已被淘汰。同时，对电工钢的冶炼提出了更高的要求。

无取向电工钢的生产流程如图 6-4 所示，中高牌号与低牌号生产工序略有不同。

取向电工钢按照工艺特点和磁性能的不同，可分为 CGO 钢和 Hi-B 钢两类。这两类取向电工钢的主要工艺流程如图 6-5 所示。

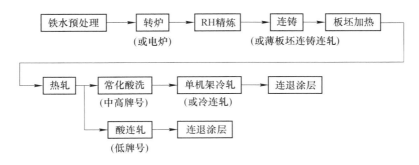

图 6-4　冷轧无取向电工钢的生产流程

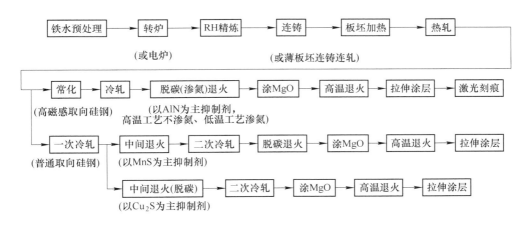

图 6-5　冷轧取向电工钢的生产流程

6.2.3　取向和无取向电工钢的成分特征

受性能要求、生产工艺流程和设备条件不同的影响，电工钢的成分存在一些差异，国内外电工钢标准中并未列出化学成分。常见的冷轧取向电工钢与无取向电工钢的主要化学成分见表 6-7。由表可知，取向电工钢随着抑制剂种类和生产流程的不同，抑制剂组成元素含量的变化较大。冷轧无取向电工钢随着牌号的提升，Si 和 Al_s 含量逐渐增加，C、S、N 等含量越来越低。

表 6-7 常见的冷轧取向电工钢与无取向电工钢主要化学成分　　　　（wt%）

成分	C	Si	Mn	P	S	Al$_s$	N	Cu
冷轧取向-Hi-B 钢（以 AlN 为主抑制剂，无渗氮）	0.04~ 0.06	3.0~ 3.4	0.1~ 0.3	≤0.03	0.05~ 0.1	0.02~ 0.03	0.008~ 0.012	≤0.2
冷轧取向-Hi-B 钢（以 AlN 为主抑制剂，有渗氮）	0.04~ 0.06	3.0~ 3.4	0.1~ 0.3	≤0.035	≤0.035	0.025~ 0.035	0.005~ 0.010	≤0.2
冷轧取向-CGO 钢（以 MnS 为主抑制剂）	0.03~ 0.05	2.9~ 3.3	0.05~ 0.1	≤0.03	0.015~ 0.03	≤0.015	≤0.006	—
冷轧取向-CGO 钢（以 Cu$_2$S 为主抑制剂）	0.03~ 0.05	2.9~ 3.3	0.1~ 0.3	≤0.03	0.015~ 0.03	≤0.015	0.003~ 0.008	0.3~ 0.6
无取向电工钢-50W800 及以下牌号	≤0.003	0.2~ 1.2	0.2~ 0.5	0.01~ 0.2	≤0.003	0.2~ 0.3	≤0.003	—
无取向电工钢-50W600 ~50W400 牌号	≤0.003	0.8~ 2.5	0.2~ 0.9	≤0.02	≤0.0025	0.2~ 0.3	≤0.003	—
无取向电工钢-50W350 及以上牌号	≤0.002	2.3~ 3.5	0.2~ 0.4	≤0.02	≤0.002	0.5~ 1.0	≤0.002	—

6.3　冷轧无取向电工钢的冶炼

6.3.1　无取向电工钢冶炼工艺特点

无取向电工钢要求极低 C、S 和 N 含量，以及极低的夹杂物含量。从炼钢的角度看，无取向电工钢的冶炼难度高于取向电工钢。具体特点分析如下：

（1）非金属夹杂物。无论是取向电工钢还是无取向电工钢，对洁净度都有很高的要求。但相比较而言，无取向电工钢对洁净度的要求更高。日本研究者采用高纯电解铁（C 0.001%，N 0.0005%，O 0.005%，S、P、Mn 0.0001%）生产 0.35 mm 厚度的无取向电工钢，$P_{1.5/50}$ 达到 1.7 W/kg[2]。

转炉终点的钢液氧含量对洁净度影响很大。在 RH 后期的铝脱氧过程中，钢液中会形成大量 Al$_2$O$_3$ 夹杂物，尺寸较小的不容易上浮而残留在钢液中，最终导致无取向电工钢的磁性能恶化。因此，应重视控制转炉终点氧含量，并在 RH 过程中最大程度去除 Al$_2$O$_3$ 夹杂物。在钢包到中间包过程，做好保护浇注，防止二次氧化和氮含量的增加，减少氧化物、氮化物以及复合夹杂物的形成。

（2）极低 C、S、N 和 Ti 含量。高牌号无取向电工钢要求极低的 C、S、N 和 Ti 含量。碳元素对于无取向电工钢的磁性能影响最大，无取向电工钢成品要求C≤0.003%。由于真空精炼技术的进步，通过 RH 真空脱碳操作可以将碳含量降至不高于 0.002%。因此，电工钢企业已经取消了成品退火工序的脱碳环节，从而降低了无取向电工钢的成本，避免表面氧化层带来的不利影响。但是，高牌号无取向电工钢存在增碳现象，在 RH 真空脱碳完成至连铸的整个过程中，必须控制增碳量不高于 0.001%。

硫元素在无取向电工钢中的有害作用仅次于碳，它形成细小的 MnS，阻碍晶粒长大，从而增加铁损和矫顽力，降低磁感应强度。无取向电工钢的牌号越高，硫对磁性能的有害影响就越显著。因此，无取向电工钢中硫含量越低越好，一般要求不高于 0.0025%。目前，通过 KR 铁水预处理、转炉防止回硫以及炉外精炼脱硫等技术，可以将无取向电工钢中硫含量降至不高于 0.001%。

氮含量的控制主要体现在保护浇注环节，尽量减少增氮，减少 AlN 和 TiN 等氮化物以及氮、氧复合夹杂物的形成。这些夹杂物（包括析出物）使无取向电工钢成品铁损增高。一般无取向电工钢的氮含量控制≤0.003%，高牌号无取向电工钢要求更高，氮含量控制不高于 0.002%。

钛含量控制主要从铁水成分、铁合金纯度以及炉渣渣系组成三个方面进行，可将钛含量控制在 0.0015%以下，以减少 TiN 和 Ti(CN)的析出[3]。

（3）Al_s 含量和可浇性控制。在无取向电工钢中，铝是主要的对成品的磁性能有利的元素。无取向电工钢的 Al_s 含量一般不低于 0.30%，高牌号无取向电工钢的 Al_s 含量高达 1.0%左右。无取向电工钢用铝脱氧，会形成许多 Al_2O_3 夹杂物。如果去除不够充分，连铸时易造成水口结瘤，还易引发产品的质量缺陷。首先，应该尽量减少钢液中 Al_2O_3 和镁铝尖晶石类夹杂物。其次，也可以通过钙处理改善无取向电工钢的水口结瘤现象。

（4）稀土对夹杂物改性。早在 20 世纪 90 年代，日本川崎制铁和新日铁就陆续公开无取向硅钢中应用稀土处理的技术，1996 年川崎制铁已经生产含稀土的无取向硅钢产品[6]。在生产对夹杂控制要求更为严格的高牌号等无取向电工钢时，也可以采用稀土来对夹杂物进行处理，进一步降低钢中氧、硫含量，使夹杂物改性。稀土元素的表面活性较高，容易与氧、硫结合形成稀土硫化物、稀土氧硫化物或稀土复合夹杂物。无取向硅钢稀土处理多采用 Ce、La 或者 Ce-La 混合稀土。以镧在无取向硅钢中对 Al_2O_3 夹杂物的变性为例，随着钢中镧含量的不断增加，夹杂物的形成顺序为 $Al_2O_3 \rightarrow LaAl_{11}O_{18} \rightarrow LaAlO_3 \rightarrow La_2O_2S \rightarrow LaS_x$，如图 6-6 所示[7]。同时，向无取向电工钢中添加适量稀土可以减少细小夹杂物的分布密度，使钢中 1 μm 以下的夹杂物粗化。通过稀土夹杂物的形成，使得钢中形貌不规则的夹杂物转变为球形或椭球形的稀土夹杂物。众

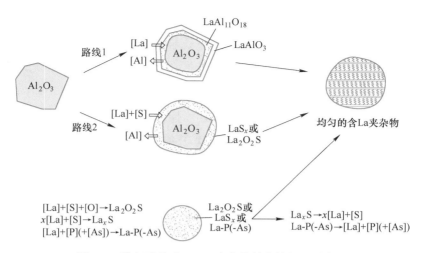

图 6-6   稀土元素对 Al_2O_3 夹杂物的变性机理示意图

多研究表明，稀土能够明显改善无取向电工钢的成品磁性能，主要体现在深度净化钢液、控制夹杂物形态、提高成品晶粒尺寸和增加易磁化面织构的强度。但到目前为止，实际应用的并不多，最佳稀土含量的确定、稀土加入的最佳条件等都是稀土在无取向电工钢生产中应用的难点[6]。

（5）防止瓦楞状缺陷。在无常化情况下，Si≥1.7%的冷轧无取向电工钢的表面沿轧制方向易出现瓦楞状缺陷，薄板坯流程由于无电磁搅拌，Si≥1.0%～1.6%更易出现瓦楞状缺陷。原因是 Si≥1.7%、C≤0.01%的电工钢不发生 α-γ 相变，连铸坯中（100）柱状晶更为粗大，热轧过程中不能彻底破碎，而在热轧板厚度中心形成宽度0.2～0.5 mm 的形变晶粒带，它们在后序的冷轧和退火时难以发生再结晶，在冷轧后产生瓦楞状缺陷。瓦楞状缺陷使电工钢的叠片系数降低约2%，磁性能变差以及绝缘层间电阻降低。最有效的解决办法是连铸过程进行电磁搅拌，将铸坯中的柱状晶比例控制在35%以下。因此，生产此成分范围的无取向电工钢的连铸机需要配置电磁搅拌。若无电磁搅拌设备（如薄板坯连铸连轧流程等），则需要使用其他控制措施。同时，高牌号无取向电工钢热轧后增设常化工序，使热轧内部形变组织发生完全的再结晶，消除热轧板内部组织的不均匀性，也有利于避免冷轧无取向电工钢表面的瓦楞状缺陷。此外，优化成分，扩大中牌号无取向电工钢在高温时的奥氏体相比例，也有利于缓解此缺陷。

6.3.2   无取向电工钢冶炼工艺解析

6.3.2.1   铁水预处理工艺

对于硫含量要求很高的无取向电工钢，铁水脱硫预处理是生产过程中的重要环节。

铁水预处理工序要求合理的铁水温度和成分，以便创造良好的脱硫热力学条件。一般要求是：C≥4.0%，Si 0.20%~0.80%，S≤0.050%，铁水温度 1300~1450 ℃。此时铁水中平衡 S≤0.00023%。常用的 KR 铁水预处理过程中，石灰颗粒表面形成 Ca_2SiO_4 和 CaS 反应层，会阻碍硫向石灰内部扩散。适当提高 CaF_2 的用量，可以消解 Ca_2SiO_4 和 CaS 反应层。此外，应提高 KR 的搅拌速度，改善脱硫的动力学条件。一般来说，冶炼无取向电工钢要求铁水预处理终点 [S]≤0.0015%，高牌号无取向硅钢则要求铁水预处理终点 [S] 含量更低。预处理后尽量将脱硫渣扒除干净，防止渣中的硫再次返回钢液中。

6.3.2.2 转炉冶炼工艺

为了防止回硫，在转炉冶炼硅钢之前，用深脱硫的铁水洗炉。在转炉冶炼中硫均有不同程度的增加。为了防止回硫量过多，采用低硫含量的废钢和辅料，降低入炉的硫负荷。在转炉中造高碱度和流动性良好的炉渣有利于提高硫的分配比 L_S，而炉渣中高的 FeO 含量会降低硫的分配比，是不利于转炉脱硫的。一般碱度为 3.0~4.5。终渣 FeO 含量小于 20%[8]。强化复吹搅拌，控制终点 [O] 含量在 0.040%~0.060% 范围，终点温度 1610~1630 ℃，可以使转炉终点钢液 [S]≤0.0030%。出钢时采取"双挡渣"工艺，分别减少出钢前期和出钢后期的下渣量，为 RH 精炼工序创造低硫条件。转炉终点应控制钢液成分在以下范围：C 0.03%~0.06%、Si≤0.020%、Mn≤0.20%、Al≤0.003%，以保证有足够的氧在 RH 精炼过程中将碳含量降到不高于 0.005%。若 RH 精炼炉具有真空下吹氧脱碳的功能，例如 OB、KTB、MFB 等，则可以适当提高转炉终点钢液的碳含量。

温度制度应综合考虑防止转炉回硫、后序 RH 脱碳温降、加硅铁等合金产生的温升以及不同钢种、转炉吨位、连铸时间等因素，将转炉出钢温度控制在合理范围，减少气体、回硫、夹杂物，并满足 RH 真空精炼的温度要求。例如，马钢冶炼无取向电工钢时，120 t 转炉目标出钢温度控制在 1680 ℃[9]，300 t 转炉出钢温度一般在 1645~1660 ℃[10]。

随着冶炼流程的进步，转炉出钢时一般不加入 Al、Mn-Fe 和 Si-Fe，脱氧和合金化操作均移至 RH 工序进行。除非钢液氧含量过高，根据情况在改质剂中加入少量铝粒。低牌号无取向电工钢的 Si+Al$_s$ 含量低，为了提高成品硬度，改善冲片性，需要有一定的磷含量（0.04%~0.07%），而转炉终点磷含量一般不高于 0.025%，因此还需要在后续 RH 精炼中补加 Fe-P。

6.3.2.3 RH 精炼工艺

A 深脱碳

经过转炉出钢的碳含量一般为 0.04%，氧含量约为 0.05%，接下来采取 RH

（KTB）深脱碳工艺，将碳含量降至不高于 0.002%。RH 深脱碳过程可以分为两个阶段：第一阶段，碳含量由 0.04%降至 0.02%左右，碳氧反应激烈，喷溅比较严重。此时抽真空的时间不长，真空度仅为 6~8 kPa，这样可以减轻喷溅。由于此阶段钢液中碳和氧的含量比较高，因此往往采取自然脱碳的方法。此阶段脱碳时间约为 3 min。第二阶段，碳含量由 0.02%降至 0.002%以下，在此期间真空度可以达 0.1 kPa。尽管提高真空度对脱碳有促进作用，但是此阶段脱碳速度主要受钢液中氧含量控制，因此主要采取顶吹氧强制脱碳的方法。此阶段脱碳时间约为 15~20 min。

影响 RH 深脱碳的因素有：

（1）真空度和循环速度。RH 真空度对钢液脱碳速度的影响很大。生产实践表明，在真空度为（10~100）×133 Pa 时，真空脱碳反应进行得非常激烈。武钢二炼钢厂 RH 真空度与钢液碳含量变化的对应关系如图 6-7[11] 所示。

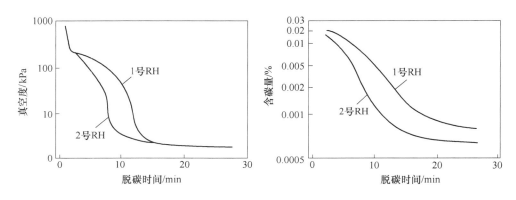

图 6-7   RH 真空度与钢液碳含量变化对应关系

提高钢液循环速度的方法主要是扩大循环管的内径和增加驱动气体流量。扩大浸渍管内径，使真空室的钢液量增加，增大了钢液乳化区的相界面，促进脱碳反应。驱动气体量的大小也直接影响钢液循环状态和脱碳反应。脱碳过程中生成 CO 和 CO_2 气体，如果驱动气体流量控制不当，会产生强烈喷溅。在脱碳前期应该调低驱动气体量，随着 C-O 反应的减弱而适当增大，直到脱碳结束，达到 RH 循环所需的驱动气体量。不同的 RH 所需的驱动气体量不同，循环量越大，所需的驱动气体量也就越大。

（2）真空脱碳时间。真空脱碳的时间一般控制在 15 min 左右。为保证碳含量降至 0.002%以下，应把真空度降至 133 Pa 以下，再使钢液在真空室循环一次。当原始含碳量偏高，RH 脱碳 10 min 碳含量仍大于 0.008%，则应适当延长脱碳时间；当脱碳过程中出现各类故障而导致脱碳速度缓慢时，也应适当延长脱碳时间。转炉出钢含碳量大于 0.04%时，应在 RH 脱碳前期吹氧加速脱碳。

B　深脱硫

为了提高 RH 脱硫效果，无取向电工钢在精炼前应使用低 C、低 S 钢种对真空槽进行清洗。在 RH 脱碳后的合金化过程中加入了较大量的硅铁、铝铁和锰铁等，应选用低硫的合金料，控制原料质量导致的增硫不大于 0.0005%。RH 脱硫主要有真空室喷粉或从真空室料仓加入脱硫剂两种方法。首钢采用通过真空料仓加脱硫剂的方法，实现了 40%~50% 的脱硫率，成品 S≤0.0015%[3]。在合金化作业后，也可在高铝、低氧位条件下喷吹脱硫能力强的 $CaO\text{-}CaF_2$ 粉剂，喷粉速度约为 0.3~0.4 kg/(t·min)。马钢公司采用 KR—复吹转炉—RH—连铸流程并优化冶炼和精炼工艺，使 RH 处理后高牌号无取向电工钢 W310 的硫含量达到 0.0009%，无取向电工钢冶炼过程中 S 含量的变化见表 6-8[10]。

表 6-8　**W310 无取向电工钢冶炼过程中硫含量的变化**　　　　　　　（%）

取样时机	硫含量		增硫量	
	优化前	优化后	优化前	优化后
KR	0.0010	0.0007		
转炉主吹 TSC	0.0052	0.0031	0.0042	0.0024
转炉终点 TSO	0.0036	0.0020	0.0026	0.0013
RH 精炼处理前	0.0039	0.0020	0.0003	0
RH 精炼处理后	0.0020	0.0009		

C　温度控制与合金化

根据钢液温度的变化及时判断钢液的循环状态，如果 RH 脱碳过程温降很小，说明钢液循环微弱或者未循环。钢液温度过高也会使脱碳速度下降，而且增加铝的消耗量，加剧耐火材料侵蚀。RH 真空脱碳过程是降温过程，钢液的温降随着钢包容量、钢包和真空室加热温度等情况而不同，温降一般为 15~40 ℃。RH 脱碳结束后，加入铝脱氧，再加入硅铁等进行合金化操作，硅铁的溶解是放热反应。所以，应综合考虑 RH 脱碳过程的温降和合金化过程的温升。RH 真空室和钢包均应加热至红热状态，并要求无残钢和残渣。

D　降低气体含量和防止增碳

电工钢冶炼过程中温度高，并有大量硅铁加入，容易吸收气体，因此 RH 真空处理时加入硅铁后，应保持合适的真空时间，以达到良好的均匀成分和脱气的效果。RH 真空脱碳完成后，钢水中的碳含量可降至 0.002% 以下，为了使铸坯中含碳量不高于 0.003%，须采取严格措施控制 RH 真空脱碳后钢液至连铸坯的增碳量。RH 合金化过程加入的硅铁、锰铁和调温剂是导致钢液增碳的主要原因，应降低添加物的含碳量，例如采用低碳硅铁、金属锰或低碳锰铁等，在添加时间上也可做必要的调整。此外，要防止钢包增碳。钢包渣线处 Mg-C 耐火砖不断受到钢渣的侵蚀，其中碳扩散导致钢液增碳。武钢将钢包工作层由含碳量为 8%~10% 的 Al-Mg-C 砖改为不含碳的镁铬质打结料后，增碳量减至 0.00063%。

6.3.2.4　连铸工艺

A　拉速、二次冷却和电磁搅拌

拉坯和二次冷却制度需保证夹杂物能够上浮，减少柱状晶及内裂等缺陷。电工钢的导热性差，硅含量越高的钢种导热性越差，因此需匹配拉坯速度和二冷强度，防止内外温差导致较大的热应力，造成铸坯内裂。硅含量较高的连铸坯需采用热送热装（连铸坯温度 700~760 ℃）或者放入缓冷坑的方式，来有效避免连铸坯产生的冷裂。对无相变的无取向电工钢（Si≥1.7% 的牌号）一般采用电磁搅拌，以防止冷轧后瓦楞状缺陷的产生。

B　保护浇注

电工钢钢液的硅、铝含量高，容易发生二次氧化，形成渣膜和硬壳，卷入铸坯中成为结疤、皮下气泡等缺陷。浇注含铝较高的无取向电工钢时，如果不采取保护浇注措施，还容易发生水口结瘤，结瘤的成分主要为 $3CaO \cdot 5Al_2O_3$、$3Al_2O_3 \cdot 2SiO_2$ 和 CaS 等。因此，电工钢必须强化保护浇注，钢包至中间包采用长水口和氩气密封，及时添加中间包覆盖剂，防止钢水裸露、增碳和增氮。

C　增碳控制

中间包涂料工作层对钢液增碳有相当大的影响，将中间包涂料中碳含量控制在不高于 0.5% 时，可有效地抑制中间包工作层引起的增碳现象。同时采用中间包无碳覆盖剂。降低保护渣中游离碳是避免超低碳钢液增碳的有效办法，结晶器添加超低碳或低碳保护渣。结晶器保护渣的主要化学成分见表 6-9。适当地提高保护渣的黏度，向保护渣中添加适量的氧化剂，可以促使渣中碳的氧化，有效抑制熔渣层的碳含量，氧化物的助熔作用还可使熔渣层增厚。

表 6-9　结晶器保护渣主要化学成分及物性参数

CaO/%	SiO₂/%	Al₂O₃/%	MgO/%	Fe₂O₃/%	F/%	Na₂O/%	C/%	熔点/℃	黏度（1300 ℃）/Pa·s	碱度
33.0±5.0	34.0±5.0	4.5±2.0	≤5.0	≤3.0	7.5±3.0	4.5±3.0	4.5±3.0	1130±30	0.27±0.05	0.97±0.1

稳定控制注流速度、拉坯速度、结晶器振动频率等工艺参数，采用结晶器液面自动控制装置，将结晶器液面波动控制在很小范围（±5 mm）。采用勤加、每次少加的保护渣添加制度，保持稳定的液渣层厚度，可以改善保护渣的绝热保温效果。在生产

实践中，通过采用低碳的中间包涂料和结晶器保护渣以及合理的连铸工艺，可以将中间包至铸坯的增碳量控制在不高于 0.001%。

6.4 冷轧取向电工钢的冶炼

6.4.1 取向电工钢的冶炼工艺特点

（1）抑制剂。抑制剂对取向电工钢的磁性能有重要影响。为了使取向电工钢成品获得单一高斯织构，通常采用细小弥散的第二相粒子或单元素溶质作为抑制剂。普通取向电工钢以 MnS 或者 Cu_2S 为主抑制剂，采用两次冷轧法。高磁感取向电工钢以 AlN 为主抑制剂，采用一次冷轧法生产。目前，高磁感取向电工钢的工业生产技术可以分为三类：1）"固有抑制剂"高温板坯加热技术，加热温度 1350~1400 ℃；2）"固有抑制剂"中温板坯加热技术，加热温度 1250~1300 ℃；3）"获得抑制剂"低温板坯加热技术，加热温度 1100~1200 ℃。

采用"固有抑制剂"方法，冶炼时需要加入足够的抑制剂形成元素，板坯高温或中温加热时，使凝固过程析出的粗大析出相（AlN、MnS 等）尽可能完全固溶，再使其在随后的热轧和常化过程中以细小弥散的第二相粒子析出，从而达到取向电工钢所需要的抑制剂强度。板坯高温加热温度需要 1350~1400 ℃。由此带来生产过程能耗高、成品率低、成本高等缺点。从这个角度来看，板坯中温加热工艺略优于高温板坯加热工艺。随着取向硅钢生产技术的不断进步，"获得抑制剂"低温板坯加热技术越来越受到重视。

采用"获得抑制剂"方法主要是针对以 AlN 为主抑制剂的 Hi-B 钢，冶炼时可降低抑制剂形成元素 N 的加入量。由于板坯低温加热，AlN 和 MnS 均处于部分固溶状态，常化后"固有抑制剂"AlN 的数量不足，因此在最终的高温退火之前进行渗氮处理，以获得新的细小 AlN 等抑制剂来增强抑制能力，"固有抑制剂"法与"获得抑制剂"法生产 Hi-B 取向电工钢的比较见表 6-10[12]。无论采用"固有抑制剂"还是"获得抑制剂"方法，在冶炼过程中都需要将抑制剂形成元素的成分控制在很精准的范围。

表 6-10　固有抑制剂和获得抑制剂的 Hi-B 钢制备方法的特点

项　目	固有抑制剂 Hi-B 钢	获得抑制剂 Hi-B 钢
抑制剂	AlN、MnS(Sn)	AlN(Sn)
抑制剂制备	从炼钢到退火的热处理	脱碳后喷吹 NH_3、N_2 气体
板坯加热温度/℃	>1300	1150

（2）锰含量控制。在以 MnS 作抑制剂的取向电工钢中，为了形成一定体积分数的细小弥散 MnS，严格控制钢中锰含量至关重要。锰含量控制的具体范围与选择 MnS 作为主抑制剂还是辅助抑制剂有关。钢中锰和硫的固溶度积影响钢中 MnS 的析出数量和尺寸，对钢的二次再结晶的发展和最终磁性能有很大影响。Mn 和 S 的溶度积过高，会使板坯加热时 MnS 固溶不完全，从而影响 MnS 在后面热轧等工序的析出状态和抑制能力，最终使得取向电工钢成品的磁性能降低。同时，成分设计时还应考虑 Mn/S 和后工序脱硫情况。一般来说，CGO 钢中以 MnS 为主要抑制剂时，规定锰含量为 0.05% ~ 0.3%，硫含量为 0.0015% ~ 0.03%；以 MnS 为辅助抑制剂的 Hi-B 钢中规定锰含量为 0.05% ~ 0.16%，硫含量为0.004% ~ 0.01%[13]。真空处理和浇注过程中容易发生回锰现象，因此应控制转炉终点锰含量低于最终成分的要求。

（3）酸溶铝含量控制。AlN 不仅是 Hi-B 钢的主要抑制剂，也是 CGO 钢的辅助抑制剂。为了保证钢中存在一定量 AlN 来获得理想的高斯织构，需要准确控制形成 AlN 的酸溶铝含量。在生产实践[14]中，RH 精炼时，常常多次调整铝含量，可使酸溶铝含量精确控制在 0.030% ~ 0.031%，RH 精炼后至铸坯的铝损失不超过 0.0026%。

（4）氮含量控制。氮含量直接关系到 AlN 的形成，需要在 RH 精炼过程对氮含量进行控制。如果生产"获得抑制剂"的低温 Hi-B 钢，后工序还要进行渗氮处理，以形成合适的 AlN 抑制剂。对于 Hi-B 钢，在 RH 全程采用氮气作为驱动气体，配以部分氮化硅锰合金调整钢水氮含量，钢中氮含量可以控制在 0.0070% ~ 0.0083%，以满足取向电工钢中 AlN 形成[15]。

（5）碳、硫含量控制。与无取向电工钢要求极低 C、S 含量不同，冶炼取向电工钢时，C、S 含量控制相对较高，碳含量为 0.03% ~ 0.08%（无取向电工钢 C ≤ 0.0030%），硫含量为 0.004% ~ 0.03%（无取向电工钢 S ≤ 0.0030%）。

（6）防止磁时效。磁时效是指电工钢使用一段时间后铁损增加、磁感应强度下降的现象。磁时效现象主要是 C、O、N 元素固溶所致，因此应尽可能降低取向电工钢成品中的 C、O、N 含量。当电工钢中 C、N 含量分别不高于 0.0035% 时，磁时效现象明显减小。当电工钢中 C ≥ 0.0035% 时，一般需要进行时效检查，要求时效处理后铁损变坏率不高于 4%。为了防止磁时效现象，在冶炼过程中应保证钢质的洁净度，将钢中的氧含量降至 0.0015% 以下，钢中的碳将在后工序脱碳退火过程中降至 0.0030% 以下，氮也将在最终高温退火的高温净化过程被大部分去除。

6.4.2　取向电工钢冶炼工艺解析

与无取向电工钢比较，取向电工钢需要一定数量细小的 MnS、AlN 等抑制剂。因此，取向电工钢的 C 含量控制相对较高，同时需要严格控制 Al、N、Mn、S、Cu 等抑制剂形成元素的含量。一般的冷轧取向电工钢与无取向电工钢的化学成分比较见表 6-7。

冶炼时与无取向电工钢的相同之处不再赘述，这里主要讲述其不同和需要注意之处：

（1）转炉操作。转炉入炉的铁水锰含量应不高于 0.35%，最好不高于 0.15%。在吹炼过程中，当钢水碳含量降至 1.5%~3.0%、温度在 1350~1450 ℃ 范围时，脱锰效果最佳。转炉吹炼终点的锰含量应不高于 0.12%。转炉停止吹氧后，底吹氩气搅拌 1~3 min 可以使熔池锰含量继续降低。武钢转炉通过后搅拌操作，使冶炼取向电工钢时转炉终点锰含量继续降低 0.001%~0.008%[16]。转炉冶炼要求高碱度和较大渣量，碱度一般为 4.0~5.0。

（2）RH 真空处理。取向电工钢规定的碳含量较高（0.03%~0.08%），因此在 RH 处理时不需要脱碳操作，主要任务是合金成分的调整、保证氮含量和去除夹杂物。控制真空度不大于 400 Pa，循环量约 30 t/min，真空处理时间 20~30 min。对于 Hi-B 钢，RH 精炼过程主要采用硅脱氧工艺，然后加入少量的铝，精确控制 Al_s 含量，同时减少后续铸机浇注过程的铝损失，保证后工序稳定析出 AlN 抑制剂。

（3）温度精确控制[17]。温度的控制要求见表 6-11。

表 6-11　高磁感取向电工钢时各工序对钢水的温度要求　　　　　　　　（℃）

工序	转炉出钢	RH 到站	RH 终	中间包
设定温度	1630~1660	1605~1635	1550~1570	1515~1545

6.5　电工钢生产的新工艺流程

6.5.1　薄板坯连铸连轧流程生产电工钢

6.5.1.1　薄板坯生产电工钢的工艺技术特点[18]

薄板坯连铸连轧（TSCR）是 20 世纪 80 年代末成功开发的一项新技术，是连续、紧凑、高效的板带材生产流程之一。采用薄板坯连铸连轧流程生产电工钢，从节能降耗、提高产品质量等方面都具有一定的优势。马钢是国内首家利用薄板坯连铸连轧线生产无取向电工钢的企业。之后，武钢、涟钢、唐钢、邯钢、通钢等企业均有采用薄板坯连铸连轧流程生产无取向电工钢。武钢还利用该流程生产过高磁感取向电工钢。薄板坯连铸连轧流程在国内无取向电工钢生产领域得到迅速发展。目前国内薄板坯连铸连轧流程以生产无取向电工钢为主，取向电工钢尚处于少量生产阶段，因此，本节仅以无取向电工钢为例。

A 薄板坯连铸连轧流程生产无取向电工钢的技术优势[19]

（1）较好的铸态组织。相比传统厚板坯（210~250 mm），薄板坯（如50 mm厚）的凝固时间仅为传统厚板坯的1/15~1/10。组织均匀细小，改善了成分的波动，从而减少了溶质元素的偏析。对于电工钢生产来说，薄板坯连铸连轧流程可减少连铸坯内裂纹，降低元素偏析程度有利于改善铁损和磁时效[20]。细小柱状晶本身属于对磁性能有利的立方织构(100)[001]，未被完全破碎而遗传至成品，使最终产品的磁感应强度较传统产品更高。此外，可采用液芯压下技术，有利于改善中心偏析和疏松。

（2）准确的温度控制。无取向电工钢的生产要求板坯加热温度不能过高，以防止第二相粒子重新固溶并在热轧及后工序热处理过程中再次呈细小弥散析出，阻碍晶粒长大，恶化成品铁损。然而，又要求终轧温度相对较高，有利于第二相粒子的粗化团聚，促进晶粒的长大，改善铁损。薄板坯流程较传统板坯流程更容易实现准确的温度控制（加热温度一般控制在1150 ℃左右，终轧温度控制在850~950 ℃）。薄板坯连铸连轧流程由于省去了粗轧环节，终轧温度精度也可得到更好的控制，带钢磁性能更加均匀。

（3）良好的成品板形。薄板坯连铸连轧流程由于带坯断面温度均匀，纵向温度波动小，热轧板板形和尺寸控制精度更高，为冷轧生产提供优异条件，减小冷轧产品的同板差，最终成品叠片系数提高，更好满足下游用户的需求。

（4）能耗低，成材率高。薄板坯连铸连轧流程板坯均为直接热装，采用辊底式加热炉均热，有效减少板坯中间冷却和再加热的能耗，降低生产成本。此外，相比传统流程长时间的加热过程导致的氧化烧损严重，薄板坯流程氧化烧损小，同时也降低轧制中的边裂，减少切边量，提高了成材率。

B 薄板坯连铸连轧流程生产无取向电工钢的技术难点

（1）薄板坯连铸过程拉速快，约为常规连铸的4~5倍，夹杂物无法在结晶器内充分上浮，而浸入式水口的出钢口孔径只有常规连铸的三分之一，导致浇注过程中水口易堵塞，连浇炉数仅为3~5炉，无法充分发挥薄板坯连铸连轧流程的高效低成本优势，现在一般通过钙处理或成分调整等方法来解决夹杂物堵水口的问题。

（2）薄板坯连铸生产带钢的表面氧化皮比较严重，需要通过热轧过程除鳞工艺与卷取温度匹配、（常化）酸洗表面质量控制以及连退过程炉内氛围控制等措施来解决表层氧化铁皮较严重的问题。

（3）瓦楞状缺陷。在生产低碳（≤0.0030%）、硅含量不低于1.0%的中低牌号电工钢时，较传统板坯更易在冷轧后出现瓦楞状缺陷。薄板坯流程连铸过程无电磁搅拌，柱状晶比例高，热轧过程中若无相变，细小柱状晶难以被破碎，产生纤维状组织，遗传至后工序乃至成品表面产生几微米宽的瓦楞状缺陷。

（4）夹杂物尺寸。此流程由于夹杂物含量较高[21]，热轧板中第二相析出物尺寸相比传统流程略小[22]，与无取向电工钢工艺控制中希望热轧板中第二相粒子粗大的原则相悖，因此，在生产高牌号及薄规格无取向电工钢时将有更大的难度。

6.5.1.2 薄板坯生产电工钢的生产实践

A 工艺流程的选择

马钢采用 CSP 薄板坯连铸连轧生产线来生产无取向电工钢，有以下工艺流程可供选择：

流程 1：铁水预处理—转炉冶炼—RH 真空精炼—CSP 连铸连轧。流程 1 简洁顺畅，成本相对较低，但对钢水成分和温度要求苛刻，尤其是要求硫含量极低。由于 CSP 铸坯的冷却速度较大，铸坯表面的硫元素来不及扩散，硫含量对表面裂纹的影响加剧，漏钢几率也随着硫含量的增加而增加。一旦钢液中酸不溶铝含量高于 0.0003%，结晶器液面波动和塞棒开口度变化就会异常，有断浇的可能。

流程 2：铁水预处理—转炉冶炼—RH 真空精炼—LF 精炼—CSP 连铸连轧。先在 RH 炉深脱碳，再在 LF 炉造渣、脱硫、调整温度和成分。LF 炉的操作可以分解为两个阶段：加热升温；合金化和白渣还原脱硫。经过 RH 真空精炼和 LF 精炼，脱碳和脱硫以及钢液可浇性问题均可得到解决。但是 LF 精炼过程中容易发生增碳、增氮现象，如果控制不好，便会影响无取向电工钢的磁性能。

流程 3：铁水预处理—转炉冶炼—LF 精炼—RH 真空精炼—CSP 连铸连轧。先在 LF 炉精炼处理，再在 RH 脱碳。LF 处理的目的一是深脱硫，可以把硫降至 0.0001% 的极低水平；二是进行炉渣改质，使（FeO+MnO）≤1%，保证后工序保持稳定的炉渣状态；三是调整温度，减少了转炉高温出钢的风险，给转炉操作和炉衬寿命带来很多好处。但是，由于深脱硫前必须使用价格昂贵的铝和其他脱氧剂深脱氧，使成本大幅度增加，并且影响碳在随后的 RH 真空精炼过程的去除，同时会延长 RH 处理时间。

马钢经过综合考虑，选择了"铁水预处理—转炉冶炼—RH 真空精炼—CSP 连铸连轧"生产流程（流程 1）为主，辅之以铁水预处理—转炉冶炼—RH 真空精炼—LF 精炼—CSP 连铸连轧生产流程（流程 2）[23]。随着 RH 精炼水平的提高，目前国内薄板坯生产无取向电工钢均采用流程 1。

B CSP 生产无取向电工钢的工艺解析

CSP 流程生产无取向电工钢的工艺与传统流程的差异主要体现在：

（1）由于 CSP 流程对夹杂物的控制效果不如传统板坯流程，夹杂物更为细小弥散，不利于降低铁损，因此，相同牌号的无取向电工钢在 CSP 流程生产时，可以选择适当提高磁性元素（Si 和 Al_s）的含量，即在 RH 精炼加入更多的合金料。在原辅料和铁水预处理、转炉、RH 和连铸工序进一步降低有害元素（C、S、N）的含量，提高钢水洁净度，减少夹杂物及析出物数量，降低成品的铁损。

（2）由于 CSP 更易出现瓦楞缺陷，在生产 1.0%~1.7% Si 的中、低牌号无取向电工钢时，通过适当降低硅等缩小奥氏体相区元素的含量、提高锰含量、降低硫含量等调整成分的方法，增加钢的奥氏体相比例。采用低过热度浇注、液芯压下、热连轧初道次大压下量轧制等方法来破碎铸坯中的柱状晶，减少热轧板中粗大带状组织的范围，从而防止冷轧后钢板上出现瓦楞缺陷。

（3）通过提高钢水的洁净度和钙处理，有效改善钢水的可浇性，解决 CSP 流程生产无取向电工钢的连浇问题。

6.5.2 薄带铸轧法生产电工钢

6.5.2.1 薄带铸轧法生产电工钢工艺简介

新日铁、意大利 Terni 和美国 AK 等公司均开展过薄带铸轧法生产电工钢的试验，我国上海钢研所、宝钢、东北大学、钢铁研究总院等单位也开展过薄带铸轧法生产电工钢的研究和试验，并取得了重要进展。本节仅以取向电工钢为例。

由于抑制剂须在薄带从铸辊出口至卷取机的不足 1 min 时间内析出，因此温度和时间的控制非常关键。此外，为了稳定和调整抑制剂的析出，薄带热卷还需要进行退火处理。研究者通过"固有抑制剂"法和"获得抑制剂"的联合使用，使抑制效果更为稳定，薄带热卷也不需要退火了，其后进行的一次冷轧，也有利于加强高斯织构。薄带铸轧法生产取向电工钢的流程如图 6-8 所示[24]。

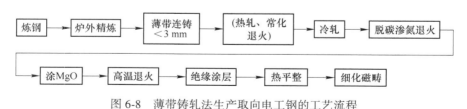

图 6-8 薄带铸轧法生产取向电工钢的工艺流程

6.5.2.2 薄带铸轧法生产电工钢的优点和难点

薄带铸轧法除了流程短、节约能源和投资之外，用于生产电工钢时，还具有独特的优势[25]，主要包括：

（1）薄带的凝固组织具有很强的控制柔性，控制薄带铸轧过程，可以得到与最终织构相匹配的凝固组织和织构，从而提高磁性能；

（2）薄带铸轧法直接由钢液凝固制带，有效利用"固有抑制剂"，无需高温加热，也可不用后期渗氮；

（3）薄带铸轧法冷却速度高达 10^2 ℃/s，铸轧后快速冷却与后续的常化工艺相配合，可以控制晶粒和析出物的尺寸，对于有利织构的形成具有积极意义；

（4）取消了传统流程大压缩比的热轧工序，抑制了无取向电工钢中有害析出物和不利的 γ 织构，避免了取向电工钢中 AlN 过早析出和粗化，可以在单道次热轧甚至无热轧条件下形成足够的高斯晶核。

尽管薄带铸轧法生产电工钢具有上述优点，但是至今未有成功的工业化应用。究其原因，可能存在以下难题：

（1）较高的硅含量（3%左右）造成铸态薄带的脆性大，冷加工性能差；

（2）薄带铸轧过程很难获得稳定和有效的"固有抑制剂"；

（3）薄带铸轧的布流器缝隙非常狭窄，极易发生堵塞和断流，对钢液的可浇性要求很高，因此薄带铸轧法难以生产铝脱氧钢（Al≥0.006%），生产较高 Al_s 含量的取向电工钢（0.022%~0.032%）和更高 Al_s 含量的无取向电工钢（0.4%~1.0%）十分困难；

（4）薄带铸轧法要求的钢液过热度远高于传统连铸和薄板坯连铸，由此带来耐火材料侵蚀严重、质量恶化和成本上扬等问题；

（5）薄带铸轧法生产的电工钢薄带在板形、厚度差、表面质量以及材料均匀性等方面不及传统取向电工钢，难以满足用户日益苛刻的要求。

不少研究者正在努力寻找解决方案。例如，通过优化化学成分和采用热机械处理工艺，获得最优体积分数的奥氏体和合适的晶粒尺寸，来解决电工钢脆性大的问题；采用控制冷却和变形以及后续进行渗氮处理，来改善抑制剂的作用。总之，这些难题需要逐一解决，才能实现薄带铸轧取向电工钢的规模化生产和商业化应用。

6.6　后工序及其对电工钢磁性能的影响

取向和无取向的整体生产流程示意如图 6-9 所示。炼钢连铸之后的各工序简称为"后工序"，对成品磁性能有重要影响。

6.6.1　无取向电工钢后工序及其对磁性能的影响

本节所述的后工序是指热轧及之后的常化、冷轧和退火等工序[13]：

（1）热轧。为了提高成品磁性能，同时减少因加热温度高引起的热轧板表面缺陷问题，在轧机能力允许的条件下，加热温度应尽量低。传统板坯热装在加热炉中，加热到1100~1200 ℃，保温3~4 h；薄板坯在均热炉内，1150~1200 ℃均热30 min左右。

热轧工序中采用热连轧机轧成带卷。一般开轧温度为1080~1180 ℃，终轧温度为780~880 ℃，卷取温度为550~710 ℃。通用的传统板坯热轧工艺制度是粗轧机轧4~6道，每道压下率相近，为20%~40%。精轧机轧5~7道，第一道压下率约为40%，以后每道压下率逐渐减小，最后一道为10%~20%。对于无常化处理的低牌号无取向硅钢，卷取温度高于700 ℃，可起到热轧带卷常化（连续炉）改善织构和磁性能的作用。对有常化处理的中高牌号无取向硅钢，卷取温度可以降低至550 ℃左右。

（2）常化。中高牌号无取向硅钢（Si≥1.7%）一般在冷轧前须进行常化处理。主要目的是使热轧板组织更均匀，使再结晶晶粒增多，防止瓦楞状缺陷。同时使晶粒和析出相粗化，加强(100)和(110)有利织构组分并减弱不利的(111)织构组分，成品磁性能明显提高，特别是B_{50}值。一般常化温度为800~1000 ℃，时间为2~5 min。

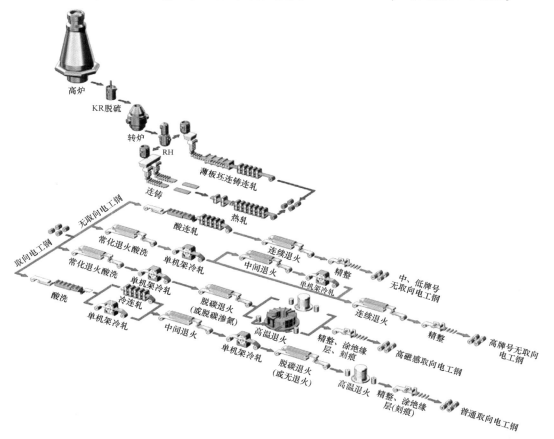

图6-9　取向和无取向的整体生产流程示意图

（3）冷轧。冷轧前经酸洗去除表面氧化铁皮。一般经冷连轧机冷轧，也可用可逆式四辊、六辊或二十辊轧机冷轧。中低牌号无取向电工钢多采用冷连轧机，生产效率高。高牌号多采用二十辊轧机。随着冷连轧机能力的提升，高牌号也逐渐开始使用冷连轧生产。厚度由 2.0~2.5 mm 冷轧到 0.5 mm、0.35 mm 等。一般经 5 道轧成，每道尽可能采用 25%~30% 大压下率冷轧，最后一道经 10% 压下率冷轧以保证板形良好。对于更薄的成品，可以采用两次冷轧，中间加退火的工艺完成。

（4）退火。退火目的是使冷轧板通过再结晶，消除冷轧产生的应变和促进晶粒长大。之前退火线都有脱碳功能，现在由于炼钢水平的提高，最终退火前钢中的碳含量已经不高于 0.003%，因此退火过程中不再进行脱碳处理。

退火一般采用连续退火线，对于有相变的中低牌号无取向电工钢而言，退火保温段温度必须在相变点以下。对于无相变的中高牌号无取向电工钢，退火保温段温度增高和时间延长，可使晶粒尺寸增大，铁损降低，但磁感应强度和硬度也有所降低。通用退火制度为（800~1050）℃×（1~3）min（保温段），晶粒直径为 20~150 μm（一般硅含量越高，合适的晶粒尺寸越大）。连续炉退火时要控制好炉内张力，以保证良好的板形和磁性能，并可使横向铁损降低。

（5）绝缘涂层。一般绝缘涂层与连续退火炉在一条作业线上，退火后立即涂绝缘膜并烘烤。要求绝缘膜耐热性好、薄且均匀、层间电阻高，附着性、冲片性、耐蚀性、防锈性和焊接性好。

6.6.2 取向电工钢后工序及其对磁性能的影响

取向电工钢制造工艺复杂，其后工序流程更长，影响磁性能的因素诸多。取向电工钢后工序及其对成品磁性能的影响主要如下[13]：

（1）铸坯加热。3% Si 的取向电工钢热导率低，铸坯急冷或急热都会产生裂纹，甚至断坯。铸坯一般采用热送热装。铸坯的加热温度与选取的抑制剂有直接关系。例如，以 AlN 为主抑制剂的 Hi-B 钢采用高温工艺（高于 1300 ℃）或者采用低温工艺（1150 ℃ 左右，需要后续渗氮），以 Cu_2S 为主抑制剂的 CGO 钢采用中温工艺（1200 ℃ 左右）。

（2）热轧。由于板坯加热温度不同，热轧过程温度也有些差异。一般采用大压下率高速轧制以保证粗轧坯温度高。精轧的开轧和终轧温度越高，成品磁性能越好。卷取温度一般在 550 ℃ 左右。热轧卷厚度一般在 2.0~2.7 mm。

（3）常化（Hi-B 钢）。以 AlN 为主抑制剂时，热轧后、冷轧前必须在氮气下进行高温常化，目的是为了在冷却过程中析出大量细小的 AlN，同时使热轧板组织更均匀，再结晶晶粒数量更多。

通常常化与酸洗在一条作业线上进行。常化温度为 1050~1150 ℃。常化后严格控制开始急冷温度和冷却速度,因为 10~50 nm AlN 就是在冷却过程中通过 $\gamma \to \alpha$ 相变而析出。一般在空冷至约 900 ℃ 后喷水冷却(相当于淬在 100 ℃ 水中)。常化温度、时间、开始快冷温度和冷却速度与钢中 Al_s 和氮含量有关,若 Al_s 含量高,应慢冷;若 Al_s 含量低,则采用快冷。常化温度过高或时间过长,热轧板中细小 MnS 聚集粗化,使成品的磁性能降低。

(4)冷轧:

1)以 AlN 为主要抑制剂的一次大压下率冷轧法。热轧板常化和酸洗后应尽快冷轧,采用时效轧制,即将钢板加热到 180 ℃ 左右,再冷轧至 0.27 mm、0.23 mm 等成品厚度。

2)以 MnS 为主要抑制剂的二次冷轧法。一般用冷连轧或二十辊轧机冷轧,冷轧前钢卷温度控制在 50~80 ℃。第一次冷轧压下率为 60%~70%,经 3~4 道冷轧,中间退火后,进行 50%~55% 压下率第二次冷轧,冷轧道次为 2~3 道。

(5)中间退火(二次冷轧法)。中间退火的目的是通过再结晶消除第一次冷轧产生的加工硬化,便于第二次冷轧,并保证合适的压下率。中间退火进行脱碳,对于 MnS 为主抑制剂的钢板,此处脱碳仅脱除一部分,后面还有脱碳退火。对于 Cu_2S 为主抑制剂的钢板,此工序可将碳脱除至 0.003% 以下,后续不需要再脱碳。

中间退火温度为 750~950 ℃,时间为 2.5~4 min。退火温度过低,初次再结晶不完善。退火温度过高,初次晶粒粗大,使冷轧和脱碳退火后初次晶粒不均匀,不利于二次再结晶发展。

(6)脱碳退火(高温 CGO 钢和高温 Hi-B 钢)或脱碳渗氮(低温 Hi-B 钢)。冷轧到成品厚度的钢带在连续炉内进行脱碳退火。其目的是:完成初次再结晶,使基体中有一定数量的(110)[001] 初次晶粒以及有利于它们长大的初次再结晶织构和组织。将钢中碳脱至 0.003% 以下,保证以后高温退火时处于单一的 α 相,能够发展完善的二次再结晶组织,钢带表面形成致密均匀的 SiO_2 薄膜(2~3 μm 厚)。通用的脱碳退火制度是快升温到 (835~850) ℃×(1~3) min,保护气氛为湿的 20% H_2+80% N_2,冷却段通干燥的 20% H_2+80% N_2,再喷氮气快冷。对于"获得抑制剂"法制成的低温 Hi-B 钢,在脱碳退火后进行气体渗氮处理,将钢中的氮含量提升至 0.02% 左右。

(7)涂 MgO。涂 MgO 通常与连续炉脱碳(或脱碳渗氮)退火在同一条作业线上进行。钢带退火并冷却到室温后通过涂层机组,涂 MgO 悬浮液并烘干。涂 MgO 为了防止钢带成卷后,在高温退火时粘接。

（8）高温退火。涂好 MgO 的钢卷通常放在环形隧道炉或单个高温罩式加热炉的底板上并加内罩进行高温退火。高温退火的主要工艺和作用是：升温到 850~1050 ℃，通过二次再结晶形成较为单一的（110）[001]织构；升温到 1000~1100 ℃，通过 MgO 与表面氧化膜中 SiO_2 起化学反应，形成 Mg_2SiO_4（硅酸镁或铁橄榄石）玻璃膜底层；在（1200±20）℃条件下保温进行净化退火，去除钢中硫和氮，同时使二次晶粒吞并分散的残余初次晶粒，使二次晶粒组织更完整，晶界更平直。

（9）平整拉伸退火及涂绝缘膜。高温退火后由于热应力作用，钢带变形，宽度方向隆起，隆起高度可达 30 mm 以上，因此在连续炉中氮气气氛下，加适当张力经约 800 ℃平整拉伸退火，并将所涂的绝缘涂层烧结好。

（10）激光刻痕。取向电工钢的二次晶粒粗大，磁畴尺寸也粗大，涡流损耗增高。为了进一步降低铁损，对钢带的表面进行激光刻痕来细化磁畴。在表面刻出平行线，使刻痕上的组织产生变形，在非刻痕区域产生残余应力，从而达到细化磁畴和降低铁损的目的。一般激光刻痕可以使取向电工钢铁损降低10%~20%。

6.7　本章小结

（1）我国电工钢产品的磁感应强度和铁损等磁性能达到国际先进水平。我国电工钢标准的演变反映出对产品质量、能源消耗以及环境保护等方面的要求逐步趋于严格，高磁感 Hi-B 钢和低温板坯加热的取向电工钢成为主流产品，同时淘汰了热轧硅钢等产品。电工钢的冶炼工艺也取得了显著的进步。

（2）高牌号无取向电工钢要求极低的 C、S、N（C≤0.003%，S≤0.0025%，N≤0.0015%）以及极低的夹杂物含量。通过 KR 铁水预处理、转炉防止回硫以及 RH 精炼炉喷粉脱硫，可以将无取向电工钢硫含量降至不高于 0.0010%。通过 RH 真空脱碳，可以将碳含量降至不高于 0.0020%。无取向电工钢采用铝脱氧工艺，会形成许多 Al_2O_3 夹杂物。如果去除不够充分，连铸时便会造成水口结瘤，还会引发产品的质量缺陷。在无常化处理的情况下，无相变的无取向电工钢（Si≥1.7%，C≤0.01%）表面沿轧制方向易出现瓦楞状缺陷，有效的解决办法之一是电磁搅拌，将铸坯中的柱状晶比例控制在 35% 以下。整个生产流程中需要防止增碳和增氮。

（3）取向电工钢铸坯中 C、S 含量控制相对较高（C 0.03%~0.06%，S 0.023%~0.029%），但要求准确控制 Mn、Al 等抑制剂组成元素的含量，使 AlN 和 MnS 等"有利夹杂物"在钢中的数量和形态能够满足抑制剂要求。为了防止取向硅钢在使用过程中的磁时效现象，冶炼时应保证钢质的洁净度，将钢中氧含量降至 0.0015% 以下，取向电工钢中的碳在后工序脱碳退火过程中降至 0.0030% 以下，大部分的硫和氮也在最终高温退火的净化过程被去除。

参 考 文 献

[1] 苗晓，张文康，王一德 . Al 含量对 2.2%Si 无取向硅钢组织、织构和磁性能的影响 [J]. 特殊钢，2011，32（12）：56-59.

[2] 赵宇，李军，董浩，等 . 国外电工钢生产技术发展动向 [J]. 钢铁，2009，44（10）：1-5.

[3] 程林，庞伟光，刘珍童，等 . 杂质元素对无取向硅钢性能的影响与控制工艺研究 [J]. 金属材料与冶金工程，2019，47（1）：43-48.

[4] Cicutti C E, Madias J, González J C. Control of micro-inclusions in calcium treated aluminum killed steels [J]. Ironmaking and Steelmaking, 1997, 24（2）：155-159.

[5] 万勇，陈伟庆，吴绍杰 . 50W600 无取向硅钢钙处理的热力学分析及实验研究 [J]. 上海金属，2014，36（1）：37-41.

[6] 王龙妹，谭清元，李娜，等 . 稀土在无取向电工钢中应用的研究进展 [J]. 中国稀土学报，2014，32（5）：513-533.

[7] Ren Q, Hu Z, Cheng L, et al. Modification mechanism of lanthanum on alumina inclusions in a non-oriented electrical steel [J]. Steel Research International, 2022：2200212.

[8] 吴明，李应江 . 120t 转炉冶炼无取向硅钢脱硫技术研究 [J]. 钢铁，2011，46（2）：30-34.

[9] 李应江，包燕平 . 120tLD-RH-LF CSP 流程生产 W600 无取向硅钢的工艺实践 [J]. 特殊钢，2008，29（6）：34-36.

[10] 徐小伟 . KR-BOF-RH 流程高牌号无取向硅钢 W310 超低硫冶炼研究与实践 [J]. 特殊钢，2023，44（1）：55-60.

[11] 刘良田 . 超低碳电工钢碳的控制 [J]. 武钢技术，2000，38（3）：1-5.

[12] Nobuyuki Takahashi, Yozo Suga, Hisashi Kobayashi. Recent developments in grain-oriented silicon-steel [J]. Journal of Magnetism and Magnetic Materials, 1996, 160：98-101.

[13] 何忠治 . 电工钢 [M]. 北京：冶金工业出版社，2012.

[14] 刘良田 . 高牌号取向硅钢酸溶铝的控制 [J]. 炼钢，1990（2）：1-6.

[15] 李志成 . 高磁感取向硅钢炼钢生产实践 [J]. 包钢科技，2022，48（2）：5-7，18.

[16] 鄢宝庆 . 取向硅钢转炉复吹工艺试验研究 [J]. 钢铁研究，1991（6）：9-12.

[17] 赵沛 . 合金钢冶炼 [M]. 北京：冶金工业出版社，1992：149-159.

[18] 项利，陈圣林，裴英豪，等 . 国内薄板坯连铸连轧生产无取向电工钢的现状及研究进展 [C]. 第十一届中国钢铁年会论文集，2017：1-6.

[19] 项利，付兵，荣哲，等 . 薄板坯连铸连轧生产电工钢的生产现状及发展趋势 [C]. 中国金属学会 . 全国炼钢–连铸生产技术会议论文集（下），2012：561-566.

[20] 李华 . 板带材轧制新工艺、新技术与轧制自动化及产品质量控制实用手册 [M]. 北京：冶金工业出版社，2005.

［21］ 殷瑞钰，张慧．新形势下薄板坯连铸连轧技术的进步与发展方向［J］．钢铁，2011，46（4）：1-9.

［22］ 裴英豪，张建平，朱涛，等．硅、铝含量对 CSP 无取向电工钢热轧板中析出物的影响［J］．钢铁，2007，42（8）：64-68.

［23］ 范鼎东．CSP 流程生产无取向电工钢的工艺研究［D］．北京：钢铁研究总院，2006.

［24］ Klaus Günther，Giuseppe Abbruzzese，Stefano Fortunati，et al. Recent technology developments in the production of grain-oriented electrical steel［J］．Steel Research International，2005，76（6）：413-421.

［25］ 轧制技术及连轧自动化国家重点实验室（东北大学）．高品质电工钢薄带连铸制造理论与工艺技术研究［M］．北京：冶金工业出版社，2015：4-13.

7 高速工具钢

高速工具钢简称高速钢，俗称锋钢。高速钢中含有大量的钨、钼、铬、钒等合金元素，属于高碳高合金莱氏体钢，通过热处理可以获得极高硬度（HRC 63～70），而且在 550～600 ℃仍可以保持高硬度（HRC 60 以上）和高耐磨性，其主要用途为制造各种机床的切削工具和刃具，如车刀、钻头、铣刀、拉刀、插齿刀、铰刀、丝锥、锯条等；也部分用于高载荷模具、航空高温轴承及特殊耐热耐磨零部件等。高速钢的产量不大，但由于其成分复杂、合金含量高，生产工艺与性能特殊，价格昂贵，因此在特殊钢一直占有独特的地位。

7.1 高速工具钢的分类和性能要求

7.1.1 高速工具钢的分类

7.1.1.1 按合金元素分类

按所含合金元素的不同，高速钢可分为三个基本系列：

（1）钨系高速钢。该类高速钢的钨含量在 9%～18%，钼含量不超过 1%，代表钢号为 W18Cr4V。

（2）钼系高速钢。该类高速钢以钼元素为主，钼含量高于 8%，不含钨或钨含量不超过 2%，代表钢号为 M1（W2Mo9Cr4V）。

（3）钨钼系高速钢。该类高速钢钨钼含量介于钨系与钼系高速钢之间，代表钢号为 W6Mo5Cr4V2（M2）。

由于合金元素钨、钼属于同族元素，所以有按 Mo/W = 1/（1.4～1.5）比例来替代的，不会降低钢的热稳定性，但随着钨、钼含量的变化，三类高速钢的组织和性能各有其特点。在三类高速钢中都含钒或钴元素。

7.1.1.2 按使用性能分类

按照使用性能可分为普通高速钢和特种高速钢，其中普通高速钢包括通用型高速钢和低合金高速钢。后者包括钴高速钢、含钒 2.5%以上的高钒高速钢（历史上曾称为"超高速钢"）及高碳型的超硬高速钢：

（1）通用型高速钢。该类一般不含钴，钒含量在 2.5% 以下。通用高速钢是高速钢中的基本钢种，也是高速钢中品种、数量和规格最多的牌号，适用于一般钢铁材料 25~40 m/min 的切削速度，当刀尖温度为 550~600 ℃ 时，仍可保持硬度 HRC 55~60，广泛应用于车刀、铣刀、刨刀及钻头等，也用来制造高耐磨的模具和高温轴承等。

（2）低合金高速钢。低合金高速钢是指合金含量（主要是钨、钼含量）较低的高速钢，钨当量多在 5%~12% 的范围内。开发该类钢的目的是节约贵重合金元素，降低成本，满足某些特定领域的切削工具或其他制件的要求。典型钢种如美国的 M50（8Cr4Mo4V），德国的 S3-3-2（W3Mo3Cr4V2），我国研制的 W3Mo2Cr4VSi 和 W4Mo3Cr4VSi 钢等。低合金高速钢可代替通用型高速钢制作不太苛刻条件下服役的木工刀具和机用工具，用于加工铝合金、灰口铸铁、可锻铸铁（HB<220）、易切削钢、碳素结构钢（HB<230）、低合金结构钢等。近些年来，随着表面涂层技术的发展，可以使低合金高速钢获得更好的切削性能，替代通用型高速钢。

（3）特种性能高速钢。特种性能高速钢也称为高性能高速钢，主要指高温硬度、抗回火软化性和耐磨性显著优于通用型的高速钢品种。特种性能高速钢又分为高钒（V≥2.5%）高速钢、钴高速钢和超硬高速钢。除了含钴、钒外，还可含有铝及较高的碳。典型品种有 W6Mo5Cr4V3（M3）、W6Mo5Cr4V2Co8（M35）、W6Mo5Cr4V2Al 等。该类钢主要用于切削难加工材料，如铸铁和铜合金、不锈钢、高温合金、钛合金及调质钢等，除了具有高硬度（一般 HRC>63，高的达 68~70），高耐磨性和一定的韧性，还要求在高速切削时具有抗软化性能，即红硬性。

7.1.1.3 按照生产工艺分类

（1）传统高速钢。采用传统冶金方法，即铸锭（或电渣重熔锭）—锻轧工艺，这也是大部分高速钢的生产工艺。由于钢中合金元素含量高，钢锭凝固冷却速度慢等因素，不可避免地会产生粗大的莱氏体碳化物偏析组织，其偏析程度是鉴定高速钢质量优劣最重要的指标之一。

（2）粉末冶金高速钢。粉末冶金高速钢（Powder Metallurgy High Speed Steel，PM HSS）是一种采用粉末冶金方法制得的致密钢坯，再经锻、轧等热变形而得到的高速钢型材，具有第二相颗粒分布均匀、尺寸细小、强度、韧性好及耐疲劳性能优良、磨削性能好、热处理变形量小等优点，并且钢中允许更高的碳及合金含量。

（3）喷射成型高速钢。喷射成型（Spray Forming）技术是在粉末冶金与快速凝固工艺的基础上发展的一种材料制备技术。其原理是利用高速惰性气体将液态金属雾化后沉积在沉积盘上，最后形成沉积坯。喷射成型工艺融合了传统铸造和粉末冶金的技术优点，用该工艺制备的高速钢钢锭，在一定程度上减少偏析，细化晶粒，洁净度高，工艺流程也较短，成本相对低。

　　图 7-1 所示为三种工艺生产的高速钢微观组织形貌，可以看到传统冶金方法生产的高速钢（图 7-1（a））存在严重的组织偏析，而采用粉末冶金（图 7-1（b））和喷射成型工艺（图 7-1（c））生产的高速钢，碳化物细小且均匀分布在基体上。

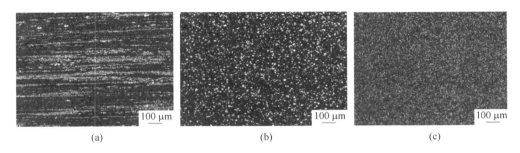

(a)　　　　　　　　　　(b)　　　　　　　　　　(c)

图 7-1　高速钢 M3 微观组织形貌

（a）传统高速钢；（b）粉末冶金高速钢；（c）喷射成型高速钢

常见的高速钢牌号、国内外牌号对照、特点及用途见表 7-1。

表 7-1　常见的高速钢牌号、国内外牌号对照、特点及用途

	牌　　　号				性能特点	主要用途
ISO	美国（AISI）	日本（JIS）	德国（DIN）	中国（GB/T 9943）		
HS18-0-1	T1	SKH2	S18-0-1	W18Cr4V	最老牌号的钨系高速钢，具有较高的热硬性及高温硬度，淬火不易过热，易磨削；热塑性低，韧性稍差	主要用于制作高速切削的车刀、钻头、铣刀、铰刀等刀具，还用作板牙、丝锥、扩孔钻、拉丝模等
HS2-9-2	M7	SKH58	S2-9-2	W2Mo9Cr4V2	典型的低钨钼系高速钢，具有较高的热硬性和韧性，耐磨性好，但脱碳敏感性大	主要用于制作螺丝工具，如丝锥、板牙等；还用于钻头，铣刀及多种车削工具和冷冲模具等
HS6-5-2	M2	SKH9	S6-5-2	W6Mo5Cr4V2	钨钼系通用型高速钢，是世界用量最大的高速钢钢种，具有较高的硬度、热硬性及高温硬度、热塑性好，强度和韧性优良，缺点是钢的脱碳敏感性较大	主要用于制造耐磨性和韧性配合良好的刀具和普通刀具，如插齿刀、锥齿轮刨刀、铣刀、车刀、丝锥、钻头等；还用作高载荷下耐磨性好的冷作模具等

牌 号					性能特点	主要用途
ISO	美国 (AISI)	日本 (JIS)	德国 (DIN)	中国 (GB/T 9943)		
—	—	—	—	W9Mo3Cr4V	我国自主研制的通用型高速钢,使用性能与 M2 相当,综合性能优于 T1。合金成本也较低	可替代 W18Cr4V 和 M2 制作各种刀具和工具
HS6-5-3	M3	SKH53	S6-5-3	W6Mo5Cr4V3	高碳高钒型高速钢,其耐磨性优于 M2,磨削性能比 M2 差,脱碳敏感性也较大	用于制作要求特别耐磨性的工具和一般刀具,如拉刀、滚刀、螺丝梳刀、车刀、刨刀、丝锥、钻头等
HS18-01-10	T6	SKH4A	—	—	钨系高钴型高性能高速钢,具有更高的热硬性能	主要用于高速切削的机床刀具
HS18-1-1-5	T4	SKH3	S18-1-2-5	W18Cr4VCo5	钨系高钴型高性能高速钢,具有更高的热硬性能	主要用于高速切削的机床刀具
HS6-5-2-5	M35	SKH55	S6-5-2-5	W6Mo5Cr4V2Co5	钨钼系一般含钴高速钢,其比 M2 具有更高的热硬性和耐磨性,韧性和强度较差	用于制作高速切削机床的刀具和要求耐高温并承受一定振动载荷的刀具
HS12-1-5-5	T15	SKH10	S12-1-4-5	W12Cr4V5Co5	钨系高钒含钴型高速钢,曾被称为"王牌钢",具有超高的耐磨性。但磨削性和韧性较差	适用于要求特殊耐磨性的切削刀具,如螺丝梳刀、车刀、铣刀、刮刀、滚刀及成型刀具、齿轮刀具,还适用于制造冷作模具等,不宜制作用于高速切削的复杂刀具
HS10-4-3-10	M48	SKH57	S10-4-3-10	W10Mo4Cr4V3Co10	钨钼系高钒高钴超硬高速钢,有很好的耐磨性和红硬性	适用于要求高耐磨性和高耐热性的立铣刀,成型刀具齿轮滚刀、钻头、铣刀、专用丝锥等

牌 号					性能特点	主要用途
ISO	美国 （AISI）	日本 （JIS）	德国 （DIN）	中国 （GB/T 9943）		
HS2-9-1-8	M42	SKH59	S2-9-8	W2Mo9Cr4V2Co8	钨钼系高碳含钴超硬型钢，硬度可达 HRC 66~70，具有高的热硬性，是用量最大的超硬钢	用于制作各种复杂的高精度刀具，如精密拉刀、成型铣刀、钻头以及各种高硬度刀具。可用于难加工的材料，如钛合金、高温合金，超高强度钢等进行的切削加工
—	—	—	—	W6Mo5Cr4V2Al	我国研制的钨钼系无钴超硬型高速钢，具有高硬度及热硬性，耐磨性和热塑性较好，但钢的过热与脱碳敏感性较大	用于制造各种拉刀、插齿刀、齿轮滚刀、铣刀、刨刀、钻头等切削工具，切削难加工材料时，使用寿命与 M42 接近

7.1.2 高速钢的性能要求

高速钢的性能主要包括使用性能和工艺性能[1]。

7.1.2.1 使用性能

（1）高硬度。这里硬度是指淬火-回火热处理后的常温硬度，是衡量高速钢性能最重要的指标之一，工具没有足够的硬度是不能进行切削或成型的。高速钢的硬度决定于化学成分和热处理工艺，按照硬度高低可分为普通硬度和超硬型两类，普通硬度包括通用型钢 W18Cr4V（T1）、W6Mo5Cr4V2（M2）、W9Mo3Cr4V 及一般的高钒钢和低合金高速钢，硬度在 HRC 63~66 的范围；超硬型如美国的 M40 系、国内自主研发的无钴、低钴高速钢，硬度在 HRC 66~70。

（2）红硬性。红硬性是指高速钢在呈暗红色温度下保持硬度的能力。高速钢刀具在通常切削条件下，升温大约 500~650 ℃。红硬性不但直接影响到刀具的磨损，而且对切削升温也有影响，坍塌的刀尖对切削产生阻滞，会增大抗力和摩擦强度。影响高速钢红硬性的因素较多，主要包括化学成分、淬火温度、二次硬化硬度和碳化物不均匀度等。

钢在超过回火温度时，由于回火转变的发展而导致硬度下降，称为抗回火软化性，国外也有称热稳定性，与红硬性是两个不同的概念。

（3）强度与韧性。切削刀具除了要求高的表面硬度，还要求整个截面或某个部位上应具有相应的强度，以抵抗在工作过程中所经受的扭转、拉伸、弯曲、压缩等各种载荷。抗压强度是工具材料基本的、最接近工作条件的力学性能之一。在一定的硬度范围（HRC 58~70）内，高速钢的抗压断裂强度和硬度呈线性关系。抗压屈服强度 $R_{p0.2}$ 在 2000~3000 MPa 或抗压断裂强度在 3000~4000 MPa 的高速钢是工模具最适宜的选材。

刀具必须具备一定的承受冲击载荷的能力，特别是在断续切削条件下，因此冲击韧性是高速钢的重要性能指标之一，通常采用无缺口试样冲击韧性测试值和抗弯强度测试值来表征。高速钢的韧性与化学成分、冶炼工艺、热加工方法及热处理等都有很大关系。

（4）耐磨性。切削刀具大多因磨损失效，因此，耐磨性是衡量高速钢性能的最重要的指标。不同刀具在切削受热温度下的基体硬度是决定耐磨性的首要因素，合金碳化物的组成、大小、分布对耐磨性也起重要作用。因此，耐磨性是红硬性、硬度、韧性、基体组织等指标的综合反映。

7.1.2.2　工艺性能

（1）热塑性。高速钢属于高碳、高合金的莱氏体钢，热塑性差，变形抗力大，变形困难，尤其是铸态组织更是如此。经锻轧成坯后，粗大的一次碳化物网被破碎分散，塑性才能明显提高。一般来讲，不同成分的高速钢热加工塑性的温度峰值范围有差异，钨系高速钢的峰值范围宽，钨钼系次之，钼系的最窄。

（2）氧化倾向与脱碳敏感性。高速钢在锻轧加热时会产生氧化铁皮，使钢坯的收得率损失 2%~3%。一般而言，钨系高速钢的抗氧化性能比钨钼系和钼系高速钢要好，钼系最差，含铝高速钢的氧化倾向也较大，甚至在退火温度（850~900 ℃）下也会形成严重氧化皮，钢中高硅也有类似倾向。

脱碳敏感性也是高速钢的重要特性之一，由于高速钢含碳量较高，在锻轧的高温加热和退火时，易产生表面脱碳，降低硬度，钢厂和工具厂对此十分关注。钼系高速钢的脱碳倾向最严重，钨系高速钢最轻，钨钼系高速钢介于二者之间，含铝高速钢的脱碳倾向也比较严重。

（3）裂纹敏感性。高速钢具有热传导系数低、碳化物多、组织不均匀、空冷自硬等特点，裂纹敏感性极高。在冶金全流程（锭-坯-材）生产过程和热处理过程中，由于不均匀加热及不当冷却，都可能造成表面裂纹和内部裂纹。

（4）淬火过热敏感性。高速钢的淬火温度接近熔点，最佳淬火温度范围较窄（15~25 ℃），容易造成淬火过烧，一旦发生就无法挽回。因此，淬火过热敏感性也是高速钢的重要性能之一。淬火过热敏感性与钢的化学成分及组织有关，影响最大的是淬火温度，其次是加热时间。一般而言，钨系高速钢的过热敏感性低，钨钼系较高，钼系最高。

（5）可磨削性。可磨削性是指刀具在被磨削加工时的难易程度，是衡量高速钢工艺性能的重要指标之一。磨削加工是刀具制造的最后一道工序，对刀具的质量性能、寿命及生产效率有很大影响。影响高速钢磨削性能最大的因素是钢中一次碳化物 MC 相（含钒为主），其尺寸越大越难以磨削。高速钢的钒含量越高，其耐磨性越好，磨削性能越差。

除了上述工艺性能外，高速钢的冷加工性能、异向性、可焊性等也是重要的工艺性能。

7.1.3 高速钢的质量要求

高速钢的质量要求，世界各国的标准要求不尽相同，与美国 ASTM A600-2016、日本 JIS G 4403：2022、德国 DIN 17350-80 等工业发达国家及 ISO 4957：2018 高速钢的国际标准相比，我国 GB/T 9943—2008 标准的检验项目最多，要求也最严格。按照 GB/T 9943 标准规定的常规检验项目有：化学成分、交货状态硬度、淬回火硬度、断口、低倍组织、显微组织、脱碳、表面质量、尺寸公差等：

（1）高速钢的化学成分。各国高速钢标准纳入的钢种大部分相同，但又各具本国特点。美国 ASTM A600-2016 标准纳入的钢号最多，比较完整。在化学成分控制范围方面，我国标准与美、日、德等国标准相当。GB/T 9943—2008 标准中的钢种及化学成分见表 7-2，成分允许偏差规定应见表 7-3。此外规定：残余铜含量应不大于 0.25%，残余镍含量应不大于 0.30%。

（2）交货状态硬度。高速钢大多是退火状态交货，为了保证良好的机加工性能，国内外标准均规定了最高退火硬度，如 GB/T 9943—2008 标准中大多钢号退火硬度 HB≤255，少数高钒、高钴高速钢退火硬度高些。随着技术的进步，有的标准退火硬度规定一定区间，如 GB/T 3080—2001 中规定 M2 钢丝的交货硬度为 HB 207～255。GB/T 9943—2008 标准规定的交货状态高速钢退火硬度见表 7-4。

（3）淬回火硬度。淬回火硬度是高速钢最接近使用状态的性能检测指标。各国标准均把淬、回火硬度作为基本保证条件和必检项目。按照规定的试样热处理制度进行淬火与回火热处理，进行硬度测定。美国 ASTM A600-2016 标准规定热处理温度波动范围最窄（±5 ℃）。GB/T 9943—2008 标准规定的不同品种的高速钢试样热处理工艺及硬度见表 7-5。

表7-2 常见高速钢的化学成分

牌号	C	Mn	Si	S	P	Cr	V	W	Mo	Co
						化学成分（质量分数）/%				
W3Mo3Cr4V2	0.95~1.03	≤0.40	≤0.45	≤0.030	≤0.030	3.80~4.50	2.20~2.50	2.70~3.00	2.50~2.90	—
W3Mo3Cr4VSi	0.83~0.93	0.20~0.40	0.70~1.00	≤0.030	≤0.030	3.80~4.40	1.20~1.80	3.50~4.50	2.50~3.50	—
W18Cr4V	0.73~0.83	0.10~0.40	0.20~0.40	≤0.030	≤0.030	3.80~4.50	1.00~1.20	17.20~18.70	—	—
W2Mo8Cr4V	0.77~0.87	≤0.40	≤0.70	≤0.030	≤0.030	3.50~4.50	1.00~1.40	1.40~2.00	8.00~9.00	—
W2Mo9Cr4V2	0.95~1.05	0.15~0.40	≤0.70	≤0.70	≤0.70	3.50~4.50	1.75~2.20	1.50~2.10	8.20~9.20	—
W6Mo5Cr4V2	0.80~0.90	0.15~0.40	0.20~0.45	≤0.030	≤0.030	3.80~4.40	1.75~2.20	5.50~6.75	4.50~5.50	—
CW6Mo5Cr4V2	0.86~0.94	0.15~0.40	0.20~0.45	≤0.030	≤0.030	3.80~4.50	1.75~2.10	5.90~6.70	4.70~5.20	—
W6Mo6Cr4V2	1.00~1.10	≤0.40	≤0.45	≤0.030	≤0.030	3.80~4.50	2.30~2.60	5.90~6.70	5.50~6.50	—
W9Mo3Cr4V	0.77~0.87	0.20~0.40	0.20~0.40	≤0.030	≤0.030	3.80~4.40	1.30~1.70	8.50~9.50	2.70~3.30	—
W6Mo5Cr4V3	1.15~1.25	0.15~0.40	0.20~0.45	≤0.030	≤0.030	3.80~4.50	2.70~3.20	5.90~6.70	4.70~5.20	—
CW6Mo5Cr4V3	1.25~1.32	0.15~0.40	0.20~0.45	≤0.030	≤0.030	3.75~4.50	2.70~3.20	5.90~6.70	4.70~5.20	—
W6Mo5Cr4V4	1.25~1.40	≤0.40	≤0.70	≤0.030	≤0.030	3.80~4.50	3.70~4.20	5.20~6.00	4.20~5.00	—
W6Mo5Cr4V2Al	1.05~1.15	0.15~0.40	0.20~0.60	≤0.030	≤0.030	3.80~4.40	1.75~2.20	5.50~6.75	4.50~5.50	—
W12Cr4V5Co5	1.50~1.60	0.15~0.40	0.15~0.40	≤0.030	≤0.030	3.75~5.50	4.50~5.25	11.75~13.00	—	4.75~5.25
W6Mo5Cr4V2Co5	0.87~0.95	0.15~0.40	0.20~0.45	≤0.030	≤0.030	3.80~4.50	1.70~2.10	5.90~6.70	4.70~5.20	4.50~5.00
W6Mo5Cr4V3Co8	1.23~1.33	≤0.40	≤0.70	≤0.030	≤0.030	3.80~4.50	2.70~3.20	5.90~6.70	4.70~5.30	8.00~8.80
W7Mo4Cr4V2Co5	1.05~1.15	0.20~0.60	0.15~0.50	≤0.030	≤0.030	3.75~4.50	1.75~2.25	6.25~7.00	3.25~4.25	4.75~5.75
W2Mo9Cr4VCo8	1.05~1.15	0.15~0.40	0.15~0.65	≤0.030	≤0.030	3.50~4.25	0.95~1.35	1.15~1.85	9.00~10.00	7.75~8.75
W10Mo4Cr4V3Co10	1.20~1.35	≤0.40	≤0.45	≤0.030	≤0.030	3.80~4.50	3.00~3.50	9.00~10.00	3.20~3.90	9.50~10.50

表 7-3 钢棒化学成分允许偏差   （wt%）

元　素	化学成分允许上限	允许偏差
C	—	±0.01
Cr	—	±0.05
W	≤10	±0.10
	>10	±0.20
V	≤2.5	±0.05
	>2.5	±0.10
Mo	≤6	±0.05
	>6	±0.10
Co	—	±0.15
Si	—	±0.05
Mn	—	±0.04

表 7-4 高速钢退火硬度规定

牌号	退火硬度 HB	牌号	退火硬度 HB
W3Mo3Cr4V2	≤255	CW6Mo5Cr4V3	≤262
W4Mo3Cr4VSi	≤255	W6Mo5Cr4V4	≤269
W18Cr4V	≤255	W6Mo5Cr4V2Al	≤269
W2Mo8Cr4V	≤255	W12Cr4V5Co5	≤277
W2Mo9Cr4V2	≤255	W6Mo5Cr4V2Co5	≤269
W6Mo5Cr4V2	≤255	W6Mo5Cr4V3Co8	≤285
CW6Mo5Cr4V2	≤255	W7Mo4Cr4V2Co5	≤269
W6Mo6Cr4V2	≤262	W2Mo9Cr4VCo8	≤269
W9Mo3Cr4V	≤255	W10Mo4Cr4V3Co10	≤285
W6Mo5Cr4V3	≤262		

表 7-5 试样热处理工艺及硬度

牌号	试样热处理制度及淬回火硬度				
	淬火温度/℃		淬火介质	回火温度/℃	硬度 HRC
	盐浴炉	箱式炉			
W3Mo3Cr4V2	1180~1120	1180~1120	油或盐浴	540~560	≥63
W4Mo3Cr4VSi	1170~1190	1170~1190		540~560	≥63
W18Cr4V	1250~1270	1260~1280		550~570	≥63
W2Mo8Cr4V	1180~1210	1180~1210		550~570	≥63

牌号	试样热处理制度及淬回火硬度				
	淬火温度/℃		淬火介质	回火温度/℃	硬度 HRC
	盐浴炉	箱式炉			
W2Mo9Cr4V2	1190~1210	1200~1220	油或盐浴	540~560	≥64
W6Mo5Cr4V2	1200~1220	1210~1230		540~560	≥64
CW6Mo5Cr4V2	1190~1210	1200~1220		540~560	≥64
W6Mo6Cr4V2	1190~1210	1190~1210		550~570	≥64
W9Mo3Cr4V	1200~1220	1220~1240		540~560	≥64
W6Mo5Cr4V3	1190~1210	1200~1220		540~560	≥64
CW6Mo5Cr4V3	1180~1200	1190~1210		540~560	≥64
W6Mo5Cr4V4	1200~1220	1200~1220		550~570	≥64
W6Mo5Cr4V2Al	1200~1220	1230~1240		550~570	≥65
W12Cr4V5Co5	1220~1240	1230~1250		540~560	≥65
W6Mo5Cr4V2Co5	1190~1210	1200~1220		540~560	≥64
W6Mo5Cr4V3Co8	1170~1190	1170~1190		550~570	≥65
W7Mo4Cr4V2Co5	1180~1200	1190~1210		540~560	≥66
W2Mo9Cr4VCo8	1170~1190	1180~1200		540~560	≥66
W10Mo4Cr4V3Co10	1220~1240	1220~1240		550~570	≥66

（4）宏观组织：

1）低倍组织是高速钢宏观组织质量的重要表征。常用横向热酸浸法检验，标准要求试片上不允许有肉眼可见的缩孔、气泡、翻皮、内裂和夹杂等缺陷。各国对高速钢低倍组织的检验要求差别较大，日本和英国规定供需双方协议执行，法国及 ISO 标准未规定要求，美国、前苏联及我国有明确严格要求。GB/T 9943—2008 规定中心疏松、一般疏松和锭型偏析的应符合表 7-6 的规定。

表 7-6 低倍组织合格级别要求

截面尺寸（直径、边长、厚度或对边距离）/mm	中心疏松		一般疏松		锭型偏析	
	电炉	电渣	电炉	电渣	电炉	电渣
	合格级别/级					
≤120	≤1	≤1	≤1	≤1	≤1	≤1
>120~150	≤1.5	≤1	≤1.5	≤1	≤1.5	≤1
>150~200	双方协商	≤1.5	双方协商	≤1.5	≤1.5	≤1.5
>200~250	双方协商	≤2	双方协商	≤2	≤2	≤2

2）断口。断口检验也是高速钢标准规定的宏观组织之一，不得有萘状断口组织。断口的检验方法可参照 GB 1814—79《钢材断口检验法》检验。高速钢材淬火出现萘状断口是混晶和粗晶的结果，与钢种特性及生产工艺有关。只要生产工艺正常，无粗晶和混晶发生，就不会出现萘状断口。

（5）共晶碳化物不均匀度。共晶碳化物不均匀度是高速钢最重要的冶金质量指标之一。GB/T 9943—2008 标准中规定了钨系钢和钨钼系钢各尺寸组距的碳化物不均匀度的合格级别，见表 7-7。

表 7-7   高速钢共晶碳化物的要求

截面尺寸（直径、边长、厚度或对边距离）/mm	共晶碳化物不均匀度合格级别/级
<40	≤3
>40~60	≤4
>60~80	≤5
>80~100	≤6
>100~120	≤7
>120~160	≤6A、5B
>160~200	≤7A、6B
>200~250	≤8A、7B

（6）碳化物颗粒度。碳化物颗粒大小也是高速钢质量的一项标志，粗大的碳化物颗粒会恶化钢的韧性和磨削性能，对冷拔材的质量影响最大。国外高速钢标准对碳化物颗粒大小并无明确规定，但冶金厂都有内控要求。国内钨钼系钢丝的大颗粒碳化物属于必检项目，其中 W6Mo5Cr4V2、W4Mo3Cr4VSi 碳化物颗粒度不高于 12.5 μm，W9Mo3Cr4V 钢丝碳化物颗粒度不高于 15 μm。

（7）脱碳层。高速钢碳含量高，脱碳敏感性大，因此脱碳层也是高速钢的重要检验项目之一。按照 GB/T 9943—2008 标准规定，钢棒表面的总脱碳层（铁素体+过渡层）深度应符合表 7-8 的规定。

表 7-8   脱碳层的要求

分　类	脱碳层深度 a/mm	
	钨系	钨钼系 11
热轧、锻制棒材，盘条	≤0.30+1%D	≤0.40+1.3%D
冷拉	≤1.0%D	≤1.3%D
银亮	无	无

注：1. D 为圆钢公称直径或方钢公称边长。

2. 热轧、锻制扁钢的脱碳层深度按其相同面积方钢的边长计算。扁钢脱碳层深度在宽面检查。

W9Mo3Cr4V 钢的脱碳层深度为 0.35 + 1.1%D。

7.1.4 高速钢的发展趋势

高速钢诞生至今已有 120 多年的历史，人们在合金化、钢种、生产工艺、热处理技术、组织性能及应用等方面做了大量的工作，已经达到成熟的阶段。20 世纪中期以来，硬质合金、TiC 基硬质合金、涂层硬质合金、陶瓷和金属陶瓷、立方氮化硼、聚晶金刚石等超硬工具材料不断出现，在切削速度、切削效率及切削难加工材料方面优于高速钢。但是，高速钢在韧性、工具成型方面却是任何超硬材料难以相比的，尤其是在大型、复杂、精密刀具的应用方面。因此，尽管在单刃刀具高速切削与难加工材料领域中硬质合金等所占的份额日益增多，但在一般材料及多刃刀具、受冲击和震动的切削加工时，高速钢仍占主要地位。目前，高速钢与硬质合金并列成为现代刀具的两大支柱材料。其发展趋势如下[2]：（1）粉末冶金高速钢品种系列化，质量性能不断提高，成本降低，其应用范围将不断扩大；另外，喷射成型的技术突破也将大大提高大截面高速钢的碳化物质量水平。（2）涂层高速钢新技术的不断发展，其应用范围将不断扩大。（3）高速钢连铸技术的成熟与推广，将大大提高中小型材的成材率，降低生产成本，而且提高碳化物质量水平。（4）高速钢的微观组织和合金化机理将有更深入的研究，尤其是关于粉末冶金和喷射成型的机理。

7.2 高速钢的冶金质量要求

7.2.1 主要合金元素的作用

高速钢的性能取决于其化学成分、生产和热处理工艺，因此必须认识主要合金元素的作用，在炼钢过程中准确地予以控制，为得到理想的组织和性能奠定基础。

高速钢中主要含有 C、W、Mo、Cr、V 等碳化物形成基本元素，此外，还可能含有 Co、Al、Si 等非碳化物形成元素，作用分述如下：

（1）C。碳是高速工具钢中的基本元素，可强化固溶体，获得马氏体，提高淬透性。更重要的是与钢中的 W、Mo、V、Cr 等结合生成 M_6C、MC、M_2C、$M_{23}C_6$ 和 M_7C_3 等多种类型的复合碳化物，提高钢的硬度、耐磨性、红硬性。一般高速工具钢碳含量在 0.65%~2.5%的范围，以保证形成各种复合碳化物。在相同淬火温度下，随着碳含量增加，二次硬化峰值硬度升高。通常采用平衡碳（C_S）近似计算公式求得最佳的二次硬化效果的碳含量。

$$\%C_S = 0.033\%W + 0.063\%Mo + 0.060\%Cr + 0.200\%V \tag{7-1}$$

式中，C_S 为 W、Mo、V、Cr 与 C 形成 W_2C（或 FeW_2C）、Mo_2C（或 Fe_4Mo_2C）、

$Cr_{23}C_6$、V_4C_3 时所用的碳量。随着钢中碳含量逐渐接近 C_S，二次硬化效果（硬度和红硬性）逐渐上升到最高值，而韧性则随之下降。因此，在超硬型高速钢中含碳量接近 C_S。通用型高速钢为了保持良好的韧性，碳含量一般比 C_S 低 0.15% ~ 0.30%，用于载荷较低的低合金高速钢，实际碳含量可能超过 C_S。随着碳含量的增加、钢的热加工性能变差，韧性下降，碳化物偏析增加，可焊性变差。所以高速工具钢的碳含量在一定的范围内增减。

（2）W 和 Mo。钨和钼是高速钢的主加元素，钨的熔点为 3400 ℃，密度为 19.2 g/cm³；钼的熔点为 2630 ℃，密度为 10.2 g/cm³。钨与钼均是周期表Ⅵ类副族元素，晶体结构都是体心立方晶格，二者都是强碳化物形成元素，在高速钢中具有相似的作用，由于钼的原子量约为钨的一半，一般可用 1% 的钼取代 2% 的钨。主要作用有：1）形成一定数量的难溶一次碳化物，阻碍奥氏体晶粒长大，使钢可以在接近熔点温度淬火，同时使钢具有高硬度和高耐磨性；2）形成足够量的二次碳化物，通过淬-回火热处理，脱溶析出 M_2C 及 MC 碳化物，产生二次硬化和红硬性。钨与钼也有许多不同之处，在传统冶炼凝固条件下，高钨钢在钢水凝固时形成粗大鱼骨状的 M_6C 一次共晶碳化物，热加工塑性差，难以均匀破碎，并多是棱角状，分布的均匀性也较差，对钢的韧性产生了不利影响。钨降低钢的导热性。在通常凝固条件下，钼系高速钢的一次共晶碳化物主要为 M_2C，M_2C 是亚稳定的碳化物，高温加热时部分能分解成 M_6C 和 MC 两种稳定的碳化物，改善了钢的热塑性，碳化物颗粒相对较细、较均匀，提高了钢材的韧性。钼系钢热稳定性不如钨系钢，易过热，脱碳敏感性也较大。另外，钼容易被氧化，并形成易熔和易挥发的氧化物 MoO_2。因此，应该从材料性能、经济性和资源等方面综合考虑高速钢中的钨当量和钨、钼的合理配比。

（3）Cr。铬是高速钢中的重要合金元素，在高速钢中含量约 4%。铬是强碳化物形成元素，在退火态高速钢中约有 50% 铬固溶于基体中，剩余的铬主要形成以 Fe、Cr 为主的 $M_{23}C_6$ 型碳化物，部分固溶于 M_6C 及 MC 型碳化物中，促进这些难溶碳化物在高温淬火时较多地固溶，使淬火马氏体具有足够的碳和合金元素，有利于回火时大量析出 M_2C 和 MC，所以铬对二次硬化也有间接作用。铬提高钢的淬透性。4% 铬含量使钢有一定的抗大气腐蚀能力。此外，铬对高速钢在高温加热时的抗氧化和抗脱碳性能也有重要作用。

（4）V。钒是高速钢中不可替代的合金元素，强碳化物形成元素，在钢中部分存在于基体，部分形成 MC 型碳化物，是高速钢中硬度和稳定性最高的碳化物。钢中随着钒含量的增加，MC 型碳化物的数量也随之增加，在 MC 中还会溶解有 Fe、W、Mo 和 Cr 等其他元素。在高温淬火时少量的 MC 型碳化物能固溶于基体中，回火时析出细小、弥散的 MC 型碳化物，有力地增强二次硬化作用。未溶的大尺寸的 VC 阻止淬火加热时晶粒长大，而且由于硬度极高，能显著地提高钢的耐磨性，但降低了可磨削性。铸锻高速钢中的钒含量一般在 1%～3%，少于 1% 时钢的二次硬化、红硬性及耐磨性变差，高于 3% 时可磨削性能恶化。对于耐磨性要求高的钢种，其钒含量可达 4%～5%，有的甚至高达 9%～10%，一般采用粉末冶金工艺生产，由于细化了 MC 型碳化物的尺寸，可磨削性能大大改善。

（5）Co。钴是非碳化物形成元素，在高速钢中主要存在于基体中。钴能显著提高高速钢的切削性能。其主要作用有：1）钴对高速钢开始熔化温度（固相线位置）略有提高，可使用更高温度淬火，溶入更多的合金碳化物；2）减少淬火态残余奥氏体含量及降低其稳定性，钴并不溶解于二次碳化物中，但能促进回火时碳化物的形核和长大及二次碳化物的析出，细化其颗粒，增加钢的二次硬度，提高红硬性；3）钴能提高高速钢的热导率，尤其是在 600～700 ℃，这对切削刀刃温度散失有利。高速钢中一般钴含量在 5%～12%，钴含量低于 1.8% 时，对高速钢的性能几乎无影响，当钴含量大于 2.4% 时，即开始对钢的性能产生影响。通常是钴含量越高，钢的性能越好，但随着钴含量增加，钢的韧性下降，当钴含量大于 12% 时，钢就变得很脆，稍受冲击就会折断。

（6）Al。铝不是碳化物形成元素，可以固溶于铁素体或奥氏体中，为强铁素体形成元素。铝历来被作为高速钢冶炼的终脱氧剂，在钢中残余量在 0.1% 以下。铝对高速工具钢性能有一定影响，但影响机理目前尚不清楚，一般认为铝的作用可能是：铝和氮结合形成 AlN，可控制高温下的晶粒长大，便于采用较高的淬火温度来改善碳化物的溶解，而不粗化晶粒。由于铝的低熔点和易氧化的特性，在切削加工时产生切削热的作用下，铝能在刀具表面形成一层极薄的氧化铝，有很好的保护刀具作用。铝在高速钢中的加入量，一般不大于 1.5%，因为当 Al>1.5% 时，将会降低其对高速工具钢性能所起的作用。

（7）Si。硅不是碳化物形成元素。在高速钢中的硅被作为炼钢脱氧剂而残留存在，钢中的硅含量一般在 0.2%～0.4%，其下限是为了保证脱氧充分，其上限则是认为对高速钢的韧性和脱碳有不利影响。但在低合金高速钢中添加 0.70%～1.30% 的 Si，对其二次硬化、红硬性及高温硬度都明显有利作用，并且获得应用，如瑞典改型的 D950、美国的 Vasco Dyne、我国的 W3Mo3Cr4VSi、W2Mo2Cr4VSi 等。

7.2.2 冶金缺陷的形成原因及改善措施

7.2.2.1 碳化物不均匀度
高速钢中的碳化物，根据其在钢中的存在的特征及实际生成过程，可以分为一次碳化物和二次碳化物。前者是在凝固过程中直接从液相中析出的碳化物，故也称"初生碳化物"，包括各种先共晶和共晶碳化物，主要有 M_6C、M_2C、MC 等不同类型，它们在随后的热加工和热处理过程中被破碎或分解成颗粒状存在于钢中。二次碳化物是在凝固或热处理过程中从固态基体中析出的，主要包括 M_6C、MC、$M_{23}C_6$、M_7C_3 及 M_2C 等不同类型，这些固态基体包括高温 δ 铁素体、奥氏体（γ）及马氏体等。高速钢的碳化物不均匀度主要指一次碳化物的不均性。它是高速钢材的一项重要质量指标，通常采用金相试验法对钢中经过变形的共晶碳化物的分布形态进行评定。当钢中碳化物分布不均匀时，钢的组织必然分布不均匀，对钢的质量和使用性能产生许多不良影响：碳化物堆积处，易产生碳化物剥落；淬火时易产生局部过热、裂纹及混晶，以及不均匀变形；钢的塑韧性变差；硬度不均匀，使用寿命缩短等。多年来各国都把改善碳化物不均匀度作为提高高速钢质量的重要途径。

A   碳化物不均匀性形成原因

高速工具钢含有大量 W、Mo、Cr、V 等碳化物形成元素在凝固过程中，首先从钢液中析出含碳及合金元素含量很少的 δ 相（固溶体）枝晶，随着温度的下降，δ 固溶体与钢液（L）发生包晶反应[3]：

$$L + \delta \longrightarrow \gamma + L$$

因此，在 δ 相外围生成含碳及合金元素多一些的奥氏体 γ 相。当钢液温度继续下降时，余下的钢液便发生共晶反应：

$$L \longrightarrow \gamma + M_6C(\text{一次})$$

即奥氏体和共晶碳化物同时从液相中析出，相间排列组成共晶莱氏体，包围着奥氏体晶粒。此反应结束即凝固过程结束，所以共晶反应是高速钢凝固过程的最后也是最重要的反应，共晶莱氏体则是组织最重要的特征。共晶体在结构上以脆性的网络形式分布在奥氏体晶粒边缘。随着钢的塑性变形，脆性共晶网络被破碎，结果沿加工变形方向呈条状分布。钢的变形量越大，脆性共晶体网络破碎得越好；如钢的变形量不够（加工压缩比小），则共晶体网络有可能未被完全破坏，这时碳化物呈不同程度的分叉状形态分布，就构成了高速钢材碳化物的不均匀性。

B   改善碳化物不均匀性的措施

高速钢碳化物不均匀性是由一次碳化物分布不均匀引起的。通过锻、轧塑性变形和热处理在一定程度上能得以改善，但不能从根本上解决。根本解决碳化物的不均匀性，主要通过控制钢液结晶条件，细化铸态共晶体的网络。而结晶条件的控制，必须在浇注过程中进行。从高速工具钢的结晶过程可以看到，钢液结晶之后，晶粒越细，则围绕晶粒的铸态共晶体的网络也越细，而细化了的共晶体网络在加工过程中也容易破碎，从而改善了钢的碳化物不均匀性。

据此，可通过如下方法得到细小的铸态晶粒，以改善碳化物的不均匀性：

（1）正确控制钢液温度。钢液温度对钢的碳化物不均匀性影响很大，其中有决定意义的是浇注温度。如果浇注温度低，则钢的碳化物不均匀性也低。而浇注温度高低，是靠出钢温度、镇静时间和浇注速度来控制的。从图 7-2～图 7-4 可分别看出，出钢温度、镇静时间和浇注速度对碳化物不均匀性的影响[4]。

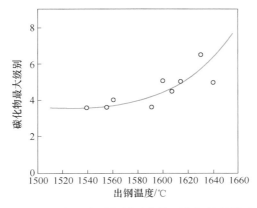

图 7-2　出钢温度对钢材碳化物不均匀性的影响

（锭型：780 kg 扁锭；钢材规格：φ60～80 mm；钢液在包内镇静时间相同）

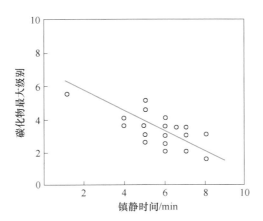

图 7-3　镇静时间对钢材碳化物不均匀性的影响

（锭型：525 kg 扁锭；钢材规格：φ40～60 mm；钢液在包内镇静时间相同）

从以上各图看出，在冶炼浇注过程中，为了改善钢材碳化物的不均匀性，在不影响钢的其他质量条件下，应该采取中温出钢，适当延长镇静时间，并用合适的浇注速度相配合，使钢液处于稍低温度下浇注。

（2）合理选择锭型。钢锭形状、大小，影响钢液在模内结晶时的冷却速度。冷却

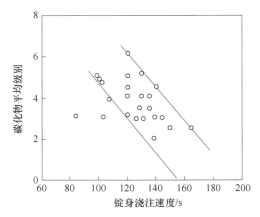

图 7-4　浇注速度对碳化物不均匀性的影响

（锭型：780 kg；扁锭；钢材规格：φ60~80 mm）

速度越快，得到的铸态共晶体网络就越细，从而改善碳化物的不均匀性。一般高速工具钢用钢锭质量小于 1 t。在相同压下量的条件下，不同冷却强度对碳化物不均匀性的影响如图 7-5 所示。

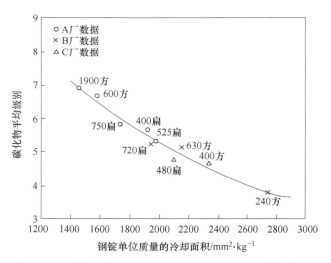

图 7-5　在压下量相同条件下，冷却强度对碳化物不均匀性的影响（点旁数据为锭型与质量）

　　为了进一步加强钢液的冷却速度，我国高速钢生产中大都采用扁锭。扁锭和方锭相比，在相同截面积条件下，具有较大的表面积，增大散热面，提高钢锭的冷却速度，从而细化铸态共晶体网络，改善碳化物的不均匀性，并且扁锭在加工变形中有"走扁方"反复变形过程，也有利于碳化物网络的破坏。生产实践表明，扁锭对改善碳化物的不均匀性有明显效果，见表 7-9[5]。

　　（3）采用电渣重熔工艺。早在 1948 年霍普金斯报道了 Kellogg 公司采用电渣重熔生产高速钢锭，碳化物分布的均匀性得到显著改善。电渣重熔可以细化铸态莱氏体组织，改善钢中的碳化物分布的均匀性，是国内外冶金工作者的共识，也是国内外铸锻工艺生产大截面高速钢的普遍手段。关于电渣锭型尺寸，压缩比及锻（轧）材尺寸与碳化物不均匀度的关系，国内[6]进行了系统研究，结果见表7-10。

表 7-9 不同锭型的碳化物不均匀性比较[5]

钢材规格 /mm	碳化物不均匀性的平均级别			
	400 kg 方锭	600 kg 方锭	625 kg 扁锭	780 kg 扁锭
$\phi120$	7.25	6.48	6.40	6.25
$\phi100$	6.10	5.85	5.56	5.30
$\phi80$	5.69	5.30	5.13	4.75
$\phi60$	4.06	4.25	3.56	3.47
$\phi40$	2.89	3.22	2.63	3.68
$\phi22$	2.37	2.58	2.25	2.39

表 7-10 电渣锭直径和压缩比对轧材、锻材碳化物不均匀度的影响

电渣锭直径/mm								
$\phi250$			$\phi315$			$\phi400$		
轧材直径 /mm	压缩比	碳化物不均匀度/级	轧材直径 /mm	压缩比	碳化物不均匀度/级	锻材直径 /mm	压缩比	碳化物不均匀度/级
26	92.46	2.83	44	51	4.0	60	44.4	4.75
30	69.44	2.89	45	49	4.2	70	32.7	5.25
32	61.04	3.12	50	40	4.4	80	25.0	4.70
33	57.39	3.25	55	33	4.6	85	22.1	5.25
34	54.07	3.39	65	23	5.2	90	19.8	5.70
35	51.02	3.33	80	16	5.4	100	16.0	5.79
36	48.23	3.40	85	14	6.0	105	14.5	5.25
38	43.28	3.69	105	9.0	6.3	110	13.2	6.25
39	41.09	3.68	115	7.5	6.6	115	12.1	6.13
40	39.06	3.83	120	6.9	6.6	120	11.1	6.47

综上所述，在生产高速钢时，应根据各厂条件选择合适的锭型，既要保证钢锭有较大的冷却速度，又要有较大的加工压缩比，这样才有利于改善钢的碳化物不均匀度。

7.2.2.2 大块角状碳化物

高速钢中一次碳化物的大小及形状对高速钢的工艺性能和使用性能产生重要影响。当钢中碳化物的颗粒粗大，形状又不规则，外形角状较多，俗称大块角状碳化物，它们的主要危害是：碳化物颗粒易剥落，使低倍质量恶化；外力作用下，易产生裂纹；易造成工具崩刃掉齿，提前报废；工具淬、回硬度不均匀等。

形成大块角状碳化物的原因有：（1）在冶炼时，使用的钨铁（Fe-W）中的碳化钨未完全溶解于钢中；（2）锭型不合理，钢锭太大；（3）浇注温度太高；（4）钢材在热加工和热处理时高温下加热的时间过长。

防止和改善大块角状碳化物的途径有：（1）冶炼中，Fe-W 应随炉料一次加入，还原期应尽量少加 Fe-W；调整成分时，补加 Fe-W 后要有充分的熔化时间，并不断搅拌钢液，待 Fe-W 完全熔化后方可出钢；（2）采用较低的浇注温度；（3）采用较小的钢锭或扁锭；（4）正确控制热加工和热处理时的加热温度和保温时间。

7.2.2.3 断口夹杂

断口夹杂及其对钢的危害性有：断口夹杂是一种冶金缺陷。用宏观淬火断口检验法，在试样的纵向断口上可以检视出钢中夹杂物的分布情况，这种夹杂物在试样断口上往往呈现一条黑线，通常称为断口夹杂。这些夹杂有：硅酸盐、铝硅酸盐、钙硅酸盐、锰硅酸盐、钒铁矿、铁锰氧化物、氧化亚铁、氧化亚锰、氧化钒以及铬的氧化物。

断口夹杂是高速工具钢不允许存在的缺陷，存在断口夹杂的钢材往往由于出现开裂而报废。

形成原因及改善措施有：内生和外来夹杂都可能引起断口夹杂的产生。在冶炼和浇注过程中，创造有利于夹杂物排出的条件。例如，在炉体良好的情况下冶炼；氧化期脱碳量大于 0.1%，以保证熔池沸腾；还原期保证钢液的良好脱氧及夹杂物上浮的时间；保持浇注系统清洁等。随着冶金技术的发展，该类缺陷在高速钢中不多见了。

7.3 高速钢的冶炼工艺和关键技术

7.3.1 高速钢的标准及技术进步

我国最早的高速钢标准（重 22—52）颁布于 1952 年，其内容移用苏联标准 ГОСТ 5952—51，只有两个钢种 Ρ18 和 Ρ9（苏联的 Р18 与 Р9），相应于 W18Cr4V 和 W9Cr4V2。1957 年冶金部与一机部公布《工具钢材特殊技术条件》，简称《五七工特》，涉及碳工、合工及高工钢 6 个品种，对 2 个高速钢 Ρ18 和 Ρ9 的质量规定严格要求：（1）不允许有萘状断口；（2）碳化物不均匀度加严 1 级；（3）低倍组织缺陷不允许超过 1 级。对于当时生产条件而言难度较大，尤其是碳化物不均匀度合格率较低。1959 年颁布了 YB 12—59 标准，替代重 22—52，增加两个钢种，即 W12Cr4Mo 及 W9Cr4V，钢中碳化物不均匀度评定引用 ГОСТ 标准图片。1963 年冶金部制定了《高速工具钢热轧及锻制圆钢和方钢品种》标准，即 YB 193—63，该标准中将高速钢材交货的尺寸偏差确定为正偏差。1977 年制定 YB 12—77 代替 YB 12—59，该标准中纳入 9 个新钢种，冲破钨系高速钢框架，引入钨钼系高速钢，W6Mo5Cr4V2 即美国的 M2 钢，高钒、含钴等超硬型高速钢，尤其是根据我国资源特点的 M2Al 钢。另外该标准中列入了低倍碳化物剥落图片、碳化物网、带系图片，并增加了酸浸低倍组织的检验。20 世纪 80 年代，推出 YB(T) 2—80 标准，参照美国 ASTM 标准，进一步完善了钢种系列，淘汰了国内研制尚不够成熟的钢种，新增加 10 个国际上通用的美国钢种，形成了通用型、高性能（加钴、高钒）型和超硬型三类钢种系列，向国际标准靠拢。在质量性能方面：（1）取消化学成分偏差；（2）退火硬度采用 ASTM 标准相应规定；（3）低倍组织、碳化物不均匀度和表面质量按《五七工特》执行；（4）取消碳化物剥落图片，归入低倍组织评定；（5）碳化物不均匀度评级图片钨系、钨钼系分列；（6）钢材尺寸偏差改为正偏差交货，精度提高一档，弯曲度要求也有所提高。1982 年制定了我国高速钢第一个国家标准，即 GB 3080—82《高速钢丝标准》，进入国际先进标准之列。1984 年制定了 GB 4462—84《高速钢工具钢大块碳化物评级图》。此后，相继制定了 GB 9941—88《高速钢钢板技术条件》、GB 9942—88《高速钢大截面锻制钢材技术条件》、GB 9943—88《高速钢钢棒技术条件》，这些标准参照了国际先进的标准，形成了我国高速钢的基本国家标准，也是我国使用时间最长的标准[7]。2008 年对高速钢标准进行修订，颁布了 GB/T 9943—2008《高速工具钢》标准，整合并代替原 GB 9943—88、GB 9942—88 和 GB 4462—84。该标准在钢种系列、质量检验、供货状态等方面已经与国际先进标准相当。

高速钢的技术进步可以概括为以下几个方面：

（1）合金成分不断优化。世界各国十分重视新钢种的开发，20 世纪 30 年代研制的钼系钢和钨钼系高速钢，50 年代末开发的超硬高速钢，90 年代开发的高碳、超高合金粉末冶金高速钢。国内研制的 W9Mo3Cr4V 系列钢、W6Mo5Cr4V2Al 及低合金高速钢等，均在刀具行业获得广泛的应用。

（2）采用新工艺。突出代表是粉末冶金技术在高速钢的应用，使高速钢中的一次碳化物细小且均匀分布的理想得以实现，在成分、性能和应用方面开辟了崭新的领域，目前已经发展了三代。另外，近些年来，喷射成型高速钢技术也取得突破性进展，实现了工业化生产，受到国内外的普遍重视。

（3）生产装备不断更新。小吨位感应炉（电弧炉）转向高功率大型感应炉（电弧炉）+炉外精炼，大量应用电渣重熔技术，连铸技术在高速钢生产中获得突破，展示出良好的应用前景。快锻机、精锻机逐渐替代蒸汽锤进行高速钢的锻造加工，高精度棒线连轧机、扁钢专用连轧机逐渐替代老式轧机，使高速钢内在质量和尺寸精度均有明显提高。保护气氛辊底式退火炉及真空退火炉代替了台车式退火炉。后工序配置了高水平的联合拉拔机、精整作业线、剥皮设备、抛光设备、矫直设备以及在线检测设备等。生产装备的不断更新使高速钢的产品质量和商品化水平大幅度提高。

7.3.2 高速钢的生产工艺流程及关键技术

7.3.2.1 高速钢典型生产工艺流程

由于高速钢产量不大、品种繁多，一般采用感应炉或电弧炉生产。

A 传统的高速钢生产工艺流程

（1）中频感应炉或电弧炉生产工艺流程：中频感应炉（3~20 t）或电弧炉（10~30 t）冶炼—模铸，下注钢锭（260~1000 kg）—退火或热送—开坯（可用快锻机、水压机或精锻机、3~5 t 汽锤、750~850 mm 初轧机等）—一次坯退火，修磨—二次开坯或加工成材—成品退火—精整—检验—入库。

（2）电渣钢生产工艺流程：中频感应炉（3~20 t）或电弧炉（10~30 t）冶炼—浇注电极坯—退火—电渣重熔—钢锭退火—开坯（或成材）—退火、修磨—成材—精整—检验—入库。

B 先进高速钢生产工艺流程

（1）大型电炉、LF+VD 精炼工艺流程：

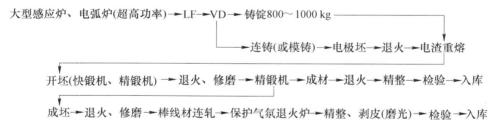

（2）粉末高速钢生产工艺流程：钢液熔炼—气雾化制粉—筛分—包套—脱气—热等静压—锻压开坯（成材）—退火—轧制成材—退火—精整—检验—入库。

7.3.2.2 电弧炉冶炼

高速钢是含有大量 W、Mo、Cr 等合金元素的高合金钢，W、Cr、Mo 等元素是以铁合金形式加入的，所以高速钢的冶炼一般都采用装入法（即不氧化法）或电炉返回吹氧法。由于装入法难以去除钢中杂质和 H、N 等气体，仅在返回钢不足时才采用。采用返回吹氧法或装入法，合金可以随炉料一同装入，这样可大大简化还原期操作，同时还可以回收返回废钢中的贵重合金元素。如果采用氧化法，炉料中就不能配入大量合金料和贵重合金元素的返回废钢，合金元素 W、Cr、Mo、V 等都必须在还原期加入，铁合金的加入量约占钢液量的三分之一，使熔池温度大幅度下降，造成还原期拖得很长，使钢液吸气，电极消耗增加，炉体寿命缩短。钨铁熔点高，密度大，极易沉积炉底，在熔池内分布不均匀，造成成分出格，所以高速钢不宜采用氧化法冶炼，多采用返回吹氧法冶炼工艺。

下面以大量生产的通用型高速钢 W6Mo5Cr4V2（M2）为例介绍返回吹氧法的冶炼工艺特点。

A 对炉体的要求

高速钢一般在小容量电炉上冶炼，便于搅拌使钢液成分均匀。最好在固定的炉子上连续冶炼高速钢，这是因为钨铁密度大，在冶炼过程中不可避免地会渗入炉体耐火材料之中，连续冶炼时合金元素损失少，成分稳定，废品率也低。

高速钢是高合金钢，应当在炉体良好的情况下冶炼。因钨铁极易沉入炉底，使渗入炉底的钨铁量增加，不但造成损失和成分波动，也易产生穿炉事故。另外，炉况不良时，渗钨后会加速炉底损坏，冶炼后期容易浮起镁砂，使炉渣变稠，钢液脱氧不好，夹杂上浮困难，造成钢质量下降，尤其是断口夹杂增加。因此，一般新炉前五炉或中修和大修后前三炉或炉底出深坑时不炼高速钢。

B 配料

用返回吹氧法冶炼高速钢时，合理配料是顺利冶炼和控制成本的重要条件。炉料中同钢种返回钢约占 40%，其余配入工模具钢和轴承钢的返回料，低磷低硫的软钢，Fe-W 合金，Fe-Mo 合金（包括白钨砂、钼精矿焙烧粉、氧化钼块等），Fe-Cr 合金等。同钢种返回比增大对降低成本有利，废钢和废屑（砂轮磨屑、氧化铁皮及机加工废屑等）都可以利用，关键是控制有害元素和杂质含量和加入比例，有些杂质无法去除，反复循环使用会加重钢液污染，成为质量隐患。具体分析如下：

（1）炉料中配碳量应根据钢种的碳含量、熔化期碳的烧损量、氧化期的脱碳量以及还原期的增碳量来确定。返回吹氧法要求的脱碳量不低于 0.10%，以保证氧化期有良好的熔池沸腾，排除夹杂物以减轻断口夹杂缺陷。熔池吹氧助熔时碳烧损量一般为 0.05%~0.10%，还原期增碳量为 0.04%~0.05%，所以炉料中配碳量应为钢种规格下限+（0.2%~0.25%）。

（2）炉料中的锰、磷含量越低越好。一般炉料中要求 P≤0.022%，Mn≤0.30%，这是因为高速钢炉料中配入了大量的钨和铬，磷和锰的氧化条件差。若磷和锰配入量过高，为了将其去除，将导致锰先被氧化，因为铬、锰、磷与氧的亲和力相近，在锰氧化的同时，铬也将氧化一部分。铬氧化后炉渣变稠，反应不易进行，须扒除部分渣并造新渣，直至脱磷和降锰任务完成为止，这样就增加了合金元素烧损和造渣材料用量。

(3) 炉料中钨、铬含量。考虑到钨的比重大、熔点高，所以炉料中钨元素按中下限配入，尽量减少还原期 Fe-W 补加量。熔化、氧化过程中 Fe-W 中钨的回收率按 95% 计算。铬按中下限配入。装料时，根据经验留下一部分 Fe-Cr 在还原期加入，使还原期有 0.5% 左右增铬量，目的在于调整钢中碳的成分，铬铁中铬的回收率在单渣法冶炼时一般按 97% 计算。

(4) 其他成分。钒易氧化，除炉料中有本钢种返回废钢含钒外，配料时不另配入，而是在还原期配加调整。如果冶炼含钴的高速钢种，钴按中下限配入。炉料中总的配硅量（返回料带入的硅和配入 Fe-Si 带入的硅之和）为 0.7%~0.8%。

C　装料和熔化

(1) 装料。装料时需考虑减少合金元素的烧损和缩短熔化的时间，因此必须合理布料。装料时先在炉底加入 1.5%~2% 的石灰和适量萤石，目的在于尽早形成熔化渣覆盖钢液，这样可减少合金元素的氧化和挥发损失。有的厂为了造低碱度渣还加入了 0.25%~0.5% 的火砖块，低碱度炉渣的好处是：成渣快，覆盖钢液面及时。其次，钨的氧化物 WO_3 属于酸性氧化物，低碱度渣下钨易还原，从而提高钨的回收率。炉料布料时应首先防止 Fe-W 沉入炉底，因此不能装在炉底和炉料四周，应装在炉料上部高温区，稍靠炉门处，保证整个炉料能够快速熔化。Fe-Cr 有一定挥发性，又易吸收碳，所以不能装在电极下，可装在炉料四周。

(2) 熔化。冶炼高速钢时炉料的熔化过程与其他钢种基本一致，不同的是吹氧助熔的时间较晚，需在炉料熔化 70%~80% 时进行。若吹氧助熔时间过早，会增加合金元素的氧化损失，尤其是铬氧化最严重，炉渣变稠，使还原期变渣困难，延长变渣时间。吹氧助熔时不准将吹氧管触及炉底、炉坡，以防氧气烧坏炉底、炉坡。其次推料不能过早，应在大钢铁料大部分熔化后进行，否则未被充分加热的 Fe-W 将会提前落入温度相对低的熔池里，反而延长熔化时间。熔化期渣量应控制在 3% 左右，渣量大会给还原期操作带来困难。

D　氧化和还原

炉料熔清后吹氧脱碳量不低于 0.1%，对排除钢中气体和夹杂极为有利。吹氧压力不宜过大（一般为 0.4~0.6 MPa），要求深吹。氧压过大，将会引起钢渣大量飞溅，增加炉墙粘渣厚度。应该指出，即使注意了吹氧压力，冶炼高速钢时炉墙粘渣还是不可避免的。因此，每炼一批高速钢后，应及时处理炉墙粘渣，以免冶炼其他钢种时产生成分出格废品。终点 [C] 控制在钢种下限 0.02%~0.03% 为宜。估计 [C] 合乎要求时，可 [C]、[P] 取样分析。但此时渣黏，取样困难，可先在渣面加 1.5~2.0 kg/t

Fe-Si 粉预脱氧，更主要是为了稀释炉渣，便于取样。

　　当终点 [C] 达到要求后，随即加电石、Fe-Si 粉和少量炭粉预还原，同时推渣，使渣得到充分还原。经充分搅拌后，可扒除部分渣（双渣法）或不扒渣（单渣法）。如渣量不大，流动性好，易进行变渣操作，且钢液温度也不很高时，可采用单渣法操作，否则就应扒除部分炉渣，采用双渣法。虽然双渣法比单渣法的铬、钒回收率低一些（表7-11），但变渣时间短，对脱硫也有利，又可在熔池温度太高时当作一种降温手段，因此从方便操作着眼，一般采用双渣法。

表 7-11　单、双渣法合金元素回收率比较　　　　　　（％）

冶炼方法	合金元素回收率						
	返回法				装入法		
	炉数	W	Cr	V	炉数	W	Cr
单渣法	63	96.80	96.80	92.70	36	96.00	96.20
双渣法	18	96.20	93.40	79.60	16	96.00	95.70

　　预还原后，继续用电石、Fe-Si 粉或少量炭粉进行炉渣的还原，还原初期，炉内发生如下反应：

$$(WO_3) + (CaC_2) = [W] + (CaO) + 2CO\uparrow \qquad (7-2)$$
$$(Cr_2O_3) + (CaC_2) = 2[Cr] + (CaO) + 2CO\uparrow \qquad (7-3)$$
$$3(MoO_2) + (CaC_2) = [W] + (CaO) + 2CO\uparrow \qquad (7-4)$$
$$3(FeO) + (CaC_2) = 3[Fe] + (CaO) + 2CO\uparrow \qquad (7-5)$$

　　在电石中掺有 Fe-Si 粉和炭粉时，还会发生下述反应：

$$(WO_3) + 3C = [W] + (CaO) + 3CO\uparrow \qquad (7-6)$$
$$(Cr_2O_3) + 3C = 2[Cr] + 3CO\uparrow \qquad (7-7)$$
$$(MoO_3) + 3C = [Mo] + 3CO\uparrow \qquad (7-8)$$
$$(FeO) + C = [Fe] + CO\uparrow \qquad (7-9)$$
$$2(WO_3) + 3Si = 2[W] + 3(SiO_2) \qquad (7-10)$$
$$2(Cr_2O_3) + 3Si = 4[Cr] + 3(SiO_2) \qquad (7-11)$$
$$2(MoO_3) + 3Si = 2[Mo] + 3(SiO_2) \qquad (7-12)$$
$$2(FeO) + Si = 2[Fe] + (CaO) + (SiO_2) \qquad (7-13)$$

　　当然，(V_2O_5) 也可与 C、Si、CaC_2 进行还原反应。

　　由于 W、Cr、Mo、V 等的氧化物与电石、炭粉激烈进行化学反应，熔池表面激烈沸腾，炉顶、炉门处冒出强烈的浓烟。炉渣中的 WO_3、Cr_2O_3、V_2O_5、MoO 和 FeO 被还原，炉渣的颜色由黑逐渐变白。渣白时开始取样分析。每次取样前，要充分搅拌熔池，以保证分析结果的准确性。出钢前不少于 30 min 方可加入 Fe-V。冶炼高速钢时，尽量把 W、Cr、V、Mo、Co 等元素控制在中下限，既有利于改善碳化物不均匀度，又能节约贵重铁合金；Mn 控制在 0.30% ~ 0.35%（钢种 Mn≤0.40%），Si 控制在 0.25% ~ 0.30%。如果分析结果 W 波动较大时，应再次分析 W，直至结果稳定。出钢前 2 ~ 3 min 加铝终脱氧。成品 [S]≤0.008%，对 M2 钢要保证 [Mn]/[S]≥40，以改善钢的热塑性。

高速钢在锻造加工过程中易出现裂纹倾向，经低倍检验发现是碳化物剥落和断口夹杂缺陷所致。因此在冶炼时必须注意加强去气、脱氧操作，严格控制好各期温度，出钢和浇注温度均不宜过高。

7.3.2.3 高钒高速钢、高铝高速钢冶炼

A 高钒高速钢冶炼工艺特点

高钒高速钢冶炼工艺基本与 W6Mo5Cr4V2（M2） 相同，由于含钒量很高（2.5% ~ 9%），需要加入大量的 Fe-V，而钒又容易烧损，所以 Fe-V 不能和炉料一起加入炉内，也不能在脱碳期加入，只能在还原期加入，其操作要点如下：Fe-V 可在还原初期按规格下限加入炉内，并需待 Fe-V 全部熔化后方可搅拌和取样分析；因还原期加入大量 Fe-V，影响钢液碳含量，所以氧化末期的碳含量不得过低。

B 含铝高速钢冶炼的工艺特点

在加铝以前含铝高速钢的冶炼工艺与 W6Mo5Cr4V2（M2） 等高速钢一样。铝的合金化是在其他元素调整好以后即将出钢前进行的（应考虑加 Al 后回 Si 量）。加铝前需全部将渣扒掉，然后加入铝锭，经充分搅拌后再加渣料重新造渣，渣料的配比为，石灰：萤石 = 2：1 ~ 3：1（不能加火砖块），渣料用量比还原渣料要少，约为料重的 3%。渣料加入后用大功率送电化渣，在化渣过程中采用2~3批铝粉进行还原，待炉渣化好后即可出钢。铝的回收率为 70% ~ 80%，其高低与加铝前的钢液温度有很大关系，如图 7-6 所示。

7.3.2.4 高速钢的炉外精炼

用户历来重视高速钢中碳化物，而不提出夹杂物的检验要求。随着人们对高速钢中夹杂物及气体有害作用的认识不断提高，炉外精炼在高速钢中得到广泛应用，例如法国 Erasteel 公司 Söderfors 厂及法国 Commentryenne 公司都使用 30 t AOD，美国 Vasco 合金钢公司使用 20 t AOD，德国 Thyssen 公司

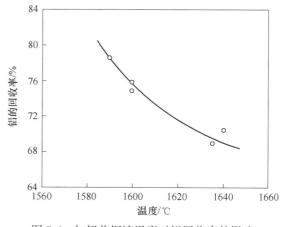

图 7-6 加铝前钢液温度对铝回收率的影响

使用 25 t AOD，日本大同特殊钢公司涉川厂使用 30 t LF/VD，奥地利 Böhler 公司使用 50 t LF/VD，意大利 Valbruna 公司使用 10 t LF/VD 等，这些公司生产的高速钢全部经过炉外精炼[8]。经过炉外精炼处理，气体含量明显降低，夹杂物含量与电渣重熔相当，钢材的热塑性明显提高。近些年来，国内高速钢主要生产厂大多采用感应炉（或电弧炉）+LF+VD 工艺。

国内河冶科技公司采用感应炉+LF+VD 流程冶炼高速钢 M2，其工艺要点介绍如下：

配料—中频炉坩埚检查—装料—送电化料—熔清取样、除渣、换渣—成分调整、脱氧精炼—调控钢液温度、中频出钢（渣钢混出，钢包加底渣）—钢包进站（LF 精炼工位）—补加渣料—送电升温化渣—取样、脱氧精炼—精调成分—调控钢液温度—喂线（Al 线）、出站—钢包入 VD 罐—抽真空、真空处理—取样—软吹、喂线（C 线、Al 线）—钢包出 VD 罐—浇注钢锭—脱模—钢锭退火—钢锭精整

A LF 精炼

LF 炉钢包吨位 30 t，配置变压器功率 5000 kV·A。LF 炉精炼工艺操作要点如下：

（1）进站、补加渣料、化渣。钢包进站后，接通氩气搅拌、氩气流量 60 L/min，测温钢水温度 1502 ℃；补加铝氧粉 90 kg、萤石 10 kg；渣面撒入 40 kg 碳化硅粒。降下炉盖送电化渣，化渣氩气量 60 L/min。

M2 高速钢 LF 精炼渣系组成为 CaO 45%~60%、Al_2O_3 20%~35%、SiO_2 6%~12%、MgO 4%~8%、CaF_2 3%~8%、Fe_2O_3≤0.5%；熔渣总量为钢液重量的 2%~3%。

（2）取样、精调成分及脱氧精炼。渣料熔清，测温钢液温度 1530 ℃，取 LF 一次样。根据检验数据，加入合金 26 kg，氩气流量 120 L/min，合金熔清后取成分二次样，取样后氩气流量调为 30 L/min。合金熔化时在渣面分 3~4 批加入 10 kg Al 粒脱氧，熔渣变为灰白色。在氧精炼时保持炉盖与钢包处于密封状态，保证 LF 炉内为还原性气氛。

（3）LF 炉钢液温度调控及出站。钢液出站前，除成分满足控制要求外，钢液温度也应满足 VD 真空处理要求。送电将钢液温度快速升至 1610 ℃ 左右，喂铝线 32 m，钢包出站。

B VD 真空处理及软吹

（1）钢包入 VD 罐。坐放钢包，接通氩气管吹氩，压力控制在 0.1~0.3 MPa，流量为小流量，渣面稍微鼓起；测量钢液温度，钢液温度应控制在 1590 ℃ 左右，盖罐盖。

（2）真空处理。抽真空前停止吹氩气，启动真空设备抽真空，观察钢液沸腾现象，出现钢渣翻滚溢出钢包时需人工干预降低真空度；真空度达到<67 Pa 以下时开始

保压计时，深真空时间处理不少于 20 min，氩气流量控制在 35 L/min，钢水液面裸露面积为 0.4~0.6 m²。关闭氩气破真空，提升并移走炉盖。

（3）取样、软吹、出罐。将 45 kg 覆盖剂撒到渣液面上覆盖渣液面。测量钢液温，取样检验成分和气体含量。对于软吹，低流量吹氩，以钢液不裸露为宜。软吹时间一般为 10~20 min，软吹氩气流量 8 L/min，软吹结束时测量钢液温度，补加覆盖剂 10 kg；对于出罐，钢液成分、气体含量符合要求，加钢包盖，吊出钢包，卸开氩气管出罐。

7.3.2.5 高速钢的模铸

浇注是高速钢生产过程中的重要环节，其形成的共晶碳化物数量、分布、形态及大小，直接影响着高速钢的质量和性能。高速钢目前主要采用模铸。模铸的主要工艺流程为：钢液镇静—下注（或上注）—脱模—缓冷（或红送装炉加热）—退火（或热加工）—修磨。

模铸用上注法或下注法。上注法没有中注管和汤道废弃品，金属损失少，收得率高，成本低，但表面质量差。电渣重熔用电极坯多采用上注法。热加工用钢锭大多采用下注法，它的优点是钢锭表面质量好，缺点是金属损失大（约 4%~5%），收得率低。采用石墨保护渣浇注，使钢锭表面质量有显著改善，退火后无需精整即可送往加工车间，且对钢中碳含量和碳化物不均匀性没有不利影响，还简化铸锭操作，改善劳动条件。

锭型、注温、注速是高速钢改善钢锭铸态组织和碳化物不均匀度的主要工艺因素。模铸过程中，钢锭越大，钢锭心部的冷速越慢。一般而言，钢锭心部冷速在 10^{-3} ℃/s，而边部冷速可达 10^2 ℃/s，两者差异较大。因此，为了改善高速钢的铸态组织和碳化物不均匀性。原则上要求低温快注，浇注温度尽量接近钢液的凝固温度，但需要考虑锭型大小、锭盘数及浇注方法等因素，根据生产实际情况选择适当的浇注温度和浇注速度，既能保证钢锭的质量，又能保证浇注的顺利完成。

锭型的选择与钢种、成材规格、开坯能力有关，它对产品冶金质量和成材率影响较大。由于高速钢的凝固偏析会随着钢锭冷却强度的增大和凝固时间的缩短而得到改善，因此，高速钢的生产一般采用尺寸较小的钢锭或扁锭。国内高速钢生产对锭型的选择积累了较多经验，普遍采用 300~600 kg 扁锭和 810 kg 八角锭。在钢锭截面积相同情况下，扁锭的比表面积比方锭和圆锭大，且从心部到钢锭表面的最近距离最短，冷却效果好，改善碳化物偏析和堆积。扁锭的缺点是变形不均匀，碳化物不均匀度波动偏大，方向性明显，尤其是变形比不够大的大截面材表现更为突出。另外，钢锭的表面质量也相对较差些。国外高速钢一般都使用方锭，锭的单重一般为 500~1000 kg，有的厂家生产小规格轧材和线材等用 300 kg 左右的锭型，主要是为了细化碳化物。国内外主要高速钢厂的锭型见表 7-12。

表 7-12　国内外高速钢厂主要使用模铸锭型

锭型	钢锭尺寸/mm			锥度	锭重/kg	备注
	头部	尾部	锭身高			
525 扁	400×200	370×160	800	1.92/2.75	495	原上钢五厂
680 扁	450×220	390×163	885	3.72/3.97	605	原上钢五厂
520 扁	540×200	420×140	800	3.75/2.75	520	原大连钢厂
575 扁	325×240	260×180	1200	2.5/2.7	575	原大连钢厂
950 扁	600×220	600×180	800	3.35/3.45	950	原大冶钢厂
650 扁	500×200	440×160	800	2.5/3.75	680	原抚顺钢厂
810 八角	ϕ410/540	ϕ410/540	800	4.35	810	原抚顺钢厂
300 方	290×290	180×180	780		290	瑞典，Soderfors
500 方	420×420	250×250	800		500	瑞典，Soderfors
260 方	180×180	140×140	1200		260	瑞典 Langshyttan
360 方	270×270	195×195	870		360	瑞典，Langshyttan
360 方	270×270	195×195	870		360	瑞典，Osterby
1000 方	390×390	290×290	1000		1000	奥地利，Böhler

钢的凝固温度主要取决于钢的化学成分，德国 Max-Planck 研究所，采用定向凝固试验系统地研究了几种常用高速钢的液相线和固相线的温度，结果见表 7-13。通常浇注温度宜高出钢水凝固温度 80~100 ℃ 左右。在不影响钢质量的情况下宜采用"低温快注"，但要考虑到注温与注速是两个相互关联的操作因素，增加注速相当于提高注温，因此，两者应适当配合。另外，采用合适的保护渣、发热剂及轻质绝热帽口对保证钢锭的内部及表面质量，提高成材率也有重要作用。国内某厂规定的高速钢出钢温度见表 7-14，浇注速度见表 7-15。

表 7-13　实测不同高速钢的凝固数据[9]

钢号	平均冷速/K·s^{-1}	$T_{液相线}$/℃	$T_{固相线}$/℃	ΔT/℃	试样主要成分/wt%				
					C	W	Mo	V	Cr
18-0-1	0.09	1441	1286	155	0.76	17.62	0.31	1.12	4.07
	0.33	1437	1275	162					
9-1-2	0.08	1438	1229	209	0.83	8.98	0.96	1.49	4.33
	0.33	1436	1217	219					
6-5-2	0.08	1433	1229	204	0.81	6.73	5.07	1.61	3.95

续表 7-13

钢号	平均冷速/K·s⁻¹	$T_{液相线}$/℃	$T_{固相线}$/℃	ΔT/℃	试样主要成分/wt%				
					C	W	Mo	V	Cr
2-9-2	0.10	1408	1220	188	0.93	1.72	8.26	2.01	3.80
	0.33	1405	1223	206					

表 7-14 国内某厂规定不同品种高速钢的出钢温度

钢号	出钢温度/℃
W18Cr4V，W9Cr4V W9Cr4V2	1550~1570
W6Mo5Cr4V2（Al）	1540~1560
9W18Cr4V W9Mo3Cr4V	1530~1550
M35，M42	1530~1550

表 7-15 国内某厂不同锭型高速钢的浇注速度

锭重/kg	锭身注速/s	帽口注速/s
480	60~100	60~100
950	90~140	80~140
1600	110~160	100~150

7.3.2.6 高速钢的连铸

目前国内外高速钢主要采用模铸生产。由于高速钢合金元素含量较高，模铸过程中合金元素不均匀分布和冷速差异，使高速钢的组织产生严重的宏观偏析，因此存在质量稳定性差、金属收得率低、生产成本高、生产效率低等问题。连铸工艺不仅有高的金属收得率、高的生产效率和节能降耗等优势，还能显著降低高速钢碳化物尺寸，提高产品的力学性能[10]。然而由于高速钢的空冷自硬、延展性差及组织偏析等特性，导致连铸容易出现拉漏、断裂及裂纹等问题，连铸成功率很低，长期以来被列入不宜连铸的钢类。随着连铸技术的不断发展与进步，连铸在高速钢的生产中取得重要进展[11]。

20 世纪 70 年代，奥钢联采用立弯式连铸机，连铸坯断面尺寸为 80 mm×80 mm，钢种为 M2 钢，供轧制边长为 6~15 mm 的小方钢制作车刀用，其碳化物质量相对于模铸没有得到明显改善，但提高了金属的收得率。

20 世纪 90 年代初，奥地利 Böhler 公司在 Kapfenberg 工厂连续投产了两台水平连铸机用于生产特殊钢。中间包容量为 6.5 t，冶金长度为 16.5 m，铸坯断面为 115~230

mm 方坯及 140~300 mm 圆坯。80%的产品是不锈钢和阀门钢，冷作模具钢占 8%，高速钢占 2.3%。M2 钢用 130 mm×130 mm 连铸坯轧制成 φ24 mm 及以下尺寸的型材，已纳入正常生产工艺[12]。1983 年我国重庆特钢厂在立式连铸机上浇注 M2 高速钢，铸坯表面质量良好，激冷层厚，等轴晶带宽，二次枝晶间距较小，但内部质量有待改善。河钢采用立式连铸试生产截面尺寸为 135 mm×135 mm 的 M2 高速钢，碳化物均匀性得到明显提高，结晶器电磁搅拌起到了改善碳化物厚度的作用[13]。

全面报道高速钢连铸成功经验的是奥地利 BREITENFELD 钢厂[14]，高速钢采用立式连铸机生产，冶金长度 9.45 m，铸坯断面为 140 mm×185 mm、145 mm×145 mm、125 mm×125 mm、100 mm×100 mm 及 φ110 mm。其配置的相关设备有：1 台 30 t 电弧炉，1 台 40 t 钢包精炼炉，5 t 容量中间包，结晶器振幅±4 mm，频率 2~2.5 Hz，下端（距顶端 3.2 m）装有回转脉冲式电磁搅拌器，以减小中心偏析。其主要工艺要点如下：

（1）电炉初炼钢液充分脱氧，钢液温度严格控制，二次精炼处理时间为 45~120 min；

（2）为避免二次氧化，钢包、中间包表面均有覆盖渣，钢包-中间包-结晶器之间均用浸入式水口，外加氩气保护；

（3）结晶器保护渣熔点 1100~1600 ℃，黏度 0.37 Pa·s，碳含量 20%，密度 0.8~0.9 kg/dm³，碱度 0.9；

（4）浇注温度控制在高出钢的液相线 10~20 ℃，拉坯速度控制在 0.8~1.6 m/min；

（5）对修磨裂纹敏感性高的品种，铸坯切断后可立即在 650~850 ℃进行热修磨，以避免炸裂；

（6）铸坯先经 750~850 ℃退火，再进行锻轧成材。

该厂成功连铸大部分钢种：S6-5-2、S6-5-3、S2-9-1、S18-0-1、S6-5-2-5、S6-5-2-5S、S18-1-2-10 等品种，该厂 S-5-2 钢 100 mm×100 mm 连铸坯与模铸坯对比结果表明，连铸坯距边部 1/4r 处碳化物网络宽度为 10~35 μm，1/2r 处及心部为 60~95 μm，比铸锭小近 1/2。连铸成坯率达 82%，比模铸提高 15%。为了保证钢材的质量，规定连铸坯不能直接成材。连铸坯到半成品须保证锻压比不小于 2，轧制不小于 2.5。工具制造厂再进行热加工，加工比不小于 6~7。其连铸产品 S6-5-2 钢制造的 φ30 mm 立铣刀、φ10.5 mm 麻花钻头及 S18-0-1 钢制造的 32.5 mm×3.35 mm 刨刀，使用寿命不比模铸成材制造的刀具差。从该厂的实践看，采用立式连铸生产高速钢是可行的，只是批量的问题，用连铸坯生产中、小型材质量能够达到模铸锭的水平。

电渣重熔用电极坯料的连铸生产相对比较容易。乌克兰第聂伯尔钢厂采用双流铸机生产高速钢 P6M5 电渣重熔电极坯，其断面尺寸为 390 mm×390 mm，拉速为 0.5～1.2 m/min。1996 年日本大同特殊钢公司报道，电渣重熔高速钢的电极已经全部用连铸坯，其所用设备是涉川厂连铸不锈钢用的单流弧形连铸机，R10 m，二次段和凝固末端设有电磁搅拌。高速钢连铸坯为 146 mm×146 mm 小方坯，钢种有 MH51（M2）、MH64（M42）、MH71（M3）等。21 世纪初，我国钢铁研究总院联合江苏天工集团进行了高速钢水平连铸试验，铸坯断面为 110 mm×110 mm 方坯，拉速为 0.2～0.5 m/min，连铸了 W4Mo3Cr4V、W6Mo5Cr4V2 和 W9Cr4V 三个品种的电极坯。

综上所述，高速钢连铸这一禁区已经突破，不论是水平、立式还是弧形连铸机，均能适用高速钢的生产，关键在于不断提高连铸的技术水平。

7.3.2.7 高速钢的电渣重熔

采用电渣重熔工艺生产高速钢在世界各国获得广泛应用，其优势主要表现在以下几个方面：（1）有效去除钢中的非金属夹杂物及硫等有害元素，提高钢的纯洁度；（2）可消除疏松、缩孔等凝固缺陷，改善钢的低倍组织；（3）改善碳化物质量，碳化物不均匀度的级别降低 1～2 级，带状偏析宽度减小；（4）可改善钢锭表面质量和补缩质量，改善钢的热塑性，提高成材率；（5）提高钢的使用性能，如等向性、尺寸稳定性、精度级别等。因此，电渣重熔技术是提高高速钢质量的重要手段，尤其是大截面的高速钢材，国内 60% 以上的通用高速钢及高性能高速钢均用电渣工艺生产。电渣重熔的缺点是电耗高、生产效率低。

电渣重熔工艺流程：电极准备—化渣—渣脱氧—重熔—补缩—凝固静置—脱模—保温缓冷—退火。电渣重熔钢锭质量主要与电极坯质量、电极坯与结晶器的断面尺寸、熔渣、电压、电流、熔化速度、金属熔池深度等工艺参数有关，电渣重熔高速钢的工艺要点如下。

A 电极坯质量

高速钢电渣重熔用自耗电极坯一般由电炉、感应炉冶炼或配套 LF、VD 精炼后直接铸造（模铸或连铸）成型，也可以用经锻轧加工成型的金属电极。在电渣重熔过程中，钢的化学成分 C、Cr、W、Mo、Co 等基本不变，Si、Al 等易烧损元素变化较大，采用含高 CaO 渣系时，V 可能有少量（1%～3%）的烧损[15]。所以在电极制备时应考虑重熔时成分的变化和电极坯料表面的洁净化和精整处理。另外，虽电渣重熔有良好的洁净化能力，但仍有一定的遗传性，电极自身的氧含量及非金属夹杂物水平将影响钢锭的洁净质量水平。为了防止部分钢种重熔过程中电极坯崩裂，电极坯脱模或出坯后应及时进行去应力退火处理。

B 结晶器的断面尺寸与电极坯尺寸

高速钢为高碳高合金莱氏体钢，其钢锭断面尺寸受铸态组织影响有一定的限制，一般高速钢重熔结晶器断面尺寸不超过 $\phi 600$ mm。

电极尺寸的选择直接影响到产品质量和技术经济指标。电极直径主要是由结晶器直径决定的，二者的匹配成为确定其他工艺参数的重要条件。在结晶器尺寸确定的情况下，决定了电渣重熔的充填比（或称充填系数），即电极横截面与电渣锭横截面之比，用 k 表示。有人把电极直径（$d_{极}$）与结晶器（$D_{结}$）直径之比称为"充填系数"是不确切的。然而 $d_{极}/D_{结}$ 由于计算方便、直观，所以常被用来描述电极与结晶器的匹配情况，电极直径也常常用这个比值来确定。合适的充填比可以提高电渣重熔的熔化效率、降低电耗、降低熔池深度、减轻铸态组织偏析，提高钢锭表面质量。在一定的结晶器条件下，随着充填比增大，钢锭表面质量、生产效率和电耗等经济指标都有所改善，但并不是越大越好。当 $d_{极}/D_{结} > 0.65$ 时，电耗反而有所增加，熔化率提高，金属熔池深度超过了钢锭直径的1/2，这对重熔钢锭的质量是不利的[16]。日本重熔1 t高速钢锭 $k=0.54$；美国重熔 $\phi 406$ mm高速钢锭，电极坯 $\phi 330$ mm，$k=0.66$。相比而言，国内的电渣重熔的充填比要小一些，例如，国内抚顺特钢生产 $\phi 610$ mm电渣锭采用 $\phi 360$ mm电极坯，$k=0.35$；而另一个钢厂重庆特钢生产 $\phi 380$ mm电渣锭，采用 $\phi 220$ mm电极坯，$k=0.33$，这些都属于经验值。k 的最佳值需以取得良好的钢锭质量和低耗高效节能经济为目标，在保证电极与结晶器间隙安全性、钢锭表面不出现分流弧疤的情况下，采用较大的充填比。根据高速钢的锭型充填比按 $0.40 \sim 0.60$ 选用较为适宜。

C 渣系及渣量

在电渣重熔过程中，渣系选择十分重要，它关系到钢锭质量、重熔过程的稳定性及技术经济指标，应根据钢种的物理化学性质和产品质量要求来选择。在冶炼过程中应注意炉渣成分变化并及时进行调整。高速钢常用渣系主要有 $60\%CaF_2$-$20\%CaO$-$20\%Al_2O_3$ 三元渣系和 $70\%CaF_2$-$30\%Al_2O_3$ 二元渣系。根据需要也可选用其他渣系，例如，冶炼含S易切削高速钢时，常采用 $60\%CaF_2$-$15\%Al_2O_3$-$5\%CaO$-$20\%SiO_2$ 四元酸性渣系，化渣时添加适量 CaS 和倒渣时添加 Fe-Mn 粉，可提高钢锭S、Mn含量，并减小钢锭成分差异[17]。

渣量实际上作为炉渣电阻大小的标志，对产品质量和冶金效果有直接影响。对于简单截面的钢锭，一般按钢锭质量计算，粗略经验计算的方法：$G_{渣} = (4\% \sim 5\%) G_{锭}$，式中 $G_{渣}$、$G_{锭}$ 分别为渣的质量和电渣锭的质量，但该方法只适用于固定式电渣炉，对于抽锭电渣炉或异形截面则不适用。渣量较精确的计算方法 $G_{渣}$ 按下式进行计算：

$$G_{渣} = \frac{\pi}{4}D_{结}^2 H_{渣}\rho_{渣}$$

式中 $G_{渣}$——渣量；

　　　　$D_{结}$——结晶器直径；

　　　　$H_{渣}$——渣层厚度；

　　　　$\rho_{渣}$——熔渣密度，对于 70% CaF_2+30% Al_2O_3 渣系，一般取 $\rho_{渣}\approx 2.5\ g/cm^3$。

　　D 电力制度

电渣重熔的冶炼电流、电压等工艺参数对产品的质量有很大影响。电渣冶金工作者根据大量生产数据总结出结晶器与电流的统计关系式：重熔电流 $A = K_{结}\times D_{结}$，式中 K 为结晶器电流密度，A/cm，根据结晶器直径按 150~250 A/cm 选取；$D_{结}$ 为结晶器直径，cm。实际应用时电流应根据钢锭表面质量、重熔过程稳定性等情况进行调整。电压与结晶器的关系公式为：工作电压 $V_{工作} = 0.5D_{结}+(27~37)$ V，变压器设定电压 $V = V_{工作}+\Delta V$，ΔV 为电渣短网压降。如国内重庆特钢用 $\phi220$ 电极坯冶炼 M2 高速钢 $\phi380$ mm 电渣锭，采用 70% CaF_2-30% Al_2O_3 渣系，使用的电力制度为：化渣期电压 54~64 V，电流 3000/5000 A；冶炼期电压 60~66 V，电流 8500/9500 A，补缩时间为 18 min。

　　E 孕育处理

对于大截面电渣锭，电渣重熔对心部凝固组织的改善作用有限。加入形核剂，促进液态金属的非均质形核，可以细化铸态组织，前苏联在电渣重熔高速钢中加入 Ti、Nb、Zr、Co 等作为孕育剂，其 Ti 加入量 0.025%~0.3%，Co 加入量 0.01%~0.15%。奥地利 Böhler 公司对于大钢锭一般加入 Mg-Ca-Ti 作为孕育剂。钢铁研究总院李正邦等的研究指出[18]，加入孕育剂对大尺寸高速钢钢锭十分必要。孕育剂可以明显地细化晶粒；强碳化物形成元素会使高速钢铸态组织中碳化物数量和尺寸增加，若将其以高熔点化合物的形式加入，则可避免其对碳化物析出的不利影响；不同孕育剂对高速钢铸态组织均匀性的影响取决于加入孕育剂后金属凝固时晶粒的粗化倾向；孕育剂使铸态组织中的碳化物在变形加工中易于破碎均匀，提高了钢材中碳化物分布的均匀性。近年来，河冶科技对 M2、M3 和 M42 高速钢加稀土 Ce 进行了系统研究[19]，稀土 Ce 对碳化物组织有良好的细化改性效果，对以 MC 碳化物或 MC + M_2C 复合碳化物为主的高钒高速钢 M3 碳化物组织改性细化效果尤为显著，而对以 M_2C 碳化物为主的低 V 高速钢 M42 的碳化物组织改性细化效果较弱。需注意的是不同的钢种选用孕育剂种类应有所不同，应从改善机制进行研究选用。

7.4 钢锭的缓冷与退火

在高速钢生产中，不论是模铸锭，还是电渣锭、电极坯料、连铸坯，都容易产生冷裂的危险，其主要原因是钢锭内发生马氏体转变时，体积膨胀会产生较大的组织应力。高速钢中含有大量的合金元素，使钢的导热性差，钢锭在凝固过程中会产生较大的热应力，脱模过早，这种应力就更大。高速钢的铸态组织中的脆性网状共晶碳化物，低温时塑性特别低，当钢锭中的组织应力和热应力大于其强度时，就会使钢锭产生裂纹，这种裂纹一般叫应力裂纹，形如蜘蛛网状。此类钢在冷却时，易产生较大的内应力而使钢锭炸裂。针对这类问题，国内外采取的措施就是钢锭红转热送或缓冷、退火。

7.4.1 钢锭的热送

模铸锭脱模后或连铸坯切断后趁热转送到开坯车间加热开坯，或直接进行退火处理。对空冷裂纹敏感的钢种、高碳超硬型钢及大钢锭尤其必要，这样做既减少了冷裂危险，又节约能源，德国和法国多采用此工艺。问题主要是生产平衡和上下工序要衔接好，钢锭的表面质量要求高。奥地利 Böhler 公司从实际生产中得出不同看法，认为热送对高速钢的热塑性有不利影响，会使加工开裂废品增多，强调必须缓冷至 500 ℃以下，才能重新升温。

7.4.2 钢锭的缓冷

钢锭缓冷是指铸锭在 M_S 点以上缓慢降温进行组织转变，尽量减少快冷产生马氏体转变的影响。国内一般采用保温坑，缓冷至 300 ℃以下出坑退火。国外多用带盖的保温箱，双层结构，中间夹保温绝热材料，保温效果好。瑞典保温钢锭不经退火直接加热开坯，而奥地利 Böhler 公司则将钢锭缓冷至 500 ℃以下再进行退火处理，这对提高钢的热塑性和提高成材率有利。

7.4.3 钢锭的退火

钢锭退火主要是消除应力，防止开裂，又便于对表面缺陷的修磨，同时提高铸态组织的热传导系数，改善铸态组织的热塑性。退火温度一般选 850 ℃左右即可。如奥地利 Böhler 公司和法国 Commentryenne 采用 820~860 ℃退火，24 h 冷至 600 ℃出炉。国内有些厂采用 950 ℃退火，既浪费能源，又会使碳化物长大。国内的试验研究指出，高速钢锭也可采用 720~780 ℃高温回火，550 ℃出炉，对热塑性和碳化物并无不利影响。

7.5　钨、钼氧化物在高速钢冶炼中的应用

高速钢中含有大量的 W、Mo、Cr、V 合金元素，冶炼时靠加入铁合金来实现合金化的。而铁合金是从矿石中精选出氧化物（精矿或其初级产品）还原而来。矿物直接合金化冶炼是使用还原剂，通过气-固、固-固、液-固、液-液等多种还原反应，使含有合金元素的矿物直接还原冶炼合金钢的工艺。具有可缩短生产流程、改善环境、降低能耗、提高资源利用率等优点，具有很大的经济和社会效益。

钨氧化物在炼钢上的应用始于 20 世纪 40 年代的加拿大、之后在美国、德国、日本和苏联都相继应用于平炉、电炉，代替部分 Fe-W 合金化，到 20 世纪 70 年代，美国钢铁工业合金化用钨，50% 以上直接用白钨砂，炼钢用的钼，75% 是以氧化钼的形式加入。我国 1946 年本溪钢厂用钨锰精矿直接冶炼高速钢，但应用面不大。20 世纪 70 年代后，国内高速钢发展迅速，钨、钼氧化物炼钢的应用备受关注，在高速钢冶炼得到大量推广应用。

7.5.1　钨精矿在高速钢冶炼中的应用

7.5.1.1　钨精矿应用于炼钢的理论依据

精选的钨矿有黑钨矿（FeO·MnO）WO_3、钨锰矿 $MnO·WO_3$、钨铁矿 $FeO·WO_3$ 及白钨矿 $CaO·WO_3$ 等几种。冶炼高速钢以白钨矿为宜。白钨矿也称白钨砂，其组成为 $CaWO_4$。在炼钢温度下，白钨矿可以与钢液中的 C、Si、Mn、Al、Fe 等元素进行下列反应：

$$\frac{2}{3}CaWO_4 + 2[C] = \frac{2}{3}[W] + \frac{2}{3}(CaO) + 2CO \tag{7-14}$$

$$\Delta G^{\ominus} = 439635 - 342.9T$$

$$\frac{2}{3}CaWO_4 + [Si] = \frac{2}{3}[W] + \frac{2}{3}(CaO) + (SiO_2) \tag{7-15}$$

$$\Delta G^{\ominus} = -24285 - 32.4T$$

$$\frac{2}{3}CaWO_4 + \frac{4}{3}[Al] = \frac{2}{3}[W] + \frac{2}{3}(CaO) + \frac{2}{3}(Al_2O_3) \tag{7-16}$$

$$\Delta G^{\ominus} = -527219 + 21.0T$$

$$WO_3 + 2[Fe] = [W] + (Fe_2O_3) \tag{7-17}$$

$$\Delta G^{\ominus} = -29600 - 50.8T$$

从上述的标准自由能与温度的关系可以看出，在炼钢温度下，C、Si、Al、Mn、

Fe 均可将白钨矿中 W 还原，它们对白钨矿的还原能力依 Al、Si、C、Mn、Fe 次序递减，而 C 随温度升高其还原能力增强。

7.5.1.2　白钨矿的成分、工艺特点及使用效果

A　电炉使用的白钨矿成分

选用白钨矿，主要是控制有害元素和杂质含量，以免影响钢的质量和性能。通常一级以上均可使用。因特级白钨矿价格贵，一般生产中使用的是一级白钨矿。国内关于白钨矿的国家标准及实际湖南柿竹园白钨精矿的成分见表 7-16 和表 7-17。

表 7-16　我国白钨精矿技术条件（GB/T 2825—81）

品种	WO_3/%	杂质含量/%									
		S	P	As	Mn	Cu	Sn	SiO_2	Fe	Pb	Sn
白钨特-1-3	≥72	≤0.2	≤0.03	≤0.02	≤0.3	≤0.01	≤0.01	≤0.01	≤1.0	≤0.02	≤0.03
白钨特-1-2	≥70	≤0.3	≤0.03	≤0.03	≤0.4	≤0.02	≤0.02	≤0.02	≤1.5	≤0.03	≤0.03
白钨特-1-1	≥70	≤0.4	≤0.03	≤0.03	≤0.5	≤0.03	≤0.03	≤0.03	≤2.0	≤0.03	≤0.03
白钨一级-1 类	≥65	≤0.7	≤0.05	≤0.15	≤1.0	≤0.13	≤0.2	≤7.0	—	—	—

表 7-17　湖南柿竹园矿白钨砂成分[20]　　　　　　　　　　（%）

类别	WO_3	S	P	As	Cu	Sn	Mo	Bi	CaO	SiO_2	MnO	H_2O
特级	70.5~73.0	0.056~0.16	0.006~0.012	0.0008~0.0032	0.001~0.012	0.007~0.012	2.15~2.55	0.02~0.04	18.0~22.2	0.75~0.93	0.11~0.18	≤0.5
一级	65.6~66.6	0.39~0.69	0.018~0.03	0.002~0.003	0.005~0.007	0.025~0.12	0.85~1.8	≤0.17	17.5~22.4	1.3~3.31	0.31~1.42	0.33~0.78

B　电弧炉冶炼工艺特点

白钨砂的熔点 1579 ℃，密度为 5.456 g/cm³，比钢的密度小，呈粉状、粒状。采用返回法冶炼，在熔化过程中与钢水接触的表面积大，熔化和扩散速度也快，通常粉状和粒状的白钨矿随炉料装入炉底，同时按每吨白钨矿配 Fe-Si 60~80 kg（75% Si）与白钨矿混合进行冶炼。由于 Fe-Si 的熔点低（约 1210 ℃），熔化初期硅就参与了还原反应。采用硅铁辅助还原炉底装入法，其中约有 50% 的钨由配入的硅还原的，其余则为钢液成分中的 C、Mn、Fe 等所还原，熔化完毕时，白钨矿中已有 74%~89% 的 W 被还原，基本完成了 WO_3 的还原反应（表 7-18）。

表 7-18   用白钨砂冶炼 M2 钢时渣中 WO₃ 含量的变化   （%）

添加剂	冶炼时期			
	全熔	预脱氧前	预脱氧后	还原末期
白钨矿	$\dfrac{0.60\sim2.50}{1.57}$	$\dfrac{0.67\sim2.31}{1.50}$	$\dfrac{0.48\sim1.81}{1.29}$	$\dfrac{0.05\sim0.20}{0.15}$
钨铁	$\dfrac{0.44\sim2.23}{1.22}$	$\dfrac{0.37\sim2.30}{1.63}$	$\dfrac{0.35\sim1.90}{1.28}$	$\dfrac{0.15\sim0.50}{0.32}$

从全熔、预脱氧后渣中 WO₃ 含量可以看出，用白钨矿和钨铁冶炼高速钢，渣中 W 的损失基本相同；而使用 Fe-W 时，为避免 Fe-W 沉入炉底难熔而延长冶炼时间，操作时需将 Fe-W 加在炉料上部电弧高温区内，高温下钨的挥发损失严重，但使用白钨矿则避免了这一损失。

返回法冶炼高速钢，无论是用 Fe-W 或白钨矿，预脱氧前渣都很黏稠，可用 Fe-Si 粉预脱氧，按总量 6~8 kg/t 钢加入，分两批次，改善炉渣流动性。还原期主要以高温下脱氧能力较强的电石为主，适量的炭粉和硅粉，搭配使用，造弱电石渣，控制渣中 FeO≤0.5%，还原渣的碱度 $R=CaO/SiO_2$ 控制在 2.5~3.5 为宜。

采用白钨矿冶炼高速钢时的配钨量，要考虑返回钢的比例和所炼钢种的钨含量。例如，返回比为 30%~40% 时，冶炼 M2 最高加钨量为 4%；加钨量超过 4% 可用于冶炼 W18 高速钢。

C   利用白钨矿冶炼高速钢使用效果

国内某厂使用白钨砂经电弧炉冶炼 W18、M2 和 W9 等高速钢，采用返回法冶炼，试验和批量生产证明，该生产工艺简单、回收率高、成分稳定、无大沸腾险情、冶炼时间不延长、用电单耗不增加。主要相关数据见表 7-19~表 7-24。

表 7-19   冶炼 W18、M2、W9 钢钨回收率[20]

钢号	加钨铁（FeW75）	加白钨砂量（按纯 W 计）/%					
		1.0	2.0	3.0	4.0	5.0	6.0
W18	97.6/21		98.2/2	98.0/18	97.8/15	99.2/4	97.8/2
M2	97.5/20	98.6/6		98.2/18	98.3/20		
W9	97.8/6		98.4/6	98.0/12	97.8/6		

表 7-20   使用白钨砂对返回钢中 Mo、Cr、V 元素收得率的影响[20]

返回钢元素		加钨铁	加白钨砂量（质量分数）（按 W 计）/%			
名称	含量（质量分数）/%		1.0	2.0	3.0	4.0
Mo	2.86~4.95	97.5	97.3	98.3	98.0	97.9

续表 7-20

返回钢元素		加钨铁	加白钨砂量（质量分数）（按 W 计）/%			
名称	含量（质量分数）/%		1.0	2.0	3.0	4.0
Cr	3.92~4.08	88.2	88.0	87.8	87.1	84.6
V	0.32~0.48	79.4	76.8	83.3	79.2	79.3
统计炉数		26	6	6	72	10

表 7-21　用白钨矿和钨铁冶炼 M2 钢有害杂质含量比较

加钨物名称	加入值（按 W 计）/%	有害杂质含量/%					
		As	Sn	Cu	Sb	P	S
一级白钨矿	3~6	0.008	0.008	0.08	0.0015	0.022	0.009
FeW	3~6	0.009	0.0075	0.08	0.0014	0.023	0.008

表 7-22　钢材物理检验结果比较

钢种	添加剂	添加量（按 W 计）/%	锻造塑性	钢材表面	淬回火硬度 HRC		碳化物不均匀度/级		低倍/级
					min/max		min/max		
M2	白钨矿	3	良	良	65/66	65.3	4.0/6.0	4.8	0.5
	钨铁	3	良	良	65/66	65.5	4.0/6.0	4.7	0.5
W18	白钨矿	4	良	良	64.5/66	65	4.0/6.0	5.0	0.5~1.0
	钨铁	4	良	良	64.5/66	65	4.5/6.0	5.2	0.5~1.0

表 7-23　用白钨矿和钨铁冶炼 M2 钢夹杂物比较[21]

加入剂	试验炉数	白钨矿加钨/%	氧化物/级		硫化物/级	点状/级
			min/max	$\overline{X}$	max	max
白钨矿	11	3~4	0.5/3.5	1.85	0.5	—
钨铁	7	—	0.5/3.5	1.90	0.5	—

表 7-24　用白钨矿和钨铁冶炼 M2 主要技术经济指标比较

项目	FeW	白钨矿加入数量（按钢中含 W 计）/%						
		1	2	3	4	5	6	总平均
冶炼时间/h：min	4：04	3：57	3：53	3：58	3：59	3：50	4：09	3：58
吨钢电耗/kWh	525	531	466	505	518	529	593	523.7
W 回收率/%	97.63	98.60	98.30	98.06	97.97	99.20	97.80	98.32

7.5.2 钼在高速钢冶炼中的应用

7.5.2.1 用氧化钼炼钢的热力学

氧化钼主要为 MoO_3 和 MoO_2，在炼钢温度下（1800 K）钢中不同元素还原 MoO_3 和 MoO_2 的反应自由能数值（$-\Delta G^\ominus$，kJ）见表 7-25。

表 7-25　1800K 时钢液中各元素还原 MoO_3 和 MoO_2 时的（$-\Delta G^\ominus$）值　（kJ）

氧化钼类型	Fe	Mn	C	Si	Al
$2/3MoO_3$	10.334	31.224	34.858	35.127	55.335
MoO_2	5.922	20.070	33.431	34.246	51.783

从表中可得出，在炼钢温度下，两种形式存在的氧化钼均可被 Fe、Mn、C、Si、Al 等元素还原，其还原能力依 Al、Si、C、Mn、Fe 次序递减。在炼钢的熔化期、氧化期、还原期以及炉后包内加入氧化钼，都具有氧化钼被充分还原的热力学条件。电炉通常采用硅作为氧化钼的还原剂。

7.5.2.2 氧化钼的成分、冶炼工艺特点及应用效果

A 氧化钼的成分及冶炼工艺特点

我国钼精矿的成分及技术标准见表 7-26 和表 7-27。用氧化钼代替 Fe-Mo 冶炼高速钢，最重要的是杂质及有害元素的含量，避免其对钢的工艺和使用性能产生不利影响。冶炼基本工艺与返回法相同，通常氧化钼也采用硅辅助还原炉底装入法，将 MoO_3 与 Fe-Si 混合装入炉底，利用出钢翻炉后余热，促使硅提早还原钼，待送电极到达底部后形成熔池时，钼很快进入钢水中，实现合金化，从而减少钼的挥发，提高收得率。

表 7-26　我国典型的钼精矿成分[22]　（%）

产地	Mo	SiO_2	Cu	Pb	CaO	P	水分
辽宁锦西	45.61	9.96	<0.05	0.067	2.58		3.10
	45.69	9.69	<0.05	0.060	2.60		2.43
陕西金堆城	45.35	12.47	0.202	0.043	1.18	0.013	4.5
	46.83	11.07	0.169	0.079	1.16	0.014	6.0

表 7-27　氧化钼块技术标准（GB/T 5064—87）　（%）

牌号	Mo	S		Cu	P	C	Sn	Sb
		I	II					
YMo55-A	≥55.0	≤0.10	≤0.15	≤0.25	≤0.04	≤0.10	≤0.05	≤0.04
YMo55-B	≥55.0	≤0.10	≤0.15	≤0.40	≤0.04	≤0.10	≤0.05	≤0.04

续表 7-27

牌号	Mo	S		Cu	P	C	Sn	Sb
		I	II					
YMo52-A	≥52.0	≤0.10	≤0.15	≤0.25	≤0.05	≤0.15	≤0.07	≤0.06
YMo52-B	≥52.0	≤0.15	≤0.25	≤0.50	≤0.05	≤0.15	≤0.07	≤0.06
YMo50	≥50.0	≤0.15	≤0.25	≤0.50	≤0.05	≤0.15	≤0.07	≤0.06
YMo48	≥48.0	≤0.25	≤0.30	≤0.80	≤0.07	≤0.15	≤0.07	≤0.06

注：氧化钼块密度≥2.5，水分≤0.5%。

B　应用效果

（1）钼的回收率。用氧化钼炼钢，钼的回收率是获取经济效益的基础。钼的回收率与装入方法有关[23]，见表 7-28。

表 7-28　氧化钼装入方法与钼的回收率及与用 Fe-Mo 的比较

氧化钼块加入方式	氧化钼块加入量（按 Mo 计）/%	钼的平均回收率/%	备注
炉料底装	1.5	97.35	每吨氧化钼块配加 80~100 kg FeSi（75%Si）
	2.0	99.80	
	3.0	97.58	
	4.0	96.86	
顶装	3.0	85.80	
Fe-Mo 顶装		97.54	

从表中可以看出，氧化钼块采用顶装法，钼的回收率较低，这是因为在熔化期和氧化初期，氧化钼块进入熔池，比较集中，反应激烈，熔池容易产生大沸腾而引起跑钢，不仅钼损失大，而且也不容易操作。而底装法可以边熔化炉料，边还原氧化钼，反应平缓，容易操作，所以一般采用硅辅助还原底装法。同时还可以看出，使用氧化钼块和使用 Fe-Mo 炼钢，钼的回收率基本相同。使用氧化钼块，钼的回收率很稳定，一般在 98%~99% 之间。

（2）对其他元素回收率的影响。返回法冶炼高速钢，用氧化钼块代替 Fe-Mo，对返回料中 Cr、W、V 等元素的回收率是否有影响，决定其使用的可行性，表 7-29 为生产实践统计结果。实践结果表明，使用氧化钼块不会降低炉料中这些元素的回收率。

（3）对钢中有害杂质及夹杂的影响。按 3% Mo 计加入氧化钼和使用 Fe-Mo 冶炼 M2 高速钢时有害杂质及夹杂含量比较见表 7-30。从表可见，使用氧化钼末使有害杂质含量及夹杂物级别提高，与使用 Fe-Mo 时相同。

表 7-29   使用氧化钼块对返回料中 Cr、W、V 元素回收率的影响

冶炼钢种	合金化方式	元素回收率/%		
		W	Cr	V
W9，M2	氧化钼	98.2	97.9	82.7
W9，M2	钼铁	97.8	88.0	82.5

表 7-30   使用氧化钼冶炼有害元素含量及夹杂物级别比较

钼的加入方式	有害杂质含量/%			夹杂物级别/级	
	Sn	As	Pb	氧化物	氮化物
钼铁	0.007	0.004	0.002	0.5	0.5
氧化钼块	0.007	0.004	0.002	0.5	0.5

（4）技术经济指标比较。表 7-31 为 5 t 电炉（出钢量 12.5 t，变压器容量 2250 kVA）采用返回法冶炼 M2 高速钢的技术经济指标比较。

表 7-31   使用氧化钼冶炼技术经济指标比较

比较项目	钼的加入方法	
	钼铁	氧化钼
冶炼时间	3 h 45 min	3 h 43 min
电耗/kWh	453	455
钼的回收率/%	97.54	97~99

用氧化钼代替 Fe-Mo 冶炼高速钢的各项指标均与用 Fe-Mo 相同，但氧化钼的价格便宜，故可大大降低钢的成本。

7.5.2.3   钨钼氧化物混合应用

现代高速钢系列中，钨钼系高速钢约占 90%。这类钢既含有钨、又含有钼。冶炼时要同时添加钨和钼。20 世纪 90 年代国内开展了大量的试验研究。从理论上而言，混合使用钨、钼氧化物与单独使用的热力学条件相同，在选用相同品质的氧化物时，二者效果也相当。

A   钨钼氧化物混合应用冶炼工艺特点

国内大连钢厂与钢铁研究总院进行了系统的研究。试验在公称容量 5 t（实际出钢量 12.5 t）的电弧炉上进行。冶炼钢种为 M2 和 W9，浇注 569 mm 扁锭或 580 mm 方锭。钨钼混合物的用量从 550 kg/炉（44 kg/t）到 1020 kg/炉（81.6 kg/t），两种氧化物配入总量按钨当量（W+Mo)≤4%，混合比例按 1∶1、1∶2、2∶1 等。白钨砂与钼焙砂按比例在加完垫底白灰后与辅助还原剂混合装在炉底，然后再装钢铁料，采用单渣返回

法冶炼工艺，全熔、吹氧脱碳后预脱氧、除渣、造新渣，辅助还原剂使用硅铁或碳化硅，按氧化物总量的 1/5~1/4 加入，预还原剂使用硅铁粉或碳化硅粉，用量为 6~8 kg/t 钢，分批加入，还原期调整化学成分，不用氧化物，其他工艺相同。

B　应用效果

由表 7-32~表 7-35[24]可见，钨钼混合氧化物的不同比例对钨、钼合金的收得率没有影响，对返回钢中加入的钒元素的收得率有提高。对钢中的气体含量、夹杂物和有害元素及钢的加工性能等均无影响，与单独使用氧化物冶炼时效果相当。另外，冶炼时间与电耗也相当。

表 7-32　不同混合比例对回收率的影响

氧化物量/kg			炉数	（W+Mo）回收率/%
白钨砂	钼焙砂	总量		
300	300	600	11	96.7
300	400	700	11	96.9
400	300	700	6	97.3
350	400	750	13	98.0
400	350	750	45	97.4
400	400	800	4	97.1
500	500	1000	2	96.7
700	300	1000	19	96.8

表 7-33　氧化物混合加入对合金元素收得率的影响

加入方式	炉数	用量/kg	η_V/%	η_{W+Mo}/%
铁合金	50	—	79.40	97.05
混合氧化物	100	600~1020	87.95	97.66

表 7-34　混合氧化物炼钢气体含量对比

用料	钢种	气体	各期气体/×10⁻⁴%				
			全熔	氧化末	还原	出钢前	80 mm 方坯（M2）
铁合金	W9	[H]	4.8	3.5	5.0	4.5	—
		[O]	200	300	50	100	45.5
		[N]	200	200	140	150	133
混合氧化物	W9	[H]	1.35	0.75	1.04	4.05	—
		[O]	216	204.5	52	92	42.5
		[N]	133	122	102	130	118.5

表 7-35　冶炼时间和电耗对比

加入方式	钢种	炉数	冶炼时间/min	电耗/kWh·t^{-1}
铁合金	M2，W9	50	236	406
混合氧化物	M2，W9	100	235	400

7.6　粉末冶金高速钢及其发展

7.6.1　粉末冶金高速钢

传统铸锻高速钢不可避免产生粗大的碳化物偏析组织。高速工具钢中一次碳化物完全微细化且均匀分布是高速钢生产者的理想。其实际的方法是钢液凝固时冷却速度不受限制的高速化。雾化制粉的出现使高速工具钢生产者这一理想得以实现。20 世纪 70 年代，首先是瑞典 STRORA 公司（现属于法国 Erasteel 公司）和美国 Crucible 公司工业化生产和应用，随后日本的神户制铁、日立金属、苏联等先后投产。粉末高速钢的问世不仅解决了传统工艺中一次碳化物偏析问题，而且还开辟了一条普通铸锻工艺难于或不可能生产的超高合金含量的高速钢的新途径。因此，粉末高速钢在高速钢中占有日益重要的地位。

7.6.1.1　粉末高速钢的特点[25]

粉末高速钢的特征是碳化物细小且均匀分散。与传统铸锻高速钢相比具有以下特点：韧性高、工具使用时不易发生碎裂或崩刃；具有稳定的工具使用寿命，寿命波动小；没有粗大的碳化物，因此，具有良好的被切削性和被磨削性。冷加工和热加工性能良好；由于碳化物均匀分布，因此热处理不均匀变形小，圆形断面工具的椭圆度降低 1/3 ~ 1/10；容易得到高的淬火、回火硬度，且硬度波动小；在高硬度被切削材的切削、断续切削及精切削等场合具有良好的性能。

7.6.1.2　粉末高速钢的生产工艺

粉末高速钢的有热等静压粉末高速钢和烧结高速钢，其基本工艺流程如下：

（1）粉末高速钢：气雾化制粉—筛分—包套—焊接—脱气—热等静压—锻压或轧制成材；

（2）烧结高速钢：水雾化制粉—粉末退火—冷作成型—烧结。

粉末高速钢的雾化制粉有气体雾化和水雾化两条路线。气体雾化是用氩、氮等高压惰性气体将钢液雾化为球状粉末的工艺过程。因大颗粒粉末内部卷入气体，所以直径不小于 700 μm 的粉末筛分去除后再装罐，球状粉充填率可达 65%，经约 1100 ℃ 热等静压可压实到 100% 密度。热等静压后钢锭的热加工与普通冶炼铸锭钢相同。制造粉末高速钢棒材，一般用气体雾化法。作为致密化方法除热等静压外，还有热挤压、热压等方法，但热等静压是最实用和主流工艺。

水雾化粉末形状不规则，充填密度低（约38%），经退火粉末软化，颗粒黏合在一块的多，因此对冷压等方法具有成型性良好的优点。由于表面氧化，添加适量石墨进行烧结。水雾化制粉适用于生产近终形的烧结制品。

7.6.1.3 粉末冶金高速钢的发展

粉末冶金高速钢（PM HSS）的组织性能的优点，使得粉末高速钢的产量占比稳步提升，市场用量不断扩大。与此同时，对粉末高速钢的质量性能提出了更高要求，推动粉末高速钢的技术进步，在国外已经历了三代发展和技术升级。

A 生产工艺装备

PM HSS 钢雾化制粉设备的中间钢包结构改进旨在精确控制钢水温度和洁净度。第一代的 PM HSS 由美国 Crucibe 钢厂和瑞典 Stroa 厂于 20 世纪 70 年代相继投产，使用 1~2 t 的中间包。1991 年法国 Erasteel 公司采用 7 t 中间包，并带有电渣加热（Electroslag heating，ESH）系统和包底吹 Ar 精炼系统，形成第二代 PM HSS。ESH 技术就是利用两个石墨电极浸入碱性渣内，交流电流通过非自耗电极由渣进入钢水，再经过渣返回第 2 根电极。这种加热方式可保证在 3 h 钢水雾化过程中温度稳定，又可使钢水脱硫和脱氧。同时包底吹 Ar 搅拌，可使中间包钢水温度均匀化。2000 年以后奥地利 Böhler 钢厂推出第三代 PM HSS，采用 8 t 中间包、ESH 技术及电磁搅拌技术，气雾化喷粉装置的喷嘴位置由紧接钢包的喷雾室顶部，改到了喷雾室顶侧面[26]，同时采用高纯氮气雾化。三代 PM HSS 雾化制粉的工艺如图 7-7 所示。

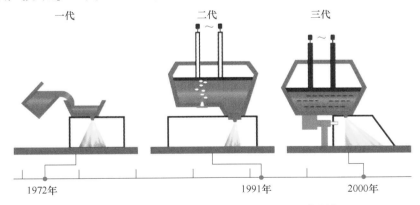

一代　　　　二代　　　　三代

1972年　　　　1991年　　　2000年

图 7-7　三代 PM HSS 雾化制粉工艺示意图[26-27]

B 雾化粉末的粒度、非金属夹杂物和产品力学性能

三代 PM HSS 雾化粉末颗粒分布和非金属夹杂物比较如图 7-8 所示，三代 PM HSS 产品的力学性能示于表 7-36。

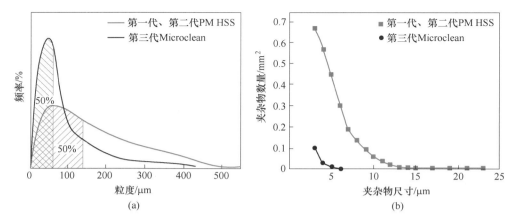

图 7-8 三代 PM HSS 的粉末颗粒及钢中非金属夹杂物对比[26-27]

（a）粉末颗粒分布；（b）非金属夹杂物

表 7-36 三代 PM HSS 的抗弯强度对比

代际	钢 种	抗弯强度/MPa			热处理硬度 HRC
		横向	纵向	横/纵	
普通熔炼	M2	1800	3900	0.46	
第一代	ASP23	3500	4500	0.78	65
第二代	ASP2023	4400	5400	0.81	
普通熔炼	M42	1250	3700	0.34	
第一代	ASP30	3000	4500	0.67	67
第二代	ASP2030	3550	4700	0.76	
第三代	AP2030Dvalin™	4200	—	—	

C 我国粉末冶金高速钢的发展

1985 年，钢铁研究总院和重庆特钢合作，完成热等静压 T15 粉末高速钢的中试生产，氮气雾化粉末的 O ≤ 0.01%，热等静压机缸体一次装 ϕ220 mm × 1000 mm 粉末包套，成功压制出 ϕ200 × 930mm T15 粉末冶金高速钢锭，单锭重 240 kg，相对密度 100%，经精锻成直径 ϕ120 mm 钢材[28-29]。但由于市场和成本问题，未能实现工业化生产。"十一五"期间，安泰科技公司通过"气雾化+HIP+精锻"工艺，重点解决了氧含量与夹杂物控制工艺和相关设备的改造，成功开发出氧含量 0.01%、抗弯强度大于 4000 MPa 的 T15 粉末高速钢[30]。2019 年天工集团建成粉末冶金高速钢生产线，其气雾化制粉的中间包容量 8 t，带有电渣加热（ESH）及电磁搅拌，配有两台 ϕ1250 mm 的热等静压机，成功开发 TPM 系列化产品，批量供应市场。

7.6.2 喷射成型高速钢

喷射成型（Spray Forming）技术是在粉末冶金与快速凝固工艺的基础上发展的一种全新的材料制备技术。由英国 Singer 教授于 1968 年提出，并于 1972 年获得专利。其基本原理是将液态金属用高压惰性气体雾化成细小的熔滴，熔滴随气体飞行并快速冷却，在尚未完全凝固前沉积到具有一定形状的基板上，并在基板上聚集、凝固成整体致密的坯件。不同形状的沉积坯如圆棒、圆盘、管材等通过设计基板的形状和控制基板的运动方式来得到[31-32]，其原理如图 7-9 所示。经过几十年的发展，该技术成功应用于制造各种高性能合金。喷射成型具有快速凝固的特点，与传统铸造高速钢相比，喷射成型高速钢

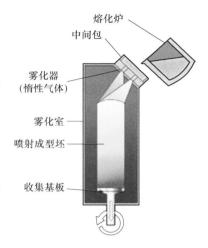

图 7-9 喷射成型示意图

组织细小，韧性更高，热加工性能更好；与粉末冶金高速钢相比，喷射成型从冶炼到坯件成型一步完成，省去了制粉、筛分、包套、焊接、等静压等多道工序，缩短了工艺流程，降低生产成本。因此，喷射成型作为一种成本相对低廉、产品性能良好的高速钢生产工艺，受到国内外工模具钢生产企业和研究者的重视。

7.6.2.1 喷射成型高速钢的技术特点

喷射成型技术把液态金属的雾化和雾化熔滴的沉积（熔滴动态致密固化）自然结合，直接从液态金属制取具有快速凝固组织、整体致密、接近零件实际形状的高性能材料或半成品坯件，具有如下特点[33]：

（1）喷射成型高速钢具有快速凝固组织特征。雾化阶段金属液滴在惰性气体作用下迅速冷却，带走金属凝固过程中 60%~80% 的潜热，其余潜热通过沉积器冷却介质带走或者通过沉积坯表面散失。冷却速度高达 10^3 K/s，而典型钢锭模冷速为 10^{-1}~10^{-2} K/s。因此，高速钢喷射锭具有晶粒细小、成分均匀、合金元素过饱和度高、无宏观偏析的特征。碳化物尺寸及分布介于粉末冶金与电渣重熔之间。

（2）氧含量低。雾化熔滴在惰性气氛下快速冷却、沉积，因此沉积坯增氧量是很有限的，基本上与母合金在同一水平。

（3）材料性能改善。基于快速凝固组织的均匀、细小的特征，喷射成型高速钢的淬回火硬度与粉末高速钢、电渣重熔高速钢相当；而抗弯强度、韧性、耐磨性及等向性比电渣钢大幅提高，尤其是大截面材料。与粉末冶金高速钢相比，抗弯强度、韧性、

等向性略低，耐磨性提高[34]。

（4）成型工艺简单，生产工序简化。喷射成型工艺过程是在雾化室内由液态金属直接喷射沉积成锭坯或半成品，与粉末冶金相比，缩短了生产周期，降低成本，提高生产效率。

（5）喷射成型技术具有广泛的通用性及产品的多样性。它不仅适用于多种金属材料，如铝合金、高温合金、工模具钢等，而且为新型材料，如金属间化合物、复合材料、双性能材料的研制提供了新的技术手段。此外，它还是一种合金化、过程设计、产品成型紧密结合，集成度很高的柔性制造过程。

喷射成型过程可以分为金属释放、雾化、喷射、沉积、沉积体凝固等五个阶段。金属喷射成型实际操作依赖于以下几项关键技术：

（1）雾化颗粒撞击基板时的状态。若为液态，则与传统铸造接近；若为固态，则无法形成工件。因此，要求在撞击基板前的瞬间为半固态或过冷液态。

（2）喷嘴的设计与制造。对于喷射成型工艺，希望喷嘴雾化所得颗粒具有高的冷速而均匀的颗粒尺寸分布。

（3）喷射沉积过程控制技术。喷射成型是一个多变量输出与输入的非线性过程，传统的控制技术已不适应，为此，必须采用激光传感系统和人工智能方法，对喷射成型工艺实现逻辑控制。

7.6.2.2　喷射成型高速钢的发展

1980 年英国 Aurora 钢铁公司开始应用喷射沉积方法生产高合金工具钢和高速钢。1993 年英国特冶产品公司、德国 Mannesmann Demag 公司和 Osprey 公司合作建成喷射成型试验设备，可制备直径 400 mm、长 1000 mm、重达 1 t 的 D2 工具钢和 T15 高速钢圆锭，单班年产量为 2000 t。丹麦 Dan Spray 公司与 Nordisk Staal 公司合作，于 1998 年建成高合金工具钢喷射成型设备，用 5 t 熔炼炉生产直径 500 mm、长 2.5 m、重达 4 t 的钢锭。生产时采用双雾化喷嘴，可使材料收得率提高到 90%，氮气消耗量降低 25%。2009 年 Dan Spray 公司与 Frederiksvaerk 组建新公司 Spray Steel，喷射成型 D2 等冷作模具钢和 T15、AISIM3、AISIM2、AISIM4 等高速钢，可以提供不同尺寸的锻造棒材，经去应力退火，单件重达 2 t[35]。

国内喷射成型技术研究可以追溯到 20 世纪 80 年代中期。北京航空材料研究院在 2005 年引进英国 Osprey 技术，建成炉容量 300 kg 的双喷雾化喷射成型设备，制备出直径 ϕ300 mm，高 280~300 mm 的 T15 高速钢沉积坯，其坯体致密度达到理论密度 99.3% 以上，获得均匀的组织，硬度值高达 HRC 68，冲击功达到 27 J/cm^2，抗弯强度达到 4600 MPa[36-37]。2011 年河冶科技公司建成 3 t 级的喷射成型设备，形成了大截面高速钢、冷作模具钢及耐蚀耐磨材料产品系列，替代部分粉末产品和电渣重熔产品，主要产品有 HSF620（M2）、HSF755、HSF758、HSF825K 等。2019 年，江苏天工公司建成 5 t 级喷射成型设备并实现 TSFM2、TSFM3、TSFM42 等系列工模具钢的产业化。

7.7　本 章 小 结

（1）高速钢是含 W、Mo、Cr、V 等合金元素的高碳高合金莱氏体钢，具有高的强度、硬度、耐磨性、红硬性及一定的韧性，通常用作切削工具，也用来制作高载荷模具和特殊耐磨耐热零部件等。

（2）传统铸锻高速钢的主要质量问题是碳化物偏析，即共晶碳化物不均匀度，其成因是钢液凝固过程形成的粗大铸态莱氏体组织遗传至成品材。冶炼时选用合理的锭型、添加孕育剂、降低浇注温度、增加热加工变形比和优化变形方式等可以有效改善碳化物不均匀度。

（3）高速钢一般采用感应炉或电弧炉冶炼，以及 LF + VD 精炼或电渣重熔精炼。对于传统铸锻高速钢，钢中夹杂物与碳化物相比，其数量少得多，尺寸也小得多，因此对钢的质量影响居于碳化物之后。随着高速钢质量要求的不断提高和炉外精炼技术的广泛应用，高速钢中有害气体和夹杂物含量进一步降低，钢的质量明显提升。高速钢经电渣重熔后，碳化物不均匀度和洁净度均明显改善。

（4）高速钢可采用模铸和连铸方法进行浇注。与模铸相比，连铸工艺有高的金属收得率和生产效率以及节能降耗等优势，还能显著降低高速钢碳化物尺寸、改善碳化物形貌，提高产品的力学性能。但由于高速钢自身空冷自硬、延展性差等特点，导致连铸过程中容易出现拉漏、断裂及裂纹，连铸成功率较低。因此，目前模铸仍然是高速钢的主要浇注方式。钢锭脱模后须通过红转热送或缓冷、退火消除应力，避免开裂。

（5）钨、钼氧化物可以代替钨、钼铁合金，采用电弧炉返回法冶炼，回收率高、成分稳定，对其他元素回收率无影响，电耗不增加或增加较少，高速钢质量与使用铁合金冶炼时相当。

（6）传统铸锻方法生产的高速钢碳化物粗大，组织均匀性差，元素偏析严重。粉末冶金和喷射成型技术生产的高速钢的碳化物均匀细小，元素偏析得到明显改善。与粉末冶金相比，喷射成型技术工艺流程简单，成本低，但工艺窗口窄，产品的稳定性和一致性有待提高。

参 考 文 献

[1] 郭耕三. 高速钢及其热处理 [M]. 北京：机械工业出版社，1985：117-135.

［2］ 吴立志 . 中国高速钢的发展 ［J］. 河北冶金，2015，239（11）：1-8.

［3］ 石功奇，丁培道，周守则 . 高速钢中δ共析体的电镜研究 ［J］. 金属学报，1991，27（5）：382-384.

［4］ 赵沛 . 合金钢冶炼 ［M］. 北京：冶金工业出版社，1992：84-88.

［5］ 汪忠智 . 钢锭锭型对高速钢碳化物不均匀度的影响 ［J］. 特殊钢，1997（6）：46-48.

［6］ 邵青立，谢志彬，张国平 . 电渣重熔锭直径和压缩比对 M2 高速钢碳化物不均匀度的影响 ［J］. 特殊钢，2015，36（5）：21-22.

［7］ 殷瑞钰 . 钢的质量现代进展 ［M］. 北京：冶金工业出版社，1994：312-315.

［8］ 邓玉昆，陈景榕，王世章 . 高速工具钢 ［M］. 北京：冶金工业出版社，2002：339-341.

［9］ Fischmeister H F，Riedl R，Karagoz S. Solidification of high-speed tool steels ［J］. Metallurgical and Materials Transactions A，1989（10）：2133.

［10］ 姚健，满廷慧，刘宇，等 . 连铸对 M2 高速钢偏析与碳化物的影响 ［J］. 中国冶金，2023（3）：77-84.

［11］ 姚健，朱喜达，刘宇，等 . 高碳高合金工模具钢连铸工艺发展现状 ［J］. 特殊钢，2022，43（6）：66-72.

［12］ 朱喜达，李朋，徐乐钱，等 . M2 高速钢连铸连轧短流程工艺生产实践 ［J］. 连铸，2023（4）：73-80.

［13］ 赵志刚 . 高速工具钢（M2）连铸工艺基础研究 ［D］. 北京：北京科技大学，2018.

［14］ 邓玉昆，陈景榕，王世章 . 高速工具钢 ［M］. 北京：冶金工业出版社，2002：351-355.

［15］ 李正邦，张家雯，林功文 . 电渣重熔译文集（2）［M］. 北京：冶金工业出版社，1990：61-63.

［16］ 李正邦 . 电渣冶金的理论与实践 ［M］. 北京：冶金工业出版社，2010：163-202.

［17］ 谢志彬，邵青立，张国平，等 . 酸性渣重熔含硫高速钢 M35 的质量研究 ［J］. 特殊钢，2019（6）：27-30.

［18］ 李正邦，车向前，张家雯 . 孕育剂对高速钢组织的影响 ［J］. 钢铁，1993（2）：20-24.

［19］ 杨文义，谢志彬，王凯，等 . 高速钢碳化物组织稀土改性研究 ［J］. 河北冶金，2021，331（11）：32-37.

［20］ 李金荣，毛杰 . 白钨矿炼钢的研究 ［J］. 特殊钢，1988（6）：57-65.

［21］ 陈宗祥，李金荣 . 用白钨精矿代替钨铁炼钢的研究 ［J］. 钢铁，1992，27（12）：15-18.

［22］ 朱航宇 . 氧化钼直接还原合金化炼钢的研究 ［D］. 沈阳：东北大学，2009.

［23］ 李正邦，朱航宇，杨海森 . 氧化钼直接合金化炼钢的发展 ［J］. 钢铁研究学报，2013，25（2）：1-3.

［24］ 李金荣，毛杰 . 电炉炼钢钨、钼混合氧化物直接还原合金化 ［J］. 特殊钢，1997（1）：40-44.

［25］ 清永欣吾 . 工具钢——作为日本产业基础的工具钢的发展史 ［M］. 陈洪真，沈梨庭，译.北京：冶金工业出版社，2003：115-117.

［26］ 吴元昌 . 粉末冶金高速钢生产工艺的发展 ［J］. 粉末冶金工业，2007（4）：30-37.

［27］ 秦乾，杨芳，陈存广，等 . 粉末高速钢的制备技术及发展方向 ［J］. 粉末冶金工业，2022（4）：

68-70.

[28] 殷瑞钰. 钢的质量现代进展 [M]. 北京：冶金工业出版社，1994：340-342.

[29] 王洪海，阎复原，王恩珂. 热等静压粉末冶金高速钢 [J]. 钢铁研究学报，1987 (4)：27-32.

[30] 闫来成，卢广锋，孟令兵，等. 粉末冶金高速钢的组织和性能研究 [J]. 粉末冶金工业，2011 (3)：1-5.

[31] 皮自强，路新，贾成厂，等. 喷射成形高速钢的研究进展 [J]. 粉末冶金技术，2013，31 (5)：379-383.

[32] 迟宏宵，刘继浩，马党参，等. 喷射成形技术在高合金工具钢中的应用及研究进展 [J]. 特殊钢，2023，44 (5)：14-20.

[33] 李荣德，刘敬福. 喷射成形技术国内外发展与应用概况 [J]. 铸造，2009，58 (8)：797-801.

[34] 杜文华，张海军，默雄，等. 喷射成形高速钢 HSF640 的组织与性能研究 [J]. 河北冶金，2023，325 (1)：45-48.

[35] 崔成松，章靖国. 喷射成形快速凝固技术制备高性能钢铁材料的研究进展 (四) [J]. 上海金属，2012，34 (5)：47-50.

[36] 袁华，李周，许文勇，等. 喷射成形高速钢的组织和性能 [J]. 工具技术，2012，46 (9)：35-37.

[37] 汪杰，魏宽，徐秩，等，喷射成形技术在高速钢中的应用 [J]. 热加工工艺，2015，44 (10)：48-52.

8 模 具 钢

模具是指工业生产中用以注塑、吹塑、挤出、压铸或锻压成型、冶炼、冲压等方法得到所需产品的各种模子和工具。简而言之，模具是用来制作成型物品的工具。由于各种模具的工作条件差别很大，所以从化学成分看，模具钢的范围很广，从一般的碳素钢、合金工具钢、结构钢、高速钢，直到满足特殊模具要求的奥氏体无磁模具钢、耐蚀模具钢、马氏体时效钢、高温合金、难熔合金、硬质合金及一些专用的采用粉末冶金工艺生产的高合金模具材料等[1]。本章重点讨论的是属于合金工具钢类中的合金模具钢。

8.1 模具钢的用途和分类

国内外根据合金模具钢的用途和工作条件分为三大类，即冷作模具钢、热作模具钢和塑料模具钢：

（1）冷作模具钢。冷作模具钢主要用于制造在冷状态（室温）下进行工件压制成型的模具。如冷冲压模具、冷拉伸模具、冷镦模具、冷挤压模具、压印模具、辊压模具等。冷作模具是应用很广泛的一类模具，选用的钢号种类很多，包含碳素工具钢、低合金油淬钢，空淬冷作模具钢、高碳高铬型冷作模具钢、高速钢、低碳高速钢、基体钢和粉末冶金工艺生产的高合金模具材料等。典型的牌号如：T8、T10、9CrWMn（ASTM，O1）、Cr12（ASTM，D3）、Cr12MoV（ASTM，D2）、Cr5Mo1V（ASTM，A2）等。国内外典型冷作模具钢钢号见表 8-1。冷作模具钢的典型应用见表 8-2[2]。

表 8-1 国内外典型的冷作模具钢的标准钢号对照

ISO/DIS	ASTM 681	DIN 17350	NFA35 590	BS 4659	ГОСТ 5950	JIS G 4404	中国 GB/T 1299—2014
95MnCrW1	O1	100MnCrW4	90MCW	BO1	9ХВГ	SKS3	9CrWMn
100CrMoV5	A2	X100CrMoV51	Z100CD5	BA2	9Х5Вф	SKD12	Cr5Mo1V
160CrMoV12	D2	X155CrMoV121	Z160CDV12	BD2	X12M	SKD11	Cr12MoV
210Cr12	D3	X210Cr12	Z200Cr12	BD3	X12	SKD1	Cr12

表 8-2 冷作模具钢的典型应用

模具种类	选用钢号	模具种类	选用钢号
拉丝模、拉延模、压印模	Cr12、Cr12MoV 等	冲模	9CrWMn、9Mn2V、Cr12、Cr12MoV、W6Mo5Cr4V2 等
搓死板、滚丝模	9Mn2V、Cr5Mo1V、Cr8Mo2V、Cr12、Cr12MoV 等	冷镦模（螺钉、螺母）	Cr12MoV、7Cr7Mo3V2Si、Cr8Mo2V、M42 等
冷镦模（轴承钢球）	Cr12、Cr12MoV、7Cr7Mo3V2S、6Cr4Mo3Ni2WV 等	冷镦模嵌套和模套	4Cr5MoSiV1
冷挤压钢件、硬铝用冲头	6W6Mo5Cr4V、W6Mo5Cr4V2、M42 等	冷挤压钢件、硬铝用凹模	Cr12MoV、Cr8Mo2VSi、Cr5Mo1V 等

（2）热作模具钢。热作模具钢主要用于制造在高温状态下对金属进行热加工用的模具，如热锻模具、热挤压模具、压铸模具、热剪切模具等，这类钢碳的含量一般为 0.3% ~ 0.5%，添加提高高温性能的钨、钼、铬、钒等合金元素。热作模具钢又可以分为低合金热作模具用钢、铬系中合金热作模具钢，钨钼系热作模具钢、高温热作模具钢等。特殊要求的热作模具有时采用高温合金和难熔合金制造。国内外通用型热作模具钢钢号见表 8-3[2]，热作模具钢的典型应用见表 8-4。

表 8-3 国内外典型的热作模具钢的标准钢号对照

ISO/DIS	AISI/ASTM	DIN 17350	NFA35 590	BS 4659	ГОСТ 5950	JIS G 4404	GB/T 1299
55NiCrMoV2	L6	55NiCrMoV6	5NCDV7		5ХНМ	SKT4	5CrNiMo
40CrMoV5	H13	40CrMoV51	Z40CDV5	BH13	4Х5Мф1С	SKD61	4Cr5MoSiV1
30CrMoV3	H10	X30CrMoV33	32CDV23	BH10	3Х3М3ф	SKD7	4Cr3Mo3SiV
30CrMoV9	H21		Z30WCV9	BH21	3X2B3ф	SKD5	3Cr2W3V

表 8-4 热作模具钢的典型应用

模具类型		应用材料牌号
锻模	小截面（边长≤400 mm）	5CrMnMo 等
	大截面（边长>400 mm）	5CrNiMo、4CrMnSiMoV、3Cr2NiMnMo 等
	寿命要求高的	4Cr5MoSiV、4Cr5MoSiV1、3Cr2W8V、3Cr3Mo3V 等
	热镦模	4Cr3W4Mo2VTiNb、4Cr5MoSiV1、3Cr3Mo3V、基体钢等
	精密锻造或高速锻造	4Cr5MoSiV1、3Cr2W8V、4Cr3W4Mo2VTiNb 等
压铸模	锌、铝、镁合金	4Cr5MoSiV1、4Cr5MoSiV、4Cr5Mo2V 等
	铜和黄铜	4Cr5MoSiV1、4Cr5W2SiV、3Cr2W8V、3Cr3Mo3V 等
挤压模	温挤压和温镦锻	7Cr7Mo3V2Si、基体钢等
	热挤压	5Cr4Mo3SiMnVA1、3Cr3Mo3W2V、4Cr5W2SiV 等

（3）塑料模具钢。塑料模具钢主要用于塑料零件的成型模具。根据塑料品种及制品的形状、尺寸、精度、产量、成型方法等的不同，选用的模具钢也有较大差别。对于常用的塑料模具钢大致可以分为非合金塑料模具钢、渗碳型塑料模具钢、预硬型塑料模具钢、时效硬化型、耐蚀型、易切削型、马氏体时效型塑料模具钢等。国内外通用的典型塑料模具钢的品种见表 8-5，典型应用见表 8-6。

表 8-5　国内外典型的塑料模具钢的标准钢号

类别	钢号	主要化学成分/%					
		C	Mn	Cr	Mo	Ni	其他
非合金塑料模具钢	45	0.45	0.80	—	—		
	55	0.55	0.80	—	—		
预硬型塑料模具钢	3Cr2Mo	0.35	1.30	1.6	0.4	—	
	3Cr2NiMnMo	0.35	1.20	1.8			
时效硬化型	10Ni3MnCuAl	0.16	1.0			3.0	Cu：1.0，Al：1.0
耐蚀塑料模具钢	2Cr13	0.25	0.4	13.0			
	4Cr13	0.40	0.6	13.0			
	3Cr17Mo	0.35	0.4	16.5		0.8	
	9Cr18Mo	1.0	0.5	17.5	0.5		

表 8-6　塑料模具钢的选用举例

用途和种类	选用材料举例
一般用途的热塑成型塑料模具	S45C、S50C、S55C、3Cr2Mo、4Cr5MoSiV1
腐蚀与高温热塑成型塑料模具	3Cr2Mo（P20）：P21 镀镍
	420 系不锈钢、414L
一般用途的热固性塑料成型模具	9Mn2V、CrWMo、P20 渗碳、P6 渗硫
高温固塑成型塑料模具	5CrNiMo、5CrMnMo、P4 渗碳

8.2　模具钢的性能要求

根据模具的服役条件、环境状况的不同，模具钢应具备不同的特性。在工业生产中，模具使用寿命和制成零件的精度、质量、外观性能，除与模具的设计、制造精度，以及机床精度和操作等有关外，正确地选用模具材料及其热处理工艺也是至关重要的。模具早期失效因材料选择不当和内部缺陷引起的大约占 10%，由热处理不当而引起的约占49%。因此需要根据模具给定的工作条件，正确选定材料的某一组主要性能，并兼顾其他性能，达到最佳状态。

8.2.1 模具钢的力学性能

（1）硬度。模具在工作时受力状态是复杂的，如热作模具通常在交变的温度场下承受交变应力作用，因此它应具有良好的抗软化或塑性变形能力，在长期工作环境下仍能保持模具的形状和尺寸精度。通常是以硬度的高低作为模具钢重要性能之一，对冷作模具的硬度一般选择在 HRC 58 以上，而热作模具尤其是要求高的抗热疲劳性能的模具，通常在 HRC 45 左右。对普通使用的塑料模具，一般硬度要求在 HRC 35 左右[3]。

（2）强度与韧度。零件的成型使模具承受着巨大的冲击、扭曲等负荷，尤其是现代高速冲压、高速精密锻造和液态成型等技术以及一次成型技术的发展，模具承受着更大的负荷，往往由于钢材的强度和韧度不够，造成型腔边缘或局部塌陷、崩刃或断裂而早期失效，因此模具热处理后应具有较高的硬度和韧度。

（3）耐磨性。零件成型时材料与模具型腔表面发生相对运动，对型腔表面产生了磨损，从而使得模具的尺寸精度、形状和表面的粗糙度发生变化而失效。磨损是一个复杂的过程，影响因素很多，除取决于作用于模具的外界条件外，还很大程度上取决于钢材的化学成分均匀性、组织状态、力学性能等。

（4）疲劳性能。模具工作时承受着机械冲击和热冲击的交变应力，热作模具在服役的过程中，热交变应力更明显地导致模具热裂。受应力和温度梯度的影响而引起裂纹，往往是在型腔表面形成浅而细的裂纹，它的迅速传播和扩展导致模具失效。另外，钢的化学成分及组织的不均匀，钢中存在的冶金缺陷如非金属夹杂物、气孔、显微裂纹等均可导致钢的疲劳强度降低，因为在交变应力的作用下，首先在这些薄弱地区产生疲劳裂纹并发展为疲劳破坏。

此外，还应根据模具的工作条件和环境的差异，考虑所用模具钢应具有良好的导热性、抗介质的腐蚀性、抗氧化性和导磁性等。

8.2.2 模具钢的工艺性能要求

（1）可加工性。钢材的可加工性主要包括被切削加工性和冷热塑性变形两种，它取决于钢的化学成分、热处理后的组织和冶金生产的内部质量。近些年来，为了改善钢的切削加工性，在一些模具钢中加入易切削元素或改变钢中夹杂物的分布状态，从而提高模具钢的表面质量和减少模具的磨损。在热加工时，对一些高碳高合金的模具钢，改善碳化物的形态和分布、晶粒大小等冶金质量十分重要。

除了应具有良好的被切削加工性外，模具钢还应有良好的电加工性以及压印翻模加工性等。

（2）淬透性和淬硬性。工模具对这两种性能的要求根据服役条件的不同各有侧重。对于要求整个截面硬度均匀性高的模具，如锤锻模用钢，具有高的淬透性更为重要；而对只要求有高硬度的小型模具，如冲裁落料模具钢，则更偏重于高淬硬性。

（3）热处理变形性。模具零件在热处理时，要求变形小，各个方向要有相近的变化，且组织稳定。淬火变形大小，除与淬火温度、时间和冷却介质等因素有关外，还取决于钢的成分均匀性、冶金质量和组织稳定性。

（4）脱碳敏感性。模具钢在锻轧、退火或淬火时，在无保护气氛下加热，其表面会产生氧化脱碳等缺陷，从而使模具的耐用度下降。脱碳除了与热处理工艺、设备有关外，就材料本身而言，主要取决于钢的化学成分，特别是含碳量，在含有较高的硅、钼等合金元素时，也会加剧脱碳。

（5）黏着性。工模具零件的表面由于两金属原子相互扩散或单相扩散的作用，往往会被一些被加工的金属黏附，尤其是一些切削剪切工具和冲压工具的表面会产生黏附或结疤现象，这会影响刃口的锋利程度和局部组织、化学成分的改变，使刃口部分崩裂或粘附金属的脱落划伤模具，使工件表面粗糙。因此，良好的抗黏着性也是很重要的。

此外，根据模具的使用条件还应考虑镜面抛光性、磨削性和电化学等性能。

8.3　模具钢的发展趋势

（1）钢种向高效、通用、系列化方向发展。由于工模具的类型多、服役条件差异很大，决定了合金工具钢种的标准复杂，数量较多。但是，对于每一种主要用途的钢类，往往有 3~5 个通用型钢种，这些通用型钢种的性能从低到高形成的系列基本上可以满足大多数工模具的技术要求。一般通用型合金模具钢的产量的 70% 以上。如美国 ASTM 标准，通用型冷作模具钢种有 O1、A2、D2、D3 等；通用型热作模具钢有 H10、H11、H13、H21 等；通用型塑料模具钢有 P20、718 等。可以说，目前国际上合金工具钢种向高效、通用和系列化方向发展。

（2）品种规格多样化、精料化、预硬化和制品化。为了提高模具制造业的生产效率和材料利用率，缩短模具制造周期，并配合模具工业的标准化、系列化、设计和制造过程中 CAD/CAM 技术的应用，模具钢的品种规格迅速向多样化、精料化、预硬化和制品化方向发展：

1）品种规格多样化。有相当一部分模具大都是由几块扁平形部件组装而成，如冷冲模具、下料模具、剪切模具、塑料模具、压铸模具等，所以合金工模具钢钢材产量中扁钢和中厚板占了较大的份额。日本合金工模具钢热轧钢中，扁钢和板带的产量占总产量的40%以上。我国中厚板和扁钢占工模具钢产量的60%以上。

2）精料化。国外模具钢日趋精料化，由钢厂直接提供不同要求的经过机械加工的高尺寸精度无脱碳层的精料，如美国 ASTM A681 合金工具钢标准中对合金工具钢精料分别就粗车精材、冷拉棒材、无心磨削棒材、冷拉方钢、扁钢、精密磨削的方钢、扁钢等品种的技术条件做了详细的规定。1984 年还专门颁布了经过机械加工的合金工具钢扁钢及方钢的专用标准 ASTM A685-1984。国外主要的模具钢生产厂生产的模具钢比例已经占 80%左右。

3）预硬化和制品化。国内外不少特殊钢厂除了大量提供模具钢精料外，还大批量供应经过淬回火热处理和精加工的模板、模块等制品，模具厂可以直接采购标准模块，只对模具的型腔或刃部进行精加工后即可，与标准模架配套组装后交货，所以生产效率高，制造周期短。

（3）质量和性能不断提高，实现升级换代。工具是模具的关键部位或部件，大部分是多向受力，因此，提高钢材的等向性能，改善横向的韧性和塑性，可以大幅度地提高工模具的使用寿命，这是近年来合金工具钢主要的发展方向之一。国外各主要特殊钢厂都致力于开发高等向性能的模具钢，而且各自命名了一些商业牌号，如 20 世纪 70 年代奥地利 Böhler 钢厂开发出 "W302 ISODISC" 优质 H13 钢，90 年代开发 "W302 ISOBLOCK" 和 "W302 VMR"，具有更高的组织均匀性和等向性能。日本日立金属公司安东工场开发 "ISOTROPY"，日本 NKK 公司也开发出高等向模具厚板，其横向塑性、韧性值相当于纵向值的 80%~90%（一般模具钢为 40%~60%），可提高模具寿命 1~3 倍。

提高合金工具钢的纯洁度，即降低合工模具钢中有害杂质的含量，是改善钢的性能的有效措施。采用各种精炼工艺，生产高洁净度的钢材，是当前各合金工具钢厂主要努力方向。如日本大同特殊钢公司，将 SKD61 钢的 S、P 含量从 0.03%降低到 0.01%以下，不仅使其冲击韧性提高 1 倍以上，而且显著地改善热疲劳性能。

通过优化化学成分、提高洁净度和改善组织均匀性，可大大提高钢的横向性能。如奥地利伯乐钢厂生产的 H13 钢 $\phi250~300$ mm 棒材，当淬火、回火硬度为 HRC 45 时，用普通方法和用 ISODISC 工艺生产的钢材横向力学性能的对比见表 8-7。从表中可以得知，强度不变，而塑性和韧性差异较大。

表 8-7   不同工艺生产 H13 钢材的横向力学性能

部位	处理工艺	R_m/MPa	$R_{p0.2}$/MPa	A/%	Z/%	冲击功/J
1/2 处	普通工艺	1480	1350	5	27	16
	普通工艺+ 等向处理	1480	1350	8	35	18
	电渣重熔+ 等向处理	1480	1350	10	40	20
心部	普通工艺	1480	1350	2	24	10
	普通工艺+ 等向处理	1480	1350	5	25	14
	电渣重熔+ 等向处理	1480	1350	9	35	20

8.4   合金元素在模具钢中的作用

模具钢中常用的合金元素有 Cr、Mn、Mo、W、V、Si、Ni、Co 等，此外，少数钢种中还含有 Al、Ti、Nb、N 等元素。它们在钢中存在形式分为三类：（1）与铁形成固溶体；（2）溶入铁的碳化物渗碳体中，或形成其他合金碳化物；（3）与铁（或合金元素之间）形成金属间化合物。合金元素在钢中的存在形式不同，发挥的作用也不同。在本节中简单介绍主要合金元素在模具钢中的作用：

（1）C。碳是工模具钢中最基本的合金元素，其含量从 0.05%~2.5%。与 Cr、W、Mo、V 等合金元素形成碳化物，提高钢的硬度和耐磨性，C 还能提高钢的淬透性，使钢淬火时获得马氏体组织，并且随着含碳量增加，淬火后硬度增加（图 8-1）。碳含量约为 0.6 时，硬度达到极大值。

（2）Mn。锰是炼钢的脱氧剂和脱硫剂，工模具钢中一般锰含量在 0.2%~0.6%。钢中部分锰与硫结合形成 MnS 残留于基体中，会降低模具材料的韧性。固溶于基体中的锰元素，会扩大铁碳平衡相图中的 γ 区，降低临界转变温度，极大地增加了钢的淬透性。因此，在预硬化塑料模具钢（3Cr2Mo、3Cr2NiMnMo 等）、热锻模用钢（5CrMnMo、5CrNiMo 等）以及油淬冷作模具钢（9CrWMn、9Mn2V 等）中常含有约 1% 的锰。但是，锰含量较高时，有使钢的晶粒粗化的倾向，并增加钢的回火脆性。冶炼浇注和锻轧后冷却不当时易产生白点。

（3）Si。硅是工模具钢中常见的元素之一，在炼钢过程中，用作还原剂和脱氧剂，一般而言，作为炼钢脱氧而残留存在，在大多数工模具钢中硅含量为 0.2%~0.4%。

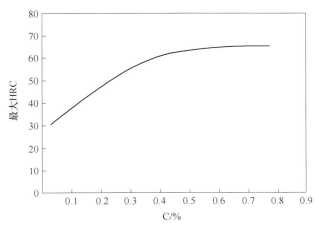

图 8-1　碳含量与钢的淬火硬度关系

硅在钢中不形成碳化物,而是固溶于铁素体和奥氏体中,提高钢的强度和耐热性。在硅系工模具钢（AISI310 系:S2、S4、S5、S6、S7 等）含有约 1%～2.5% 的 Si,主要是提高其抗冲击性能。在中碳铬系热作模具钢 H10～H13 钢中均含有 1% 左右的 Si,以提高钢的抗回火稳定性和抗氧化性。但 Si 使钢的塑性和韧性降低,硅含量较高时易导致加热过程中钢中碳石墨化,增加脱碳敏感性。

（4）Cr。铬是工模具钢中应用最多的合金元素之一,有很多重要作用。首先,铬可以固溶于基体中,增加钢的淬透性,提高钢的抗回火软化性;其次,铬可以显著提高钢的抗氧化性和抗腐蚀能力。铬与碳元素结合可形成多种类型碳化物,取代部分铁而形成复合渗碳体$(Fe,Cr)_3C$、复杂碳化物$(Cr,Fe)_7C_3$ 和$(Cr,Fe)_{23}C_6$,这些碳化物分布于工模具钢的基体中,对工模具的耐磨性发挥着重要作用,因此铬是工模具钢中最重要的合金元素。工模具钢中铬含量一般为 0.5%～20%,如典型的预硬化塑料模具钢 P20(3Cr2Mo)、1.2738(3Cr2MnNiMo) 等均含有 2% 的 Cr;典型的热作模具钢 H10～H13 中含有 3%～5% 的 Cr;量大面广的高碳铬冷作模具钢 Cr8Mo2V、Cr12、Cr12MoV 等钢含有 8%～12% 的 Cr。

（5）Ni。镍是形成和稳定奥氏体的主要合金元素。镍在钢中不形成碳化物,而是固溶于基体中,既可提高钢的强度,也可改善其韧性。同时可以提高淬透性,但效果不如锰和铬。在工模具钢中主要是塑料模具钢和热锻模用钢中添加 Ni 元素,如 3Cr2NiMnMo、10Ni3MnCuAl、5CrNiMo 等。

（6）Mo 和 W。钼与钨是工模具钢中主要的合金元素,在钢中存在于固溶体和碳化物中。Mo 固溶于基体中,可提高钢的淬透性,有助于改善其热强性和耐蚀性,钼含量较高时，则形成钼的特殊碳化物。钼最大的特点是：固溶于基体中的 Mo 在 500 ℃ 左右回火时会析出 Mo_2C 碳化物，表现出较为明显的二次硬化效果，与 V、W 和 Cr 相比，钼的二次硬化效果最好。在中碳铬系热作模具钢 H10~H13 钢中，含有 1%~3% 的 Mo，有助于提高其高温热强性。钨与钼的性质相似，在工模具钢中的作用也类似。

（7）V。钒也是工模具钢中主要添加合金元素之一。钒在工模具钢中主要以碳化物形态存在，既能细化晶粒，降低过热敏感性，又能在高温回火时析出微细的 V_4C_3，使钢出现二次硬化效应，并增加其回火稳定性和耐磨性。钒在模具钢中含量一般 0.1%~1.5%，在某些高耐磨的粉末冶金工模具钢中可高达 3%~5%，最高可达 10%。其中代表钢号有 9Mn2V、Cr12MoV、5CrNiMoV、4Cr5MoSiV、4Cr5MoSiV、3Cr3Mo3V、CPM10V 等。

（8）Co。钴是非碳化物形成元素，固溶于基体中，促进高温回火时碳化物的析出。钴加入模具钢中，可提高钢淬火后回火的二次硬化峰值，提高高温硬度。在模具钢中加入量一般为 0.5%~8%。典型代表钢号为 W6Mo5Cr4V2Co、3Cr3Mo3VCo、Cr12MoVCo、M42（W2Mo9Cr4VCo8）等。

8.5　模具钢的冶金质量要求

8.5.1　模具钢的化学成分

合金工模具钢的钢种繁多，成分也复杂。表 8-8~表 8-10 列出了我国国家标准（GB/T 1299—2014）中塑料模具钢、热作模具钢和冷作模具钢的化学成分范围。冶炼方法采用电弧炉、电弧炉+真空脱气、电弧炉+电渣重熔、真空电弧重熔（VAR）及其他满足条件的冶炼方法。不同冶炼工艺钢中残余元素的规定见表 8-11。对于氢、氧、氮等气体含量及铅、砷、锡、锑、铋等五害元素，并没有规定为必检项目。为保证产品质量和性能稳定，国内外各冶金厂对各自的产品都有相应的内控化学成分，而这些内控成分要比相应标准范围窄。对于成品化学成分的偏差，只有我国和日本标准有规定。

8.5.2　低倍组织及断口

在钢材的横截面上通常会存在由于钢液凝固时产生的疏松和偏析，这些缺陷会降低钢的强度和韧性，严重影响模具加工后的表面粗糙度。在一般模具中这些缺陷的影响还不大，而在冷轧辊、大型模块、冲头和塑料成型模等模具中对疏松和偏析有特别的要求。近些年来，低倍组织已经成为国内外模具钢的必检项目。

表 8-8　GB/T 1299—2014 标准中冷作模具钢牌号及化学成分

化学成分（质量分数）/%

牌号	C	Si	Mn	P	S	Cr	W	Mo	V	Nb	Co
9Mn2V	0.85~0.95	≤0.40	1.70~2.00	①	①	—	—	—	0.10~0.25	—	—
9CrWMn	0.85~0.95	≤0.40	0.90~1.20	①	①	0.50~0.80	0.50~0.80	—	—	—	—
CrWMn	0.90~1.05	≤0.40	0.80~1.10	①	①	0.90~1.20	1.20~1.60	—	—	—	—
MnCrWV	0.90~1.05	0.10~0.40	1.05~1.35	①	①	0.50~0.70	0.50~0.70	—	0.05~0.15	—	—
7CrMn2Mo	0.65~0.75	0.10~0.40	1.80~2.50	①	①	0.90~1.20	—	0.90~1.40	—	—	—
5Cr8MoVSi	0.48~0.53	0.75~1.05	0.35~0.50	≤0.030	≤0.015	8.00~9.00	—	1.25~1.70	0.30~0.55	—	—
7CrSiMnMoV	0.65~0.75	0.85~1.15	0.65~1.05	①	①	0.90~1.20	—	0.20~0.50	0.15~0.30	—	—
Cr8Mo2SiV	0.95~1.03	0.80~1.20	0.20~0.50	①	①	7.80~8.30	—	2.00~2.80	0.25~0.40	—	—
Cr4W2MoV	1.12~1.25	0.40~0.70	≤0.40	①	①	3.50~4.00	1.90~2.60	0.80~1.20	0.80~1.10	—	—
6Cr4W3Mo2VNb	0.60~0.70	≤0.40	≤0.40	①	①	3.80~4.40	2.50~3.50	1.80~2.50	0.80~1.20	0.20~0.35	—
6W6Mo5Cr4V	0.55~0.65	≤0.40	≤0.60	①	①	3.70~4.30	6.00~7.00	4.50~5.50	0.70~1.10	—	—
W6Mo5Cr4V2	0.80~0.90	0.15~0.40	0.20~0.45	①	①	3.80~4.40	5.50~6.75	4.50~5.50	1.75~2.20	—	—
Cr8	1.60~1.90	0.20~0.60	0.20~0.60	①	①	7.50~8.50	—	—	—	—	—
Cr12	2.00~2.30	≤0.40	≤0.40	①	①	11.50~13.00	—	—	—	—	—
Cr12W	2.00~2.30	0.10~0.40	0.30~0.60	①	①	11.50~13.00	0.60~0.80	—	—	—	—
7Cr7Mo2V2Si	0.68~0.78	0.70~1.20	≤0.40	①	①	6.50~7.50	—	1.90~2.30	1.80~2.20	—	—
Cr5Mo1V	0.95~1.05	≤0.50	≤1.00	①	①	4.75~5.50	—	0.90~1.40	0.15~0.50	—	—
Cr12MoV	1.45~1.70	≤0.40	≤0.40	①	①	11.00~12.50	—	0.40~0.60	0.15~0.30	—	—
Cr12Mo1V1	1.40~1.60	≤0.60	≤0.60	①	①	11.00~13.00	—	0.70~1.20	0.50~1.10	—	≤1.00

① 见表 8-11。

表8-9　GB/T 1299—2014标准中的热作模具钢牌号及化学成分

牌号	化学成分（质量分数）/%											
	C	Si	Mn	P	S	Cr	W	Mo	Ni	V	Al	Co
5CrMnMo	0.50~0.60	0.28~0.60	1.20~1.60	①	①	0.60~0.90	—	0.15~0.30	—	—	—	—
5CrNiMo②	0.50~0.60	≤0.40	0.50~0.80	①	①	0.50~0.80	—	0.15~0.30	1.40~1.80	—	—	—
4CrNi4Mo	0.40~0.50	0.10~0.40	0.20~0.50	①	①	1.20~1.50	—	0.15~0.30	3.80~4.30	—	—	—
4Cr2NiMoV	0.35~0.45	≤0.40	≤0.40	①	①	1.80~2.20	—	0.45~0.60	1.10~1.50	0.10~0.30	—	—
5CrNi2MoV	0.50~0.60	0.10~0.40	0.60~0.90	①	①	0.80~1.20	—	0.35~0.55	1.50~1.80	0.05~0.15	—	—
5Cr2NiMoVSi	0.46~0.54	0.60~0.90	0.40~0.60	①	①	1.50~2.00	—	0.80~1.20	0.80~1.20	0.30~0.50	—	—
8Cr3	0.75~0.85	≤0.40	≤0.40	①	①	3.20~3.80	—	—	—	—	—	—
4Cr5W2VSi	0.32~0.42	0.80~1.20	≤0.40	①	①	4.50~5.50	1.60~2.40	—	—	0.60~1.00	—	—
3Cr2W8V	0.30~0.40	≤0.40	≤0.40	①	①	2.20~2.70	7.50~9.00	—	—	0.20~0.50	—	—
4Cr5MoSiV	0.33~0.43	0.80~1.20	0.20~0.50	①	①	4.75~5.50	—	1.10~1.60	—	0.30~0.60	—	—
4Cr5MoSiV1	0.32~0.45	0.80~1.20	0.20~0.50	①	①	4.75~5.50	—	1.10~1.75	—	0.80~1.20	—	—
4Cr3Mo3SiV	0.35~0.45	0.80~1.20	0.25~0.70	①	①	3.00~3.75	—	2.00~3.00	—	0.25~0.75	—	—
5Cr4Mo3SiMnVA1	0.47~0.57	0.80~1.10	0.80~1.10	①	①	3.80~4.30	—	2.80~3.40	—	0.80~1.20	0.30~0.70	—
4CrMnSiMoV	0.35~0.45	0.80~1.10	0.80~1.10	①	①	1.30~1.50	—	0.40~0.60	—	0.20~0.40	—	—
5Cr5WMoSi	0.50~0.60	0.75~1.10	0.20~0.50	①	①	4.75~5.50	1.00~1.50	1.15~1.65	—	—	—	—
4Cr5MoWVSi	0.32~0.40	0.80~1.20	0.20~0.50	①	①	4.75~5.50	1.10~1.60	1.25~1.60	—	0.20~0.50	—	—
3Cr3Mo3W2V	0.32~0.42	0.60~0.90	≤0.65	①	①	2.80~3.30	1.20~1.80	2.50~3.00	—	0.80~1.20	—	—
5Cr4W5Mo2V	0.40~0.50	≤0.40	≤0.40	①	①	3.40~4.40	4.50~5.30	1.50~2.10	—	0.70~1.10	—	—
4Cr5Mo2V	0.35~0.42	0.25~0.50	0.40~0.60	≤0.020	≤0.008	5.00~5.50	—	2.30~2.60	—	0.60~0.80	—	—
3Cr3Mo3V	0.28~0.35	0.10~0.40	0.15~0.45	≤0.030	≤0.020	2.70~3.20	—	2.50~3.00	—	0.40~0.70	—	—
4Cr5Mo3V	0.35~0.40	0.30~0.50	0.30~0.50	≤0.030	≤0.020	4.80~5.20	—	2.70~3.20	—	0.40~0.60	—	—
3Cr3Mo3VCo3	0.28~0.35	0.10~0.40	0.15~0.45	≤0.030	≤0.020	2.70~3.20	—	2.60~3.00	—	0.40~0.70	—	2.50~3.00

① 见表8-11。

② 经供需双方同意允许钒含量小于0.20‰。

表 8-10 GB/T 1299—2014 标准中的塑料模具钢牌号及化学成分

牌号	化学成分（质量分数）/%												
	C	Si	Mn	P	S	Cr	W	Mo	Ni	V	Al	Co	其他
SM45	0.42~0.48	0.17~0.37	0.50~0.80	①	①	—	—	—	—	—	—	—	
SM50	0.47~0.53	0.17~0.37	0.50~0.80	①	①	—	—	—	—	—	—	—	
SM55	0.52~0.58	0.17~0.37	0.50~0.80	①	①	—	—	—	—	—	—	—	
3Cr2Mo	0.28~0.40	0.20~0.80	0.60~1.00	①	①	1.40~2.00	—	0.30~0.55	—	—	—	—	
3Cr2MnNiMo	0.32~0.40	0.20~0.40	1.10~1.50	①	①	1.70~2.00	—	0.25~0.40	0.85~1.15	—	—	—	
4Cr2Mn1MoS	0.35~0.45	0.30~0.50	1.40~1.60	≤0.030	0.05~0.10	1.80~2.00	—	0.15~0.25	—	—	—	—	
8Cr2MnWMoVS	0.75~0.85	≤0.40	1.30~1.70	≤0.030	0.08~0.15	2.30~2.60	0.70~1.10	0.50~0.80	—	0.10~0.25	—	—	
5CrNiMnMoVSC①	0.50~0.60	≤0.45	0.80~1.20	≤0.030	0.06~0.15	0.80~1.20	—	0.30~0.60	0.80~1.20	0.15~0.30	—	—	Ca: 0.002~0.008
2CrNiMoMnV	0.24~0.30	≤0.30	1.40~1.60	≤0.025	≤0.015	1.25~1.45	—	0.45~0.60	0.80~1.20	0.10~0.20	—	—	
2CrNi3MoAl	0.20~0.30	0.20~0.50	0.50~0.80	①	①	1.20~1.80	—	0.20~0.40	3.00~4.00	—	1.00~1.60	—	

续表 8-10

牌号	化学成分（质量分数）/%												
	C	Si	Mn	P	S	Cr	W	Mo	Ni	V	Al	Co	其他
1Ni3MnCuMoAl	0.10~0.20	≤0.45	1.40~2.00	≤0.030	≤0.015	—	—	0.20~0.50	2.90~3.40	—	0.70~1.20	—	Cu: 0.80~1.20
06Ni6CrMoVTiAl	≤0.06	≤0.50	≤0.50	①	①	1.30~1.60	—	0.90~1.20	5.50~6.50	0.08~0.16	0.50~0.90	—	Ti: 0.90~1.30
00Ni18Co8Mo5TiAl	≤0.03	≤0.10	≤0.15	≤0.010	≤0.010	≤0.60	—	4.50~5.00	17.5~18.5	—	0.05~0.15	8.50~10.0	Ti: 0.80~1.10
2Cr13	0.16~0.25	≤1.00	≤1.00	①	①	12.00~14.00	—	—	≤0.60	—	—	—	
4Cr13	0.36~0.45	≤0.60	≤0.80	①	①	12.00~14.00	—	—	≤0.60	—	—	—	
4Cr13NiVSi	0.36~0.45	0.90~1.20	0.40~0.70	≤0.010	≤0.030	13.00~14.00	—	—	0.15~0.30	0.25~0.35	—	—	
2Cr17Ni2	0.12~0.22	≤1.00	≤1.50	①	①	15.0~17.00	—	—	1.50~2.50	—	—	—	
3Cr17Mo	0.33~0.45	≤1.00	≤1.50	①	①	15.50~17.50	—	0.80~1.30	≤1.00	—	—	—	
3Cr17NiMoV	0.32~0.40	0.30~0.60	0.60~0.80	≤0.025	≤0.050	16.00~18.00	—	1.00~1.30	0.60~1.00	0.15~0.35	—	—	
9Cr18	0.90~1.00	≤0.80	≤0.80	①	①	17.0~19.0	—	—	≤0.60	—	—	—	
9Cr18MoV	0.85~0.95	≤0.80	≤0.80	①	①	17.0~19.0	—	1.00~1.30	≤0.60	0.07~0.12	—	—	

① 见表 8-11。

表 8-11　钢中残余元素含量的规定

组别	冶炼方法	化学成分（质量分数）/%					
		P		S		Cu	Cr	Ni

组别	冶炼方法	P		S		Cu	Cr	Ni
1	电弧炉	高级优质 非合金工具钢	≤0.030	高级优质 非合金工具钢	≤0.020	≤0.25	≤0.25	≤0.25
		其他钢类	≤0.030	其他钢类	≤0.030			
2	电弧炉+ 真空脱气	冷作模具用钢 高级优质 非合金工具钢	≤0.030	冷作模具用钢 高级优质 非合金工具钢	≤0.020			
		其他钢类	≤0.025	其他钢类	≤0.025			
3	电弧炉+电渣重熔 真空电弧 重熔（VAR）	≤0.025		≤0.010				

注：供制造铅浴淬火非合金工具钢丝时，钢中残余铬含量不大于 0.1%，镍含量不大于 0.12%，铜含量不大于 0.2%，三者之和不大于 0.4%。

我国 GB/T 1299—2014 标准中规定，钢材应检验低倍组织，在酸浸低倍试片上不得有目视可见的缩孔、夹杂、分层、裂纹、气泡和白点。中心疏松和锭型偏析按 GB/T 1299—2014 标准第三级别图评定，并符合表 8-12 和表 8-13 的规定。

表 8-12　圆钢和方钢的低倍组织合格级别

钢材直径或边长 /mm	1组		2组	
	中心疏松	锭型偏析	中心疏松	锭型偏析
	级别			
≤80	≤2.0	≤2.0	≤3.0	≤3.0
>80~150	≤2.5	≤3.0	≤3.5	≤3.0
>150~250	≤3.0	≤3.0	≤4.0	≤4.0
>250~400	≤3.5	≤3.0	≤4.5	≤4.0
>400	供需双方协商			

注：1组指塑料模具钢和低合金热锻模具钢，其余为2组。

表 8-13　扁钢的低倍组织及其合格级别

钢材厚度 /mm		1组		2组	
		中心疏松	锭型偏析	中心疏松	锭型偏析
		级别			
热轧扁钢	≤60	≤3.0	≤3.0	≤4.0	≤4.0
	>60~120	≤3.5	≤3.0	≤4.5	≤4.0
	>120	协议	协议	协议	协议

续表 8-13

钢材厚度 /mm		1 组		2 组	
		中心疏松	锭型偏析	中心疏松	锭型偏析
		级别			
锻制扁钢	>160~250	≤3.0	≤3.0	≤4.0	≤4.0
	>250~400	≤3.5	≤3.0	≤4.5	≤4.5
	>400	协议	协议	协议	协议

注：1 组指塑料模具钢和低合金热锻模具钢，其余为 2 组。

断口组织，早年的时候作为必检项目，随着冶金技术水平的发展和钢的质量水平的提高，目前各国均趋向于检验钢的低倍组织，供方保证不出现萘状断口，可不作检验。

8.5.3　非金属夹杂物

钢中的非金属夹杂物在某种意义上可以看成是一定尺寸的裂纹，它破坏了金属的连续性，在外界应力的作用下，引起应力集中，裂纹延伸很容易发展扩大而导致模具失效。塑性夹杂物的存在，随着锻轧过程延展变形，致使钢材产生各向异性。在塑料模具钢中由于夹杂物在抛光过程中的剥落，降低了模具的表面粗糙度。因此，对于大型和重要的模具来说，提高钢的纯洁度是十分重要。因此，近些年来，模具钢中的夹杂物的控制日益受到重视，尤其是塑料模具钢和热作模具钢。在 GB/T 1299—2014 标准中，对钢中的非金属夹杂物的规定见表 8-14。其中，电渣重熔钢的非金属夹杂物按 GB/T 10561—2023 的 A 法检验与评级，应符合表 8-14 中 1 组的规定，而真空脱气钢应符合 2 组的规定。

表 8-14　非金属夹杂物合格级别

非金属夹杂物类别	1 组		2 组	
	细系	粗系	细系	粗系
	级别			
A[①]	≤1.5	≤1.5	≤2.5	≤2.0
B	≤1.5	≤1.5	≤2.5	≤2.0
C	≤1.0	≤1.0	≤1.5	≤1.5
D	≤2.0	≤1.5	≤2.5	≤2.0

注：根据需方要求，可检验 DS 类非金属夹杂物，其合格级别由供需双方协商确定。

① 4Cr2Mn1MoS、8Cr2MnWMoVS 和 5CrNiMnMoVSCa 等易切削塑料模具钢不检验 A 类夹杂物。

8.5.4 显微组织

8.5.4.1 珠光体组织

（1）退火状态交货的 9SiCr、Cr2、9CrWMn、CrWMn 和 7CrMn2Mo 钢应检验珠光体组织，按 GB/T 1299—2014 标准中图 A.3 评定，其合格级别为 1~5 级；制造螺纹刃具用的 9SiCr 退火钢材，其珠光体组织合格级别为 2~4 级。

（2）退火状态交货的 9SiCr、Cr06、Cr2、CrWMn、9CrWMn 钢应检验网状碳化物，按 GB/T 1299—2014 标准中图 A.5 评定，截面尺寸不大于 60 mm 的 CrWMn、Cr2、Cr06 和 9SiCr 钢材，其合格级别不大于 3 级；制造螺纹刃具用的不大于 60 mm 的 9SiCr 退火钢材，其网状碳化物的合格级别为不大于 2 级。

8.5.4.2 共晶碳化物不均匀度

高碳高合金冷作模具钢中的碳化物尺寸、形状、大小分布对模具钢质量和性能影响很大，从而影响模具的使用寿命，同时也是其质量性能的重要标志。因此，共晶碳化物不均匀度成为高碳高合金冷作模具钢的必检项目。退火态交货的 Cr8Mo2VSi、6Cr4W3Mo2VNb、6W6Mo5Cr4V、W6Mo5Cr4V2、Cr8、Cr12、Cr12W、Cr12MoV 和 Cr12Mo1V1 钢应检验共晶碳化物不均匀度，按 GB/T 14979 标准中第四评级图评定，其合格级别应符合表 8-15 中的规定。

表 8-15　GB/T 1299—2014 标准中对共晶碳化物不均匀度合格级别的规定

钢材直径或边长 /mm	共晶碳化物不均匀度合格级别/级	
	1 组	2 组
≤50	≤3	≤4
>50~70	≤4	≤5
>70~120	≤5	≤6
>120~400	≤6	协议
>400	协议	协议

8.5.5 脱碳层

钢的表面脱碳将使表层的力学性能降低。对于需要淬火的钢，脱碳以后由于表层碳含量降低，淬火后表层得不到要求的硬度，形成淬火软点。另外，由于表层与内部组织不同而具有不同的热膨胀系数，淬火时有产生裂纹的可能。大部分合金工模具钢碳含量高，尤其是冷作模具钢，均属于过共析钢或莱氏体钢，再加上钢中含有易脱碳元素 Si、Mo 等，使得钢锭、钢坯在加热过程中容易产生氧化和脱碳，国内大多数合金工模具钢是在无保护气氛条件下进行加热或退火处理，因此，脱碳层是合金工模具钢的必检项目。美国、日本标准也都将脱碳列为必检项目。GB/T 1299—2014 标准对脱碳层深度的规定见表 8-16 和表 8-17。

表 8-16　热轧和锻制钢材总脱碳层深度　　　（mm）

钢材直径或边长/mm	总脱碳层深度	
	1 组	2 组
5~150	≤0.25+1%D	≤0.20+2%D
>150	双方协议	

注：D 为钢材截面公称尺寸。

表 8-17　冷拉钢材总脱碳层深度　　　（mm）

钢类	分组	总脱碳层深度
非合金工具钢	≤16 mm	≤1.5%D
	>16 mm	≤1.3%D
	高频淬火用	≤1.0%D
其他	不含硅钢	不大于公称尺寸的 1.5%
	含硅钢	不大于公称尺寸的 2.0%

注：D 为钢材截面公称尺寸。

8.6　模具钢的主要质量问题

8.6.1　碳化物颗粒大、网状及带状严重

碳化物是绝大多数模具钢的必需组分，除可溶于奥氏体的碳化物外，还有部分不能溶于奥氏体的残余碳化物。碳化物的尺寸、形态和分布对模具的使用性能有十分重要的影响。它与冶炼方法、钢锭的凝固条件以及热加工变形条件等有关。过共析钢的碳化物可能在晶界形成网状碳化物或是在加工变形中碳化物被拉长而形成带状碳化物，或二者兼有，含莱氏体的模具钢中，存在一次碳化物和二次碳化物，在热变形过程中，网状共晶碳化物大多可以破碎，碳化物先沿变形方向延伸，产生带状，随着变形程度的增加，碳化物变得均匀、细小。碳化物的不均匀性对淬火变形、开裂、钢材的力学性能影响较大。表 8-18 中说明，莱氏体钢的尺寸愈大，碳化物的不均匀度愈严重，在淬火后，力学性能愈差，其中横向性能下降最多，抗弯强度仅为纵向的 1/2。表 8-18 中表示 Cr12 碳化物不均匀度对冲击韧性的影响[4]。碳化物严重的偏析，对重载和带尖齿模具的寿命影响极大。用 Cr12MoV 钢制搓丝板，当碳化物的不均匀度为 5~6 级时，产品的使用寿命会很短。

表 8-18　碳化物偏析对 Cr12 模具钢冲击韧性的影响

碳化物不均匀度的等级	无缺口冲击值/J·cm^{-2}			
	A_K			平均值
2 级	24.5	35.8	37.2	32.5
4 级	27.0	30.5	31.9	29.6
6 级	19.9	20.2	20.2	20.7

对于一些高碳低合金钢，如 CrWMn、9SiCr 等，如果停锻（或停轧）温度过高，冷却速度慢，则碳化物沿着奥氏体晶界析出，形成网状碳化物，在退火后，由于工艺不当，常出现大颗粒的碳化物，有的甚至是棒状或片状碳化物，这些不均匀碳化物的出现，将会影响钢的切削加工性能，淬火质量和使用性能等。

高碳高铬莱氏体钢和高碳低合金钢的碳化物颗粒尺寸、分布均匀程度对钢的工艺性能和使用性能有很大影响，因此，改善其不均度是提高模具使用寿命的重要途径，常用的方法有：

（1）在冶炼或浇注过程中，对于模铸钢锭，应尽量降低出钢温度；也可通过加入变质剂来改善钢锭的铸态组织和碳化物分布。

（2）在满足钢材锻造比要求的情况下，应尽量选用小锭型，从而细化钢锭的组织，并改善其分布状态。

（3）采用电渣重熔，可以使共晶碳化物细化和分布均匀，一般可降低 0.5~1 级。

（4）选用大的锻造比或对钢锭、坯进行反复镦拔，以增大变形量，破碎共晶碳化物。

（5）对于高碳低合金钢中的网状碳化物，可采用控轧控冷的办法解决。

8.6.2　低倍缺陷

（1）疏松。钢液以树枝状晶形式凝固时，枝晶间富集的杂质对低熔点钢液在最后凝固过程中产生收缩，与此同时，脱溶气体逸出而产生空隙，如果随后的热压力加工变形量小，这种孔隙不能被焊合，钢材横截面在热酸浸试验后出现了肉眼可见的孔隙；另一种是钢中的非金属夹杂物在热酸蚀试验时被酸蚀掉而留下的孔隙，都称为疏松。其一般分为一般疏松和中心疏松，前者质点较大，分布在整个钢坯（材）的截面上；而后者则是集中在钢坯（材）的中心部分。对于大型的塑料模块和轧制厚板，由于钢锭大和压缩比不足，常常会发生低倍组织不合格问题，从而影响模具表面的粗糙度和抛光性能。

改善大型模具钢锻材疏松的措施通常有：1）冶炼过程中，采用二次精炼（包括真空炉外精炼和电渣重熔等），尽量降低钢中气体和夹杂物的含量，模铸钢锭时应采取低温浇注；2）采取合理的锭型，在满足锻压比的条件下尽量采用小锭型；3）合理设计锻造工艺，可以采用反复镦拔锻造增大变形量；4）采用电渣重熔工艺，可以有效改善钢锭的致密度。

（2）白点。白点是模具钢大型锻件中比较常见的缺陷，是钢的内部破裂的一种缺陷，在酸浸后的横向试样上，可以观测到锯齿状细小裂纹，而在纵向断口上多呈圆形或椭圆形的银白斑点，直径从零点几毫米到几十毫米。白点的存在对钢的性能有极为不利的影响，这种影响主要表现在使钢的力学性能降低，热处理时使锻件淬火开裂，或使用时发展成更为严重的破坏事故，所以，在任何情况下，都不能使用有白点的锻件。不同的钢对白点的敏感程度是不同的，一般认为白点的钢有铬钢、铬钼钢、锰钼钢、铬镍钼钢等。其中以含碳大于 0.30%、铬大于 1%、镍大于 2.5% 的铬镍钼钢等对白点的敏感性最大。白点的形成原因是钢中的氢的脱溶析出聚集，在钢的纵断面上形成的银亮白色的粗晶状圆形或椭圆形的斑点。它往往使锻件和坯材的内部产生裂纹。预硬化塑料模具钢 3Cr2Mo、3Cr2NiMnMo、1Ni3MnCuAl 等大型模块生产中，常常会产生该类缺陷，而且尺寸越大，越容易产生白点。热作模具钢 5CrNiMo、5CrMnMo 等也容易发生白点，若增加碳化物形成元素 Cr、Mo 和 V 可以降低白点的敏感性。这类钢在生产中一定要注意加强脱气和进行大锻件的锻后缓冷或去氢退火。

降低钢中白点敏感性最根本的办法是降低钢中的原始氢含量，具体措施包括：1）加强炼钢炉料的烘烤，选用纯净的炉料；2）炉外真空精炼和真空浇注；3）大的锻压比；4）对于大型合金钢锻件，锻后采用去氢退火工艺。

8.6.3 各向异性

模具大部分是多向受力的，因此提高模具钢的等向性，改善钢的横向的韧性和塑性，使其与纵向性能接近，就可以大幅度提高模具的使用寿命。由于组织的不均匀及夹杂物分布的不均匀性，导致钢材性能的不均匀性；尤其是 Cr12 型莱氏体钢，由于共晶碳化物网状和带状存在，使得钢材性能表现出各向异性，其中，钢材的纵、横向冲击韧性和塑性指标差异更为突出。国外优质的 H13 模具钢等向性可达到 0.8 以上，而国内一般为 0.4~0.6。

提高模具钢等向性措施有：

（1）钢的洁净度对钢的等向性能有很大影响，因此，采用二次精炼工艺（包括真空炉外精炼、电渣重熔、钢包喷粉等）提高钢材的洁净度，尤其是降低钢中的硫含量，可改善工模具钢的各向异性。

（2）利用稀土、钙等微量元素对夹杂物的变质作用，改变钢中夹杂物形貌和物性，使夹杂物球化、细化，从而提高钢的塑性和韧性。

（3）在热加工方面，对钢锭或钢坯进行反复镦拔或多向轧制，增大变形量，可降低碳化物偏析级别，有利于改善钢材的各向异性。

（4）对钢锭或钢坯进行高温扩散处理，可改善钢的成分不均性和组织不均匀性，从而提高钢材的等向性能。

8.7　模具钢的冶炼工艺和关键技术

8.7.1　模具标准及其演变

新中国成立初期开始颁发合金工具钢标准，即重 8—52，当时的重 8—55 标准来源于前苏联标准 ГОСТ 5950—51，该标准共包括 29 个钢种。1955 年对重 8—52 进行了修订，标准钢种增加到 31 个。1959 年制订了冶标 YH 7—59 标准，钢种选择主要依据是节约当时国内紧缺的镍、铬合金元素，将标准钢种增加到 56 种。新增钢种大部分是引进当时原联邦德国的一些钢种。YH 7—59 中列入了珠光体球化组织、残余网状碳化物和高碳高铬碳化物不均匀性的评级标准图片。它对 20 世纪 60~70 年代我国合金工具钢的生产和使用水平的提高都起了一定的促进作用。1977 年制订了合金工具钢国家标准 GB 1299—77，代替了旧标准 YB 7—59。GB 1299—77 对钢种系列按 "重复的加以合并，落后的加以淘汰，先进的加以推广，空白的加以补充" 的原则进行整顿，将钢种分为标准钢种和推荐钢种两部分，标准钢种共 33 个，推荐钢种共 5 个。并且首次将合金工具钢钢种分为量具刃具用钢、耐冲击用钢、冷作模具钢、热作模具钢和堆焊模块用钢 5 个系列。GB 1299—77 的钢种系列较 YB 7—59 前进了一大步，但是由于国内对高性能热作模具钢研究较少，修订标准时不少钢种还不够成熟，缺乏一些高性能的热作模具钢。为了弥补这一问题，YB 210—76 合金工具钢推荐钢种技术条件列入了 4 个热作模具钢 5Cr4W5Mo2V、4Cr5MoSiV1、5CrSiMnMo、4Cr4Mo2WSiV。另外，在模具钢系列中尚缺乏塑料模具钢、精密模具钢、易切削模具钢，高温奥氏体热作模具钢和无磁模具钢等。GB 1299—77 除整顿了钢种系列外，对条钢的允许脱碳层一项做了较大的变动。YB 7—59 中按分组距规定允许脱碳层显然不合理。如 50 mm 钢材允许脱碳层为 0.65 mm，而 51 mm 钢材就增至 1.0 mm。GB 1299—77 对钢材的允许脱碳层采用线性公式表示，并且分为 Ⅰ、Ⅱ组，解决了不合理现象，在国内外标准中也属首创。由于钢厂和用户都反映 YB 7—59 标准中评级图片不清楚，评级原则不明，且没有明确规定合格级别，标准难于执行，GB 1299—77 制备了一套视场较大（φ75 mm）、清晰度较高的合工钢珠光体组织、网状碳化物、共晶碳化物评级图片，同时增订了评级原则，规定了合格级别。GB 1299—77 在推动我国合金工具钢的产量和质量的提高发挥了重大作用[5]。

20 世纪 80 年代，我国合金工具钢产品陆续进入国际市场，国内引进国外先进设备需要国外通用型工模具钢制作的工艺装备。为了与国际先进水平接轨，1983—1985 年冶金部提出"采用国际标准和引进国外先进标准"计划，对 GB 1299—77 进行修订。一方面将国内一些使用效果好、生产数量大、质量稳定的模具钢新钢种如 3Cr3Mo3W2V（HM-1）、6Cr4W3Mo2VNb（65Nb）、4CrMnSiMoV、5Cr4Mo3SiMnVAl（012Al）、5Cr4W5Mo2V（RM2）和 7Mn15Cr2Al3V2WMo 纳入标准；另一方面又引进了国外一些性能好、通用性强，如 Cr5Mo1V（A2）、Cr12Mo1V（D2）、4Cr3Mo3SiV（H10）、4Cr5MoSiV1（H13）和 3Cr2Mo（P20）等钢种。GB 1299—85 又对珠光体组织、网状碳化物、共晶碳化物不均匀度 3 套评级标准图片作了适当的修改，使其更加符合生产和实际使用要求。另外，引入酸浸低倍组织评级标准图片，并暂定为双方协议项目，使该标准更加先进。GB 1299—85 技术条件是合金工模具钢使用时间最长国家的标准。

随着我国模具工业的快速发展，原 GB 1299—85 标准中的品种、质量水平规定已不能满足模具工业的要求，从而颁布了 GB/T 1299—2000 标准，在该标准中增加了 4 个牌号，增加了低倍组织检验而取消了断口检验，塑料模具钢可预硬化状态交货等。2015 年修订并颁布了 GB/T 1299—2014 标准，整合了原 GB/T 1299—2000 与 GB/T 1298—2008 标准，标准名称修改为《工模具钢》，检验项目增多加严，并发布了英文版。该标准增加了 55 个钢号及相关的技术要求，增加了非金属夹杂物、超声波检验等项目；修改了钢中成品化学成分允许偏差，磷、硫及其他残余元素的规定，钢材尺寸、外形及允许偏差规定，低倍组织合格级别规定等检验项目，可以说该标准目前是世界上钢种最多，检验项目最严的工模具钢国家标准，为我国工模具钢的高质量发展提供了保障。

8.7.2　模具钢的生产装备及工艺

8.7.2.1　模具钢的生产装备

模具服役条件的不同，模具钢应具备不同的性能。模具钢的品种规格十分繁多，从大的锻造模块、圆钢到轧制大板、扁钢、棒线、拉拔丝材均有应用。随着模具工业的发展，对模具钢的质量和性能的要求越来越严格，为了满足这些要求，除了化学成分的优化设计外，采用先进的冶炼、加工和热处理装备和工艺是根本保证措施。

A 冶炼工艺及装备

模具钢可以使用感应炉、电弧炉、转炉等设备生产，一般采用电弧炉冶炼。近些年来国内外普遍采用电弧炉熔炼+炉外精炼或电弧炉冶炼浇注电极+电渣重熔或真空自耗电极重熔工艺。而具体选用哪种工艺流程，则需要根据对钢种、质量和性能的具体要求以及经济性而决定，即既要保证质量和使用性能，又不至于产量过剩。

模具钢一般采用模铸。为了提高钢材的收得率，国内外已用连铸工艺生产中低合金工模具钢，对高碳高铬莱氏体冷作模具钢也已实现了产业化。

B 锻造和轧制

为提高模具钢的等向性能，国外多采用多向锻造或交叉轧制工艺。为了提高成材率、生产效率和钢材的尺寸精度，多采用高效率、高精度的快锻液压机、精锻机和精轧机。为了提高轧材的精度，在连轧机后配备精密定径机组（PSB），通过精密定径后，热轧材的尺寸精度可以与冷拉钢材（$\phi(10 \sim 60)$ mm ±0.1 mm）媲美。为了生产高合金的工模具钢扁钢，20 世纪 80 年代，奥地利的 GFM 公司专门设计采用 CNC 控制的 5 机架平立式可逆精轧机组，该轧机具有无孔型（平辊）、数字控制可调整导卫装置、液压马达驱动、计算机自动生成轧制程序、微张力控制和 CNC 控制对轧辊的精确调整等功能，用于生产高精度的扁钢和方钢，尺寸精度可达到 1/4DIN 标准要求。21 世纪初国内也开发了类似的模具扁钢专用设备，实现了国产化。

为了减少加热时的氧化、脱碳损失和改善钢材表面质量，在钢坯加热的高温段中多采用控制气氛或感应快速加热工艺。

C 合金工模具钢的热处理

为了改善钢材质量，避免氧化脱碳，国内外对合金工模具钢材广泛采用大型连续式可控气氛或保护气氛退火炉进行退火。可控气氛多采用氮基可控气氛或吸热式控制碳势的可控气氛炉。近 20 年来，国外真空热处理技术开始用于合金工模具钢材的退火处理，如日本的日立金属安来场安装了多台大型真空退火炉，有效长度可达 7.5 m，装料量可达 10 t，大大减少了钢材的氧化和脱碳，易于控制且环保，有逐步取代可控气氛热处理的趋势。

D 钢材的深度加工和在线无损检验

国外不少特殊钢厂都设有精料和制品车间，配备高效率的连续冷拉机、高效刮皮机、无芯车床、无芯磨床、倒角机、辊光机、精矫机、铣床、磨床等精加工机床及淬、回火设备，大批生产供应精料和制品。为了保证钢材质量，配备各种在线自动化无损检验设备，对钢坯和钢材逐支进行自动化检测、标记和分选。

8.7.2.2　模具钢生产工艺

A　国外模具钢生产工艺流程

国外模具钢工艺流程以奥地利 Böhler 钢厂为例，如图 8-2 所示。

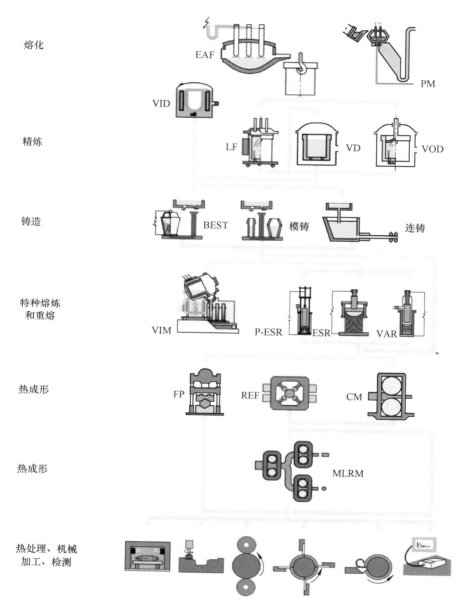

图 8-2　Böhler 钢厂模具钢生产工艺流程图

B　国内模具钢的生产工艺流程

国内模具钢主要工艺流程如图 8-3 所示。

图 8-3　国内模具钢生产工艺流程图

8.7.3　模具钢的电弧炉冶炼

模具钢冶炼可采用感应炉、电弧炉、转炉等几种冶炼方法。除了部分低合金塑料模具钢（如 P20、718 和 S50C 等）采用转炉生产，目前大多数合金工模具钢采用电弧炉生产。

采用电弧炉冶炼模具钢时，可以采用氧化法冶炼，也可以返回法冶炼或不氧化法冶炼。Cr12、Cr12MoV 等高碳高铬冷作模具钢一般采用返回法冶炼和不氧化法冶炼，对于含硅、锰的合金工模具钢以及有特殊要求的模具钢则多采用氧化法冶炼。

8.7.3.1　配料制度

配料是电炉炼钢工艺中不可缺少的组成部分，配料关系到能否顺利冶炼操作、原料消耗和返回料合理使用等各项技术经济指标。电弧炉冶炼工模具钢的基本炉料由废钢、生铁、返回料及部分合金料等组成，具体根据所炼钢种的技术标准和工艺要求进行配料。不同的冶炼方法配料也不同，可分为氧化法配料、返回法配料及不氧化法配料。

A　氧化法冶炼配料

炉料主要由废钢和生铁、炉料、返回料、汤道钢和中注管钢（一般不超过炉料总量的 10%）等组成。为了保证氧化期的良好的沸腾和冶炼的正常进行，对炉料中主要元素的配料成分有一定的要求。氧化法配料时，炉料的综合收得率通常按 95% 计算。

（1）碳。炉料中配碳量应根据熔化期碳的烧损、氧化期脱碳量及还原期增碳量确定，要求炉料熔清后钢液碳含量高出成品规格下线 0.3% ~ 0.4%，当熔化期吹氧助熔时，配碳量应高出规格下线 0.65%，高碳冷作模具钢的配碳量为 0.7% ~ 0.8%。配碳量太高，会使氧化时间延长和钢液过热。

（2）硅和锰。大多数工模具钢硅、锰含量不特殊配入，炉料熔清后硅含量一般不高于 0.6%，锰含量不高于 0.3%，炉料硅、锰含量过高会延缓熔池沸腾。

（3）磷和硫。除含硫易切削模具钢外，磷和硫在模具钢中是有害元素。对于合金工模具钢，通常熔清后的磷、硫应分别不高于 0.05%。对于要求严格的钢种，应配入低磷、低硫的废钢和返回钢。

（4）铬和其他合金元素。合金工模具钢大多含铬，但炉料中的铬不宜配得过高，否则铬的大量氧化会使炉渣黏度增加，阻碍脱磷和脱碳反应的正常进行。对含铬镍钼的钢种，如 3Cr2MnNiMo、5CrNiMo、4CrNi4Mo 等，镍配至中限，钼配至中下限；对于含钨较高的 3Cr2W8V 钢，钨配至中下限。此外还应注意有害元素砷、锡、铅和铜等的带入。

B　不氧化法冶炼配料

不氧化法冶炼时，炉料应由清洁少锈、干燥的本钢种返回料、类似本钢种的返回料、碳素废钢以及软铁组成。炉料中的磷应比成品规格低 0.005% 以上；碳应比成品规格低 0.03%~0.06%；合金元素应接近成品规格的中下限配入。通常炉料的综合收得率按 98% 计算。

C　返回吹氧法冶炼配料

返回吹氧法冶炼时，炉料由返回钢、碳素废钢、铁合金以及软铁等组成，其中返回钢占 40%~80%。若加入生铁配碳时，应该用低磷、硫生铁，其用量不超过炉料总量的 10%。炉料中碳含量应保证全熔后吹氧脱碳 0.20%~0.40%。磷含量配入得越低越好，至少要比规格低 0.005%。

8.7.3.2　装料制度

装料对炉料的熔化、合金元素的烧损以及炉衬使用寿命均有影响。国内目前电弧炉装料普遍采用顶装料法。前炉出钢后用粒度 1~3 mm 干燥的镁砂和沥青（按 10:1 配比）混合均匀后，热补炉体的局部损坏部分。钢铁料装入之前，炉底均匀垫入 1.5%~3% 炉料重量的石灰，防止铁料冲击炉底并有利于提前形成熔化渣和脱磷操作，减少钢液的吸气和加速升温。装炉时以尽快形成熔池为原则，将部分小料放在底部，中间装入大料和废钢，中料放在上面和四周，上层放入剩余小料。不易导电的炉料不能放在电极下面，防止开始通电时不起弧。电极块应砸成 50~100 mm 的块状，装在炉料的下层，防止其在炉料熔清时没有化完而造成钢液碳含量波动。如果配入生铁，应装在大料上面或电极下面，利用其渗碳作用，加速大料熔化。熔点高的铁合金（如钨铁、钼铁）应放在高温区，但不能装在电极下面，铬铁、锰铁、镍等应放置在炉坡四周，以防止挥发损失。装入的铁合金和石灰等炉料应经过干燥焙烤。总之，布料应做到：下致密，上疏松；中间高，四周低，炉门无大料，穿井快，不搭桥[6]。

8.7.3.3　熔化制度

在电弧炉炼钢工艺中，熔化期约占冶炼整个时间一半左右，电耗占 2/3 左右。因此，加速炉料熔化、早期脱磷，对提高产量和降低电耗具有重大意义。熔化期要合理使用大功率供电，开始宜采用低电压小电流，逐渐调整大功率送电。如果在炉料上部有相当数量的轻废钢，也可以一开始就使用大功率送电，以加速炉料熔化，尽快形成熔池。熔池形成后，可加入白灰、萤石造流动性良好的熔化渣，稳定电弧和覆盖钢液，以利早期去磷和防止钢液吸气。从脱磷的角度考虑，熔化渣须具有一定的氧化性、碱度和渣量。一般碱度控制在 2.5~3 左右，FeO 含量 16%~20% 左右。炉料熔化 90% 左右，取样分析 C、P。炉料磷含量高或冶炼高碳钢时，采取扒渣或自动流渣 60%~80%，另造新渣脱磷，以减轻氧化期脱磷任务。炉料熔清后，充分搅拌钢液，取样分析 C、Mn、P、Si、Ni、Cr、Cu 等元素。若全熔后碳含量低，满足不了去碳要求时，应扒渣加入炭粉，充分搅拌钢液。目前很多工厂已普遍把氧化期的脱磷提前到熔化期来完成，使炉料熔清时钢中磷进入规格，这样氧化期就可以吹氧升温脱碳，无须再进行脱磷操作。采用返回法冶炼时，当炉料熔化 70%~80% 时，即可吹氧助熔，以便提高合金回收率。当炉渣变调时，可适当加入硅铁粉、硅钙粉或铝粉调渣。采用不氧化法冶炼时，在熔化过程中适量加入石灰。

8.7.3.4　氧化制度

炉料全部熔化后，根据渣况及磷含量可部分或全部除渣并补造新渣。当温度不低于 1530 ℃ 时，可适当吹氧和分批加入矿石，每批矿石重量不得超过料重的 1.0%~2.0%（大炉子取上限，小炉子取下限），每批间隔时间大于 5 min。吹氧时，做到均匀激烈沸腾，自动流渣，并适当补加渣料。炉渣碱度 2~3，FeO 含量 12%~20%，渣量 3%~4%。氧化末期，取样分析 C、Mn、P、Ni、Cr 等元素。净沸腾时间不小于 10 min。为了防止钢水过氧化，氧化末期低碳钢碳含量不低于 0.07%；中碳钢不低于 0.10%。采用返回法时，脱碳量不小于 0.01%，在为了脱磷而加入矿石时，其脱碳量不低于 0.02%。用返回法冶炼时可不要求净沸腾。

开始氧化温度随钢种而变化，如含钨量高的 3Cr2W8V 应不低于 1620 ℃，高碳莱氏体钢 Cr12 和 Cr12MoV 钢则不低于 1530 ℃。

8.7.3.5　还原精炼制度

国内电炉冶炼工模具钢大多采用白渣法还原，也有用弱电石渣还原的。

氧化末期，在钢液中碳和所需合金元素达到要求、磷含量不大于 0.015%、钢液温度合适和渣液流动性良好的条件下，除去氧化渣，加入稀薄渣料。渣料组成为石灰、萤石和耐火砖块，一般按 4∶1∶1 或 3∶1∶0.5 的比例混合，渣量约为钢液质量的 2.5%~3%。加入薄渣料后，立即用较大功率供电，尽快形成熔渣覆盖钢液。当稀薄渣形成后，有预脱氧要求的按 0.5 kg/t 插 Al 预脱氧。根据氧化末期 Ni、Cr、Cu 等残余元素的分析结果，加入 Fe-Mn 或 Mn-Si 等合金。脱氧制度分以下两种：

（1）白渣法混合脱氧。白渣法脱氧剂组成为：炭粉 1.5~2.5 kg/t，硅粉 1~2 kg/t，可加入适量白灰。分 2~4 批加入脱氧剂，每批加入时补加适量石灰。在还原过程中，应勤搅拌、常测温，促使温度和成分均匀，流动性良好的白渣一般应保持时间不少于 30 min。根据分析结果，补加合金达到规定范围。还原期熔池温度较高，钢液也较平静，所以此阶段钢液容易吸气，因此加入的渣料、合金、脱氧剂等必须经过烘烤。出钢前 2~3 min，插铝终脱氧，插铝量为：低碳钢 0.7~0.8 kg/t，中碳钢 0.5~0.6 kg/t，高碳钢 0.3~0.4 kg/t。有些钢种也可用硅钙合金、钛铁或稀土混合物等进行终脱氧。

（2）电石渣脱氧。加稀薄渣料及预脱氧的操作同白渣法。不同之处在于造电石渣，即稀薄渣形成后，往渣面加入炭粉 2.5~4 kg/t，或者加入 3~5 kg/t 小块电石和少量炭粉。加入后紧闭炉门，堵好电极孔。输入较大功率，使炭粉在电弧区同氧化钙反应生产碳化钙。反应式为：

$$3C + (CaO) \Longrightarrow (CaC_2) + \{CO\}$$

电石渣形成时冒出大量黑烟。反应式为：

$$3(FeO) + (CaC_2) \Longrightarrow 3[Fe] + (CaO) + \{CO\}$$

炭粉加入 30 min 后，当钢渣变白，继续再加 2~4 批 Fe-Si 粉继续脱氧，每批用量 1~1.5 kg/t，间隔 5~7 min。充分搅拌后取样测温。白渣下精炼时间应不少于 40 min。

8.7.3.6　合金化制度

化学成分是影响钢材最终性能的关键因素，成分控制贯穿于从配料到出钢的各个环节。国内外工模具钢生产企业均把化学成分控制在一个较窄的范围，以达到钢材热处理性能和使用性能的一致性和稳定性。

调整成分时，应尽可能提高合金元素的收得率，减少元素的烧损，节约合金用量，特别是贵重合金元素，在不影响钢的性能前提下，按中下限控制，减少加入量。合金元素加入基本出发点是合金元素的化学稳定性，即与氧的亲和力，其次是合金的熔点、密度、挥发性、加入量等。与氧亲和力较大的合金元素一般在还原期加入，易氧化元素（Al、Ti、B 等）在出钢前或在钢包中加入。合金工模具钢中含有大量 Cr、W、Mo、V、Ni 等元素，提高合金元素收得率有重要意义。合金化操作特点如下：

（1）镍、钴、铜等元素在炼钢过程中不会被氧化掉，故可在装料中配入，或在熔化期和氧化期加入。

（2）钨、钼元素与氧亲和力比较小，密度大、熔点高，提前加入有利于熔化和均匀成分。氧化法冶炼时可在薄渣时加入；返回吹氧法冶炼时可随炉料加入，但吹氧助熔应在熔化后期熔池温度稍高时进行，以减少钨的氧化损失。还原期补加的钨铁块度要小，加入高温区并加强搅拌。当补加量不低于 0.5% 时，补加后 20 min 方可出钢。

（3）锰、铬与氧亲和力大于铁，一般在还原初期加入，后期调整。锰的回收率在

95%以上。铬的烧损主要是形成 Cr_2O_3 进入渣中，使还原渣呈绿色并变黏，在冶炼 Cr12 型高碳高铬冷作模具钢和耐蚀塑料模具钢时特别明显，还原后期补加的铬量超过 1%时，补加后 10~15 min 才能出钢。

（4）钒与氧亲和力较强，应在钢液和炉渣脱氧良好的情况下加入。冶炼低钒钢（V<0.3%）时，可在出钢前 8~15 min 加入；冶炼高钒钢时（V>0.8%），可在出钢前 30 min 内加入并在出钢前调整。

（5）硅的合金化操作应注意：1）高硅钢出钢前 10 min 大量加入硅铁，由于其密度较轻，部分硅铁浮在炉渣中，需要大电流使 Fe-Si 及时熔化和进入钢液，否则未熔 Fe-Si 在出钢过程中可能残留在炉内，造成钢中硅低出格；2）冶炼含 Al、Ti 等钢种时，必须考虑回硅现象，给硅成分调整留下充分余地；3）还原期用 Fe-Si 粉扩散脱氧会使钢液增硅，增硅量取决于渣况，一般增硅约 0.10%。

（6）铝、钛、硼是极易氧化元素，因此，加入前钢液必须脱氧良好，炉渣碱度适当，炉内还原气氛强。

（7）氮作为合金元素在耐蚀塑料模具钢中应用较多，不但可以提高钢的硬度和强度，而且还可以提高耐蚀性能。氮通常在还原期以含氮锰铁或含氮铬铁的形式加入，钢液中锰和铬可提高氮元素的收得率。硫作为易切削工模具钢中的合金化元素时，在还原期加入，但须造中性渣，收得率为 50%~80%；稀土元素以稀土合金或稀土氧化物的形式在插铝后加入，收得率为 30%~50%。

8.7.3.7 出钢制度

目前发展最快的是采用偏心炉底出钢。模具钢的出钢温度一般控制在 1560~1600 ℃左右，高铬的 Cr12 和 Cr12MoV 钢则采用较低的出钢温度，通常为 1480~1520 ℃。

这里需要指出，当采用炉外精炼工艺生产模具钢时，上述的电弧炉冶炼工艺应该进行简化。

8.7.4 模具钢的炉外精炼

提高模具钢的洁净度，可以提高模具钢的等向性能，从而大幅提高模具的使用寿命。对热作模具钢 4Cr5MoSiV1 钢随着磷、硫含量的降低，钢的冲击值提高，各向异性也随之减少，疲劳性能也有改善。将钢中磷、硫含量分别从 0.025%和 0.008%降低到 0.005%和 0.001%时，热疲劳裂纹数量和平均长度会减少一半[7]。近些年来国内外高品质压铸模用 H13 类钢的硫含量均规定小于或等于 0.003%。因此，国内外模具钢生产企业均配备炉外精炼设备，模具钢生产常用的炉外精炼工艺有喷粉、VD、VAD、

RH 和 ASEA-SKF 等。

8.7.4.1 喷粉

钢包喷粉精炼是利用气体（Ar 或 N_2）为载体将一定颗粒大小的 Ca-Si 粉或 CaC_2 等合成渣粉直接送入钢液深部，增加了粉状物与钢液的接触面积，有利于冶金过程的物理化学反应，可以快速脱硫、脱氧和脱磷，获得纯净的优质模具钢。喷射系统由喷射罐、喷枪、气体输送装置、控制系统和钢包组成。目前国内外采用较多的钢包喷粉方法有德国的 TN 法和瑞典的 SL 法，与 TN 法相比，SL 法设备简单，主要有喷粉罐、输气系统、喷枪、密封料罐、回收装置和过滤器等。由于其对提高钢的质量效果非常显著，尤其是在脱硫和夹杂物改性方面，国内钢厂 20 世纪 80 年代引进 SL 钢包喷粉装置约 40 多台，用于处理低合金结构钢和模具钢[8]。钢包喷粉工艺应考虑钢种冶炼要求、设备特点、粉料输送特性及生产条件等因素。喷粉量大约为 2.5~3.5 kg/t 钢水，喷粉时间一般为 3~10 min，主要取决于喷粉量和钢液的温降。采用 CaF_2-CaC_2 系混合粉末精炼脱磷，喷粉量约为 20~50 kg/min。在高铬钢熔炼喷粉时，要既脱磷又不使铬氧化，有研究指出：钢液中 [O]>0.008%，炉内气氛中氧化性气体分压之和不大于 0.8 MPa，气相中氮浓度不大于 0.04%，还要有足够的钙和钢液中的 P 反应形成 CaP_2 并进入炉渣中，这样才能有效地去磷。喷枪插入深度对喷吹效果有较大影响，研究表明，当 Ca-Si 的喷吹量为 1.5 kg/t 时，插入深度从 1 m 增加到 1.5 m 时，脱硫率提高 20%，一般以深插为好。钢包喷粉的作用有以下几个方面：

（1）喷粉脱硫。在脱氧良好条件下，钢包喷吹 Ca-Si、Mg 的脱硫率可达75%~87%，喷吹硅钙和萤石时，脱硫率可达 40%~80%。在冶炼 5CrNiMo 热锻模用钢时，按 2.5 kg/t 钢喷吹 Ca-Si 粉后，钢中的硫含量可降低 50% 以上，达到 0.004% 以下，钢中的硫化物夹杂由长条密集的硫化锰变成以氧化物（Al_2O_3 或 CaO-Al_2O）为核心、球状、细小弥散分布的钙硫化物或复合硫化物[9]。国内曾经对 H13 钢普通电弧炉冶炼、电弧炉+喷粉不同冶炼工艺进行了研究，结果表明，经喷粉处理后，H13 钢中硫化物类型夹杂物仅是电弧炉的 1/8；夹杂物总量大幅度降低，从氧化物夹杂类型看，电弧炉冶炼以 Al_2O_3 夹杂为主（约占 70%），其次是 SiO_2 夹杂，喷粉钢则以 SiO_2 夹杂为主，含量与电弧炉相当，但氧化铝夹杂比电弧炉成数量级下降，其他氧化物类型夹杂也比电弧炉少，总之，H13 钢经钢包喷粉处理后，钢中的夹杂物含量显著降低，从而提高了钢的洁净度[10-11]。喷粉冶炼对钢中的夹杂物含量的影响见表 8-19。H13 钢经电弧炉冶炼和钢包喷粉后夹杂物分布如图 8-4 所示，显然，喷粉工艺可有效细化钢中夹杂物，使棒状的硫化夹杂物转化成球状钙的硫化物，从而改善钢的横向韧性和等向性能。

（2）喷粉脱磷。喷矿石粉或（CaC_2-CaF_2）粉后，钢中磷形成 $4CaO \cdot P_2O_5$ 或 Ca_3P_2 而进入炉渣中。如在高铬模具钢中平均脱磷率为 27.3%，在 GCr15 钢中的平均脱磷率达 53%。

（3）降低钢中的氧含量。钢包喷粉也能起到较好的脱氧效果，钢中氧含量平均值为 0.002%。但喷粉处理后，氢含量有所增加，在 0.00012% ~ 0.000182%；氮含量增加 0.00179% ~ 0.00271%。

（4）改善钢的等向性。喷粉后钢中磷和硫含量降低，并净化了钢液，夹杂物形态和分布改善，从而改善了钢材的力学性能，特别是横向塑性和韧性。如对 5CrNiMo 钢喷粉精炼后，在抗拉强度相当的情况下，其断面收缩率等向性可从 0.4 提高到 0.88，冲击韧性值等向性可从 0.45 提高到 0.91。

表 8-19　冶炼工艺对 4Cr5MoSiV1 钢中夹杂物含量的影响

冶炼工艺	夹杂物总量 /%	不同类型夹杂物含量/%					
		Al_2O_3	SiO_2	TiO_2	FeO	Cr_2O_3	MnO
电弧炉	0.0127	0.0089	0.0012	0.0001	0.0003	0.0004	痕量
电弧炉+喷粉	0.0015	0.0001	0.0012	0.0001	0.0001	0.0002	痕量

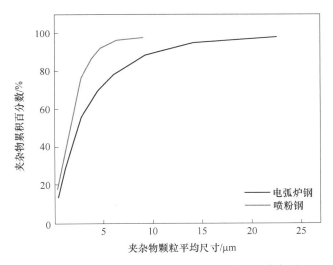

图 8-4　钢包喷粉对 H13 钢夹杂物尺寸累积分布图

8.7.4.2　炉外真空处理

国内外目前冶炼模具钢大量使用的炉外真空设备有 VD、VHD、ASEA-SKF 和 RH 等。我国某厂利用 20 t 电弧炉冶炼与电弧炉+VHD 冶炼 H13 钢中的夹杂物对比见表 8-20，经电弧炉冶炼+VHD 处理后 H13 中的氧化物的总量显著降低。电炉+LF+VD 与转炉+LF+RH 冶炼的塑料模具钢 718 的夹杂物对比见表 8-21，可见经转炉+LF+RH 冶炼的夹杂物优于电炉+LF+VD。

表 8-20　电解法测定不同冶炼工艺生产的 H13 钢中氧化物含量　　　　（%）

氧化物种类	电弧炉	电弧炉+VHD
氧化物总量	0.0084	0.0046
SiO_2	0.0010	0.0010
MnO	痕	痕
FeO	0.0001	痕
Cr_2O_3	痕	痕
CaO	无	无
Al_2O_3	0.0050	0.0028
MgO	0.0012	0.0003

表 8-21　转炉+RH 与电炉+LF+VD 冶炼 1.2738 塑料模具钢的夹杂物对比

冶炼工艺	A		B		C		D		Ds
	粗系	细系	粗系	细系	粗系	细系	粗系	细系	
转炉+LF+RH	0.5	0.5	0.5	0.5	0	0	0	1	1.0
电炉+LF+VD	0.5	1	0.5	0.5	0	0	0.5	1	1.5

8.7.4.3　电弧炉—ASEA-SKF 精炼

ASEA-SKF 具有加热、真空脱气、成分微调、喷粉、电磁搅拌等多种功能。其基本精炼工艺流程：初炼钢水—除去氧化渣（加渣料造新渣）—加热处理（加热、合金微调、白渣精炼）—真空精炼（脱气、去夹杂）—复合终脱氧—净化搅拌—出钢浇注。

国外模具钢厂家很多采用此工艺生产优质模具钢。例如，日本高周波钢业利用 ASEA-SKF 炉外精炼装置，生产的模具钢 KDA（相当于 H13 钢）氧含量从传统电炉的 0.0022% 降到 0.0014% 以下，硫含量从 0.012% 降到 0.003% 以下，非金属夹杂物的总量降低 1/3，B 系夹杂物减少，尤其是 A 系夹杂物全部消失，达到了良好的洁净度（图 8-5）。该公司通过提高钢的洁净度，改善钢锭的偏析和采用"微细化"的热处理技术，使钢的等向性（冲击韧性：横向 T/纵向 L）$T/L = 0.5 \sim 0.6$，提高到 $0.8 \sim 0.9$（图 8-6）。压铸模具钢使用硬度提高 HRC $1 \sim 2$，使用寿命提高 20% 以上。美国 Ellwood Uddeholm 钢公司采用 ASEA-SKF 炉外精炼生产优质模具钢，产品 T.O $\leqslant 0.001\%$，S $\leqslant 0.001\%$，H $\leqslant 0.00015\%$[12]。

8.7.4.4　电炉+LFV 精炼工艺

LFV 精炼法是钢包炉（Ladle Furnace）+真空（Vacuum）的炉外精炼法，它是一种

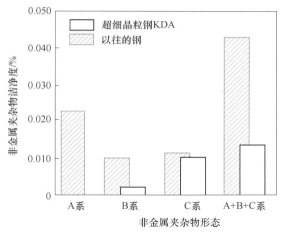

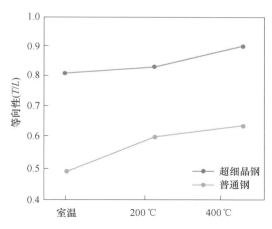

图 8-5　KDA 钢的洁净度

图 8-6　超细晶钢与普通钢的等向性对比

集电弧加热、气体搅拌、真空脱气、合成渣精炼、喷吹精炼粉剂及添加合金元素等功能一体的精炼法，是国内外用于模具钢生产最广泛的设备。例如，日本大同特殊钢涉川厂采用 LF 设备以不同组合工艺生产各种优质钢，以还原渣中的金属氧化为目的，冶炼高速钢和高合金工模具钢等，把电炉渣中金属氧化物全部移到 LF 中，通过吹氩搅拌促进 Si 的还原反应，有用金属几乎可以全部被回收。涉川厂生产实践证明，在电炉出钢时进行钢水预脱氧，在 LF 钢包内除渣后造新渣和真空处理，然后加热和精炼 40 min，可使氧和硫均降低到 0.001% 的水平。下面介绍我国某厂的电炉+LHV 工艺：

（1）初炼炉。炉料组成及配料与电弧炉单炼相同。炉底垫石灰 500 kg，炉料熔化 70% 以上吹氧助熔，补加石灰和矿石，扒出或自动流出熔化渣，炉料熔清后测温（$T \geqslant$ 1620 ℃）取全分析样。氧化，采用矿石-吹氧综合氧化，一次去碳量不低于 0.2%，深去碳时间不少于 5 min，清洁沸腾时间不限。出钢条件：C 不高于规格下限，一般要求 P≤0.012%，特殊要求 P≤0.006%；$T \geqslant$1650 ℃。

（2）LF 精炼。入罐前扒渣，到站测温、取样，吹氩 50~100 L/min，加 Al 0.8 kg/t 预脱氧，加白灰、Fe-Si、Mn-Si 及复合渣等脱氧剂造稀薄渣，通电加热。随后分 2~3 批加入 Si-C 粉进行扩散脱氧。在稀薄渣下调整成分到规格中限，白渣保持时间不少于 15 min，$T \geqslant$1670 ℃，出站前喂铝线或 Ca-Si 线。

（3）VD 精炼。扒渣（渣厚 30~80 mm）、入罐、测温、取样、补加少量石灰，吹氩 40~80 L/min，抽真空至 67 Pa，保持时间不少于 10 min，进行成分微调，吊包浇注。

8.7.4.5　电弧炉+VHD 工艺

A　电弧炉工艺

炉料熔化 70% 以上时吹氧助熔，炉料全熔后取样分析。保持氧化末期去碳时间不少于 5 min，以保证清洁沸腾时间，氧化末期插 Al 0.8 kg/t，待钢水平静，充分搅拌取全分析样。扒渣条件为：采用氧化法时，当 C 不低于规格下限、P≤0.010%、Mn 低于规格上限 0.15%、T≥1630 ℃，或采用不氧化法时，当 P≤0.020%，除渣进入还原期。还原期按吨钢 2~3 kg 加入 Fe-Si 块，随之加入稀薄渣料（石灰 16~18 kg/t，CaF₂ 块 6~8 kg/t，火砖 4~6 kg/t）。根据全分析结果再加入部分合金料调整成分，一般将成分调整到接近规格下限，V 调整到中限，调整 W、Mo 时，要保证 Fe-Mo 和 Fe-W 全部熔化。采用 Si-C 粉造白渣扩散脱氧，Fe-Si 粉用量 2 kg/t。出钢温度不低于 1630 ℃，钢液和白渣混出。

B　VHD 精炼工艺

入罐前扒渣，控制渣厚 30~80 mm，取化学成分样。入罐后测温，并随之加入渣料：CaO 4~6 kg/t，火砖 1.5~2 kg/t 和适量萤石。吹氩 20~40 L/min，当真空度达到 30~50 kPa 时，钢液加热到 1620~1640 ℃，并在真空度不高于 100 Pa 条件下保持 15 min。根据入罐分析结果，按规格中线调整化学成分。破空前3 min加 Al 粒 0.5 kg/t 进行终脱氧。根据不同的模具钢钢种确定出罐温度，大致为：Cr12MoV、Cr12：1500~1520 ℃；9Cr2、9Cr2Mo：1500~1520 ℃；4Cr5MoSiV、4Cr5MoSiV1、4Cr5Mo2V：1530~1550 ℃；5CrNiMo、5CrMnMo、3Cr2MnMo，3Cr2NiMnMo：1560~1580 ℃。低于要求的出罐温度时可进行二次加热。

8.7.5　模具钢的浇注

8.7.5.1　模具钢的模铸

浇注是炼钢生产中重要的工序，直接影响模具钢的质量和成本。模具钢的浇注方法有模铸和连铸。对于一般的塑料模具钢（如 S50C、3Cr2NiMnMo 等）轧板、扁钢及棒材，可以用连铸工艺，但对于锻造大型模块须用铸锭生产；高碳高铬的莱氏体钢也一般用模铸生产，最近国内厚 60 mm×宽 450 mm 的 Cr12MoV 和 Cr8 扁钢已采用连铸工艺生产实现了产业化。但是，国内特殊钢厂大多采用模铸工艺生产优质模具钢。近些年来由于模具的大型化，模具钢的使用的大型钢锭的重量可达 50 t 以上。

除了锭型选择、锭模准备和表面清理外，还要重视注温和注速，它影响冒口收缩、气逸出、夹杂物上浮以及钢锭表面质量。

A　浇注方法

工具钢的模注分为上注法和下注法。采用上注法时，冒口高度可以相对矮些，从而降低成本，然而上注时飞溅起来的钢液会粘附在锭模壁上，或凝固或被氧化，在以后加工时产生裂纹，为避免这种隐患必须加强钢锭表面清理。采用下注法和保护渣浇注可以避免钢液的飞溅，钢液在模中上升平稳，容易获得良好的表面质量。为了补缩的需要，采用加高冒口或绝热保温冒口的办法。上注法虽有其经济优点，但国内外应用很少，一些电极坯的浇注采用上注法，模具钢钢锭大多采用下注法生产。

    B　锭型选择

锭模的设计和参数选择对钢锭的质量起着重要的作用。冶金工作者在锭型问题上做过大量研究工作，诸多因素相互制约，所以各钢厂得出的"合理锭型"只是在特定条件下合理，而不一定普遍适用。

锭模常采用带保温帽和整体的锭模系统，材质一般是铸铁。为了使钢液在凝固结晶时，从下部向上部顺序凝固。为了减少凝固收缩产生的疏松和缩孔，锭模应为上大下小的变截面锥度体，锥度大小选择取决于生产的钢种、锭重和以后的加工方式。锭身锥度一般选用 3%~5%。

锭模断面大多采用方形、扁形和八角形等，主要由于其散热表面积比圆形截面者大，增加了钢锭的激冷层厚度，减少热裂敏感性，同时有利于连续式加热炉的操作。模具扁钢一般选用扁锭或方锭，为了改善 Cr12 型冷作模具钢的共晶碳化物不均度，国内大多采用扁度 2.5 左右的扁锭，大型锻材则一般选用八角锭或多边形钢锭。

模具钢锭一般选用 0.5~50 t，保温帽口的容积约占钢锭总容积的 10%。确定最佳钢锭重量时，应考虑：（1）足够的锻压比；（2）冶炼的钢种和冶炼方法；（3）加热和变形采用的设备和方式等。国内某特钢厂模具钢常用锭型见表 8-22。

表 8-22　国内某厂模具钢生产常见的几种锭型

锭名称	钢 锭 尺 寸				
	上口尺寸/mm	下口尺寸/mm	高度/mm	锥度/%	高宽比
650 方	300	235	1100	3.15	4.11
1100 方	400	315	1140	4.33	4.10
1600 方	470	380	1050	4.29	1.99
3 t 扁	540×480	480×370	1560	3.53/1.92	—
810 八角	410	330	930	4.35	2.46
2.1 t 八角	575	470	1300	2.92	2.50
4.3 t 八角	670	570	1380	3.57	2.26
6 t 八角	760	640	1690	3.75	2.28
10 t 八角	950	780	2090	406	2.42
15 t 八角	1130	960	2010	3.63	2.23
25 t 八角	1385	1155	2370	4.21	2.15

　C　浇注工艺

模具钢涵盖钢种甚多，从低碳合金钢到高碳高合金钢都有，浇注工艺也不尽相同。注温与注速的控制是模铸过程控制的中心环节，切实控制好注温和注速，协调好二者的配合，才能保证钢锭的质量。

一般来说，模具钢采用低过热度浇注，高碳高合金模具钢的浇注原则是"低温快注"，可以减少钢锭的凝固偏析，细化铸态组织，减少钢中的气体和夹杂物。但过热度不能过低，否则不能顺利浇注。另外，对于黏度较大的钢种，钢中的气体和夹杂物不易上浮。如果用一罐钢水浇注一般的钢锭，过热度可选 20~30 ℃。浇注多个锭盘时，过热度则取 50~60 ℃。另外，在确定过热度时，还必须考虑钢包保温条件和浇注速度，对于大的钢包且保温条件好的，钢液降温约 0.3~0.5 ℃/min；较小容量的钢包降温约 0.6~0.8 ℃/min，有的甚至 1 ℃/min。因此，应根据浇注时间来确定过热度，并留有适当调整时间[13]。模具钢液相线的温度确定可参阅相关手册或利用经验公式进行计算。

浇注速度必须随注温的高低进行相应的调整，以期获得最佳的质量效果。现场为直观起见，浇注速度多按钢液在模内上升线速度来控制，锭身的浇注一般可慢速（150~300 mm/min）、中速（300~500 mm/min）和快速（>600 mm/min）三个档次，对大多数模具钢而言，一般都采用中速或快速。

钢锭保温帽的浇注一般比锭身注速慢，主要是为了补偿凝固收缩，防止疏松和缩孔。但注速减慢会造成钢流细小而分散，极易二次氧化。补缩的钢液主要是靠中注管与模内钢液的静压差进入模内，二次氧化生成物很难在锭模内上浮，多滞留在钢锭下部，影响锭尾质量。因此，注流保护对钢锭质量至关重要。保温帽的填充时间一般为锭身浇注的 0.5~1.0 倍，对于小型钢锭取下限，大型钢锭取上限。

模具钢模铸工艺的保护浇注主要有钢包水口至中注管间的钢流保护及锭模内钢液面保护两部分。模内钢液面保护普遍采用保护渣，钢流保护主要是在滑动水口下部设置吹氩环装置，氩气以一定压力从环缝中吹出，在中心铸管口外部形成"气幕"以隔绝空气。为了达到更好的效果，在浇注前可先向中铸管和汤道、锭模内吹入一定量的氩气，将其中的残余空气赶走。

8.7.5.2　钢锭缓冷与红送

在模具钢的生产过程中，无论模铸钢锭、电渣重熔钢锭、还是连铸坯，都会面临冷裂的危险。模具钢锭通常"红送"至加工车间直接装入均热炉。"红送"可以利用钢锭的余热节约能源，缩短加热周期，提高均热炉生产能力，同时可以避免钢锭冷却和冷钢锭加热过程中产生的裂纹。当生产工序不匹配时，往往需要将钢锭缓冷退火，可以防止组织应力和热应力引起的裂纹,对于易产生白点的钢种,可以预防白点的产生。另外,通过退火处理可以改善钢锭凝固偏析和清除表面缺陷。常用的模具钢钢锭的退火方法有:去应力退火、完全退火和不完全退火、去氢退火、高温扩散退火等。对于大多数的模具钢锭,退火目的是消除组织应力和热应力,以防止钢锭在较长时间放置或热加工时产生裂纹,因此,只需要普通退火处理即可。很多的模具钢锭在浇注后缓冷,不能完全消除内应力,在存放的过程中容易发生炸裂,尤其是高淬透性钢种和莱氏体钢,例如 4Cr13、H13(4Cr5MoSiV1)、A2(Cr5Mo1V)、D2(Cr12Mo1V1)、Cr12 等,钢锭脱模后,均应及时退火,否则易发生炸裂,尤其是在寒冷地区的冬季。

扩散退火处理是比较实用的改善钢锭显微偏析的方法,扩散退火温度与钢种有关,通常在 A_{c3} 以上 150~360 ℃ 的范围内进行,温度过高时莱氏体钢很容易发生过烧现象。一般合金钢的扩散退火温度为 1200~1280 ℃。此外,扩散退火需要较长的时间才能有一定的效果,尤其对于大截面钢锭。

8.7.5.3 模具钢的连铸

采用连铸技术可提高成材率、降低能耗、减少炉次及每炉内钢坯断面成分不均匀性,进一步减少气体含量,降低高碳合金钢中碳化物尺寸及不均匀性等优点。20 世纪 80 年代国外已在低合金模具钢的生产上采用连铸工艺。由于模具材料中大截面材和扁平材的比例较大,一般多采用大截面水平、立式或大弯曲半径连铸机。如日本大同特殊钢公司采用双流弧形大方坯连铸机,铸坯尺寸 370 mm×380 mm;德国蒂森特钢公司采用立式双流连铸机,结晶器截面尺寸 340 mm×475 mm。

为了保证模具钢的质量,连铸时应注意下列几个方面:(1)选用大的断面尺寸,为保证钢材有良好的物理性能和质量要求,连铸坯的轧制压缩比应大于钢锭的轧制压缩比(一般为 10 左右);(2)正确控制浇注时钢液过热度,必要时采用中间包加热措施;(3)对裂纹敏感性较大的模具钢,过大的二次冷却速度会产生较大热应力和组织应力,使铸坯容易开裂,因而应该选用低的拉坯速度;(4)浇注过程采用保护浇注,防止二次氧化。

转炉或电炉钢水经板坯连铸生产大型板坯并轧制成中厚板,制造各种塑料模具,代替部分锻造成型模块,可以大幅降低生产成本。目前,在国内外已经成为塑料模具钢板的主流生产工艺。近几年来,随着冶金技术的进步,热作模具钢开始采用连铸工艺,一度被认为不能连铸的高碳高铬莱氏体钢也开始用连铸工艺生产。

A 塑料模具钢的连铸

德国 Siegen Krupp 采取如下工艺生产塑料模具钢:UHP EAF—炉外真空处理—连铸—坯缓冷—连轧—热处理—表面精整—矫直—检验。

Siegen Krupp 实现了浇注基本参数的自动记录和自动控制。影响质量的主要浇注工艺参数如浇注温度、速度、注流保护、熔池液面波动、保护渣添加、结晶器电磁搅拌等均应与钢种和断面配合，对精炼钢包和中间包之间的二次氧化进行严格控制，并减少中间包渣和结晶器保护渣的卷入，使粗大夹杂物出现率降低 70%。

武钢预硬化模具钢连铸工艺要点如下：KR 脱硫—130t 转炉—LF—RH—300 mm 板坯连铸—铸坯缓冷—加热—轧制—加速冷却控制（简称 ACC）—回火—检测—入库的工艺流程生产塑料模具钢（1.2311）大板[14]。铸坯断面尺寸 300 mm×2000 mm。钢水过热度 20～35 ℃，结晶器液面波动不高于 5 mm。采用弱冷和低拉速，拉速 0.7～0.75 m/min，确保矫直温度不低于 960 ℃。采用连铸末端动态轻压下技术。切坯后要求立即入坑缓冷，缓冷时间不小于 60 h，可有效避免钢坯开裂的风险。铸坯中心偏析 0.5 级，等轴晶率 31.6%，未见裂纹、夹杂等缺陷，低倍质量评级为一级品，铸坯内部质量良好。后续采用控制轧制（TMCP）+580～610 ℃回火的工艺，可使厚度为 16～80 mm 钢板硬度值达到 28～33HRC，截面硬度值偏差 HRC≤3，金相组织为回火贝氏体，消除了组织内应力，钢板的性能和组织均满足 1.2311 预硬化模具钢的要求。

B   冷作模具钢 Cr12MoV 连铸

Cr12MoV 钢的碳及合金含量高，属于莱氏体钢，铸态组织中存在大量的共晶组织。国内外大多采用模铸钢锭，锻造（或轧制）开坯工艺生产。国内某特钢厂采用连铸工艺生产厚度 60 mm 以下的 Cr12MoV 扁钢[15]，其工艺流程为：90 t 电弧炉—90 t LF—90 t VD—立弯式连铸机（弧形半径 6.5 m，2 机 2 流），矩形坯（150 mm×（530～680）mm)—红送、缓冷或退火—加热—950 mm 轧机轧制扁钢。

中间包过热度控制在 25～40 ℃范围，连铸拉速 0.80 m/min；采用涡流检测液面和自动液位控制，控制液面波动±3 mm 以内；采用结晶器非正弦振动，频率 80～180/min，振幅 3.0～6.0 mm；采用结晶器和二冷区电磁搅拌；连铸全程保护浇注，中间包采用整体式水口，钢包采用长水口密封圈和吹氩保护。Cr12MoV 钢裂纹敏感性强，冷却过程组织应力大，因此连铸二冷采用弱冷模式，比水量为 0.10～0.18 L/kg，矩形坯定尺切割后红送加热炉。

8.7.6   模具钢的电渣重熔

电渣重熔（ESR）具有以下优点：（1）金属液滴被熔渣有效精炼，气体和非金属夹杂物被大量去除，可得到较高纯度的钢锭；（2）在电渣重熔过程中，钢液始终有渣液保护，不与空气直接接触，合金元素烧损低，成分容易控制；（3）避免了冶炼及浇注过程耐火材料的污染；（4）钢液在水冷结晶器内快速顺序凝固，使钢锭组织致密，均匀偏析小，缩孔较小，没有疏松及皮下气泡等缺陷；（5）钢锭表面有渣皮保护，热加工不需要扒皮，金属收得率高。早在 20 世纪 70 年代，电渣重熔工艺已被国内外广泛应用于高品质工模具钢生产。电渣冶金的新装备、新工艺和新产品不断涌现。同轴导电电渣炉、抽锭式电渣炉、保护气氛电渣炉、加压电渣炉等广泛用于高品质特殊钢和特种合金的生产，尤其是保护气氛电渣炉和加压电渣炉，为高品质工模具钢的品种和质量进一步提升提供了保证。

8.7.6.1 电渣重熔技术的发展

A 保护气氛电渣重熔

早期电渣重熔都是在大气环境下进行熔炼的，生产成本低、操作方便，但是容易出现 Si、Mn、Al、Ti 等易氧化元素烧损和增 H 等问题。为此，德国、美国、奥地利、中国等国相继开发出惰性气氛保护电渣炉，整个重熔过程在惰性气体保护下进行，主要是防止重熔过程钢中活泼金属元素的氧化。1998 年，德国 ALD 公司制造的惰性气体保护电渣重熔炉应用了全密闭气氛保护、一键式自动化控制、称重恒熔速控制、同轴导电、框架式机械结构、氧含量在线监测等一系列技术[16]。20 世纪中期，国内自主设计的全密闭框架式、称重恒熔速、保护气氛电渣炉得到推广应用，成为生产高品质工模具钢的主要手段。

B 加压电渣重熔

加压电渣重熔是一种在密闭系统中和高压气氛（通常为氮气）下进行的电渣重熔，该设备的装置图如图 8-7 所示。固溶形态的氮通过形成过饱和固溶体可显著提高屈服强度。在铁素体钢中氮化物呈细小、弥散分布可提高钢的综合力学性能[17]。尤其是在不锈钢中，可显著提高耐蚀性能。但氮在钢液中溶解度很小，要向钢水中输入超过溶解度的足量氮最方便的方法是在高压进行电渣重熔。加压电渣重熔工艺（PESR）主要用于生产高氮合金。1980 年，奥地利 INTECO 公司安装了第一台工业化规模的 PESR 设备，熔炼室氮气

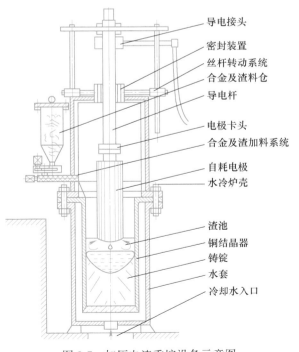

导电接头
密封装置
丝杆转动系统
合金及渣料仓
导电杆
电极卡头
合金及渣加料系统
自耗电极
水冷炉壳
渣池
铜结晶器
铸锭
水套
冷却水入口

图 8-7 加压电渣重熔设备示意图

压力为 4.2 MPa，可生产直径为 1 m、质量达 14 t 的钢锭。1996 年德国 VSG 公司建成了 16 t 和 20 t 的两台加压电渣炉，采用常规方法制备自耗电极，并设有合金添加装置，可以在保持炉内氮气压力的同时向渣池中添加氮化合金颗粒，如 Si_3N_4（氮含量 25%~30%），FeCrN（氮含量 8%~10%）和 CrN（氮含量 4%~10%）等，实现高氮不锈钢的生产。奥地利 Kapfenberg Böhler 公司的 ESR 装置在 0.6 MPa 氮气压力下工作，在重熔过程中以固体含氮添加剂的形式连续增氮，生产 16 t 重的钢锭。国外利用这些加压电渣炉生产的典型产品有：大型发电机护环用的 P900（X8CrMnN18-18）和 P2000（X13CrMnMoN18-14-3）高氮奥氏体不锈钢，人工合成骨质材料、外科和牙科材料用的高氮无镍奥氏体不锈钢，轴承和滚珠丝杆用的高氮马氏体钢，以及镜面高氮高耐蚀塑料模具钢等[18]。

浙江天马轴承有限公司 2016 年从德国 ALD 公司引进先进的加压电渣熔炼设备，最大公容量 8 t，熔炼压力 20 bar（2 MPa），采用 ϕ460 mm 和 ϕ656 mm 两种结晶器，采用 Si_3N_4 和 CrN 联合增氮。2019 年抚顺特钢从 Inteco 公司引进 15 t 加压电渣炉，该设备具有加压和保护气氛冶炼双重功能，既可以在氩气保护气氛下进行恒熔速冶炼，又可以在氮气增压条件下进行电渣重熔。最大工作压力 16 bar，配有 4 个尺寸的电渣锭结晶器（ϕ610~1080 mm），电极最大长度 4.3 m，最大熔速 1100 kg/h，钢锭重量可达 16 t。主要使用合金料 CrN、$FeCrN_5$ 和 Si_3N_4 增氮，通过稳定连续加入合金料的方式，可生产氮含量最达 1.2% 的品种。生产出高品质 P900、P2000 等护环用高氮奥氏体不锈钢和 Cronidur 30（X30）Cor-wear 等高氮马氏体不锈钢，可用于制造高性能航空航天轴承、模具和刀具等。

8.7.6.2   模具钢电渣重熔工艺

电渣重熔的工艺参数主要包括渣系、电力制度及充填比等。根据产品的质量要求，确定电渣重熔工艺参数。

（1）选用渣系。电渣重熔渣系及配比与渣的熔点、熔化速度以及它和金属熔滴的化学反应程度有关，模具钢电渣重熔常用的渣系有：70%CaF_2-30%Al_2O_3、70%CaF_2-15%Al_2O_3-15%CaO 和 15%CaF_2- 50%Al_2O_3-30%CaO-5%MgO 等，国内普遍使用二元和三元渣系。传统的高 CaF_2 渣系虽然能够得到较高质量钢锭以及操作顺行，但耗能高、氟污染严重、效率低。随着环境保护要求的提高，各国都在开发低氟或无氟环保型渣系。欧美比较通用的低氟渣系有 40%CaF_2-30%Al_2O_3-30%CaO、60%CaF_2-20%Al_2O_3-20%CaO 及 50%CaF_2-30%Al_2O_3-20%CaO 等。研究表明，低导电率、低导热系数和高黏度的炉渣能显著提高电极熔化的热效率，而低 CaF_2、高 Al_2O_3 或 SiO_2 渣系可使黏度增加、电导率和导热能力下降。国外也积极进行无氟渣渣系的研究，主要有 CaO-

Al_2O_3、$CaO\text{-}Al_2O_3\text{-}SiO_2$、$CaO\text{-}Al_2O_3\text{-}SiO_2\text{-}MgO$ 等。我国也开发了不少低氟和无氟渣系，并加入稀土氧化物以提高炉渣的脱硫、脱氧和去除夹杂物的能力。近些年来，欧洲国家及国内普遍使用预熔渣，其主要优点有：稳定的渣成分和重量，保证生产的稳定性；水分少，减少钢锭的增氢；简化或取消渣料烘烤。国内开发的 NEU _ F47F（$47\%CaF_2$-$18\%CaO$-$2\% MgO$-$30\% Al_2O_3$-$3\% SiO_2$）和 NEU _F50F（$50\% CaF_2$-$17\% CaO$-$3\% MgO$-$25\% Al_2O_3$-$5\%SiO_2$）两种渣系应用于工模具钢生产，其渣料成本低、电耗低、钢锭表面质量好[19]。渣量实际上是炉渣电阻大小的标志，对产品质量和冶金效率有直接影响，渣量一般为锭重的 3%~5%，可以选用偏中、上限的用量。

（2）充填比。充填比即电极截面积的大小和结晶器截面积之比（也有用电渣锭直径与结晶器直径之比来描述充填比，用 $K=d_{极}/D_{结}$ 来表示），它直接关系到熔池的深浅和形状，影响钢锭结晶和组织。同时也会影响电耗。图 8-8 显示了充填比与熔化速度和电耗的关系，可见熔化速度随着操作条件及渣系而变化，在恒定的电制度下，随着电极直径的增大，将导致熔化速度的提高和单位重熔金属电耗的降低。然而，进一步增大电极直径反而会减小熔化速度及增加单位电耗[20]。充填比小有利于去除钢中夹杂，但生产率低。对于特定结晶器而言，国内一般采用 $K=0.5\pm0.1$，有研究者推荐 K 为 0.55~0.65[21]。国内曾对 H13 热作模具钢的充填比做了较系统的研究[22-23]。电渣重熔 $\phi280$ mm 和 $\phi320$ mm 圆锭分别使用 $\phi120$ mm、$\phi200$ mm 及 $\phi140$ mm、$\phi220$ mm 的电极直径，采用 $70\%CaF_2$-$30\%Al_2O_3$ 二元渣系。结果表明，增大充填比后可以显著降低电耗。填充比大的电渣重熔过程中，熔滴在结晶器内分布面积大，温度场较均匀，熔池趋向为 U 形和浅平，有利于提高电渣锭质量。研究结果也表明[24]，大充填比的 H13 钢的等向性略好于小充填比，但气体和夹杂物含量稍高。在降低电耗与提高效率

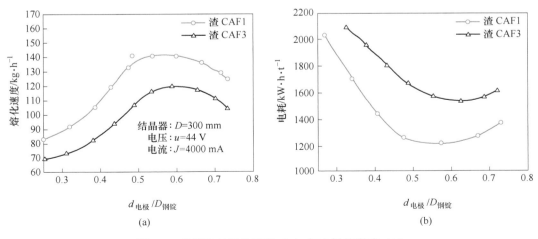

图 8-8　充填比对熔化速度（a）与电耗的影响（b）

方面的结论与国外一致。欧美一些国家采用充填比 $K = 0.8$，但都属于经验值。总之最佳 K 值应以良好的钢锭质量和技术经济指标为依据。

（3）电力制度。电渣重熔时电流变化会影响电极熔化速度和电耗，也直接影响钢锭的结晶状态。这三个因素相互关联，如增大充填比后应当降低输入功率，以避免熔速过快使熔池过深而影响冶金质量；但为保证稳定的重熔过程，可采取增加工作电流，降低工作电压的操作。显然，对于一定尺寸的电极—结晶器和特定的渣组成，熔化速度主要决定于输入渣池的能量。早年 INTECO 研究了 ϕ500 mm 的 X38CrMoV51（H11）热作模具钢的重熔速度对二次枝晶臂间距及显微偏析的影响，结果如图 8-9 所示。该钢种 ϕ500 mm 钢锭的典型熔化速度为 450～500 kg/h。由图可知，采用较低的熔化速度时，二次枝晶臂间距较小，随着熔化速度增大，临近钢锭表面的枝晶组织变化不大。但半径 1/2 处及中心部位则随着熔化速度增大到 500 kg/h，

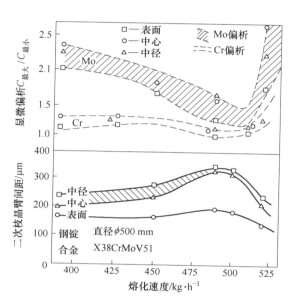

图 8-9　熔化速度对二次枝晶臂间距及显微偏析的影响

二次枝晶臂间距增大，进一步增大熔化速度将减小枝晶间距。至于显微偏析，观测到情况则不同：在低熔速时，Mo 的偏析为 2.0～2.3；而在熔速增大到 500 kg/h 时，Mo 的显微偏析降低到 1.25～1.50，对强偏析元素来说已相当之低，随着熔化速度进一步增大，Mo 的偏析又大幅增加[21]。利用双极串联 ϕ290 mm 半圆形电极坯重熔直径 ϕ385 mm 的 H13 钢锭，快熔速比慢熔速的电渣锭 1/2 处及心部的二次枝晶间距增大，并且一次碳化物等枝晶间显微偏析严重；慢速重熔的锻造成品的退火组织均匀和带状偏析减轻，横向冲击性能明显提高[25]。因此，在模具钢重熔时应根据不同的钢种和锭型选择合理的电流、电压，以保证合理的熔化速度。

8.7.6.3　电渣重熔对模具钢组织和性能的影响

（1）改善偏析。电渣重熔钢锭在凝固时，结晶速度增大，结晶的方向也产生了变化，与普通的模铸钢锭有明显差异。奥地利的 W. Hölzgruber 深入地研究了钢凝固过程与显微组织关系，测得普通电炉钢锭中心的一次枝晶间距为 750 μm，而电渣钢锭则为 490 μm，重熔钢锭的枝晶间距减小，有利于成分均匀化。瑞典 C. H. Engström

研究表明，电渣重熔可以显著改善 AISI H13 钢中的显微偏析[26]。

电渣重熔后模具钢的宏观低倍组织也得到很大的改善，且横向和纵向的低倍组织都是均匀致密的，锭型偏析一般都小于 1.0 级，带状偏析也明显改善。H13 电渣钢锻材与电炉钢锻材的带状偏析对比[27]如图 8-10 所示。

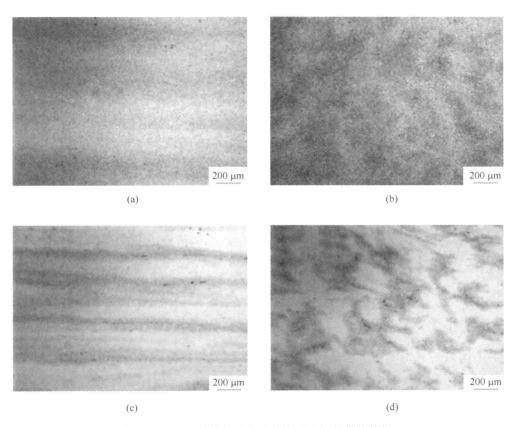

图 8-10 电弧炉铸锭及电渣重熔 H13 钢的带状偏析

（试样取自：φ205 mm 锻材芯部）

（a）电渣钢纵向；（b）电渣钢横向；（c）电炉钢纵向；（d）电炉钢横向

（2）减少非金属夹杂物。电渣重熔钢的非金属夹杂物含量明显减少，尤其是硫化物夹杂在形态和数量上都明显变化和减少，硅酸盐夹杂也被大量去除。氧化物多为 Al_2O_3，数量也明显减少。表 8-23 列出了电弧炉冶炼和电渣重熔 H13 模具钢的非金属夹杂物检验结果，可见电渣重熔精炼钢材的氧化物和硫化物平均级别均比电弧炉低。H13 钢中夹杂物个数在 EAF-LF-VD-MC-ESR 工艺过程中的变化见表 8-24[28]，经 LF-VD 精炼后，夹杂物去除率达 55%；电渣重熔过程夹杂物去除率达 37.2%。电渣重熔 H13 钢前后的夹杂物的数量与分布见表 8-25[29]，可见电渣重熔不仅显著降低夹杂物的含量，而且可以改善其在钢中的分布。

表 8-23 H13 电渣钢与电炉钢非金属夹杂物的对比

冶炼工艺	规格 φ/mm	检验炉数	氧化物/级				硫化物/级			
			锭上部		锭下部		锭上部		锭下部	
			最大	平均	最大	平均	最大	平均	最大	平均
ESR	85~200	11	1.5	1.04	1.5	0.91	1.0	0.68	1.0	0.63
EAF	40~220	9	2.0	1.52	2.0	1.44	1.5	0.85	1.5	0.78

表 8-24 电渣重熔 H13 钢各工序中夹杂物的变化

工序	LF 喂铝后	LF 精炼后	VD 处理后	电极坯	电渣锭锻材
夹杂物数量 /个·mm^{-2}	10.82	7.83	4.81	4.30	2.70

表 8-25 电渣重熔前后不同尺寸夹杂物的数量和分布

尺寸/μm	1~3	3~5	5~10	10~20	≥20
电渣重熔前/个·mm^{-2}	86	20	17	12	2
电渣重熔后/个·mm^{-2}	94	21	14	5	1

（3）改善碳化物不均性。经过电渣重熔后使得高碳高合金冷作模具钢中的碳化物变得细小均匀，不均匀性有所改善。由于碳化物细化，使钢淬火后基体中合金含量提高，增加了二次硬化效应和抗回火软化性能。冷作模具钢 D2（Cr12Mo1V1）的电渣钢与电炉钢的共晶碳化物不均匀度对比见表 8-26。

表 8-26 D2 电渣钢与电炉钢的共晶碳化物不均匀度对比

	规格 φ/mm	100~150	150~200	200~250	250~300	300~400
电炉钢	共晶碳化物最大级	5	5.5	5	6	6
	共晶碳化物最小级	2.5	2	3.5	3.5	4.5
	平均/批次	3.47/16	4.25/20	4.29/15	4.5/17	4.95/21
电渣钢	共晶碳化物最大级	4.5	4.5	4.5	5.5	6
	共晶碳化物最小级	2.0	3.5	3.5	3	4
	平均级/批次	3.3/15	3.9/44	3.8/24	4.2/7	4.6/4

（4）提高模具钢的等向性能。电渣重熔后钢锭的微区偏析和夹杂物的改善，材质均匀致密，等向性能有明显的改善。电渣重熔与电弧炉生产的 H13 钢的室温力学及冲

击韧性见表 8-27。在相同锻造比情况下，电渣钢的塑性、韧性明显提高，尤其是横向性能。瑞典 Uddeholm 钢厂的生产经验证明，采用电渣重熔工艺+特殊的组织细化处理工艺生产的高等向 H13 钢芯部和边部的各个方向的冲击性能几乎相同，使用寿命比传统工艺生产的 H13 提高 25%。国内采用惰性气体保护恒熔速电渣重熔已经成为提高热作模具钢冶金品质的必选方法。抚顺特钢、宝武特冶、大冶特钢、江苏天工、东特大连等特殊钢厂均增加了惰性气体保护电渣炉，有些企业甚至增加十多台。气体保护电渣重熔是在惰性气氛下进行的，气体含量基本不会增加，同时可以防止重熔过程中活泼金属的氧化，保持化学成分一致性，具有高的洁净度和成分均匀性[30]，对提高热作模具钢的质量水平发挥了重要作用。

表 8-27 **H13 电渣重熔钢与电弧炉钢纵横向室温拉伸与冲击韧性值对比**

冶炼工艺	锻造比	检测方向	R_m/MPa	R_{eL}/MPa	A/%	Z/%	A_K/J
电弧炉+电渣	8.50	横向	1682	1583	10.4	42.3	38.6
		纵向	1677	1567	12.9	53.4	59.2
		横向/纵向	1.00	1.01	0.806	0.792	0.652
电弧炉	8.50	横向	1713	1601	6.2	23.10	16.5
		纵向	1750	1603	12.5	49.0	52.5
		横向/纵向	0.979	0.999	0.496	0.471	0.314

8.8 本章小结

（1）模具钢是用来制造金属模具的钢材，习惯上分为冷作模具钢、热作模具钢和塑料模具钢。模具钢使用性能基本要求有硬度、强度、韧性、耐磨性、疲劳性能等，还应考虑加工性、淬硬性和淬透性、热处理变形性、磨削性、镜面抛光性、抗介质腐蚀性、黏着性等工艺性能。模具钢的主要冶金缺陷有碳化物不均匀性等显微缺陷和疏松、偏析、白点等低倍缺陷，提高等向性能也是模具钢的重要课题。

（2）模具钢的冶炼可采用感应炉、电弧炉或转炉冶炼。国内外模具钢的冶炼大多采用电弧炉+炉外精炼工艺。模具钢常用炉外精炼工艺有：LF+VD 或 VAD、RH、ASEA-SKF 等。电渣重熔在高品质模具钢的生产中被广泛应用。对质量性能要求更高的模具钢，则采用双真空工艺生产。

（3）模具钢的浇注大多采用模铸。锭型选择、锭模准备和表面清理十分重要，注温与注速是钢锭浇注的核心控制参数。模具钢尤其是高合金模具钢一般采用"低温快注"，可以有效减少钢锭的偏析。近些年来，连铸技术在模具钢生产中获得应用，采用塑料模具钢连铸坯轧制成中厚板和扁钢已成为主流技术，高碳高铬冷作模具钢连铸也在我国开始实现工业化生产。

（4）在模具钢生产过程中，不论是模铸钢锭、电渣重熔锭，还是连铸坯，由于相变应力和热应力的存在，容易发生冷裂，因此，模具钢锭和钢坯均应采取"红送直装"或缓冷退火。

参 考 文 献

[1] 陈再枝，兰德年，马党参. 模具钢手册［M］. 北京：冶金工业出版社，2020：3-5.

[2] 冶金部特殊钢信息网，国内外特殊钢生产技术［M］. 北京：冶金工业出版社，1996：258-264.

[3] 徐进，姜先畲，陈再枝，等. 模具钢［M］. 北京：冶金工业出版社，1998：139-142.

[4] 冯晓曾，王家瑛，何世命. 提高模具寿命指南［M］. 北京：机械工业出版社，1994：195-196.

[5] 殷瑞钰，钢的现代质量进展（下篇，特殊钢）［M］. 北京：冶金工业出版社，1995：274-276.

[6] 沈才芳，孙社成，陈建斌. 电弧炉炼钢工艺与设备［M］. 2 版. 北京：冶金工业出版社，2008：132-133.

[7] 松田兴纪，须藤兴一. P、S 对 5%Cr 热作模具钢韧性和疲劳裂纹的影响［J］. 电器制钢，1986，57（3）：181-189.

[8] 李茂旺，胡秋芳. 炉外精炼［M］. 北京：冶金工业出版社，2016：139-141.

[9] 姜桂兰. 5CrNiMo 模具钢的冶炼工艺对钢中夹杂物的影响［J］. 特殊钢，1993（7）：7-15.

[10] 宗亚平，郝士明. 不同精炼工艺生产的 H13 模具钢中非金属夹杂物的研究［J］. 钢铁，1993，28（3）：15-19.

[11] 张梅清，张秀芝. H13 钢不同工艺质量及性能研究［R］. 钢铁研究总院，1990.

[12] 冶金部特殊钢信息网，国内外特殊钢生产技术［M］. 北京：冶金工业出版社，1996：284-286.

[13] 胡林，李胜利，胡小东，等. 钢锭设计原理［M］. 北京：冶金工业出版社，2015：139-141.

[14] 张欢，朱军，张渊普，等. 2311 塑料模具钢板的研制［J］. 特殊钢，2022，43（8）：59-62.

[15] 朱喜达，陆家生，赵勇智，等. 冷作模具钢（Cr12MoV）短流程生产工艺实践［J］. 特殊钢，2023，44（3）：10-14.

[16] 彭龙生，刘春泉，周浩，等. 电渣重熔新技术的研究现状及发展趋势［J］. 材料导报，2022，36（Z1）：1-8.

[17] 陈永红，电渣重熔技术的新发展［J］. 上海金属，2004，26（6）：37-41.

[18] 李花兵，姜周华，冯浩，等. 高氮不锈钢［M］. 北京：科学出版社，2021：185-188.

[19] 姜周华，董艳伍，耿鑫，等. 电渣冶金学［M］. 北京：科学出版社，2015：210-220.

[20] 上海重型机器厂. 国外电渣重熔第二辑［M］. 上海：上海科学技术情报研究所出版，1978：39-46.

[21] 李正邦. 电渣重的理论与实践［M］. 北京：冶金工业出版社，2015：165-168.

[22] 张波，黄华南，工艺参数对电渣重熔锭质量和电耗的影响［J］. 冶金丛刊，2013，204（2）：24-27.

［23］ 林晏民．H13 钢电渣工艺对电耗影响的研究［J］．南方金属，2006，148（2）：25-27．

［24］ 钟松，范植金，陈耀南，等．电渣冶炼工艺对 H13 钢质量的影响［J］．钢铁，34 增刊（10）：1096-1098．

［25］ 马党参，周健，张忠侃，等．电渣重熔速度对 H13 钢组织和冲击性能的影响［J］．钢铁，2010，45（8）：80-85．

［26］ 李正邦，张家雯，林功文．电渣重熔译文集（2）［M］．北京：冶金工业出版社，1980：75-85．

［27］ 王明，马党参，刘振天，等．H13 电渣钢与电炉钢的组织和力学性能［J］．金属热处理，2014，39（6）：5-10．

［28］ 阳燕，刘建华，包燕平，等．热作模具钢 H13 的非金属夹杂物研究［J］．钢铁，2011，46（9）：46-49．

［29］ 李长荣，王春琼．电渣重熔控制 H13 钢中夹杂物研究［J］．现代机械，2011，11：70-71．

［30］ 雷应华，周许，肖攸毅，等．我国压铸模具钢研究新进展［J］．特殊钢，2022，43（5）：2-5．

9 高 锰 钢

　　高锰钢是一种锰含量在 10% 以上的合金钢，1882 年由英国人哈德菲尔德（R. A. Hadfield）发明，并在次年获得专利[1]，也被称作哈德菲尔德钢，其组织为奥氏体。1892 年美国开始工业生产高锰钢。由于这种钢具有高耐磨性、较好的铸造性能和高加工硬化系数，很快在采矿、油田、冶金、铁路和水泥等工业领域以及军工领域得到广泛应用。其主要产品包括挖掘机铲齿，锥形破碎机的锤头、齿板、轮臼臂，颚式破碎机破碎叉板，球磨机衬板，铁路道岔以及坦克和拖拉机履带等。近年来，虽然新兴材料不断出现，耐磨材料也取得了长足进步，高锰钢却依然是先进装备中备受青睐的耐磨材料。

9.1　高锰钢的性能、应用和发展

9.1.1　高锰钢的组织与性能

　　高锰钢的铸态组织主要由奥氏体、碳化物、珠光体和少量磷共晶组成。由于碳化物一般在晶界上以网状出现，其铸态性能硬而脆。图 9-1[2] 所示为 Fe-Mn-C 三元相图中 13%Mn 的垂直截面图。当把高锰钢铸件加热到 A_{cm} 温度以上（通常为 1050～

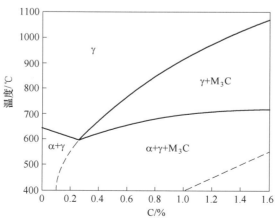

图 9-1　Fe-Mn-C 三元相图中含 13%Mn 的垂直截面[2]

1150 ℃）保温一段时间后，碳化物会溶于奥氏体组织，此时快速水淬冷却，可以得到过冷单相奥氏体组织。该工艺下得到的高锰钢具有很高的韧性，因此生产中把这种固溶处理称为水韧处理。高锰钢铸态和水韧处理后的力学性能见表 9-1[2]。

表 9-1　高锰钢的力学性能[2]

状态	组织	R_m/MPa	$R_{p0.2}$/MPa	A/%	Z/%	α_K/J·cm^{-2}	HB
铸态	奥氏体+碳化物	343~392	295~490	0.5~5		9.8~30	200~300
水韧处理后	奥氏体	617~1275	343~470	15~85	15~45	196~295	180~225

高锰钢的组织特点决定了其强塑性与其服役条件密切相关。表 9-2[3] 给出了不同加载速率时高锰钢的力学性能。加载速率较高时，其力学性能相对较高，如图 9-2[3] 所示。当拉伸速率很慢时，试棒均匀变形，没有明显的缩颈现象也没有明显的屈服点。

表 9-2　不同变形速率时的力学性能[3]

变形速度/cm·s^{-1}	力 学 性 能		
	$R_{p0.2}$/MPa	R_m/MPa	A/%
0.508	417.76	1229.75	69.6
1.106×10^{-8}	535.44	1064.02	34.8

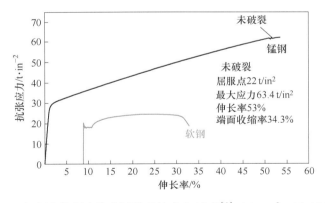

图 9-2　锰钢和软钢在拉力试验时的应力-应变[3]　（1 t/in^2 = 15.4 MPa）

高锰钢的冲击韧性较高，往往大于 100 J/cm^2，甚至可以达到 300 J/cm^2 以上。高锰钢一般为韧性断裂，在低温条件下有较好的冲击韧性，甚至在−80 ℃时仍可以保持在 40 J/cm^2 左右的水平，见表 9-3[4]。当温度再降低，例如降到−196 ℃（液氮中处理），钢会变脆，冲击韧性只有 19~29 J/cm^2，此时发生沿晶脆性破坏。如果晶界上有比较严重的成分偏析、晶界缺陷、夹杂物、磷化物和碳化物，低温冲击韧性会严重恶化。因此，一些在寒冷地区使用的高锰钢铸件，如坦克车履带板和挖掘机铲齿等在

-40~-30 ℃时容易发生脆断。在这种情况下，更要注意严格控制成分偏析、晶界缺陷、夹杂物、磷化物和碳化物。高锰钢的韧脆转变温度约为-40 ℃。

表 9-3　低温下高锰钢的冲击韧性[4]

试验温度/℃	20	0	-20	-40	-60	-80	-100
$\alpha_K/J \cdot cm^{-2}$	276.55	252.03	201.04	150.04	90.22	44.13	16.67
$\alpha_K/\alpha_{K(20℃)}$/%	100	91.1	72.7	54.3	32.6	15.9	0

注：钢的成分为 0.98% C、13.67% Mn、0.42% Si、0.018% S、0.082% P，1050 ℃，2.5 h 水淬。

由于铸态组织中存在大量碳化物和珠光体组织，铸态高锰钢硬度一般较高，可以达到 HB 200~230，最高可以达到 HB 400。这取决于碳和其他合金元素的含量，也与铸造过程中的冷却条件密切相关。碳和其他碳化物形成元素含量越高，组织中碳化物数量越多，高锰钢铸态硬度越高。水韧处理后高锰钢组织主要为奥氏体，此时硬度一般在 HB 180~225。水韧处理后高锰钢硬度的差异主要取决于碳和其他合金元素的固溶强化作用，碳和其他合金元素含量增加会使钢的硬度提高，但其变化程度不像铸态那样显著。目前大多数国家的标准都规定检测高锰钢硬度，要求的硬度范围为 HB 170~230。日本对含有铬、钒的高锰钢规定其硬度上限为 HB<243。我国过去各部的部颁标准中规定高锰钢的硬度为 HB 170~230，现行国标中对四种牌号的高锰钢规定的硬度均为 HB 229，可见我国与国外基本一致。

高锰钢铸件中，诸如铁路辙叉、球磨机衬板、坦克车履带板等都要经受反复载荷作用，因此疲劳强度对于高锰钢是十分重要的性能指标。高锰钢的疲劳强度大约为 176~196 MPa（扭转疲劳，试棒直径 7.5 mm），即相当于高锰钢抗拉强度的 25%~30%。

冶金质量对高锰钢的疲劳强度影响显著。晶内和晶界上的夹杂物、磷共晶、碳化物及其他脆性相都会在多次冲击下成为裂纹源，严重影响疲劳寿命。

经水韧处理后的高锰钢加热到一定温度时在奥氏体中会有碳化物析出。随温度升高，碳化物析出量增加，将会导致高锰钢性能变脆、塑韧性降低。

9.1.2 高锰钢的加工硬化和耐磨性

高锰钢受到冲击载荷时，如果冲击载荷足以使其表面塑性变形，其变形层内就会发生加工硬化现象。加工硬化是高锰钢的重要特征，此时高锰钢的表层硬度可以达到 HB 500~800[5]。从表面向内，随着高锰钢变形程度减小，硬度也逐渐降低。图 9-3[5-6]所示为表面硬化层硬度的变化规律。随着冲击载荷的增大，硬化层的深度可以达到 10~20 mm，甚至更多。硬化层深度的大小及曲线的形状除和冲击功大小有关外，还和高锰钢的化学成分、组织、强塑性、形变速度等因素有关。

高锰钢的加工硬化现象使其具有梯度材料的特点。硬化层表面具有很高的硬度、良好的韧性，硬化层下面则有很好的强韧性能。这样的性能分布特点使其特别适合于抵抗犁削磨损、形变磨损和冲击疲劳。随着表面硬化层被磨耗，在外载荷的冲击作用下，硬化层又不断向内发展，从而维持一个稳定尺度的硬化层。

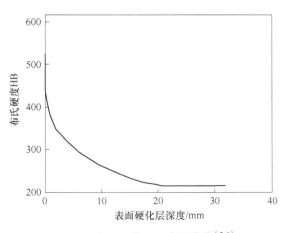

图 9-3　表面硬化层硬度的变化[5-6]

9.1.3　高锰钢的用途

高锰钢按其用途可分为耐磨高锰钢和无磁高锰钢两大类。前者是利用它形变强化的特性，用作耐磨材料，主要在铸造企业生产，因而也常常称为铸造高锰钢。而后者则是利用高锰奥氏体钢的无磁性质，这类钢含锰在 17％ 以上，用于电机工业制作保护环等。近年来，汽车领域还广泛使用一种经过塑性变形加工的超高强塑积的高锰钢，这种钢发生碰撞事故时，可以更有效地吸收动能，确保乘客安全。本章主要介绍用作耐磨材料的铸造高锰钢。

由于高锰钢具有良好的加工硬化性能，在冲击磨料的工况下表现出优异的抗磨性能，因此自 1896 年高锰钢问世以来，各国都主要用它制造承受较大冲击负荷的耐磨零部件。一百多年来，虽然不断研制和使用一些新的耐磨材料，但高锰钢在耐磨金属材料中仍占有重要的位置，仍在发挥它的作用[7]。

高锰钢机械加工困难，大多采用铸造方法生产。我国每年生产几十万吨铸造高锰钢，广泛用于冶金、矿山、建材、电力、铁路、煤炭以及军工等行业冲击磨损机械零部件的制造[8]，例如球磨机的衬板、破碎机的颚板、挖掘机的斗齿、拖拉机及坦克等的履带板、主动轮、从动轮和履带支承滚轮等，以及铁道上的辙岔、辙尖、转辙器及小半径转弯处的轨条等。高锰钢在受力变形时，能吸收大量的能量，受到弹丸射击时也不易穿透，因此也用它制造防弹板以及保险箱钢板等。

9.2　高锰钢的标准及演变

9.2.1　国内高锰钢的标准及演变

20 世纪 50 年代我国开始研制高锰钢，到 60 年代开始大规模生产并广泛应用于矿山、冶金、电力等行业，成为一种重要的工程耐磨材料。高锰钢的生产技术和质量逐步得到提高，特别是合金化和微合金化技术以及洁净化冶炼技术的发展，使得我国高锰钢生产水平取得了长足的进步。目前我国已经成为全球最主要的高锰钢生产和应用国家。

20 世纪 60~70 年代，各部委相继颁布关于高锰钢的行业标准（表 9-4[9]）。20 世纪 80 年代，参考国际标准，结合我国资源特点、生产条件和使用要求，我国第一个高锰钢生产国家标准（GB 5680—85）（表 9-5[10]）制定并颁布。这个标准有以下四个特点：一是根据对高锰钢铸件的使用要求确定化学成分范围；二是根据我国资源特点对有害元素磷的含量提出了更严格的限制；三是取消了对 Mn/C 比值的要求；四是调整了对力学性能的要求，一方面提高了强度指标，另一方面考虑到常规方法很难准确测定断面收缩率和屈服点两个指标，取消了这两个检验项目。

1998 年我国对 GB 5680—85《高锰钢铸件技术条件》进行了修订，制定出 GB/T 5680—1998 高锰钢铸件标准（表 9-6[11]），归并和调整了 GB 5680—85 标准中的几个高锰钢牌号。原 ZGMn13-2 和 ZGMn13-4 牌号合并为 ZGMn13-2；原 ZGMn13-3 牌号不变，其成分调整为适合铁道用高锰钢要求。同时增加了 ZGMn13-4 和 ZGMn13-5 牌号。这样高锰钢牌号使用领域有了新拓宽。该标准对高锰钢合金的有害元素硫、磷进行了控制，降低了硫、磷含量。

2010 年，我国制定了 GB/T 5680—2010 奥氏体锰钢铸件标准，规定了其牌号、技术要求、试验方法、检验规则、标志、储存、包装和运输等要求，其中化学成分和性能要求见表 9-7[12]。2023 年我国又颁布了最新国家标准，增加了高锰钢牌号（表 9-8[13]）。

9.2.2 国外高锰钢标准

日本、美国和俄罗斯等国也十分重视高锰钢生产、使用和质量检验，颁布了各自的标准，见表 9-9 和表 9-10[14]。国际相关机构也颁布了国际标准，见表 9-11[15]。

对比国外与我国高锰钢标准中关于化学成分和力学性能的规定，可以看出：

（1）我国国标中高锰钢分类是依据服役条件的差别和铸件特征，也就是服役时承受冲击载荷的强弱和铸件结构的复杂程度来分的。冲击载荷高时碳含量低，锰含量高。锰含量的最高值从过去旧标准的 15% 下降为 14%，与国际标准接轨。在弱冲击载荷条件下服役的高锰铸件的碳含量则会提高到 1.50%。

（2）我国国标中对有害杂质含量的限制较严。磷含量在过去一般部颁标准中规定为 0.08%~0.10%。在新颁布的国标中，对前两类铸件规定为不高于 0.09%。对后

表 9-4 国内各部部颁标准[9]

标准名称	标准编号	钢种牌号	化学成分/%					
			C	Mn	Si	S	P	Mn/C
一机部标准	JB 737—65	ZGMn13	1.0~1.4	11~15	0.3~0.8	≤0.05	≤0.10	>9
一机部重机标准	Q/ZB 67—73	ZGMn13	1.0~1.4	11~15	0.3~0.8	≤0.05	≤0.10	>9
一机部工程机械标准	GJ 6—73	ZGMn13	1.0~1.4	11~15	0.3~0.8	≤0.05	≤0.10	—
建材部部颁暂行标准	(80) 材供字 84 号	ZGMn13A	1.1~1.3	11~13	0.4~0.7	≤0.05	≤0.07	>9.5
建材部部颁暂行标准	(80) 材供字 84 号	ZGMn13B	1.0~1.4	11~13	0.3~0.8	≤0.05	≤0.09	>9
铁道部标准	TB 447—74	高锰钢辙叉	1.0~1.4	11~14	0.4~0.8	≤0.04	≤0.08	>10
冶金部标准	YB 3210—80	ZGMn13A	1.0~1.4	10~14	0.3~0.7	≤0.04	≤0.09	>9
冶金部标准	YB 3210—80	ZGMn13B	0.9~1.3	10~14	0.3~0.7	≤0.04	≤0.09	>9.5
1981 年国内调查	平均水平		1.2~1.4	10~14	0.41~0.8	0.02 max	0.08 max	>9

标准名称	标准编号	钢种牌号	力学性能					
			$R_{p0.2}$/MPa	R_m/MPa	A/%	Z/%	α_K/J·cm^{-2}	HB
一机部标准	JB 737—65	ZGMn13	≥300	≥650	≥25	≥25	≥150	179~230
一机部重机标准	Q/ZB 67—73	ZGMn13	300	650	25	25	150	179~230
一机部工程机械标准	GJ 6—73	ZGMn13	≥300	≥650	≥25	≥25	≥150	179~230
建材部部颁暂行标准	(80) 材供字 84 号	ZGMn13A	≥300	≥650	≥20	—	≥150	179~230
建材部部颁暂行标准	(80) 材供字 84 号	ZGMn13B	≥300	≥650	≥20	—	≥150	179~230
铁道部标准	TB 447—74	高锰钢辙叉	—	≥750	≥35	—	≥150	170~230
冶金部标准	YB 3210—80	ZGMn13A	—	≥50	≥22	—	≥150	180~230
冶金部标准	YB 3210—80	ZGMn13B	—	≥650	≥22	—	≥150	180~230
1981 年国内调查	平均水平		360~550	650~1000	21~55	21~55	150~300	180~230

续表 9-4

标准名称	标准编号	钢种牌号	必 检 项 目					备注
			成分	力学性能	金相组织	外观	尺寸精度	
一机部标准	JB 737—65	ZGMn13	√	HB, α_K, R_m	√	√	√	
一机部重机标准	Q/ZB 67—73	ZGMn13	√	HB, α_K, R_m	√	√	√	
一机部工程机械标准	GJ 6—73	ZGMn13	√	—	√	√	√	
建材部暂行标准	(80)材供字84号	ZGMn13A	√	抽检频率≥30%	√	√	√	
	(80)材供字84号	ZGMn13B	√	抽检频率≥30%	√	√	√	
铁道部标准	TB 447—74	高锰钢辙叉	√	冷弯, HB	—	√	√	冷弯试样12 mm×8 mm×300 mm
冶金部标准	YB 3210—80	ZGMn13A	√	定期抽查	√	√	√	
	YB 3210—80	ZGMn13B	√	定期抽查	√	√	√	
1981年国内调查	平均水平		√	必检及抽检	√	√	√	

表 9-5　1985 年高锰钢国家标准中化学成分和力学性能[10]

标准编号	钢种牌号	化学成分/%						力学性能						适用范围
		C	Mn	Si	S	P	其他合金元素	$R_{p0.2}$/MPa	R_m/MPa	A/%	Z/%	α_K/J·cm^{-2}	HB	
GB 5680—85	ZGMn13-1	1.10~1.50	11.0~14.0	0.30~1.0	≤0.05	≤0.09		—	≥637	≥20	—	—	≤229	低冲击件
	ZGMn13-2	1.00~1.40	11.0~14.0	0.30~1.0	≤0.05	≤0.09		—	≥637	≥20	—	≥147	≤229	普通件
	ZGMn13-3	0.90~1.30	11.0~14.0	0.30~0.8	≤0.05	≤0.08		—	≥686	≥25	—	≥147	≤229	复杂件
	ZGMn13-4	0.90~1.20	11.0~14.0	0.30~0.8	≤0.05	≤0.07		—	≥735	≥35	—	≥147	≤229	高冲击件

表 9-6 1998 年高锰钢国家标准中化学成分和力学性能[11]

标准编号	钢种牌号	化学成分/%						力学性能					
		C	Mn	Si	S	P	其他合金元素	$R_{p0.2}$/MPa	R_m/MPa	A/%	Z/%	α_K/J·cm^{-2}	HB
GB 5680—1998	ZGMn13-1	1.00~1.45	11.0~14.0	0.30~1.0	≤0.04	≤0.09		—	≥635	≥20	—	—	—
	ZGMn13-2	0.90~1.35	11.0~14.0	0.30~1.0	≤0.04	≤0.070		—	≥685	≥25	—	≥147	≤300
	ZGMn13-3	0.90~1.35	11.0~14.0	0.30~0.8	≤0.035	≤0.07		—	≥735	≥30	—	≥147	≤300
	ZGMn13-4	0.90~1.30	11.0~14.0	0.30~0.8	≤0.04	≤0.07	Cr 1.50~2.50	—	≥735	≥20	—	—	≤300
	ZGMn13-5	0.75~1.30	11.0~14.0	0.30~1.0	≤0.04	≤0.07	Mo 0.90~1.20	—	—	—	—	—	—

表 9-7 2010 年高锰钢国家标准中化学成分和力学性能[12]

标准编号	钢种牌号	化学成分/%						力学性能				
		C	Mn	Si	S	P	其他合金元素	$R_{p0.2}$/MPa	R_m/MPa	A/%	Z/%	α_K/J·cm^{-2}
GB 5680—2010	ZG120Mn7Mo1	1.05~1.35	6~8	0.3~0.9	≤0.06	≤0.04	Mo 0.90~1.20	—	—	—	—	—
	ZG110Mn13Mo1	0.75~1.35	11~14	0.3~0.9	≤0.06	≤0.04	Mo 0.90~1.20	—	—	—	—	—
	ZG100Mn13	0.90~1.05	11~14	0.3~0.9	≤0.06	≤0.04		—	≥685	≥25	—	≥118
	ZG120Mn13	1.05~1.35	11~14	0.3~0.9	≤0.06	≤0.04		—	≥685	≥25	—	≥118
	ZG120Mn13Cr2	1.05~1.35	11~14	0.3~0.9	≤0.06	≤0.04	Cr 1.50~2.50	≥390	≥735	≥20	—	—
	ZG120Mn13W1	1.05~1.35	11~14	0.3~0.9	≤0.06	≤0.04	W 0.90~1.20	—	—	—	—	—
	ZG120Mn13Ni3	1.05~1.35	11~14	0.3~0.9	≤0.06	≤0.04	Ni 3~4	—	—	—	—	—
	ZG90Mn14Mo1	0.70~1.00	13~15	0.3~0.9	≤0.07	≤0.04	Mo 1.0~1.8	—	—	—	—	—
	ZG120Mn17	1.05~1.35	16~19	0.3~0.9	≤0.06	≤0.04		—	—	—	—	—
	ZG120Mn17Cr2	1.05~1.35	16~19	0.3~0.9	≤0.06	≤0.04	Cr 1.50~2.50	—	—	—	—	—

表 9-8 2023 年高锰钢国家标准中化学成分和力学性能[13]

标准编号	钢种牌号	化学成分/%						力学性能				
		C	Mn	Si	S	P	其他合金元素	$R_{p0.2}$/MPa	R_m/MPa	A/%	Z/%	α_K/J·cm^{-2}
GB/T 5680—2023	ZG120Mn7Mo	1.05~1.35	6~8	0.3~0.9	≤0.06	≤0.04	Mo 0.90~1.20	—	—	—	—	—
	ZG110Mn13Mo	0.75~1.35	11~14	0.3~0.9	≤0.06	≤0.04	Mo 0.90~1.20	—	—	—	—	—
	ZG100Mn13	0.90~1.05	11~14	0.3~0.9	≤0.06	≤0.04		≥370	≥700	≥25	—	≥118
	ZG120Mn13	1.05~1.35	11~14	0.3~0.9	≤0.00	≤0.04		≥370	≥700	≥25	—	≥118
	ZG120Mn13Cr2	1.05~1.35	11~14	0.3~0.9	≤0.06	≤0.04	Cr 1.50~2.50	≥390	≥735	≥20	—	≥96
	ZG120Mn13W	1.05~1.35	11~14	0.3~0.9	≤0.06	≤0.040	W 0.90~1.20	≥370	≥700	≥25	—	≥118
	ZG120Mn13CrMo	1.05~1.35	11~14	0.3~0.9	≤0.06	≤0.04	Cr, Mo 0.90~1.20	≥390	≥735	≥20	—	≥96
	ZG120Mn13Ni3	1.05~1.35	11~14	0.3~0.9	≤0.06	≤0.04	Ni 3~4	≥370	≥700	≥25	—	≥118
	ZG90Mn14Mo	0.70~1.00	13~15	0.3~0.9	≤0.07	≤0.04	Mo 1.0~1.8	—	—	—	—	—
	ZG120Mn18	1.05~1.35	16~19	0.3~0.9	≤0.06	≤0.04		≥370	≥700	≥25	—	≥118
	ZG120Mn18Cr2	1.05~1.35	16~19	0.3~0.9	≤0.06	≤0.04	Cr 1.50~2.50	≥390	≥735	≥20	—	≥96
GB/T 713.5—2023	Q400CMDR	0.35~0.55	22.5~25.5	0.10~0.50	≤0.005	≤0.02	Cr 3~4 Cu 0.3~0.7	≥400	800~950	≥35	—	≥60
GB/T 20564.13—2023	CR600	≤0.20	3.00~10.00	≤2.00	≤0.025	≤0.02	—	≥600	≥980	≥30	—	—
	CR700	≤0.20	3.00~10.00	≤2.00	≤0.025	≤0.02	—	≥700	≥1180	≥25	—	—

表 9-9 高锰钢日本国家标准中化学成分和力学性能[14]

标准编号	钢种牌号	化学成分/%						力学性能					
		C	Mn	Si	S	P	其他合金元素	$R_{p0.2}$/MPa	R_{m}/MPa	A/%	Z/%	α_{K}/J·cm^{-2}	HB
JIS G 5131: 1978	SCMnH1	0.90~1.30	11.0~14.0		<0.05	<0.10		—	—	—	—	—	<223
	SCMnH2	0.90~1.20	11.0~14.0		<0.04	<0.07		—	>750	>35	—	—	<223
	SCMnH3	0.90~1.20	11.0~14.0	0.3~0.8	<0.035	<0.05		—	>750	>35	—	—	<223
	SCMnH11	0.90~1.30	11.0~14.0	<0.8	<0.04	<0.07	Cr 1.5~2.5		>750	>20	—	—	<243
	SCMnH21	1.00~1.35	11.0~14.0	<0.8	<0.04	<0.07	Cr 2.0~3.0 V 0.4~0.70	>450	>750	>10	—	—	<243
JIS G 5131: 1991	SCMnH1	0.90~1.30	11.0~14.0	<0.8	<0.05	<0.10		—	—	—	—	—	—
	SCMnH2	0.90~1.20	11.0~14.0	<0.8	<0.04	<0.07		—	>740	>35	—	—	—
	SCMnH3	0.90~1.20	11.0~14.0	0.3~0.8	<0.035	<0.05		—	>740	>35	—	—	—
	SCMnH11	0.90~1.30	11.0~14.0	<0.8	<0.04	<0.07	Cr 1.5~2.5	>390	>740	>20	—	—	—
	SCMnH21	1.00~1.35	11.0~14.0	<0.8	<0.04	<0.07	Cr 2.0~3.0 V 0.4~0.70	>440	>740	>10	—	—	—
JIS G 5131: 2008	SCMnH11	0.90~1.30	11.0~14.0	<0.8	<0.10	<0.05		—	—	—	—	—	—
	SCMnH2	0.90~1.20	11.0~14.0	0.80	<0.07	<0.04		—	>740	>35	—	—	—
	SCMnH2X1	0.90~1.05	11.0~14.0	0.3~0.9	<0.06	<0.045		—	—	—	—	—	<300
	SCMnH2X2	1.05~1.35	11.0~14.0	0.3~0.9	<0.06	<0.045		—	—	—	—	—	<300
	SCMnH3	0.90~1.20	11.0~14.0	0.3~0.8	<0.05	<0.035		—	>740	>20	—	—	—
	SCMnH4	1.05~1.35	16.0~19.0	0.3~0.9	<0.06	<0.045		—	—	—	—	—	<300

续表 9-9

标准编号	钢种牌号	化学成分/%						力学性能					
		C	Mn	Si	S	P	其他合金元素	$R_{p0.2}$/MPa	R_m/MPa	A/%	Z/%	α_K/J·cm^{-2}	HB
JIS G 5131:2008	SCMnH11	0.90~1.30	11.0~14.0	<0.80	<0.07	<0.040	—	>390	>740	>10	—	—	—
	SCMnH11X	1.05~1.35	11.0~14.0	0.3~0.9	<0.06	<0.045	Cr 1.5~2.5	—	—	—	—	—	<300
	SCMnH12	1.05~1.35	16.0~19.0	0.3~0.9	<0.06	<0.045	Cr 1.5~2.5	—	—	—	—	—	<300
	SCMnH21	1.00~1.35	11.0~14.0	<0.80	<0.07	<0.040	Cr 2~3 V 0.4~0.70	>440	>740	>35	—	—	—
	SCMnH31	1.05~1.35	6.0~8.0	0.3~0.9	<0.06	<0.045	Mo 0.9~1.2	—	—	—	—	—	<300
	SCMnH32	0.75~1.35	11.0~14.0	0.3~0.9	<0.06	<0.045	Mo 0.9~1.2	—	—	—	—	—	<300
	SCMnH33	0.70~1.00	13.0~15.0	0.3~0.6	<0.07	<0.045	Mo 1.0~1.8	—	≥700	≥25	—	—	<300
	SCMnH41	1.05~1.35	11.0~14.0	0.3~0.9	<0.06	<0.045	Ni 3~4	—	≥700	≥25	—	—	<300

表 9-10　高锰钢美国国家标准中化学成分和力学性能 [14]

标准编号	钢种牌号	化学成分/%						力学性能					
		C	Mn	Si	S	P	其他合金元素	$R_{p0.2}$/MPa	R_m/MPa	A/%	Z/%	α_K/J·cm^{-2}	HB
ASTM A128/128M-19	A①	1.05~1.35	11.0 min	1.0 max		0.07 max		—	—	—	—	—	—
	B-1	0.90~1.05	11.5~14.0	1.0 max		0.07 max		—	—	—	—	—	—
	B-2	1.05~1.20	11.5~14.0	1.0 max		0.07 max		—	—	—	—	—	—
	B-3	1.12~1.28	11.5~14.0	1.0 max		0.07 max		—	—	—	—	—	—
	B-4	1.20~1.35	11.5~14.0	1.0 max		0.07 max		—	—	—	—	—	—

续表 9-10

标准编号	钢种牌号	化学成分/%						力学性能					
		C	Mn	Si	S	P	其他合金元素	$R_{p0.2}$/MPa	R_m/MPa	A/%	Z/%	α_K/J·cm^{-2}	HB
ASTM A128/128M-19	C	1.05~1.35	11.5~14.0	1.0 max		0.07 max	Cr 1.5~2.5	—	—	—	—	—	—
	D	0.70~1.30	11.5~14.0	1.0 max		0.07 max	Ni 3.0~4.0	—	—	—	—	—	—
	E-1	0.70~1.30	11.5~14.0	1.0 max		0.07 max	Mo 0.9~1.2	—	—	—	—	—	—
	E-2	1.05~1.45	11.5~14.0	1.0 max		0.07 max	Mo 1.8~2.1	—	—	—	—	—	—
	F	1.05~1.35	6.0~8.0	1.0 max		0.07 max	Mo 0.9~1.2	—	—	—	—	—	—

① 除特殊需求外，否则将此表中标准供货。

表 9-11 高锰钢国际标准化组织的化学成分和力学性能[15]

标准编号	钢种牌号	化学成分/%						力学性能					
		C	Mn	Si	S	P	其他合金元素	$R_{p0.2}$/MPa	R_m/MPa	A/%	Z/%	α_K/J·cm^{-2}	HB
ISO 13521: 1999	GX120MnMo7-1	1.05~1.35	6~8	0.3~0.9	≤0.045	≤0.06	Mo 0.9~1.2	—	—	—	—	—	—
	GX110MnMo13-1	0.75~1.35	11~14	0.3~0.9	≤0.045	≤0.06	Mo 0.9~1.2	—	—	—	—	—	—
	GX100Mn13	0.90~1.05	11~14	0.3~0.9	≤0.045	≤0.06	—	—	—	—	—	—	—
	GX120Mn13	1.05~1.35	11~14	0.3~0.9	≤0.045	≤0.06	—	—	—	—	—	—	—
	GX120MnCr13-2	1.05~1.35	11~14	0.3~0.9	≤0.045	≤0.06	Cr 1.5~2.5	—	—	—	—	—	—

续表 9-11

标准编号	钢种牌号	化学成分/%						力学性能					
		C	Mn	Si	S	P	其他合金元素	$R_{p0.2}$/MPa	R_{m}/MPa	A/%	Z/%	α_{K}/J·cm^{-2}	HB
ISO 13521:1999	GX120MnNi13-3	1.05~1.35	11~14	0.3~0.9	≤0.045	≤0.06	Ni 3.0~4.0	—	—	—	—	—	—
	GX120Mn1	1.05~1.35	16~19	0.3~0.9	≤0.045	≤0.06	—	—	—	—	—	—	—
	GX90MnMo14	0.70~1.00	13~15	0.3~0.6	≤0.045	≤0.07	Mo 1.0~1.8	—	—	—	—	—	—
	GX120MnCr17-2	1.05~1.35	16~19	0.3~0.9	≤0.045	≤0.06	Cr 1.5~2.5	—	—	—	—	—	—
	GX120MnMo7-1	1.05~1.35	6~8	0.3~0.9	≤0.045	≤0.06	Mo 0.9~1.2	—	—	—	—	—	—
	GX110MnMo13-1	0.75~1.35	11~14	0.3~0.9	≤0.045	≤0.06	Mo 0.9~1.2	—	—	—	—	—	—
ISO 13521:2015	GX100Mn13	0.90~1.05	11~14	0.3~0.9	≤0.045	≤0.06		—	—	—	—	—	—
	GX120Mn13	1.05~1.35	11~14	0.3~0.9	≤0.045	≤0.06		—	—	—	—	—	—
	GX120MnCr13-2	1.05~1.35	11~14	0.3~0.9	≤0.045	≤0.06	Cr 1.5~2.5	—	—	—	—	—	—
	GX120MnNi13-3	1.05~1.35	11~14	0.3~0.9	≤0.045	≤0.06	Ni 3.0~4.0	—	—	—	—	—	—
	GX120Mn18	1.05~1.35	16~19	0.3~0.9	≤0.045	≤0.06	—	—	—	—	—	—	—
	GX90MnMo14	0.70~1.00	13~15	0.3~0.6	≤0.045	≤0.07	Mo 1.0~1.8	—	—	—	—	—	—
	GX120MnCr18-2	1.05~1.35	16~19	0.3~0.9	≤0.045	≤0.06	Cr 1.5~2.5	—	—	—	—	—	—

两类限制更严，降为不高于 0.08% 和不高于 0.07%。这对炼钢用的原材料和钢的冶炼提出了更高的要求。

（3）在国外标准中，大多数都取消了 Mn/C 比值的规定，但对高锰钢的力学性能未做规定，也未完全体现出对各种不同类别铸件的要求。经过多年的实践证明，在高锰钢的化学成分中严格规定 Mn/C>9 是没有必要的，因此我国国标中也取消了 Mn/C 比值。钢中锰含量和碳含量是由铸件的服役条件决定的，因而 Mn/C 比值也就相应地确定了。对许多在中等和较弱冲击磨料磨损条件下工作的高锰钢铸件，规定高的 Mn/C 值是不合理的，对耐磨性无益。

（4）高锰钢的力学性能有新的规定。高锰钢的力学性能和耐磨性的关系是一个复杂的问题，需要进行深入的研究。国标中取消了检验断面收缩率和屈服点的规定项目，可以简化检验工作。

9.3　高锰钢主要元素及其对组织和性能的影响

9.3.1　高锰钢的成分特点及性能

根据高锰钢的用途不同，其化学成分可以分为两大类：一类锰含量在 10%~15% 之间，作为耐磨钢使用；另一类锰含量大于 17%，作为无磁钢使用，本节主要介绍作为耐磨钢使用的铸造高锰钢。

耐磨高锰钢的主要成分及性能见表 9-8。碳和锰是高锰钢的最基本合金元素，一般碳含量为 0.9%~1.5%，锰含量为 10%~15%。虽然历经百余年的发展，高锰钢的基本成分没有很大的变化。此外，由于脱氧等冶炼工艺需要，高锰钢中还会有硅和铝等元素。与其他钢铁材料类似，磷和硫作为有害元素也会存在于高锰钢中。对于一些有特殊需要的工况条件，为了提高高锰钢的性能，冶金工作者也会加入铬、钼、镍、钨、钒和钛等合金元素。

9.3.2　高锰钢中的元素及其对组织与性能的影响

9.3.2.1　高锰钢的基本元素及其对组织与性能的影响

A　碳

碳是高锰钢中的基本元素，其含量对力学性能有显著影响。在一定的范围内随着碳含量的提高，高锰钢的强度和硬度提高，塑性和韧性降低。有研究表明，每增加 0.1% 的碳，高锰钢冲击韧性降低 39~41 J/m^2，见表 9-12[16]。这是因为过高的碳含量增加碳化物数量，甚至在晶界上形成连续网状碳化物，从而削弱了晶间强度、塑性和韧性[16]。

表 9-12 不同碳含量高锰钢的力学性能[16]

$w(C)/\%$	铸态力学性能				
	KU_2/J	R_m/MPa	$A/\%$	$Z/\%$	HRC
0.63	227	420	32.0	36.2	15
0.74	212	458	30.7	33.0	15
0.81	114	484	22.4	26.5	15
1.06	18	526	10.0	2.7	15
1.18	5	553	2.2	0	19
1.32	0	598	0	0	21

高锰钢中的碳含量直接影响其耐磨性。随着碳含量的提高,高锰钢耐磨性往往也随之提高。碳在高锰钢中首先起固溶强化作用,可以提高抵御磨料对高锰钢凿削磨损的能力。进一步提高含碳量,则会析出碳化物,如果碳化物弥散分布,对提高非强冲击磨料磨损条件下的耐磨性非常有利。一般情况下碳含量可以在 1.25% 以上,但在强冲击条件下,提高碳含量的措施并不能保证提高耐磨性[16]。在高强冲击条件下,为了获得单相奥氏体组织以及优良的塑性和韧性,一般碳含量在 0.9%~1.05%(锰含量不变)。例如铁路辙叉,高锰钢通常需要经过固溶处理后的硬度为 HB 170~210,使用后硬度可以提高到 HB 450~480,且硬化层深度可以达到 18 mm。在铁路辙叉用高锰钢组织中如果含有过多的碳化物,会导致强化效果变差,并使硬化层深度较浅。在此条件下,碳含量不宜过高。

高锰钢优良的耐磨性能主要因为奥氏体组织和其固溶的碳在高应力工况条件下发生加工硬化。但当工况条件不能满足高应力要求时,很难达到加工硬化的效果。此时可以提高碳含量,形成硬质碳化物增强耐磨性,也有人采用含锰 8% 和铬 2% 的中锰钢,取得了比较好的应用效果。有研究表明(图 9-4[16]),碳含量小于 1.6% 时,提高碳含量可以显著提高其耐磨性。当碳含量达到 1.6% 左右时,经水韧处理后可以形成尺寸较小较为圆整的碳化物,对基体的切割作用不明显。

碳元素在钢中有很多作用,其中形成碳化物是影响耐磨性能最为重要的作用。当碳含量较低的时候,往往形成数量较少且分布弥散的二次碳化物;当碳含量达到一个临界值时,会形成硬度较高的一次碳化物,对于耐磨性有一定的提升;但是当碳含量继续升高时,一次碳化物的尺寸开始变大,分布开始不均匀,反而不利于高锰钢的性能。因此,根据高锰钢中其他的合金元素来调整碳元素的含量至关重要。

B 锰

锰是高锰钢中主要合金元素。锰扩大奥氏体相区,从而使高锰钢常温组织为单一

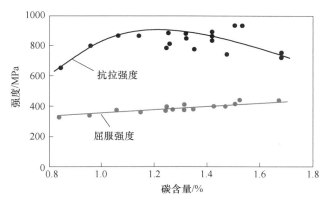

图 9-4　不同碳含量高锰钢力学性能[16]

奥氏体，并提高奥氏体的稳定性。锰在高锰钢中大部分固溶于奥氏体，从而强化奥氏体组织。但是锰原子半径和铁原子半径差别不大，因此锰对钢的固溶强化效果相对较小[17]。

除了固溶于奥氏体中，锰也存在于 $(Fe,Mn)_3C$ 型碳化物中。当锰含量小于 14% 时，随着锰含量的提高，高锰钢的强度、塑性和冲击吸收能都能够得到提高，同时强塑性也会随之提高。但是，锰含量过高不利于加工硬化，对耐磨性产生不利影响。因此，一般将锰含量控制在 10%~14%，有时也可以添加至 15%[17]。

锰含量影响高锰钢的加工硬化能力。研究表明，将锰含量从 13% 降低到 8%，高锰钢的加工硬化能力明显提高。所以，对于中小型球磨机，考虑到所受冲击力不够大，可以将锰含量降低到 8% 左右。

锰促进奥氏体的枝晶长大，因而高锰钢在冷却过程中趋于糊状凝固。如果锰含量过高，则容易产生热裂。因此，锰含量的选择应该考虑铸件结构的复杂程度、壁厚以及工况条件等因素。对于结构和受力状况复杂的铸件，可以适当增加锰的含量；对于厚壁铸件，为保证热处理时不析出碳化物，应适量增加锰的含量；在强冲击工况条件下工作的高锰钢铸件，应提高锰含量以保证其强度和韧性；反之，在非强冲击条件下的薄壁铸件或简单铸件，可以适当降低锰的含量。当 Mn_3C 和 $(Fe,Mn)_3C$ 以弥散形式分布时，对高锰钢具有有利的作用；但如果它们在晶界呈网状分布，会提高脆性断裂的可能性[17]。锰含量对高锰钢力学性能的影响如图 9-5 所示[18]。

C　磷

对于大多数钢铁材料，磷是一种有害元素，它会极大地降低钢的力学性能，尤其是钢的塑性和韧性。在高锰钢中，磷的有害作用尤为突出。这是由于在高锰钢冶炼过程中需要添加锰铁，而通常锰铁中磷含量较高，从而在高锰钢中带入较多的磷元素。另一方面，高锰钢是一种高碳钢，其奥氏体中含有较多的碳，这导致磷的有害作用更

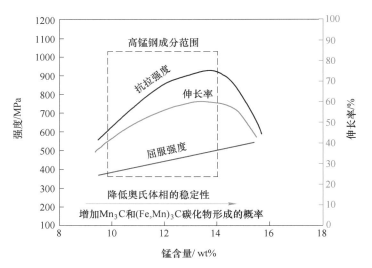

图 9-5　锰含量对高锰钢力学性能的影响[18]

加突出。

　　奥氏体中磷的溶解度很小。当磷含量较高时，它会以二元磷共晶（Fe+Fe₃P）和三元磷共晶（Fe+Fe₃C+Fe₃P）的形式存在。二元磷共晶的熔点是1005 ℃，三元磷共晶的熔点是 950 ℃。由于磷共晶温度低，它们一般偏聚于晶界和枝晶间，从而导致高锰钢的性能恶化，甚至在凝固过程中发生热裂。而在常温下，磷共晶是脆性相，会导致高锰钢的强度、塑性和韧性降低[19]。

　　由于碳元素会促进磷共晶的形成，因此对于大型破碎机锤头、颚板等重要的矿山耐磨件，要求碳含量和磷含量之间的关系满足[25]：$w(C)\% = 1.25-2.57w(P)\%$。

　　D　硅

　　高锰钢中硅通常起辅助脱氧作用，其含量小于 0.1% 时对力学性能影响不大。含量在 0.19%~0.76% 范围内，随硅含量增加，铸态晶界碳化物量增多变粗，碳化物溶解后，晶间残存显微疏松，容易形成显微裂纹源[22]。因此通常硅含量应控制在 0.6% 以下[19]。

　　E　铝

　　铝通常是作为脱氧剂加入到高锰钢中的。铝的脱氧产物是 Al_2O_3。虽然 Al_2O_3 熔点较高，但是它很容易与钢中存在的 MnO、FeO、SiO_2 等氧化物结合形成 $MnO \cdot Al_2O_3$、$Al_2O_3 \cdot SiO_2$ 等低熔点、低密度的夹杂物。过量的铝对铸造工艺、力学性能都有不利影响，铝会降低高锰钢流动性。研究结果显示，铝含量大于 1% 时，钢的冲击韧性、塑性有明显下降。

9.3.2.2 合金元素对高锰钢组织与性能的影响

在高锰钢中加入铬、钼、镍等其他合金元素，可以进一步提高其使用性能。早在20世纪20年代便有学者在高锰钢中添加铬以提高其强度、硬度和耐蚀性能，接着人们开展了在高锰钢中加入钼、钴、镍、钛、钒、铌和钨等其他元素的研究[20]。

A 铬

铬的原子半径和铁相近，可以和铁形成固溶体，也可以与碳结合形成多种碳化物。铬改变高锰钢的铸态组织。随着铬含量的增加，高锰钢铸态组织中碳化物数量增加，降低高锰钢的抗拉强度和伸长率（图9-6[21]）。铬高于一定值时，会与碳在晶界上形成连续的网状碳化物。铬的加入量一般不超过4%。经水韧处理后大部分铬固溶于奥氏体中。由于铬在铁内扩散速度较低，固溶的铬将提高奥氏体的稳定性，使奥氏体等温转变 C 曲线右移。因此，含铬高锰钢水韧处理时往往需要提高固溶处理的温度[21]。

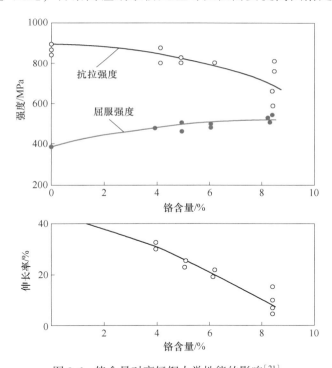

图9-6 铬含量对高锰钢力学性能的影响[21]

固溶于奥氏体的铬可以提高高锰钢的屈服强度，但会降低伸长率。铬含量超过一定的值时，则会降低抗拉强度。随着铬的增加，高锰钢的硬化强度和硬度都有所提高。但当铬含量超过 1.8%~2% 时，由于形成 $(Fe,Mn,Cr)_{23}C_6$ 复合碳化物，抗拉强度和伸长率都会降低[22]。

B 钼

钼在高锰钢凝固时，一部分固溶于奥氏体中，一部分分布在碳化物中。钼元素会细化奥氏体枝晶，并提高奥氏体的稳定性。钼抑制碳化物的析出和珠光体的形成。对于大断面铸件，加入钼元素可减小其热裂倾向，并提高水韧处理效果。

钼对高锰钢力学性能的影响如图 9-7[21] 所示。值得注意的是，当钼含量小于 2% 时，钼同时提高高锰钢的屈服强度和伸长率。钼元素使奥氏体晶界处析出的网状碳化物数量减少，提高铸态下的强度和塑性。钼可以在水韧处理过程中固溶在奥氏体基体中，还可以通过时效处理在奥氏体基体中析出细小弥散的碳化物，从而强化高锰钢性能、提高耐磨性能。钼使高锰钢 C 曲线右移，从而推迟奥氏体等温分解，同时 C 曲线的拐点有提高的趋势。也有少数研究者认为，钼有促进碳化物析出的作用和促进奥氏体分解的作用。

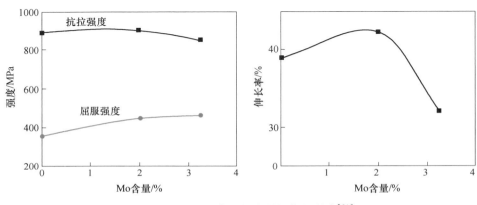

图 9-7   钼含量对高锰钢力学性能的影响[21]

对 Mn13 和钼合金化高锰钢 Mn13Mo 进行对比试验（图 9-8[23]），在不同磨损时间下，Mn13Mo 钢磨损深度和宽度均小于 Mn13 钢，并且随着磨损时间的增加，Mn13Mo 钢磨损深度和宽度的增长明显低于 Mn13 钢，表现出更佳的耐磨性[23]。

C   镍

镍扩大奥氏体相区，稳定奥氏体组织。镍对屈服强度影响较小，但会降低抗拉强度、提高塑性。

镍对高锰钢冲击韧性与温度的关系影响很大，如图 9-9[21] 所示。含镍高锰钢在 -60 ℃ 时的冲击韧性是常温下的 70% 以上，而无镍高锰钢的冲击韧性仅是常温下的 20%。

镍元素会增加铸态组织中奥氏体量。无论在常温还是低温下，随镍含量增加，铸态高锰钢的冲击韧性提高。

镍元素具有改善钢的加工性能、减小热裂倾向的效果。它稳定奥氏体的作用可以使钢在热处理过程中防止冷速缓慢或水韧处理时温度过低等原因而引起的碳化物析

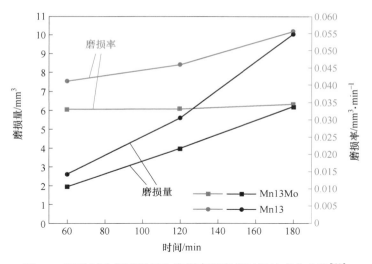

图 9-8 两种试验钢磨损量和磨损率随磨损时间的变化曲线[23]

出。因此在高锰钢中加镍可以简化生产工艺[21]。

镍元素对高锰钢的加工硬化性能和耐磨性几乎没有影响，因此不能通过单独加镍提高耐磨性能。但是镍如果和钴、铬、硼等同时加入钢中，可以提高钢的基体硬度，在非强冲击磨料磨损的服役条件下，可以提高耐磨性[21]。

镍元素还可以细化晶粒组织。在钢中加入 0.9%~3.25%的镍可消除低倍组织中的穿晶现象。但镍的价格较高，因此除了一些高温或低温等特殊服役条件，一般高锰钢中镍的加入量控制在 0.5%左右。

D 钨

钨也是高锰钢生产中比较常用的合金元素。钨可

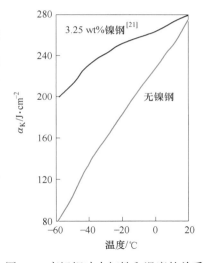

图 9-9 高锰钢冲击韧性和温度的关系

以固溶在奥氏体中从而提高奥氏体强度，也会与碳形成 W_2C 等碳化物。这些碳化物可以钉扎晶界，细化晶粒组织，同时作为硬质相提高高锰钢的耐磨性。

图 9-10[24]所示为加入 1.09 wt%钨对高锰钢铸态组织的影响。可以看出，高锰钢晶粒组织明显细化，晶界碳化物明显减少，呈非连续、弥散分布状态。表 9-13[25]给出了不同钨含量对铸态晶粒尺寸的影响。有研究表明，钨与碳形成的 W_2C 与 γ-Fe 的错配度小于 12%，W_2C 可以作为异质形核核心，细化高锰钢的组织[25]。

钨对高锰钢力学性能有显著的影响，随着钨含量的增加，高锰钢硬度和抗拉强度都明显提高。由表 9-14[26]可见，钨同样提高水韧处理后高锰钢基体显微硬度。当钨含

量为 0.912% 时高锰钢的冲击韧性最高，达到 329 J/cm²，比不含钨高锰钢约提高了 49%。

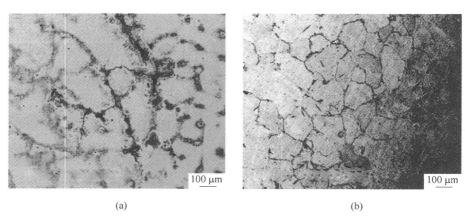

(a)   (b)

图 9-10   钨含量对高锰钢铸态组织的影响[24]

（a）普通高锰钢；（b）改性高锰钢

表 9-13   不同钨含量高锰钢的晶粒尺寸[25]

试样编号	平均晶粒尺寸/μm	试样编号	平均晶粒尺寸/μm
0.00 W	200.6	0.90 W	110.6
0.30 W	150.3	1.20 W	100.7
0.60 W	130.5		

表 9-14   高锰钢冲击韧性和基体显微硬度[26]

试样编号	处理状态	冲击韧性/J·cm⁻²	硬度 HV
0.000 W	水韧处理	221.8	239
0.502 W	水韧处理	234.9	242
0.912 W	水韧处理	329.9	248
1.460 W	水韧处理	306.5	260

9.3.2.3   微合金元素对高锰钢组织和性能的影响

A   钛

钛是一种化学性质非常活泼的金属元素。它和钢中氮、氧、碳均有很强的亲和力，可以形成稳定的碳化物、氮化物和氧化物。碳化钛稳定可以作为结晶核心，起到细化晶粒的作用。钢中加入钛元素会缩小奥氏体相区，但是固溶在奥氏体中的钛又可以提高奥氏体的稳定性[21]。

钢中加少量钛（0.1%~0.4%）时晶粒度可以细化 1~2 级。钛细化组织的效果和铸件壁厚及凝固速率有关。壁薄凝固速度快时，细化作用最明显；壁厚增加、凝固速度减慢时，细化作用减弱[21]。由于细化结晶组织、消除柱状晶，钛可以提高高锰钢的力学性能和耐磨性，同时还防止热处理脆裂。钛还可以提高加工硬化能力，并抵消磷的危害。钛含量一般为 0.05%~0.10%，当钛含量超过 0.4%时，则会使高锰钢脆化、耐磨性降低[6]。钛对高锰钢力学性能的影响见表 9-15[21]。

表 9-15 钛含量对力学性能的影响[21]

钛含量	R_m/MPa	A/%	Z/%	α_K/J·cm^{-2}
未加钛	681.56	28.1	26.6	221.82
含 Ti 0.06%~0.12%	721.77	32.0	27.5	219.67

钛几乎全部与碳、氮结合形成熔点高、硬度强、稳定性好的第二相，少量钛溶入基体，使奥氏体晶格发生强烈畸变，从而显著提高高锰钢的硬度，提高其耐磨性能。从提高耐磨性角度考虑，钛的最佳加入量为 0.0045%。

B 钒

钒也是高锰钢中广泛使用的合金元素。经过水韧处理，钒可以固溶于奥氏体中，提高高锰钢的耐磨性。钒也可以经过沉淀强化处理，析出弥小分散的第二相，提高高锰钢的耐磨性。

钒是强碳化物形成元素，VC 是含钒钢中常见的碳化物。钒和氮的结合能力也很强，可以形成 VN[27]。钒的碳化物和氮化物都很稳定，熔点都在 2000 ℃以上，维氏硬度也在 HV=2000 以上。这些细小分散的化合物无疑可以作为硬质相提高高锰钢的耐磨性能。同时也可以通过阻止晶界的移动，抑制晶粒长大，提高高锰钢的力学性能。当达到一定的含量时，这些化合物可以在钢液凝固前形成，在钢液凝固时作为结晶核心，细化铸态组织。

C 钒、钛、铌和稀土复合

钒与钛、铌和稀土合理复合使用，可以获得更好的效果。表 9-16[28]为钒与钛、铌

表 9-16 高锰钢化学成分[28]   （%）

试样编号	C	Mn	Si	Cr	V	Ti	Nb	RE
1 号	1.21	12.5	0.44	—	—	—	—	—
2 号	1.25	12.9	0.41	1.86	0.197	0.078	—	0.039
3 号	1.20	12.2	0.32	1.85	0.171	0.071	—	—
4 号	1.20	12.4	0.34	1.87	—	—	—	0.033
5 号	1.28	12.7	0.30	—	0.199	0.10	0.113	0.038

和稀土复合使用的成分设计，实验结果如图 9-11[28] 所示。可以看出，未加入上述合金的 1 号试样和加入 V、Ti、Nb 和 RE 的 5 号试样的耐磨性随着冲击功的增大而增加。而其他几组试样的耐磨性随冲击功的增大呈先增加后降低的趋势。加入 Cr、V、Ti、RE 合金的 2 号试样的耐磨性能最好，与未加合金的 1 号试样相比，耐磨性提高了 13.9% ~ 45.4%。

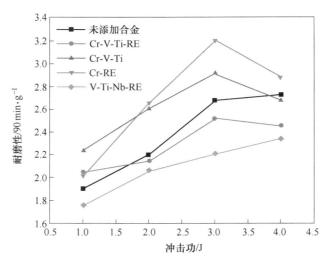

图 9-11   不同合金化高锰钢的耐磨性与冲击功的关系[28]

9.4   高锰钢的强化机制

9.4.1   金属材料强化方式

金属材料的强化方式主要有四种：细晶强化、固溶强化、第二相强化和形变强化。

细晶强化被认为是最经济有效的强化方式。对于多晶体金属材料，晶粒越细，晶界越多，其位错运动需要克服的晶界阻力就越大，材料的强度就越高。由于细晶强化可以同时提高金属材料的强度、韧性和塑性，因此这种方法是工业上首选的强化方法。此外，细化晶粒，特别是凝固组织，还有利于减少材料在凝固和塑性加工过程中形成的裂纹等缺陷，提高材料的工艺性能。细化组织的方法有很多，诸如凝固过程中通过添加生核剂、孕育剂和变质剂来细化和改变凝固组织形态，通过正火等热处理方法细化晶粒组织，对于冷变形的金属通过控制变形和热处理温度细化晶粒组织，通过加入合金元素拟制晶粒长大等。近年来，通过引入电、磁、声等物理手段细化组织也取得了长足的进步[29]。

固溶强化是合金元素作为固溶原子固溶于金属材料的基体中，引起基体组织产生晶格畸变。由于晶格畸变，位错运动的阻力增大，滑移难以进行，从而提高材料强度与硬度。固溶强化提高金属材料强度和硬度的同时，一般会降低金属材料的韧性和塑性。固溶强化的方法主要是加入合金元素。在固溶体溶解度范围内，合金元素加入量越多，固溶强化作用越突出。固溶原子与金属基体原子的尺寸相差越大，固溶强化效果越显著。

第二相强化是指在金属基体中存在两个以上相从而提高材料的强度。这是因为金属材料受到外力引起位错运动时，如果位错遇到另外一个相，就需要绕过或者切过这个相，从而阻碍了位错迁移，提高了材料的强度。获得第二相的方法很多，合理的设计合金成分和热处理都可以得到第二相，而增加微纳尺度的第二相是经济有效的强化方法。

形变强化是通过对金属材料进行变形处理增加金属材料的位错密度和交割塞集，达到提高金属材料强度和硬度的目的。在塑性变形过程中，金属材料的位错密度增加，位错在移动时相互交割，产生固定的割阶、缠结，位错移动阻力增大，变形抗力增加，金属材料强度提高。一般情况下，此时金属材料的强度和硬度会提高，但是塑性和韧性会降低[30-32]。

9.4.2　高锰钢的加工硬化

高锰钢的加工硬化现象是高锰钢的一个最重要的特性，是金属变形硬化现象的一个典型案例。这一现象一直是人们研究的重点，人们试图摸清高锰钢加工硬化过程中组织和性能的变化规律，以及受力条件、变形方法、化学成分、变形速度等各种因素对加工硬化现象的影响[33]。

关于高锰钢加工硬化的机制，研究者提出了多种理论。这些理论主要有形变诱发马氏体相变硬化理论[34]、孪晶硬化理论[35]、位错硬化理论[36]、层错硬化理论[37]等多种学说[38]。

形变诱发马氏体相变硬化理论认为，高锰钢的加工硬化现象是由于形变诱发马氏体相阻碍滑移引起的。高锰钢在变形过程中会形成弥散分布的马氏体相，从而强化奥氏体，提高变形层硬度。早期研究者认为，高锰钢之所以在使用过程中产生加工硬化，是由于塑性变形过程中奥氏体滑移面上出现 α-马氏体。这些弥散分布的马氏体相使奥氏体基体组织强化，从而提高了高锰钢变形层强度，进而提高了耐磨性[39]。

孪晶硬化说认为[35]，高锰钢在形变过程中连续出现形变孪晶，这些孪晶把高锰钢基体分割成块，阻碍了位错滑移，从而使高锰钢强化。

层错理论认为，高锰钢奥氏体的层错能很低，约为 $(20\sim40)\times10^{-7}$ J/cm²。当高锰钢受到外力时，在形变过程中很容易出现层错，层错阻碍了高锰钢进一步塑性变形。高锰钢中的一些溶质原子会向层错富集，使位错的运动更加困难，从而提高高锰钢的加工硬化性能[38,40-41]。

9.4.3 高锰钢的固溶强化

水韧处理是高锰钢生产过程中最常采用的固溶强化方法。在水韧处理时，首先将高锰钢加热到 A_{cm} 温度以上并保温，从而使高锰钢铸态组织中的碳化物全部溶解，得到化学成分均匀的单相奥氏体组织。然后水淬，快速冷却得到过冷奥氏体固溶体组织[42]。通过水韧处理，使钢获得良好的力学性能并在强冲击磨料磨损的条件下具有良好的耐磨性。

根据 Fe-Mn-C 三元相图，对铸态的高锰钢水韧处理时必须加热到 A_{cm} 以上的温度，即加热到950 ℃以上，为了使碳化物充分溶解至少要加热到970~1000 ℃[42]。实际生产中，为加快碳化物的溶解和化学成分尽快均匀，通常加热到1050~1150 ℃。

图 9-12[43] 所示为高锰钢铸态组织和1100 ℃固溶处理后的组织。可以看出，铸态组织为奥氏体及大量有待热处理去除的碳化物。碳化物较均匀，弥散分布于奥氏体晶界和晶内，且碳化物呈针状、块状及白色颗粒状。经1100 ℃固溶处理处理后，所有组织转变为奥氏体组织。固溶处理后碳化物溶解到基体中，使冲击韧性提高、硬度降低。

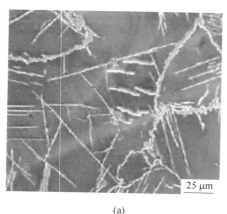

(a)   (b)

图 9-12   ZGMn13Cr2 钢的显微组织[43]

（a）铸态；（b）热处理态

表 9-17[44] 给出不同固溶温度保温 0.5 h 后水淬高锰钢的力学性能。由表可知，固溶处理后，高锰钢抗拉强度、屈服强度、伸长率和断面收缩率均呈上升趋势。当固溶温度为 1050 ℃时，高锰钢可以取得最佳的强塑组合。

保温时间对碳化物的分解有重要影响。图 9-13[45] 所示为壁厚 10 mm 高锰钢在

1050 ℃下保温不同时间的组织。可以看出，保温 30 min 高锰钢经水韧处理后，由于保温时间不足，在奥氏体晶界处仍可见未溶解的奥氏体。当保温时间延长至 60 min 时，碳化物则完全溶解于奥氏体中。

表 9-17　不同固溶温度保温 0.5 h 后水淬下高锰钢的力学性能[44]

状态	屈服强度/MPa	抗拉强度/MPa	伸长率/%	断面收缩率/%
铸态	337	610	22	29
1000 ℃水淬	390	704	30	33
1050 ℃水淬	404	748	35	38
1100 ℃水淬	388	720	33	36

图 9-13　保温时间对高锰钢显微组织的影响[45]

（a）未处理；（b）保温 30 min；（c）保温 60 min

9.4.4　高锰钢的沉淀强化

沉淀强化就是在金属固溶体基体中沉淀析出弥散分布的第二相质点，通过这些第二相质点达到金属强化的目的。高锰钢在冲击磨料磨损条件下其表面受到磨料的冲击和切割的作用，最终产生剪切失效。这种情况在非强冲击磨料磨损的条件下尤为突出。通过热处理可以使高锰钢奥氏体组织中析出弥散分布的第二相质点，从而提高高锰钢的力学性能[46]。

在高锰钢中要形成稳定的沉淀强化第二相一般需要加入适当的合金元素。选择这些合金元素时要考虑它们可以在温度较高时溶解于奥氏体中，而在碳脱溶时和碳结合成为碳化物析出。满足上述要求的合金元素首先必然是碳化物形成元素，如钼、钨、钒、钛、铌和铬。生产中常用的有钼、钒和钛。钼可以形成 MoC、Mo_2C、$(Fe,Mo)_{23}C_6$、$(Fe,Mo)_6C$ 等特殊碳化物，也可以固溶于其他碳化物之中。钒可以形成 V_4C_3、VC 等稳定的难溶碳化物。钛和碳的结合力很强，在钢中只形成非常稳定的 TiC 一种碳化物，在 1000 ℃以上才能缓慢溶入奥氏体中[46]。

在生产高锰钢中，碳化物形成元素可以单独加入或复合加入，近期也有研究表明钒、铌和稀土复合加入可以获得纳米尺度的沉淀强化相[47]。

9.5 高锰钢的冶金及铸造质量问题

铸造高锰钢是一种高碳高合金钢，化学成分变化范围和凝固区间较宽，相对比较容易形成铸造缺陷。高锰钢的常见缺陷主要有冷裂、热裂、气孔、晶粒粗大、非金属夹杂物超标、碳化物不均匀等。

9.5.1 裂纹

裂纹是高锰钢最常见的缺陷，裂纹引起的废品占高锰钢废品的一半以上。裂纹缺陷包括凝固过程中形成的热裂和凝固以后冷却过程及热处理过程中形成的冷裂。高锰钢既易热裂也易冷裂。

热裂是金属凝固末期形成的裂纹缺陷。冶金和铸造生产中，金属液浇入铸型后即开始降温凝固并伴有体积收缩。当金属收缩受到铸型、型芯或其他外部因素引起的阻碍，以及本身降温速率不同造成收缩速率不同，在其应力较大或强度较低的最薄弱部位就可能形成裂纹。热裂具有明显的沿晶界断裂的特征，形状不规则、断断续续、内表面常被氧化失去金属光泽。在高锰钢生产中，热裂是最常见的缺陷，常常严重影响铸造企业的正常生产。

热裂一般发生在热节点、薄厚壁交接处或是低熔点元素集中的最后凝固部位。化学成分对高锰钢热裂有很大的影响。提高碳含量，结晶间隔扩大，枝晶组织粗大，更容易形成热裂。磷含量提高时，磷以共晶形式在最后凝固的枝晶间析出，晶间强度降低，也会促进热裂形成。图 9-14[48] 给出了碳和磷对热裂的影响规律。硅含量较高时，会促使碳化物析出，也会促进热裂的形成。锰提高钢的线收缩，但会降低铸态组织中碳化物数量，对热裂倾向影响不大。

冷裂是在完全凝固以后形成的。铸件完全凝固后连续冷却或热处理过程中，拉应力超过强度极限时，产生冷裂。冷裂的特征是穿晶断裂，裂纹呈直线或圆滑状，无分叉，内表面呈现光洁的金属光泽。

一般情况下，促进热裂的因素往往也促进冷裂。当碳和磷含量较高时，由于使铸态韧性降低，也促进冷裂的发生。当凝固组织粗大时，由于力学性能降低，也会使冷裂更容易出现。当高锰钢中粗大夹杂物较多时，这些夹杂物也会作为冷裂的裂纹源引起冷裂。

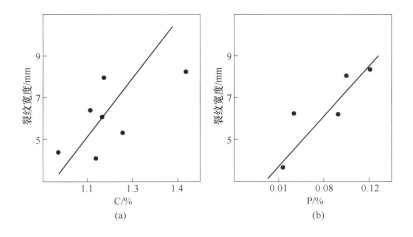

图 9-14　碳、磷对高锰钢热裂倾向的影响[48]

（a）Mn 11.0%~13.0%，Si 0.6%~1.0%，P 0.015%~0.03%；

（b）C 1.0%~1.3%，Mn 11.0%~13.0%，Si 0.6%~1.0%

为了防止高锰钢裂纹缺陷，需要严加控制生产全过程。首先，在冶炼和浇注过程中要根据产品要求合理确定和严格控制化学成分；其次，要充分脱氧、除气和去除夹杂物，尽可能降低钢中磷、硫等有害元素含量；另外，要控制浇注温度，避免铸态组织粗大，必要时可以加入适量的稀土细化铸态组织；最后，在铸造工艺设计上，要在保证补缩的同时，避免热应力过大，包括正确设计冒口、浇注系统和冷铁，采取具有良好退让性的型芯材料等。此外，严格控制开箱和清理时间也是必要的。

高锰钢在水韧处理过程中如果加热速率和炉温控制不当，也极易发生冷裂。加热速率过大，造成铸件内部热应力过大，会在加热时开裂。如果水淬前铸件温度过低，组织中析出的碳化物过多，也会在晶界处出现淬火裂纹[42]。

9.5.2　晶粒粗大

高锰钢一次结晶组织的特点是容易形成粗大的柱状晶，主要原因是由于钢中 Mn、C 含量高，导热性差，Mn、P 等元素促进奥氏体晶粒长大。当然，粗大的柱状晶还与钢液过热度、浇注温度、浇注速度及铸型冷却能力等工艺因素有关。

对于高锰钢而言，随着晶粒尺寸的减小，其强度、塑性、韧性，乃至低温性能均有提高。同时，还可以提高高锰钢的耐磨性能。不仅如此，细化凝固组织，还可以提高高锰钢的抗热裂和冷裂性能，减少热裂废品率。由此可见，细化高锰钢的组织至关重要。

生产实践中控制晶粒粗大最常用的方法是控制浇注温度。有经验的铸造工作者都懂得"高温出炉，低温浇注"的道理。通过合理的工艺设计，比如采用冷铁或冷却强度较高的型砂，提高凝固过程中的冷却速率，是经常采用的控制晶粒粗大的有效方法。此外，加入镧和铈等稀土元素，以及铌、钒、钛等微量元素，也有细化凝固组织的作用。近几十年，采用脉冲磁场和超声波等物理手段细化凝固组织也得到冶金和铸造界的关注[49-52]，其中上海大学发明的脉冲磁致振荡（简称PMO）凝固组织细化和均质化技术成功应用于多家冶金企业[53-56]。

9.5.3　碳化物和非金属夹杂物

高锰钢铸态组织中的碳化物经过热处理之后没有完全溶解就会残留下来。如果这些残留碳化物呈不连续分布的点状或小颗粒块状，那么它们对高锰钢的力学性能影响不大，甚至有利于提高高锰钢的力学性能，在某些应用场合还会提高高锰钢的耐磨性能。但是，如果残留碳化物尺寸较大，甚至在晶界处连成网状，就会对力学性能和使用性能产生不利的影响。

残留碳化物的数量、尺寸和分布主要取决于高锰钢中碳含量、铸造过程中的冷却速率和热处理工艺。一般情况下，碳含量越高，铸态组织中碳化物越多，尺寸越粗大。凝固后冷却速率越慢，奥氏体中析出的碳化物也会增加。

热处理过程中，高温固溶处理温度偏低，时间偏短，碳化物不能完全溶解，是残留大尺寸碳化物的重要原因。即使碳化物完全溶解，如果后续冷却速率达不到要求，也会有碳化物析出。这种析出型碳化物优先在晶界析出，晶内也可能出现。上述两种碳化物在形貌上有差别，析出型碳化物常常是细条状或针状，一般不会呈块状。这是由于它们形成的条件不同。析出碳化物，由于其形貌和分布特征，对高锰钢的性能影响比未溶碳化物更大。

实际生产中，如果最终产品中碳化物超过验收标准，需要首先分析碳化物的类型和出现的原因。不宜在没有搞清楚原因的情况下对高锰钢反复进行热处理。

稀土可以改变高锰钢中碳化物的数量和分布。研究和生产实践表明，稀土使晶界上的碳化物数量减少，形状由连续网状转变为不连续的团块状。晶内针状碳化物减少而分散的粒状碳化物增加。

同其他钢铁材料一样，夹杂物会削弱高锰钢的力学性能。高锰钢中含有的氧化物包括 MnO、Al_2O_3、SiO_2、FeO 和铁锰氧化物（$mFeO \cdot nMnO$）等，硫化物包括 MnS、FeS 和（Fe,Mn）S 等，以及硅酸盐、碳氮化物以及稀土化合物。这些非金属夹杂物的存在，会严重减弱高锰钢的晶间强度，恶化其耐磨性，因此实际生产中需要严格控制和去除。

在高锰钢中锰的氧化物夹杂比其他钢种更为突出，它们既可以独立以 MnO 的形态存在，也可以与其他氧化物结合以复杂氧化物或硅酸盐（$MnO \cdot SiO_2$）等形式存在。

高锰钢中的 MnO 独立存在时，其负作用很小。但是，当 MnO 与 FeO、SiO_2 等结合时，其产物熔点低，并且往往沿晶分布，对钢的强韧性都有不利影响。

加入稀土可以改善高锰钢的凝固组织，减少晶间缺陷和偏析，提高其力学性能，减小热裂倾向。稀土与氧、硫的结合力很强，在高锰钢中先与氧结合形成氧化物。由于氧化物的形成消耗了大量的氧，钢中氧硫比降低，降低到一定程度时，生成稀土硫氧化物。氧硫比继续降低，开始形成稀土硫化物。

加入稀土会减少沿晶界分布的 MnO、FeO 以及硅酸盐类夹杂物。表 9-18[57] 和表 9-19[57] 给出了加入稀土后高锰钢中夹杂物的成分和性质。可以看出，稀土使高锰钢中夹杂物数量减少，并改善分布。在生产中常用稀土处理高锰钢，从而提高高锰钢的强韧性和耐磨性，并减小热裂倾向[58-59]。

表 9-18 稀土元素对晶界和晶内夹杂物数量比例的影响[57]

稀土元素含量/%	—	—	—	0.041	0.071	0.084	0.102	0.114	0.15	0.168
晶界夹杂物占夹杂物总面积/%	88	91	50	56	43	42	55	31	77.5	59
晶内夹杂物占夹杂物总面积/%	12	9	50	44	57	58	45	69	22.5	41

表 9-19 稀土元素对高锰钢中夹杂物数量和分布的影响[57]

编号	化学成分/%		夹杂物相对面积/%	变异系数
	S	RE		
No.1	0.007		0.03	6.03
	0.006	0.014	0.08	1.38
No.2	0.032		0.21	0.18
	0.029	0.008	0.11	0.21
No.3	0.025		0.20	2.20
	0.017	0.013	0.26	0.51
No.4	0.029		0.18	
	0.022	0.021	0.16	
No.5	0.005		0.08	19.67
	0.002	0.022	0.08	2.24
No.6	0.019		0.23	
	0.007	0.014	0.07	

编号	化学成分/%		夹杂物相对面积/%	变异系数
	S	RE		
No. 7	0.024		0.15	4.56
	0.019	0.019	0.16	1.20

注：变异系数表征钢中夹杂物分布的均匀程度。

9.5.4 磷共晶

由于高锰钢冶炼时加入大量锰铁，高锰钢的磷含量比一般钢高许多。又由于磷在奥氏体中溶解度很小，所以高锰钢中磷很容易偏析形成磷共晶，以低熔点共晶形态分布在晶界和枝晶间。由此可见，磷在高锰钢中危害很大。

在铸态高锰钢中磷以（Fe,Mn)$_3$P+γ 的形式存在，也可以以铁、锰的磷化物或者以铁和锰的碳化物和铁的三元共晶形式出现。二元磷共晶（Fe+Fe$_3$P）的熔点为 1005 ℃，三元磷共晶（Fe+Fe$_3$C+Fe$_3$P）熔点仅为 950 ℃。磷共晶的析出是因为磷在奥氏体中的溶解度随温度降低而减少造成的。由于磷共晶熔点低，在凝固过程中又分布在枝晶间和初晶晶界上，很容易在热处理的温度下熔化，从而在晶界和枝晶间产生裂纹。

较高的碳含量会加剧磷的偏析，从而促进磷共晶的形成。碳和磷在奥氏体枝晶生长过程中同时偏析，会加剧三元磷共晶的形成。在热处理时高锰钢的固溶处理温度一般在 1050~1100 ℃，超过了二元和三元磷共晶的熔点温度。这时磷共晶会熔化，碳向奥氏体中扩散，磷的扩散很缓慢。磷共晶数量较少时，固溶处理可以消除磷共晶，或者减小磷共晶的尺寸。如果热处理加热温度过高，奥氏体枝晶之间碳、磷偏析又比较严重，会发生局部熔化。

在冶炼中，降低磷含量主要是从提高原材料质量入手，比如采用低磷锰铁生产高锰钢。也可以在冶炼中用喷吹冶炼法降磷。使用喷吹冶炼法还可以促进钢液中脱氧、脱硫的反应和减少钢液中的气体量，从而提高金属的致密度。

9.6 高锰钢的冶炼

9.6.1 电弧炉氧化法

高锰钢一般采用碱性电弧炉冶炼，量少时也可用碱性感应电炉冶炼。电弧炉的优点是容易控制钢液成分和温度，还能消耗回炉料，成本低、质量高。感应电炉没有脱碳、脱氧、脱硫、脱磷能力，因此只能以无锈低碳废钢和低碳锰铁为原料，冶炼成本较高，而且钢液冶金质量无法保证。目前国内外高锰钢生产主要采用电弧炉冶炼。高锰钢冶炼时渣中含有大量 MnO，采用碱性炉衬是为了防止炉衬被腐蚀和控制硅含量[60-61]。

采用电弧炉冶炼高锰钢可分为氧化法和不氧化法。氧化法是以碳钢废钢炉料和锰铁作为原料。废钢熔化后经氧化精炼，在还原期加入锰铁，钢液成分和温度达到要求后出钢浇注。氧化法脱硫、脱磷、去气、去夹杂条件比较好，对炉料要求相对较低，大多数高锰钢采用氧化法冶炼[61]。

不氧化法是采用高锰钢废钢和回炉料作为原料，炉料熔化后不进行氧化操作而直接还原精炼，同时补加少量合金。由于大量使用高锰钢返回料，所以也叫作返回法。不氧化法相对氧化法对炉料要求比较严格。

电弧炉氧化法冶炼高锰钢工艺过程主要包括炉体维护、配料、装料、熔化、氧化、还原和出钢几个环节[61]：

（1）炉体维护。在高锰钢冶炼中，含较高 MnO、SiO_2 的炉渣对炉衬有较强浸蚀，容易引起钢中外来夹杂，尤其是采用新炉衬时，这种情况更为突出。另外，冶炼过程中炉衬一直处于高温状态，电弧的强烈冲击、钢液和炉渣的浸蚀以及装料时的撞击，都会使炉衬剥落进入钢液和炉渣中。因此，每次出钢后必须仔细修补炉衬。

（2）配料和装料。配料要保证氧化期有不低于 20% 脱碳量，为此一般应控制熔化后碳在 0.30%~0.40% 之间。要严格控制废钢中硫、磷等有害元素。锰和硅含量也要适度控制，熔清后钢液中锰含量不宜高于 0.50%，硅含量不宜高于 0.20%。否则，会在钢液氧化过程中形成过多的 MnO 和 SiO_2，并影响炉衬寿命。要合理布料以达到多装快熔的目的。迅速快装的同时要注意避免对炉衬的撞击损害。装料前，需要先在炉底铺一层料重 1.5% 左右的石灰或碎铁矿石，以保护炉底和熔化初期成渣。平时应重视废钢管理，特别是废钢来源复杂，质量较差的情况下，废钢管理尤为重要。

（3）熔化期及氧化期操作。一般情况下废钢中磷含量较高，因此冶炼高锰钢时脱磷十分重要，氧化末期钢液中的磷含量要尽量控制在 0.01% 以下。否则，锰铁中含磷量较高，加入锰铁后会带入大量的磷，加上还原期回磷，磷含量就可能超标。

从热力学条件看，在较低温度下，只要选好具有一定碱度、流动性良好、氧化性强的炉渣，就可以有效脱磷。所以，也可以在熔化期先脱一部分磷。这时需要选择具有较强脱磷能力的熔化渣，并在熔化中后期不断补加渣，保证渣的性能和数量可以满足脱磷的要求。图 9-15[61] 给出了渣量和脱磷的关系，可供参考。在脱磷条件下，渣量较大时脱磷量较多。当炉料中磷含量在 0.08% 以上时，要想把磷脱到 0.03%，需要渣量约4%，若想继续脱磷则必须增加渣量。但渣量过大操作困难，只能通过流渣或换渣操作把磷进一步降低。炉内渣量一般控制在4%~5%为宜[61]。

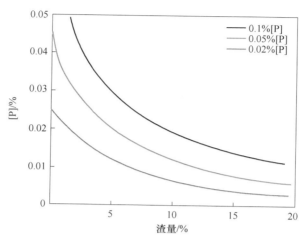

图 9-15   渣量对脱硫的影响[61]

熔氧合并操作减轻了氧化期脱磷任务，这样进入氧化期后就可以优先造渣及吹氧快速脱碳，在脱碳过程中继续脱磷、去气、去夹杂。此时要注意充分利用吹氧沸腾的机会自动流渣，及时调整炉渣成分、渣量和流动性，从而保证氧化末期[P]≤0.01%，同时也能防止或减弱后期回磷。

矿石和吹氧联合脱碳能比较方便调节熔池温度，兼顾脱磷脱碳，因此是冶炼高锰钢常用的方法。当氧化初期钢液中磷含量较高时，可以采用这种方式，先用矿石把磷脱到0.015%以下，再吹氧快速脱碳。联合脱碳法总的脱碳量不低于0.20%~0.30%，其中吹氧脱碳量要求0.10%以上，沸腾时间不少于10 min。由于吹氧脱碳加强了熔池的搅拌，有利于去气、去夹杂物以及均匀温度和成分。氧化期熔池强烈沸腾增大了钢渣反应界面，提高了界面反应通量，能加速脱磷过程。但是，沸腾并不是越强烈越好，也不是时间越长越好，而是有一个合适范围，需要根据具体生产条件，通过控制脱碳速度和脱碳量来调节熔池沸腾强度和沸腾时间[61]。

氧化末期将钢液的锰含量调整到0.2%左右，以防止钢液过氧化并起预脱氧作用。

（4）还原期操作。高锰钢的质量和脱氧剂种类、加入量、加入顺序都有重要关系。高锰钢的脱氧是由钢液的预脱氧、还原期的扩散脱氧和终脱氧所组成的[61]。

在一般碳素钢中锰含量小于1%，不能起到脱氧的作用。在高锰钢中，由于加入大量锰铁，合金化后钢液中锰含量很高，加之温度低，造成钢中脱氧产物MnO增加和锰烧损，所以在加入合金化锰铁之前，钢中氧含量必须降至足够低，以防止加入的锰铁氧化。这样即使钢液温度降低，也不致形成大量的MnO。因此，预脱氧是一个非常重要的环节。高锰钢的冶炼可以使用铝、硅钙、硅铁、稀土金属元素等作为预脱氧剂，可以单独使用也可以综合加入。比较各种脱氧剂的作用，则以铝、硅钙和稀土元素的作用较强。

扒除氧化渣后立即造稀薄渣和预脱氧。稀薄渣形成后，补加石灰、萤石或碎耐火砖块，迅速形成高碱度和流动性良好的还原渣，使预脱氧剂快速均匀的溶解在渣内，促进各种形式的脱氧。但出钢前必须破坏电石渣，使（CaC）<0.5%，否则会增加钢中氧化物夹杂[61]。

还原渣基本形成后，加粉状脱氧剂进行炉渣脱氧。高锰钢脱氧可采用白渣法或电石流法进行炉渣脱氧。白渣法用炭粉（1.5~3 kg/t）和硅铁粉（4~6 kg/t）为还原剂，白渣时间保持20~30 min，渣中（FeO+MnO）<1.5%。电石渣法以炭粉（用量比白渣法多，为3~4 kg/t）或电石块（3~5 kg/t）作还原剂，其脱氧能力强，还原期时间主要取决于锰铁熔化速度和渣中 FeO、Fe$_2$O$_3$、MnO 等不稳定性氧化物降低的速度。为了使锰铁快速熔化，不少企业采取稀薄渣下加入第一批（占加入总量的 1/3）烤红的高碳锰铁，也有的企业在白渣（或电石渣）下加锰铁。这两种加入方法冶炼的高锰钢在出钢前试样中的夹杂物数量、力学性能和耐磨性均无大的差异。为了迅速降低渣中不稳定氧化物，要密切注视炉内的温度，还原期要保证较高的温度，使渣中 MnO 得以被还原，锰还原到钢液中。其反应为[62]：

$$（MnO）+［C］=\!\!=\!\!= CO+［Mn］ \tag{9-1}$$

高温可以使这个吸热反应有条件进行。但渣中 MnO 也不能全部被还原，不可避免地有一部分残留下来，而且在合金化时因为锰铁的加入，局部降温区域的钢液中锰有一部分被氧化，形成 MnO。炉渣碱度与渣中 MnO 及 FeO 含量的关系如图 9-16[61] 所示。在碱度较低时，随碱度的提高，渣中（MnO+FeO）含量急剧下降。一般认为适宜的碱度在 2.5~3.0。此外，应控制好炉渣流动性和渣量（总渣量为 4%~6%），勤推渣搅拌，促进熔池温度和成分均匀，扩大粉剂与炉渣的接触面积，适当使用铝粉、CaSi 粉等加快炉渣的脱氧。

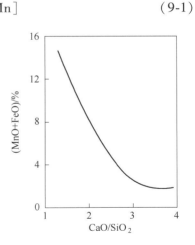

图 9-16　炉渣碱度对 MnO、
FeO 含量的影响[61]

高锰钢的终脱氧一般是在出钢前加铝，用量为 1~1.5 kg/t。使用复合脱氧剂（如 Al-Ti、Al-RE、Al-RE-Ca-Si 等）终脱氧效果更好。高锰钢出钢时，应尽量缩短出钢时间以减少出钢过程中钢液二次氧化，并减少外来夹杂物对钢液的污染。

9.6.2　电弧炉不氧化法

不氧化法冶炼高锰钢主要用于大量使用返回料的情况，此时返回料的比例可在 30%~100% 的范围内变化，其余可用碳素废钢补充。由于不氧化法冶炼时无法脱磷，而高锰钢废料中磷含量较高，因此高锰钢废料的比例不宜过高，一般情况下根据废钢成分和质量决定在 80% 以下，否则多次重熔后钢中磷容易超标[61]。

配料时应控制磷含量小于 0.07%，锰、碳在下限。炉料中可加入 2% 左右的石灰石，以加强熔池的沸腾，利于去除气体和夹杂。有的企业采用低压吹氧（吹氧压力不高于 0.4 MPa，耗氧量为 2~4 m³/t）代替石灰石的作用，沸腾效果也很好。炉料应干燥、无锈、无油污、无泥沙，块度合适，布料合理，保证料堆密度高。将配好的炉料一次装入，熔清后取样分析 C、Mn、P、Si 等元素，不扒渣，直接进行还原操作。用于炉渣脱氧的粉剂主要是炭粉，也可以加入部分硅铁粉或硅钙粉。炉渣脱氧开始时，加入炭粉 2~3 kg/t，还原 10 min 后推渣搅拌，取样分析 C、Mn、Si。待炉渣熔化后即加入炭粉 3~4 kg/t，硅铁粉 2~3 kg/t（或电石粒 3.5~5.5 kg/t）进行还原，使其形成流动性良好、碱度合适的弱电石渣或白渣。在白渣下取样分析，根据分析的结果补加合金调整成分，还原期（FeO+MnO）<1.5%，温度符合要求后用铝终脱氧出钢。

不氧化法冶炼渣中 SiO₂ 较高，SiO₂ 容易与 MnO、FeO 结合成复杂的氧化物，影响还原的顺利进行。因此，常常在熔清后或者经过一段时间脱氧后，将 MnO 含量较高的炉渣扒除 50% 左右另换新渣（石灰 10~15 kg/t，萤石 3~5 kg/t）。这样做虽然可能使 Mn 的氧化损失高些，但是可使钢中氧化物夹杂量减少，提高钢的力学性能，见表 9-20[61]。

表 9-20　操作方式对高锰钢力学性能的影响[61]

操作模式	炉液的化学成分/%				炉渣碱度 R	硬度 HB	弯曲试样角度/(°)	冲击韧性 /J·cm⁻²
	CaO	SiO₂	FeO	MnO				
不扒渣	31.2	27.2	2.6	18.0	1.3	192	55	143
	36.0	27.8	2.6	5.9	1.3	197	57	120
	42.0	26.8	2.0	4.9	1.6	192	55	147
扒渣	56.0	23.2	2.1	2.5	2.4	197	180	165
	56.0	28.0	1.5	1.8	2.0	187	123	198
	56.2	25.6	1.8	2.0	2.2	179	180	180

关于氧化法和不氧化法冶炼的高锰钢质量问题一直有争论。多数人认为氧化法冶

炼的高锰钢力学性能和冷脆性好，耐磨性也高。不氧化法冶炼的钢中氢、氮含量高些，性能较低。但是也有人认为，虽然不氧化法冶炼的高锰钢中磷含量高些，却对性能影响不明显。国内曾对 19 个工厂用这两种方法生产的 374 炉高锰钢的性能和成分进行过统计分析，结果表明不氧化法钢的磷含量偏高，抗拉强度，伸长率和冲击韧性值都稍低一些[61]。

不氧化法冶炼高锰钢时，由于钢液中含有大量比磷更容易氧化的锰元素，吹氧脱磷不大可行。

9.6.3 感应炉冶炼法

小型铸造企业常常采用中频炉氧化法生产高锰钢，表 9-21 为其冶炼的典型实例。感应炉冶炼没有脱碳沸腾、去气去夹杂的作用，炉渣温度低，脱磷能力差，因此对炉料要求严格，冶炼成本高。大中型铸造企业一般不采用感应炉冶炼高锰钢。

9.6.4 高锰钢的精炼

9.6.4.1 惰性气体搅拌

高锰钢生产中钢包底部吹氩搅拌方法应用较多。经过吹氩处理，钢液中的夹杂物，尤其是较大的夹杂物（>20 μm）明显减少。氧化物夹杂可减少20%以上，钢中残余非金属夹杂物的分布状况也得到很大程度改善。

由于氩气在钢液中的搅动使温度均匀化。因此可以将浇注温度降低20 ℃左右，相应地降低了出钢温度，这对提高高锰钢铸件质量有重要意义。根据实验结果，仅由于吹氩使钢液净化、提高性能、降低浇注温度和改善铸件质量，就可以明显地提高钢的耐磨性。向高锰钢液中吹氮气也可以起到类似的作用。氮气成本低，吹氮时高锰钢钢液吸收的少量氮有合金化作用，并可细化凝固组织。由于工业氮气中常含有一定数量的氧，因此吹入氮气后虽然氧化物夹杂有所减少，但同时钢中又增加一些硅酸盐、铝尖晶石类等其他类型的夹杂物。可见吹氮气不如吹氩气。另外，钢液中溶解的过量氮会在随后浇注和冷却及凝固过程中析出，造成浇注时钢液在浇口内上涨，使钢水补缩困难，铸件中形成析出气孔等一系列问题[64-65]。

9.6.4.2 炉外精炼

炉外精炼技术是 20 世纪 70 年代开始应用于高锰钢生产的。某企业在大型高锰钢冶炼中采用15 t 电炉熔炼和25 t LF 精炼双联法，可以将磷控制在 0.04% 以下，硫控制在 0.015% 以下，铸件的裂纹缺陷也大幅度减少[66]。有的企业在 LF 精炼后期弱搅拌之前喂入硅钙线，将镁铝尖晶石类夹杂物变质为钙铝酸盐类夹杂物。

表9-21　5 t 中频炉（2500 kVA）氧化法冶炼高锰钢的实例[61]

工艺流程	补炉料	装料	吹氧助熔 熔化期（首批废钢）	废钢补装	吹氧助熔 熔化期（二批废钢）	吹氧脱碳 氧化期	加锰沸腾 稀薄渣料 锰铁 扒渣	预脱氧剂 稀薄渣料 锰铁 扒渣	电石渣混合料	锰铁	锰铁 还原期	调成分 调温	铝块	出钢
炼钢原料	补炉料		熔化期（首批废钢）	补装	熔化期（二批废钢）	氧化期	扒渣				还原期	调成分		出钢
时间/分	8	10	68	5	29	31	8				56			3
供电		起弧（最大功率）	最大功率	最大功率	升温功率	升温功率					升温功率			
试样	GJ6-73			1		2			3		4			
化学成分/% C	1.0~1.4			0.48		0.17			1.23		1.26			
Mn	11.0~15.0			0.36		0.2			11.41		13.04			
Si	0.3~0.8			0.16		0.07			0.25		0.52			
P	≤0.10			0.038		0.01			0.068		0.074			
S	≤0.05			0.052		0.041			0.03		0.038			
温度/℃				1540		1630			1580		1510			

操作要点：

- 补炉料：热补快补薄补
- 装料：垫石灰 140 kg，矿石 30 kg，废钢 5.5 t，杂钢 75%，轻薄钢 15%，其余为钢铁料
- 吹氧助熔（首批废钢）：电弧稳定换最大功率；吹氧压力：0.5 MPa，吹氧管径：φ19 mm
- 废钢补装：废钢 2.7 t，杂钢 85%，轻薄钢 15%
- 吹氧助熔（二批废钢）：吹氧压力：0.7 MPa，补渣料：石灰 80 kg，流渣及时；补渣料：矿石 20 kg，流渣；清渣后搅拌取样测温 15 kg
- 吹氧脱碳（氧化期）：判断 [C] 终，停吹氧；搅拌取样测温；锰沸腾；加锰铁；矿石流渣 2 kg/t
- 加锰沸腾 稀薄渣料 锰铁 扒渣：预脱氧剂 FeMn 32 kg，FeSi 15 kg，Al 7 kg；电石渣料为 5%；混合料：石渣料：石灰 150 kg，萤石 40 kg，火砖块 40 kg 熔红锰铁渣，锰铁化后加入炭粉，搅拌测温
- 电石渣混合料：补充还原 渣料为 电石渣 5%；混合料：炭粉 35 kg，硅铁 15 kg，关炉门 10 min 以上；加 900 kg 同时加高碳锰铁，烤红高碳锰铁还原，破坏电石渣，锰铁 FeMn 400 kg
- 锰铁（还原期）：锰铁化后加入炭粉，推渣，取样，测温
- 调成分 调温：白渣下 调 Si、Mn，充分搅拌，推渣，取样测温
- 铝块：插入 Al 12 kg/t，做出钢准备

9.6.5 高锰钢的浇注

由于高锰钢碳、锰含量高，结晶温度范围宽，其熔点低，导热系数小，凝固收缩率大，容易出现粗大柱状晶、中心偏析、中心疏松、中心缩孔和凝固裂纹等缺陷，对浇注工艺要求严格。

宝钢曾采用 EAF—LF—连铸的工艺试制 Mn13 轧制高锰钢板坯，发现初生坯壳不稳定，容易漏钢，连铸坯出现重皮和纵裂[67]。东北大学与钢厂合作，采用铁水预处理—复吹转炉—LF—连铸—热轧的工艺生产 Mn13，质量能够满足用户要求，成材率由模铸的 85% 提高至 95%[68]。连铸工艺参数见表 9-22[68]。

表 9-22 Mn13 钢连铸工艺参数[68]

项目	参数	项目	参数	项目	参数
铸机类型	立弯式	中间包钢水温度/℃	1440~1460	结晶器锥度/%	1.25
铸坯段面/mm	220/1050	二冷水进水温度/℃	32.2	结晶器冷却水/L·min⁻¹	3400/415
浇注速度/m·min⁻¹	0.9	结晶器规格/mm	220/1056	二冷比水量/L·(min·kg)⁻¹	0.85
二冷区总长度/m	27.6	结晶器长度/mm	800	中间包覆盖剂	钙铝系

高锰钢主要用于铸件生产，因此本章仅介绍高锰钢铸件的浇注。高锰钢铸件的浇注工艺特点如下：

（1）浇注钢包的要求。高锰钢出钢时二次氧化使钢液表面有较多的 MnO，因此钢包内衬尤其是包底浇口材料应尽量采用碱性或中性耐火材料，如用高铝砖、白云石砖等砌筑，也可用铝镁料捣打[61]。

其次，要保持包内清洁无残渣，不可使用损坏严重的钢包，也尽量不使用新包。要认真安装塞杆塞头（或滑板），保证开启关闭系统灵活，做到不影响正常浇注，不出现漏钢事故[61,69]。

此外，要重视对浇注钢包的烘烤，避免出钢时过多地降温。这样有助于在不太高的出钢温度下适当延长钢液的镇静时间。

需要强调的是，个别铸造车间为了图省事，使用浇注铸铁的转包浇注高锰钢，这是不可行的。

（2）镇静时间。高锰钢熔点较低，流动性较好。在保证浇注温度和耐火材料许可的情况下，可以适当提高镇静时间，以提高钢液纯洁度。在一定的浇注温度下，稍许提高出钢温度（1530~1565 ℃），并提高出钢前钢包衬温度，从而适当延长镇静时间，有利于改善钢的质量。因为钢液温度较高时，黏度较低，有利于夹杂物上浮。但不可过分提高出钢过热度，否则钢液吸气和氧化倾向加重。

确定镇静时间要全面考虑出钢温度、铸件主要壁厚、铸型冷却能力以及钢包容量大小等因素。通常镇静时间控制在 7 min 以上。

（3）浇注温度。浇注温度与铸件结构、尺寸、流动距离和壁厚等有密切关系。同时也与钢液洁净度、对铸态组织及表面质量的要求等密切相关。通常情况下，在保证浇注出完整铸件的前提下，应尽量降低浇注温度。降低浇注温度，有利于细化凝固组织，避免严重的碳化物聚集和成分偏析，减少热裂、粘砂等铸造缺陷。若浇注温度过高，高锰钢的质量指标会严重恶化。因此，合理控制浇注温度是保证铸件质量的重要措施之一。

对于具体铸件的浇注温度可以在铸钢手册中查阅，这里不再赘述。

（4）浇注速度。保持足够的浇注速度有利于减少高锰钢浇注过程中的二次吸气和氧化。但是提高浇注速度要注意尽量避免钢液冲入铸型型腔时流速太大。流速过大，对铸件内部质量和表面质量都不利。这个问题需要通过设计铸造工艺时合理的浇注系统设计来解决。合理的浇注速度应按铸件大小、壁厚薄以及钢液温度、铸型条件等具体情况确定。总体上说，低温快浇有利于消除表面缺陷、减少裂纹、减少对铸型的高温辐射和钢液吸气倾向，同时也有利于改善铸件凝固组织和致密度。

（5）铸件的补缩。高锰钢铸件的凝固收缩值较大，钢液注入铸型后，一方面，如果凝固时得不到钢液的充分补缩，就会形成缩孔和疏松等铸造缺陷；另一方面，如果铸造工艺设计不合理，凝固时热应力过大，又会形成热裂缺陷。

为了补缩，必须设置冒口。但是高锰钢铸件冒口的切割很困难，因而不能像一般铸件那样使用大冒口改善铸件的补缩，而是要尽量采用发热剂、绝热冒口、冒口和冷铁配合、浇注时补浇冒口等工艺措施。

从补缩的角度考虑，应尽量采用措施使铸件以顺序凝固方式凝固。但是，此时往往会增大温度梯度，从而提高了铸件凝固时的热应力，提高了铸件出现热裂的风险。因此，设计铸造工艺（如加冷铁和设置浇冒口等）的时候，还要兼顾热裂的风险。

（6）打箱时间。一般规定最厚的部位温度在 400~450 ℃以下方可打箱，简单和中等复杂程度的铸件打箱时间可以根据铸件壁厚和浇注时间按下式[61]计算：

$$\tau = (2.5 + 0.075\delta)k \tag{9-2}$$

式中，τ 为浇注后至打箱的时间，h；δ 为铸件壁厚，mm；k 为考虑浇注温度的系数，$\leqslant 1400$ ℃时，$k = 1$；$1400 \sim 1450$ ℃时，$k = 1.1$；$1450 \sim 1465$ ℃时，$k = 1.15$；$\geqslant 1465$ ℃

时, $k = 1.25$。

由计算式可见,厚壁件和浇注温度高时,冷却时间要长。这是因为在这种条件下铸件结晶组织粗大,偏析严重,晶间缺陷较多,碳化物析出量也较多,而且分布形态不利。为此,须有足够长的冷却时间,使铸件各部分和断面上的温度均匀,以减少应力,避免冷裂[61]。

9.7　高锰钢铸件生产实例

9.7.1　ZGMn13Cr2 衬板

衬板是球磨机用重要耐磨部件。为了提高耐磨性能,某企业在 ZGMn13 基础上加入 2% Cr。铬的加入使铸件缩孔和裂纹倾向增大。该厂采取了一系列工艺优化和质量改进措施,生产出优质的 ZGMn13Cr2 高锰钢衬板。

ZGMn13Cr2 高锰钢衬板的化学成分要求见表 9-23[70]。铸件最大壁厚120 mm,最小壁厚 60 mm,属壁厚不均匀铸件。高锰钢衬板通过中间处直接铸出的两处螺栓孔与球磨机筒体配合安装,衬板圆弧凸起部分为工作面,与矿石直接接触,其结构如图 9-17[70]所示。

表 9-23　ZGMn13Cr2 高锰钢衬板的化学成分[70]　　　　　　　（%）

C	Si	Mn	Cr	P	S
1.05~1.35	0.30~1.00	11.00~14.00	1.50~2.50	<0.070	<0.050

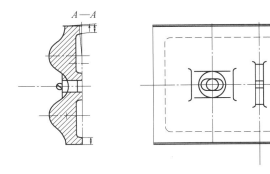

图 9-17　衬板结构图[70]

以往生产中存在的主要质量问题有:

（1）铸件外观质量不好,冷隔现象明显,而且内浇口和冒口的清整困难;

（2）出气冒口下方存在严重的缩孔缺陷。

分析缺陷形成的原因，一是原工艺冒口多；二是原工艺出气冒口小而无法实现顺序凝固，导致冒口没有起到补缩作用。

针对上述问题，该厂采用水玻璃自硬硅砂实型铸造，铸件放置在下箱。在衬板厚大部位安放了随型外冷铁消除热节，从而强化顺序凝固，以便缩小冒口尺寸。同时避免了衬板内缩孔缺陷，并保证衬板工作面晶粒细化。

另一方面，采用了浇口与冒口相联相通的设计。浇口的余温为冒口补缩创造条件，冒口又起到了集渣作用。浇口与冒口的作用相辅相成，既避免了铸件缺陷，又提高了出品率。改进后的工艺如图 9-18[70] 所示。

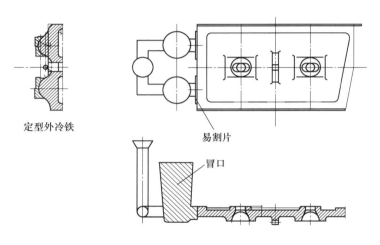

图 9-18 工艺优化方案[70]

浇注温度为 1480 ℃±10 ℃。浇注前将铸型冒口侧垫高 200 mm 左右，利用倾斜浇注创造向冒口侧顺序凝固的条件，提高边冒口的补缩效果。

水韧处理工艺如图 9-19[70] 所示。为了保证水韧处理效果，制作了专用吊装具，将

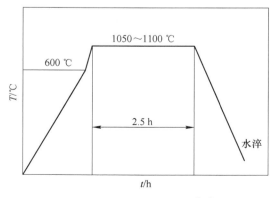

图 9-19 水韧处理工艺图[70]

衬板在专用吊装具中安放好后一并进、出窑，以保证高锰钢衬板出窑后迅速入水，同时保证衬板均匀升温和快速冷却。经用户使用跟踪鉴定，衬板寿命由原来的不足 6 个月延长至近 13 个月。

9.7.2 高速单开道岔整铸翼轨

整铸翼轨作为高速铁路道岔的重要部件，结构复杂、热节多、主要壁厚（45~70 mm）是普通整铸高锰钢辙叉的 2.5~3.0 倍，轮廓尺寸为 5520 mm × 770 mm×198 mm，翼轨结构如图 9-20[71] 所示。铸件毛坯重 1900 kg，翼轨材质为

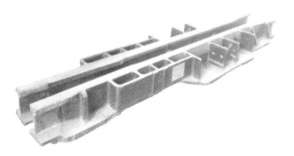

图 9-20 高锰钢整铸翼轨结构[71]

ZGMn13，化学成分为：C 0.95%~1.3%，Mn 11.5%~14.0%，Mn/C = 10 且 C<(Mn-2)/10；Si ≤0.65%、P≤0.050%、S≤0.030%。整铸翼轨内部质量采用 X 射线拍片检验。

为了改善远端钢液的成型条件，防止冷隔缺陷，采用顶注式浇注系统和倾斜浇注工艺。倾斜浇注工艺同时可以提高液面上升速度，有利于型腔内钢液中气孔和夹杂物的上浮。

浇注系统采用黏土质耐火材料制品，从而防止由钢液冲蚀砂型浇注系统形成的夹砂和砂眼缺陷。采用 VRH 水玻璃-CO_2 酯硬化造型，原砂采用镁橄榄石砂。

焊接端轨头两侧边和所有轨顶面均采用专用明冷铁，以保证顺序凝固，同时使整铸翼轨行车表面形成一定厚度的细晶粒层组织，有效提高其使用寿命。

出钢温度为 1495~1510 ℃，出钢后镇静 5 min，起包温度为 1475~1485 ℃。采取大流开浇、快速浇注、及时收流、充分补浇的浇注原则。整铸翼轨水韧处理工艺曲线如图 9-21 所示。

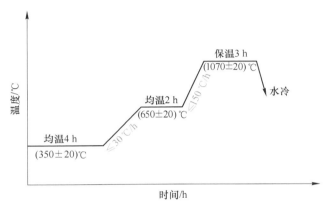

图 9-21 整铸翼轨水韧处理工艺曲线[71]

9.8　本 章 小 结

（1）高锰钢是一种锰含量在 10% 以上的高合金钢，其铸态组织主要由奥氏体、碳化物、珠光体和少量磷共晶组成，通过水韧处理获得过饱和单相奥氏体组织，从而具有很高的韧性。在冲击条件下加工硬化现象是高锰钢的突出特点，因此高锰钢特别适用于冲击磨损工况。

（2）碳和锰是高锰钢的最基本合金元素，一般碳含量为 0.9%～1.5%，锰含量为 10%～15%。碳主要影响高锰钢的强韧性，随着碳含量的提高，高锰钢的强度和硬度提高，塑性和韧性降低。提高锰含量，高锰钢的强度、塑性和冲击吸收能都能够得到提高，同时强塑性也会随之提高，但锰含量过高不利于加工硬化。加入适量的铬、钼、镍、钨等合金元素可以有效提高高锰钢的强韧性能和耐磨性能，微量的钒、铌、钛和稀土也在一定程度上可以改善高锰钢的服役性能。

（3）控制磷含量是高锰钢冶炼中的关键。锰铁的添加给高锰钢带入较多的磷，高锰钢含碳量较高，加剧磷共晶的形成，从而严重影响高锰钢的强韧性能，甚至在铸造过程中形成热裂。

（4）高锰钢主要采用碱性电弧炉氧化法冶炼。氧化法脱硫、脱磷、去气、去夹杂条件比较好，对炉料要求相对较低，产品性能相对较好。不氧化法由于大量使用高锰钢返回料，对炉料要求比较严格。通过精炼提高高锰钢液洁净度，控制夹杂物和气体含量，对于保证高锰钢的服役性能十分重要。

（5）高锰钢结晶温度范围宽、熔点低、导热系数小、凝固收缩大，容易出现粗大柱状晶、宏观偏析、疏松和缩孔，以及凝固裂纹等缺陷，需要采用合理的铸造工艺，并严格遵循"低温快浇"的浇注工艺，控制打箱时间。采用变质处理等细化凝固组织的技术措施，可以有效减少铸造缺陷，并提高服役性能。

参 考 文 献

[1] 王艾青. 浅谈高锰钢的应用及新发展 [J]. 职业，2011 (9)：1.

[2] 赵沛. 合金钢冶炼 [M]. 北京：冶金工业出版社，1992：160-162.

[3] Hadifield R A. 高锰钢 [M]. 张文恺，译. 北京：国防工业出版社，1964：15-18.

[4] 陈希杰. 高锰钢 [M]. 北京：机械工业出版社，1989：45-47.

[5] 陈希杰. 高锰钢 [M]. 北京：机械工业出版社，1989：58-59.

[6] 张增志. 耐磨高锰钢 [M]. 北京：冶金工业出版社，2002：55.

[7] 张细菊. 中锰奥氏体基耐磨钢组织与性能研究 [J]. 金属热处理，1997 (5)：15.

[8] 王豫，斯松华.高锰钢加工硬化规律和机理研究［J］.钢铁，2001，36（10）：54.

[9] 赵沛.合金钢冶炼［M］.北京：冶金工业出版社，1992：164.

[10] GB 5680—85，高锰钢铸件［S］.北京：中国标准出版社，1985.

[11] GB/T 5680—1998，奥氏体锰钢铸件［S］.北京：中国标准出版社，1998.

[12] GB/T 5680—2010，奥氏体锰钢铸件［S］.北京：中国标准出版社，2010.

[13] GB/T 5680—2023，奥氏体锰钢铸件［S］.北京：中国标准出版社，2023.

[14] 张增志.耐磨高锰钢［M］.北京：冶金工业出版社，2002：2-3.

[15] ISO 13521—2015，Austenitic Manganese Steel［S］. International Organization for Standardization，2015.

[16] 张增志.耐磨高锰钢［M］.北京：冶金工业出版社，2002：7-9.

[17] 陈希杰.高锰钢［M］.北京：机械工业出版社，1989：12-14.

[18] Sabzi M，Farzam M .Hadfield manganese austenitic steel：a review of manufacturing processes and properties［J］.Materials Research Express，2019，6（10）.

[19] 张增志.耐磨高锰钢［M］.北京：冶金工业出版社，2002：18-23.

[20] 冯承明，许斌.耐磨高锰钢的发展与应用［J］.金属世界，1995（1）：1.

[21] 张增志.耐磨高锰钢［M］.北京：冶金工业出版社，2002：25-34.

[22] Tęcza G，Sobula S. Effect of heat treatment on change microstructure of cast high-manganese Hadfield Steel with elevated chromium content［J］. Archives of Foundry Engineering，2014，14（3）：67-70.

[23] 马华，陈晨，王琳，等.Mo合金化处理对高锰钢磨损行为的影响［J］.机械工程学报，2020，56（14）：81-90.

[24] 曹建新，李朝阳，李永堂，等.钨和稀土对铸态高锰钢夹杂物和组织的影响［J］.太原科技大学学报，2019，40（6）：462-471.

[25] 万文锋，庄文玮，张飘，等.钨合金化处理对高锰钢组织和性能的影响［J］.机电工程技术，2021，50（9）：55-57.

[26] 廖畅，李卫，刘晋珲，等.钨对高锰钢显微组织和冲击韧性的影响［J］.铸造，2011，60（4）：390-396.

[27] 颜晓博.钒、钛对高锰钢显微组织、力学性能和耐磨性能的影响［D］.广州：暨南大学，2018.

[28] 傅定发，蔡家财，高文理.多元合金化处理对高锰钢组织和性能的影响［J］.湖南大学学报（自然科学版），2014，41（7）：30-34.

[29] 龚永勇，程书敏，钟玉义，等.脉冲磁致振荡凝固技术［J］.金属学报，2018，54（5）：757-765.

[30] Callister Jr W D，Rethwisch D G. Fundamentals of materials science and engineering：An integrated approach［M］.John Wiley & Sons，2012.

[31] 潘金生，仝健民，田民波.材料科学基础［M］.修订版.北京：清华大学出版社，2011.

[32] Lu L，Chen X，Huang X，et al. Revealing the maximum strength in nanotwinned copper［J］.Science，2009，323（5914）：607-610.

[33] 张增志.耐磨高锰钢［M］.北京：冶金工业出版社，2002：54.

[34] Hall J H. Studies of hadfield manganese steel with the high power microscope [J]. Steels Trans AIME, 1929, 84: 382.

[35] Roghavan K S, Nature of the work hardening behavior in hadfield manganese steel [J]. Trans. AIME, 1969, 245: 1569.

[36] 王兆昌. 奥氏体锰钢的综合加工硬化机理 [J]. 钢铁研究学报, 1994, 6 (1): 67.

[37] White C H, Honeycom W K. Structural changes during the deform ation of high purity iron manganese carbon alloys [J]. J. Iron Steel Inst, 1962, 200: 457.

[38] 石德柯, 刘海军. 高锰钢的变形与加工硬化 [J]. 金属学报, 1989, 25 (4): B282.

[39] 袁献文. 高锰钢的加工硬化特性及影响使用性能的因素 [J]. 矿山机械, 1980 (4): 48-56.

[40] 郭筑筑. 关于高锰钢硬化机理的几个问题 [C]. 第二届全国金属耐磨材料学术会议论文选集, 1984: 101.

[41] 吴望子, 乔桂文. 高锰钢的加工硬化机制与马氏体相变 [C]. 马氏体相变研讨会, 1987.

[42] 陈希杰. 高锰钢 [M]. 北京: 机械工业出版社, 1989: 208-210.

[43] 熊运霞. 工程机械用 ZGMn13Cr2 高锰钢热处理工艺研究 [J]. 热加工工艺, 2020, 49 (14): 128-130.

[44] 陈席国, 张恩铭, 李东方. 矿山机械 ZGMn13 高锰钢热处理工艺研究 [J]. 南方农机, 2021, 52 (12): 28-30, 39.

[45] 张燕平, 李东南. 不同壁厚高锰钢铸件水韧处理与耐磨性的研究 [J]. 热加工工艺, 2013, 42 (8): 173-176.

[46] 张增志. 耐磨高锰钢 [M]. 北京: 冶金工业出版社, 2002: 313-314.

[47] 张洪瑞. V 对不同服役条件下球磨机衬板组织及性能的影响 [D]. 上海: 上海大学, 2023.

[48] 赵沛. 合金钢冶炼 [M]. 北京: 冶金工业出版社, 1992: 168-169.

[49] Liao X, Zhai Q, Luo J, et al. Refining mechanism of the electric current pulse on the solidification structure of pure aluminum [J]. Acta Materialia, 2007, 55 (9): 3103-3109.

[50] Edry I, Mordechai T, Frage N, et al. Effects of treatment duration and cooling rate on pure aluminum solidification upon pulse magneto-oscillation treatment [J]. Metall. Mater. Trans. , 2016, 47A: 1261.

[51] 钟玉义, 白亚鸣, 李刚, 龚永勇, 翟启杰. 脉冲磁致振荡波形对纯铝凝固组织的影响 [J]. 上海金属, 2021, 43 (4): 92-97.

[52] 程勇, 徐智帅, 周湛, 徐益峰, 黄周华, 仲红刚. PMO 凝固均质化技术在连铸 GCr15 轴承钢生产中的应用 [J]. 上海金属, 2016, 38 (4): 54-57.

[53] 刘海宁, 王郢, 李仁兴, 滕力宏, 何西, 仲红刚. PMO 凝固均质化技术在 20CrMnTi 齿轮钢上的应用 [J]. 钢铁, 2019, 54 (6): 69-78.

[54] 朱富强, 任振海, 陈志亮, 徐旋旋, 王海洋, 李辉成. PMO 作用对 60Si2Mn 弹簧钢凝固组织的影响 [J]. 上海金属, 2020, 42 (4): 100-104.

[55] 曹天一, 李莉娟, 朱雷敏, 豆乃远, 殷子豪, 陈佳艺. 脉冲磁致振荡 (PMO) 技术在 ZTM-S2 合金工具钢连铸坯生产中的应用 [J]. 上海金属, 2021, 43 (1): 87-92.

［56］李莉娟，王郢，翟启杰 . 脉冲磁致振荡（PMO）凝固均质化技术在特殊钢中的应用［J］. 钢铁研究学报，2021，33（10）：1018-1030.

［57］张增志 . 耐磨高锰钢［M］. 北京：冶金工业出版社，2002：200-206.

［58］茅洪祥，李桂芳 . 稀土在高锰钢中的运用［J］. 武汉钢铁学院学报，2016，17（1）：25-32.

［59］施忠良，顾明元，吴人洁，等 . 高碳高锰钢碳化物团球化及其强化［J］. 钢铁研究学报，1996（3）：38-41.

［60］陈希杰 . 高锰钢［M］. 北京：机械工业出版社，1989：129-130.

［61］赵沛 . 合金钢冶炼［M］. 北京：冶金工业出版社，1992：174-183.

［62］陈希杰 . 高锰钢［M］. 北京：机械工业出版社，1989：145-156.

［63］张增志 . 耐磨高锰钢［M］. 北京：冶金工业出版社，2002：112-120.

［64］徐匡迪 . 不锈钢精炼［M］. 上海：上海科学技术出版社，1985.

［65］陈希杰 . 高锰钢［M］. 北京：机械工业出版社，1989：135-136.

［66］卫心宏，边功勋，张晓晖，等 . 提高厚大件高锰钢性能的措施［J］. 铸造设备与工艺，2014（6）：41-43.

［67］朱信国 . 连铸生产Mn13板坯表面纵裂控制［J］. 宝钢技术，2012（6）：32-36.

［68］李建民 . 高锰钢连铸坯质量控制研究［D］. 沈阳：东北大学，2022.

［69］向志容 . 电弧炉炼钢［J］. 江西冶金，1997，17（5）：3.

［70］庞国柱，刘海滨，赵东胜，等 . ZGMn13Cr2衬板铸造工艺优化与质量改进［J］. 铸造，2019，68（3）：303-306.

［71］董彦录 . 60 kg/m钢轨41号高速单开道岔高锰钢整铸翼轨研制［J］. 铸造技术，2019，40（1）：60-63.

10 汽车用钢

汽车板钢作为汽车用结构件和覆盖件，对汽车加工性能和服役性能起着关键作用。随着"双碳"政策的持续推进与汽车轻量化实施，汽车板钢强度也逐年提高，以高铝、高锰为代表的先进高强用钢成为行业研究和开发的热点。本章从汽车板钢的服役环境入手，总结归纳汽车板钢的分类，选取最典型的 IF 钢和高铝 TRIP 钢介绍汽车板钢冶炼连铸过程的关键技术，对比论述和解析生产汽车板钢的典型炼钢工艺流程。

10.1 汽车板钢的分类和用途

国际汽车制造商组织发布的全球汽车产量统计数据显示：2021 年全球汽车产量达 8015 万辆。一辆汽车平均用钢材 900 kg，其中 34% 的钢材用于车身结构，23% 的钢材用于传动系统，12% 的钢材用于悬挂系统，其他钢材应用于车轮、轮胎、油箱等部件中[1]。

汽车钢材中板带钢的用量最大。汽车板带钢按照不同服役性能可以有多种分类方式。按照强度级别分为软钢（Mild）、高强度钢（HSS）和先进高强度钢（AHSS）；按照冲压性能分为商用级（CQ）、普通冲压级（DQ）、深冲压级（DDQ）、超深冲压级（EDDQ）以及超超深冲压级（SEDDQ）。深冲和超深冲汽车板具有优良的成型性能，其伸长率 A 和塑性应变比 γ 的发展趋势如图 10-1[2] 所示。

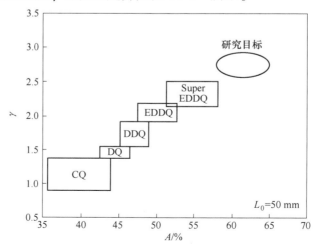

图 10-1　汽车板带成型性能的发展趋势

　　化学成分是汽车板获得优良成型性的基础。按照化学成分的特点和冶金工作者的习惯，这里将汽车板分成以下三类，以便讨论其冶炼工艺。

　　（1）超低碳 IF 钢（Interstitial Element Free Steel，无间隙原子钢）：主要用于汽车面板和轿车油箱等超深冲部件，包括超深冲钢 IF 钢、高强度含磷 IF 钢、烘烤硬化 BH 钢。IF 钢的成分特点是超低碳、氮，并加入微合金化元素 Ti、Nb，与残留的 C、N 元素形成碳氮化物，使钢中基本不存在 C、N 间隙原子。超深冲 IF 钢板的成型性极为优良，具有高塑性应变比（$\gamma>2.0$）、高应变硬化指数（$n>0.25$）、高伸长率（$A>50\%$）和高耐时效性（AI＝0）。根据其抗拉强度，分为 340 MPa、390 MPa 和 440 MPa 三个强度级别；根据其屈服强度，分为 180 MPa、220 MPa、260 MPa 和 300 MPa 四个强度级别。不同企业 IF 钢的化学成分见表 10-1[3]。需要说明的是，表中数据并非目前该企业的最好水平，不用作生产水平比较。

表 10-1　IF 钢的典型化学成分　　　　　　　　（%）

钢厂	牌号	C	Si	Mn	P	S	Al	Ti(Nb)	N
蒂森	St14	≤0.003	≤0.02	0.1~0.15	≤0.015	≤0.010	0.02~0.04	0.06	≤0.003
日本制铁	S~EDDQ	≤0.0025	≤0.03	0.2~0.3	0.015~0.025	0.012~0.022	0.02~0.06	0.035~0.06	≤0.002
JFE（原川崎）	EDDQ	0.0028	0.015	0.12	0.012	0.008	0.062	0.029	0.0011
宝钢	BIF3	≤0.003	0.020	0.14	0.003	0.008	0.06	0.054 (Nb: 0.01)	≤0.003

　　（2）高铝含量 TRIP 钢（Transformation-Induced Plasticity Steel，相变诱导塑性钢）：TRIP 钢属于碳-硅-锰系钢类，碳含量范围为 0.1%~0.2%，硅、铝含量范围是 0.5%~2.0%、锰含量范围为 1%~2%。TRIP 钢的铁素体基体中含有体积分数 5%~20% 的残余奥氏体，以及少量贝氏体或马氏体。在变形过程中，残余奥氏体随着应变量的增加逐步转变为马氏体，应变硬化指数 n 值升高，使应变分散，变形均匀，获得高的塑性。TRIP 钢的强度范围为 600~1000 MPa，特别适合于制造碰撞吸收能高的零部件。不同系列的 TRIP 钢成分见表10-2[4]，可见根据硅成分，TRIP 钢可分成低碳高硅、低碳中硅和低碳低硅。

表 10-2　不同系列 TRIP 钢的化学成分　　　　　　　（%）

组别	序号	化学成分/%					残余奥氏体含量/%	力学性质			
		C	Mn	Si	Al	P		R_e/MPa	R_m/MPa	A/%	n
低碳高硅	1	0.20	1.20	1.20			15		700	34	
	2	0.12	1.20	1.20			9		500	33	
	3	0.20	1~2.5	1~2.5			6~14	约500	700~900	25~31	

组别	序号	化学成分/%					残余奥氏体 含量/%	力学性质			
		C	Mn	Si	Al	P		R_e/MPa	R_m/MPa	A/%	n
低碳 高硅	4	0.14	1.57	1.21			12	450	680	33	
	5	0.11	1.50	1.20			6	330	514	35	0.24
	6	0.10	1.04	2.07			4~11	470	690	30	0.20
	7	0.14	1.66	1.94			13	570	810	32	
	8	0.12	1.50	1.10	0.40		15	460	645	33	
低碳 中硅	9	0.19	1.42	0.55	0.92		21	421	620	35~36	
	10	0.12	1.58	0.53		0.07	9	470	730	33	
	11	0.15	1.50	0.60		0.10	0~10	470~500	725~790	19~26	
	12	0.30	1.50	0.30	1.20						
低碳 低硅	13	0.20	1.49		1.99		11	约363	658	33	0.27
	14	0.21	1.50		1.00		8.5	370	654	27	0.23
	15	0.20	1.50		1.80						

（3）高锰含量 TWIP 钢（Twinning Induced Plasticity Steel，孪晶诱导塑性钢）：其成分特点是较高的 Mn、Si、Al 元素，锰含量 17%～25%，硅含量 2%～4%，并添加较高含量的铝（2%～3%）抑制延迟开裂现象（Delayed Fracture）。TWIP 钢的高强塑性来自形变过程中孪晶的形成，强度范围为 600～1100 MPa，强塑积大于 50 GPa·%，并具有优良的加工性能，有望作为汽车的高强度结构材料。TWIP 钢在国际上处于研究和转化阶段，其延迟开裂、缺口敏感性、焊接性以及可涂镀性等尚待解决，应用很有限，目前有用于 B 型门柱以增强汽车侧面安全性的报道。TWIP 钢的化学成分见表 10-3[4]，表中所示的 6 种成分是在 Fe-25Mn-3Si-3Al 合金的基础上添加了 0.04%、0.06%、0.08%、0.10% 和 0.12% 的磷元素。

表10-3　TWIP 钢的化学成分　　　　　　　　　　　　　（%）

编号	C	Si	Mn	P	S	Al	Fe
1	0.013	3.06	24.86	0.112	0.0016	2.98	余量
2	0.013	3.01	25.06	0.106	0.0013	2.98	余量
3	0.021	2.96	24.92	0.084	0.0017	2.96	余量
4	0.022	2.96	24.98	0.063	0.0017	2.96	余量
5	0.013	3.06	25.10	0.059	0.0010	2.99	余量
6	0.058	3.06	24.96	0.036	0.0079	2.89	余量

10.2 汽车板钢的冶金学问题

IF 钢的冶金学问题最有特点，质量要求也最为苛刻。与超深冲 IF 钢相比较，TRIP 钢和 TWIP 钢的冶炼难度不大。TRIP 钢中铝含量较高，重点应防止连铸过程中产生的深振痕和凹陷等表面缺陷。TWIP 钢中锰含量高，钢的线膨胀系数大、导热系数低，重点应做好合金化操作和防止铸坯分层及裂纹缺陷。本节主要讲述超低碳 IF 钢的成分特点和表面缺陷。由于 TRIP 钢中铝含量较高，在连铸过程中会导致传统 CaO-SiO$_2$ 系保护渣变性，引起铸坯凹陷、纵裂等问题。因此下面章节对 TRIP 钢的连铸技术也进行介绍。

10.2.1 IF 钢的成分特点

由表 10-1 可以看出，IF 钢化学成分的特点之一是超低的碳、氮含量。碳元素使钢的强度增加，塑性降低，因此冲压用钢要求低的碳含量。一般冲压钢的碳含量不高于 0.08%（例如我国 08Al），优质冲压钢 C≤0.04%，超深冲钢（IF 钢）C≤0.005%，许多钢厂可以做到 C≤0.003%。IF 钢的一个重要特性是无应变时效，氮元素在 IF 钢中的作用与碳元素相似，会造成屈服强度增加和应变时效，因此应尽量降低 IF 钢中的氮含量。

IF 钢化学成分的特点之二是微合金化。微量的 Ti、Nb 元素与 IF 钢中的间隙原子 C、N 形成化合物，从而使其得以固定。如果 IF 钢未经 Ti、Nb 微合金化处理，即使碳含量不高于 0.003%，也难以获得高的塑性应变比 γ 值。Ti-IF 钢的力学性能优异且对成分及工艺参数不敏感，Nb-IF 钢的抗镀层粉化能力强，Ti+Nb-IF 钢兼有 Ti-IF 钢和 Nb-IF 钢的优点，适合生产 EDDQ 级以及 SEDDQ 级的冷轧钢板、高强钢及 BH 钢，也是电镀锌 IF 钢和热镀锌 IF 钢的最佳选择。

铝元素作为脱氧剂加入，主要作用是脱除 IF 钢液中的氧。此外，铝元素还能抑制 N 在铁素体中的固溶，消除应变时效现象。氧、硫、磷是 IF 钢中的有害元素，应尽量降低。超深冲钢板的洁净度水平（S、P、T. O）见表 10-4。

表 10-4 超深冲钢板的洁净度水平 （%）

元素	S	P	T. O[5]
成分控制范围	≤0.015	≤0.015	≤0.0020

钢铁企业通常将钢液中总氧含量作为洁净度的衡量指标，总氧含量包括溶解氧、

脱氧产物中的氧以及外来夹杂物中的氧。对于铝脱氧的超深冲钢来说，1600 ℃钢液中酸溶铝为0.05%时，与之平衡的溶解氧为0.0003%（3 ppm），脱氧产物为纯 Al_2O_3。因此，总氧含量中高于0.0003%的部分，便可用来衡量单位体积的钢中夹杂物的质量分数。

10.2.2　IF 钢的表面缺陷

超深冲钢主要应避免表面缺陷。IF 钢的表面缺陷主要有线状缺陷、边裂、结疤等。线状缺陷所占比例最大，一种线状缺陷是微裂纹（Sliver Defects），是铸坯中大型氧化铝夹杂物和保护渣暴露在冷轧薄板表面，如图 10-2 和图 10-3 所示。图 10-2 所示为大尺寸 Al_2O_3 夹杂物聚集引起的微裂纹，宽度 0.1~10 mm，长度 0.1~4 m。图 10-3 所示为保护渣卷入引起的微裂纹，宽度 0.5~20 mm，长度可达 0.1~7 m。另一种线状缺陷是管状裂纹（pencil pipe defects），来自于带有夹杂物的氩气泡在轧制后撑破了薄钢板表皮，目前由于钢厂多采用直弧形连铸机生产 IF 钢等钢种，垂直段长达 3 m 左右，有利于氩气泡上浮去除，所以管状裂纹缺陷很少出现。

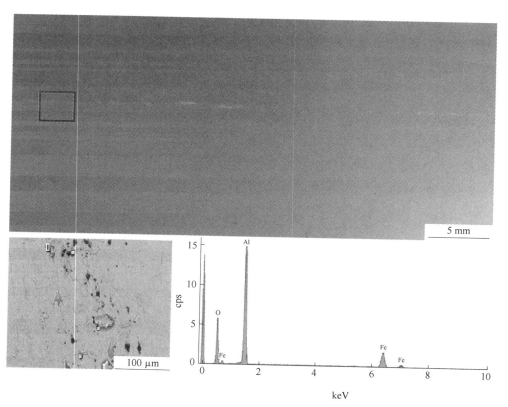

图 10-2　氧化铝引起的线状缺陷形貌与能谱面扫描

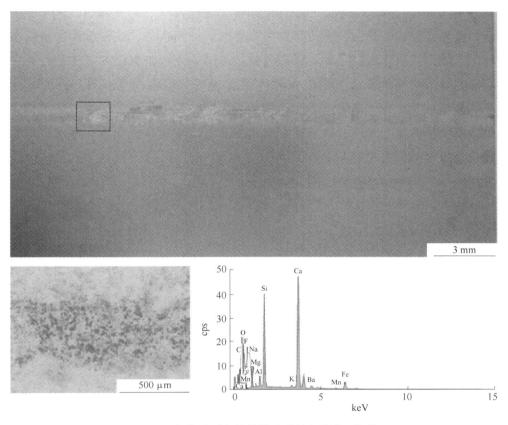

图 10-3　保护渣引起线状缺陷形貌与能谱面扫描

　　表面缺陷主要由钢液脱氧产物、二次氧化产物、耐火材料、钢包/中间包渣和结晶器保护渣所致。铝合金作为脱氧剂加入，在 IF 钢中形成氧化铝系（Al_2O_3）夹杂物，钙铝酸盐系（$CaO \cdot Al_2O_3$）夹杂物主要来自钢包和中间包渣，钙硅酸盐系（$CaO \cdot SiO_2$）夹杂物主要来自卷入的结晶器保护渣。这些不同种类的夹杂物可能共存，说明夹杂物的形成机理非常复杂，至今缺乏足够透彻的解释。

　　非金属夹杂物的形状主要可以分为团簇状、圆球形、延伸形和点状，位于铸坯表面和靠近表面的点状、团簇状夹杂物对超深冲钢板表面质量的危害最大。一般认为，当夹杂物尺寸超过 100 μm 会导致表面缺陷[5]。

　　外来夹杂物也是钢中大型非金属夹杂物的主要来源。钢液氧化性高时，脱氧容易形成大型夹杂物。冶金工作者通常采用大样电解方法来研究钢中大型夹杂物的种类、数量和来源，即把 10 kg 的大钢块电解，经过淘洗和超声波过滤，将其中大于 50 μm 夹杂物分离出来，在 50~500 μm 范围内分作七个粒度级别。大样电解方法是大体积检测方法，在研究钢液和铸坯的洁净度时还常采用扫描电镜、超声波检测、金相评级等方法。

国际钢铁协会（IISI）在世界范围内对钢铁企业的问卷调查表明，90%钢厂将结晶器液面波动作为影响超深冲钢铸坯表面质量的关键因素[6]。连铸过程中结晶器液面异常波动等原因使氧化铝夹杂物和保护渣被卷入凝固壳，在后续的热轧和冷轧中被压缩、碾碎并暴露于钢板表面，形成 Sliver 线状缺陷，其成因如图 10-4 所示[7]。通过减小结晶器液面波动、改善钢液洁净度和结晶器内流场、选择高黏度保护渣等措施，能够减少线状缺陷发生的几率。减小液面波动的最直接方式是优化浸入式水口结构、保持恒定拉速以及采用电磁制动设备。

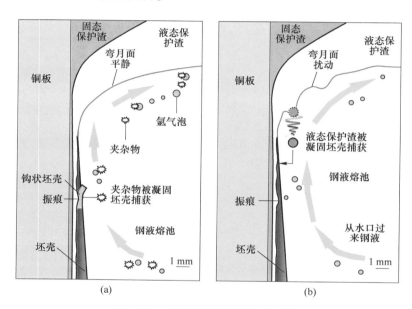

图 10-4　汽车钢板线状缺陷的来源

（a）夹杂物被凝固坯壳捕获；（b）保护渣被凝固坯壳捕获

10.3　IF 钢与高铝 TRIP 钢的冶炼关键技术

IF 钢冶炼工艺的关键是深脱碳和防增碳、深脱氮和防增氮、洁净度与表面缺陷控制。

10.3.1　转炉炼钢工艺

IF 钢的碳含量一般要求不高于 0.005%，国内外的先进水平可以做到 0.001%～0.003%。如何在转炉和 RH 工序快速脱碳，如何分配转炉与 RH 的脱碳负荷，均是生产超低碳钢应该关注的问题。转炉脱碳工艺应重视以下操作：

（1）供氧和搅拌：高的供氧强度和良好底部搅拌是转炉高效脱碳的必要条件。例如，首钢京唐公司 300 t 顶底复合吹炼转炉在冶炼 IF 钢时，供氧强度 3.2～

3.6 Nm³/(t·min)，底部供气强度 0.04~0.17 Nm³/(t·min)，转炉冶炼终点碳氧活度积接近 0.0017，说明碳氧反应进行得很充分，已经接近或达到平衡状态。转炉冶炼终点碳含量一般控制不高于 0.035%，低的终点碳含量可以缩短后工序 RH 的处理时间，但过低则会造成钢液氧含量高和 RH 初期真空室内钢液喷溅形成冷钢。

（2）出钢和钢包渣改质（Slag Killing）：钢包渣成分和物理特性对 IF 钢的洁净度有着显著影响，如图 10-5[8]所示。随着钢包顶渣中（FeO+MnO）提高，从 4.5% 提高至 16%，铸坯 T.O 含量从 0.0009% 增加至 0.002%。

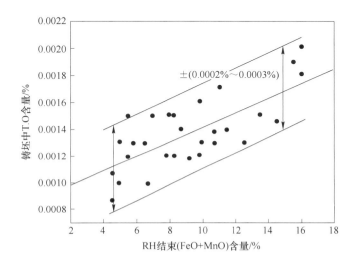

图 10-5　钢包渣中（FeO+MnO）% 对铸坯中 T.O 含量的影响

转炉终点渣的氧化性强，T.Fe 含量一般为 15%~25%，需要采取自动检测下渣和高效挡渣等措施，防止出钢时下渣量过多，并将钢包内渣层厚度控制在 50 mm 左右。出钢时不添加铝、Fe-Mn 和 Fe-Si 合金，目的是为后工序 RH 真空脱碳提供合适的溶解氧量。此时钢液中氧含量为 0.04%~0.07%。

出钢后立即进行炉渣改质操作，将顶渣中 T.Fe 降低至 4%~10%，甚至 2%~3%。同时调整（CaO）和（Al_2O_3）含量。河钢集团邯钢公司 270 t 转炉采用铝渣球改质剂，提高钢包渣中（%CaO）/（%Al_2O_3）比值，加强钢包底吹 Ar 搅拌等措施，将 RH 进站和出站时钢包顶渣 T.Fe 分别控制在 3% 和 5% 以下。邯钢公司采用不同顶渣改质工艺的结果见表 10-5[9]。

表 10-5　不同顶渣改质工艺的结果比较

方案	工序	CaO	MgO	SiO_2	Al_2O_3	MnO	TFe	（%CaO）/（%Al_2O_3）
不改质	转炉终点	43.34	7.61	11.29	3.12	3.23	18.09	—
	RH 进站	44.36	6.31	6.46	22.04	1.93	11.04	2.01
	RH 出站	39.11	5.44	5.17	27.92	2.85	13.02	1.40

方案	工序	CaO	MgO	SiO$_2$	Al$_2$O$_3$	MnO	TFe	(%CaO)/(%Al$_2$O$_3$)
方案一	转炉终点	44.68	7.23	11.75	2.75	2.63	18.23	—
	RH 进站	46.60	7.08	8.59	24.56	1.84	4.11	1.90
	RH 出站	40.13	6.69	6.74	28.05	3.05	8.93	1.43
方案二	转炉终点	43.66	8.12	11.35	2.57	2.98	18.11	—
	RH 进站	44.96	7.38	7.59	23.56	1.84	5.13	1.91
	RH 出站	40.78	5.74	6.11	29.47	2.37	7.01	1.38
方案三	转炉终点	43.91	8.09	11.53	2.37	2.94	18.42	—
	RH 进站	48.21	6.84	6.57	24.83	1.12	2.86	1.94
	RH 出站	42.87	6.52	6.93	29.24	1.92	4.26	1.46

根据日本和欧洲几家钢铁公司的数据,采用钢包渣改质工艺,经过 RH 精炼后,RH 终渣 (FeO+MnO) 含量一般为 10.4%,最低可达 3%;(MnO) 含量一般为 3.1%,最低可达 1%。这几家钢厂认为,钢包渣改质的作用主要体现在减少渣中 (FeO+MnO) 含量的波动[6]。

10.3.2 RH 脱碳工艺

RH 真空精炼装置广泛用于超低碳钢、硅钢、轴承钢等钢种的生产。对于超低碳钢,RH 脱碳可达到的最低碳含量随着炼钢技术进步不断降低,如图 10-6[10] 所示。

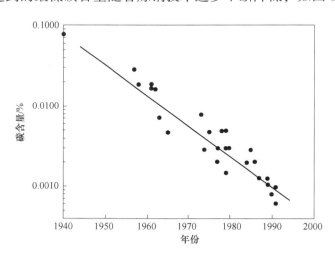

图 10-6 超低碳钢碳含量随炼钢技术进步的变化趋势

提高 RH 脱碳速率、缩短脱碳时间是高效生产节奏的要求。RH 实践中一般采用自然脱碳和强制脱碳两种脱碳工艺。

10.3.2.1 自然脱碳工艺

自然脱碳可以分为两个阶段，第一阶段产生大量的 CO 气泡，脱碳反应主要发生在钢液内部，脱碳速度很快。第二阶段脱碳反应主要发生在钢液的自由表面，脱碳速度减缓。为了加速脱碳反应，需要提高钢液的循环流量。日本新日铁广畑厂的研究结果[11]表明：钢液的循环流量与上升管内径成正比。其关系式见式（10-1）：

$$Q = 11.4G^{1/3}D^{4/3}\ln(p_1/p_2) \tag{10-1}$$

式中，Q 为钢液循环流量，t/min；G 为驱动气体流量，L/min；D 为上升管内径，m；p_1 为驱动气体压力，atm；p_2 为真空室压力，atm（1 atm = 101.325 kPa）。

由上式可知，提高钢液循环流量的主要方法首先是扩大浸渍管内径，其次是增大驱动气体流量。新日铁名古屋厂[12]将 2 号 RH 的浸渍管内径从 600 mm 扩大至 730 mm，钢液循环速度由 110 t/min 提高至 160 t/min，并采取预抽真空等措施，碳含量在 12 min 内降至不高于 0.001%，如图 10-7 所示。宝钢湛江公司[13]将 350 t RH-OB 装置的浸渍管内径从 750 mm 增加到 800 mm，最大提升气体流量为 4000 L/min，脱碳时间从 19.5 min 减至 17.5 min。冶炼初期快速减压可以加速脱碳，湛江公司在冶炼初期使用大抽气能力（1400 kg/h）蒸汽真空泵快速减压，中后期保持高的真空度。同时，控制 RH 真空槽内的冷钢量，减少冷钢在合金化阶段熔化滴落导致的增碳。采取以上措施后，IF 钢达到碳含量不高于 0.0013% 的控制目标。

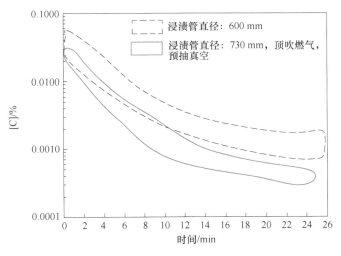

图 10-7 新日铁名古屋厂 RH 精炼工艺改进前后碳含量变化

在 RH 前期应当快速降低 RH 真空室压力，在真空开始 3~4 min 内将真空室压力抽至 1 kPa 以下，中后期保持真空度不高于 0.2 kPa，同时提高驱动气体流量。研究发现，RH 真空室的减压速度对终点碳含量的影响显著，远大于极限真空度的影响[14]。

10.3.2.2 吹氧脱碳工艺（或称强制脱碳）

在 RH 前期吹氧脱碳，可以提高脱碳速度。Yamaguchi[15]根据 JFE 千叶厂的生产数据得出，RH-KTB 脱碳速度由碳传质控制转变为氧传质控制的临界点为 [%C]/[%O] = 0.66。当 [%C]/[%O] 大于 0.66 时，RH 脱碳速度的限制性环节是 [O] 的传质，且随 [%C]/[%O] 比值降低而加快，如图 10-8 所示。因此，在 RH 真空处理初期吹氧，可增加 [O] 的传质速度，使脱碳速度常数 k_C 从 0.21 min^{-1} 提高到 0.35 min^{-1}[16]。进入 RH 脱碳中后期，钢液中碳含量低、氧含量高，碳在钢液中的扩散成为限制环节，此时应保证真空下充足的碳氧反应时间。

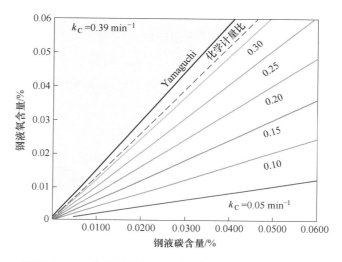

图 10-8　RH 处理过程中钢液碳、氧含量与脱碳速率关系

鞍钢 RH（KTB）采用两种自然脱碳和强制脱碳工艺生产 IF 钢，其结果见表 10-6。可见采用强制脱碳模式的脱碳时间和终点碳含量均小于自然脱碳模式[6]。

表 10-6　自然脱碳和强制脱碳模式的效果对比

冶炼炉号	进 RH		脱碳时间	出 RH	温度	备注
	[C]/%	[O]/%	/min	[C]/%	/℃	
1D6122	0.041	0.057	28	0.0030	1596	自然脱碳模式
1D6123	0.044		24	0.0027	1589	强制脱碳模式

西昌钢钒厂 RH（OB）也采用两种脱碳工艺，对炉渣均采用 LF+RH 两步改质，其 500 多炉次脱碳效果的生产数据比较见表 10-7[17]。这两种工艺都能取得良好的脱碳效果。西昌钢钒厂在一般情况下以自然脱碳工艺为主。

我国钢厂生产 IF 钢的通常做法是：当进入 RH 的初始钢液 [O] 含量与 [C] 含量之差不足 0.025% 时，应采用 RH 吹氧脱碳工艺，反之采用自然脱碳工艺。RH 吹氧时间一般在 3~5 min，如果没有加铝升温需求的话，就不再吹氧了。RH 脱碳结束时，钢液中［O］含量应控制不高于 0.030%，较低的脱氧前氧含量有利于减少生成氧化铝夹杂的总量，减轻 RH 去除夹杂物的压力。

表 10-7　自然脱碳与强制脱碳工艺脱碳效果比较

脱碳类型	转炉终点平均碳含量/%	RH 进站平均碳含量/%	脱碳结束平均碳含量/%	RH 脱碳时间/min	RH 处理时间/min
自然脱碳	0.0420	0.0305	0.00111	20	32
强制脱碳	0.0490	0.0344	0.00118	21	33

10.3.2.3　影响 RH 脱碳速度的因素

钢液进入 RH 时如果温度不足，便需要加铝和吹氧升温操作。如果加铝过少，钢液升温不足，造成多次加铝，延长 RH 精炼时间；如果加铝过多，造成钢液氧含量过低，会减缓脱碳速度。因此应控制合适的加铝量，既保证升温效果，又保证脱碳速度。

正确把握 RH 的吹氧时机很重要。吹氧过早，不利于迅速提高真空度，还会加剧钢液喷溅，导致真空室壁残留较多冷钢。吹氧过晚，未能及时补充钢液中降低的氧含量，会延长 RH 脱碳时间。攀钢改进 RH-MFB 的吹氧脱碳工艺，将 RH 真空抽至 8 kPa（约 1 min）即开始吹氧推迟至真空处理 4~5 min 时开始吹氧，RH 处理后钢液［C］含量由 0.0014%~0.0023% 降低到 0.0008%~0.0018%，如图 10-9 所示[18]。首钢则采用尽早吹氧的操作方式，一旦 RH 真空室中钢液循环起来，就开始吹氧，以提高 RH 的脱碳效率，初始阶段钢液温度高，可以防止冷钢残留在真空室壁上。

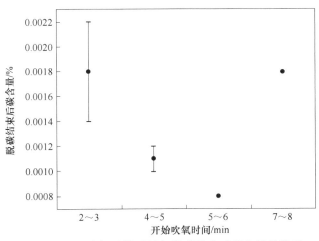

图 10-9　RH 吹氧开始时间与脱碳结束时碳含量的关系

10.3.3　防止增碳技术

IF 钢生产过程除了高效深脱碳之外，也必须严格控制精炼和连铸过程的增碳现象。在 RH 真空脱碳后，后步工序的增碳因素很多，包括铁合金、RH 真空室冷钢、钢包保温剂、钢包衬、长水口、中间包保温剂、中间包衬、浸入式水口、结晶器保护渣等。国内外 IF 钢生产过程中增碳量的先进控制水平为不低于 0.0003%，一般控制水平为 0.0005%~0.001%。

生产实践中防止增碳的主要措施为：采用无碳或微碳衬砖的钢包；在 RH 处理之前，采用顶部氧枪熔化和清除 RH 真空室残钢，防止残钢在 RH 循环过程中进入钢液导致增碳；在 RH 处理后期采用低碳 Fe-Ti 合金或海绵钛，减少合金化导致增碳；在连铸过程中采用无碳或者微碳的耐火材料和各种渣剂（中间包覆盖剂、结晶器保护渣等）。

攀钢采用无碳钢包衬砖，RH 出站钢液-连铸坯全过程平均增碳量不高于 0.00035%；与使用正常钢包比较，增碳量降低 0.00055%，见表 10-8[18]。

表 10-8 采用无碳钢包前后的增碳量 （%）

钢包类型	数据范围	RH 出站	成品	增碳	样本炉数
正常钢包	范围	0.0014~0.0022	0.0024~0.0034	0.0006~0.0015	10
	平均	0.00185	0.00275	0.0009	
无碳钢包	范围	0.0006~0.0015	0.0012~0.0020	0.0001~0.0006	15
	平均	0.0012	0.00155	0.00035	

宝钢湛江钢厂采用两种保护渣浇注超低碳钢，保护渣成分和性能汇总见表 10-9[19]。保护渣 B 的控制增碳水平明显优于保护渣 A，通过降低保护渣中游离碳和提高保护渣黏度，熔渣层厚度由 10~15 mm 增至 15~20 mm，保护渣增碳量从 0.0004% 降至 0.00008%。同时，该厂采取优化结晶器流场、恒拉速等措施，降低结晶器液面的波动，减少保护渣与钢水接触时间，进一步减少了增碳。

表 10-9 浇注超低碳钢使用的两种保护渣成分与性能

指标	SiO_2/%	Al_2O_3/%	CaO/%	Na_2O/%	F^-/%	CaO/SiO_2	F. C/%	T. C/%	熔点/℃	黏度/Pa·s
保护渣 A	36.00	5.28	32.66	4.27	4.76	0.91	1.32	3.94	1120	0.37
保护渣 B	40.04	4.97	36.33	6.46	4.80	0.91	1.10	3.15	1136	0.47

10.3.4 超低氮控制技术

钢液中平衡氮含量计算如式（10-2）和式（10-3）所示：

$$\frac{1}{2}N_2 = [N] \tag{10-2}$$

$$\lg[N] = -\frac{188.1}{T} + 0.5\lg p_{N_2} - \sum_{j=2}^{m} e_N^j[j] - 1.264 \tag{10-3}$$

式中，T 为钢液温度；p_{N_2} 为氮气分压；$[j]$ 为合金元素含量；e_N^j 为元素间的相互作用系数，均为钢液中氮含量 $[N]$ 的影响因素。

在压力为 100 Pa 时，氮在钢液中的溶解度约为 0.0014%。氮在钢液中扩散系数小，脱氮反应速度慢。真空精炼时，当 $[N]$ 含量低于 0.005%，脱氮为二级反应，传质到反应区的 $[N]$ 非常少，在 RH 真空条件下很难实现深脱氮，脱氮速度极为缓慢[20]。生产实践表明：RH 真空精炼过程中脱氮率一般不超过 10%，在 $[N]$ 含量低于 0.004% 时脱氮效果不明显。因此，应尽可能在转炉冶炼阶段脱氮，并在转炉出钢—RH 精炼—连铸全过程减少钢液吸氮。

IF 钢液脱氮和防止增氮的主要措施是：

（1）提高铁水比，一般将铁水比控制在 90% 以上[21]（铁水比与氮含量的关系如图 10-10 所示），并减少大尺寸废钢的加入量，以便炉渣能够快速覆盖液面。

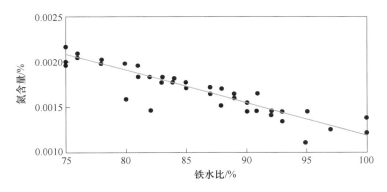

图 10-10 铁水比与终点氮含量的关系

（2）脱氮任务主要在转炉中完成。转炉应使用高纯度氧气吹炼，增大底吹气体搅拌强度。前期快速化渣，中后期避免炉渣"返干"现象。尽量杜绝补吹操作，减少炉渣的氧化性，补吹时间对终点氮含量的影响如图 10-11[21] 所示。

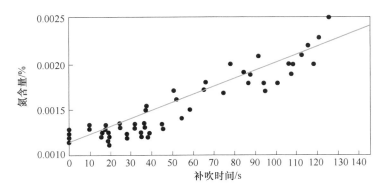

图 10-11 补吹时间与终点氮含量的关系

　　转炉出钢时加铝会引起钢液中氮含量的明显增加，所以铝和钛合金均应在 RH 脱碳结束后加入，如图 10-12 所示[22]。转炉不脱氧出钢，大量氧原子占据钢水自由表面，可以阻止氮原子向钢液扩散和溶解。尽快对氧化性强的钢包顶渣进行改质，形成新的顶渣。

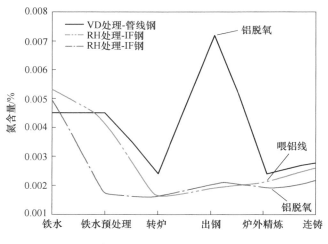

图 10-12　加铝脱氧工艺对过程氮含量的影响

　　（3）在 RH 处理时，应快速抽至极限真空度，并配合大循环流量，以提高脱氮效率。在 RH 处理的后期，减少合金化过程的增氮，用海绵钛代替 Fe-Ti 铁合金。

　　（4）连铸全过程保护浇注：包括钢包与长水口之间的密封、中间包密封、中间包与浸入式水口之间的密封、保持浸入式水口合适的插入深度等，采用合适的中间包覆盖剂和结晶器保护渣，防止钢水与空气接触；减小中间包液面和结晶器液面的波动，以避免带入空气。

　　首钢京唐公司 IF 钢典型炉次（A 和 B）从转炉到连铸过程氮含量的变化如图 10-13 所示。在转炉工序，通过控制废钢质量、全流程底吹氩气、控制碳氧反应、减少补吹、维护出钢口等措施，转炉炉后钢水氮含量可控制在 0.0021% 以下。由于 RH 进站氮含量较低，RH 真空处理不能脱氮，通过严格控制铁合金中氮含量、RH 保持密封等措施，RH 出站钢水的氮含量可以控制在 0.0022% 以下。在连铸工序，采取加强连接件密封、优化浸入式水口减小液面波动、提高耐火材料质量等措施，中间包钢水的氮含量可控制在 0.0025% 以下。

10.3.5　IF 钢表面质量控制技术

10.3.5.1　保护渣卷渣控制

日本学者采用物理模拟详细研究结晶器内卷渣机理，Yoshida[23] 和 Watanabe[24] 研

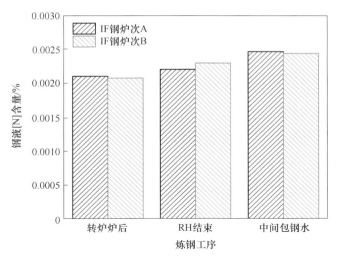

图 10-13 IF 钢转炉—精炼—连铸过程氮含量的控制

究结果最具代表性，认为卷渣主要有五种方式：（1）流股撞击窄面后沿着窄面往上运行，推动保护渣往水口附近移动，导致剪切卷渣；（2）水口左右两侧非对称流场导致水口附近产生漩涡卷渣；（3）吹入结晶器的氩气泡在钢/渣界面破裂，将保护渣裹挟进钢液；（4）钢液表面非稳态流引起卷渣；（5）水口出口高速钢流形成的负压区将液态保护渣沿水口外壁吸入，引起卷渣。

Teshima[25]以 JFE 福山 CCM5 高拉速铸机为背景，采用 1∶3 水模型和工业试验研究板坯高速连铸时结晶器内钢水流动行为，提出液面波动指数 F 来评价液面波动：

$$F = \frac{\rho Q_L V_e (1 - \sin\alpha)}{4D} \tag{10-4}$$

式中，ρ 为钢液密度，kg/m^3；Q_L 为钢液体积流量，m^3/s；V_e 为钢液流股撞击结晶器窄面速度，m/s；α 为钢液流股撞击窄边的角度，（°）；D 为流股撞击点距弯月面距离，m。液面波动指数 F 与冷轧卷缺陷发生率有关，当 F 控制在 1.7~3.0 时，冷轧卷表面缺陷发生率最低。但是，F 是一个评价卷渣的间接指标，一般认为液面波动控制在 ±3 mm 以下时结晶器卷渣发生率低，在连铸实践中，控制液面波动的有效方法是优化浸入式水口结构和应用电磁冶金技术。

浸入式水口结构是减小液面波动的直接方式，也是连铸过程中为数不多的较易改变且对结晶器流场产生显著影响的参数[26]。浸入式水口结构主要包括水口出口孔数（双孔或多孔）、出口角度、底部形状、出口形状，常规厚度板坯连铸主要采用双孔水口。降低板坯结晶器卷渣的浸入式水口有如下特点：

（1）使用大倾角水口有利于降低高速连铸结晶器的液面波动和卷渣风险。首钢京唐公司在拉速 2.4 m/min 高拉速连铸条件下使用倾角 20°水口，液面波动显著小于 15°水口[27]，如图 10-14 所示。Teshima[25] 报道 JFE 福山 CCM5 在高速连铸（拉速 1.9 m/min，宽度 1600 mm）时使用 45°大倾角浸入式水口，结晶器液面波动指数 F 值控制在合理范围，减少了冷轧板缺陷发生率。

（2）凹底水口有利于降低液面波动和卷渣概率。首钢京唐[28]利用 1：1 水模型和工业试验研究 CCM3 高速连铸下水口底部形状（包括凹底、凸底）对液面特征的影响。水模型结果显示，使用凹底水口的结晶器流场对称性优于凸底水口。工业试验结果如图 10-15 所示。结果也表明：在拉速 1.75 m/min 条件下，凸底水口的液面波动和表面流速均明显大于凹底。因此，从减少卷渣角度推荐使用凹底水口。

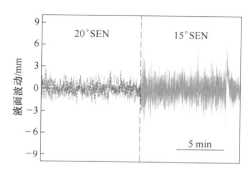
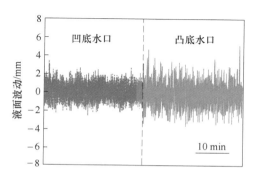

图 10-14 水口角度对液面波动影响   图 10-15 水口底部形状对液面波动影响

10.3.5.2 氧化铝形成的线状缺陷控制

氧化铝夹杂物也是引起 IF 钢表面线状缺陷的主要原因之一，需要从转炉、精炼、连铸、耐火材料等全流程进行控制。Great Lakes 公司[29]总结控制氧化铝形成的线状缺陷的影响因素，如图 10-16 所示，认为氧化铝形成的线状缺陷主要与脱氧、夹杂物上浮、卷渣、二次氧化等因素有关。

控制转炉终点氧含量是减少氧化铝的源头和关键环节，需要控制转炉补吹、过吹以及转炉出钢下渣量。从夹杂物去除角度，RH 精炼时间、吹氩搅拌、中间包与结晶器浇注工艺参数均对夹杂物去除有一定影响。从控制二次氧化角度来讲，增加钢包、中间包和结晶器密封效果、控制氩气流量过大引起的渣眼二次氧化、控制炉渣氧化性等均对控制二次氧化非常重要。从 IF 钢的生产实践来看，转炉终点氧含量、顶渣改质、防止二次氧化等对控制 IF 钢的氧化铝夹杂物至关重要。不同参数之间往往相互制约，比如浸入式水口的出口夹角增大有利于控制卷渣，但不利于氧化铝去除。

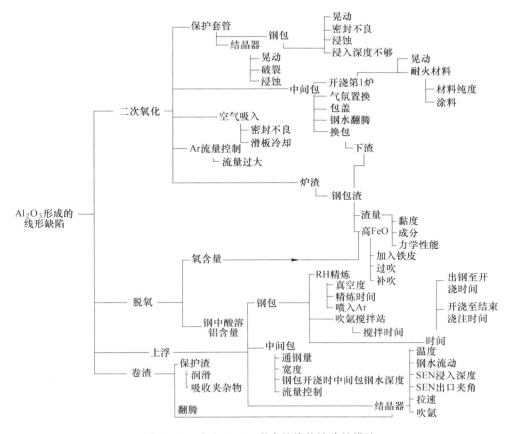

图 10-16　防止 Al_2O_3 形成的线状缺陷的措施

10.3.6　高铝钢连铸关键技术

10.3.6.1　高铝钢铸坯表面缺陷产生机理

为节约能源和减少废气排放,汽车厂家采取了一系列措施,其中有效措施之一就是减轻汽车自身质量。相关资料报道,使用高强度钢板,厚度 1.0~1.2 mm 的车身板减薄至 0.7~0.8 mm 可节油 8%~15%[30]。轻量化钢的典型特征是添加较多铝元素,但给连铸带来较大难度,主要体现在:(1)高铝钢中的铝元素在连铸过程中与保护渣反应,造成频繁报警,甚至导致漏钢事故;(2)高铝成分使坯壳不均匀程度与裂纹敏感性增大,导致板坯出现纵裂纹等缺陷[31]。

首钢发现高铝钢黏结报警及横向凹陷机理如图 10-17 所示:(1)渣圈因保护渣-钢水反应生成和长大;(2)渣圈随着铜板向下振动时,大尺寸渣圈压迫坯壳弯曲形成深振痕;(3)大尺寸渣圈脱落进入坯壳与铜板之间,挤压坯壳,形成凹陷;(4)凹陷导致坯壳凹凸不平,触发黏结报警,引起拉速降低和连铸不稳定。渣圈长大与保护渣局部区域的成分有关，而保护渣局部区域成分与保护渣熔化速率、消耗速率、保护渣与钢水反应速率以及反应界面的传质速率有关。这就要求保护渣低反应性的同时，保护渣在渣-金界面的流动性应保持良好，这与结晶器振动、保护渣性能以及结晶器表面流动密切相关[32]。

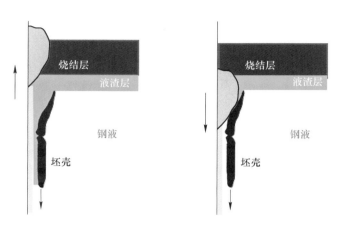

图 10-17　渣圈压迫弯月面初生坯壳形成深振痕和横向凹陷

基于以上机理分析，高铝钢连铸生产中采用以下技术：（1）低反应性 $CaO\text{-}SiO_2\text{-}Al_2O_3$ 系保护渣，较好解决了 $CaO\text{-}SiO_2$ 系保护渣与钢水反应致使性能快速变化问题，提高了浇注过程保护渣的稳定性，配合加入 Li_2O，大幅度降低保护渣黏度，提高消耗量，减少了高铝钢浇注漏钢的风险；（2）"结晶器电磁搅拌+大倾角浸入式水口"，解决了板坯连铸过程使用结晶器电磁搅拌后弯月面流场分布不均的难题，提高了凝固坯壳均匀度，显著降低了凹陷与裂纹发生率；（3）结晶器非正弦小负滑脱振动技术，减轻高铝钢渣圈在负滑脱过程对初生坯壳的挤压变形和铸坯表面横向凹陷和裂纹。

10.3.6.2　低反应性保护渣

含 Li_2O 的低反应性 $CaO\text{-}SiO_2\text{-}Al_2O_3$ 系中高碱度保护渣[32]抑制了高铝钢浇注过程的钢渣反应，提高了保护渣使用过程的稳定性。图 10-18 所示为原保护渣与新保护渣在高铝钢浇注过程中的成分变化，原保护渣中 SiO_2 成分从 35% 降至 11%，而新保护渣中 SiO_2 成分从 28% 降至 18%；原保护渣中 Al_2O_3 成分从 2% 增加至 35%，新保护渣中 Al_2O_3 成分从 12% 增加至 24%。可见新型保护渣大幅度降低了高铝钢浇注过程的钢渣反应。

10.3.6.3　凝固坯壳均匀化

如前所述，高铝钢连铸过程中保护渣变性导致渣条进入结晶器内，抑制了结晶器传热，是导致高铝钢凝固坯壳不均匀的重要原因。采用板坯结晶器电磁搅拌（M-EMS）有利于活跃弯月面，实现保护渣成分快速更新，从而减轻或消除渣圈。但采用

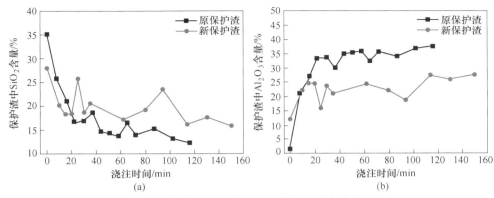

图 10-18 原保护渣与新保护渣在浇注过程中成分的变化

(a) SiO$_2$；(b) Al$_2$O$_3$

M-EMS 后，由于板坯连铸固有的"双辊流"（Double Roll Flow）特点，在弯月面区域，结晶器上回流与电磁旋转流相互叠加，弯月面流速会形成两个"加速区"和两个"减速区"如图 10-19（a）所示，显然不利于宽度方向上坯壳的均匀。针对使用 M-EMS 后弯月面存在局部区域分布不均匀的问题，首钢采用"结晶器电磁搅拌+大倾角水口"连铸坯壳均匀控制技术，在常规水口角度上增加 30°，大幅度减弱了上回流，并充分利用结晶器电磁搅拌对弯月面附近钢液的更新，实现消除渣圈和保证坯壳均匀凝固，如图 10-19（b）所示。

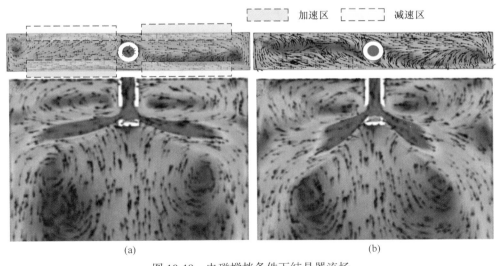

图 10-19 电磁搅拌条件下结晶器流场

(a) $\alpha°$ SEN；(b) $\alpha°$+30° SEN

采用 M-EMS+大倾角水口后，窄面液渣层厚度从 4 mm 提高至 10 mm，宽度方向上液渣层最大厚度差由 6.0 mm 降低到 1.0 mm。不同位置处凝固坯壳不均匀度也显著降低。

10.3.6.4 结晶器非正弦振动

非正弦振动的特点是结晶器向上振动的时间大于向下振动的时间，可同时满足防止坯壳拉裂和增加保护渣耗量的要求。不同于其他钢种，高铝钢的黏结报警并非真正的坯壳与铜板黏结，主要由渣圈导致的坯壳变形和保护渣流入受阻引起。为了减小高铝钢连铸时渣圈在负滑脱过程对坯壳挤压作用，结晶器振动的负滑脱时间应尽可能小。在非正弦振动模式下，对比了两种振幅（±2.5 mm、±4 mm）和振频（130 cpm、150 cpm）组合条件下的四种振动模式对负滑脱时间的影响，结果表明振幅±2.5 mm、振频 150 cpm 时，负滑脱时间最短（0.144 s），高铝钢板坯表面质量改善明显，振痕的平均深度从 0.63 mm 减小至 0.34 mm。

通过以上技术，首钢生产高铝钢（[Al]≥1.0%）可实现连浇 5 炉。厚度 237 mm 高铝钢板坯的连铸拉速可达到 1.2 m/min 以上。

10.4   汽车板钢工艺流程的选择与解析

10.4.1   工艺流程的选择

10.4.1.1   转炉—RH 真空精炼—板坯连铸工艺流程

为了生产高品质汽车冷轧板带，炼钢厂应提供超低碳氮、洁净、无缺陷的连铸坯，并且要满足产量大、节奏快的生产要求。因此，国内外基本都选择复吹转炉—RH 真空精炼—板坯连铸的炼钢工艺流程。高品质汽车钢的炼钢生产流程如图 10-20[33] 所示，关键技术包括全量铁水预处理，转炉高效复吹炼钢，转炉少渣炼钢，高效炉外精炼，夹杂物控制，以及恒拉速、高拉速、无缺陷连铸等技术。

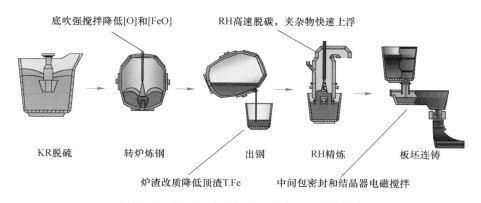

图 10-20   高品质汽车钢的生产流程和关键技术

高效的板带钢生产线也可以采用双联的转炉工艺，如图 10-21[34] 所示。其冶金生产流程如下：大型高炉（容积≥5500 m³×1 座）—KR 铁水脱硫×（1~2）台—脱磷转炉（280 t×1 座）—脱碳转炉（280 t×1 座）—双工位 RH 精炼×（1~2）台—两流板坯连铸机×1 台。

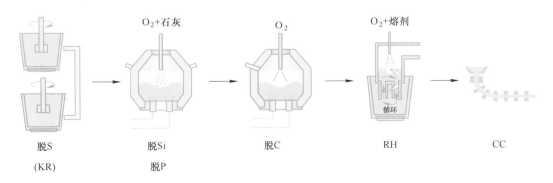

图 10-21　高效双联转炉的冶金流程

上述生产线的年产量达到 400 万吨，两条线则可以生产 800 万吨板材，为了留有余地，可以增加一台单流的板坯或大方坯连铸机。日本住友金属和歌山钢厂选择上述工艺路线，脱磷转炉和脱碳转炉的吹氧时间比常规转炉吹氧时间显著缩短（均为 9 min），除了生产对磷、硫要求苛刻的高品质钢板外，其他钢材也全部经由双联的转炉和 RH 真空装置生产，成为世界上最高效率的板材和管材生产线。首钢京唐公司采用了类似的工艺流程，即铁水 KR 脱硫—顶底复吹转炉—RH-KTB 精炼—板坯连铸。一期建成 5 座 300 t 转炉（2 座脱磷转炉和 3 座脱碳转炉），2 座双工位 RH，1 座双工位 LF，1 座 CAS，4 台双流板坯铸机，设计年产量 970 万吨，主要生产汽车板、镀锡板、家电板等薄规格产品。

10.4.1.2　转炉—LF 钢包精炼—RH 真空精炼—板坯连铸工艺流程

RH 真空精炼装置进行深脱碳时，钢液需要有合适的氧含量（≥0.03%），这样的氧含量要求造成 LF 钢包精炼的脱氧、脱硫等功能难以利用，而且还会使钢液增碳和成本增加，所以很少有钢厂在 IF 钢生产流程中配置 LF 钢包炉。但是，攀钢[17]西昌钢钒厂针对含钒铁水的特点，在 RH 之前配置了 LF 炉，如图 10-22 所示。

图 10-22　攀钢西昌钢钒厂 IF 钢的工艺流程

攀钢之所以选择"脱硫提钒—半钢转炉冶炼—LF 钢包炉精炼—RH（MFB）真空精炼—板坯连铸"的工艺流程生产 IF 钢，是因为转炉使用半钢而不是铁水冶炼，出钢温度较低，加之运输路线长，需要增设 LF 钢包炉对钢水进行温度补偿。LF 钢包炉加热过程中电极增碳大约 0.0002%，升温后的钢液被运至后工序 RH（MFB）真空装置进行脱碳和精炼操作。与传统的钢包炉渣改质工艺不同，攀钢流程的炉渣改质比较稳定，分别在 LF 结束和 RH 结束时进行[17]。目前，国外一些汽车制造厂对汽车钢生产过程的碳足迹提出严格要求，倒逼钢铁企业将转炉废钢比例增加至 30% 以上，那么，增加 LF 炉将会成为可选方案之一。

10.4.1.3　转炉—LF 钢包精炼—VD 真空精炼—板坯连铸工艺流程

一般认为，VD 真空处理的节奏慢、钢渣之间的剧烈反应容易在钢中形成夹杂物，因此很少有厂家将 VD 真空装置用于汽车板带钢的脱碳和精炼工序。但是，生产工艺往往可以有多种选择，应该根据本企业实际情况选择满足质量和生产要求的工艺流程。例如，加拿大 Dofasco 钢厂主要生产汽车钢板、镀锡板、管线钢、建筑钢板等，汽车板钢年产 270 万吨。生产 IF 钢等超低碳钢板时，选择铁水预处理—K-OBM 转炉炼钢—LF 精炼—VD 真空精炼—板坯连铸工艺流程，并取得很好的效果，如图 10-23[35]所示。

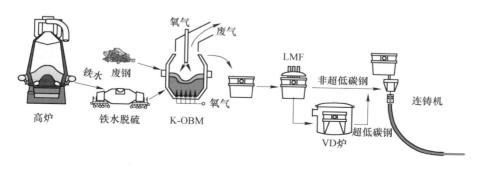

图 10-23　Dofasco 钢厂汽车板带钢的炼钢工艺流程

10.4.2　转炉—RH 精炼工艺流程解析

国内外大多数汽车钢板生产厂家均采用转炉冶炼—RH 精炼工艺流程。

10.4.2.1　转炉工序

生产高品质 IF 钢的铁水必须进行预处理，首钢京唐公司通过 KR 搅拌方法使铁水硫含量降低至 0.0020% 以下。京唐公司 5 座 300 t 转炉均采取顶底复合吹炼技术，其中包括 2 座脱磷转炉和 3 座脱碳转炉。氧枪喷头均为六孔拉瓦尔型，脱磷炉氧枪顶吹供氧强度 1.1~2.0 Nm³/(t·min)，双环缝型底吹惰性气体的强度 0.05~0.2 Nm³/(t·min)；脱碳转炉顶吹供氧强度 3.2~3.6 Nm³/(t·min)，底吹惰性气体的强度 0.04~0.17 Nm³/(t·min)，碳氧积可以达到 0.00178[36]，甚至更低水平。同时，脱磷转炉的终点磷含量不高于 0.035%，脱碳转炉的终点磷含量不高于 0.010%、碳含量 0.03%~0.05%，氧含量为 0.045%~0.055%，这些技术经济指标均为转炉冶炼的先进水平。

京唐公司将废钢分为 40 个类别，采用废钢自动分类计量系统，同时与废钢料场称量系统、社会废钢采购供应系统、炼钢厂转炉过程控制系统发生信息交互，实现废钢铁分类储存、精细管理和利用。

京唐公司转炉采用常规冶炼模式生产汽车钢板时，废钢比 18%。石灰消耗约为 28 kg/t 钢，采用脱磷炉+脱碳炉联合冶炼模式时，废钢比降为 14%，石灰消耗分别为 10 kg/t 钢和 13 kg/t 钢。与常规冶炼模式相比，脱磷炉+脱碳炉冶炼模式可以降低石灰消耗，但由于多了一道工序，温度损失约 50~70 ℃。

为了保持良好的底吹搅拌效果，京唐公司转炉采用单环或双环缝式底吹元件，Ar 从环缝中吹入，并且在 3500 炉次时及时更换，因为此时碳氧积的增加幅度较大。

京唐公司转炉在冶炼过程中采用基于副枪的动态控制方法。副枪指氧气顶吹转炉除供氧的氧枪之外，另外装备的一支可以升降并插入熔池内的水冷式三层钢管，其下端有探头电极夹，用以安装各种功能的探头。副枪的升降、探头装卸、数据传送均实现自动化。利用副枪探测熔池是获得炼钢过程中熔池内信息变化的主要手段，该公司的副枪安装有可以测量温度+碳含量的探头（TSC）以及测量温度+氧含量的探头（TSO），探头获得的信息传送至计算机，与动态控制模型相结合，实现了"一键式"炼钢，终点温度和碳目标的双命中率达到90%以上。

在转炉出钢结束后，对钢包的顶渣进行改质处理，向钢包中加入炉渣改质剂和石灰等，改质剂由铝渣球或铝粒组成，平均加铝量 0.7 kg/t，调整钢包渣的氧化性和吸附 Al_2O_3 夹杂物的能力，京唐公司将改质后的转炉钢包顶渣中 T.Fe 含量控制在不高于 6%。

10.4.2.2 RH 工序

生产超低碳钢时，RH 精炼的主要任务是深脱碳、脱氧、合金化与去除夹杂物，其操作可以分为脱碳、合金化与纯循环三个阶段。

为了保证 RH 的工艺稳定性，进站的钢液成分、氧含量和温度等均应该保持稳定，否则会引起 RH 工艺的较大波动：氧含量高的炉次需要自然脱碳，氧含量低的炉次需要吹氧脱碳，温度高炉次需要加废钢降温，温度低炉次则需要加铝吹氧升温。不稳定的工艺会影响 RH 的精炼效果和处理周期。

提高钢水循环流量是高效脱碳的重要手段。首钢 RH 原设计采用圆形浸渍管，直径为 650 mm，后来改进为椭圆浸渍管，长轴为 1150 mm、短轴为 652 mm、当量直径 866 mm。与原始尺寸相比，当量直径提高 33%，面积扩大 77%，脱碳速率由 0.28 min^{-1} 提升到 0.35 min^{-1}，如图 10-24 所示。当真空室压力为 67 Pa，提升气体流量为 2000 NL/min 时，新型浸渍管将循环流量提升至 257 t/min[37]。

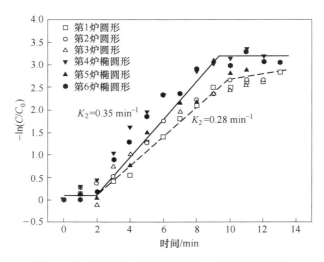

图 10-24　椭圆形、圆形浸渍管 RH 脱碳速率对比

将以上技术应用于工业生产后，冶炼超低碳钢的脱碳时间缩短了 4 min[37]。但采用椭圆浸渍管后由于耐火材料重量提高、耐火材料喷补困难导致浸渍管寿命降低，有些企业更倾向于通过减薄耐火材料或缩短长轴距离等方式来提高浸渍管寿命。

RH 脱碳结束后，进入脱氧及合金化阶段。首钢公司先加入铝粒脱氧，间隔 3~5 min 再加入钛铁合金和锰铁合金化，这种操作可以显著减少钢液中钛铝复合夹杂物和 TiN 的形成，这些夹杂物会增加钢液黏度，也是水口结瘤的来源之一。随后，进入钢水纯循环阶段，提高钢水洁净度。钢液脱氧后的夹杂物含量随着纯循环时间的延长逐渐降低，如图 10-25[38] 所示。

国外 9 家钢厂超深冲钢在 RH 精炼前的总氧含量平均为 0.0494%，RH 精炼结束后，平均总氧含量降至 0.0029%，中间包内平均总氧含量则进一步降至 0.0023%[6]。首钢京唐公司由于采用转炉不脱氧出钢与高效 RH 真空精炼工艺，RH 处理结束 IF 钢的氮含量可以控制在 0.0014%~0.0030%。

表 10-10 展示了首钢京唐公司 RH 精炼后 IF 钢洁净度控制的极低水平。碳含量最低可脱除至 0.0006%，氮含量最低可脱除至 0.0014%，中间包钢水总氧含量最低可脱除至 0.001%。由于 IF 钢冶炼对硫、磷含量脱除的要求不高，在转炉、精炼过程没有

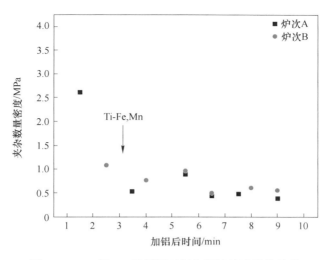

图 10-25　IF 钢 RH 纯循环时间与钢液洁净度的关系

刻意进行脱磷、脱硫操作，磷、硫含量与铁水与废钢等原料的关系较大，磷含量极低可达到 0.0034%，硫含量可以脱除至 0.0041%。

表 10-10　首钢京唐公司 RH 精炼后 IF 钢的洁净度控制水平　　　　　　（%）

C	N	P	S	T.O
0.0006	0.0014	0.0034	0.0041	0.0010

10.4.2.3　连铸工序

国内外钢铁企业在浇注超低碳钢时，绝大多数连铸机为直弧形，垂直段长度 2500~3250 mm，冶金长度 30~50 m。钢液可浇性的主要影响因素是转炉出钢时的溶解氧含量，它是钢液脱氧阶段夹杂物形成总量和炉渣二次氧化能力的指标。转炉出钢时氧活度 0.04% 左右时可浇性为 1200 t/个水口，氧活度 0.08% 时可浇性降为 600 t/个水口。

首钢京唐公司一炼钢厂建有 4 台双流板坯铸机，1、2 号机为宽断面铸机，铸坯宽度 950~2150 mm，3、4 号机为窄断面铸机，宽度 900~1650 mm。4 台铸机均为达涅利公司制造的直弧形连铸机，弧半径 9.0 m，铸坯厚度 237 mm，设计最大拉速 2.3 m/min，配备有结晶器液面控制、保护渣自动加入、电磁制动、动态轻压下等最新的技术装备。中间包容量为 80 t，采用钙铝系高碱度中间包覆盖剂，碱度为 5~10。开浇前预先向中间包内吹氩，浇注过程保持中间包气氛中氧含量小于 1%。

京唐公司采用先进的高拉速连铸技术生产汽车钢。随着拉速提高，保护渣消耗量减少，结晶器出口坯壳变薄，易发生漏钢事故；同时，随着拉速提高，结晶器液面波动与表面流速增大，易发生结晶器保护渣卷入而导致线状缺陷。首钢采用低黏度保护渣，1300 ℃黏度为 0.15 Pa·s，在连铸拉速 1.5~2.0 m/min 时保护渣消耗量不低于 0.3 kg/m²，保护渣消耗量与拉速的关系如图 10-26 所示。同时采用强冷却结晶器、结晶器钢液电磁制动、控制钩状坯壳等技术[39-40]，将 IF 钢板坯的工作拉速提高至 1.8 m/min，结晶器液面波动可以稳定控制在±2 mm 之内。

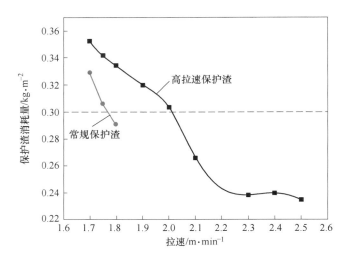

图 10-26   高拉速保护渣耗量与拉速关系

除保护渣卷入之外，浸入式水口氧化铝堵塞物脱落也是引起汽车钢板表面缺陷的原因之一。提高钢水洁净度、采用优质耐火材料和优化浸入式水口的出口形状，对降低水口堵塞有明显作用。首钢研究发现，传统的矩形水口出口上部容易出现低流速区，导致水口堵塞加重。将水口出口形状改为椭圆形，减少了低流速区，水口堵塞率有所降低。

10.4.3   转炉—LF—VD 工艺流程解析

10.4.3.1   K-OBM 转炉工艺

Dofasco 钢厂将原有的 LD 纯氧顶吹转炉改造为容量 315 t 的 K-OBM 转炉，主要目的是提高转炉废钢比（≥25%）以及在小炉容比（0.56 m³/t）条件下实现平稳吹炼。

A   炉料制度

Dofasco 钢厂钢铁炉料中废钢占 24%，铁水 76%，平均废钢比 25%。Dofasco 钢厂将废钢分为 22 个类别，包括返回废钢、碎废钢、重废钢、生铁块、热压块、废钢筋等，对废钢的供货要求包括外形、尺寸、密度、化学成分等。石灰全部采用底喷石灰粉的方式加入，氧气作为载气，设计最高喷粉速度 3500 t/min，实际喷粉速度 1500 kg/min，在转炉开吹 5~6 min 内完成喷石灰粉操作，吨钢石灰消耗量 23~28 kg。白云石通过转炉顶部料仓添加。

B　供氧和喷粉制度

K-OBM 转炉采用顶吹氧和底吹氧的复合供氧方式。顶吹氧占总供氧量 70%，采用 8 孔二次燃烧氧枪，氧气流量约 630 Nm³/min，枪位控制较高，以便通过煤气的二次燃烧，提高转炉废钢比例。北美地区天然气价格低，转炉不回收煤气。

底吹氧占总供氧量的 30%。炉底有 8 支双层喷管，从内管吹入氧气和石灰粉，从内外管之间的环缝吹入天然气，通过天然气裂解吸热保护炉底喷管不被烧毁。底吹氧气流量约 270 Nm³/min，天然气流量为底吹氧气流量的 10%。炉底喷嘴的布置如图 10-27[41] 所示。在兑铁水、加废钢和溅渣护炉阶段，底吹惰性气体（氮气和氩气）。当转炉摇炉至正常吹炼位置时，由开始时底吹氮气切换成氧气，环缝气体随之也切换成天然气。中心管吹氧压力与环缝吹天然气压力应合理匹配，严禁氧气在切换时发生倒灌进环缝的现象。

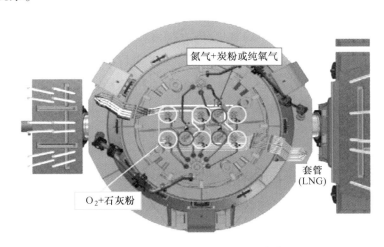

图 10-27　K-OBM 转炉炉底的喷嘴布置

当底吹氧气切换显示正常值后，立即启动底喷吹石灰粉的操作，氧气作载体携带石灰粉进入熔池，喷粉速度为 500~1500 kg/min。石灰粉在开吹 5~6 min 后全部吹入炉内，尽早参与熔池的化学反应。根据原料条件和钢种的磷含量要求，可以在出钢前补充喷吹一定数量的石灰粉。

C　终点控制技术

2006 年之前，Dofasco 钢厂 K-OBM 转炉采用静态模型附加副枪动态校正。为了提高终点命中率并改善冶炼过程安全状况，开发了基于烟气分析（Off-gas/model）的终点控制技术，取消了副枪操作。目前采用静态模型和基于炉气分析仪的动态炼钢模型，并做到冶炼终点自动出钢。

转炉脱碳末期，脱碳速率明显下降，导致炉气中 CO 含量明显下降。图 10-28 所示为 K-OBM 炉气中主要成分的变化曲线。该厂采用远红外气体分析仪对炉气中 CO 和 CO_2 含量进行分析, 利用大量的炉气分析数据指导转炉终点的准确控制。

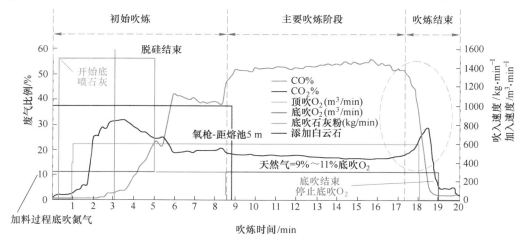

图 10-28   K-OBM 转炉冶炼过程中炉气主要成分变化

根据 K-OBM 转炉冶炼工艺需要, in-blow 阶段的 [C] 含量是判定氧枪提枪的关键点。转炉出钢前提起顶部氧枪, 底吹氧继续维持一段时间, 这一时间段称为 in-blow, 即相当于副枪的 TSC 操作阶段, 通过 in-blow 操作, 可以有效控制炉渣 T. Fe 含量以及熔池中锰、磷的反应, 进而实现高的转炉终点命中率。

D   自动出钢技术

该厂采用全自动出钢技术, 如图 10-29 所示。依据转炉吹炼过程的静态模型和动态模型预测, 接近出钢时, 转炉提枪, 中心管和环缝的底吹气体改为氩气, 进入自动出钢模式: 开启炉后红外线下渣检测仪, 根据摇炉倾角和转速, 由自动出钢模型判断炉内钢液面和炉渣面在出钢侧的具体位置, 当接近出钢口时快速摇炉, 使钢-渣液面快速渡过出钢口, 减少初期渣的下渣量。

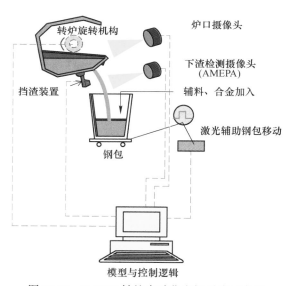

图 10-29   K-OBM 转炉自动化出钢系统示意图

自动出钢系统通过控制摇炉速度、倾角及钢包车行走速度等参数, 动态调整钢包车位置, 钢包车定位采用激光测距方法。根据新旧出钢口尺寸, 转炉出钢时间一般在 5~8 min 之内, 当红外炉渣检测仪测量的下渣量超过预设数值时, 气动挡渣装置便自动启动。

转炉出钢温度控制在 1620~1650 ℃ 范围。出钢时，在炉后自动向钢包加入 Al 粒、碳粒等炉渣改质剂，调整顶渣的氧化性。出钢后，K-OBM 转炉也采用溅渣护炉技术，由底吹喷管吹入氮气进行溅渣，通过留渣量、底吹气体流量和炉体倾动角度，来控制溅渣层厚度和溅渣位置。

10.4.3.2 LF-VD 精炼工艺

Dofasco 钢厂采用 LF 与 VD 相结合精炼工艺生产超低碳 IF 钢。

A LF 精炼工艺

LF 精炼的主要任务是调整钢水成分、温度以及炉渣成分。在 LF 精炼过程中，Dofasco 钢厂调整炉渣成分，不过分降低顶渣氧化亚铁含量，不强调造还原白渣和脱硫，生成适用于后工序 VD 精炼脱碳和减少泡沫化的炉渣，称之为"脱碳炉渣"。经过 LF 精炼，钢水 [O] 含量控制在 0.03%~0.04%，炉渣（Fe_tO）含量控制在 15% 左右，既能保证 VD 脱碳顺行，又能减少 VD 脱碳期之后铝脱氧生成的夹杂物数量。

LF 精炼超低碳钢的周期大约 40~50 min，在 LF 炉前设有钢水和炉渣快速分析装置，可在 5 min 内完成成分分析。LF 精炼结束提取试样后，不用等分析结果，分析结果自动传至 VD 工位作为炉渣调整依据。

B VD 精炼工艺

VD 精炼工艺分脱碳期与还原期，其主要任务分别是深脱碳和控制钢中夹杂物类型。该厂之所以选择 VD 装置，主要因为当时设计的超低碳钢产量只有 18 万吨/年。后来超低碳钢产量虽然增加到 200 多万吨/年，但是该厂已经习惯了 LF-VD 精炼工艺，产品完全可以满足高品质的要求，因此不再考虑增设 RH 装置。

Dofasco 钢厂 VD 真空室内钢包净空 0.6 m，为了能够大底吹流量强烈搅拌钢水，进行了炉盖内增加水冷隔热板、钢包上口设置水冷防溅罩等改造，使炉渣表面距防溅罩上口距离增加到 1.5 m，如图 10-30 所示[35]。钢包设置 3 路底吹透气塞，底吹流量为 600 L/min。

VD 精炼装置增设水冷防溅罩和提高自动化水平后，深脱碳能力显著提高，钢水碳含量低 0.003% 的比率提高至 91.2%，最低

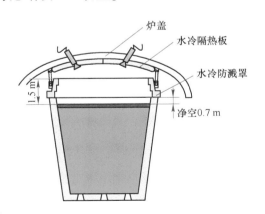

图 10-30 Dofasco 钢厂 VD 精炼装置示意图

达到 0.0009%。生产超低碳钢 VD 精炼周期 40~50 min，其中真空泵启动 5 min，真空脱碳 15~20 min，脱氧还原 20~25 min，与 LF 精炼生产节奏匹配。

VD 出站温度为 1580 ℃，VD 处理过程的温降约为 25 ℃。VD 精炼的脱碳期结束后，加入铝、钛等进行脱氧和合金化，其后在真空下继续搅拌 5 min，称为纯搅拌，此时钢液和炉渣同时被激烈搅动，渣中 FeO 与钢液中［Al］反应，可降低至 2%~3%。如果进一步延长纯搅拌时间，炉渣 FeO 含量降低可以至更低，但该厂发现：当炉渣 T. Fe 含量控制到 2% 以下，会有镁尖晶石类夹杂物（MgO·Al$_2$O$_3$）形成，此类夹杂物也会造成钢板表面的线状缺陷，因此将 VD 纯搅拌时间定为 5 min，控制精炼后炉渣 T. Fe 含量在 2%~3% 范围。除了控制 FeO 含量之外，在 VD 精炼后期还要对炉渣进行调整，将炉渣中（%CaO）/（%Al$_2$O$_3$）比值控制在 1~1.2，有利于吸附 Al$_2$O$_3$ 类夹杂物，该厂称之为"有利于去除夹杂物的炉渣"。

10.4.3.3　连铸工艺

Dofasco 钢厂的双流板坯铸机是德国西马格公司设计制造的立弯型铸机，弧半径 9.2 m，铸坯厚度 215 mm，宽度 740~1615 mm，常规拉速 1.5 m/min，最高拉速 1.8 m/min。该铸机有钢包下渣检测、结晶器液面控制、结晶器保护渣自动加入等设备，具备在线调宽、漏钢预报、铸坯质量判定等功能，但没有采用结晶器电磁搅拌、电磁制动、动态轻压下等新技术。

中间包采用湿喷方法砌筑，包盖与包体间缝隙用耐火泥封闭，中间包覆盖剂采用碳化稻壳，包盖设有 8 支喷管在浇注过程中向包内吹入氩气。

由于精炼后钢水洁净度高，炉渣 FeO 含量低，抑制了（FeO）引起钢水二次氧化，连铸超低碳钢时钢水的可浇性很好。中间包钢水温度为 1550 ℃，每个浇次可以连浇 15 炉，中间更换一次浸入式水口，更换的原因并非水口内部堵塞，而是外部被结晶器保护渣侵蚀减薄所致。

10.4.4　K-OBM—LF—VD 生产流程的特点

Dofasco 钢厂的 K-OBM 转炉的冶炼效果很好，与几家钢铁企业的转炉冶炼效果对比见表 10-11。可以看出，K-OBM 转炉在低碳出钢（0.035%）条件下，获得较低的炉渣 FeO 含量（12%~16%，平均 14.4%）、低且稳定的钢水［C］［O］积（平均 0.0014）以及较低的石灰消耗量（平均 22.2 kg/t）。K-OBM 转炉的吹氧时间约 20 min，但在自动炼钢与自动出钢技术的支持下，节约了冶炼过程取样、等样时间约 6 min，冶炼周期压缩至 40 min 以内。

LF-VD 双精炼工艺与 RH 真空精炼工艺相比，难以进一步降低 IF 钢的碳含量，目前 Dofasco 钢厂超低碳钢的碳含量一般控制在 0.003%，最低 0.0018%。此外，由于多了 LF 工序，生产成本有所增加。但是，该厂 K-OBM-LF-VD 工艺路线的稳定性高，在

表 10-11 转炉冶炼低碳钢的效果对比

项目	ArcelorMittal Dofasco	ArcelorMittal Gent	ArcelorMittal BOF 平均	邯宝	唐钢不锈
出钢碳/%	0.035	0.045	0.053	0.032	0.06
出钢氧/%	0.0398	—	0.055~0.058	0.065~0.080	0.06~0.08
[C][O]	0.001393	—	0.0029~0.0031	0.00208~0.00256	0.0036~0.0048
出钢温度/℃	1626	1654	1660	1660	1660
炉渣 FeO/%	12~16	25.6	25.0	17.0~20.0	18.0
后吹率/%	<0.5	13.0	19.3	5~8	5~7
取样时间/min	0	0	6.4	6~8	5~7
下渣量/kg·t⁻¹	3.3	6.8	9.2	3~4	3~5
石灰消耗/kg·t⁻¹	22.2	—	—	41~45	35~37

抑制钢板表面冶金缺陷方面具有明显的优势：（1）通过 LF 炉精炼，能够保证 VD 进站钢水 [C]、[O]、温度和炉渣（FeO）的稳定性，对于保证 VD 精炼高效顺行、获得高洁净度钢水是十分重要的；（2）通过 VD 精炼，炉渣（FeO）含量能够稳定控制在 2%~3%，因此可以有效抑制后续钢水运送、连铸期间由于炉渣供氧造成的二次氧化，钢水可浇性好，结晶器保护渣卷入少，无需对铸坯表面进行清理。

Dofasco 钢厂利用 K-OBM—LF—VD 冶炼工艺路线生产汽车板钢，形成稳定的工艺路线，产品质量优异，供应丰田、通用、福特等汽车厂。Dofasco 钢厂生产的 IF 钢连铸坯无需火焰清理即可进行热轧与冷轧，目前绝大多数钢厂尚做不到，其经验值得思考和借鉴。

10.5　本 章 小 结

（1）IF 钢的炼钢流程主要有三种：转炉—RH 真空精炼—板坯连铸、转炉—LF 精炼—RH 真空精炼—板坯连铸以及转炉—LF 钢包精炼—VD 真空精炼—板坯连铸。转炉—RH 真空精炼—板坯连铸工艺流程是多数钢厂生产超低碳 IF 钢的首选，能够实现高效脱碳和去除夹杂物，冶炼周期短，成本低。转炉—LF 钢包精炼—VD 真空精炼—板坯连铸工艺流程生产 IF 钢在冶炼周期、极低碳含量和成本等方面稍有不足，但因其工艺稳定性高，在抑制钢板表面冶金缺陷方面具有优势。转炉—LF 精炼—RH 真空精炼—板坯连铸流程的生产成本增加，易增氮、增碳，仅在有特殊需求的条件下采用。

（2）采用转炉—RH 炼钢工艺流程生产 IF 钢时，终点 [C] 含量可以控制在 [C]≤0.0030%，甚至 [C]≤0.0010%，中间包 T.O≤0.0023%。提高供氧强度和加强底部搅拌是转炉高效脱碳的必要条件，转炉钢包渣改质可以调整钢包渣的氧化性和提高吸附 Al_2O_3 夹杂物的能力。RH 精炼较多采用高效的吹氧强制脱碳工艺，无论采用强制脱碳工艺还是自然脱碳工艺，均应提高钢水循环流量以缩短 RH 脱碳时间。

（3）连铸结晶器液面异常波动等原因使氧化铝夹杂和保护渣卷入凝固壳，后续热轧和冷轧时在钢板表面形成线状缺陷，通过减小结晶器液面波动、改善钢液洁净度和选择较高黏度保护渣等措施，可以减少其发生的概率。

参 考 文 献

[1] 世界钢铁协会. https：//worldsteel. org/zh-hans/steel-topics/steel-markets/automotive/.

[2] 康永林. 现代汽车板的质量控制与成形性 [M]. 北京：冶金工业出版社，1999：18.

[3] 赵沛. 炉外精炼及铁水预处理实用技术手册 [M]. 北京：冶金工业出版社，2004.

[4] 唐荻，赵征志，米振莉，等. 汽车用先进高强板带钢 [M]. 北京：冶金工业出版社，2016：189.

[5] Cramb A W. Secondary steelmaking and casting：The basis for control of steel properties and quality [J]. Scandinavian Journal of Metallurgy，1997：262-267.

[6] 国际钢铁协会. 洁净钢：洁净钢生产工艺技术 [M]. 中国金属学会，译. 北京：冶金工业出版社，2006.

[7] Yavuz M M，Sengupta J. Nozzle Design for ArcelorMittal Dofasco's No. 1 continuous caster for minimizing sliver defects [J]. Iron & Steel Technology，2011，8（7）：39-47.

[8] Lee K K，Park J M，Chung J Y，et al. The secondary refining technologies for improving the cleanliness of ultra low carbon steel at Kwangyang Works [J]. La Revue de Metallurgie，1996（4）：503-509.

[9] 高福彬，王新华，刘俊山，等. 超低碳汽车板钢钢包渣高效改质工艺的试验研究 [J]. 炼钢，2021，37（4）：5-9.

[10] Sasabe M. Refining limits of impurities in steel and progresses in steelmaking art [C]. 143rd and 144th Nishiyama Memorial Semina，ISIJ，Tokyo，1992：1.

[11] Ono K，Yanagida M，Katoh T，et al. The Circulation Rate of RH-Degassing process by water model experiment [J]. Denki-Seiko，1981，52（3）：149.

[12] Fukuda Y，Imai T，Sado T，et al. Development of high-grade steel manufacturing technology for mass production at Nagoya Works [J]. Nippon Steel Technical Report，2013（104）：90-96.

[13] 李然，何丹. 湛江钢铁 350 tRH 极低碳钢脱碳工艺技术分析 [J]. 南方金属，2022（3）：29-31.

[14] Peter R，Alfred J，Ernst P，et al. Extending secondary refining at the LD-Steel Plant of VA Stahl Linz-The key factor for increased productivity and improved quality [C]. European Oxygen Steelmaking Conference，Birmingham，UK，2000：221.

[15] Yamaguchi K，Kishimoto Y，Sakuraya T，et al. Effect of refining conditions for ultra low carbon steel on decarburization reaction in RH degasser [J]. ISIJ International，1992，32（1）：126-135.

[16] Kameyama K，Nishikawa H，Aratani M，et al. Mass production of ultra-low carbon steel by KTB method

using oxygen top blowing in the vaccum vessel [J]. Kawasaki Steel Technical Report, 1992, (26): 92-99.

[17] 袁保辉, 刘建华, 周海龙, 等. RH 强制脱碳与自然脱碳工艺生产 IF 钢精炼效果分析 [J]. 工程科学学报, 2021, 43 (8): 1107-1115.

[18] 张敏, 曾建华, 李平凡, 等. 高品质 IF 钢碳含量控制关键技术研究 [J]. 铸造技术, 2019, 40 (6): 609-612.

[19] 雷志亮, 张东栋, 梅峰, 等. 超低碳保护渣控制钢水增碳的研究 [J]. 连铸, 2018, 43 (5): 49-53.

[20] 章奉山, 朱万军, 刘振清, 等. RH-KTB 深脱氮工艺研究 [J]. 钢铁, 2006, 41 (4): 30-32.

[21] 李伟东, 孙群, 林洋. IF 钢氮含量控制技术研究 [J]. 钢铁, 2010, 45 (7): 28-32.

[22] Bleck W, Bode R, Hahn F J. Herstellung und Eigenschaften von IF-Stahl [J]. Thyssen Technische Berichte, 1990 (1): 69-85.

[23] Yoshida J, Iguchi M, Yokoya S. Water model experiment on mold powder entrapment around the exit of immersion nozzle in continuous casting mold [J]. Tetsu-to-Hagane, 2001: 17.

[24] Watanabe T, Iguchi M. Water model experiments on the effect of an argon bubble on the meniscus near the immersion nozzle [J]. ISIJ Int., 2009, 49 (2): 182-188.

[25] Teshima T, Kubota J, Suzuki M, et al. Influence of casting conditions on molten steel flow in continuous casting mold at high speed casting of slabs [J]. Tetsu-To-Hagane, 1993, 79 (5): 576-582.

[26] Zhang L, Thomas B G. State of the art in evaluation and control of steel cleanliness [J]. ISIJ Int., 2003, 43 (3): 271-291.

[27] 邓小旋. 高拉速板坯连铸结晶器内钢水流动特征与夹杂物研究 [D]. 北京: 北京科技大学, 2013: 161.

[28] 邓小旋, 熊霄, 王新华, 等. 水口底部形状对高拉速板坯连铸结晶器液面特征的影响 [J]. 北京科技大学学报, 2014, 36 (4): 515-522.

[29] Chakraborty S, Hill W. Reduction of alumina slivers at Great Lakes No. 2 CC [C]. 77th Steelmaking Conf. Proc., Warrendale, PA: Iron and Steel Society, 1994: 389-395.

[30] 王晓东, 王利, 戎咏华. TRIP 钢研究的现状与发展 [J]. 热处理, 2008, 23 (6): 8-19.

[31] 李阳, 王京, 兰鹏, 等. 合金元素对钢亚包晶转变与连铸纵裂倾向的影响 [J]. 钢铁, 2013, 48 (12): 73-79.

[32] 季晨曦, 李海波, 刘国梁. 首钢高铝钢连铸坯质量控制技术开发 [C]. 第 23 届 (2022 年) 全国炼钢学术会议, 南京, 2022: 45-49.

[33] 王新华. 高品质冷轧薄板钢中非金属夹杂物控制技术 [J]. 钢铁, 2013, 48 (9): 1-8.

[34] Emi T. Optimizing steelmaking system for quality steel mass production for sustainable future of steel industry [J]. Steel Research International, 2014, 85 (8): 1274-1282.

[35] Kuhl T, Sun S, Trinh M K. Equipment and practice enhancements at Dofasco's vacuum degas tank for ULC steel [C]. Warrendale, PA: Iron and Steel Society, 2003: 853-864.

[36] 李勤, 王立永, 丁立丰. 300 t 转炉终点碳氧积控制技术研究 [J]. 炼钢, 2019, 35 (5): 10-15.

[37] 朱国森，李海波，季晨曦. 首钢炼钢技术的进步与创新 [J]. 上海金属，2018（1）：1-7.

[38] 邓小旋，李海波，季晨曦，等. 超低碳钢高效 RH 精炼工艺技术研究 [C]. 2020 年（第二十二届）全国炼钢学术会议论文集，湛江，2020：283-287.

[39] 朱国森，季晨曦，刘洋，等. 首钢板坯连铸技术进步 [J]. 中国冶金，2019，29（8）：1-7.

[40] 邓小旋，潘宏伟，季晨曦，等. 常规低碳钢板坯的高速连铸工艺技术 [J]. 钢铁，2019，54（8）：70-81.

[41] Choi H S, Ha C S, Choi J H, et al. Increased scrap rate at the BOF process by the application of hot air postcombustion-PS-BOP project [C]. The 6th China-Korea Joint Symposium on Advanced Steel Technology, Nanjing, 2014：76-81.

11 管 线 钢

　　管线钢是用于制造石油、天然气等输送管道并具有特殊要求的钢种，属于高技术含量和高附加值的产品。近40年来，管线钢已由早期的C-Mn钢发展至目前的低碳或超低碳微合金化钢，显微组织由铁素体-珠光体发展至针状铁素体或超低碳贝氏体等，强度、韧性、应变能力、可焊性等性能得到了大幅提升，X70、X80高强度管线钢已在长输天然气管道工程中实现了良好的规模化应用，并进一步开发了X100、X120等更高级别的管线钢。管线工程的发展趋势为大管径、高压富气输送、高冷和腐蚀的服役环境、海底管线的厚壁化等，因此，现代管线钢的发展趋势应当具有更高强度、低包申格效应、高韧性和抗脆断、抗时效应变能力和良好现场焊接性能，以及抗HIC和抗H_2S腐蚀能力。随着国内冶金技术装备水平的进步，我国生产管线钢的企业逐渐增多，如宝钢、武钢、鞍钢、舞钢、南钢、太钢等，工艺技术路线主要包括转炉和电炉冶炼两大类。本章通过对管线钢的冶金质量、关键工艺技术以及典型工艺流程解析等的详细介绍，以期更清晰地描述当前管线钢的技术发展和应用情况。

11.1　管线钢的用途、分类和发展趋势

11.1.1　用途和分类

　　目前世界上已探明的可再生石油储量约60%集中在中东地区，其余主要分布在前苏联、美国、沙特阿拉伯、南美、中国等。天然气已探明储量约80%集中在10个国家，其中独联体占约40%、中东占约30%。从石油需求的分布来看，主要集中在大西洋、亚太地区，天然气的用户则主要集中在前苏联、北美和西欧，石油用户主要集中在工业发达的城市地区，而油气田则大部分在极地、冰原、荒漠、海洋等偏远地带。因此，油气输送管线作为石油和天然气的一种经济、安全、不间断的长距离输送工具，在近几十年间得到了巨大发展，预计在未来很长时间内仍将得到持续应用。表11-1为不同环境下的管线钢设计及使用要求。

表 11-1   不同环境下的管线钢设计及使用要求

设计趋势	材 料 特 征
提高输送压力	增加管线钢强度或厚度，断裂韧性可能会有所降低，而且由于合金化需要（微合金钢或 Cu、Mn、Cr、Mo 等合金化）材料成本增加，要求更加严格的轧制工艺、接近断裂止裂模型极限等
寒冷的环境	要求高的低温断裂韧性和较高的韧性，较高的洁净度、夹杂物形状控制，低的 C、P、S 含量，更为严格的轧制工艺、额外的裂纹止裂评估方法，材料的成本将受所需工艺和成分控制的影响等
冻土地质条件	需要较高的纵向强度，较高的均匀延伸性能，不必与高强度钢的组织设计相一致
焊接	较低的碳当量，需要重新进行合金化设计，对强度范围要求也更加严格，由此导致制造成本增加
抗氢致裂纹	低碳、较高的洁净度、夹杂物形状控制、较低的 S、P 含量、较高的铸坯成分均匀性，因合金化和制造工艺等因素使钢的成本显著增加
海底管线	应变设计、较高的纵向强度性能、较低的钢板各向异性，需要改善合金设计，导致成本增加

11.1.2   管线钢发展趋势

　　管线钢的发展表明，管线钢不仅需要更高的强度和韧性，同时还需要具备较好的塑性、耐酸性及应力腐蚀等性能。X80 级以下管线钢，采用针状铁素体型组织结合工艺调整即可满足强度、韧性及塑性的要求，而 X100 管线钢基体采用粒状贝氏体并在其中分布一定量的 MA 组元，是最佳、最经济的方案，但是要达到高强度下仍具有合适的 DWTT 韧性还需要做大量工作。此外，X100 管线钢的可焊性及止裂性能也是其研究重点。若 X100 管线钢的止裂性能处于临界状态，当服役条件严酷时，如输送富气、采用高的设计系数和低的设计温度时应考虑使用止裂环。X120 管线钢不能通过粒状贝氏体达到性能要求，因此，需要加入 B 元素来改变 CCT 转变曲线以增加淬透性，使其形成具有更低韧脆转变温度的低碳贝氏体，或通过生产工艺及组织调整来满足各项力学性能指标。高强度管线钢随年代的发展情况如图 11-1 所示。

　　大变形管线钢是未来管线钢的发展方向之一。由于中国地理条件的限制和管线钢产品的发展，对基于应变设计管线的需求越来越迫切，如地震侧滑、湿陷性黄土塌陷、沉降、冻胀和冻土融化、自由悬跨的地理条件、海底环境等会使管线产生大量变形，使得大变形管线钢的需求大大提高。抗大变形管线钢需要有足够的强度和变形能力，其组织状态一般为包含硬相和软相的双相组织或多相组织。硬相为管线钢提供必要的强度，软相保证足够的塑性。当前研究开发的抗大变形管线钢系列组织状态为：铁素体+贝氏体、贝氏体+MA。铁素体钢的形变强化能力最好，针状铁素体次之。随着硬

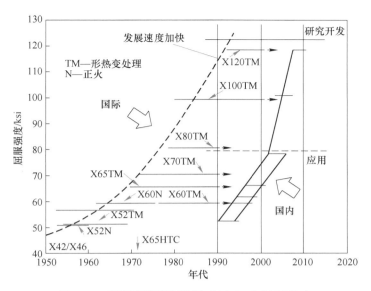

图 11-1　高强度管线钢发展（1 ksi＝6.895 MPa）

相比例增加，管线钢强度提高，如铁素体＋贝氏体管线钢随着贝氏体体积分数增加到30%左右，屈服平台消失，屈服现象为 Round House 型。而对于贝氏体＋MA 管线钢，MA 体积分数在 5% 左右时管线钢的屈强比最低，韧性最好[1]。此外，时效后的性能指标也是大变形管线钢研究的重点之一，通常时效现象使得管线钢的变形能力降低，其与钢板及钢管的生产工艺密切相关[2]。

管线钢在酸性环境下使用对质量要求非常严格，因其使用环境的特殊性，对钢的成分设计、冶炼技术、轧制工艺及冶金装备水平均提出了十分严格的要求。一般要求这种管线钢具有超低的硫含量，且需要通过钢水钙处理减少夹杂物数量以及改善夹杂物的形态。通过降低碳、磷、锰含量防止偏析和降低偏析区硬度，并避免出现带状组织，通过添加 Cu、Ni、Cr 等合金元素形成钝化膜防止氢气的入侵。此外，在焊管的设计、生产及标准的选用上也与常规的油气管线用钢不同[3]。

大管径、高压、富气输送、高强度抗大应变、大壁厚海底管线用钢、高寒和腐蚀的服役环境是管线钢发展的主要方向。

11.1.2.1　大管径、高压、富气输送

根据流体力学设计要求，原油管道单位时间输送量与输送压力梯度的平方根和略大于管道直径的平方成正比。加大管道直径，提高管道工作压力是提高管道输送量的有效措施和油气输送管线的发展方向。

因此，扩大管径已经成为一种趋势。1970—1985 年欧共体所使用的管道平均直径增加了一倍。1969 年，管径为 762 mm 以上的管线在美国占 25%，在苏联占 29%，

1980 年，管径 762 mm 以上的管线在美国占 40%，在苏联占 45%。输气管线通常直径为 1420 mm，输油管线直径为 1200 mm。目前认为，输油管线的最大合适管径为 1220 mm，输气管线的最大合适管径为 1420 mm。

在输送压力方面，当输送压力从 7.5 MPa 增加至 10~15 MPa 时，输气管线的输送能力可提高 35%~60%。在国外，输送压力经历了一个逐渐增大的发展过程，从 20 世纪 50~60 年代的 6.2 MPa，70~80 年代的 10 MPa，提高到 1998 年的 14 MPa。目前，国外新建油、气管线的输送压力一般在 10 MPa 以上。

我国与国外油气管道技术水平尚存在一定的差距。国内油气管道最大管径为 700 mm，输送压力 4.5 MPa，2000 年后新建管道压力为 6.4~7.5 MPa，21 世纪输送压力预计不低于 8.0~10.0 MPa。

富气输送是指在天然气站不进行分馏处理，将较重的烃气留在天然气中进行输送。提高密度和气体的压缩性系数，提高管道输送效率，降低成本。由于作用在管壁上的应力与钢管管径和内压成正比，因此管径和内压的增加要求壁厚和钢的强度增加。壁厚和钢的强度水平增加，会导致钢管出现断裂的几率增加，因此对钢管的韧性提出了更高的要求。

11.1.2.2 高强度抗大应变能力

地震区和永冻带对管线的挑战较大，这些地区的埋地管线可能发生大的塑性变形，针对这类管线工程采用了"基于应变设计法"的新概念[4]。因此，管线需要更高的抗压缩和拉伸应变性能。对于按"应力设计"的管线，抗大应变管线的纵向性能十分重要。

钢管的可变形性可通过提高应变硬化性能（降低屈强比）提高，而钢材的应变硬化性能受到显微组织的强烈影响，由硬相和相对软的相组成的双相显微组织可获得较大的应变强化性能。JFE 开发了两种类型的高变形性管线，一种是由铁素体+贝氏体双相显微组织构成，另一种是由贝氏体+马氏体（MA）双相显微组织构成。这些管线对因地面运动而引起的大应变有着更高的抗弯折和抗断裂能力。为了生产这种高强度高性能的管线钢，JFE 在西日本钢铁厂的 Fukuyama 厚板厂安装了 HOP（在线热处理工艺）装置，HOP 是一种螺线管型感应加热设备，在生产线上临近热矫机，位于加速冷却装置之后。与 Super-OLAC（超级在线加速冷却工艺）相结合，HOP 可获得传统 TMCP 工艺达不到的独特效果。采用传统 TMCP 工艺时，钢板经过控轧、加速冷却，然后空冷；而采用 HOP 技术时，钢板快速冷却后立即通过感应线圈进行快速热处理。通过控制相变可获得多种性能，且同时析出碳化物和第二相。通过 HOP 工艺可使钢板在厚度方向、纵向和横向等方向获得均匀的材料性能，使得大规模生产钢板的力学性能分散度更小，且具有很好的管体尺寸精度。HOP 工艺还可以提高材料热稳定性，改善消应力热处理和抗应变时效等材料的耐热性能。

11.1.2.3 大壁厚海底管线用钢

能源需求促进了边际油气田和海上油气资源的开发，海底管线的重要性日益凸显。恶劣的海洋环境对海底管线用钢提出了较陆地管线更加严格的质量要求。根据 DN V-OS-F101 海底管线标准，海底管线对钢管的横向强度和纵向强度均有一定要求。随着海洋石油开采从近海向深海发展，特别是水深大于2100 m 后，海底管线的抗压溃性越来越重要。为满足相应要求，钢管的壁厚和钢管尺寸的圆度显得十分重要。随着水深的增加，钢管的壁厚增加，钢管口径与钢管壁厚的比值（D/t 值，D 为管径，t 为管壁厚）增大[5]。

目前油、气产量中有 20% 的原油和 5% 的天然气来源于近海。在全世界海洋大陆架沉积盆地中，石油储量估计为 2500 亿吨。目前全世界海底管线已超过 $2×10^4$ km，海底管线与陆地管线的服役条件相比有很大的差异，海底管线经受自重、管内介质、设计内压、外水压等工作载荷以及风、浪、流、冰和地震等环境载荷的作用，要求钢管具有足够的 t/D 值，因而高压、小直径和厚壁化已成为近海管线的特点。

为适应海底管道工程的发展趋势，保证管线建设和运行的经济性和安全性，对管道和管线钢的质量参数提出了更高的要求。管线钢向洁净化、高强度、高韧性、可焊性、高的抗氢致裂纹（HIC）和抗硫化氢应力腐蚀开裂（SSCC）能力的方向发展。

11.1.2.4 高寒和腐蚀的服役环境

全世界对能源的需求不断增加，人类正从偏远地区寻找和开发新的油气田，与此相配套的管道多是在气候恶劣、人烟稀少、地质地貌条件极其复杂的地区建设。如美国横穿阿拉斯加的管道，途经冻土地区，气温低达-70 ℃。苏联于 1985 年建设的西伯利亚—中央输气管线，途经常年冻土区，气温低达-63 ℃，积雪 70~90 cm。我国规划修建的新疆原油和天然气外输管线，沿途要经过大片沙漠、戈壁高原、碱滩、沼泽地、基岩峡谷、地震活动断层和大落差地段，一些区域昼夜温差变化 10~20 ℃，最大可达 30 ℃；冬季最低温度-34 ℃，夏季地表最高温度可达 73~80 ℃。这些严酷的地域、气候条件不但给长输管线的施工造成困难，而且对管线钢的性能，尤其是管线钢的低温韧性和韧脆转变特性提出了更高的要求。

人类对能源的渴求还使得延伸的管线面临着更严酷的腐蚀环境。目前我国新开发的新疆南疆沙漠油田为 5000~7000 m 深的超深高压井，随着钻井深度的增加，油气中所含腐蚀介质成比例增加。另外，由于含 H_2S 油井、含 CO_2 脱硫油井和 H_2S、CO_2 共存油井的开发，也对输送管线提出了更高的抗腐蚀要求。

11.2　管线钢的标准

石油天然气工业管线输送系统用管线钢的成分要求（GB/T 9711—2017）[6] 见表 11-2 和表 11-3。

表 11-2　$t \leqslant 25.0$ mm（0.984 in）PSL1 钢管化学成分　　　（%）

钢种	C_{max}	Mn_{max}	P_{min}	P_{max}	S_{max}
无缝管					
L175 或 A25	0.21	0.60		0.030	0.030
L175P 或 A25P	0.21	0.60	0.045	0.080	0.030
L210 或 A	0.22	0.90		0.030	0.030
L245 或 B	0.28	1.20		0.030	0.030
L290 或 X42	0.28	1.30		0.030	0.030
L320 或 X46	0.28	1.40		0.030	0.030
L360 或 X52	0.28	1.40		0.030	0.030
L390 或 X56	0.28	1.40		0.030	0.030
L415 或 X60	0.28	1.40		0.030	0.030
L450 或 X65	0.28	1.40		0.030	0.030
L485 或 X70	0.28	1.40		0.030	0.030
焊管					
L175 或 A25	0.21	0.60		0.030	0.030
L175P 或 A25P	0.21	0.60	0.045	0.080	0.030
L210 或 A	0.22	0.90		0.030	0.030
L245 或 B	0.26	1.20		0.030	0.030
L290 或 X42	0.26	1.30		0.030	0.030
L320 或 X46	0.26	1.40		0.030	0.030
L360 或 X52	0.26	1.40		0.030	0.030
L390 或 X56	0.26	1.40		0.030	0.030
L415 或 X60	0.26	1.40		0.030	0.030
L450 或 X65	0.26	1.45		0.030	0.030
L485 或 X70	0.26	1.65		0.030	0.030

注：1. $Cu \leqslant 0.50\%$，$Ni \leqslant 0.50\%$，$Cr \leqslant 0.50\%$，$Mo \leqslant 0.15\%$。

　　2. 碳含量比规定最大碳含量每减少 0.01%，则允许锰含量比规定最大锰含量增加 0.05%，对于钢级 $\geqslant$ L245 或 B 但 $\leqslant$ L360 或 X52 的钢级，最大锰含量为 1.65%；对于钢级>L360 或 X52 但<L485 或 X70 的钢级，最大锰含量为 1.75%；对于钢级 L485 或 X70 的钢级，最大锰含量为 2.00%。

　　3. 除另有协议外，$Nb+V \leqslant 0.06\%$，$Nb+V+Ti \leqslant 0.15\%$。

表 11-3 $t \leqslant 25.0$ mm (0.984 in) PSL2 钢管化学成分　　　（%）

钢种	C	Si	Mn	P	S	CE$_{IIW}$	CE$_{Pcm}$
无缝管和焊管							
L245R 或 BR	0.24	0.40	1.20	0.025	0.015	0.43	0.25
L290R 或 X42R	0.24	0.40	1.20	0.025	0.015	0.43	0.25
L245N 或 BN	0.24	0.40	1.20	0.025	0.015	0.43	0.25
L290N 或 X42N	0.24	0.40	1.20	0.025	0.015	0.43	0.25
L320N 或 X46N	0.24	0.40	1.40	0.025	0.015	0.43	0.25
L360N 或 X52N	0.24	0.45	1.40	0.025	0.015	0.43	0.25
L390N 或 X56N	0.24	0.45	1.40	0.025	0.015	0.43	0.25
L415N 或 X60N	0.24	0.45	1.40	0.025	0.015	依照协议	
L245Q 或 BQ	0.18	0.45	1.40	0.025	0.015	0.43	0.25
L290Q 或 X42Q	0.18	0.45	1.40	0.025	0.015	0.43	0.25
L320Q 或 X46Q	0.18	0.45	1.40	0.025	0.015	0.43	0.25
L360Q 或 X52Q	0.18	0.45	1.50	0.025	0.015	0.43	0.25
L390Q 或 X56Q	0.18	0.45	1.70	0.025	0.015	0.43	0.25
L415Q 或 X60Q	0.18	0.45	1.70	0.025	0.015	0.43	0.25
L450Q 或 X65Q	0.18	0.45	1.80	0.025	0.015	0.43	0.25
L485Q 或 X70Q	0.18	0.45	1.80	0.025	0.015	0.43	0.25
L555Q 或 X80Q	0.18	0.45	1.90	0.025	0.015	依照协议	
L625Q 或 X90Q	0.16	0.45	1.90	0.020	0.010	依照协议	
L690Q 或 X100Q	0.16	0.45	1.90	0.020	0.010	依照协议	
焊管							
L245M 或 BM	0.22	0.45	1.20	0.025	0.015	0.43	0.25
L290M 或 X42M	0.22	0.45	1.30	0.025	0.015	0.43	0.25
L320M 或 X46M	0.22	0.45	1.30	0.025	0.015	0.43	0.25
L360M 或 X52M	0.22	0.45	1.40	0.025	0.015	0.43	0.25
L390M 或 X56M	0.22	0.45	1.40	0.025	0.015	0.43	0.25
L415M 或 X60M	0.12	0.45	1.60	0.025	0.015	0.43	0.25
L450M 或 X65M	0.12	0.45	1.60	0.025	0.015	0.43	0.25
L485M 或 X70M	0.12	0.45	1.70	0.025	0.015	0.43	0.25
L555M 或 X80M	0.12	0.45	1.85	0.025	0.015	0.43	0.25
L625M 或 X90M	0.10	0.55	2.10	0.020	0.010		0.25
L690M 或 100M	0.10	0.55	2.10	0.020	0.010	—	0.25
L830M 或 120M	0.10	0.55	2.10	0.020	0.010		0.25

注：1. $t>20.0$ mm (0.787 in) 无缝管，碳当量的极限值应协商确定。

2. 碳含量比规定最大碳含量每减少 0.01%，则允许锰含量比规定最大锰含量高 0.05%，对于钢级≥L245 或 B 但≤L360 或 X52 最大锰含量不得超过 1.65%；对于钢级>L360 或 X52 但<L485 或 X70 最大锰含量不得超过 2.20%。

3. 除另有协议外，Nb+V≤0.06%，Nb+V+Ti≤0.15%。

4. 除另有协议外，Cu≤0.50%，Ni≤0.30%，Cr≤0.30%，Mo≤0.15%。

5. 除另有协议外，不允许添加硼，要求残余 B≤0.001%。

石油天然气工业管线输送系统用管线钢的美标成分要求（API 5CT）[7]见表 11-4。

表 11-4   美标石油天然气输送钢管化学成分　　　　　　　　　　　（%）

牌号	C	Si	Mn	P	S	Cr	V	Al$_s$
J55K55 （37Mn5）	0.34~0.39	0.20~0.35	1.25~1.50	≤0.020	≤0.015	≤0.015	—	≤0.020
N80 （36Mn2V）	0.34~0.38	0.20~0.35	1.45~1.70	≤0.020	≤0.015	≤0.015	0.11~0.16	≤0.020
L80 （13Cr）	0.15~0.22	≤1.00	0.25~1.00	≤0.020	≤0.010	12.0~14.0	—	≤0.020
P110 （30CrMo）	0.26~0.35	0.17~0.37	0.40~0.70	≤0.020	≤0.010	0.80~1.10	≤0.08	≤0.020

注：除另有协议外，Ni≤0.20%，Cu≤0.20%。

石油管线钢广泛应用于石油和天然气输送，由于进口管道价格昂贵，国内钢企逐渐发展了自己的管线钢牌号，如国产管线钢牌号有 X46、X52 和 X70 等。牌号代表管道的最小屈服强度，如 X46 代表最小抗拉强度为 46 ksi（317.17 MPa）。与美标相比，国标对碳含量的要求更低，对合金元素含量的要求更高。不论是进口钢管还是国内钢管，都需要经过合格的套管才能确保管道的安全性。管线钢的选择和分类对于管道的质量和使用寿命有重要的影响，无论是不锈钢管线还是高压与石油管线，都有对应的牌号分类和使用条件。合适的管线钢能够确保管道的安全性和稳定性，因此，用户应根据具体的使用需求和环境，选择适合的管线钢牌号和规格。

11.3   管线钢的冶金质量要求

11.3.1   成分特点

管线钢中的组织不仅和控轧控冷工艺有关，受化学成分影响也很大。对低碳高锰添加微量钼、铌、钛和钒元素的合金钢采用严格的控制热加工工艺，获得的以针状铁素体为主的混合型组织具有优良的综合性能[8]。

国内外高级管线钢成分采用超低碳微合金化，通过降低碳的含量，改善钢的低温韧性、断裂抗力、延展性及成型性；增加锰的含量，弥补管线钢因降低碳含量而损失的屈服强度；同时控制钒、铌、钛等微合金化元素的含量，使管线钢获得最佳的韧性和焊接性能[9]。

11.3.2 微合金化元素的作用

管线钢成分设计和传统的合金钢及低合金钢不同，一般在低 C-Mn-Si 钢中添加微量的铌、钒、钛和钼等合金元素，通过微合金化与控轧控冷工艺相结合使得晶粒充分细化，并且结合析出强化和位错亚结构强化效应，达到大幅度提高钢材综合性能的目的[10]。

11.3.2.1 铌、钒和钛

在管线钢的控轧控冷工艺中使用微合金元素铌、钒、钛，其作用与这些元素碳氮化物的溶解和析出行为有关。在高温加热过程中难溶的微合金碳氮化物 TiN 和 Nb(C,N) 多数处于奥氏体晶界上，并通过质点钉扎晶界的机制阻止奥氏体晶界迁移，从而阻碍高温奥氏体晶粒长大，提高钢的粗化温度。在轧制过程中抑制奥氏体晶粒的再结晶及再结晶后的晶粒长大，高温固溶于奥氏体中的微合金元素与位错相互作用阻止晶界或亚晶界的迁移，从而抑制奥氏体的再结晶。而在高温轧制过程中析出的 Nb(C,N) 颗粒大量分布在奥氏体晶界和亚晶界上，同样通过析出质点钉扎晶界和亚晶界而阻止奥氏体晶粒再结晶和再结晶后的晶粒长大，从而达到细化晶粒效果。在 γ 未再结晶区控轧过程中，大量弥散细小析出的 Nb(C,N) 能为 γ→α 相变提供有利的形核位置，从而起到细化晶粒作用[11]。

研究表明，铌较钛、钒更能显著提高奥氏体的再结晶终止温度，扩大 γ 未再结晶区，通过控轧使铁素体晶粒细化，从而改善钢的综合性能。在铁素体晶粒边界和晶内析出的大量弥散细小的 Nb(C,N) 会产生沉淀强化作用，提高钢的强度。钛加入管线钢中的作用主要体现在钛固定钢中的氮，由于钛与氮的结合能力比铌与氮的结合能力强，可以有效阻止铌与氮的结合，从而提高铌在奥氏体中的固溶度，进一步发挥铌在控轧中的作用；此外钛能提高材料的焊接性能，并能有效改善钢管焊接热影响区的低温冲击韧性，但钛含量不宜过高。另外，在轧后冷却过程中析出的 V(C,N) 会产生沉淀强化，从而提高钢的强度；钒的沉淀强化对焊接性能和韧性有负面的影响。

总之，微合金钢的组织强化方式主要有晶粒强化、沉淀强化和位错强化。从细化铁素体晶粒的效果来看，Nb >Ti >V。

11.3.2.2 钼

钼作为高级管线钢中的重要元素之一，在连续冷却转变曲线中，钼使铁素体和珠光体区域右移，抑制了先共析铁素体的形成，但对贝氏体转变的推迟作用较小，从而影响珠光体转变和贝氏体转变的 C 曲线，使得在相同冷却条件下更容易发生贝氏体转变。总之，钼是固溶强化的元素，能有效降低 γ→α 相变速率，抑制多边形铁素体和珠光体形核，促进高密度位错亚结构的针状铁素体或微细结构超低碳贝氏体的形成，保证管线钢高强度、高韧性的综合性能。

低碳微合金钢中，加入一定量的钼与硼时，将在轧后冷却时获得低碳贝氏体组织，进一步降低含碳量时，可以减少贝氏体中碳化物的不利影响，使得钢的低温韧性大幅度提高。钼在钢中的作用体现在：降低 γ→α 转变温度，抑制多边形铁素体和珠光体形核，促进高密度位错亚结构的针状铁素体的形成；提高 Nb(C,N) 在奥氏体中的溶度积，使大量的铌保持在固溶体中，以便在低温转变的铁素体中弥散析出，以产生较高的沉淀强化效果。由于迅速应变硬化而抵消包申格效应，提高了管材屈服强度。因此，钢板性能相同时，含钼的钢比不含钼的钢的管材有较高的强度，并比传统的铁素体-珠光体钢韧性高。

11.3.3 组织和性能

11.3.3.1 铁素体-珠光体组织

铁素体-珠光体组织是 20 世纪 60 年代前开发的管线钢所具有的基本组织形态，X52 以及低于这种强度级别的管线钢均属于铁素体-珠光体钢。其基本成分为碳和锰，通常碳含量为 0.10%~0.20%，锰含量为 1.30%~1.70%，一般采用热轧、正火热处理工艺生产。当强度要求较高时，可取碳含量上限或再加入微量铌、钒元素。通常认为铁素体-珠光体管线钢具有晶粒尺寸约为 7 μm 的多边形铁素体（体积分数约 70%）。铁素体-珠光体管线钢金相组织如图 11-2 所示，该类型管线钢的生产成本在管线钢中最低。

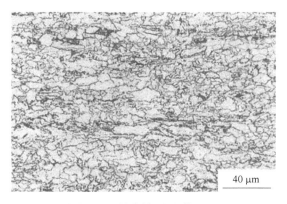

40 μm

图 11-2 铁素体-珠光体组织

研究表明[12]，铁素体-珠光体管线钢中的珠光体含量是决定钢强度的主要因素，每增加 10% 的珠光体，韧脆转变温度（FATT）升高 22 ℃。如要增加钢中珠光体含量，必然要提高钢的碳含量，这样势必会影响到管线钢的焊接性。因此，不能通过简单提高珠光体含量的方法来提高管线钢的强度，而应在降低碳含量的同时，通过其他手段充分发挥钢中微合金元素细化晶粒和沉淀强化的作用。

少珠光体管线钢的典型合金体系有锰-铌、锰-钒、锰-铌-钒等。一般碳含量小于0.10%，铌、钒、钛的总含量为 0.10% 左右，代表钢种是 20 世纪 60 年代末的 X56、X60 和 X65 管线钢。这类钢突破了传统铁素体-珠光体管线钢热轧、正火的生产工艺进入了微合金化钢控轧的生产阶段。20 世纪 60 年代中期英国的钢铁研究人员对控轧工艺进行了系统的研究，在 70 年代以后将其大规模应用到管线钢生产上。控轧工艺可生产出细晶粒钢，碳-锰系钢晶粒尺寸可细化至 6~7 μm；对于少珠光体钢，晶粒尺寸可细化至 4~5 μm。晶粒细化使屈服强度每增加 15 MPa，韧脆转变温度下降 10 ℃，所以少珠光体钢可以获得较好的强韧性。通常认为，少珠光体管线钢应具有晶粒尺寸约为5 μm 的多边形铁素体且珠光体的体积分数约 10%。

除了晶粒细化以外，少珠光体钢在控轧过程中还产生铌、钒的碳氮化物第二相的沉淀强化。在铁素体基体上弥散析出的不可变形碳氮化物硬质点，可使强度增加高达100 MPa。由于沉淀强化所导致的韧脆转变温度升高低于固溶强化和位错强化，因而由铌、钒、钛等微合金元素的沉淀强化在管线钢生产中具有重要作用，特别是掌握了铌、钒、钛等碳氮化物在高温变形过程中的沉淀动力学与基体再结晶之间的关系后，少珠光体钢的强韧性水平取得了新的进展，生产出具有较高强韧性水平的 X70 级少珠光体管线钢。

11.3.3.2 针状铁素体组织

国际上 X70 和 X80 管线钢的金相组织主要为针状铁素体型组织，针状铁素体型管线钢也是西气东输工程选用的管线钢种。通过微合金化和控轧、控冷、综合利用晶粒细化、微合金元素的析出相和位错亚结构的强化效应可使管线钢达到 X100 钢的强韧性水平。从合金设计、冶炼工艺、轧制工艺到管材显微组织状态都与第一代管线钢的铁素体-珠光体组织不同，其典型成分为 C-Mn-Nb-Mo，并进一步提高洁净度，使用钙处理硫化物，在连铸过程中采用电磁搅拌和动态轻压下措施。依靠成分调整降 C 增Mn，在钢的基体中加入微量 Mo 以促使针状铁素体的形成并用适量 Cu、Ni、Cr 强化基体[13]；在高温动态再结晶临界温度上、下温度区间进行控轧，通过在线强制加速冷却，细化晶粒度，使其铁素体基体的均匀化程度提高，位错密度增加。其具有比铁素体-珠光体型管线钢更好的焊接性能，其对脆性断裂、硫化氢应力腐蚀、氢致开裂等方面的抗力要比其他钢种高得多[14]。针状铁素体金相组织如图 11-3 所示。

管线钢中针状铁素体的主要显微特征如下：（1）板条是针状铁素体最显著的形

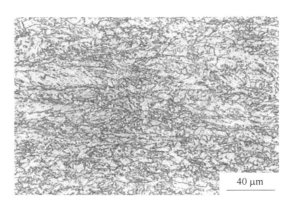

40 μm

图 11-3 针状铁素体组织

态，若干板条平行排列构成板条束，板条界为小角度晶界，板条束界为大角度晶界，一般针状铁素体板条宽度为 0.6~1 μm；（2）相邻板条铁素体间分布有粒状或薄膜状的 M/A 组元；（3）板条内有高密度的位错。

与铁素体-珠光体和少珠光体管线钢相比，针状铁素体管线钢具有不同的强韧化方式。控制针状铁素体型组织强韧性的"有效晶粒"是贝氏体铁素体板条束。贝氏体铁素体板条束的大小不但可以通过降低再加热温度、增加形变量和控制终轧温度等控轧参数来获得，而且还可以通过改变冷却速度等控冷参数来进行控制，因而针状铁素体管线钢的"有效晶粒"尺寸将大大细化。除了高的强度和良好的韧性外，由于针状铁素体板条中存在着高密度的可移动位错，易于实现多滑移，因而针状铁素体钢具有连续的屈服行为和高的形变强化能力，这种特性可补偿和抵消因包申格效应所引起的强度损失，保证钢的强度在成型过程中进一步得到提高。管线钢在压平试样制作和拉伸过程中产生包申格效应，通常认为，由于包申格效应的作用，钢管屈服强度比钢板屈服强度低 40~80 MPa，钢管强度损失可达 10%~15%。当钢板屈服强度较高时，因包申格效应大于形变强化效果，钢管屈服强度降低。与此相反，当钢板的屈服强度较低时，因包申格效应小于形变强化效果，钢管屈服强度增加。

11.3.3.3 贝氏体-马氏体组织

随着高压、大流量天然气管线钢的发展和对降低管线建设成本的追求，针状铁素体管线钢已不能满足要求，超高强度管线钢应运而生，其典型钢种为 X100 和 X120 管线钢[15-16]。1988 年日本 SMI 公司首先报道了 X100 的研究成果，X100 钢管于 2002 年首次投入工程敷设。美国 Exxon 公司于 1993 年着手 X120 管线钢的研究，并于 1996 年与日本 SMI 公司和 NSC 公司联手，共同推进了 X120 钢的研究进程，2004 年 X120 钢管首次投入工程敷设。通过低碳、锰-钼-铜-镍-铌-钛的多元合金成分设计和先进的 TMCP 技术，X100 管线钢可获得全部针状铁素体组织。虽然 X100 管线钢的显微组织中仍有可能存在少量其他组织，但习惯称其为全针状铁素体钢或全粒状贝氏体钢、退化上贝氏体钢。

从组织形态学上分析，X100 与 X80 等针状铁素体管线钢有较大的相似性，但 X120 管线钢则有完全不同的组织形态，其典型显微组织为下贝氏体-板条马氏体。下贝氏体（LB）和马氏体（M）均以板条的形态分布，在下贝氏体的板条内分布着微小的具有六方点阵的 ε-碳化物，这些碳化物平行排列并与板条长轴呈55°～65°取向。在马氏体板条内的碳化物呈魏氏形态分布，板条间存在残余奥氏体，下贝氏体和马氏体板条内均有高密度的位错。X120 管线钢的屈服强度大于 827 MPa，-30 ℃时冲击功超过 230 J。

贝氏体-马氏体管线钢在成分设计上选择了碳-锰-铜-镍-钼-铌-钒-钛-硼的最佳配合。这种合金设计思想充分利用了硼在相变动力学上的作用，加入微量的硼（0.0005%～0.0030%）可明显抑制铁素体在奥氏体晶界上形核，使铁素体转变曲线明显右移，同时使贝氏体转变曲线变得扁平，即使在超低碳（<0.003%）的情况下，通过在 TMCP 中降低终冷温度（<300 ℃）和提高冷却速率（>20 ℃/s），也能够获得下贝氏体+马氏体组织。

11.3.3.4 回火索氏体组织

未来管线钢要求具有更高的强韧性，如果控轧控冷技术满足不了这种要求，可以采用淬火+回火的热处理工艺，通过形成回火索氏体组织，可满足厚壁、高强度、高韧度的综合要求。

目前，有两种生产淬火+回火超高强度大口径钢管的方法：第一种采用经热处理的钢板制管，即管线钢在轧板厂热轧后直接淬火，然后高温回火，可获得良好的强韧性，此种方法曾在英国、加拿大进行过广泛的研究；第二种为对热轧板制造的钢管进行热处理，这种方法是由高强度无缝钢管生产工艺中演变而来，一般使用感应加热和喷水淬火。淬火+回火钢管曾采用水平位置或垂直位置的整体加热奥氏体化，但不适用于大批量生产，可行的方法是采用感应加热和步进喷雾淬火，并于 550～680 ℃加热和感应回火。

由于热轧板比淬火回火钢板制管成型容易，同时高输入焊接脆化区可通过热处理过程得以消除或改善，所以在上述两种方法中，第二种方法具有更大的优越性。

11.3.4 冶金缺陷及质量控制

管线钢的冶金缺陷主要包括偏析、非金属夹杂、气孔、裂纹、翘皮、结疤及分层等，而裂纹、韧性差和疲劳性能不足是管线钢缺陷问题的主要体现，需要在生产过程中进行成分、工艺、组织和性能等的合理控制。管线钢在制造过程中，如果受到温度、压力等外界因素的影响，容易产生裂纹缺陷，尤其是焊接部位，在焊接过程中产生的应力会引起裂纹的形成。此外，管线钢在使用过程中受到外界冲击、振动等因素的影响，也容易产生裂纹。裂纹会降低管线钢的强度和延展性，严重的情况下会导致管线爆炸等安全事故的发生。管线钢的韧性是指其在受到外界应力作用下发生塑性变形的能力，如果管线钢的韧性不足，就容易发生断裂等安全问题。造成管线钢韧性差的主要原因是焊接过程中产生的焊接缺陷和不均匀的化学成分，这些因素会导致管线钢在使用过程中容易发生断裂。管线钢在使用过程中，经常受到压力、扭曲等外界应力作用影响，如果管线钢的疲劳性能不足，将会在长期使用过程中出现疲劳裂纹，导致管线钢的寿命大大降低，并增加了管线钢的维护难度和成本。因此，提高管线钢的疲劳性能也是管道工程中的重要课题。

11.3.4.1   夹杂物对探伤性能影响

管线钢对夹杂物的要求主要表现在大尺寸夹杂物的控制，大尺寸夹杂物会导致管线钢探伤不合格，也会导致焊接过程中产生裂纹，恶化焊接性能；此外，大尺寸夹杂物还会影响管线钢板的 Z 向性能。因此，为了提高管线钢性能，炼钢过程中要严格控制大尺寸夹杂物数量。通过合理的冶金手段改善钢中夹杂物的形态，可有效降低钢中有害的长条形大尺寸夹杂物数量。

管线钢中沿轧制方向变形的非金属夹杂物主要有两类：一类是 MnS 夹杂物，定义为 A 类夹杂；另一类是附有微小颗粒物的长条状夹杂物，主要组成为 $CaO-Al_2O_3$ 或 $CaO-Al_2O_3-CaS$ 系，定义为 B 类夹杂。目前，A 类夹杂物的控制技术已较成熟，但 B 类夹杂物控制仍存在较多问题，B 类夹杂物控制超标（评级>2.0）比率在 1%~2%。钢中 B 类夹杂物主要来源于脱氧过程，大多数为脱氧产物，微小的夹杂物通过碰撞聚集成大型夹杂物上浮或与搅拌过程中的气泡一起聚集上浮的方法去除。为能最大限度消除钢中夹杂物对管线钢探伤性能的影响，采用夹杂物变性处理如喂入钙线，使之形成低熔点易于上浮的夹杂物并呈球状残留在钢液中，以减小对管线钢性能的负面影响[17]。

11.3.4.2   氢致裂纹敏感性

在管线钢材料中，夹杂物通常被认为是导致材料氢致开裂（HIC）的主要不利因素。若钢中夹杂物尺寸较大，夹杂物与基体之间结合强度降低且夹杂物与基体界面还会存在大量的孔洞，因此在组织控制良好的情况下，夹杂物是造成管线钢材料 HIC 裂纹的首要因素。

硫化锰（MnS）作为钢中主要夹杂物，对钢铁材料的 HIC 敏感性具有较大危害。

MnS 在液态和固态钢中以及与氧化物夹杂的界面凝固过程中具有复杂的析出机理，钢液中较高的硫含量、较低的熔点以及氧化物夹杂都会在不同阶段引起 MnS 析出。MnS 的形态取决于钢水中的硫含量，此外，当硫含量高且落在共晶钢成分区间时，会有大尺寸的 MnS 树枝状晶从液态钢中析出。一般而言，在生产具有较好 HIC 敏感性钢时，通常采用超低 S 和低 Mn 的方案，钢中 Mn、S 元素的含量分别控制在：Mn 元素 0.8%~1.6%，S 元素≤0.002%，钢中 S 含量越高，材料裂纹敏感性越大。随着 Ca/S 的提高，管线钢裂纹敏感性逐渐降低，在 Ca/S 比为 2~2.5 时，管线钢具有最佳的抗 HIC 能力。

钢中氧化物夹杂类型较多，其中对管线钢 HIC 性能影响较大的主要有钢中大尺寸或链状分布的 Al、Ti 的氧化物夹杂等，降低或细化钢中尺寸较大的氧化物类型夹杂也对提高材料 HIC 性能具有重要意义。控制钢中氧化物夹杂可通过优化脱氧工艺及改善脱氧元素实现。研究表明，通过在钢中形成超细的（颗粒直径小于 3 μm）且均匀分布、成分可控的高熔点氧化物夹杂，可以改变钢的金相组织和晶粒度，使钢材具有良好的塑韧性、较高的强度及优良的可焊接性，最终使得钢中的夹杂物变害为利。通过采用合理的夹杂物调控手段可有效改善钢中夹杂物尺寸与数量，从而提高材料抗 HIC 性能[18]。

11.3.4.3　焊接性能要求

焊接性是管线钢的关键应用性能，管道现场环焊施工环境和条件恶劣，提高管线钢的现场焊接性、焊接效率及焊接质量性能是管道工程建设重要的发展方向。现代易焊接管线钢可大致分为无焊接裂纹管线钢和高热输入焊接管线钢两大类。为了降低焊接裂纹敏感性，避免焊接裂纹的产生，目前主要将管线钢的碳当量控制在 0.40%~0.48%范围，而极寒地区的管线钢则严格要求碳当量小于 0.43%；对于高热输入焊接管线钢，关键是阻止或控制管线钢环焊热影响区（HAZ）在较高焊接热输入条件下的晶粒长大，通过微合金元素的设计可以实现这一目标。当焊接热影响区峰值温度达到 1400 ℃时，管线钢中的 TiN 仍表现出极高的稳定性，可有效抑制高焊接热输入下的奥氏体晶界迁移和晶粒长大过程[19]。

对于焊接 HAZ 的组织分布，有不同的分类方法，通常按其所经历热循环的差异，分为熔合区、粗晶区、细晶区、不完全重结晶区和时效脆化区等五个区段，如图 11-4 所示。管线钢一般属于控轧控冷的低碳微合金钢，是高强度、高韧性钢。这种良好的强韧性在制管和现场焊接过程中会受到焊接过程的削弱。特别是热影响区的晶粒粗化和组织结构的变化将使得热影响区的性能与母材性能相比，严重下降，焊接热影响区不再具有母材的许多优异性能，特别是韧性可能会降低 20%~30%，粗晶区的韧性值甚至可能会下降 70%~80%。在单道焊中，紧靠焊缝的粗晶区（GCHAZ）由于晶粒的

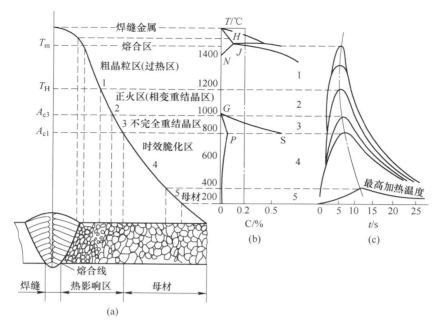

图 11-4   管线钢焊接热影响区的组织分布特征

（a）HAZ 组织分布；（b）Fe-C 状态图；（c）热循环

T_m—峰值温度；T_H—晶粒长大温度

长大和组织结构的变化而具有最低的韧性值，从而成为焊接接头局部脆化区（LBZ）。在双面焊或多道焊中，两相温度区内再热粗晶区（ICGCHAZ）由于易形成脆性组织而韧性最差，也会成为焊接接头局部脆化区。焊接方法、焊接工艺参数及板厚是脆化区性能衰减程度的外在因素，而母材自身的化学成分、组织状态和组织结构是脆化区性能衰减程度的内在因素。

11.4   管线钢的冶炼关键工艺技术

11.4.1   深脱硫技术

高级管线钢的冶炼工艺路线为：KR—BOF—LF—RH—CC，经过 KR 脱硫处理后，铁水硫含量在 0.002% 以下，转炉出钢后，LF 进站钢水硫含量在 0.0054%～0.0076% 之间。增高的硫主要来源于转炉加入的废钢、生铁。因此，在冶炼 X70 等低硫钢种时，禁止加入高硫含量的生铁和废钢，防止转炉吹炼过程增硫严重[20]。

11.4.1.1   管线钢对硫含量的要求

管线钢对硫含量控制有非常严格的要求，是因为管线钢中硫偏析，偏聚于晶界，致使晶界脆化，损害钢材的延展性和低温冲击韧性；硫会形成 MnS 夹杂物，在轧制过程中沿轧制方向变形为细条状，严重影响钢板厚度和宽度方向性能。细条状 MnS 引发的微裂纹，是管线钢探伤不合格的原因之一。MnS 夹杂物还会引发石油钻管、油气输送管线钢中应力腐蚀裂纹和氢致裂纹；硫对钢材的焊接和抗腐蚀等性能也有很大的影响[21]。

硫对管线钢裂纹敏感率和低温冲击韧性影响如图 11-5 所示，从图中可以看出，随着硫含量的提高，管线钢裂纹敏感率提高，低温冲击韧性变差。为了保证管线钢性能，需要将硫含量控制在 0.002% 以内。对于抗酸管线钢，硫含量需要控制在 0.0005% ~ 0.0010% 之间[22]。

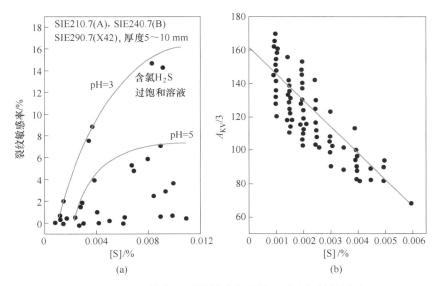

图 11-5　硫对管线钢裂纹敏感率和低温冲击韧性的影响

（a）硫含量对裂纹敏感率的影响；（b）硫对低温冲击韧性的影响

管线钢铁水预处理后的硫含量在 0.003% 左右；预处理后需尽可能将脱硫渣扒除干净，减少炉渣回硫。转炉冶炼过程中，严格控制入炉料带入硫，将转炉终点钢水硫含量控制在 0.0060% 左右；LF 精炼过程造白渣，精炼时间 ≥20 min，炉渣碱度 $R \geqslant$ 5.0，炉渣（FeO+MnO）含量 ≤1.0%，软吹采用合适的底吹流量与时间，以保证脱硫效果[23]。管线钢在不同冶炼工序的钢中硫含量如图 11-6 所示。

11.4.1.2　管线钢的铁水深脱硫

采用 KR 搅拌法脱硫时，采用的脱硫剂主要有含氟脱硫剂（石灰+萤石）和无氟脱硫剂（石灰+铝渣）。含氟脱硫剂（95% CaO+5% CaF$_2$）在脱硫后的矿相组成[21]如图 11-7 所示。

从图 11-7 中可以看出，脱硫渣中主要含有石灰相、硫化钙相和硅酸盐相。图 11-8

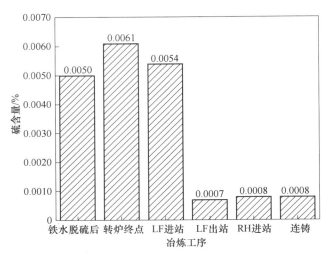

图 11-6   管线钢硫含量变化

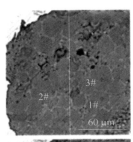
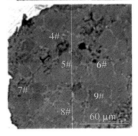

项目	CaO	SiO$_2$	CaF$_2$	CaS	Al$_2$O$_3$
1#	100				
2#	100				
3#	100				
4#	69.4	17.3	10.3	0	3.0
5#	69.1	19.5	9.6	0	1.7
6#	72.8	12.3	9.8	0	5.0
7#				100	
8#				100	
9#				100	

(%)

图 11-7   脱硫剂的矿相组成

给出了脱硫剂对铁水的脱硫效果,可以看出,采用含氟脱硫剂,可以将78.6%炉次的铁水硫含量控制在0.0010%以下,实现了铁水深脱硫处理。

11.4.1.3   KR 渣对转炉回硫的影响

KR 渣对转炉回硫影响很大,但在扒渣操作中,很难将残渣扒除干净。在实际生产中,主要使用扒渣机(扒渣速度快、扒渣时间短)和捞渣机(铁损少、铁水收得率高)进行扒渣。不同的扒渣工艺的硫含量如图11-9所示。尽管 KR 处理后铁水硫含量均在0.0005%~0.0008%,但是在脱磷转炉吹炼结束后,采用扒渣工艺的半钢硫含量在0.0020%~0.0030%,而采用捞渣工艺的半钢硫含量则在0.0030%~0.0040%。因此,采用扒渣工艺更有利于控制硫含量。

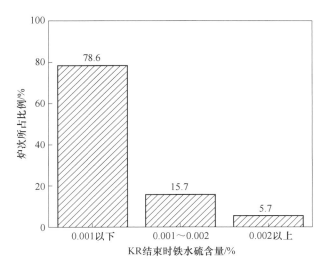

图 11-8　KR 脱硫效果

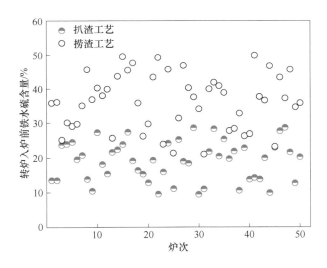

图 11-9　不同扒渣工艺对铁水硫含量的影响

在铁水兑入转炉后，铁水硫含量升高至 0.0010%～0.0020%，说明在兑铁过程中发生了回硫。由于对入炉料、辅料的硫含量进行了控制，因此固体辅料、溅渣护炉渣不会造成硫含量的大量升高，更可能是 KR 残渣导致铁水发生回硫。KR 扒渣后的铁水液面裸露率在 99%左右，但 KR 渣很难完全扒除干净[24]，经过镇静后发现，铁液中的 KR 渣会逐渐上浮至铁水液面上。对比不同扒渣工艺的回硫程度发现，采用捞渣机时残渣量要比扒渣机大，从而使铁水在兑入脱磷转炉内发生明显的回硫现象。

11.4.1.4   转炉工艺对回硫的影响

转炉冶炼主要有两类工艺路线：双联冶炼和常规冶炼。两种冶炼工艺对转炉终点硫含量的影响如图 11-10 所示，可以看出，采用常规冶炼工艺平均硫含量更低，采用转炉双联冶炼工艺时，转炉终点硫含量主要在 0.0060% ~ 0.0080%，而转炉常规冶炼工艺，转炉终点硫含量更多的集中在 0.0060% 以内[25]。

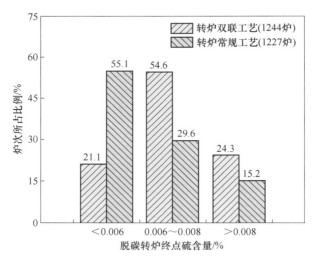

图 11-10   不同转炉冶炼工艺对转炉终点硫的影响

图 11-11 对比了转炉常规冶炼工艺 KR 处理后铁水硫含量和脱碳转炉吹炼前铁水硫含量。采用转炉常规冶炼工艺时，并未发生明显的回硫现象，这是因为铁水在兑入到脱碳转炉后，由于上一炉残留转炉渣的熔点高（大于 1600 ℃），未扒除掉的 KR 渣与转炉渣结合后形成黏度偏大的炉渣，从而导致回硫速度缓慢。而采用双联冶炼工艺时，铁水在兑入到脱磷转炉后，由于脱磷转炉残留渣的熔点较低（1300 ~ 1400 ℃），铁水回硫情况较为严重，铁水硫含量升至 0.0010% ~ 0.0020% 甚至更高。因此，从硫含量控制来看，转炉常规冶炼工艺有利于控制钢中硫含量[21]。

11.4.1.5   精炼过程对硫含量的影响

LF 精炼过程是最后一道脱硫工序，钢包的动力学搅拌效果会影响脱硫效果、处理时间以及生产节奏。因此在生产管线钢时，为了保持良好的搅拌效果，要求透气砖使用次数不能超过 3 次。出钢后至 LF 炉处理前，每间隔 10 min 吹氩 30 s，以防止罐底结冷钢而影响 LF 炉的底吹透气效果[26]。

钢水进 LF 炉后加入第一批渣料，加入助熔渣 125 ~ 200 kg，石灰 500 ~ 600 kg，根据顶渣颜色加入铝线 100 ~ 150 kg，造白渣精炼。其他渣料在升温过程中逐渐加入，加入量在 10 ~ 15 kg/t，石灰与精炼钢水助熔渣配比 1：（3 ~ 4），助熔渣成分见表 11-5。

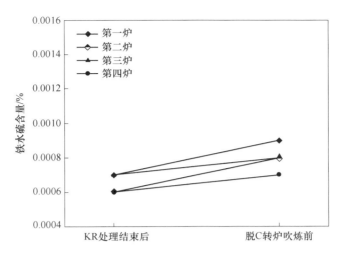

图 11-11　转炉常规冶炼工艺的铁水硫含量

表 11-5　精炼钢水助熔渣成分（质量分数）　　　　　　　（%）

CaO	Al$_2$O$_3$	MgO	SiO$_2$	FeO	P
5.98	41.98	5.54	19.76	0.8	0.05

　　为了减少钢水吸氮，LF 炉需要全程吹氩并控制炉内微正压，升温氩气流量为 30~60 m^3/h，电极升温速率为 3.0~4.5 ℃/min。当温度升到 1620 ℃以上后，进行大流量脱硫，脱硫氩气流量为 80~90 m^3/h。LF 炉精炼渣组成见表 11-6，精炼过程 CaO-SiO$_2$-Al$_2$O$_3$ 系精炼渣的三元相图如图 11-12[27] 所示。图中的 1′、2′ 为低熔点区域，由

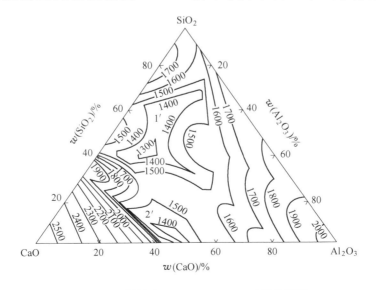

图 11-12　低熔点 CaO-SiO$_2$-Al$_2$O$_3$ 三元系相图

图 11-12 可见，精炼渣成分落在了 2′的低熔点区域。2′熔点低于 1500 ℃，其成分范围为：$w(CaO) = 42\% \sim 65\%$，$w(SiO_2) = 0 \sim 15\%$，$w(Al_2O_3) = 22\% \sim 55\%$。在加热、造渣和强搅拌作用下，钢渣具有良好的流动性，促进脱硫过程。钢液在精炼过程及中间包的硫含量变化见表 11-7。从表 11-7 中可以看出，LF 精炼终点硫含量达到低于 0.0012%，满足管线钢的脱硫要求。

表 11-6   精炼钢水助熔渣成分（质量分数）   （%）

T. Fe	CaO	SiO₂	MgO	Al₂O₃	MnO	S
1.90	47.55	8.39	8.13	30.63	0.34	0.16

表 11-7   各工序钢中硫含量   （%）

钢种	吹氩站	LF 5~10 min	LF 终点	中间包
L450M	0.0068	0.0010	0.0010	0.0010
X70M	0.0059	0.0032	0.0010	0.0010
X70M	0.0056	0.0010	0.0010	0.0010
X70M	0.0065	0.0010	0.0010	0.0010
X80	0.0056	0.0014	0.0010	0.0010
X80	0.0037	0.0011	0.0010	0.0010
X80	0.0050	0.0011	0.0010	0.0010
X80	0.0063	0.0011	0.0010	0.0010
X80	0.0044	0.0011	0.0010	0.0010

11.4.2   夹杂物控制与钙处理技术

11.4.2.1   管线钢对夹杂物的要求

钢中夹杂物主要包括 MnS、Al_2O_3、$CaO-Al_2O_3$ 和 $CaO-CaS$ 类夹杂物。MnS 夹杂物主要是在钢液凝固前沿析出，由于 MnS 变形能力好，在轧制过程中，很容易随钢基体变形为长条状，为了控制 MnS 夹杂物，需要严格控制钢水硫含量。此外，硫元素非常容易出现偏析，由于凝固时的偏析，板坯中心位置依旧会产生 MnS 夹杂物。因此，在保证钢液极低硫的基础上，还需要采用钙处理方法，使钢液保持一定的 Ca/S，以减少 MnS 夹杂物产生[28]。

Al_2O_3 夹杂物主要来源于脱氧产物，它是常见氧化物夹杂中对钢质量影响最大的一类夹杂物，属于不变形夹杂物。当钢水洁净度较低或钙处理不充分时，Al_2O_3 容易聚集成簇群状，在轧制后以点链状形式存在于钢板中，导致管线钢探伤不合格[29]。

$CaO-Al_2O_3$ 夹杂物来源广泛，例如精炼过程中，钢液中铝会与炉渣中 CaO 发生反应，生成的钙进入到钢液中会与 Al_2O_3 夹杂物发生反应，形成 $CaO\text{-}Al_2O_3$ 夹杂物。除此之外，在钙处理时，也会出现 $CaO\text{-}Al_2O_3$ 夹杂物。

$CaO\text{-}CaS$ 夹杂物主要来源于钙处理。当钙处理加入的钙量过多时，钢中便会产生 $CaO\text{-}CaS$ 系夹杂物，这类夹杂物容易发生聚集，在凝固过程中会聚集成簇群状 $CaO\text{-}CaS$ 夹杂物，如图 11-13 所示，图中夹杂物成分见表 11-8。

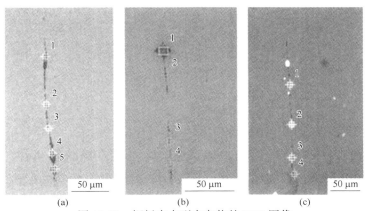

图 11-13　钢板中大型夹杂物的 SEM 图像

表 11-8　钢板中 B 类夹杂物成分　　　　　　　　（%）

位　置		MgO	Al_2O_3	SiO_2	CaS	CaO	MnO
图 11-13（a）	1		57.07	1.75		41.18	
	2	3.67	46.31	2.21		47.81	
	3		47.08			52.92	
	4	1.28	56.74	1.35		40.63	
	5		52.72	1.49		45.79	
图 11-13（b）	1	1.77	50.01	2.06	3.09	43.07	
	2	13.05	57.07		7.59	18.76	3.53
	3		63.18		2.53	34.30	
	4		48.77		2.19	49.04	
图 11-13（c）	1	12.88			77.94	7.26	1.93
	2					100	
	3		37.66		23.44	38.89	
	4		34.10	1.34	37.15	25.25	2.17

图 11-13 所示为夹杂物检验不合格钢板试样中的夹杂物 SEM 图像，大型夹杂物是由细条和颗粒连接组成的条串状夹杂物，其中细条部分变形能力良好，主要成分为 CaO 和 Al_2O_3，CaO/Al_2O_3 含量比在 0.7~1.1 范围，熔点较低；而颗粒部分变形能力较差，熔点较高[30]。

钢中夹杂物大部分是脱氧产物，尤其是较为细小的夹杂物，很难上浮去除，需要用碰撞等方式聚集为较大尺寸夹杂物，依靠碰撞长大或氩气搅拌等，吸附在气泡表面或跟随气泡尾流上浮而去除。钢中 Al_2O_3 夹杂物的实际数目，会随着静搅拌时间的提升而降低。脱氧后 0~9 min，Al_2O_3 夹杂物数量快速下降，此时主要是夹杂物聚合；脱氧后 9~22 min，数量下降速率减小，在此情况下主要变化为夹杂物的上浮；脱氧 22 min 之后，Al_2O_3 夹杂物数量降低较为迟缓，夹杂物的尺寸变动相对较小。钢水中初始氧含量和加入的铝含量是决定 Al_2O_3 夹杂物初始数量和尺寸的主要因素。初始氧含量相对较高，脱氧后所出现的 Al_2O_3 夹杂物相对较大。出钢时一次性加入足够的铝，将有利于大尺寸 Al_2O_3 夹杂物生成。Al_2O_3 夹杂物和钢液的润湿性能较差，更易聚合为簇群状而上浮去除[31]。

11.4.2.2　LF 脱硫模式对夹杂物的影响

由于 KR 脱硫、转炉原辅料控制等措施，转炉终点硫含量可控制在 0.0025%~0.0045%，LF 过程采取轻脱硫模式[32]。图 11-14 所示为 X70 管线钢深脱硫模式下 LF 进站时的夹杂物成分，可以看出，夹杂物成分主要分布在 Al_2O_3 和 MgO 一侧，为 Al_2O_3 和 Al_2O_3-MgO 类夹杂物，部分为 MgO 类夹杂物，为铝脱氧产物，尺寸整体偏小。

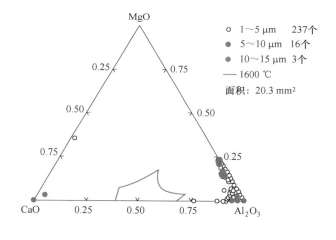

图 11-14　LF 进站夹杂物成分

经过深脱硫后，LF 出站时夹杂物成分如图 11-15 所示，可以看出夹杂物主要分布在 CaO-Al_2O_3 一侧，部分尺寸较大，在 LF 处理过程与强还原性精炼渣脱硫发生作用，夹杂物成分发生变化，钢中的夹杂物类型从 Al_2O_3 转变为 MgO-CaO-Al_2O_3 复合夹杂。

经过轻脱硫后，LF 离站时夹杂物成分如图 11-16 所示，可以看出夹杂物依然主要分布在 Al_2O_3 和 MgO 一侧，少部分夹杂物为 CaO-Al_2O_3 复合夹杂，经 LF 轻脱硫后夹杂物成分变化不大。

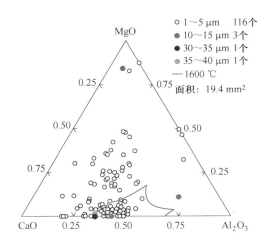

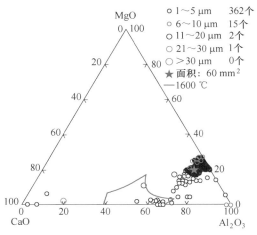

图 11-15　深脱硫模式 LF 离站夹杂物成分　　　　图 11-16　轻脱硫模式 LF 离站夹杂物成分

11.4.2.3　软吹工艺参数的影响

软吹流量 60 NL/min、40 NL/min 和静置时的夹杂物去除情况，见表 11-9。从表中可以看出，在静置、软吹流量为 40 NL/min 和 60 NL/min 时，夹杂物的去除率分别为42.7%、59.3% 和 49.4%，采用 40 NL/min 的软吹流量时，夹杂物去除效果明显优于60 NL/min。当软吹流量为 60 NL/min 时，夹杂物的去除效果不明显，可能是因为此时钢液的流动较强，气泡携带夹杂物上升效果较差，又或是夹杂物上升后，跟随着环流降低再度返回至钢液，而很难排出钢液。此外，使用 60 NL/min 流量开展软吹时，液面存在轻微扰动。

表 11-9　钢包中夹杂物不同软吹流量去除情况

参数	时间	1~2 μm	2~5 μm	5~10 μm	10~20 μm	>20 μm
40 NL/min	软吹前	139	9	1	—	1
	软吹后	58	3	—	—	—
60 NL/min	软吹前	148	8	2	—	2
	软吹后	69	5	3	2	2
静置	静置前	212	12	2	1	—
	静置后	120	8	1	1	—

在钢液静置时由于缺少了气泡与钢液流的携带作用，小尺寸夹杂物去除率低于采用 60 NL/min 软吹流量的方案，较大尺寸夹杂物去除效果与其相当，说明软吹过程的钢包底吹是十分有必要的，但吹气量不宜过大，过大的气量并不利于夹杂物去除效率的提高。

11.4.2.4   钙处理技术对夹杂物影响

一般通过调整钢液 T. O、T. Ca 和 S 含量来控制夹杂物成分, T. Ca/T. O 对夹杂物中 Al_2O_3 含量的影响如图 11-17 所示。由图可知, 随着钢中 T. Ca/T. O 的增加, 夹杂物中 Al_2O_3 含量显著降低。当 T. Ca/T. O<0.5 时, 钢中夹杂物以 Al_2O_3 夹杂为主; 当 T. Ca/T. O 介于 0.5~1.5 时, 夹杂物以 Al_2O_3-CaS 复合夹杂物为主; 当 T. Ca/T. O>1.5 时, 夹杂物以 CaO-CaS 复合夹杂物为主[33]。

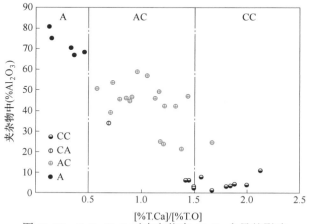

图 11-17   T. Ca/T. O 对夹杂物中 Al_2O_3 含量的影响

T. Ca/T. O 对夹杂物中 MgO 含量的影响关系, 如图 11-18 所示。由图可知, 随着钢中 T. Ca/T. O 的增加, 夹杂物中 MgO 含量显著降低, 即钢液 Ca 含量增加使夹杂物中 MgO 含量降低, 说明钢液中的 Ca 对 MgO-Al_2O_3 夹杂物中的 Mg 存在着置换的过程。

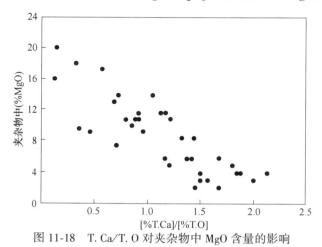

图 11-18   T. Ca/T. O 对夹杂物中 MgO 含量的影响

Ca/S 对大尺寸 MnS 夹杂析出数量的影响, 如图 11-19 所示。由图可知, 当 Ca/S>0.5 时, 钢中大尺寸 MnS 夹杂析出指数接近于 0, 说明此时钢中已经难以析出大尺寸 MnS 夹杂。

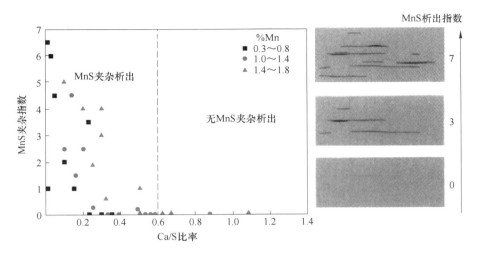

图 11-19 Ca/S 对 MnS 夹杂物的影响

较高的 T. Ca/S 能够使钢中的夹杂物变性效果更好，而变性更好的夹杂物拥有更强的溶解硫的能力，因此在凝固过程中，溶解的硫将会在凝固过程中析出形成 CaS 成分；此外，当 Ca/S>0.5 时，钢中难以析出大尺寸 MnS 夹杂。随着钢中 T. Ca/T. O 的增加，夹杂物中 MgO 含量显著降低，当 T. Ca/T. O = 0.5～1.5 时，夹杂物主要以 Al_2O_3-CaS 复合夹杂物为主。

11. 4. 3 微合金化技术

目前，油气管线向着大厚壁、大直径和高强度的方向发展，对低温韧性和焊接性能要求越来越严格。管线钢对材料存在极为严格的技术要求，因其生产制造工艺、工作条件等的特殊性，一方面具有相对较高的强度，另一方面需要针对高寒服役环境要求，同时具备高的低温冲击韧性、针对腐蚀服役环境要求，以及高的抗 HIC、SSCC 性能和抗 CO_2 腐蚀性能、还需要针对冻土地震滑坡等地质灾害频繁地区服役环境要求，在高强韧性基础上同时具备高的延塑性。

在合金设计上管线钢采用超低碳微合金化方案，同时优化生产工艺，以满足管道工业不断发展的要求。微合金设计和生产工艺与组织和性能之间是紧密相关的。对开发更高级别的管线钢而言，从根本上说有两条路线：一是在现有生产工艺条件基础上，在合金设计上追求洁净化和多元微合金化，通过形成理想化的微观组织，达到性能上多方面的要求；二是在现有合金设计水平基础上，通过生产工艺条件的优化，最大限度地发挥多种元素的综合作用，实现微观组织的最佳化，满足性能上的要求。

在管线钢中，Nb、V、Ti 元素在钢中的基本功能与和碳氮化物的溶解、析出等存在非常紧密的关系。均热时期，TiN 会产生阻止奥氏体晶界所出现的迁移变化，减缓晶粒的过度增长。在粗轧和精轧较前的轧制道次，微合金元素原子、轧制过程中析出的 Nb(C,N) 颗粒分布在奥氏体晶界和亚晶界阻碍晶界迁移，进一步减缓奥氏体晶粒所产生的再结晶进程。在精轧较后的轧制道次，即奥氏体未再结晶区轧制过程中，拖拽之外还有细小析出物 Nb(C,N) 有助于奥氏体的变形累积，为相变提供更多有利的形核位置。总之，Nb、V、Ti 在管线钢中，在均热、轧制等各阶段，可通过阻碍晶界迁移的方式细化奥氏体和变形奥氏体的晶粒，最后则可依靠细化管线钢的方式，大幅度提升材料强韧性[34]。

一般采用控轧控冷工艺和微合金化技术来提高钢材料强韧性，通过在钢中添加 Nb、Ti、V、Cr、Mo 等来提高管线钢的性能，这些元素常通过析出强化、相变强化、细晶强化来提高管线钢的强韧性。其中 Nb 元素可延迟奥氏体再结晶、降低相变温度，通过固溶强化、相变强化、析出强化等机制来获得较高的强韧性。有研究表明，0.30%~0.75% Nb 钢，配合合理的轧制工艺，可以获得均匀的针状铁素体组织。但在高钢级管线钢中，添加的 Nb 元素过高，会促进 M-A 岛的生成，降低焊接热影响区的韧性。高级别管线钢中 Nb 的含量一般控制在 0.01%~0.05%。

含铌钢还存在高温延展性能会明显降低的脆化温度区（700~900 ℃），易在连铸时出现裂纹。钒在钢中主要起沉淀强化作用和较弱的细晶强化作用。钒微合金钢的工艺特点是采用温度较高的奥氏体再结晶区的再结晶控制轧制，使奥氏体充分细化，再加上钒钢中奥氏体中析出 V 与 C、N 形成碳氮化物，促进晶内铁素体形核。

为提高和稳定 Nb、V、Ti 的回收率，实现 Nb、V、Ti 质量分数的精准控制，需要先稳定并降低钢中的 O、N 质量分数，在充分脱氧后进行 Nb、Ti 微合金化可实现稳定控制。对于含 Ti 钢种来说，只有在 N 含量降低到一定量时，才能发挥 Ti 的强化作用。钢中的氮元素在高温时几乎全部优先形成 TiN，当 Ti 将钢中全部的 N 固定时，多余的 Ti 将形成 TiC，因此氮含量越低，则有效 Ti 含量越高，TiN 的理想化学配比为 3.42[35]。

管线钢中钒含量加入一般控制在 0.04%~0.12% 之间，为了达到理想的微合金化目的，管线钢的转炉终渣碱度一般控制在 3.0~4.0 之间，采用硅钙钡脱氧，加入量为 3.0 kg/t 钢，采用硅锰、中锰、钒氮、中铬、铌铁合金进行合金化。出钢过程中，在出钢 1/4 时加入合金，钢水出至 3/4 时全部加入。LF 精炼过程中，全程底吹氩搅拌，前期可根据情况适当调高氩气压力，出站前采用小压力软吹，保证夹杂物上浮。采用碳化钙调渣，终渣碱度尽量控制在 2.2 以上。采用硅钙脱氧，严禁喂铝线。处理结束后，喂高钙线 50~70 m/炉，软吹时间大于 10 min，精炼时间不低于 42 min。连铸过程中，采用全程保护浇注且 Ar 封，过热度控制在 15~25 ℃。中间包采用覆盖剂结合碳化稻壳进行覆盖，保证中间包液面覆盖良好。在扇形段铸坯凝固末端采用轻压下技术，连铸坯下线缓冷，堆冷至 400 ℃ 以下[36]。

11.5 管线钢典型工艺流程解析

高级管线钢的目标成分设计要确保高的强度，还需考虑因采用控轧和快速冷却工艺产生的机械强化，同时又不损害焊接性能和韧性。根据高级管线钢的冶金原理，碳含量必须限制到 0.08% 以内，Mn 含量提高的效果因添加 Mo 而得到增强。根据不同钢级需要，也可将 Ni、Cu、Nb 和 Ti 作为微合金元素加入。合金元素中附带的 P、S 和 N 的含量应尽可能低，含有 B 的合金一般不予使用，因为它对金属基体和 HAZ 韧性有害[37]。

管线钢炼钢工艺流程包括铁水预处理、转炉冶炼、炉外精炼以及真空除气后的连铸工艺，其技术关键是使钢洁净化，以使钢的 S 和 P 含量降到最低。铁水预处理是获得低硫和低磷管线钢的较经济的冶金方法，它包括脱硫、脱磷和脱硅操作。转炉冶炼时，要求顶底复吹少渣冶炼，不仅可以降磷、硫，降低氧化性气氛，而且还可减少喷溅，强化冶炼。炉外精炼主要有 RH 真空脱气、LF 精炼、钢包喷粉、喂硅钙及稀土线等方法，其中 RH 精炼及钙处理已成为高级管线钢生产不可缺少的工艺措施。另外，连铸过程中防止钢水从钢包到中间包以及中间包到结晶器的二次氧化非常重要，一般采用氩气保护和中间包净化等技术措施。同时，连铸过程中采用二冷电磁搅拌、轻压下技术以改善连铸坯成分偏析等措施，提高管线钢的止裂性能和抗硫化氢腐蚀性能。

11.5.1 转炉钢厂管线钢冶炼工艺流程

铁水处理—顶底复吹转炉—二次冶金—浇注。

此工艺已被大多数的钢厂所采纳，如日本新日铁、德国蒂森、加拿大钢铁公司和我国宝钢、武钢、鞍钢、本钢、攀钢等，根据各个钢厂不同级别管线钢的要求和二次冶金装置分为三大类[38]。

11.5.1.1 LF（CAS、钢包喷粉）处理

工艺流程为：铁水预处理—顶底复吹转炉—LF、CAS 等—连铸。采用此工艺流程的钢厂大多未配备昂贵的 RH 真空处理装置，为生产管线钢而采用 LF、CAS-OB 或钢包喷粉等精炼手段。如澳大利亚钢铁公司采用吹氩和钢包喷粉生产电阻焊管线钢、鞍

钢采用 ANS-OB，邯钢采用 LF 精炼炉等。以此工艺冶炼管线钢由于未经 RH 真空处理，氢和氮含量相对较高，通常用于生产输油用低级别管线。

澳大利亚钢铁公司管线钢的生产路线为：铁水预处理—270 t 顶底复吹转炉—钢包喷粉—保护浇注。生产要点如下：在鱼雷罐中进行铁水脱硫，喷吹镁、石灰，使硫含量降到 0.009%；铁水入转炉前扒渣，使用低硫废钢；转炉采用顶底复合吹炼，实行留渣操作；出钢时向钢包加入高碱度合成渣；钢包喷吹前进行氩搅拌，CaSi 加入量以 Ca/Al 达 0.2 为标准，平均加钙量为 0.5 kg/t。

11.5.1.2　RH 处理

工艺流程为：铁水预处理—顶底复吹转炉—RH 多功能精炼—连铸。此工艺几乎是管线钢的标准工艺流程，即二次冶金采用 RH 真空脱气，并通过喷粉或通过合金溜槽加入脱硫剂深脱硫及钙处理技术进行夹杂物变性处理等多功能精炼手段来满足高级别输油气管线的质量要求，此流程为国内外许多厂家所采用，如新日铁的名古屋、大分厂，加拿大钢铁公司、宝钢、本钢。加拿大钢铁公司生产抗 HIC 的 X52ERW 管线钢工艺为：铁水预处理—230 t 转炉—RH-PB—喂线站—保护浇注—控轧。生产要点如下：鱼雷罐喷吹脱硫剂脱硫，脱硫剂成分为 CaC_2 64%、C 20%、煤 12%、MgO 6%，平均出铁硫含量由 0.025% 脱到 0.002%；转炉冶炼采用厂内低硫废钢，出钢前将 80% 石灰、15% 萤石、5% 铝的混合料加入钢包进行初步脱硫；RH 处理时，在下部喷嘴喷吹石灰-萤石-氧化镁-二氧化硅混合料，或通过合金加料系统加入石灰-萤石-氧化镁脱硫团料实现二次脱硫。另外，在 RH 装置上进行加热（Al-OB）和添加微调合金；RH 处理后，在吹氩搅拌站喷射 CaSi 线，进行夹杂物形态控制。

11.5.1.3　RH 和 LF 双联精炼

工艺流程为：铁水预处理—顶底复吹转炉—RH 和 LF 双联—连铸。此工艺多为具有 RH 真空处理，但不具备 RH 深脱硫技术的钢厂所采用，这里 RH 起脱气净化钢液的作用，而深脱硫和钙处理及 RH 处理造成的温度损失由 LF 精炼炉补充，此工艺多用于生产抗 HIC 性能的高级别输气用管线钢。采用此工艺的有新日铁名古屋厂、宝钢、武钢和攀钢等。宝钢高韧性 X70 钢生产工艺简介如下：铁水"三脱"—300 t 顶底复吹转炉—LF 处理—RH 及钙处理—板坯连铸—板坯再加热—控轧控冷—卷取。针对脱磷、脱硫热力学条件相互矛盾而管线钢以要求［S］、［P］同时低的特点，宝钢采用转炉终点脱磷，RH 和 LF 终点脱硫的工艺方案。转炉冶炼低磷钢：转炉冶炼前期加入大量石灰，以达到石灰饱和，增加渣中 FeO 含量，采用低温出钢技术；RH 真空处理：从 RH 真空溜槽向真空室加入由石灰与萤石组成的脱硫剂，顶渣改质使 $R \geqslant 3$，T. Fe $\leqslant 3\%$，在脱硫的同时加入铝，脱硫后［S］$\leqslant 20 \times 10^{-6}$；LF 合成渣脱硫：采用 $CaO-Al_2O_3$ 系高碱度合成渣脱硫，钢包渣深脱氧，渣中（FeO+MnO）≤2%，提高底吹氩流量，加强搅拌，以强化渣钢界面脱硫反应。脱硫后钢中[S]≤10×10^{-6}，$\eta_s=87\%$。

11.5.1.4 转炉冶炼流程典型实例

A 宝钢管线钢生产流程[39-40]

宝钢于1995年开始批量生产X52管线钢，随后又批量生产了API-X42~X80、抗硫化氢X52~X65等管线钢。随着产线能力提升，产量不断提高，成功开发了X100和X120钢种。管线钢板卷已用于塔里木盆地输油管线、苏丹管线、西气东输管线、中俄管线等国内外输油、输气重大工程。在管线钢的炼钢生产过程中，通过二次精炼和连铸机改造，以及相关工艺技术优化，形成了相对稳定的管线钢生产工艺技术，对硫、磷、氧、氮等有害元素的控制、板坯偏析的控制和表面裂纹、夹渣的控制等达到了较高的水平。

管线钢成分设计主要考虑用户性能要求、生产的经济性、现场的可制造性以及大生产的稳定性等实际因素，已经形成了C-Mn系列、C-Mn微合金系列、高Nb系列等成分体系，不同钢级、不同用途的成分设计也略有不同，同时对钢质洁净度、板坯内部质量的控制要求也不同。因此，管线钢在炼钢工序的生产工艺设计和控制要求也不尽相同，主要流程为：铁水预处理（混铁车、铁水包）—转炉顶底复吹—组合精炼（RH+LF）—连铸。实际生产中，可以进行工序内部调整或参数变化，以满足钢种质量控制需求。铁水预处理曾通过喷吹镁粉和石灰的方式脱硫，后采用KR搅拌脱硫工艺，大大提高了脱硫效率，钢中硫的含量进一步降低，入炉硫可以稳定控制在0.0005%~0.002%之间，该工序的铁水处理比达到95%以上，低硫钢的处理比例达到50%；转炉冶炼采取铁水脱硫分步处理、BRP双联法工艺、少渣冶炼、控氧出钢、控制出钢下渣、控制铁水比、调整合金化顺序等手段，成功开发了低硫、低磷、低氮管线钢冶炼工艺技术，实现了抗硫化氢管线钢的批量生产，成品磷可以控制到0.005%左右或更低；炉外精炼引进和自主集成的二次精炼设备有KST、KIP、CAS-OB、RH-OB、RH-KTB、RH-MFB、IR-UT、LF、VD等，同时，通过多年的研发，在炉外精炼装备技术集成、操作控制工艺技术方面取得了较大进步。尤其在板坯连铸系统先后建成5台大流量循环的RH设备和3台LF设备，为管线钢的生产创造了有利条件；连铸为了适应铸坯内部质量控制要求，配备了大容量中间包，以便更好地促进钢水中夹杂物上浮；另外，扇形段采用了液压控制方式，可以对铸坯实施轻压下；增加了改善铸坯表面缺陷的结晶器电磁搅拌；扇形段采用了液压控制方式，可以对铸坯实施动态轻压下等措施。

宝钢炼钢、连铸工序经过多年的技术进步，在工艺装备上具备了成熟的生产条件，同时在工艺、技术的集成方面积累了丰富的管线钢生产经验,尤其在高钢级、抗硫化氢管线钢的生产方面,具备了生产海底管线、酸性气体用管线的能力。

B　鞍钢管线钢生产流程

鞍钢 2150 mm 线的管线钢主要经转炉冶炼、炉外精炼、连铸、连轧等生产工序,具体生产工艺路线如图 11-20 所示。

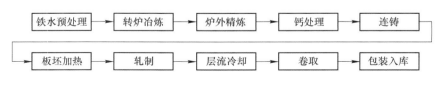

图 11-20　鞍钢管线钢的生产工艺流程[41]

鞍钢管线钢的冶炼工艺采用了铁水预处理、顶底复合吹炼、挡渣出钢等工艺,炉后采用 RH 真空处理、LF 炉精炼或 RH+LF 双联精炼、钙处理等炉外精炼技术,以使硫化物变性,钢质均匀纯净。浇注前对钢液进行成分微调,控制罐内钢水温度。浇注时中间罐采用浸入式水口,氩气保护浇注,严格控制拉坯速度、二冷水参数及钢坯矫直温度,确保连铸坯表面质量良好。

鞍钢管线钢板坯经步进式加热炉加热,置于 2150 mm 机组进行轧制,生产采用控轧控冷工艺:板坯出炉温度设定不高于 1250 ℃,F1 入口温度设为不高于 980 ℃,终轧温度 F6 目标设定 810~860 ℃,连轧后采用加速冷却,冷却速度大于 20 ℃/s,卷取温度设定为不高于 650 ℃。为保证钢板的性能稳定,针对不同厚度钢板制定相应的终轧、卷取温度,严格控制板坯加热、终轧和卷取温度的区间波动在±20 ℃以内。

C　武钢管线钢生产流程

武钢三炼钢厂采用铁水预处理—250 t 顶底复合吹炼转炉—钢包吹氩—RH 真空处理—LF 处理—连铸工艺生产管线钢,管线钢生产工艺流程如图 11-21 所示。入炉铁水经过铁水预处理后 [S]<0.0050%;转炉吹炼后挡渣出钢,并加入炉渣改质剂;RH 真空处理脱氢并净化钢液;LF 处理进行升温、造渣脱硫和钙处理;LF 精炼结束后,用稀土和钙对钢的夹杂物喂线进行变性处理;钢包经 60 t 大容量中间包进行浇注,铸机为双流弧形板坯连铸机。后步轧制工序的特点是:按照管线钢专用的热轧数学模型轧制;精轧机组采用弯辊、窜辊板形闭环控制技术,卷取机实行弹跳卷钢;在精轧机出口处安装 X 光测厚仪、光电平直度仪和宽度测量仪进行板形、尺寸监控。

D　首钢迁钢管线钢生产流程[43]

迁钢 X80 管线钢深脱硫主要工艺为:210 t 复吹转炉出钢时加入部分渣料,见表 11-10,使炉渣改性、脱氧、脱硫。钢包预热不低于 900 ℃,进 LF 钢包净空控制 500~

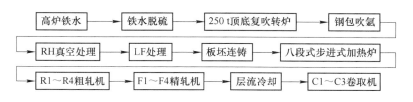

图 11-21 武钢管线钢生产工艺流程[42]

600 mm。钢水到站开到处理位后打开底吹，控制底吹氩气流量，尽量减少钢水裸露，保证单路吹开钢水裸露直径小于 100 mm。预吹氩 3 min 后测温、取样。造渣时，造渣料使用合成渣、石灰、铝矾土、萤石，加铝粒（99.5% Al）进行渣脱氧，铝粒加入量 100~120 kg，石灰加入量 1000 kg，$CaO+Al_2O_3$ 合成渣 1000 kg，铝矾土 500 kg，尽早加入。精炼过程根据渣样进行调整，造渣过程中保持炉内还原性气氛。LF 电极加热造渣期间密切关注除尘阀的控制，期间保证炉内微正压；测温取样时必须提前关闭除尘风机及底吹，待钢液面稳定后再打开检测门进行测温取样操作。造渣时底吹流量 200~300 NL/min，造渣结束后采用底吹强搅拌 10 min 深脱硫操作，钢包采用双底吹布置，单路流量控制在 400~600 NL/min。根据实际脱硫情况加入第二批渣深脱硫，钢液[S]平均可达到 0.0011%。

表 11-10 出钢时加料成分 （kg）

出钢加料	数　值
铝铁	1000~1040
小粒石灰	990
微碳锰铁	4400~4450
硅铁	230
缓释脱氧剂	250~265

E　国外管线钢典型生产流程[44]

日本神户制钢公司采用"铁水预处理—转炉—钢包扒渣—LF 精炼-RH 处理"工艺生产抗酸管线钢。转炉公称容量 240 t，出钢温度 1640 ℃，扒渣后，进入 LF 处理阶段。在 LF 处理过程中，一方面通过电极加热，提高温度，促进脱硫，钢中硫含量降低到 0.0015%；再采用停电、底吹氩气搅拌方式促进钢渣反应，钢中硫含量降低到 0.0005%以下。日本 NKK 采用"KR 预处理—转炉—真空吸渣钢包精炼—喷粉—RH 处理"生产抗酸管线钢。通过钢包炉精炼（类似于 LF 炉工艺），采用大流量氩气进行强搅拌，钢中硫含量可以控制到 0.0001%~0.0006%，渣中成分为 60%CaO-32%Al_2O_3-

8%SiO_2。新日铁大分厂通过采用 RH-Injection 法喷吹 $CaO\text{-}CaF_2$ 粉剂 4~5 kg/t，钢中的硫含量降到 0.0005% 左右。新日铁君津制铁所仅采用 LF 精炼，钢中硫含量最低降到 0.001%。采用工艺路线为"铁水预处理—转炉—真空喷粉"。真空喷粉中炉渣 $R \geqslant$ 1.8，喷入脱硫剂 13 kg/t($CaO = 65\%$，$Al_2O_3 = 30\%$，$SiO_2 = 5\%$)，管线钢中 S 可以控制到 0.0005%。

原新日铁君津制铁所开发了制造高等级抗 HIC 管线钢管先进炼钢技术[45]，包括极限低硫、极限非金属夹杂物控制精炼技术和抑制中心偏析、中心疏松的连铸技术以及脱硫粉剂喷吹法等新工艺。君津制铁所炼钢厂生产抗 HIC 管线钢的工艺流程为：KR 脱 S—LD-ORP（转炉预处理）脱磷—转炉 LD-OB（底吹氧气）—V-KIP 真空精炼—连铸（6 号铸机）。炼钢过程脱硫极限目标是从铁水的 0.03% 的硫含量经过二次精炼后达到 0.0003%，脱硫率达到 99%。各工序硫含量的控制工艺：KR 工序，搅拌铁水同时加入脱硫剂，短时间内脱硫率为 90%，达到 0.003%；转炉工序，回硫到 0.005%；精炼工序，采用真空 V-KIP 技术，目标硫含量不超过 0.0005%，极限硫含量达到 0.0003%，将钢包放入到真空环境，将 CaO 系粉末吹入钢液，在真空下搅拌，短时间内直接发生脱硫率反应；连铸工序，为了控制铸坯的中心偏析，在连铸中间包中通过抑制钢液流动来减少粗大夹杂物，由于在轻压下段拥有高的压下力，对铸坯中心偏析有很好的抑制作用，中心偏析基本得到消失。日本钢铁公司相继开发的高强度管线钢的生产工艺见表 11-11。

表 11-11　日本三大钢铁公司高强度管线钢的生产工艺[46]

公司	生产技术	显微组织构成	其他技术
原新日铁	（1）KIP 技术（向钢包内钢水喷粉来生产低硫钢的高效二次精炼技术，通过调整钢包内渣的成分获得超低硫含量）； （2）板坯轻压下技术； （3）控制轧制技术（NIC）+连续在线控制冷却技术（CLC-μ）	X100 钢：上贝氏体+MA； X120 钢：下贝氏体+弥散碳化物（含硼钢）	HTUFF 技术、FEA 精密成型技术、高精度制管技术
JFE	（1）采用低 S 铁，在铁水预处理炉中采用无渣炼钢法提高钢的洁净度； （2）控制轧制技术+超级在线加速冷却技术（Super-OLAC），并与在线热处理工艺（HOP）相结合	X100 钢：贝氏体中分散有硬质 M/A； X120 钢：铁素体+贝氏体双相组织（无硼钢）	EWEL 技术，提高了大线能量焊接的 HAZ 韧性

公司	生产技术	显微组织构成	其他技术
住友金属	(1) 采用高洁净钢技术，降低P、S和N等杂质含量； (2) 住友控轧技术（SSC）+动态加速冷却技术（DAC），水冷停止温度低于400 ℃	X100 钢：贝氏体+马氏体； X120钢：下贝氏体+弥散碳化物（含硼钢）	SHT技术、焊接部位超声波探伤技术

欧洲钢管公司 X65 抗 HIC 管线钢炼钢工艺流程为[47]：KR 脱硫—转炉脱 C、脱 P—VD 真空处理脱 S—钙处理—连铸，经过 VD 真空处理脱硫后，将硫控制在 0.001%，生产工艺流程如图 11-22 所示。随后采用钙处理工序，控制非金属夹杂物的形貌。在连铸阶段，控制钢液的洁净度，降低有害元素对钢液的影响。采用轻压下工艺，消除中心偏析。抗 HIC 管线钢年产量达到了 180 万吨，并进一步开发了壁厚 30 mm 的X70 级抗 HIC 管线钢，满足了市场的需求。

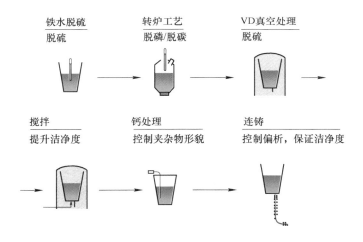

图 11-22　欧洲钢管公司管线钢（HIC）生产工艺流程

德国蒂森采用 VTD 生产管线钢，脱硫渣成分为 $60\%CaO\text{-}30\%Al_2O_3\text{-}8\%SiO_2$，此工艺可以将钢中硫含量快速脱到 0.0005%。管线钢（HIC 钢）的冶炼工艺路线为：铁水脱硫（S≤0.003%）—复吹冶炼（P≤0.005%）—钢包内加合成渣、Ar 搅拌深脱硫（S≤0.001%）—RH 脱气—TN 喷粉（钙处理和搅拌排除夹杂物）。另一种冶炼路线为：铁水脱硫（S≤0.005%）—复吹冶炼—钢包脱气处理（真空下同时加合成渣，脱至 [S]≤0.001%，然后喂入 Ca-Si 包芯线）。

俄罗斯谢韦尔钢公司生产管线钢工艺流程[48]为：

对于含硫量低于0.005%的管线钢，其工艺流程为：在氧气转炉中，采用硫含量低于 0.015% 的洁净炉料；出钢过程中，添加合成渣（CaO 最高 75%；CaF_2 最高 25%）11~12 kg/t；出钢结束后，用铝粉对渣进行脱氧；在炉外精炼装置中，顶、底同时吹入氩气精炼钢水，使钢、渣充分混合；喂入 FeCa 或 SiCa 钙线精炼钢水，钙消耗量为 0.2~0.4 kg/t。

对于含硫量低于 0.003% 的管线钢，其工艺流程为：氧气转炉炼钢，出钢温度比正常提高 30~40 ℃，以补偿真空处理造成的热损失；向设有 3 个喷嘴的钢包出钢，添加合成渣 8~10 kg/t，用铝进行钢水脱硫，脱硫至比成品钢材中规定的硫含量高 0.02%~0.03%；在小于 3.99 kPa 的压力下真空精炼钢水 15~20 min；喂入 FeCa 或 SiCa 钙线精炼钢水，钙消耗量为 0.2~0.4 kg/t。

抗 HIC 管线钢生产：钢水中的氢主要来源于铁合金和合成渣，主要在真空处理装置中去除，钢水中氢的最终含量取决于在最低压力下（低于 0.133 kPa）的真空处理持续时间，同时保证出钢带渣尽可能少，可实现管线钢氢含量低于 0.0002%。

低氮钢生产：将转炉用氧气中的氮含量从不大于 0.05% 降至 0.03% 以下；出钢时脱氧，采用专用添加剂进行炉外精炼；浇注时，采用了防止金属氮饱和及二次氧化的新装置。采取这些综合措施可使管线钢中的氮含量不超过 0.005%~0.006%，并减少了非金属夹杂物含量。

11.5.2　电炉钢厂管线钢冶炼工艺流程

废钢—超高功率电弧炉—LF/VD—浇注，此工艺为电炉厂标准工艺流程。舞钢采用此工艺生产 X56 管线钢时，由于废钢中有害残余元素如 Sn、Cu、As 等在电炉冶炼中无法去除而残留钢中，从而对钢质量产生较大影响。因此，电炉冶炼高级别管线钢对废钢质量的要求非常严格，这也限制了这种工艺在高级别管线钢生产中的应用。

舞钢研制、开发"西气东输"工程直缝埋弧焊管用 X70 级宽厚板，完成了万吨大批量生产，用于西气东输主干线直缝焊管，实现了直缝埋弧焊管用 X70 级钢板的国产化。其生产工艺流程为[48]：90 t UHP 电炉冶炼—偏心无渣底出钢—VD、LF 炉外精炼—喂丝（Al、Si-Ca）—1900 mm 板坯连铸（保护浇注）—加热—轧板（控轧）—ACC 控制冷却—探伤—检验。成分设计：低 C+Mn+Mo+Nb（V、Ti）。降低 P、S 等有害元素的含量，并采用钙对夹杂物进行球化处理，提高管线钢的横向冲击韧性和抗 SSCC、HIC 的能力。

电炉流程生产管线钢始终贯穿高洁净度、高均匀性、超细晶粒和高性能水平的冶金要求，产品具有高的强韧性、良好的焊接性以及较强的抗低温脆断和抗 H_2S 腐蚀能力。关键技术措施为：严格炉料分选，实行精料方针；强化精炼操作，LF 精炼与 VD（或 RH）真空脱气相结合，严格控制［P］、［S］、［O］、［H］、［N］含量，减少夹杂物数量；采用微合金化技术，优化喂丝效果，深脱硫，控制夹杂物的数量、组成及形态；采取保护浇注措施，严防钢水污染和二次氧化；微合金化与控轧工艺相结合，充分挖掘合金的强韧化效果；合理利用 ACC 快冷工艺，改善组织，强化析出效果；炉后、机前与四辊高压水除鳞相结合，有效提高钢板的表面质量；液压 AGC 与在线 γ 射线测厚、在线九辊矫直相结合，确保钢板平直度和同板差符合要求。

11.6　本　章　小　结

（1）随着我国对石油、天然气的需求日益增加，为降低石油天然气管道建设成本，提高石油天然气的输送效率，以及高强度管线应用环境延伸到一些极端恶劣地区，如冻土地区、地震地区，这些地区由于土壤的运动引起管线的变形，对管线钢的抗大应变能力也产生了需求。同时，大壁厚海底管线和高寒、腐蚀的服役环境也对管线钢的性能提出了更高的要求。因此，具有更高强度、良好止裂性能、抗腐蚀性能、抗时效应变能力和良好现场焊接性能等的高级别管线钢产品成为发展趋势。

（2）转炉管线钢的生产冶炼工艺流程主要有以下三种形式：铁水预处理—顶底复吹转炉—LF/CAS 等—连铸；铁水预处理—顶底复吹转炉—RH 多功能精炼—连铸；铁水预处理—顶底复吹转炉—RH 和 LF 双联—连铸。采用第一种工艺的钢厂大多未配备昂贵的 RH 真空处理装置，为生产管线钢而采用 LF、CAS-OB 或钢包喷粉等精炼手段；第二种工艺被广泛采用，通过多功能精炼手段来满足高级别输油气管线的质量要求；第三种多用于生产抗 HIC 性能的高级别输气用管线钢。电炉管线钢生产工艺流程为：废钢—超高功率电弧炉—LF/VD—连铸，由于电炉冶炼高级别管线钢对废钢质量有严格要求，且我国目前采用电炉冶炼的比例整体较低，因而限制了该工艺在高级别管线钢生产中的应用。

（3）管线钢冶炼的关键技术主要包含深脱硫技术、钙处理技术和微合金化技术。由于硫对管线钢的裂纹敏感性和低温冲击韧性有较大的影响，因此管线钢在 KR、转炉和精炼过程中都对硫含量有着极为严格的要求。钙处理技术是使钢中的夹杂物有更好的变性效果以及更强的溶解硫的能力。微合金化技术是在钢中添加 Nb、Ti、V、Cr、Mo 等微合金化元素，通过析出强化、相变强化、细晶强化等机制来提高管线钢的强韧性。

参 考 文 献

[1] 李鹤林. 油气管道基于应变的设计及抗大变形管线钢的开发与应用 [J]. 石油科技论坛, 2008 (2): 19-25.

[2] 李鹤林, 吉玲康. 西气东输二线高强韧性焊管及保障管道安全运行的关键技术 [J]. 世界钢铁, 2009 (1): 56-64.

[3] 张伟卫, 熊庆人, 吉玲康, 等. 国内管线钢生产应用现状及发展前景 [J]. 焊管, 2011, 34 (1): 5-8, 24.

[4] Suzuki N, Toyoda M. Seismic loading on buried pipelines and deformability of high strength linepipes [A]. Toyoda M, Denys Reds. Proceedings of International Conference on the Application and Evaluation of High-Grade Linepipes in Hostile Environments [C]. Yokohama, Japan: Scientific Surveys Ltd., 2002: 601-628.

[5] Izumi Takecuchi, Jun Fujino, Akio Yamamoto, et al. The prospect of high-grade steel pipe for gas pipelines [A]. Toyoda M, Denys Reds. Proceedings of International Conference on the Application and Evaluation of High-Grade Linepipes in Hostile Environments [C]. Yokohama, Japan: Scientific Surveys Ltd., 2002: 185-202.

[6] 中华人民共和国国家质量监督检验检疫总局, 中国国家标准化管理委员会. GB/T 9711—2017 石油天然气工业　管线输送系统用钢管 [S]. 中国: 国家市场监督管理总局, 2017.

[7] American Petroleum Institute. API specification 5CT. Specification for casing and tubing [S]. American: HIS under license with API, 2012.

[8] 孔祥磊, 黄国建, 黄明浩, 等. X80 管线钢成分工艺与组织性能研究 [J]. 热加工工艺, 2011, 40 (24): 4-8.

[9] 郑磊, 傅俊岩. 高等级管线钢的发展现状 [J]. 钢铁, 2006, 41 (10): 10-14.

[10] 丁文华, 李淼泉. 合金元素和控轧控冷工艺在管线钢研制中的应用 [J]. 材料导报, 2007 (9): 67-70, 76.

[11] 王有铭, 李曼云, 韦光. 钢材的控制轧制和控制冷却 [M]. 北京: 冶金工业出版社, 1995.

[12] Pickering F B. 微合金化低碳高强度钢 [M]. 姚泽雄, 译. 北京: 冶金工业出版社, 1982: 25-30.

[13] Koo J Y, Luton M J, Bangaru N V, et al. Metallurgical design of ultra high-strength steels for gas pipelines [J]. International Journal of Offshore and Polar Engineering, 2004, 14 (1): 2-10.

[14] 孙决定. 我国管线钢生产现状概述 [J]. 鞍钢技术, 2006 (6): 10-14.

[15] Schwinn V, Zajacs, Fluess P. Seminar forum of X100/X120 grade high performance pipe steels [C]. Beijing: China National Petroleum Corporation, 2005: 240-261.

[16] Hara T, Tsuru E, Morimoto H, et al. Seminar forum of X100/X120 grade high performance pipe steels [C]. Beijing: China National Petroleum Corporation, 2005: 127-135.

[17] 聂文金, 鲍德志, 林涛铸, 等. 夹杂物对管线钢探伤性能的影响及控制 [J]. 江西冶金, 2020, 40 (6): 1-5

[18] 彭志贤. 管线钢中夹杂物与氢作用机理及其对 HIC 敏感性的影响 [D]. 武汉: 武汉科技大学, 2021.

[19] 李桂荣, 王宏明. 管线钢冶炼工艺的特点 [J]. 特殊钢, 2002 (5): 23-26.

[20] 张丙龙. 首钢京唐高级别管线钢洁净度控制关键工艺研究 [D]. 北京：北京科技大学，2022.

[21] Nakajima K，Mizoguchi S. Capillary interaction between inclusion particleson the 16Cr stainless steel melt surface [J]. Metallurgical &Materials Transactions B，2001，32（4）：629-641.

[22] 苏小利，于海岐，邢维义，等. 超低硫管线钢冶炼实践 [J]. 鞍钢技术，2017（6）：54-57.

[23] 张强，袁宏伟，杨森祥，等. 攀钢低硫管线钢硫含量控制生产实践 [J]. 钢铁，2013，48（11）：32-36，47.

[24] 夏金魁，曹龙琼，吕婷婷，等. 管线钢碳硫含量控制实践 [J]. 炼钢，2012，28（5）：24-27.

[25] 杜洪波，王云阁，李梦英，等. 超低硫管线钢硫含量控制实践 [J]. 炼钢，2011，27（1）：21-23.

[26] 王德永，闵义，刘承军，等. 管线钢 LF 精炼过程夹杂物行为研究 [J]. 钢铁，2007，42（4）：4.

[27] 张立夫，吕春风，王鲁毅，等. X80M 管线钢精炼渣优化实践 [J]. 鞍钢技术，2019（2）：55-57，70.

[28] 刘泓. 铝脱氧钢中卷渣类大颗粒夹杂物研究 [D]. 北京：北京科技大学，2023.

[29] 王新华，李秀刚，李强，等. X80 管线钢板中条串状 CaO-Al$_2$O$_3$ 系非金属夹杂物的控制 [J]. 金属学报，2013，49（5）：553-561.

[30] 王博，邹平，孙秀兵，等. Q195 热轧带钢大型夹杂物来源分析及控制 [J]. 中国冶金，2021，31（8）：60-65.

[31] 程晓，张卫攀，刘红艳. 高级别管线钢 X80 冶炼生产实践 [J]. 河北冶金，2022（2）：41-44.

[32] 袁天祥，张丙龙，刘延强，等. 高级别管线钢夹杂物控制研究 [J]. 中国冶金，2020，30（11）：85-93.

[33] 王春明，鲁强，吴杏芳. 管线钢的合金设计 [J]. 鞍钢技术，2004（6）：22-28.

[34] 蒋世川. 高压输送用 X70QPSL2 无缝管线管的开发 [J]. 钢铁钒钛，2019，40（3）：104-111，117.

[35] 徐立山，高建国，梁静召，等. 采用钒微合金化生产 X60 管线钢的生产实践 [J]. 河北冶金，2010（4）：33，37-38.

[36] 陆岳璋，周玉红. X80~X100 级管线钢的开发 [J]. 宽厚板，2000，6（5）：34-39.

[37] 张彩军，蔡开科，袁伟霞，等. 管线钢的性能要求与炼钢生产特点 [J]. 炼钢，2002，18（5）：40-46.

[38] 胡会军，田正宏，王洪兵，等. 宝钢管线钢炼钢生产技术进步 [J]. 宝钢技术，2009，142（1）：65-68.

[39] 连文敬，孙兴洪. 宝钢一炼钢铁水预处理工艺实践 [J]. 宝钢技术，2021（1）：69-72.

[40] 杨福新. 鞍钢 2150 高级别管线钢开发 [D]. 沈阳：东北大学，2008.

[41] 张彩军，郭艳永，蔡开科，等. 管线钢连铸坯洁净度研究 [J]. 钢铁，2003（5）：19-21.

[42] 储莹. LF 冶炼高级管线钢深脱硫工艺优化研究 [D]. 北京：北京科技大学，2009.

[43] 刘亮. 太钢耐酸管线钢洁净度控制技术研究 [D]. 北京：北京科技大学，2017.

[44] 刘清梅，杨学梅. 特殊服役抗 HIC 管线钢炼钢技术应用实践 [C]. 中国金属学会. 第九届中国钢铁年会论文集. 冶金工业出版社，2013：2776-2780.

[45] 齐殿威. 日本 JFE 开发的高应变用途超高强度双相管线钢 [J]. 焊管，2009，32（10）：68-72.

[46] Liessem A, Schwinn V, Jansen J P, Pöpperling R K. Concepts and production results of heavy wall linepipe in grades up to X70 for Sour service [C]. The 4th International Pipeline Conference, 2002: 1-8.

[47] 郭艳玲, 黄国建, 张兴虎. 俄罗斯谢韦尔钢公司管线钢生产工艺概述 [J]. 冶金丛刊, 2008 (5): 39-42.

[48] 李经涛. 舞钢管线钢的开发与生产 [J]. 宽厚板, 2003 (3): 18-23.

12 桥 梁 用 钢

桥梁是连通天堑、跨越江河、沟通地域的重要纽带，是人类文明和社会进步的重要标志。随着钢结构桥梁的发展，特别是大跨度和重载荷桥梁的建设需求，中厚钢板日益被广泛用于钢桥的建造，随之对桥梁用钢板的高强、高韧、易焊接、耐疲劳、耐低温、抗层状撕裂、耐腐蚀等性能的需求也不断提升。

20 世纪中期以来，国内外相继开发了不同强度等级的桥梁用钢板。采用低 C-Mn-Nb 合金设计体系、洁净钢冶炼和无缺陷铸坯生产工艺、控制轧制和控制冷却（TMCP）技术，逐渐成为全球桥梁钢的主流生产工艺技术。21 世纪以来，成分设计进一步向超低碳发展，组织以针状铁素体和上贝氏体为主，强度达到 Q690 级别，冶炼工艺和关键生产技术不断提升，有力支撑了钢桥快速发展的建设需求。

12.1 钢结构桥梁及其用钢板发展简史

桥梁按照承重结构受力的不同，可以分为最基本的三类[1]，即以受拉为主的索桥、以受压为主的拱桥和以受弯为主的梁桥。由这三类基本体系进行组合，可以派生出众多具有组合受力特点的其他桥型。上部承重结构采用钢结构的桥梁即为钢结构桥梁，简称钢桥。

1874 年美国在密西西比河上建造了世界第一座大型钢结构桥梁——伊兹桥（Eads Bridge）。钢结构桥梁因为强度高、刚性好，相对于混凝土桥梁自重轻、寿命长，成为当时大型桥梁建设的首选。由于冶金手段的限制，整个 19 世纪钢结构桥梁用钢都是碳含量为 0.25% 的碳钢，抗拉强度在 400~500 MPa，基本都是铆钉连接，钢桥跨度较小[1-2]。

20 世纪 20 年代，美国开发了 ASTM A709-50、英国开发了 BS355 等一批易焊接桥梁钢，美国采用 Cu-P-Cr-Ni 合金化开发了耐候钢 Corten 系列产品，其中 Corten B 具有良好的可焊性，在随后的一百多年中被广泛应用于非涂装耐候桥梁。

20 世纪中后期，随着桥梁跨度不断提高，对钢板的焊接性能、强度和冲击韧性等提出了新的要求。降低碳含量和碳当量以提高焊接性、采用微合金化以提高强度和韧性的技术应运而生。同时，热机械控制轧制技术（Thermo Mechanical Control Rolling，TMCP）在日本获得突破，并在欧美得到快速发展。一批对碳当量和低温韧性要求较高的钢种相继开发成功，代表性的有日本的 SM490-SM570、美国的 ASTM A709-70、德国的 StE355-460，世界桥梁用钢正式进入焊接和栓焊时代。采用低 C-Mn-Nb 合金设计体系、洁净钢冶炼工艺和 TMCP 轧制技术，逐渐成为全球桥梁钢的主流工艺技术并延续至今。

20 世纪末期迄今，随着桥梁向大跨度和重载荷方向发展，桥梁钢设计逐渐向高强化、高韧性、高耐疲劳性、高耐腐蚀性、优异焊接性方向发展，成分设计向超低碳发展，组织以针状铁素体和上贝氏体为主，代表性钢种有美国的 A709-HPS50W/70W/100W（High Performance Steels）。2010 年日本提出高强度、高韧性、易焊接性、耐候耐蚀、抗震性能最佳匹配及变截面的高性能桥梁钢概念，代表性钢种有 BHS500/600，后来优化为 SBHS400/500/700 等钢种。

我国的钢桥建设有 100 多年的历史，早期修建的钢桥大部分由外国人设计和建造。第一座我国自主修建的钢桥是 1894 年建成的詹天佑设计的滦河铁路大桥，1937 年我国著名桥梁专家茅以升负责设计并监督施工钱塘江大桥。新中国成立后我国桥梁用结构钢的发展历程见表 12-1。

表 12-1　新中国成立后我国桥梁用结构钢发展历程[2-5]

钢种	材料特性	应用工程	主跨跨度/m	制桥工艺	竣工年份
第一代 A3（Q235）	$R_{eL} \geqslant 240$ MPa，$R_m \geqslant 380$ MPa	武汉长江大桥	128	铆接	1957
第二代 16Mnq	$R_{eL} \geqslant 320$ MPa，$R_m \geqslant 380$ MPa，KV $\geqslant 30$ J（-40 ℃）	南京长江大桥	160	铆接	1969
第三代 15MnVNq	$R_{eL} \geqslant 412$ MPa，$R_m \geqslant 520$ MPa，KV $\geqslant 48$ J（-40 ℃）	九江长江大桥	216	栓焊	1995
第四代 14MnNbq	$R_{eL} \geqslant 370$ MPa，$R_m \geqslant 540$ MPa，KV $\geqslant 120$ J（-40 ℃）	芜湖长江大桥	312	焊接及栓焊	2000
第四代 14MnNbq	$R_{eL} \geqslant 370$ MPa，$R_m \geqslant 540$ MPa，KV $\geqslant 120$ J（-40 ℃）	天兴洲长江大桥	504	焊接及栓焊	2008
第五代 Q420q（WQ570）	$R_{eL} \geqslant 420$ MPa，$R_m \geqslant 570$ MPa，KV $\geqslant 120$ J（-40 ℃）	大胜关长江大桥	336	焊接及栓焊	2009

钢种	材料特性	应用工程	主跨跨度 /m	制桥工艺	竣工年份
第六代 Q500q	$R_{eL} \geqslant 500$ MPa $R_m \geqslant 610$ MPa	沪苏通长江大桥	1092	焊接及栓焊	2020
第七代 Q690q	$R_{eL} \geqslant 690$ MPa	汉江湾桥	672	焊接及栓焊	2021

1957 年建成的武汉长江大桥是新中国成立后第一座公铁两用长江大桥。大桥主跨 128 m，全部采用苏联生产的 A3 低碳钢（相当于目前的 Q235），其屈服强度仅为 240 MPa，由于钢板的焊接性能与冲击韧性均较差且板厚效应突出（指强度韧性随板厚增加而显著下降），所以只能采用铆接方法对钢板进行连接，采用了 6 万多个螺钉进行铆接。

1969 年建成的南京长江大桥，是我国第一座自行建造的大型公铁两用钢桥，所需的钢板 Q345q（16Mnq）因中苏关系紧张而供应中断。鞍钢研制并生产了相同钢种 2 万吨，解决了工程急需。但该钢种屈服强度只有 320 MPa，且板厚效应严重，焊接性能及低温韧性不理想，铁路桥梁板厚只能用到 32 mm，仍采用落后的铆接工艺。

20 世纪 70 年代末，我国改革开放的序幕拉开，公路钢桥的建设得到了极大的发展，大跨度钢桥（跨度大于 100 m）开始向钢板梁、钢桁梁及斜拉式悬索桥发展。

1985 年开建的九江长江大桥，是京九铁路大动脉的咽喉工程，主跨为 216 m，是我国首次采用栓焊结构的铁路桥梁。该桥采用了鞍钢生产的 15MnVNq，屈服强度为 412 MPa。但该钢种较高的碳含量和采用加钒增氮提高强度的方法导致材料低温韧性和焊接接头韧性不理想，特别是板厚效应严重，给整个建设过程带来了巨大的困难，历经 10 年时间才完成建设。九江长江大桥建成后，该钢种一直未能得到推广应用。桥梁行业面临无钢可选的被动局面，之后十年兴建的大型铁路桥梁用钢主要依靠进口，成为这个时期制约我国铁路桥梁发展的一个突出矛盾。20 世纪 90 年代初期，冶金部和铁道部联合立项，开展了大跨度铁路桥梁用钢 14MnNbq 的研发工作，以解决国内铁路桥梁钢无钢可选的难题。针对钢板的低温韧性不足、焊接性差和板厚效应大等问题，武汉钢铁公司和铁道部大桥工程局（2001 年更名为中铁大桥局）采用降碳、铌微合金化和超洁净的冶金方法，开发出了12~50 mm 厚的屈服强度 $R_{eL} \geqslant 370$ MPa 的钢板，并在我国桥梁规范中首次纳入低温冲击韧性KV ≥ 120 J、屈强比小于 0.85 的技术要求，解决了多年来制约我国铁路桥梁发展的材料难题[3-4]。

1995 年开建的芜湖长江大桥是京九、京广和津浦三大铁路动脉的跨江枢纽工程，也是同时期全球最大的公铁两用桥梁，首次采用了 12~50 mm 的 14MnNbq 的桥梁钢种及配套焊材。2000 年 14MnNbq 钢纳入桥梁钢国家标准成为 Q370qE 钢，满足了我国铁路桥梁用钢发展需要，结束了我国铁路桥梁用钢主要依靠进口的历史。

2006年开建的南京大胜关长江大桥，是世界首座六线铁路桥，我国首条高速铁路京沪线的跨江工程，也是当时全球跨度和荷载最大的高速铁路桥。该大桥对桥梁建造技术和用钢都提出了更高的要求，主要体现在高速、重载、大跨度，要求钢板有好的耐候性能及优异的焊接性能，在12~68 mm厚度范围内抗拉强度大于570 MPa、-40 ℃冲击韧性大于120 J。武汉钢铁公司联合北京科技大学和中铁大桥局，基于TMCP技术，采用低碳、铌微合金化成分设计，成功开发出12~68 mm厚、以上贝氏体和针状铁素体为主控组织的Q420qE桥梁钢板及配套焊材[5]，标志着我国铁路桥梁用钢从铁素体型Q370钢向超低碳贝氏体型Q420的跨越，满足了我国高速、重载、大跨度铁路桥梁发展的迫切需求，使我国铁路桥梁用钢整体达到国际先进水平。

2012年为了进一步提高Q370qE焊接接头的韧性水平，中信金属联合中铁大桥局、南京钢铁公司等单位，基于TMCP的工艺，采用低碳、铌微合金化成分设计，成功开发出高性能Q370qE-HPS新型桥梁钢，使传统正火型的Q370qE实现了更新换代，具有更优异的可焊性和焊接接头性能稳定性，成为目前我国铁路桥梁用钢的主力钢种。

2014年开工建设的沪苏通长江大桥是当时世界上最长的公铁两用斜拉桥，主跨达1092 m，跨江大桥总长8206 m。由于跨度的提高，Q370q和Q420q已难以满足要求。为此铁道部大桥局联合武钢和鞍钢，研制出Q500qE钢（屈服强度不低于500 MPa、抗拉强度不低于610 MPa）和配套焊接材料与工艺。该钢种采用低碳和铌微合金化技术、上贝氏体为主体组织、屈强比小于0.85，同时具有高强度高韧性和优异的焊接性能。

2021年建成的藏木雅鲁藏布江大桥是世界海拔最高、跨度最大的铁路钢管混凝土拱桥，也是我国第一座免涂装耐候铁路钢桥。该桥对钢板综合性能和质量提出了高要求，不仅具有高耐候性，还具有高强度、优良的低温韧性和焊接性能等。大桥主拱钢材采用南京钢铁公司生产的免涂装耐候桥梁钢板Q420qENH和Q345qENH，总用量12800 t，最大厚度52 mm。钢板的特点是表面形成并保持致密而稳定的锈层，"以锈止锈"，从而具有长期耐大气腐蚀特性。

21世纪我国的跨海桥梁也有了快速的发展，2008年建成的杭州湾跨海大桥和2018年建成的港珠澳大桥是跨海大桥的典型标志性工程。跨海大桥用钢主要集中于管桩钢、通航主桥的桥梁钢、桥面护栏以及带肋钢筋，这几个品种对钢材的耐蚀性都有较高的要求。

我国经过30年的努力，形成Q345-Q370-Q420-Q500桥梁钢体系，支撑了我国铁路桥梁建设的快速发展，桥梁钢实现了由16Mnq和15MnVNq向14MnNbq以及Q420、

Q500 和 Q690 的转变，系统掌握了跨海大桥和免涂装耐候钢桥集成制造技术，桥梁用钢整体水平达到国际先进水平。

12.2 桥梁用钢的分类、用途和标准

12.2.1 桥梁用钢的分类和用途

桥梁用钢可以按不同的规则进行分类[1]：

（1）按钢材形状可以分为桥梁用钢板、钢带、钢管、型钢（工字钢/H 型钢、槽钢、角钢、T 型钢等）、钢筋和钢丝，以及形状不定的铸钢等。

（2）按应用对象可以分为：

1）桥梁用结构钢：桥梁索塔、梁等主体结构用钢板、钢带和型钢；

2）桥梁用钢丝/钢绞线/钢丝绳：桥梁主缆索股、斜拉索、吊索用高强钢丝、钢绞线及钢丝绳；

3）桥梁用钢筋：桥梁混凝土构件用普通钢筋、预应力钢筋；

4）桥梁用铸钢：大型桥梁类铸钢节点、索鞍、索夹、支座等。

（3）按工作环境和承受的荷载可以分为公路桥梁用钢、铁路桥梁用钢、跨海大桥用钢等。

（4）按是否具有耐候性可以分为常规桥梁用钢、耐大气腐蚀桥梁用钢、耐海洋环境腐蚀桥梁用钢等。

（5）按交货状态可以分为热轧桥梁用钢、正火桥梁用钢、热机械轧制（TMCP）桥梁用钢、调质桥梁用钢、桥梁用铸钢等。

钢桥按基本结构体系可分为梁式桥（图 12-1）、拱式桥、刚构桥、斜拉桥和悬索桥（图 12-2）[1]。钢板是桥梁中应用最为广泛的品种，广泛应用于桥梁的钢梁主体结构。工字钢、H 型钢和 T 型钢通常作为桥梁的主梁，其中热轧 H 型钢的塑性和柔韧性均较好，结构稳定性高，适用于承受振动和冲击荷载大的桥梁结构，应用较为广泛。钢丝是用热轧盘条经冷拉加工的产品，多股钢丝可拧成钢丝绳。钢丝的强度较高，依据不同的直径和工艺，强度范围为 390~3135 MPa，是较为理想的柔性受拉材料，斜拉桥和悬索桥的主缆和吊索均由钢丝组成。

12.2.2 桥梁用钢的标准

12.2.2.1 我国桥梁用钢主要标准

铁路桥梁用钢一般比公路桥梁用钢有更高的要求[6-7]，表 12-2 列举了铁路桥梁用

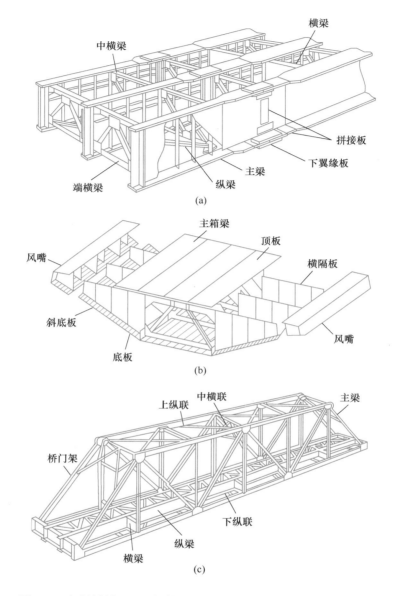

图 12-1　钢板梁桥（a）、钢箱梁桥（b）、钢桁梁桥（c）结构示意图

钢主要部位、相关钢种牌号，以及应符合的标准。

　　GB/T 714《桥梁用结构钢》是桥梁专用结构钢标准[8]，其 2015 版规定了针对厚度不大于 150 mm 的桥梁用钢板、厚度不大于 25.4 mm 的桥梁用钢带及剪切钢板，以及厚度不大于 40 mm 的桥梁用型钢的技术要求。标准规定了屈服强度从 345 MPa 到 690 MPa 的 Q345q、Q370q、Q420q、Q460q、Q500q、Q550q、Q620q、Q690q 八个牌号等级。

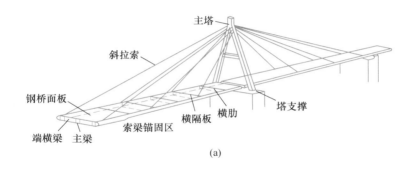

(a)

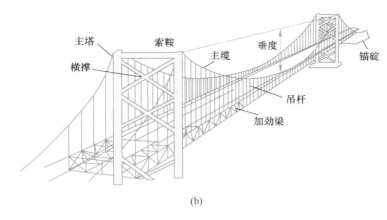

(b)

图 12-2 斜拉桥（a）和悬索桥（b）结构示意图

表 12-2 铁路桥梁用钢牌号及其相关标准[7-8]

名称	钢材牌号	质量等级	应符合的标准
钢梁主体结构	Q345q	C/D/E/F 级	现行国标《桥梁用结构钢》GB/T 714。实物交货技术条件见其附录 A。钢板在厚度方向承受拉力时，应对钢板厚度方向性能做出要求，符合现行国标《厚度方向性能钢板》GB/T 5313 的相关规定
	Q370q		
	Q420q		
	Q460q		
	Q500q		
	Q550q		
	Q620q		
	Q690q		
桥梁辅助结构	Q235-BZ		现行国标《碳素结构钢》GB/T 700
连续型钢	Q345C		现行国标《低合金高强度钢》GB/T 1591
铆钉	BL2（铆螺 2）		现行国标《标准件用碳素钢热轧圆钢及盘条》GB/T 715
	BL3（铆螺 3）		

名称		钢材牌号	质量等级	应符合的标准
螺栓	精制	BL2（铆螺 2） BL3（铆螺 3）		现行国标《标准件用碳素钢热轧圆钢及盘条》GB/T 715
	粗制			
	高强	20MnTiB		现行国标《合金结构钢》GB/T 3077
		35VB		现行国标《钢结构用高强度大六角头螺栓、大六角螺母、垫圈技术条件》GB/T 1231 附录 A
	螺母及垫圈	35、45 15MnVB		现行国标《优质碳素结构钢》GB/T 699
铸件（支座上摆、下摆、摇轴、座板等）		ZG 230-450 ZG 270-500		现行国标《一般工程用铸造碳钢件》GB/T 11352
销、铰、辊轴		35 号锻钢		现行国标《优质碳素结构钢》GB/T 699
圆钢吊杆		35CrMo		现行国标《合金结构钢》GB/T 3077

桥梁钢的牌号由代表屈服强度的汉语拼音字母、规定最小屈服强度值、桥字的汉语拼音首位字母、质量等级符号、交货状态代号及耐大气腐蚀钢代号等几个部分组成。例如 Q420qDM，其中：

Q——桥梁用钢屈服强度的"屈"字汉语拼音的首位字母；

420——规定最小屈服强度数值，单位 MPa；

q——桥梁用钢的"桥"字汉语拼音的首位字母；

D——质量等级为 D 级；

M——交货状态为热机械轧制。

当以热机械轧制状态交货的 D 级钢板，且具有耐候性能及厚度方向性能时，则在上述规定的牌号后分别加上耐候（NH）及厚度方向（Z 向）性能级别的代号，例如 Q420qDMNHZ15。标准中对碳当量以及 P、S、B 和 H 等化学成分有严格的限定，交货状态有热轧（R）、热机械轧制（M）、正火（N）及调质（Q）。

根据冲击试验温度将质量等级分为 C 级（0 ℃）、D 级（−20 ℃）、E 级（−40 ℃）和 F 级（−60 ℃）。

12.2.2.2　我国桥梁用结构钢标准的演变

我国桥梁用结构钢的标准及其版本主要有[8-15]：

（1）GB/T 714（1965 版、2000 版、2008 版、2015 版）；

（2）YB（T）168（1963 版、1970 版）；

（3）YB（T）10（1981版）。

1965年我国制定了第一个桥梁用钢标准GB/T 714—65《桥梁建筑用热轧碳素钢技术条件》，标准中仅有Q235级别的A3q（用于铆接桥梁）和16q（焊接桥梁）两个牌号。钢的抗拉强度380 MPa，U型冲击缺口-20 ℃冲击功不低于39 J。当时采用平炉-模铸的工艺生产，P、S等杂质含量较高，钢锭质量较差，偏析、缩孔等水平控制较差。

1970年推出的冶金行业推荐标准YB 168—70《桥梁用碳素钢及普通低合金钢钢板技术条件》，纳入了16Mnq和15MnVNq。钢板板厚效应严重，P、S含量高，U型冲击缺口-40 ℃冲击功不低于29 J，不能满足桥梁建设的要求。

1981年制定了冶金行业标准YB（T）10—81《桥梁用结构钢》，其中P和S均只要求不大于0.035%，无碳当量要求。标准中增加了15MnV和15MnVN，屈服强度达到420 MPa。冲击韧性-40 ℃冲击功KU$_2$不低于29 J。典型工程是中国自主设计、自主建造的第二座长江大桥——九江长江大桥。由于钢的冲击和焊接接头韧性存在稳定性不足等问题，九江长江大桥建造后，15MnVN未在铁路桥梁行业建造中推广。2000年以前，一般参考YB（T）10—81《桥梁用结构钢》标准生产16Mnq钢板。该标准用钢将铁路钢桥跨度限制在40~160 m之间，极大地制约了我国铁路桥梁的选材、用材，阻碍了桥梁用钢的开发。

1996年铁道部联合冶金部，由武钢和中铁大桥局联合成功开发了屈服强度大于370 MPa、厚度达到60 mm、无显著板厚效应的14MnNbq（Q370qE）桥梁钢板，制定了当时处于国际领先水平的《铁路桥梁用14MnNbq供货技术条件》，包括S<0.010%、P<0.020%、碳当量CEV≤0.425、-40 ℃的KV≥120 J、屈强比≤0.80等先进指标。其后Q370qE成为中国桥梁用钢的主力钢种。

2000年修订了我国桥梁钢标准GB/T 714，将YB 168—70《桥梁用碳素钢及普通低合金钢钢板技术条件》和YB（T）10—81《桥梁用结构钢》合并为一个标准。该版标准将我国桥梁钢的生产提升到了一个崭新的阶段，纳入了一大批高级别桥梁用钢的先进指标，如芜湖长江大桥的Q370qE（14MnNbq）和大胜关长江大桥的Q420qE。标准增加了质量等级（C、D、E），增加了碳当量和厚钢板的探伤规定，将U型缺口冲击改为V型缺口冲击。

2000年以后，除参考GB/T 714选用钢板外的，也参考GB/T 1591《低合金高强度结构钢》标准选用Q345、Q390、Q420等牌号钢板。

2008年修订形成了GB/T 714—2008《桥梁用结构钢》标准，增加了Q460q、Q500q、Q550q、Q620q、Q690q钢级，修改了碳当量计算公式，规定了钢材的交货状态和厚度效应；增加了裂纹敏感系数的规定、钢的炉外精炼要求、各牌号钢种厚度方向性能要求和 Z 向性能要求，提高了冲击吸收能量值，取消了时效冲击测试。

2015 年修订形成了 GB/T 714—2015《桥梁用结构钢》标准，GB/T 714—2015 与其替代的 GB/T 714—2008 版相比，主要技术变化如下：

（1）取消了 Q235q 钢级；

（2）考虑过渡接头用 Q345q 厚钢板需求，钢板厚度范围增加至 150 mm；

（3）加严化学成分中 P、S 和 N 元素含量控制，增加 H 元素控制要求；

（4）各牌号的-20 ℃和-40 ℃夏氏（V 型缺口）纵向冲击功吸收能量，从 47 J 提高到 120 J；

（5）增加了 Q420q 及以上牌号钢的质量等级 F 级的技术要求；

（6）体现桥梁专用钢属性，采用低碳当量、微合金化与控轧控冷结合的工艺路线生产高强度、高韧性、高焊接性及耐腐蚀性能的桥梁用钢，主要技术指标体现了桥梁设计使用寿命一百年的要求。

桥梁用结构钢标准演变历史表明，高速、重载、大跨度钢桥的需求和冶金行业的整体技术进步，使得桥梁用结构钢品种日益体系化，钢材实物质量大幅提高，反过来又极大地促进了产品标准的升级。

12.2.2.3　我国与国外桥梁用结构钢标准的对比

国外桥梁用结构钢的专用标准主要有美国的 ASTM A709/A709M—Standard Specification for Structural Steel for Bridges[16] 和日本的 JIS G 3140—Higher Yield Strength Steel Plates for Bridges[17]，欧洲一般采用热轧结构钢通用标准 EN10025—Hot Rolled Products of Structural Steels[18]。国内外桥梁钢相关标准的牌号对照见表 12-3。

各国根据自身的国情设置了不同强度等级（以屈服强度为标志）的钢种，并对钢的成分和碳当量、冶炼方法、交货状态、力学性能、工艺性能和表面质量均有详细要求。其中对钢板冲击性能的要求最能体现质量水平的高低，各主要国家对冲击性能的要求对比见表 12-4，其中中国标准-40 ℃ 120 J 的要求最为严格。

表 12-3　国内外桥梁钢相关标准的牌号对照表

中国标准	美国标准	日本标准	欧洲标准
GB/T 714—2015	ASTM A709/A709M-2021	JIS G 3140:2021	EN 10025—3/4/6:2019
	36（250）		

续表 12-3

中国标准	美国标准	日本标准	欧洲标准
Q345q	50/50S（345/345S），QST50/50S（QST345/345S），50W（345W），50CR（345CR），HPS50W（HPS345W）		S355N/NL，S355M/ML
Q370q			
		SBHS400/400W	
Q420q			S420N/NL，S420M/ML
	QST65（QST450）		
Q460q			S460N/NL，S460M/ML，S460Q/QL/QL1
	QST70（QST485），HPS70W（HPS485W）		
Q500q		SBHS500/500W	S500N/NL，S500M/ML，S500Q/QL/QL1
Q550q			S550N/NL，S550M/ML，S550Q/QL/QL1
Q620q			S620N/NL，S620M/ML，S620Q/QL/QL1
Q690q	HPS100W（HPS690W）		S690N/NL，S690M/ML，S690Q/QL/QL1
		SBHS700/700W	

注：1. QST—Quenching and Self-tempering Process，表示淬火自回火工艺，W 表示耐大气腐蚀，N 表示正火，M 表示热机械轧制，Q 表示调质。

2. SBHS—Steels for Bridge High-performance Structures，表示高性能桥梁结构钢。

经过 30 年的开发和应用，我国桥梁用钢强度等级和国外相当，但冲击韧性要求大于 120 J，远大于国外通行的 47 J；针对不同强度级别桥梁钢限定屈强比小于 0.85～0.87 的要求，整体标准处于国际领先水平。

表 12-4　各国桥梁用结构钢冲击性能要求对比[8,16-17]

中国标准 GB/T 714—2015			美国标准 ASTM A709/A709M-2021			日本标准 JIS G 3140:2021		
牌号	冲击试验温度/℃	冲击吸收功 KV₂/J	牌号	冲击试验温度/℃	冲击吸收功① KV₂/J	牌号	冲击试验温度/℃	冲击吸收功 KV₂/J
Q345q	0, −20, −40	120	36 (250)	21, 4, −12	20			
			50 (345)	21, 4, −12	20 (<50 mm) 27 (50~100 mm)			
Q370q	0, −20, −40	120	HPS50W (HPS345W)	−12	27			
				0	100	SBHS400/400W	0	100
Q420q	−20, −40/−60	120/47	QST65 (QST450)	10, −7, −23	27 (<50 mm) 34 (50~100 mm)			
Q460q	−20, −40/−60	120/47	QST70 (QST485)	10, −7, −23	27 (<50 mm) 34 (50~100 mm)			
Q500q	−20, −40/−60	120/47	HPS70W (HPS485W)	−23	34	SBHS500/500W	−5	100
Q550q	−20, −40/−60	120/47						
Q620q	−20, −40/−60	120/47						
Q690q	−20, −40/−60	120/47	HPS100W (HPS690W)	−34	34 (<65) 48 (65~100)	SBHS700/700W	−40	100

① 非临界断裂构件（Non-Fracture Critical Tension Component）。

12.3 桥梁用结构钢板的冶金学问题

12.3.1 性能要求

随着钢桥建设的发展，中厚板日益被广泛采用，如何提高钢板的强度、韧性、焊接性、耐腐蚀性、抗疲劳性，以及抗层状撕裂等性能，成为桥梁用中厚钢板需要重点解决的问题[1-4,19]。

12.3.1.1 强度和屈强比

强度是对结构材料的最基本的要求，屈服强度是工程设计确定许用应力的主要依据，抗拉强度是强度储备的主要指标。

为提高桥梁的承载能力并减轻自重，桥梁用钢首先要求有比较高的强度。桥梁用钢高强化，可以有效地降低钢结构的重量、减少钢材消耗、节约桥梁制造成本，并可以承受更高的荷载、实现更大的跨度。对钢板梁桥，采用 Q500 钢代替 Q345 钢，可以实现桥梁减重 18%，如图 12-3 所示[20]。纵观桥梁用钢的发展历史，钢的强度从 Q235、Q345 逐步演变到更高强度的 Q370、Q420、Q500 和 Q690。

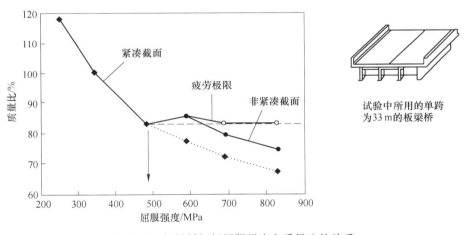

图 12-3 板梁桥钢板屈服强度和质量比的关系

钢的屈强比是屈服强度和抗拉强度的比值，能够反映出屈服强度和抗拉强度的接近程度，是衡量钢的加工硬化能力的一个重要参数。高屈强比钢材发生屈服后很快就会发生断裂，而低屈强比钢在发生屈服后会出现较大的应变强化，达到更高的抗拉强度才会断裂。屈强比越低，材料的变形容量越大，材料在使用过程中更为安全。

为了满足抗震、抗应变设计，确保构件的安全，钢桥设计规范对钢板的屈强比有非常严格的要求。国标 GB 714—2015 中推荐要求 Q345q、Q370q 和 Q420q 桥梁用结构钢的屈强比不高于 0.85。伴随强度级别的升高，钢的屈强比也有所提高，Q460q ~ Q690q 桥梁用结构钢的屈强比要求一般由供需双方协议约定。

固溶强化和相变强化有利于低屈强比的获得。热轧后控制终轧温度和冷却速度、采用分段冷却工艺，可获得铁素体+贝氏体的双相组织。通过调整铁素体和贝氏体相的比例和硬度，可有效地控制屈强比。

12.3.1.2 韧性

为防止材料在使用状态下发生脆性断裂，要求材料具有一定的冲击韧性和韧脆转变温度 FATT（Fracture Appearance Transition Temperature）。钢材的冲击韧性是在不同温度下夏比 V 型缺口冲击试验获得，所测得冲击吸收功越高、韧脆转变温度越低，表示钢材的韧性越好，使用过程中抵抗脆性断裂的能力越强。桥梁用钢需要有良好的韧性和低温韧性，保证服役温度高于钢材的韧脆转变温度。

除锰和镍外，所有固溶强化元素均提高韧脆转化温度 FATT，恶化韧性，其中碳的影响尤其突出。沉淀强化和形变位错强化也提高 FATT，沉淀强化每提高强度 1 MPa，FATT 约提高 0.2 ~ 0.5 ℃；形变位错强化每增加强度 1 MPa，FATT 约提高 0.2 ~ 0.6 ℃。

钢中磷、硫、砷、锑等有害元素的去除也能改善钢的韧性。

钢中非金属夹杂物是断裂的裂纹源。减少夹杂物的数量，缩小其长度，可以减小夹杂物对韧性的危害。沿变形方向拉长的夹杂物造成钢材性能的各向异性，将易变形的 MnS 硫化物变性为难变形的 CaS、MgS 的夹杂物改性技术由此而生。

钢中的偏析会导致组织和性能的不均匀性，对钢的韧性有较大不利影响。

桥梁钢相比于一般结构用钢对韧性的要求更高，在我国 GB/T 714—2015 中 D 级和 E 级桥梁钢的冲击吸收功要求为 120 J，而对于一般低合金高强钢，GB/T 1591—2018 对其 D 级和 E 级钢的冲击吸收功要求为 34~47 J。

12.3.1.3 焊接性

现代钢桥多采用栓焊连接，全焊接钢桥也在快速普及。桥梁建造施工时，部分结构的焊接必须在露天环境下进行，因而要求钢材具有良好的焊接性能。

焊接性受材料、焊接方法、构件类型和使用要求四个因素影响。影响焊接性的材料因素包括母材和焊接材料两个方面。对于母材，其化学成分、冶炼及轧制状态、热处理条件、显微组织、力学性能及热物理性能等，都对焊接性有重要影响，其中以化学成分的影响最为重要。通常为了提高钢的强度或耐蚀等性能，而加入一些合金元素，其结果不同程度地增大了钢的淬硬倾向及焊接裂纹的敏感性。

焊接接头包括熔敷金属和热影响区（HAZ）两个部分。熔敷金属由熔化的金属凝固成型，具有液态成型的组织特征并含有大量的夹杂物，力学性能通常较差；而热影响区由于受到焊接时大量热输入的作用，在母材中形成组织复杂的区域，其性能较母材也有所下降。

碳当量（CEV）可以作为评定钢材淬硬、冷裂纹脆化等性能的参考指标。碳当量越大，则被焊钢材的淬硬倾向越大，热影响区越容易产生冷裂纹。当碳含量不大于0.12%时，可以采用焊接裂纹敏感性指数（Pcm）代替碳当量评估钢材的可焊性。一般而言，CEV 和 Pcm 值越高，焊接难度越大。

常用的 CEV 和 Pcm 计算公式如下：

碳当量 $CEV(\%) = C + Mn/6 + (Cr + Mo + V)/5 + (Ni + Cu)/15$

焊接裂纹敏感性指数

$Pcm(\%) = C + Si/30 + Mn/20 + Cu/20 + Ni/60 + Mo/15 + V/10 + 5B$

根据碳当量，人们常用 Graville 焊接图评估钢材焊接的难易程度（图 12-4），其中：

Ⅰ区——易焊接区，大部分焊接条件下 HAZ 裂纹敏感性低；

Ⅱ区——可焊接区，HAZ 裂纹敏感性依据焊接条件而定；

Ⅲ区——难焊接区，所有焊接条件下 HAZ 裂纹敏感性高。

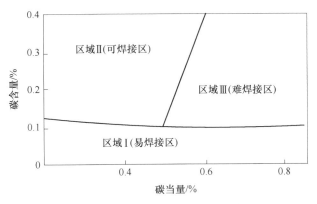

图 12-4　焊接性评价 Graville 图

GB/T 50661—2011《钢结构焊接规范》中将 CEV≤0.45%的钢材焊接难度定义为一般或易；将 CEV>0.45%的钢材焊接难度定义为较难或难。

GB/T 714—2015《桥梁用结构钢》中要求屈服强度 370 MPa 及以下的热机械轧制钢的 CEV≤0.40%，而同等级的热轧或正火钢碳当量适当放宽至 CEV≤0.46%。对于500 MPa 级的桥梁钢，要求 CEV≤0.55%，同时，要求除耐候钢以外的所有牌号 Pcm 不超过 0.25%。

美国 ASTM A709/A709M-2021 标准中 HPS50W/70W/100W 高性能桥梁钢的碳当量如图 12-5[21]所示，强度越高焊接性越显重要。

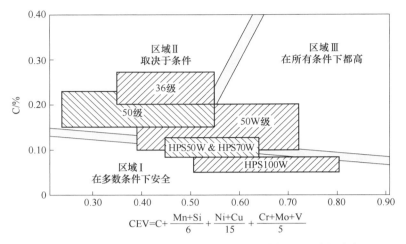

图 12-5　美国 ASTM A709/A709M-2021 标准中桥梁钢种的碳当量

无论是 CEV 还是 Pcm，从其计算公式可以看出，C 元素对钢材焊接性能的影响最大。因此，对于高性能的桥梁钢，在成分设计上都会采取低碳设计，以实现其良好的焊接性能。美国 ASTM A709-1995 版更新至 2005 版时，标准中列入了新开发的 HPS70W 和 HPS100W 两个级别的高性能桥梁钢牌号，其解决焊接性能的主要措施是降碳，将 HPS70W 碳含量要求由小于 0.19%降至 0.11%，HPS100W 的碳含量要求小于 0.08%，并明确 Pcm<0.18 时才可以进行野外焊接[22]。美国 ASTM A709 标准新旧版本中碳含量的变化见表 12-5。

表 12-5　美国 ASTM A709 标准新旧版本中碳含量的变化

牌号		C	Mn	P	S	Si	Cu	Ni	Cr	Mo	V
原 70W	min	—	0.80	—	—	0.25	0.20	—	0.4	—	0.02
	max	0.19	1.35	0.035	0.04	0.65	0.65	0.50	0.70	—	0.10
新 HPS70W	min	—	1.10	—	—	0.30	0.25	0.25	0.45	0.02	0.04
和 HPS50W	max	0.11	1.35	0.020	0.006	0.50	0.40	0.40	0.70	0.08	0.08

此外，现代桥梁对建造效率的需求也越来越高，由此催生了大线能量焊接技术。

12.3.1.4　抗层状撕裂性能

层状撕裂是在厚钢板焊接时焊缝产生垂直于钢板表面的拉应力时产生的。在桥梁工程中，厚钢板主要用于主桁杆件、箱梁等，一般厚度在 40~80 mm，见表 12-6。随着钢板厚度及结构复杂度的增加，钢结构焊接难度大大提高，出现沿板厚度方向层状撕裂的倾向性也相应增大，如图 12-6 所示。

表 12-6 国内代表性铁路钢桥最大板厚

序号	桥梁名称	桥型	主要厚板钢种	最大板厚/mm	使用厚板的构件
1	南京长江大桥	钢桁连续梁桥	16Mnq	32	主桁、纵横梁、连接系杆件
2	九江长江大桥	刚性梁柔性拱	15MnVNq	56	主桁杆件
3	芜湖长江大桥	矮塔斜拉桥	14MnNbq	50	钢桁梁箱形截面杆件
4	天兴洲长江大桥	钢桁梁斜拉桥	14MnNbq	50	主桁箱形、H形截面杆件
5	大胜关长江大桥	钢桁拱桥	Q420q	68	支撑节点及拱肋与系杆相交节点
6	安庆长江大桥	钢桁梁斜拉桥	Q420q	56	主桁杆件
7	沪通长江大桥	钢桁梁斜拉桥	Q500q	65	主桁杆件

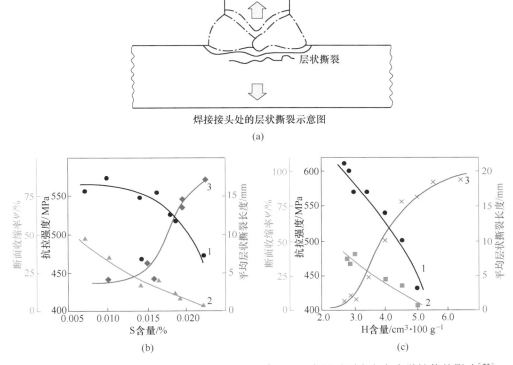

图 12-6 层状撕裂示意图（a）以及硫（b）和氢（c）含量对厚度方向力学性能的影响[23]
1—抗拉强度；2—断面收缩率；3—平均层状撕裂长度

　　一般采用厚度方向拉伸试验的断面收缩率来评定钢板抗层状撕裂的能力。钢中沿轧制方向变形延伸的硫化物夹杂对抗层状撕裂性能有显著的不利影响，各国标准中一般都对钢中的硫含量和钢板厚度方向断面收缩率有明确规定。我国《厚度方向性能钢板》GB/T 5313—2010 标准中针对 15~400 mm 的钢板，规定了 Z15、Z25 和 Z35 三个级别的厚度方向性能，对钢中的硫含量和钢板厚度方向（Z向）断面收缩率规定见表 12-7。

表 12-7　我国国标 GB/T 5313—2010 中规定的钢板厚度方向性能[24]

钢板厚度方向性能级别	硫含量/%	断面收缩率/%
Z15	≤0.010	≥15
Z25	≤0.007	≥25
Z35	≤0.005	≥35

对重要框架箱形厚板柱构件，当板厚为 40~60 mm 时一般会要求 Z15 性能，当厚度大于 60 mm 时会要求 Z25 性能。因为抗层状撕裂性能的要求，桥梁钢板一方面需要严格控制硫含量，另一方面需要对硫化物夹杂进行变性处理以降低其沿轧向的延伸程度。

12.3.1.5　耐蚀性

桥梁长期暴露于自然环境之中，受气候、温度的影响较大，因此要求桥梁钢具有良好的耐大气腐蚀性能。在接近海洋的大气环境下，对钢的耐腐蚀性能要求更高。

腐蚀分为化学腐蚀和电化学腐蚀。钢铁材料在大气和非电解质中的腐蚀即为化学腐蚀，其特点是不产生电流，腐蚀产物沉积在钢铁材料表面上。电化学腐蚀则是钢铁材料与酸、碱、盐等电解质溶液接触而产生的腐蚀，其特点是有电流产生，其腐蚀产物不覆盖在钢铁材料的表面上，而是在距离钢铁材料一定距离处。

耐大气腐蚀钢中常加入一定数量的合金元素，如 P、Cr、Ni、Cu、Mo 等，在金属基体表面上形成致密的氧化保护层，以提高耐大气腐蚀性能。钢的成分对耐大气腐蚀性能的影响如图 12-7[23] 所示。

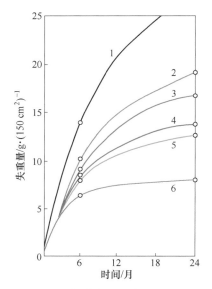

图 12-7　钢中合金元素对耐大气腐蚀性能的影响

1—0.02% Cu；2—0.07% Cu；3—0.25% Cu；
4—1% Cu + 1.5% Cr + 0.8% Si；
5—0.5% Cu + 1.5% Cr + 0.8% Si；
6—0.5% Cu + 1.0% Cr + 0.8% Si + 0.15% P

以大量腐蚀数据为基础，Legault 和 Leckie 总结出了基于钢的化学成分来预测暴露于不同大气环境下 15.5 年后低合金钢的腐蚀性能公式。为了便于工业环境下的使用，Legault-Leckie 公式被修改为如下耐大气腐蚀性指数（I）计算公式：

$$I = 26.01(\%Cu) + 3.88(\%Ni) + 1.20(\%Cr) + 1.49(\%Si) + 17.28(\%P) - 7.29(\%Cu)(\%Ni) - 9.10(\%Ni)(\%P) - 33.39(\%Cu)^2$$

钢的腐蚀预测公式使用在如下成分范围：0.012%～0.510% Cu，0.05%～1.10% Ni，0.10%～1.30% Cr，0.10%～0.64% Si，0.01%～0.12% P。指数 I 越大，钢的耐腐蚀性能越好。在 ASTM 相关标准中，钢材具有较好的耐大气腐蚀性能时，要求计算出的耐大气腐蚀指数 $I \geqslant 6.0$。

钢的均匀性对耐电化学腐蚀性能有较大影响。均匀的成分和组织可以降低各微区之间的电极电位差异，从而增强耐腐蚀性能。碳是钢中对组织影响最大的元素，碳含量不高于0.02%时，由于钢中没有渗碳体组织，贝氏体组织的均匀性较好，因此耐蚀性很好。

我国 GB/T 714—2015 标准中规定的桥梁用耐大气腐蚀钢的成分见表 12-8[8]。Cu 是提高桥梁钢耐大气腐蚀性的最佳元素。当向含铜钢中额外添加磷时，耐蚀性能提高更加明显。但考虑到磷对低温脆性的危害，耐候桥梁钢一般采用 Cr-Ni-Cu-Mo 等成分体系，严格限制磷含量。含铜钢需要避免因高铜含量而导致的连铸纵裂纹和星形裂纹。

表 12-8　耐大气腐蚀钢化学成分

牌号	质量等级	化学成分（质量分数）/%											
		C	Si	Mn	Nb	V	Ti	Cr	Ni	Cu	Mo	N	Al$_s$
Q345qNH	D E F	≤0.11	≤0.15 ~ 0.50	1.10 ~ 1.50	0.01 ~ 0.10	0.01 ~ 0.10	0.006 ~ 0.030	0.40 ~ 0.70	0.25 ~ 0.40	0.30 ~ 0.50	≤0.10	≤0.008	0.015 ~ 0.050
Q370qNH											≤0.15		
Q420qNH											≤0.20		
Q460qNH													
Q500qNH								0.45 ~ 0.70	0.25 ~ 0.45	0.30 ~ 0.55	≤0.25		
Q550qNH													

12.3.1.6　疲劳

抗疲劳是承受动态荷载构件的主要力学性能指标之一。桥梁在服役时经常承受交变载荷的作用，因此要求桥梁钢具有高的抗低周疲劳特性和止裂能力。

宏观疲劳裂纹是由微观裂纹萌生、长大及连接而成的。各式各样的裂纹萌生原因对应着种种材料破坏机制，这些机制分别说明微观裂纹是在晶界、孪晶界、夹杂、微观结构或成分不均匀区，以及微观或宏观应力集中部位萌生[15]。

降低钢中的偏析，减少钢中夹杂物的数量和尺寸，获得稳定的第二相析出物，细化晶粒等措施均能有效提高钢的疲劳性能。

12.3.2　微合金化和热机械轧制

12.3.2.1　微合金化技术

微合金化和控轧控冷技术是20世纪70年代出现的新型冶金技术[25-28]。微合金化是在 C-Mn 钢中添加不高于 0.1% 的强碳氮化物形成元素（如 Nb、V、Ti），并辅以高洁净度冶炼、控制轧制和控制冷却等工艺技术，通过细化晶粒、析出强化、相变和组织控制等物理冶金机制，使量大面广的工程结构钢材不必进行正火或淬火-回火热处理，在热轧状态即可获得高强度、高韧性、良好可焊性和成型性等最佳性能组合的技术，见表 12-9。

表 12-9   微合金化元素在钢中的主要作用

基本作用	固溶作用	溶质元素拖曳、固溶强化
	偏聚作用	
	与 C、N、S、P 的交互和固定作用	
	析出沉淀作用	析出相抑制再结晶、抑制高温晶粒长大、析出强化
	与再结晶交互作用	通过溶质元素拖曳或析出相阻碍再结晶
次生作用	硫化物形状控制	IF 状态
	晶粒细化	再结晶控制
	热影响区（HAZ）韧性控制	织构的发展
	淬硬性提高	晶界强化
		氢陷阱
		镀锌时控制扩散
主要产品	热轧产品	冷轧产品

微合金化元素的作用随着钢种扩展和生产工艺改进而变化。早期注重利用其在铁素体-珠光体钢中的细化晶粒和弥散强化，后来发展到利用其在更高强度的贝氏体和马氏体钢中细晶强化和控制相变，进而应用到高强度、高成型性和点焊性能需求的汽车用马氏体钢和先进高强度钢[29]。

微合金化元素在钢中的固溶和析出行为，尤其是其尺寸和体积分数，对其在钢中的作用影响巨大，一般析出相尺寸越小、体积分数越大，其阻碍再结晶、抑制晶粒长大以及析出强化的作用就越大。

微合金的氮化物、碳化物或碳氮化物的溶解度积是影响颗粒尺寸和体积分数的因素之一[30-32]。图 12-8 比较了其中一些溶解度积，以此为基础绘制出典型钢中微合金化元素析出随温度的变化，如图 12-9 所示。基于热力学分析的商用软件在评估析出温度区间方面非常有用，适用于多种微合金元素的情况。图 12-10 所示为 Thermo-Calc 用于 Ti-Nb-V 微合金钢的实例。

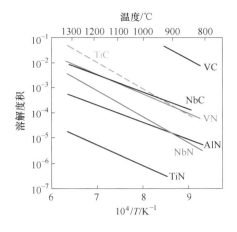

图 12-8 奥氏体中不同氮化物
和碳化物的溶解度积

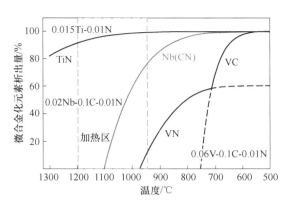

图 12-9 平衡条件下 Ti、Nb、V 微合金钢中
微合金化元素析出量随温度的变化

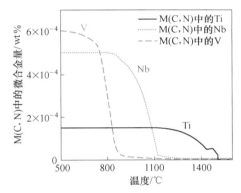

图 12-10 Thermo-Calc 计算的铌钒钛析出温度区间
（化学成分：0.06% C，0.015% Ti，0.05% Nb，0.06% V，0.006% N）

从图 12-9 和图 12-10 可以看出，在加热期间至热轧第一道轧制前，TiN 主要处于析出状态。NbN 在加热时能够发生溶解，在轧制温度下以 Nb(C,N) 形式析出。在实际应用中，为了发挥粒子对高温下晶粒长大的抑制作用，并不需要 Nb 在加热温度下完全溶解。富 VN(C) 的粒子主要在轧后输送辊道或卷取期间的较低温度下析出。

不考虑动力学影响的静态析出行为如图 12-8~图 12-10 所示。在实际轧制过程中，累积的应变可提供新的颗粒形核位置，从而明显促进析出动力学。综合考虑，以氮化物、碳化物和碳氮化物的形式析出的微合金元素的作用如下：

（1）热轧的加热和轧制过程中主要以 TiN 形式析出，控制奥氏体晶粒尺寸，足够细小的奥氏体晶粒可能降低再结晶驱动力。

（2）热轧过程中以 Nb(C,N) 形式应变诱导析出，与再结晶交互作用，提高完全停止再结晶温度，促进应变积累。

（3）轧制出口处以 V(C,N) 和 Nb、Ti 碳化物形式析出强化，析出的非常细小的 TiC 颗粒可提高钢的强度。

同一种微合金元素可具有不同作用。足够细小的 TiN 颗粒可在轧制中推迟奥氏体静态再结晶，钢中的细小 TiN 还可以抑制焊接时晶粒的粗化，促进晶内铁素体的生成。由于细小析出是关键因素，微合金化设计需要综合考虑适当的成分、轧制及冷却工艺，以便获得细小的微合金化析出物。

12.3.2.2 热机械轧制技术

控制轧制和控制冷却技术属于热机械轧制（Thermo-Mechanical Controlled Processing，TMCP）或形变热处理的典型技术[32-33]。该技术通过在钢中添加微合金化元素，控制钢材的轧制温度、轧制速度、形变量、冷却速度等参数，从而控制组织转变和沉淀析出等行为，使钢材的强度和韧性等性能有较大的改善，同时简化或省略正火或淬火工序。

在热轧过程中，变形被施加在不同时间段的一系列轧制道次中。在轧制道次中和道次之间，存在加工硬化和软化机制之间的竞争。每一轧制道次中施加的变形将部分转变成钢中的储能（加工硬化）。由于温度和时间的综合作用，变形储能可通过回复和再结晶等软化机制释放出来。如果轧制道次之间间隔时间足够长，在下一次塑性变形前，已完成再结晶的晶粒可能长大，如图 12-11 所示。如果在钢中添加一些可在轧制过程中析出的微合金元素，那么硬化和软化机制之间的交互作用将更为复杂，轧制过程中微观组织的演变将发生明显的变化。

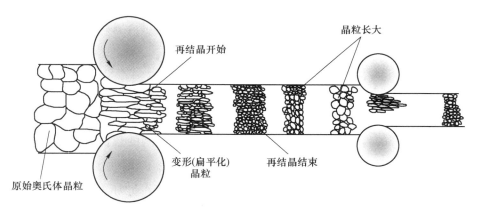

图 12-11   轧制过程再结晶和回复及组织变化示意图[30]

细化组织是改善钢的强韧性的重要手段。为得到常温下细小的铁素体等组织，需要尽可能细化奥氏体/铁素体转变前的原奥氏体晶粒。为此提出了奥氏体调控的理念，即热轧过程采用二阶段轧制，在第一阶段（再结晶轧制阶段，一般不低于 950 ℃）尽可能利用塑性变形引起的再结晶变化反复细化奥氏体晶粒，但又需要尽可能防止再结晶后晶粒的长大；在第二阶段（未再结晶轧制阶段，一般为 950 ℃ $\sim A_{r3}$）尽可能抑制再结晶的发生，从而得到扁平化的奥氏体组织，以及高密度的位错等缺陷，为铁素体形核提供尽可能多的核心（图 12-12）。

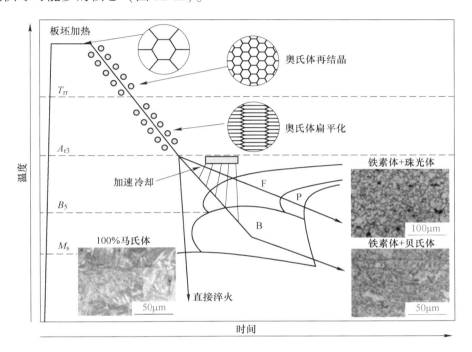

图 12-12　控制轧制和控制冷却对轧后组织演变的影响

为实现奥氏体的调控，控制再结晶的开始和终止温度，以及抑制再结晶完成后晶粒的长大尤为关键。图 12-13 所示为钢中 Nb、V、Ti、Al 等元素对再结晶终止温度的影响，Nb 对再结晶终止温度影响尤为显著，微量的 Nb（0.01% ~ 0.05%）即可显著提高再结晶终止温度。Nb 的这一特征对于实现完美的二阶段轧制具有特别重要的意义，即第一阶段尽可能再结晶轧制、第二阶段尽可能未再结晶轧制，并利用微量的 Nb 拓展第二阶段温度工艺窗口。因此，铌微合金化配合 TMCP 技术广泛应用于高强高韧的中厚板生产中。

细化铁素体晶粒尺寸，是从韧脆机制方面提高强度和韧性的主要目标，为此需要促进铁素体形核率。在非再结晶温度以下进行最终道次轧制，所产生的扁平化的变形奥氏体具有更高可用于铁素体形核的位错密度。更高的冷却速率会延迟奥氏体向铁素体的转变至更低的温度，也会提高铁素体形核率。

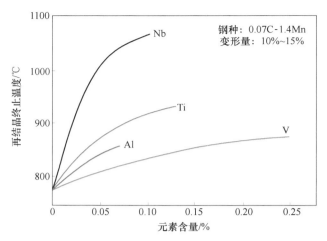

图 12-13　微合金化元素对再结晶终止温度的影响

以铌为例，微合金化元素在轧制各阶段发挥的作用总结于图 12-14。

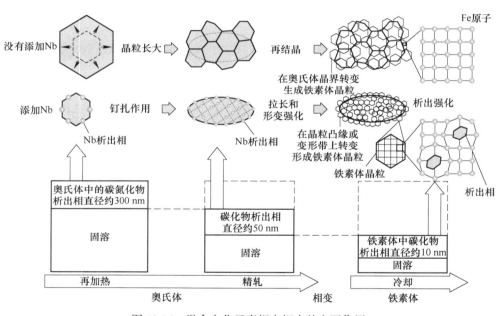

图 12-14　微合金化元素铌在钢中的主要作用

控制冷却是对控轧后的扁平加工硬化的奥氏体采用高于空冷的速度至相变温度区域，则不仅在变形后的奥氏体晶界面或变形带产生相变晶核，而且在奥氏体晶粒内也生成铁素体核，可以实现铁素体晶粒的大幅度细化。同时，加速冷却可以降低相变温度，提高相变过饱和度，也可以促进相变组织的细化。

控制冷却早期多采用层流冷却为主导的加速冷却 ACC 工艺（Accelerated Cooling Control）。为解决冷却均匀性和高冷却速率的问题，20 世纪 90 年代末日本 JFE 公司开发出 Super-OLAC（Super On Line Accelerated Cooling）超快冷系统，我国东北大学自 2006 年也开发成功超快冷 UFC（Ultra Fast Cooling）系统，兼具超高的冷却速率和冷却均匀性，可依照材料组织和性能的需要自由选择冷却路径（图 12-15），可实现加速冷却 ACC、超快冷 UFC、直接淬火 DQ（Dierct Quenching）等多种工艺控制功能，满足了铁素体/珠光体、贝氏体、贝氏体/马氏体及马氏体等各类产品的相变过程控制，进一步挖掘产品的强度、韧性、焊接性，以及屈强比控制等潜能[34]。

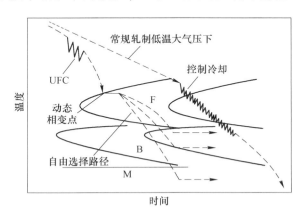

图 12-15　常规加速冷却 ACC 与超快冷 UFC-ACC 冷却路径对比图

12.4　桥梁用结构钢板的冶金工艺和关键技术

12.4.1　桥梁用结构钢板冶金工艺流程

桥梁钢的关键冶金技术可以概括为洁净钢技术、微合金化技术、无缺陷铸坯技术、控制轧制和控制冷却技术、微细夹杂物冶金和大线能量焊接技术等。桥梁用钢比一般结构用钢在生产上具有更高的要求，冶炼时应控制较低的 P、S、O、H 和夹杂物含量，对非 V-N 钢，N 应该控制在较低含量，以减小时效倾向。

目前桥梁用结构钢板常用的生产流程如下[4,35-37]：

高炉铁水—铁水脱硫（KR、喷粉等）—转炉冶炼—炉外精炼（LF、RH、VD 等）—连铸—钢坯清理—钢坯加热—轧制—（热处理）—精整—检验入库

12.4.1.1　铁水预处理

铁水预处理脱硫与 LF 精炼脱硫相结合，可以实现深脱硫，降低钢中硫化物夹杂，提高钢板冲击韧性、塑性、冷成型性能、抗层状撕裂性能、焊接性能、耐腐蚀性。一般采用 KR 搅拌法或喷吹法脱硫，唐钢公司采用复合喷吹法，可将铁水硫含量从 0.030% 降至 0.003% 以下，最低可达 0.001%[36-37]。越来越多钢厂认为 KR 搅拌法具

有粉剂消耗低、处理后硫含量低且稳定、综合处理成本低等特点。

12.4.1.2 转炉冶炼

一般采用顶底复吹转炉，配备副枪自动炼钢，提高终点碳和温度的命中率，有效地控制钢水中夹杂物及 N、P、O 等有害元素含量。具体技术介绍如下：

（1）降低终点氧含量。要降低转炉终点氧［O］，必须准确控制终点钢水碳含量和温度。主要包括终点碳［C］控制在 0.04%～0.06%；终点温度控制在 1620～1650 ℃；强化复吹，将终渣（FeO + MnO）控制在不高于 18%；利用副枪，提高终点碳和温度的命中率，杜绝后吹；通过钢包加盖、缩短钢包周转、缩短出钢时间、合金料预热等手段减少温降，降低出钢温度。转炉冶炼桥梁钢的终点氧含量可以控制在 0.04%～0.05%。

（2）优化转炉出钢过程。出钢过程前期往钢包中加入炭粉预脱氧，脱氧产物不产生氧化物夹杂。后期一次性往钢包中加入铝质脱氧剂脱氧，使产生的氧化物夹杂快速聚集、长大和上浮。转炉出钢下渣会造成钢水的回磷、回硫，增加钢中夹杂物，增加铁合金消耗和精炼工序中合成渣消耗，影响钢包耐材的使用寿命等。采用合适的挡渣技术，可以最大限度减少转炉高氧化性的终渣流入钢包。

12.4.1.3 炉外精炼

桥梁钢一般需经 LF 和 RH 或 VD 精炼处理，降低钢液中硫含量，有利于减少硫化物夹杂的形成，减轻铸坯上硫的中心偏析，保证桥梁钢的韧性指标要求。

氢元素会导致钢材氢损伤失效，降低钢材强度、韧性、断面收缩率、伸长率等性能，氢致裂纹是造成探伤不合格的主要原因之一。高品质桥梁用钢必须经过 RH 或 VD 真空脱氢处理。在实际生产中，RH 精炼钢液在不高于 80 Pa 真空度下保持 10 min 后，用定氢仪测量的钢液氢含量不高于 0.00013%，完全符合新国标要求。

RH 精炼过程中进一步脱氧和去除夹杂物的效果明显，软吹结束后，几乎没有大于 10 μm 的夹杂物。随精炼时间适当延长，夹杂物平均粒径变化不大，但单位面积夹杂物数量显著减少。采用 RH 轻处理，可以兼顾钢水洁净度和处理成本。

12.4.1.4 连铸

一般采用直弧型板坯连铸机，并采用结晶器电磁搅拌、二冷电磁搅拌和凝固末端轻压下等先进技术，有效改善板坯中心偏析，提高铸坯中心致密度，以满足生产高品质桥梁钢铸坯的要求。

12.4.1.5 控制轧制和控制冷却

一般采用双机架或单机架轧制，分两阶段轧制：第一阶段在粗轧机完成，采用大压下率，以保证变形渗透到心部，实现再结晶细化晶粒的效果；第二阶段轧制精轧开轧温度在 950~860 ℃ 范围内，不同厚度的板坯选用不同的开轧温度，保证终轧温度在相变温度 A_{r3} 之上。

精轧完成后，钢板须进入热矫直机矫直，这样在进入加速冷却/超快冷前可以得到良好的板形，优化钢板冷却均匀性，进而改善最终板形。

12.4.1.6 热处理

加速冷却后，钢板可下线堆垛缓冷，以保证钢板满足探伤标准要求。为消除钢板内应力，同时获得良好的强韧性、强塑性匹配，可以对钢板进行回火热处理。

12.4.2 成分控制和洁净钢生产技术

12.4.2.1 碳含量控制

桥梁用结构钢的发展经历了很长的历史时期，从 19 世纪采用碳含量为 0.25% 的碳钢，到 20 世纪初期主要采用碳含量较高的普通低合金钢，如含碳量 0.16% 的 16Mn 低合金钢及 Corten 系列耐蚀桥梁钢。随着对桥梁用钢要求的进一步提高，发展了低碳含量并采用 TMCP 技术生产的高性能桥梁用钢，如 HPS70W、HPS100W 等。

为了更好地解决结构钢的焊接问题，国际上发展了一系列低碳贝氏体型桥梁钢，这类钢的主要特点是把钢中碳的质量分数降到 0.08% 以下，避开了包晶反应区，因此它在具有高强韧性的同时，又具有良好的可焊性和热影响区的冲击韧性。

随着碳的质量分数进一步降低至 0.02%，由于钢中没有渗碳体组织，贝氏体组织的均匀性较好，因此耐蚀性良好。碳的降低可显著提高相变温度，有利于针状铁素体的形成；超低碳（≤0.02%）可有效减少铸坯偏析，同时扩大 δ 温度区间，由于溶质元素在 δ 区扩散速度是 γ 区的 100 倍，因此成分更加均匀。由于超低碳有利于厚钢板组织的均匀化，能在现有工业装备条件下生产大厚度的钢板，因此采用超低碳设计已成为桥梁钢发展的热点[38]。

钢液中碳和氧的含量主要受碳氧溶度积控制，转炉终点应尽可能接近碳-氧平衡的溶度积。p_{CO} 分压对碳氧溶度积有显著影响，增大底吹惰性气体流量可以降低 p_{CO} 分压，同时可以强化复吹的冶金效果。

12.4.2.2 硫含量和硫化物夹杂控制

针对 Q500q 桥梁钢板探伤的研究发现[39]，引起 Q500q 桥梁钢钢板超声波探伤不合格的主要内部缺陷是钢板中心区域珠光体带中存在微裂纹。铸坯中心碳、锰元素偏析和 MnS、氧化物等夹杂物的聚集，致使钢板基体晶界面结合较弱，促进了微裂纹的萌生与扩展。

提高探伤合格率的主要改进措施有：（1）对于有探伤要求的铸坯要严格控制钢中

非金属夹杂物和气体含量，尽量减少磷、硫等易偏析元素含量；（2）钢中长条形（尤其是沿晶界分布的）硫化物是导致层状撕裂的主要原因之一，其端部也是产生氢致裂纹的地点。对钢水进行钙处理将其改变为球形，因其熔点较高且成各向同性，故轧制后不影响钢板的探伤合格率。桥梁钢精炼的钙硫比（Ca/S）一般接近 2 为佳。通过改善铸坯质量和使条状硫化物球化，Q500q 桥梁钢的金相组织明显改善，探伤合格率由 88% 提高至 99%[39]。

脱硫的热力学条件是高温、高碱度、低的氧化性[40-41]。铁水预处理可以深度脱硫，也可以部分脱磷，目前广泛采用在铁水包或鱼雷罐中喂丝、喷粉和机械搅拌法（KR 脱硫法），可将铁水中硫含量从 0.04%~0.02% 脱至 0.008%~0.002% 水平。

经铁水预处理的铁水兑入转炉前需仔细扒渣，转炉使用低硫返回废钢并采用复合吹炼，减少废钢和熔剂造成的回硫。国内外钢厂出钢过程中对炉渣进行改性，降低炉渣的氧化性和进一步脱硫。通常在出钢过程中添加石灰粉 80%、萤石 10%、铝粉 10% 和罐装碳化钙进行钢液脱硫，控制钢包渣中 FeO≤1.5%，可使出钢脱硫率达 34%。有的厂家还进行底吹氩搅拌，可使 [S]≤0.003%。

二次精炼是生产超低硫钢所必不可少的手段，所用方法主要为喷粉、真空、加热造渣、喂丝、吹气搅拌。实践中常常是几种手段综合采用，所形成的精炼设备及其精炼效果见表 12-10。

表 12-10 二次精炼工艺及其脱硫效果[42]

工艺	精炼方法	精炼效果/%
TN、KIP	喷吹 CaO-CaF$_2$-Al$_2$O$_3$ 或 CaSi	[S]<0.001
LF	加热造还原性炉渣	[S]<0.001
V-KIP	真空喷粉	[S]<0.001
VD	真空造渣	[S]<0.001
VOD-PB、RH-PB	真空喷 CaO-CaF$_2$ 粉	[S]≤0.0002

12.4.2.3 磷含量的控制

钢中磷容易导致冷脆现象，恶化了桥梁用钢的焊接性能和低温冲击韧性。一般高性能桥梁钢中磷含量控制在 0.01% 水平。

脱磷的热力学条件是低温、高碱度、高的氧化性，目前磷的去除主要是在铁水预处理、转炉或电炉精炼期进行。铁水预处理阶段，具有温度低、渣量少、氧位高等脱磷优点；但也有脱磷需先脱硅、温度损失、转炉冶炼废钢比不能太高等缺点。转炉或电炉在炼钢初期氧化脱碳过程同时进行脱磷，搅拌条件较好，钢渣易于分离；但也有高温、渣量大、氧位稍低等缺点。

低温不脱氧出钢，有助于脱磷，也可防止吸氮。防止转炉出钢下渣，有利于防止回磷。

12.4.2.4 氢的去除

氢元素也是影响钢材焊接性能的重要因素，会导致焊接接头开裂，即氢致开裂。氢致开裂既可能发生在熔融区，也可能发生在热影响区，但对于不同的材料，两者对氢致开裂的敏感性是有所区别的。

消除氢致开裂最重要的手段是消除氢元素的来源。降低母材中的氢含量、控制焊材中的氢含量、消除工件表面的水汽等都是必要措施。此外，还可以通过焊后脱氢处理、加速接头中氢的扩散逸出达到降低氢含量的目的。

在炼钢工序，氢的去除以前主要在炼钢初期通过 CO 激烈沸腾实现。自真空精炼技术出现后，钢中氢可以稳定控制在 0.0002% 以下。严格杜绝各工序造渣剂、合金料、覆盖剂以及耐材的潮湿，避免碳氢化合物、空气与钢水接触，都有助于降低钢中氢的含量。凝固后连铸坯堆垛缓冷也有利于氢的扩散去除。

12.4.3 铸坯质量控制技术

钢中碳含量在 0.09% ~ 0.17% 处于亚包晶反应区，铸坯对裂纹非常敏感，钢中的锰含量对包晶点有较大影响。桥梁钢一般采用铝脱氧并利用铌、钒、钛进行微合金化，在矫直区域常常析出第二相粒子，恶化坯壳高温变形能力，导致角部裂纹等缺陷。

厚钢板越来越广泛在钢结构桥梁中得以应用，铸坯的内部缺陷，特别是中心偏析和疏松等，对韧性、焊接性、组织和性能均匀性均产生较大不利影响[43-46]。

12.4.3.1 铸坯表面质量控制

连铸坯表面缺陷可分为纵裂纹、横裂纹、网状裂纹、皮下针孔和宏观夹杂，但主要缺陷是表面裂纹。连铸坯内部裂纹可分为中间裂纹、矫直裂纹、角部裂纹、中心裂纹、三角区裂纹和皮下裂纹。连铸坯内部和表面的裂纹是影响其质量的主要缺陷[43-46]。

铸坯产生裂纹的原因十分复杂，如图 12-16 所示，受成分、工艺、设备、操作等方面的影响，内在的影响因素是钢在高温下的力学性能。

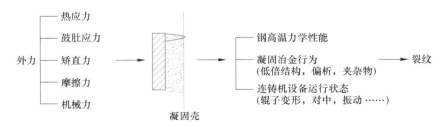

图 12-16 铸坯产生裂纹的因素示意图

一般来说，钢在高温下存在三个明显的脆性区，如图 12-17 所示。其中，Ⅰ区为凝固脆化区（熔点 $T\sim1300$ ℃），Ⅱ区为高温脆化区（1300~1000 ℃），Ⅲ区为低温脆化区（1000~600 ℃）。

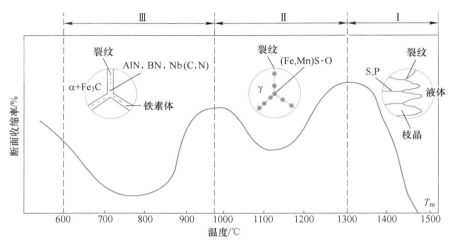

图 12-17 钢的延性示意图

铸坯角部横裂纹与第Ⅲ脆化区密切相关，并常常与深振痕伴生。桥梁用钢板多为 Nb、V、Ti、Al 等微合金化钢种，连铸过程中易于发生角部横裂纹。

减少铸坯角部横裂纹的措施主要有：

（1）控制钢的成分。碳含量在 0.09%~0.17% 发生包晶反应，铸坯对裂纹非常敏感，碳的控制应尽可能避开包晶反应裂纹敏感区。增加钢中锰使包晶点左移（图 12-18）[47]。一般应控制 [S]<0.015%，当 [C]<0.1% 时（凝固成铁素体），[S] 含量应当小于 0.007%。[S] 含量对热塑性的负面作用随 [Mn]/[S] 的增加而减少，应控制 Mn/S>40[48]（图 12-19）。残余元素 [Cu]+[As]+[Sn]<0.10%。结晶器采用 Ni、Cr 镀层，减少铸坯表面铜的富集。

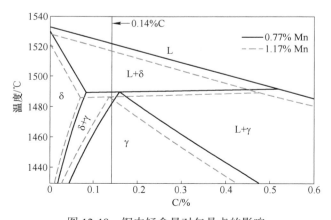

图 12-18 钢中锰含量对包晶点的影响

（2）控制钢中铝和氮含量。控制钢中 $[N] < 0.0030\%$，钢中 $[Al][N] = (3～5) \times 10^{-4}$，以减少 AlN 析出引起铸坯矫直时的横裂纹。

（3）控制钢中铌、钒、钛的含量。对于铌微合金化钢种，加入 $0.01\%～0.02\%$ Ti，使钢中 $[Ti]/[N] > 3.4$，促使钢中形成粗大的 TiN 析出物，并且 Nb(C,N)、VC 等以 TiN 为核心形成复合的粗大析出物；或钢中加入硼或锆形成粗大的 BN、ZrN 析出物，减少矫直时细小 Nb(C,N)、VC 析出物的生成。因析出相尺寸

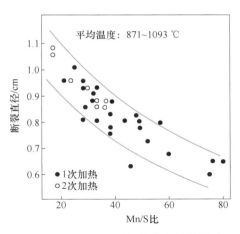

图 12-19　Mn/S 比对钢的热塑性的影响

越小，析出强化作用越大，对变形的抗力越大。同时析出相越细小，数量将越多，更进一步加大了析出强化作用。粗大的析出物对矫直裂纹影响相比细小析出相而言较小。

（4）采用合适的二冷强度。二冷区采用中等或较弱的冷却强度，水量为 0.6~0.8 L/kg，使矫直时板坯表面温度在 900 ℃ 以上的单相奥氏体区。

（5）优化结晶器振动，减轻振痕。采用高频率、小振幅的振动曲线可调的液压振动系统，采用非正弦振动增加负滑脱时间，减轻铸坯振痕深度。

（6）控制结晶器操作。控制液面波动，避免浸入式水口偏流，合理调整结晶器锥度，控制保护渣的消耗。

（7）保持铸机良好维护。保持铸机良好的热工作状态和对中对弧，减少铸坯所受应力（热应力、鼓肚力）。

倒角结晶器是改善铸坯角横裂新技术之一[49]。倒角结晶器通过将铸坯原有的每个直角改为两个大于 90° 的钝角，以获得减弱角部冷却、提高铸坯角部温度、减少铸坯弯曲和矫直过程应力应变等效果，以消除和控制铸坯角部横裂纹以及板材边部直裂的发生。

带 30° 倒角连铸坯的 900 ℃ 矫直温度的过程模拟结果如图 12-20 所示，其中，正值为拉应力，负值为压应力。由图 12-20 可知，应力在角部的集中度变化比较明显，当矫直温度达到 900 ℃ 以上时，应力为 10 MPa 以上区域几乎消失，说明倒角斜面上发生裂纹的可能性大大降低。

日本鹿岛制铁所开发了表面组织控制冷却技术（Surface Structure Control Cooling, SSC）（图 12-21 和图 12-22）[50]，在连铸过程中通过冷却制度调整铸坯表面温度，实现组织相变、再结晶和晶粒细化，弥补后续铸坯热送热装工艺中因为没有组织相变而晶

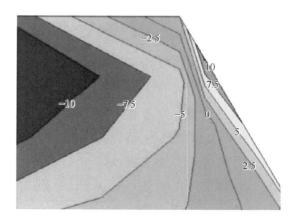

图 12-20　30°倒角连铸坯在 900 ℃矫直温度的应力模拟结果（单位为 MPa）

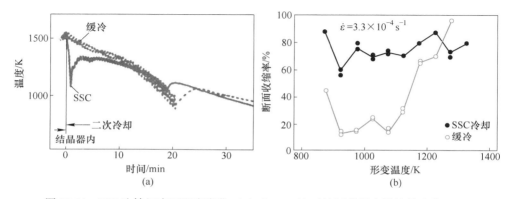

图 12-21　SSC 法铸坯表面温度变化（a）和 SSC 法对铸坯高温力学性能改善（b）

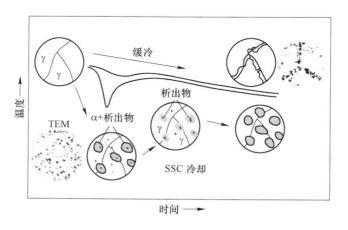

图 12-22　SSC 法对组织影响示意图

粒粗大的不足，促进连铸高效化。SSC 技术的难度是在二冷区先使铸坯表面降温至 A_{r3} 以下然后再迅速回温至矫直温度以上，还不至于引起矫直产生的角部裂纹、冷却不均匀产生的纵裂纹等缺陷。

12.4.3.2 铸坯内部质量控制

A 显微偏析和宏观偏析

偏析是凝固过程中溶质元素在固相和液相中再分配的结果，表现为铸坯表面到中心或沿铸坯轴向溶质元素分布的不均匀性，在硫印图上表现为连续或断续的黑线。

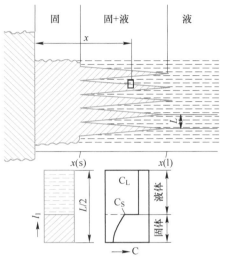

偏析分为显微偏析和宏观偏析两种。显微偏析局限于凝固枝晶和树枝干间短距离（以微米计）的成分差异（图12-23）。

表12-11中，$k = C_S/C_L$ 为凝固前沿溶质元素在固相和液相中的浓度分配系数，常用 $1-k$ 表示元素偏析程度大小，$1-k$ 越大元素越易于发生偏析。微观偏析的结果导致溶质元素在凝固前沿不断富集，最后凝固部分成为溶质元素含量最高、偏析最严重的部位。铸坯显微偏析严重表现为轧材中带状组织严重。

图12-23 钢中凝固前沿微观偏析示意图

表12-11 钢中不同溶质元素的凝固偏析系数 $1-k$

元素	k	$1-k$
C	0.19	0.81
Si	0.77	0.23
Mn	0.77	0.23
P	0.23	0.77
S	0.05	0.95
Al	0.6	0.4
O	0.03	0.97

提高凝固速度可以减小枝晶间距，从空间上提供了更多的枝晶及枝晶间隙，从而分散了溶质元素的偏析；又因缩短了凝固时间，溶质元素在凝固前沿可能难以达到再分配的热力学平衡浓度，从而降低了显微偏析的程度。钢中的 P、S 既是偏析系数较高的元素，又是对固-液凝固温度影响较大的元素。P、S 都降低液相线和固相线温度，但显著降低固相线温度，从而扩大了液相向固相转变的温度区间，促进了偏析的发生。

宏观偏析是长距离范围内（以厘米计）的成分差异，凝固前沿富集溶质元素液相的流动，促进了宏观偏析的发生，表现为最后凝固部分铸坯中心宏观偏析严重。中心偏析往往和疏松、缩孔等缺陷共生。

铸机工作状态和连铸工艺对宏观偏析有较大影响。连铸二冷区喷水冷却不均匀，促使某些局部区域柱状晶生长较快，局部区域两边柱状晶"搭桥"，当桥下面包围的液体凝固时，难以得到液相穴上部钢水的补充，从而产生疏松、缩孔并伴随宏观偏析，即"小钢锭结构"。高过热度、高拉速、高二冷强度等易于导致长液相穴和冷却不均匀，从而促进了凝固桥的形成，见表12-12。

表12-12 铸坯中心偏析形貌

偏析形貌	偏析特点	浇注条件
	中心结构均匀，无明显中心偏析	过热度低，对中好
	不连续的中心偏析线	过热度高，对中好
	不连续的偏析线，有V形偏析区	过热度低，对中不好，有鼓肚
	中心裂纹加中心偏析	过热度高，液芯矫直或鼓肚

支撑辊对弧不准或辊子变形，以及钢水过热度高、液相穴过长、钢水静压力过大，都容易引起铸坯坯壳沿厚度方向发生鼓肚。鼓肚造成凝固末端枝晶间富集溶质液体流动，从而形成中心宏观偏析。鼓肚量越大，中心偏析越严重。钢中C、S、P、Mn元素的中心偏析严重，易于在轧制产品中产生马氏体和贝氏体转变产物，降低板材的冲击韧性，并对氢脆裂纹非常敏感。

B 影响中心偏析和疏松的主要因素

影响中心偏析和疏松的主要因素有：

(1) 钢水过热度。过热度过高带来一系列缺点：出结晶器坯壳薄，易漏钢；促进柱状晶生长，中心疏松缩孔加重；钢水液相穴变长，易鼓肚。当采取低过热度浇注时，铸坯中心等轴晶区增加，可有效减轻中心元素的聚集和偏析。对铸坯内部质量要求高的桥梁钢，过热度控制在15~20 ℃为佳。

(2) 铸坯低倍结构。铸坯中心的偏析、疏松和缩孔等缺陷的严重性取决于柱状晶和等轴晶的比例。中心等轴晶达到30%~40%时，中心缺陷大大减轻，甚至消失。采用电磁搅拌，可以打碎凝固前沿柱状晶，促进等轴晶比例增加。柱状晶的生长取决于凝固的温度梯度和凝固速度。二冷强冷，铸坯表面和凝固前沿温度梯度大，有利于柱状晶生长，中心偏析和疏松较严重。

(3) 拉速。拉速过快，液相穴变长变尖，钢水补缩不好，容易造成疏松和缩孔。

拉速提高，铸坯在铸机内停留时间减少，液相穴内钢水过热度移除时间延长，有利于柱状晶生长，从而导致中心偏析加重。

（4）冷却速度。二冷区采用强冷，一是降低坯壳温度，增加坯壳强度，防止了鼓肚产生的中心偏析，这对板坯尤其重要；二是冷却速度快，阻止了溶质元素的析出和扩散，有利于减轻中心偏析；三是有利于板坯宽度方向液相穴形状稳定，与动态轻压下结合可以减轻中心偏析；四是有利于提高拉速。另一方面，强冷促进了柱状晶的生长，容易形成局部搭桥或穿晶结构，促进了疏松的形成；同时强冷对钢裂纹敏感性也有较大影响。因此，二冷区冷却强度的高低应综合考虑，在避免铸坯心部局部搭桥和穿晶导致疏松和缩孔情况下，可以适当提高冷却强度。

C 改善铸坯中心偏析和疏松缺陷的主要对策

综合以上分析，改善铸坯中心偏析和疏松缺陷的主要措施如图 12-24 所示，主要有[43-45]：

（1）冶金凝固方面，降低有害元素浓度，控制柱状晶和等轴晶凝固条件，控制坯壳冷却速度；

（2）连铸机设备方面，保持支撑导向辊对中和对弧，缩小辊间距，采用多节辊、收缩辊缝等，以防止凝固坯壳鼓胀；

（3）外加控制技术，采用电磁搅拌、动态轻压下、低过热度浇注等技术。

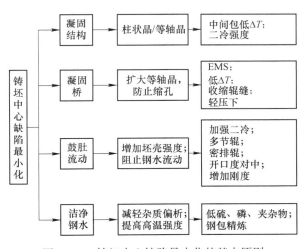

图 12-24 铸坯中心缺陷最小化的基本原则

D POSCO 的板坯内部质量改善——PosHARP 技术-凝固末端重压下[51]

大厚度钢板通过超声波检测（UST）发现的缺陷主要是由于板坯的内部缺陷所致，如中心偏析和缩孔。迄今为止，连铸末端轻压下技术（Soft Reduction Technology）是减少这些缺陷的方法之一，并广泛应用于生产高质量的厚板坯。

凝固缩孔形成造成的负压会在枝晶之间的区域吸收溶质富集的液体,导致中心偏析。轻压下是在液相区末端结束之前施加变形,以通过减少收缩孔来补偿负压。然而,这些内部缺陷在轻压下后通常仍然存在,原因包括液相区末端在横向方向上的位置不均匀以及不合适的压下率等。为了防止和减少板坯的内部缺陷,POSCO 开发了一种称为 PosHARP(POSCO 铸坯凝固末端重压下工艺)的新技术。

a   基本概念

轻压下技术仅仅通过在凝固结束时轻微压制连铸板坯,避免溶质富集液体的流动。PosHARP 利用装在连铸机上的几个轧辊,在凝固的中间阶段以大的压下率压缩板坯。此处的压下迫使两侧的凝固坯壳在板坯的中心线处接触。此时,板坯中间区域的富溶质液体被向上挤压,流向仍有大量钢液的上游,应用 Strand EMS(二冷电磁搅拌器)以促进被挤压过来液体的均匀混合,并减少横向方向上的不均匀凝固。所有这些措施都会导致负偏析,对板坯的内部质量无害,并防止在板坯的中心线处形成缩孔。

b   设备

PosHARP 的概念是通过设计特别的工艺段实现的,成功安装在 POSCO 光阳工厂的连铸机上。与现有的工艺段相比,这些新的工艺段能够施加更大的压下负荷和倾斜角度。新工艺段的控制系统可以在不同铸造条件下精确控制这些高性能工艺段的辊缝间距。液相区末端的精确位置取决于成分、铸造速度、二次冷却条件等,可以通过动态热追踪模型(Dynamic Thermal Tracking Model,DTTM)计算得到。

c   板坯中心偏析和气孔

图 12-25 显示了用不同方法铸造的 300 mm 厚板坯的宏观组织。可以清楚地看到,与采用轻压下铸造的板坯相比,采用 PosHARP 铸造的板坯明显消除了中心偏析。受 Strand EMS 影响,PosHARP 板坯的中间厚度区域充满了等轴晶,这些中心线上的等轴晶同样有助于减少中心偏析。在应用 PosHARP 时,等轴晶之间的溶质富集液体被严重

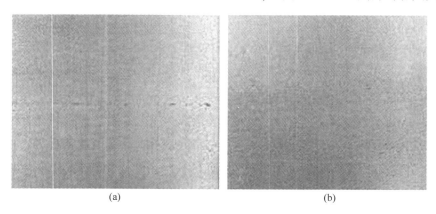

(a)   (b)

图 12-25   使用轻压下(a)和 PosHARP(b)浇注板坯的宏观组织结构

挤压，因此出现了负偏析，如图 12-26（a）所示。应用 PosHARP 后，孔隙度显著降低，其平均值和偏差约减少了三分之一。

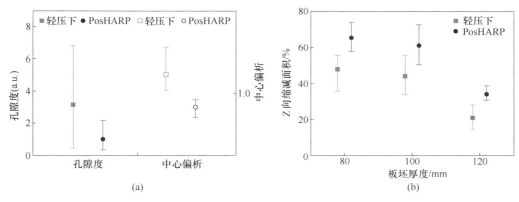

图 12-26　轻压下和 PosHARP 浇注的板坯中心线上的孔隙度和中心偏析情况（a）
以及凝固末端重压下与轻压下铸坯轧制 TMCP 板的 Z 向性能比较（b）

d　轧板质量

PosHARP 板坯的卓越质量显著降低了重型厚板的超声波检测不合格率。它还改善了重型板材的中间厚度性能，这可以通过测量 Z-RA（Z-directional Reduction Area，Z 向缩减面积）来证明。如图 12-26（b）所示，使用 PosHARP 板坯生产的钢板具有更高的 Z-RA 值，可能是因为应用 PosHARP 后，作为裂纹起始点的孔洞的数量和大小减少了。

使用 300 mm 厚 PosHARP 板坯成功生产 120 mm 厚 TMCP 板材（SM490TMC），而使用轻压下铸造的板坯很难满足要求。这些板材供应了高 555 m 乐天世界塔（LOTTE World Tower）的建造。

12.4.4　微细夹杂物冶金与大线能量焊接桥梁用钢板

高效焊接是钢结构制造的发展趋势，大线能量焊接是高效焊接的主要技术之一。大线能量焊接为了提高焊接效率而大幅度提高焊接热输入（焊接线能量大于 50 kJ/mm 甚至到 500 kJ/mm），容易造成热影响区组织粗化、性能恶化。国内外开展了大量的研究和工程应用工作，特别是近三十年来在船舶、石油储罐等领域得到广泛应用，本节主要介绍微细夹杂物冶金技术的进展。

12.4.4.1　微细夹杂物冶金技术发展背景

细化晶粒是目前已知可以同时提高钢的强度和韧性的唯一方法。为得到细化的 α 铁素体晶粒，往往在 γ 相区域或 γ/α 相变前后采取如图 12-27 所示的方法[52]，即快冷、细化母相 γ 的晶粒、γ 相在加工硬化状态时促使相变发生、利用夹杂物促进 γ 相晶内的形核等。

尺寸很小（如 100 nm 或以下）的微细夹杂物常被称为析出相或第二相粒子，这类夹杂在钢的固相阶段析出，被人们加以充分利用，或作为析出相强化提高钢的强度，或作为起钉扎作用的第二相粒子，阻止焊接热影响区奥氏体晶粒的粗化。

钢中 1 μm 左右的微细夹杂物以前并未引起人们太多注意，一般认为此尺寸的夹杂对钢的表面缺陷或强度的影响并不大。但在 20 世纪 70 年代后期焊接研究人员发现，1 μm 左右的夹杂物在焊接的冷却过程中可以诱发钢中晶内铁素体（Intra-Granular Ferrite，IGF）形核，因细化了钢的组织而大大改善了焊缝和热影响区

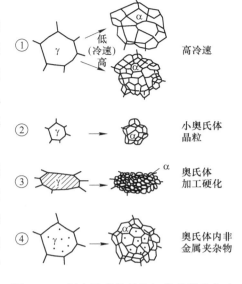

图 12-27   钢中铁素体晶粒细化的诸种方法

（HAZ）的强度和韧性。这一现象随后引起了冶金研究人员的注意，人们逐渐考虑如何在焊接及其他冶金过程中有效地充分利用此类夹杂，从而导致微细夹杂物冶金技术的研究热潮。日本学者称为"氧化物冶金"[53]，由于对氧化物冶金存在诸多争议[54]，本章倾向于采用"微细夹杂物冶金"的概念。

12.4.4.2   微细夹杂物诱导晶内铁素体形核

A   主要形核类型

目前已有众多关于微细夹杂物诱导晶内铁素体 IGF 的报道，其主要夹杂物如表 12-13 和图 12-28 所示[52]。可以发现，具有形核 IGF 能力的夹杂物往往是以复合的形式存在，即硫化物、氮化物或碳化物析出在已经存在的氧化物或 MnS、TiN 之上。含 Ti 的氧化物-MnS 复合夹杂的报道最多。

表 12-13   诱导晶内铁素体的夹杂物类型

过程或钢种	夹杂物类型
焊接热影响区	TiN，REM(O,S)-BN；Ca(O,S)；TiN-MnS；TiN-MnS-$Fe_{23}(C,B)_6$；Ti_2O_3-TiN-MnS；Cu_xS；MnS-CuS/$Cu_{2-x}S$；TiN-Ti(C,N)；ZrO_2-MnS
凝固过程	FeS-CuS/$Cu_{2-x}S$

B   夹杂物诱导晶内铁素体的机理

微细夹杂物诱导晶内铁素体的机理大致可以分为溶质贫乏区机理、低错配度机

理、应力-应变能机理、惯性界面能机理等[52,55-56]。目前尚没有一种理论能够完美解释夹杂物诱导晶内铁素体的现象。

a 溶质元素贫乏区理论（Depleted Zone）

钢中溶质元素按其对 γ 相区域大小的影响，可以分为 γ 相区域扩大元素（如 C、Mn 等）和 γ 相区域缩小元素（如 P、Sn 等）。随着 γ 相区域扩大元素浓度的降低，该处 γ/α 相变温度（A_3）会不断提高，这使得在该处发生 γ/α 相变的温度和过冷度发生变化。

人们在观察到某些夹杂物具有诱导晶内铁素体形核的能力后，推测在这些夹杂物周围可能形成了某些元素的浓度贫乏区，这些贫乏区促进了晶内铁素体的形核。典型的如 MnS 夹杂物外围可

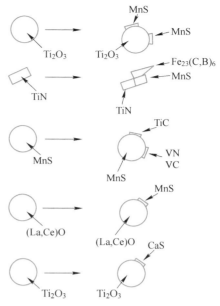

图 12-28 夹杂物诱导 IGF 形核图示

能形成 Mn 的贫乏区，Ti_2O_3 和 ZrO_2 周围可能存在 Mn 的贫乏区[55]，$Fe_{23}(C,B)_6$ 或 $Fe_3(C,B)$ 周围可能形成 C 的贫乏区。以 MnS 周围的 Mn 的贫乏区为例，在含 Mn 为 1.5% 的钢中，如贫乏区中 Mn 浓度与基体平均浓度的差值达到 1%，这可能导致该处相变温度（A_{e3}）与基体相比提高约 20 ℃。这一理论常被用来解释 Ti_2O_3 对 IGF 的诱导形核作用（图 12-29）。

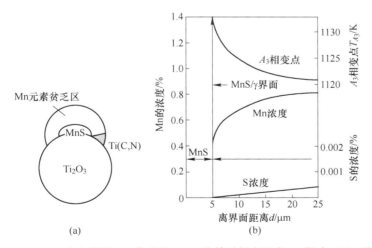

图 12-29 Ti_2O_3 夹杂周围 Mn 贫乏区（a）及其对相变温度 A_3 影响（b）示意图

b 低错合度理论

如果夹杂物和新相 α-Fe 之间的晶格结构存在较小的错合度，那么夹杂物就可以为

α-Fe 的形核提供一个低能界面，从而降低 α-Fe 形核所需要越过的能障。氧化物、氮化物等夹杂物与 α-Fe 之间的错配度见表 12-14。

表 12-14　夹杂物与 α-Fe 之间的错配度（737 ℃）

夹杂物	错配度/%	夹杂物	错配度/%
TiC	6. 21	CaO	18. 58
TiN	4. 29	CaS	26. 34
VC	2. 61	MgO	3. 92
VN	1. 65	MgS	26. 94
Ti_2O_3	24. 26	MnO	9. 78
Al_2O_3	15. 17	MnS	26. 90
NbC	9. 99	NbN	8. 21

可以看出，TiN、NbN、VN 与 α-Fe 之间的错配度小，容易成为 IAF 的诱导核心。相比之下，氧化物、硫化物与 α-Fe 的错配度远大于氮化物，难以作为 IAF 的诱导核心。有的研究者从溶质贫乏区理论出发，认为 MnS 在氧化物上析出会产生贫 Mn 区（MDZ），有利于减小 γ 区和促进 α 相形核。钢中 MnS 常观察到和氧化物复合析出，其中 ZrO_2 因和 MnS 之间较低的错配度而具有良好的诱导 MnS 析出作用，进而促进 IAF 的形成[55]。

c　热膨胀系数差异理论

如果夹杂物与旧相 γ-Fe 之间存在较大的热膨胀系数差异，则冷却过程中在夹杂物和 γ-Fe 之间可能导致较大的应变和应力。这部分应变能可能为新相 α-Fe 的形核提供能量，从而促进 α-Fe 的形核。由于锰铝硅酸盐和富含铝的夹杂物与 γ-Fe 之间存在较大的热膨胀系数差异，因此这个假说常用来解释锰铝硅酸盐可以形核 IGF 的原因。

12.4.4.3　微细夹杂物冶金技术在大线能量焊接桥梁钢板中的应用

针状铁素体的生成与相变时的冷却速度、奥氏体晶粒尺寸、微细夹杂物密切相关。对微细夹杂物而言，其类型、尺寸和数量是主要影响因素。众多研究发现，考虑到对针状铁素体 AF（Acicular Ferrite）形核的能力和对钢的力学性能的影响，0.8~1 μm 的夹杂物较为合适，如图 12-30 所示。微细夹杂物数量越多，提供的形核地点便越多。很多类型的夹杂物都具有诱导 AF 形核的能力，Ti-系和 Mn-系夹杂物更适合于诱导 AF 形核。

A　JFE 公司 EWEL 技术

JFE 公司 EWEL 技术是"大线能量焊接热影响区韧性改善技术"的简写，是日本 JFE 钢铁公司为改善大线能量焊接过程造船、桥梁、建筑等用高强度、厚钢板热影响区的韧性而开发，并于 2000 年开始实用化[58]。该技术的主要内容有：

（1）压力加工过程采用超高在线加速冷却技术（Super OLACSuper on Line Accelerated Cooling），在最小限度增加碳当量的同时即能够得到高强度的厚钢板，为焊接过程改善韧性提供了基础。

（2）通过控制 Ti、N 添加量以及 Ti/N，使焊接过程 TiN 固溶温度从低于 1400 ℃ 增至 1450 ℃ 以上，并在该温度仍呈细小弥散状态，从而极大地抑制了 HAZ 区域奥氏体晶粒长大，使 HAZ 粗晶粒区域宽度由 2.1 mm 降至 0.3 mm。

（3）利用 BN、(Ca,Mn)S 等夹杂物在焊接冷却过程析出，诱导晶内铁素体形核，从而细化 HAZ 组织。其中 B、N 和 O、S、Ca 含量需严格控制。

（4）钢中的自由氮对韧性是有害的，在近熔合线处 TiN 不可避免地会有所固溶并释放出一些自由氮。如果在焊丝或母材中添加一定量的 B，则 B 会从焊接熔池向熔合区扩散而固定钢中自由氮，所形成的 BN 并可用于后续冷却过程 IGF 的形核。

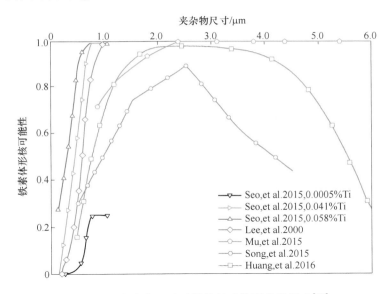

图 12-30　夹杂物尺寸对针状铁素体形核的影响[57]

JFE 采用 EWEL 技术生产的 25 mm 厚 SM570 和耐候 570W 钢种，不用预热，在 120 kJ/cm 大线能量焊接条件下，熔合线和 HAZ 区域 -5 ℃ 的 V 型缺口夏比冲击功分别大于 110 J 和 240 J。

B　新日铁 HTUFF 技术

HTUFF（Super High HAZ Toughness Technology with Fine Microstructure Impacted by Fine Particles）是新日铁公司开发的"通过细小粒子得到微细组织和超高 HAZ 韧性"技术的简写，其主要技术思路示于图 12-31[59]。

传统 TiN 钢是利用 TiN 在焊接过程的钉扎作用，但 TiN 在 1400 ℃ 会发生固溶；而

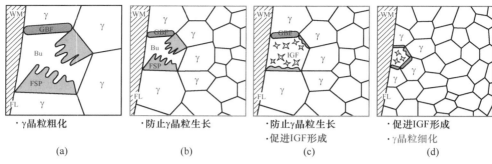

图 12-31　新日铁 HAZ 高韧性 HTUFF 技术
(a) 结构钢 (20 世纪 70 年代以前)；(b) TiN 钢 (20 世纪 70 年代)；
(c) TiO 钢 (20 世纪 90 年代)；(d) HAZ 细晶粒钢 (21 世纪)
WM—焊缝金属；FL—熔合线；γ—奥氏体；GBF—晶界铁素体；
FSP—侧板条铁素体；IGF—晶内铁素体；Bu—上贝氏体

HTUFF 钢着眼于利用 1400 ℃高温下稳定且细小 (10~100 nm) 弥散分布的含 Mg、Ca 的氧化物、硫化物和 TiN 夹杂物来钉扎高温下的奥氏体晶界，同时也利用夹杂物在冷却过程对 IGF 的诱导形核作用，来得到细小的 HAZ 组织，从而提高其韧性。该技术的效果如图 12-31 所示，在 1400 ℃高温下保温 120 s 奥氏体晶粒尺寸变化很小，远优于一般的 TiN 钢。由于 Mg、Ca 与 O 和 S 具有很强的结合力，所生成的夹杂物在液相难于聚合且具有较高的熔点，同时通过严格控制钢中的 Mg、Ca 和 O、S 含量，可得到在高温下稳定、细小弥散的夹杂物，而不产生粗大氧化物夹杂。同时由于 MgO 和 MgS 与 α-Fe 之间低的错合度，因而也具有诱导 IGF 形核的潜力。

新日铁研究对比了大线能量焊接的 BHS500 和普通的 SM570 (JIS G 3106)[60]，表 12-15 为对比钢材力学性能和化学成分。BHS500 是采用大线能量焊接的 HAZ 韧性钢，与普通 SM570 相比其 C、P、S、Pcm 较低，并添加 Ti 和降低 Al，使微细 Ti 氧化物粒子分散到钢中，并在其上形成 TiN 粒子。SM570 是普通钢材，没有考虑到大热焊接的 HAZ 韧性，C、P、S 等也没有特别降低。新日铁采用 HTUFF 技术生产的可大线能量焊接桥梁用钢 BHS500 焊接接头和热影响区的性能见表 12-16[60-61]。

表 12-15　大线能量焊接对比钢材的主要成分和性能

钢种	板厚/mm	力学性能				化学成分/%								Pcm/%
		屈服强度/MPa	抗拉强度/MPa	伸长率/%	冲击功/J	C	Si	Mn	P	S	Ti	Al	其他	
BHS500	28	574	658	26	202	0.07	0.27	1.55	0.006	0.003	0.01	0.003	Cu, Ni, Cr, Nb, V, B	0.17
SM570	28	476	613	29	152	0.165	0.46	1.46	0.009	0.005	0	0	Cu, Ni, Cr	0.26

表 12-16　大线能量焊接参数及接头性能

钢板厚度/mm	焊接方法	热输入/kJ·mm^{-1}	接头抗拉强度/MPa	夏比冲击吸收功/J					
				温度/℃	WM	Bond	HAZ+1	HAZ+3	HAZ+5
22	SAW	19.5	582	-5	131	82	74	85	109
40		9.3~10	609		151	213	276		
50		9.1	614		86	140	214		

C　神户制钢公司 KST 技术

神户制钢 KST 技术（Kobe Super Toughness）是基于低碳多方位微细贝氏体的技术[62]。神户制钢对三种基本成分为 0.040%C-0.60%Si-1.77%Mn-0.004%P-0.003%S-2.80%Ni-0.80%Mo-0.024%O-0.012%N 的高强度钢 A（<0.002%Ti-<0.0002%B）、B（0.013%Ti-<0.0002%B）和 C（0.016%Ti-0.0034%B）焊缝中夹杂物和组织进行了研究，如图 12-32 所示。研究发现，未添加 Ti 的钢中夹杂物为锰硅酸盐，对 IGF 形成基本无促进作用；添加 Ti 的钢中夹杂物为含 Ti 的锰硅酸盐，可促进 IGF 的生成；添加 Ti 和 B 的钢中夹杂物仍为含 Ti 的锰硅酸盐，但对 IGF 的形成基本无促进作用。神户制钢认为是添加 B 量过高，钢中固溶 B 不仅偏析在奥氏体晶界，也偏析在含 Ti 的锰硅酸盐夹杂物周围，从而降低了这些夹杂物形核 IGF 的作用[63]。对比神户制钢公司的 KST 技术与 JFE 公司的 EWEL 技术，可以发现其中关于添加 B 元素对于 IGF 形成的影响有相互矛盾之处，这说明微细夹杂物冶金的机理尚不明确，技术尚不够成熟。

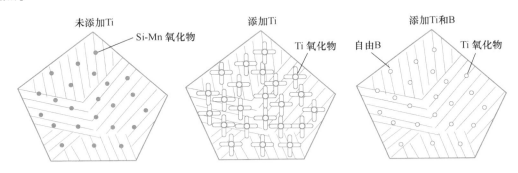

图 12-32　利用 Ti 和 B 微细夹杂物诱导晶内铁素体示意图

神户制钢基于 KST 技术开发的大线能量用桥梁钢 BHS500 在 100 kJ/cm 和 150 kJ/cm 下焊接 HAZ+1 mm 处韧性比常规钢种的冲击功提高了 1~2 倍[64]。

D　我国钢厂微细夹杂物冶金的进展

我国钢厂对大线焊接桥梁用钢开展了众多研究[65-68]，如鞍钢采用 Ti/Ca/Mg 夹杂物冶金思路，如图 12-33[65] 所示。针对深中通道桥隧钢结构用 Q420C 钢种（规格

14 mm/20 mm/30 mm/36 mm/40 mm），采用焊剂铜衬垫埋伏自动单面焊双面成型工艺 FCB（Flux Copper Backing）法，不同大线能量下焊接接头 0 ℃冲击功如图 12-34 所示。

图 12-33　鞍钢微细夹杂物冶金思路

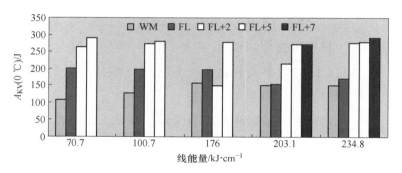

图 12-34　鞍钢大线能量焊接 Q420C 接头韧性

12.5　桥梁用钢板的典型生产实例

经过近 30 年发展，我国桥梁用钢形成以 Q370qEHPS 和 Q420q 为主，部分使用 Q500q，少量使用 Q690q 的态势。铁路桥梁全部采用低碳成分，组织设计 Q370 为铁素体+珠光体，Q420 为贝氏体，Q370 和 Q420 在铁路桥梁建设占比 90%。

12.5.1　Q500qE 关键生产工艺

沪苏通长江大桥跨度超过千米，是当时世界最大跨度的公铁两用斜拉桥。该桥采用了由鞍钢和武钢供货的当时国内最高级别的 Q500qE 钢种。Q500qE 钢采用低碳多元微合金化的成分设计，按 TMCP 工艺组织生产，通过控制钢中软相（铁素体等）和硬相（贝氏体等）的大小、形态、尺寸、分布等，并使晶粒适度细化，使得钢有较高的强度和较低的屈强比，同时低温韧性和焊接性能优异[2]。

12.5.1.1　Q500qE 钢的主要技术条件

沪通铁路长江大桥用 Q500qE 钢的主要化学成分要求见表 12-17，主要力学性能见

表 12-18。其中成分要求主要参照 GB/T 714 国家标准，力学性能在 Q420qE 钢基础上提高了强度等级。Q500qE 是一个典型的低碳、低硫的微合金化钢种。

表 12-17　Q500qE 钢主要化学成分要求（熔炼分析）　　　　（%）

C	Si	Mn	P	S	Cu	Ni	Cr
≤0.08	≤0.40	≤1.70	≤0.018	≤0.005	≤0.40	≤0.50	≤0.60
Mo	Nb	Ti	V	Al_s	CEV	Pcm	
≤0.30	≤0.055	≤0.030	≤0.08	≥0.015	≤0.475	≤0.23	

表 12-18　Q500qE 主要力学性能要求

检 测 项 目		性 能 要 求
拉伸性能	R_{eL}/MPa	≥500
	R_m/MPa	630~750
	A/%	≥18
	屈强比 R_{eL}/R_m	≤0.86
V 型冲击试验 （纵向）	-40 ℃冲击功 KV_2	板厚≤16 mm，≥100 J； 板厚>16 mm，≥120 J
	-40 ℃纤维断面率 FA	板厚≤12 mm，不作要求； 12 mm<板厚≤32 mm，≥80%； 板厚>32 mm，≥60%
冷弯性能	180°弯曲	板厚≤16 mm，完好（D=2a）； 板厚>16 mm，完好（D=3a）

12.5.1.2　工艺流程

武钢采用的主要工艺流程如下：

高炉铁水—铁水脱硫（KR）—转炉冶炼—炉外精炼（LF+RH）—连铸—钢坯清理—钢坯加热—轧制—（热处理）—精整—检验入库—发货

取不同炉号连铸坯的横断面大试样，按 YB/T 4003—1997《连铸钢板坯低倍组织缺陷评级图》标准规定进行低倍分析，数据见表 12-19。可见该桥梁钢连铸坯的内在质量优良。Q500qE 钢板主要力学性能实物质量见表 12-20。

表 12-19　Q500qE 钢低倍质量分级

炉号	铸坯断面 尺寸/mm	裂纹		气泡		中心偏析	
		内裂	外裂	针孔	蜂窝	类别	评级
B330614	230×1550	无	无	无	无	C	0.5
B422902	250×1400	无	无	无	无	C	0.5

表 12-20   Q500qE 钢板力学性能实物质量

钢板号	板厚 /mm	R_{eL} /MPa	R_m /MPa	R_{eL}/R_m	A/%	纵向 (−40 ℃) KV_2/J		
4020105A	8	555	676	0.82	23	194	191	227
4015443A	20	565	680	0.83	19	264	304	288
40419178000	32	553	695	0.80	19	290	357	290
40507136000	40	581	694	0.84	20	301	275	273
40429112000	56	537	646	0.83	23	232	235	225

12.5.2   Q420qENH 耐候钢的关键生产工艺

藏木雅鲁藏布江大桥是我国第一座免涂装耐候铁路钢桥,所用耐候桥梁钢板为南钢供货的 Q420qENH 和 Q345qENH。钢板的特点是表面形成并保持致密而稳定的锈层,"以锈止锈",从而具有长期耐大气腐蚀的耐久特性[2]。

12.5.2.1   成分设计和冶炼工艺要点

A   化学成分设计

采用低 C、低 Ceq、低 Pcm 的成分,成分设计控制在易焊接区,保证良好的可焊性。通过细晶强化、固溶强化和沉淀强化等措施确保强韧性。

适当控制 Mn、Nb 等细晶强化元素,充分利用 Nb 在控轧控冷工艺过程中对铁素体晶粒细化和析出强化的显著作用,同时考虑其他元素对组织和性能的影响,获得低屈强比、高强度与高低温韧性的良好匹配。

控制耐候指数 I。随 Cu 含量增大,耐候指数 I 先增大后减小,对保证 I 指数来说,Cu 的最佳含量为 0.35% 左右。I 随 P、Cr、Ni、Si 含量的增大都是线性增大,即含量越高,I 指数越大,如图 12-35 所示。

适量控制耐候元素 Cu、Cr、Ni、Si、P 的含量及比例,在保证强韧性和焊接性的前提下提高耐候性。其中,Cu 的耐候作用最为显著,Cr 促使致密内锈层的形成,Ni 提高锈层的稳定性,P 促进锈层非晶态转变。一般而言,Cu、P 复合具有最优的耐候效果。但考虑到 P 导致低温脆性和裂纹敏感性,在重要焊接结构用耐候钢中,一般限制 P 的含量。

降低熔炼成分中 S 等杂质元素含量,满足 Ca/S = 1.0~1.3,控制夹杂物形态。降低熔炼成分中 N、H、O 等气体含量,提高国标中 I 级探伤合格率。

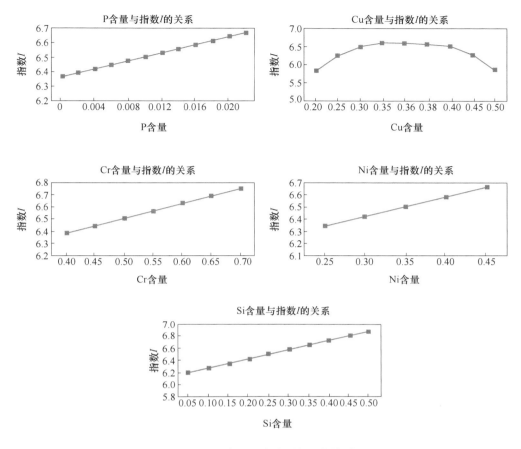

图 12-35　合金元素含量与 I 的关系

B　冶炼工艺要点

为实现良好组织和性能，冶炼控制要点有：

（1）铁水预脱硫采用镁粉喷吹法或 KR 搅拌法以降低硫含量。

（2）转炉冶炼出钢挡渣、严禁下渣，控制出钢总时间不少于 4.5 min，以促使合金充分混合均匀和夹杂物上浮。

（3）LF 冶炼白渣保持时间不少于 10 min，精炼总时间不少于 30 min，以保证夹杂物充分上浮并被炉渣吸附，以及维持稳定硫含量。

（4）RH 精炼真空度不超过 0.5 kPa 条件下保持时间不少于 20 min，精炼结束后进行钙处理以变性夹杂物。

（5）连铸中间包过热度不高于 20 ℃以控制中心偏析，全过程保护浇注以防止二次氧化。控制铸机设备精度以保证铸坯质量。拉速须稳定，严防出现非稳态状态。要求铸坯中心偏析不高于 C 类 1.5 级，中心疏松不高于 1.0 级，无其他内部缺陷，以保障钢板良好的力学性能。

Q420qENH 钢板的洁净度和夹杂物评级良好，见表 12-21。

表 12-21   Q420qENH 钢板的洁净度分析

规格	气体含量/%			夹杂物等级			
/mm	O	N	H	A 硫化物类	B 氧化铝类	C 硅酸盐类	D 球状氧化物类
24	0.0010	0.0035	0.00010	—	—	—	1.5
32	0.0009	0.0029	0.00012	—	1.0	—	1.5
52	0.0013	0.0032	0.00012	—	1.0	—	1.0

12.5.2.2   桥梁板钢的实物组织和性能

A   桥梁板钢的实物组织

厚度方向的组织均匀性是厚规格钢板控制的难点。由图 12-36 可知，Q345qENH 组织为铁素体+珠光体，Q420qENH 组织为铁素体+贝氏体+少量退化珠光体，且全厚度组织细小、均匀。

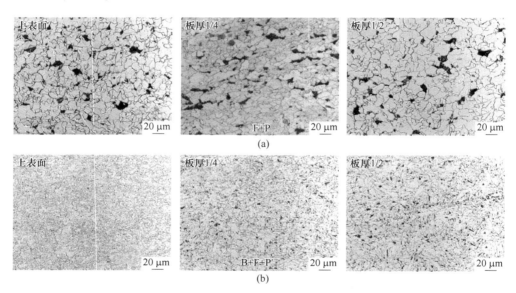

图 12-36   钢板的微观组织

（a）50 mm 厚 Q345qENH；（b）52 mm 厚 Q420qENH

B   优异的耐候性能

模拟工业大气环境进行 144~816 h 共 5 个周期的周浸试验，Q420qENH 表面锈层均匀、稳定、致密，能起到"以锈止锈"的作用，而 Q420qE 表面的锈层疏松、易脱落，不能阻止腐蚀进一步发生。对比 Q420qENH 母材与 Q420qENH 焊接接头的相对腐蚀率，根据相对腐蚀率的大小来评价钢板焊接接头的耐候性能，一般认为相对腐蚀率不高于 10%时，焊接接头不会成为腐蚀的薄弱环节。Q420qENH 钢的气保焊接头和埋弧焊接头的相对腐蚀速率为 5% 左右，能够满足耐腐蚀性能的要求。

C　良好的强韧性匹配

Q345qENH 实物的屈服强度与标准要求相比，其富余量在 25 ~ 60 MPa 之间，Q420qENH 屈服强度富余量在 40~80 MPa 之间，屈强比均低于 0.80，韧脆转变温度稳定低于−60 ℃，冷弯未发现裂纹，工艺性能良好。Z 向断面收缩率大于 50%，具有良好的抗层状撕裂性能。Q345qENH 和 Q420qENH 的钢材无塑性转变（NDT）温度均低于−60 ℃，具有良好的防断性能。

D　优异的焊接性能

Q345qENH 焊接热影响区的硬度值为 HV_{10} 211 ~ 313，Q420qENH 焊接热影响区硬度值为 HV_{10} 237 ~ 315，均低于 HV_{10} 350，焊接淬硬倾向较低，焊接性良好。在环境温度不低于 5 ℃，环境湿度不大于 80% 的条件下，采用富氩气保护实心焊丝焊接和埋弧焊接时，Q345qENH 和 Q420qENH 钢板板厚不大于 52 mm 时不需要预热便可避免裂纹的产生，表明钢板的焊接裂纹敏感性较低。

12.6　本章小结

（1）桥梁用结构钢板历经 150 余年的发展，逐渐向高强度、高韧性、高耐疲劳性、高耐腐蚀性和优异焊接性的方向发展，化学成分向超低碳发展，组织以针状铁素体和上贝氏体为主。同时，采用微合金化和控轧控冷技术，在析出强化的同时，通过细化晶粒和调控组织类型，从而实现高强韧与良好焊接性的有效结合，逐渐成为现代桥梁用结构钢的主流生产工艺技术。我国桥梁钢已形成 Q345-Q370-Q420-Q500 的产品体系，全面支撑了我国铁路桥梁建设快速发展的需求。

（2）桥梁用钢生产工艺包括铁水脱硫预处理、转炉复合吹炼、LF/RH/VD 等炉外精炼、高质量连铸、控轧控冷等主要工序，关键技术包括洁净钢、无缺陷铸坯、微合金化、控制轧制和控制冷却、微细夹杂物冶金和大线能量焊接等技术。其中低碳是钢板良好焊接性的需求，也是钢板良好组织类型和性能均匀性的需要；低硫和硫化物夹杂变性是提高钢板抗层状撕裂和超声波探伤性能的需求；良好的铸坯内部和外部质量，是钢板高的强度和韧性、焊接性和抗疲劳性以及钢板成材率的保障。微合金化技术与控制轧制、控制冷却技术的完美结合，构建了低成本、高性能桥梁用钢板的生产工艺。基于微细夹杂物冶金的大线能量焊接技术是未来提高焊接效率的方向。

参 考 文 献

[1] 吉伯海，傅中秋. 钢桥 [M]. 北京：人民交通出版社，2016：1-20.

［2］ 黄一新，朱金宝，孙决定．中国中厚钢板70年（下册）［M］．北京：冶金工业出版社，2019：231-258.

［3］ 郭爱民．武钢新一代桥梁钢的研制及应用［J］．钢结构，2000，15（3）：4.

［4］ 郭爱民．我国铁路桥梁用钢的发展现状及展望［J］．铁路采购与物流，2007，2（12）：2.

［5］ 毛新平，武会宾，汤启波．我国桥梁结构钢的发展与创新［J］．现代交通与冶金材料，2021，11（6）：1-6.

［6］ 中交公路规划设计院有限公司．JTG D64—2015 公路钢结构桥梁设计规范［S］．北京：人民交通出版社，2015：6-7.

［7］ 中铁大桥勘测设计院集团有限公司．TB 10091—2017/J 461—2017 铁路桥梁钢结构设计规范［S］．北京：中国铁道出版社，2000：6-7.

［8］ 中国钢铁工业协会．GB/T 714—2015 桥梁用结构钢［S］．北京：中国标准出版社，2015.

［9］ 冶金工业部．GB 714—65 桥梁建筑用热轧炭素钢技术条件［S］．北京：技术标准出版社，1965.

［10］ 国家冶金工业局．GB/T 714—2000 桥梁用结构钢［S］．北京：中国标准出版社，2000.

［11］ 中国钢铁工业协会．GB/T 714—2008 桥梁用结构钢［S］．北京：中国标准出版社，2008.

［12］ 鞍山钢铁公司．YB 168—63 桥梁用碳素钢及普通低合金钢　钢板技术条件［S］．北京：冶金工业部，1963.

［13］ 鞍山钢铁公司提出．YB 168—70 桥梁用碳素钢及普通低合金钢　钢板技术条件［S］．北京：冶金工业部，1970.

［14］ 冶金工业部标准化研究所．YB(T) 10—81 桥梁用结构钢［M］．北京：技术标准出版社，1982.

［15］ 吉伯海，傅中秋．钢桥疲劳与维护［M］．北京：人民交通出版社，2016：1-13.

［16］ US-ASTM，ASTM A709/A70M-21 standard specification for structural steel for bridges［S］．West Conshohocken：ASTM International，2021.

［17］ Japanese Industrial Standards Committee. JIS G 3140—Higher yield strength steel plates for bridges［S］．Tokyo：Japanese Standards Association，2021.

［18］ 国际组织-欧洲标准化委员会（IX-CEN）．EN10025—Hot rolled products of structural steels［S］．Brussels：Comité Européen de Normalisation（CEN），2019.

［19］ 干勇．钢铁材料手册．上［M］．北京：化学工业出版社，2009：322-323.

［20］ Homma K，Tanaka M，Matsuoka K，et al. Development of application technologies for bridge high-performance steel，BHS［J］．Nippon Steel Technical Report，2008（97）：51-57.

［21］ Archived. Steel Bridge Design Handbook—Bridge steels and their mechanical properties Volume 1［R］．2023-09-17.

［22］ Mistry V C. High performance steel for highway bridges［C］．High Performance Materials in Bridges. Proceedings of the International Conference，2003.

［23］ Morozov Yu D，Pemov I F，Matrosov M Yu，Zin'ko B F. Steels for bridge structures［J］．Metallurgist，2020，63（9-10）：933-950.

［24］ 中国钢铁工业协会．GB/T 5313—2010 厚度方向性能钢板［S］．北京：中国标准出版社，2010.

［25］ Corporation U C. Microalloying 75，October 1-3，1975，Washington D. C.：Proceedings of an international symposium on high-strength，low-alloy steels［C］. Microalloying 75，1977：2-31.

［26］ Gladman T. The physical metallurgy of microalloyed steels［J］. Powder Metallurgy，2002，45（1）：1-11.

［27］ 王祖滨，东涛. 低合金高强度钢［M］. 北京：原子能出版社，1996：1-10.

［28］ 齐俊杰，黄运华，张跃. 微合金化钢［M］. 北京：冶金工业出版社，2006：1-22.

［29］ Deardo A J . Microalloyed steels：past，present and future［C］. The Chinese Society for Metals（CSM）and The Chinese Academy of Engineering（CAE）. HSLA Steels 2015，Microalloying 2015 & Offshore Engineering Steels 2015，2015：17-32.

［30］ Rodriguez-Ibabe J. Metallurgical aspects of flat rolling process［C］. 2014. The Making，Shaping and Treating of Steel，Flat Products Volume，AIST，2014：113-170.

［31］ 中信微合金化技术中心. 铌：科学与技术［M］. 北京：冶金工业出版社，2003：243-258，271-313.

［32］ 田村今男. 高强度低合金钢的控制轧制与控制冷却［M］. 北京：冶金工业出版社，1992：1-17.

［33］ 小指军夫. 控制轧制控制冷却：改善材质的轧制技术发展［M］. 北京：冶金工业出版社，2002：1-4.

［34］ 付天亮，赵大东，王昭东，等. 中厚板 UFC-ACC 过程控制系统的建立及冷却策略的制定［J］. 轧钢，2009（3）：6.

［35］ 许海平，李玉谦，杜琦铭，等. 桥梁结构用钢 Q345qE 的生产实践［C］. 第八届（2011）中国钢铁年会论文集，2011.

［36］ 郑文超，石晓伟，刘宝喜，等. 高性能桥梁钢 Q420q 生产实践［J］. 河北冶金，2018（7）：4.

［37］ 刘宝喜，高彩茹，郑文超，等. 高韧性桥梁钢 Q420qD 的开发［J］. 中国冶金，2018，28（2）：6.

［38］ 李静，尚成嘉，贺信莱，等. 碳含量对高性能桥梁钢组织结构和性能的影响［J］. 钢铁，2006，41（12）：6.

［39］ 王福同. Q500qE 桥梁用钢板探伤不合格原因分析［J］. 宽厚板，2016，22（3）：4.

［40］ 刘中柱，蔡开科. 纯净钢及其生产技术［J］. 中国冶金，1999（5）：12-15.

［41］ 刘中柱，蔡开科. 纯净钢及其生产技术（续）［J］. 中国冶金，1999（6）：5.

［42］ 刘中柱，蔡开科. 纯净钢生产技术［J］. 钢铁，2000，35（2）：64-69.

［43］ 蔡开科. 连铸坯质量控制［M］. 北京：冶金工业出版社，2010：163-164，209-230，283-304.

［44］ 蔡开科，程士富. 连续铸钢原理与工艺［M］. 北京：冶金工业出版社，1994：302-346.

［45］ 中信微合金化技术中心. 如何用铌改善钢的性能［M］. 北京：冶金工业出版社，2007：23-33.

［46］ 李强，王皓，郄俊懋. 宽厚板 Q420q 桥梁钢铸坯内部质量的研究［J］. 连铸，2014（6）：6.

［47］ Lopez E A，Trejo M H，Mondragon J J R，et al. Effect of C and Mn variations upon the solidification mode and surface cracking susceptibility of peritectic steels［J］. Transactions of the Iron & Steel Institute of Japan，2009，49（6）：851-858.

［48］ Wilber G A，Batra R，Savage W F，et al. The effects of thermal history and composition on the hot ductility of low carbon steels［J］. Metallurgical Transactions A，1975.

［49］ 路殿华，王振鹏，张慧．微合金化钢连铸坯边角部无缺陷生产技术开发［J］．连铸，2020，45（5）：4.

［50］ 馬場宣彰，等．鹿島製鉄所における高級厚板用革新的連続鋳造技術の開発［J］．日本制鉄技報，2019，414：78-85.

［51］ Chang-Hee Yim, Jeong-Do Seo. Advanced steelmaking technologies for CO_2 emission reduction and slab quality improvement［C］. ICS, Germany, 2012：1-3.

［52］ 刘中柱，桑原守．氧化物冶金技术的最新进展及其实践［J］．炼钢，2007，23（3）：7-13.

［53］ Takamura J, Mizoguchi S. Roles of oxides in steels performance-metallurgy of oxides in steels［C］. Proc. Sixth Int. Iron and Steel Congress, ISIJ, Tokyo, 1990：591-597.

［54］ 赵沛．氧化物冶金之探析［J］．中国冶金，2022，32（10）：1-6.

［55］ Guo A M, Li S R, Guo J, et al. Effect of zirconium addition on the impact toughness of the heat affected zone in a high strength low alloy pipeline steel［J］. Materials Characterization, 2008, 59（2）：134-139.

［56］ Bramfitt B L. Effect of carbide and nitride additions on heterogeneous nucleation behavior of liquid iron［J］. Metall. Trans., 1970, 1（7）：1987-1995.

［57］ Loder D , Michelic S K, Bernhard C . Acicular ferrite formation and its influencing factors—A review［J］. Journal of Materials Science Research, 2017, 6（1）：24-43.

［58］ 小野守章．最近の厚板溶接技術および熱影響部組織制御技術の進歩［J］．JFE 技報，2007，18：7-12.

［59］ Kojima A , et al. Super high HAZ toughness technology with fine microstructure imparted by fine particles［J］. 新日鉄技報，2004（380）：2-5.

［60］ 南邦明．橋梁用高性能鋼BHS500の衝撃特性および破壊靭性の評価［J］．土木学会論文集A，2007，63（1）：142-152.

［61］ 児島明彦，糟谷正，鶴田敏也，等．橋梁製作におけるSM570鋼へのエレクトロガスアーク溶接適用に関する研究［J］．土木学会論文集A，2007，63（1）：1-13.

［62］ 山内学．大入熱溶接用厚鋼板の進歩［J］．Kobe Steel Engineering Reports，2000，50（3）：16-19.

［63］ 畑野等，中川武，杉野毅，等．780 MPa 級高強度鋼溶接金属の組織に及ぼすTi，Bの影響［J］．Kobe Steel Engineering Reports，2008，58（1）：18-23.

［64］ 林大輔，藤田陽一．橋梁用高性能570 MPa 級鋼板「BHS500」［J］．Kobe Steel Engineering Reports，2005，55（3）：96.

［65］ 傅博．大线能量焊接技术及重大工程应用［C］//中信微合金化技术中心．第四届建筑桥梁结构钢及其应用国际研讨会，武汉：中信微合金化技术中心，2023.

［66］ 罗登．高性能桥梁钢的研究开发与应用［C］//中信微合金化技术中心．第四届建筑桥梁结构钢及其应用国际研讨会，武汉：中信微合金化技术中心，2023.

［67］ 王青峰，等．新型铌微合金化大热输入高效易焊桥梁钢的开发与应用［C］//中信微合金化技术中心．第四届建筑桥梁结构钢及其应用国际研讨会，武汉：中信微合金化技术中心，2023.

［68］ 刘洪武，徐向军，范军旗，等．桥梁钢结构大热输入焊接试验研究［J］．金属加工（热加工），2023（10）：75-79.

13 硬 线 钢

高碳含量的硬线钢在钢铁制品中强度最高，被广泛应用于建筑、桥梁、矿井及汽车行业，从直径较粗（$\phi 5.0 \sim 7.0$ mm）的桥梁用钢丝和预应力钢丝，到细径钢丝（$\phi 0.15 \sim 0.38$ mm）的钢帘线，均为硬线钢的典型钢种。全球钢帘线产品规格从 20 世纪 70 年代初期的 NT（普通强度）钢帘线，逐步发展到 HT（高强度）、ST（超高强度）、UT（特高强度）钢帘线以及 MT（巨高强度）钢帘线[1-2]，钢帘线抗拉强度随着年代的变化如图 13-1 所示。本章从钢帘线用硬线钢的冶金质量特点、标准、关键技术及典型工艺流程等方面进行阐述。

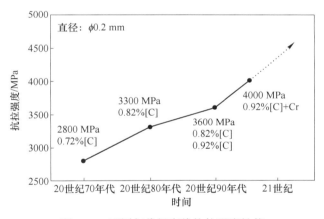

图 13-1　不同年代钢帘线抗拉强度性能

13.1　硬线钢的用途、基本要求和分类

13.1.1　硬线钢主要用途

硬线钢是指 60~95 系列钢号的优质碳素结构钢线材（盘条），它用于生产轮胎钢丝（C 0.80%~0.85%）、弹簧钢线（C 0.60%~0.75%）、预应力钢丝、镀锌钢丝、钢绞线、钢丝绳用钢丝高强度切割丝等[1]。硬线盘条是指优质中、高碳素钢以及变形抗力与硬线相当的低合金钢、合金钢及某些专用钢制造的直径为 5.5~12 mm（大规格盘

条直径为 12~25 mm）的硬质线材，是加工弹簧、钢丝绳、轮胎钢帘线和低松弛预应力钢丝的原料，其中 SWRH82B 硬线钢主要产品形式见表 13-1。

表 13-1 SWRH82B 硬线钢主要产品形式

产品品种	形 状
PC 光面钢丝	
三面刻痕钢丝	
预应力混凝土钢绞丝	
模拔钢绞丝	
无粘结钢绞丝	

钢帘线是高强硬线钢的代表性钢种，其产品是用直径为 0.15~0.38 mm 优质高碳钢丝经表面镀层、拉拔、捻绞制作而成具有优良的抗拉强度和耐久性的细规格钢丝股或绳，是高强度钢丝中最坚固的材料，主要用于制作各种橡胶制品的增强材料，例如轮胎、输电线缆、软管、防弹背心等。图 13-2 所示为汽车子午线轮胎结构示意图，胎体帘线层是汽车子午线轮胎重要组成部分，其重量占轮胎总重量的 18%~23%，其成本占轮胎材料成本的 25%~30%，采用钢帘线作为增强材料所制作的子午线轮胎具有使用寿命长、行驶速度快、耐穿刺、弹性好、安全舒适、节约燃料等优点。

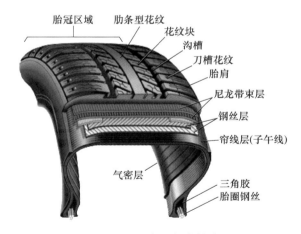

图 13-2 汽车子午线轮胎

13.1.2 我国钢帘线发展及生产标准

钢帘线随子午线轮胎的发展而来，我国钢帘线行业起步于 20 世纪 60 年代末期，当时我国钢帘线产品单一，年产能只有 600 t 左右。20 世纪 80~90 年代初，钢帘线行业在子午线轮胎市场快速发展的带动下逐步发展，形成了我国第一批 6 家生产钢帘线的骨干企业和年产近 5 万吨的钢帘线生产能力。21 世纪初期以来，随着我国加入世贸组织，子午线轮胎国产化率大幅提升，钢帘线行业进入快速发展阶段。

近年来我国汽车产销量迅速提升至全球第一，2022 年我国汽车产销量分别为 2702 万辆和 2686 万辆，国内汽车轮胎及钢帘线的发展极为迅速。

我国已成为全球钢帘线生产大国，图 13-3 为 2013—2022 年我国钢帘线产量及增长率，2019 年我国钢帘线产量为 274.3 万吨，同比增长 6.1%。2022 年我国钢帘线产量约为 289.5 万吨，占世界钢帘线产量的 50% 以上。为适应现代汽车工业的发展，钢帘线行业不断优化，产品逐渐向多元化、高质量、高强度方向发展[2]。

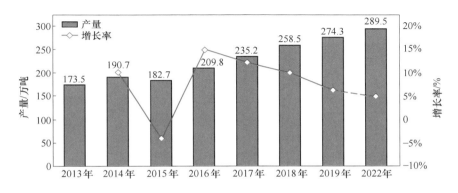

图 13-3　2013—2022 年我国钢帘线产量及增长趋势

我国的主要帘线钢生产企业普遍沿用日本的帘线钢生产标准 JIS G 3506 进行生产（2019 年最新版本见表 13-2），例如 SWRH72A、SWRH82B 等。鞍钢则一直使用自己的标准，如 LX70B、LX80B。我国于 2011 年 12 月发布了《钢帘线用盘条》的国标 GB/T 27691—2011，于 2017 年进行了更新，新国标 GB/T 27691—2017《钢帘线用盘条》（表 13-3）代替 GB/T 27691—2011 第一版标准，标准中钢的牌号由代表"帘线"的字母、碳含量标志和质量等级等三个部分按顺序组成，LX 为"帘线"的汉语拼音字头，70、80 等数字为碳含量标志，A、B 为质量等级。该标准与 GB/T 27691—2011 相比，主要变化内容为：明确盘条公称直径为不大于 6.5 mm；增加 LX85B、LX90B 牌号及相关技术要求；修改 LX70A、LX80A 牌号化学成分中 Mn 含量要求；明确网状渗碳体允许级别；中心偏析按 A、B 不同级别控制；修改最大纵向夹杂物宽度尺寸、最大横向夹杂物尺寸要求等。

我国标准 GB/T 27691—2017 与日本标准 JIS G 3506:2019 中同级别牌号 B 级钢要求高于 A 级钢，日本标准同牌号 B 级钢的成分中［Mn］含量及强度性能高于 A 级钢。

我国标准中同牌号 B 级钢的化学成分（[P]、[S] 及其他微量元素）及强度性能要求高于 A 级钢。两个标准的主要区别体现在钢的 [P] 和 [S] 含量要求，日本标准中不同级别钢都要求 [P] 和 [S] 含量不超过 0.0030%，而我国标准中随着牌号的提高，要求钢中 [P]+[S] 含量逐步由不超过 0.035% 提高到不超过 0.025%。随着子午线轮胎的发展，不断提高强度、减轻重量、延长寿命成为帘线钢生产的目标要求，普通强度（NT，2800 MPa）的钢帘线正在逐步被高强度（HT，3300 MPa）甚至含碳量达到 0.92%~0.95% 更高强度级别牌号的钢帘线取代。目前，我国钢帘线盘条产品主要以普通强度和高强度钢帘线盘条为主，普通强度钢帘线的原料主要为 72 系列盘条（典型钢种为 72A），高强度钢帘线的原料主要为 82 系列盘条（典型钢种为 82B）。

表 13-2   日本钢帘线盘条 JIS G 3506:2019 规定的主要化学成分[3]   （%）

牌号	化学成分（质量分数）				
	C	Si	Mn	P	S
SWRH27	0.24~0.31	0.15~0.35	0.30~0.60	≤0.030	≤0.030
SWRH32	0.29~0.36	0.15~0.35	0.30~0.60	≤0.030	≤0.030
SWRH37	0.34~0.41	0.15~0.35	0.30~0.60	≤0.030	≤0.030
SWRH42A	0.39~0.46	0.15~0.35	0.30~0.60	≤0.030	≤0.030
SWRH42B	0.39~0.46	0.15~0.35	0.60~0.90	≤0.030	≤0.030
SWRH47A	0.44~0.51	0.15~0.35	0.30~0.60	≤0.030	≤0.030
SWRH47B	0.44~0.51	0.15~0.35	0.60~0.90	≤0.030	≤0.030
SWRH52A	0.49~0.56	0.15~0.35	0.30~0.60	≤0.030	≤0.030
SWRH52B	0.49~0.56	0.15~0.35	0.60~0.90	≤0.030	≤0.030
SWRH57A	0.54~0.61	0.15~0.35	0.30~0.60	≤0.030	≤0.030
SWRH57B	0.54~0.61	0.15~0.35	0.60~0.90	≤0.030	≤0.030
SWRH62A	0.59~0.66	0.15~0.35	0.30~0.60	≤0.030	≤0.030
SWRH62B	0.59~0.66	0.15~0.35	0.60~0.90	≤0.030	≤0.030
SWRH67A	0.64~0.71	0.15~0.35	0.30~0.60	≤0.030	≤0.030
SWRH67B	0.64~0.71	0.15~0.35	0.60~0.90	≤0.030	≤0.030
SWRH72A	0.69~0.76	0.15~0.35	0.30~0.60	≤0.030	≤0.030
SWRH72B	0.69~0.76	0.15~0.35	0.60~0.90	≤0.030	≤0.030
SWRH77A	0.74~0.81	0.15~0.35	0.30~0.60	≤0.030	≤0.030

续表 13-2

牌号	化学成分（质量分数）				
	C	Si	Mn	P	S
SWRH77B	0.74~0.81	0.15~0.35	0.60~0.90	≤0.030	≤0.030
SWRH82A	0.79~0.86	0.15~0.35	0.30~0.60	≤0.030	≤0.030
SWRH82B	0.79~0.86	0.15~0.35	0.60~0.90	≤0.030	≤0.030

注：碳含量可以通过客户和制造商之间的安排，将表中的上下限分别降低0.01%。

表 13-3　《钢帘线用盘条》（GB/T 27691—2017）中规定的主要化学成分[4] **（%）**

牌号	化学成分（质量分数）						
	C	Si	Mn	P	S	P+S	Al
LX70A	0.70~0.75	0.15~0.30	0.45~0.60	≤0.025	≤0.015	≤0.035	—
LX70B	0.70~0.75	0.15~0.30	0.45~0.60	≤0.020	≤0.010	≤0.025	≤0.005
LX80A	0.80~0.85	0.15~0.30	0.45~0.60	≤0.025	≤0.015	≤0.035	—
LX80B	0.80~0.85	0.15~0.30	0.45~0.60	≤0.020	≤0.010	≤0.025	≤0.005
LX85B	0.85~0.90	0.15~0.30	0.45~0.60	≤0.020	≤0.010	≤0.025	≤0.005
LX90B	0.90~0.95	0.15~0.30	0.25~0.45	≤0.020	≤0.010	≤0.025	≤0.005

牌号	化学成分（质量分数）						
	Cu	Cr	Ni	Cu+Cr+Ni	Sn	As	N
LX70A	≤0.10	≤0.10	≤0.10	≤0.25	—	—	—
LX70B	≤0.08	≤0.08	≤0.08	≤0.15	≤0.007	≤0.006	≤0.006
LX80A	≤0.10	≤0.10	≤0.10	≤0.25	—	—	—
LX80B	≤0.08	≤0.08	≤0.08	≤0.15	≤0.007	≤0.006	≤0.006
LX85B	≤0.08	≤0.08	≤0.08	≤0.15	≤0.007	≤0.006	≤0.006
LX90B	≤0.06	0.15~0.30	≤0.06	—	≤0.007	≤0.006	≤0.006

国外不同厂家钢帘线生产采用的标准和化学成分实测值对比情况见表13-4，主要差异在 [P]+[S] 含量及微量元素的含量控制方面。日本标准中 [P]+[S] 含量的要求为0.05%以内，较为宽泛，而产品实测值较低，原日本住友、原新日铁和神户制钢的产品实测值分别为0.014%、0.021%和0.016%。韩国标准要求0.015%与实物实测值一致。德国标准中 [P]+[S] 含量的要求为0.045%以内，而实测值较低（0.022%）。残余元素含量控制均达到较高水平。

表 13-4　国外钢厂帘线钢化学成分控制标准及化学成分实测值比较[5]

（%）

公司名称 产品牌号	日本住友（SMI） AISI 10705		日本新日铁（NSC） AISI 1070 MST		日本神户（KSL） KSC 72		韩国浦项（POSCO） RD 705		德国（Saanstahl） SKD 70	
	标准	实测	标准	实测	标准	实测	标准	实测	标准	实测
C	0.7~0.75	0.72	0.7~0.75	0.72	0.7~0.75	0.72	0.65~0.75	0.73	0.69~0.75	0.72
Si	0.15~0.3	0.17	0.15~0.3	0.2	0.15~0.3	0.19	0.15~0.3	0.22	0.1~0.3	0.22
Mn	0.4~0.6	0.52	0.4~0.6	0.5	0.4~0.6	0.54	0.4~0.8	0.52	0.45~0.55	0.56
P	0.02	0.009	0.02	0.014	0.02	0.012	0.03	0.007	0.02	0.007
S	0.02	0.005	0.02	0.007	0.02	0.004	0.03	0.008	0.025	0.015
Cu	0.05		0.05		0.05	微量	0.01		0.08	0.009
Ni	0.05		0.05		0.05	0.015	0.01		0.1	0.038
Cr	0.05		0.05		0.05	0.020	0.02		0.05	0.019
Al	0.005		0.005		0.005		微量		0.01	
P+S	0.05	0.014	0.05	0.021	0.05	0.016	0.015	0.015		
[N]							0.02		0.007	

13.1.3 钢帘线生产流程和质量要求

图 13-4[6-7] 所示为钢帘线生产的工艺流程，钢帘线主要生产原料为具有索氏体组织（细层状珠光体）的专用 $\phi5.5$ mm 盘条，在检验合格之后，先对盘条进行表面处理，进入粗拉拔工序拉拔到 $\phi2.2\sim3.2$ mm 的帘线，然后进行淬火热处理；进入中间拉拔工序，拉拔至 $\phi0.8\sim1.6$ mm 的帘线，再进行二次铅浴或者流化床等温淬火（终淬火）并电镀黄铜；经过湿法拉拔工序钢帘线拉拔到非常细的钢丝（仅为 $\phi0.15\sim0.38$ mm），而且在湿拉拔后的捻绞合过程中，对精钢线施加了很强的扭转应力，最终产出钢帘线。帘线钢是一种对于强度和性能有着极高要求的优质钢种，在其生产的过程中也有着许多特别、相对严格的要求，在生产中几乎不允许出现钢丝断裂的情况[8]。对于 $\phi0.15$ mm 的钢帘线，要求在拉拔 200 km 以内不允许断丝，对线径 $\phi0.15\sim0.30$ mm 的轮胎钢丝，1 t 盘条可拉拔至 2000 km 的长度，且可接受断头次数小于 2 次，钢帘线生产中对其产品尺寸精度、抗拉强度、韧性和拉拔性能有较为严格的要求[9]：盘条直径 $\phi(5.5\pm0.2)$ mm；椭圆度不大于 0.2 mm；抗拉强度：普通强度钢帘线不小于 1070 MPa，高强度钢帘线不小于 1100 MPa；断面收缩率：普通强度钢帘线不小于 38%，高强度钢帘线不小于 30%；伸长率不小于 9%。GB/T 27691—2017《钢帘线用盘条》对钢帘线拉伸性能的要求见表 13-5。

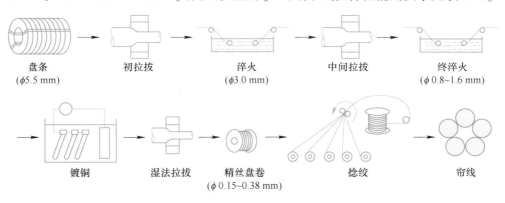

图 13-4　钢帘线生产流程

表 13-5　帘线钢盘条力学性能的要求[4]

牌　　号	拉 伸 性 能	
	抗拉强度 R_m/MPa	断面收缩率 Z/%
LX70A，LX70B	970~1120	≥40
LX80A，LX80B	1070~1220	≥38
LX85B	1100~1280	≥36
LX90B	1150~1350	≥30

注：表中抗拉强度和断面收缩率为自然时效 15 d 后的数值。

13.2 硬线钢的冶金质量要求

13.2.1 组织和性能要求

为了提高线材的加工性能，对其进行淬火处理，是将奥氏体（γ）化后的线材急冷，在 550~600 ℃的温度范围内进行珠光体化的处理。钢帘线的钢材料是具有细层状珠光体微观结构的高碳钢，珠光体组织由与层状铁素体（α）晶体取向相同的珠光体块，具有对齐层状方向的珠光体域和渗碳体（θ）组成，其组织结构如图 13-5 所示。

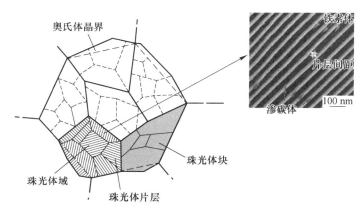

图 13-5　细层状珠光体组织（索氏体）结构

珠光体组织随加工变形条件和合金元素的变化而变化，对加工后的钢丝的力学性能产生了很大的影响。珠光体块尺寸随着旧 γ 粒径的细粒化和珠光体化温度的降低而被细化。通过珠光体转变时 γ 粒径中形核点密度，转变温度及合金元素影响珠光体的核生成速度和成长速度，从而决定了珠光体块尺寸。珠光体域大小不受 γ 粒径、转变温度和合金元素影响。珠光体组织的最小单位——片层间距（S_0）用式（13-1）表示[10]：

$$S_0 = \frac{2\gamma_i T_e V_m}{\Delta H(T_e - T)} \tag{13-1}$$

式中，γ_i 为 α/θ 界面能；V_m 为珠光体的摩尔体积；ΔH 为珠光体转变的潜热；T_e 为共析温度；T 为珠光体转变温度。

由式（13-1）可知，钢种相同时，则片层间距（S_0）与共析温度和珠光体变态温度之差（过冷度）成反比，过冷度越大片层间距受合金元素的影响越小，反之，片层间距受合金元素的影响越大。在微观结构与力学性能的关系中，层状间距影响拉伸强度[11]，珠光体块体尺寸（简称 PBS）影响延展性[12]。

图 13-6 和图 13-7 所示为块体尺寸 PBS 和片层间距 S_0 对干拉拔拉伸强度和断面收缩率的影响（测试样品为直径 5.5 mm 的 SWRH82A 线材）。以 PBS 35 μm 为分界点，冷拉拔过程材料特性随着应变的变化规律明显不同。在拉拔应变 1.0~2.0 以上的区域，断面收缩率迅速恶化到近 10%，并在拉拔应变 2.0 以上时抗拉强度变差。此外，随着 PBS 的粗化，这一趋势更加明显。片层间距对拉丝力学性能影响的研究表明，随着层状间距的细化，拉伸强度上升，同时断面收缩率有所提高。随着应变的增加，抗拉强度先增加后降低，在应变为 3.0 处达到最大值。断面收缩率在拉拔应变达到 2.5 以后迅速恶化。

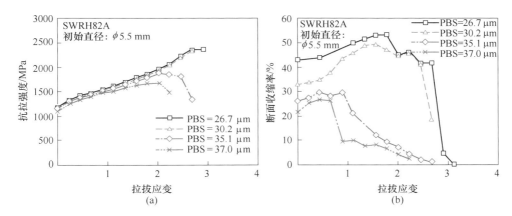

图 13-6　珠光体块体尺寸（PBS）对拉拔应变力学性能的影响[12]

（a）拉拔强度；（b）断面收缩率

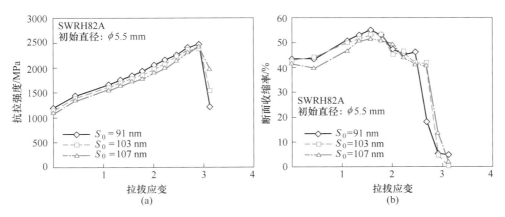

图 13-7　珠光体片层间距（S_0）对拉拔应变力学性能的影响[12]

（a）拉拔强度；（b）断面收缩率

图 13-8（a）所示为冷拉拔过程钢帘线中心区域的纵向截面检测结果，当 PBS 大于 35 μm 时，钢材内部会产生裂缝。图 13-8（b）所示为扫描电子显微镜（SEM）观

察裂缝附近的结果，裂纹在相对于拉伸方向 45°的剪切方向上产生并蔓延。

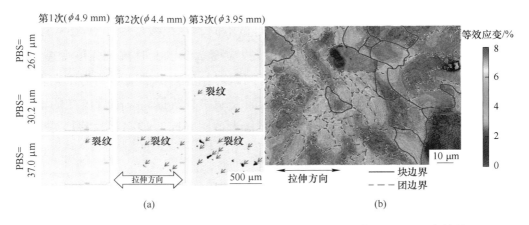

图 13-8　冷拉拔过程中心区域裂纹产生及长大（a）及扫描电镜（SEM）观察结果（b）

　　钢帘线对于力学性能和冷加工性能有着极高的要求，要想达到这些要求，必须满足整个线材横截面的显微组织是均匀一致的索氏体（细层状珠光体）组织。为了确保珠光体钢抗拉强度和延展性，控制小于 30 μm 的珠光体块体尺寸（PBS）和细化片层间距是主要的控制要素。具体的金相组织要求为细层状珠光体（索氏体）≥95%，晶粒度在 8~10 级。

13.2.2　强化机理及化学成分控制

　　影响硬线盘条的抗拉强度主要因素是钢的化学成分和轧后控冷工艺。增加钢中碳、锰、铬、钒的含量，均可提高产品的强度（图 13-9）[10]，但其作用机理不同。珠光体钢的强度除了通过细化片层间距进行强化外，主要通过固溶强化和沉淀强化来提高强度。增加碳含量能够增加渗碳体比例从而提升钢材强度，增加硅含量是通过增加其在层状铁素体中固溶量来提升钢材强度，增加钒含量是通过其在层状铁素体的沉淀来提升钢

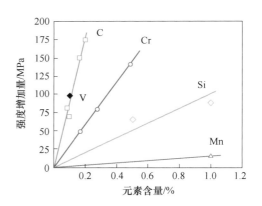

图 13-9　不同合金元素对抗拉强度的影响[10]

材强度，增加铬含量是通过细化层状间距来提升强度，而且在几个增强元素中碳含量作用最强。根据高碳钢帘线的具体需要选择不同的强化机制，但从制造成本和热处理加工性的角度来看，通过添加碳和铬元素是最佳强化选择。当然，单一元素含量过高会产生负面影响，例如 [C]>0.83% 时，连铸小方坯的中心碳偏析会加重，盘条易出

现心部网状碳化物。碳、锰当量（[C]+[Mn]/5）≥0.95 时，盘条的断面收缩率会降低。

帘线钢的主要化学成分是碳、锰、硅等元素，控制的元素较多且要求分布均匀，尤其对硫、磷以及其他微量元素也有着严格的要求。气体（[N]、[H]、[O]）含量会影响盘条断面收缩率，所以气体元素含量越低越好：[O]≤0.0030%，[N]≤0.0030%，[H]≤0.00018%。为达到这一要求，应采用低[N]、低[O]控制技术及保护浇注技术。为了降低钢中氢含量，冶炼流程中应采取 VD 或 RH 真空脱气处理工艺。

基于钢帘线对于断面收缩率和伸长率的严格要求，需要控制夹杂物形态为塑性，不允许有大颗粒 Al_2O_3 或铝酸钙类脆性夹杂存在，要求钢中 [Al]≤0.0040%。同时，由于高碳钢对碳含量的需要和脱氧量的控制，采用"高拉碳"冶炼工艺较为合理，在初炼钢水脱氧环节需采用硅锰脱氧，避免生成高 Al_2O_3 比例夹杂物。

13.2.3　生产全流程夹杂物控制机理

硬线钢中非金属夹杂物对冷拉过程断丝或硬线制品的抗疲劳性能有重要影响，这主要是因为在钢的热加工温度下夹杂物与钢基体的变形性能差别大，轧制过程在钢基体-夹杂物界面上会形成微细裂纹和间隙等，在随后的冷拉拔、捻绞合或服役过程中成为破坏源[13-14]。夹杂物引起的帘线断裂的微观形貌如图 13-10 所示。

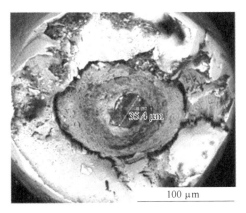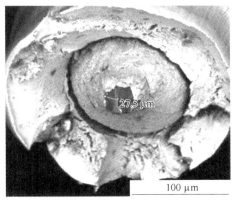

图 13-10　夹杂物引起的帘线断裂形貌[15]

图 13-11 所示为钢丝捻绞合过程钢帘线钢丝的抗拉强度与断丝频率的关系[6]。可以看出，随着帘线钢丝直径的缩小，钢帘线的抗拉强度线性增加，当 φ≤0.10 mm 时，抗拉强度可达到 4000 MPa。与此同时，随强度的增加，断丝频率迅速增加。钢帘线钢丝造成断丝的原因包括表面划痕、中心线偏析和夹杂物。从图 13-10 可见，几十微米的夹杂物便会成为断线的起点，因此，夹杂物控制是钢帘线冶金质量控制的关键因素。

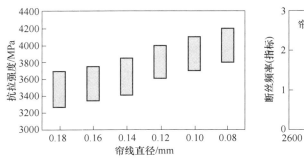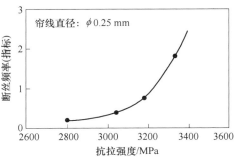

图 13-11　钢帘线用钢丝的抗拉强度与断丝频率的关系

影响夹杂物变形性能的因素有很多，包括尺寸、化学成分、熔点、温度、相对塑性（夹杂物变形与钢基体变形之比）、夹杂物相对硬度（夹杂物硬度与钢基体硬度之比）、晶体结构和夹杂物黏度。帘线钢中发现的夹杂物大致分为 CaO-SiO_2-Al_2O_3 和源自脱氧化产物的 MnO-SiO_2-Al_2O_3 两大类复合夹杂物。CaO-SiO_2-Al_2O_3 和 MnO-SiO_2-Al_2O_3 两个体系夹杂物的相图[16]如图 3-6 所示，通常认为熔点是最重要的因素，熔点较低的夹杂物可具有更好的变形性（塑性），在热轧过程对机体破坏较小。因此，夹杂物要求尽可能控制在低熔点塑性区域（图 3-6），以便在温度高于 1173 K 的热轧过程中获得良好的变形性。

铸坯夹杂物中 Al_2O_3 含量与盘条中夹杂物非延展性指数的关系[15]如图 3-7 所示，可以看出随着夹杂物中 Al_2O_3 含量的增加，夹杂物非延展性指数先降低后增加，当夹杂物中 Al_2O_3 含量达到约 20% 时，夹杂物非延展性指数达到最低，为含铝复合夹杂物的最优控制区间。

硬线钢中初始夹杂物源于炼钢终点的脱氧产物，主要受硅脱氧和铝脱氧反应的影响。根据 Si-O 和 Al-O 反应热力学（式（13-2）~式（13-5））推导得出硅脱氧与炉渣 Al_2O_3 平衡控制公式（式（13-6）和式（13-7）），可以看出，在一定温度下，若 [Si] 元素的活度 a_{Si} 根据钢水的组成计算认为恒定，钢中 [Al] 由炉渣中 Al_2O_3 和 SiO_2 的活度 $a_{Al_2O_3}$ 和 a_{SiO_2} 决定。为使夹杂物中的 Al_2O_3 浓度达到 20%（塑性区域），必须抑制钢水中 [Al] 和精炼渣成分。图 13-12 所示为 LF 精炼过程钢中 [Al] 含量与夹杂物中的 Al_2O_3 含量的关系，随着 [Al] 含量增加，夹杂物中 Al_2O_3 含量逐步增加。将钢中 [Al] 含量控制在 0.0004% 左右，可控制夹杂物中 Al_2O_3 浓度在 20% 的目标区域。图 13-13 显示在实际操作中炉渣中 Al_2O_3 含量与 LF 处理后夹杂物中 Al_2O_3 含量之间的关系，当炉渣碱度约为 1、炉渣中 Al_2O_3 含量约 8% 时，可以将复合夹杂中 Al_2O_3 含量控制在 20% 的合理水平[16]。

$$[Si] + 2[O] \rightleftharpoons SiO_2 \tag{13-2}$$

$$\lg \frac{a_{SiO_2}}{a_{Si} \cdot a_O^2} = \frac{30110}{T} - 11.40 \tag{13-3}$$

$$2[Al] + 3[O] \rightleftharpoons Al_2O_3 \tag{13-4}$$

$$\lg \frac{a_{Al_2O_3}}{a_{Al}^2 \cdot a_O^3} = \frac{64000}{T} - 20.57 \tag{13-5}$$

$$3[Si] + 2Al_2O_3 \rightleftharpoons 4[Al] + 3SiO_2 \tag{13-6}$$

$$\lg \frac{a_{SiO_2}^3 \cdot a_{Al}^4}{a_{Al_2O_3}^2 \cdot a_{Si}^3} = \frac{37670}{T} + 6.94 \tag{13-7}$$

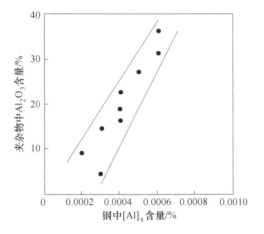

图 13-12　中间包中的钢液铝含量与
夹杂物中 Al_2O_3 含量的关系

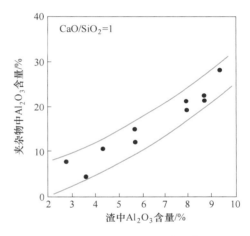

图 13-13　炉渣 Al_2O_3 含量与
夹杂物 Al_2O_3 含量的关系

图 13-14 所示为钢帘线线材在热轧（ϕ5.5 mm）和冷拉拔过程氧化铝和氧化硅夹杂物的断裂行为。从图中可以看出，Al_2O_3 夹杂在热轧和冷拉拔过程都无显著断裂行为，在冷拔丝过程中，具有较低抗压强度的二氧化硅断裂成细小的颗粒碎片。

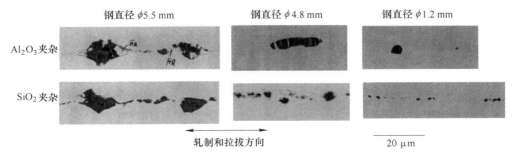

图 13-14　ϕ5.5 mm 钢帘线线材热轧和冷拉拔过程氧化铝和氧化硅夹杂物的断裂行为

  图 13-15 所示为热轧制和冷拉拔过程中钢材纵断面氧化物夹杂变形的检验结果。可以看出，在热轧后 $\phi5.5$ mm 线材截面中，氧化铝和二氧化硅的破碎程度几乎相同，但在冷拉拔 $\phi4.8$ mm 和 $\phi1.2$ mm 的线材截面中，二氧化硅的破碎程度大于氧化铝，这主要受加工中的钢材内部产生的应力以及氧化物的机械强度所影响，钢材内部产生的应力大于氧化物的机械强度时容易导致夹杂物破碎。

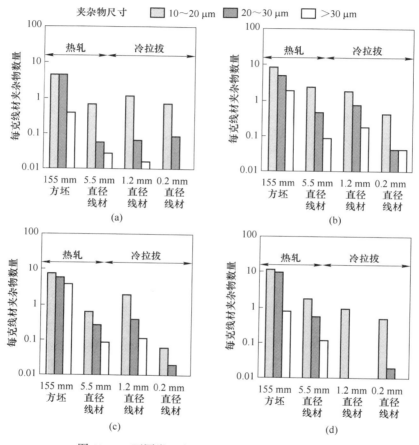

图 13-15 不同类型夹杂物在轧制过程的数量变化

（a）氧化铝；（b）氧化锆；（c）锆石；（d）二氧化硅

  夹杂物对钢材基体的破坏指数可以用式（13-8）和式（13-9）表示[17]：

$$F_{\mathrm{H}} = \log_{100}\left(\frac{N_{5.5}}{N_{155}} \times 100\right) \tag{13-8}$$

$$F_{\mathrm{C}} = \log_{100}\left(\frac{N_{0.2}}{N_{5.5}} \times 100\right) \tag{13-9}$$

式中，F_{H} 为热破坏指数；F_{C} 为冷破坏指数；N_{155}，$N_{5.5}$ 和 $N_{0.2}$ 分别为 1 g 155 mm 方坯、5.5 mm 直径线材和 0.2 mm 直径线材中夹杂物尺寸在 20 μm 以上的氧化物夹杂的个

数。破坏指数越大的氧化物越不容易破碎，相
反，该指数越小的氧化物越容易破碎或变形，
不同氧化物的破坏指数对比情况如图 13-16
所示。

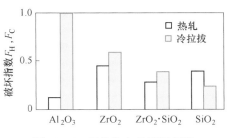

图 13-16　氧化物夹杂破坏指数

　　氧化铝夹杂在热轧过程破坏性较小，但在
冷拉拔过程破坏性最大。冷拉拔过程中夹杂物
易断裂、破碎的顺序是二氧化硅、锆石、氧化
锆和氧化铝，氧化铝几乎不会破碎，破坏指数最大。

　　氧化物的变形性（或破坏指数）与其杨氏模量和硬度有关，氧化物的破碎程度可
以通过杨氏模量来计算表征，结果如图 13-17 所示，杨氏模量可以用来表征塑性变形
开始点，杨氏模量越小，材料的塑性越好[17]。由于室温杨氏模量与氧化物的平均原子
容积呈负相关，因此在冷拉丝过程中，平均原子容积越小的氧化物越不容易被破坏，
$MgO-Al_2O_3-SiO_2-CaO$ 体系中氧化物夹杂杨氏弹性模量与平均原子容量的关系如图 13-18
所示[18]。

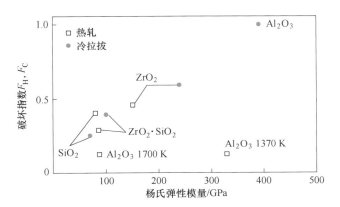

图 13-17　氧化物体系中氧化物夹杂杨氏弹性模量的关系

　　因此，夹杂物应控制在二氧化硅含量高、氧化铝含量较低的区域，可以减少钢丝
在拉伸过程中的断裂。意大利著名轮胎制造商倍耐力（Pirelli）研究了三个供应商生
产的钢帘线中不同类型的夹杂物[19-20]，同时计算了拉拔过程中每批线材中夹杂物引起
的断裂，结果如图 13-19 所示，二氧化硅含量高的复合夹杂的钢帘线性能最好。也有
些学者研究表明在连铸过程 SiO_2 等夹杂物析出并在轧制过程破碎，容易造成在冷拉拔
过程产生"鱼眼"型裂纹（如图 13-20 所示），认为将夹杂物控制为 $SiO_2-MnO-Al_2O_3$
低熔点复合夹杂是最优的选择[21-22]。

　　基于以上研究结果，可以得出钢帘线夹杂物控制要点：钢中 T.O ≤0.0030%；夹
杂物数量不超过 1000 个/cm^2；一般夹杂物的尺寸应不大于 15 μm，高强度钢帘线要

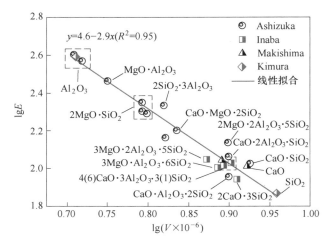

图 13-18 MgO-Al$_2$O$_3$-SiO$_2$-CaO 渣系中氧化物杨氏弹性模量与平均原子容量的关系[19]

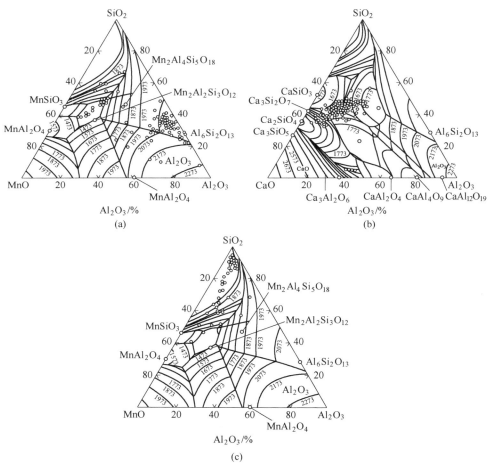

(a)

(b)

(c)

图 13-19 轮胎钢帘线夹杂物成分控制对拉丝过程中夹杂物断线频率的影响

（a）夹杂物断线频率：每 24 km 一次；（b）夹杂物断线频率：每 28 km 一次；

（c）夹杂物断线频率：每 756 km 一次

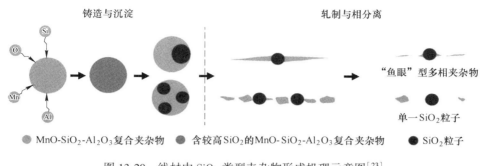

铸造与沉淀   轧制与相分离

"鱼眼"型多相夹杂物

单一 SiO_2 粒子

● MnO-SiO_2-Al_2O_3复合夹杂物   ● 含较高 SiO_2 的 MnO-SiO_2-Al_2O_3复合夹杂物   ● SiO_2 粒子

图 13-20 线材中 SiO_2 类型夹杂物形成机理示意图[23]

求夹杂物直径小于钢丝直径的 2%；不允许有纯 Al_2O_3 夹杂物存在，应以高 SiO_2 含量的低熔点复合夹杂物为主，含铝复合夹杂物中 Al_2O_3 含量应控制在 20%左右。

13. 2. 4 钢的基体组织和盘条表面质量

钢帘线在加工过程中，要经受大变形量的深拉拔，其表面任何缺陷（如椭圆、耳子、折叠、裂纹、结疤、轧痕、麻面、凹坑、机械划伤、厚薄不均的氧化铁皮以及较重的锈蚀）都可能成为帘线断裂的根源，盘条表面质量要求不能存在横向裂纹、刮伤、结疤、开式折叠等缺陷，在运输及装卸过程中应避免任何沾污和机械损伤。

除了设备和管理问题外，盘条表面质量缺陷更多源于连铸坯的表面缺陷，主要表现为表面纵裂纹、表面横裂纹、角横裂等，为了获得表面无缺陷的连铸坯，需采取严格的保护措施[24-29]，稳定的钢液面、液相穴钢流的优化，特别是抑制向上的二次流对液面的扰动，以及保护渣性状以及结晶器振动机构和参数（振幅、频率及负滑脱时间等）的最佳选择都是必要的。

钢帘线对碳的中心偏析也有严格要求，一般碳中心偏析指数不大于 1. 05。高碳钢的偏析是造成钢的内部质量和性能不均匀性的主要因素，在拉丝和扭转过程中易引起断裂。因此，在连铸浇注过程中应采取相应措施进行严格控制，特别是对钢水成分、温度、二冷参数的控制[24-25]。

脱碳层的形成主要是在加热炉内加热时发生的，而钢坯因加热工艺产生的表面脱碳是决定成品最终表面脱碳层厚度的重要影响因素。钢坯加热温度偏高、空燃比不合理、钢坯待轧时间过长、高线加热炉负压等原因是导致盘条表面脱碳层厚的主要原因，应严格控制相关工艺。

13. 3 硬线钢的冶炼关键技术

通过前两节的分析可知，钢帘线冶炼技术难点主要体现在成分窄窗口控制、低氧化性、夹杂物种类及形态控制、连铸过程成分偏析及表面质量缺陷控制。根据钢帘线的性能指标要求、冶炼难点以及生产实践的需求，可按冶炼工序将硬线钢生产的关键技术归纳如下。

13.3.1 铁水预处理关键技术

由于炼钢阶段要严格控制冶炼终点钢、渣氧化性，对入炉铁水的磷、硫含量和铁水温度均有较高的要求。为此，硬线钢生产中铁水预处理的主要功能为脱硫和控制硅和磷含量，为炼钢提供优质铁水，以实现炼钢阶段少渣量低氧化性炼钢。目前，普遍采用的脱硫方法中较为成熟的有两种[30-31]：KR 搅拌法和（CaO+Mg）喷吹法，可使转炉铁水[S]≤0.005%，最低可达到 0.001%的水平。高级别钢帘线要求[P]+[S]≤0.015%，需采用铁水预处理脱硫和转炉控制"回硫"为主的脱硫方式，铁水预处理脱硫应达到0.002%的水平。

日本钢企炼钢厂为了实现少渣冶炼和低氧化性稳定控制，在铁水预处理阶段通过向铁水添加熔剂进行脱硅、脱磷处理[1,30]。例如在铁水沟流槽处添加烧结矿和石灰进行脱硅处理，向铁水罐喷吹苏打进行脱磷、脱硫处理，向铁水罐吹氧、加入铁矿或氧化铁皮、石灰和萤石进行脱硅、脱磷处理等工艺。通过铁水"三脱"预处理使得入炉铁水的硅、硫和磷含量控制在较低水平。我国主要生产硬线钢的企业一般未采用铁水脱硅、脱磷处理，而是在初炼炉冶炼阶段同时完成脱硅、脱磷和脱碳的任务。

一般而言，铁水预处理脱硫的主要指标要求为：高炉铁水 [S]≤0.07%，温度≥1350 ℃；根据铁水量、铁水初始硫含量及目标硫含量来确定 KR 或（CaO+Mg）喷吹工艺；脱硫结束后，启动扒渣程序扒除脱硫渣；保证进转炉铁水温度>1250 ℃，[S]≤0.010%。

13.3.2 初炼炉关键技术

硬线钢初炼炉冶炼主要分为转炉或电炉两种形式。电炉采用"铁水+硬线专用废钢"的装入制度，严格控制废钢中残余元素（Cu、Ni、Cr 等）和辅料的硫、磷含量，电炉冶炼过程中采用高效率泡沫渣脱磷技术及氮含量控制工艺技术。

为了保证冶炼效率、原辅料的洁净度及较低生产成本，一般硬线钢采用转炉进行初炼。硬线钢生产中主要采用的转炉技术为：铁水预处理及转炉少渣吹炼转炉（单渣或双渣法）冶炼；顶底复合吹炼工艺；高拉碳技术；采用挡渣锥、滑板挡渣、气动挡渣或复合挡渣等方法挡渣出钢，避免下渣对钢水及炉渣氧化性的影响；转炉钢包顶渣中加入炉渣改质剂，还原（FeO）并调整顶渣成分；防止增氮技术。

目前，转炉冶炼高碳钢主要有两种终点控制方式[31-32]：

（1）高拉碳法。生产硬线钢一般是使用100%铁水或采用"铁水+专门废钢（残余元素 Cu、Ni 等杂质元素少）"的装入方式。在高强度复合吹炼技术的基础上，通过留渣-双渣法或单渣高效脱磷法，在冶炼前期高碳低温阶段实现高效率脱磷；冶炼过程采用单渣法需充分利用顶底复吹条件强化过程化渣，确保脱磷保碳；采用留渣-双渣法则需提高冶炼前期底吹强度、延长前期低温脱磷期，以保证倒渣前脱磷效率达到60%~80%。在满足冶炼终点磷含量的要求（P≤0.01%）的情况下，实现高拉碳操作，冶炼终点［C］≥0.20%（争取达到 0.50%以上）。此方法的优点是增碳量小，钢水和炉渣氧化性低，生产的夹杂物数量大幅度降低，显著降低精炼的负荷。

（2）低拉碳增碳法。吹炼前期倒炉倒渣，然后将钢中碳一次吹炼至 0.06%~0.15%范围，出钢时加炭粉增碳。此方法的优点是控制命中率高，倒炉次数少，冶炼周期短。但是缺点也较明显，即后期增碳量大，控制不稳定，冶炼终点温度高，钢水和炉渣氧化性高，对炉渣渣系及夹杂物控制影响较大，生产难度大、成本高。

13.3.3 精炼炉关键技术

根据第 13.2.3 节钢帘线夹杂物控制分析可知，钢帘线夹杂物应严格控制 Al_2O_3 夹杂，并提高 SiO_2 夹杂的比例，所以冶炼终点脱氧一般采用 Si-Mn 脱氧。最初，由于炼钢水平所限，出钢时钢水氧含量和炉渣（FeO）含量较高，为了控制炉渣和钢水氧含量，在炉渣表面加铝粒进行脱氧操作，但难以有效控制 Al_2O_3 夹杂数量和比例。随着技术的进步，"硅-锰+少量铝"的脱氧方式被淘汰，逐步采用"硅-锰+渣-钢平衡控制"的非铝脱氧方式。

采用 Si-Mn 的脱氧，炉渣（Al_2O_3）与钢液中［Si］的化学反应方程式及自由能如下[33-35]：

$$2MnO(s) + [Si] \Longrightarrow SiO_2(s) + 2[Mn] \qquad \Delta G^{\ominus} = -5700 - 34.8T, \; J/mol$$

$$\text{(13-10)}$$

$$\frac{2}{3}Al_2O_3(s) + [Si] \Longrightarrow SiO_2(s) + \frac{4}{3}[Al] \qquad \Delta G^{\ominus} = 219400 - 35.7T, \; J/mol$$

$$\text{(13-11)}$$

在 MnO-Al_2O_3-SiO_2 精炼渣系中，铝、氧的等活度曲线如图 13-21 所示，轮胎子午线钢中 ［C］= 0.8%、［Mn］= 0.6%、［Si］= 0.3% 时，计算可得钢中铝含量在 0.00005%~0.0005%之间，氧含量在 0.0065%~0.0105%之间。

Si-Mn 脱氧后，加入顶渣，随后在精炼炉内通过底吹搅拌快速形成合适的精炼渣，

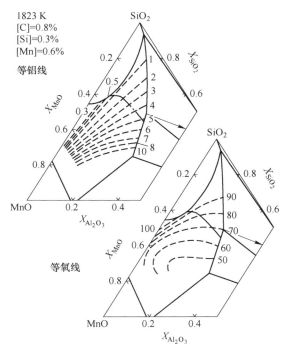

图 13-21   钢帘线的铝、氧在 MnO-Al$_2$O$_3$-SiO$_2$ 系中等活度曲线

使钢渣之间充分进行反应并达到平衡，进一步控制钢中氧含量，并且使得夹杂物的成
分控制在合理范围内。在 CaO-Al$_2$O$_3$-SiO$_2$ 系中的铝、氧等活度曲线如图 13-22 所示。
从 Si-Mn 脱氧到渣钢平衡的过程中，铝含量从 0.00005% ~ 0.0005% 增加至 0.0005% ~
0.0010%，氧含量从 0.0065% ~ 0.0105% 减至 0.0020% ~ 0.0030%，从而实现了钢水的

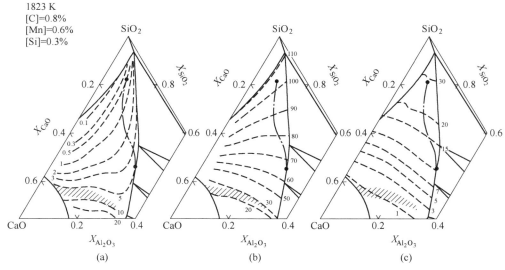

图 13-22   渣-钢平衡 CaO-Al$_2$O$_3$-SiO$_2$ 系中铝、氧、氧化锰的等活度图

(a) Al(10^{-4}%)；(b) O(10^{-4}%)；(c) MnO(10^{-4}%)

低氧化性控制。在钢帘线生产实践中，通过渣系的优化及搅拌能的提升，能够将钢水总氧含量控制在 0.0015% 以内。

为了得到变形良好的低熔点夹杂物，必须严格控制钢中的 Al、Ca、Mg 含量，应控制钢水铝含量小于 0.0005%。在生产中很难实现钢液中如此低的铝含量，因此，需要控制精炼顶渣与钢液的平衡，防止钢液增铝。

F. Stouvenot、H. Gaye[36] 等通过渣钢间的平衡热力学计算，在 1550 ℃ 下，顶渣组成为 $CaO\text{-}SiO_2\text{-}15\%MgO\text{-}1\%Al_2O_3\text{-}10\%CaF_2$。钢水中铝含量及镁含量随着 SiO_2/CaO 比值的变化情况如图 13-23 所示。可以看出，炉渣 SiO_2/CaO 比值对钢中铝及镁含量影响相当大，当 $SiO_2/CaO<0.9$，会产生 MgO 类夹杂物，当 $SiO_2/CaO>1.3$，会产生 SiO_2 类夹杂物，为得到理想的低熔点塑性夹杂物，炉渣 SiO_2/CaO 比值应控制在 0.9 ~ 1.1 之间。

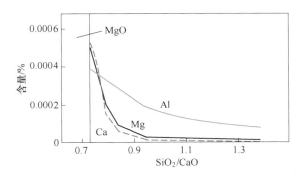

图 13-23　炉渣 SiO_2/CaO 比值对钢水 Al 及 Mg 含量的影响[37]

国内外钢帘线主要采用 LF +VD 或 LF +RH 法进行精炼，通过采用 Si-Mn 合金脱氧以及改变精炼渣系，达到控制钢中酸溶铝含量和钢水氧化量，进而使钢中夹杂物转变为塑性复合夹杂的目的[36]。具体的做法是，转炉出钢时尽量控制下渣量，或者在出钢后扒去钢包内的转炉渣，再加入精炼渣。LF 与 VD 或 LF 与 RH 联合使用，能够有效脱氧、脱硫、脱氢，并使夹杂物转变为低熔点的塑性夹杂物。

13.3.4　连铸关键技术

以钢帘线为代表的高碳钢的连铸生产工艺主要为两个方面：一是防止精炼后的洁净钢水在连铸过程中被再次污染，控制钢水的二次氧化，减少外来夹杂物的卷入；二是获得致密的铸坯，将疏松、缩孔、偏析控制在允许范围，提高铸坯的等轴晶比例。具体技术包括：

（1）保护浇注。为了保持钢水洁净，除了在冶炼及出钢时要采用保护措施外，在连铸浇注时还要做到以下几点[24-29]：采用保护性浇注，钢水从钢包注入中间包用长水口加氩气保护，从中间包至结晶器采用浸入式水口浇注，存储在中间包内的钢水表面上覆盖一层保护渣，以便保温和防止钢水的二次氧化；浇注使用的长水口、中间包衬及浸入式水口的耐火材料质量要好，而且要按规定进行烘烤，以防止外来夹杂物进入铸坯内；中间包和结晶器所用的保护渣性能、熔点、流动性以及颗粒度都要适应于高碳钢的浇注；采用大中间包，包内钢水液面高度控制合理，钢液面高有利于大型夹杂物上浮，洁净钢水，提高铸坯质量。

（2）改善铸坯的表面质量。为保证获得质量良好的硬线，连铸是重要的控制环节。高碳钢连铸坯表面缺陷通常是指铸坯表面的针孔、皮下夹杂物、皮下裂纹等，造成这类缺陷的原因主要与保护渣的性能、二次冷却制度的控制、结晶器振动频率和振幅的控制等有关[29]。高碳钢是裂纹敏感性钢，因此对二冷水的控制要适当，冷却应均匀，防止铸坯产生过大的回温。此外采用结晶器电磁搅拌也是提高铸坯表面质量的另一行之有效的方法。电磁搅拌促使熔渣和气泡上浮，因而减少了表面夹渣及皮下气泡的产生。

（3）中心偏析控制。严重的碳偏析产生的渗碳体网状组织对线材的力学性能和拉拔性能都会产生有害的影响。控制中心偏析和中心疏松、提高铸坯内部质量一般采用以下几个措施[23-29]：低过热度浇注、结晶器电磁搅拌（M-EMS）、凝固末端电磁搅拌（F-EMS）、热压下（Thermal Soft Reduction，TSR），或机械轻压下技术（Mechanical Soft Reduction，MSR）。中间包钢水过热度控制在 15~20 ℃，即低温浇注，过热度越小铸坯断面上的细等轴晶区就越大，偏析所占面积比例越小，低温浇注时铸坯的等轴晶率可达 25%~40%（图 13-24）；采用结晶器强冷工艺，以增加坯壳厚度；在连铸机上采用二冷区电磁搅拌和凝固末端电磁搅拌相组合的方法可有效控制中心偏析，凝固末端电磁搅拌能够打断铸坯中心部位的搭桥，这样就能较好地为凝固收缩补给所需的钢液，同时增加铸坯的凝固晶粒，提高铸坯的等轴晶率。对于高碳钢，凝固末端的电磁

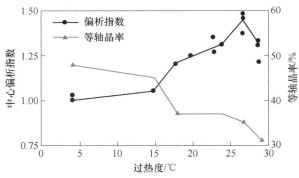

图 13-24　过热度与中心偏析及等轴晶率的关系

搅拌尤其重要，它可减少渗碳体的生成。轻压下技术因其直接作用于中心偏析发生的位置，无论对板坯还是方坯的中心偏析和疏松都有良好的控制效果。应用最广泛的轻压下技术采用的是辊式轻压下方式，该技术在本质上同辊缝收缩技术相同。实施轻压下操作时，轻压下的位置、压下量是该技术的核心，同时保证轻压设备状态稳定、压下位置准确是实现帘线钢稳定生产的前提。低过热度浇注、电磁搅拌和轻压下技术在改善帘线钢等高碳钢内部质量方面都有各自的特点，合理地组合使用这些技术才能取得更好的效果。

13.4 硬线钢的典型生产工艺流程解析

国内外主要的钢帘线生产工艺流程见表 13-6，从表中可以看出，钢帘线的冶炼工艺主要有电炉和转炉两种生产流程：电炉—二次精炼—连铸或模铸；高炉—铁水预处理—转炉冶炼—二次精炼—连铸。

表 13-6 国内外主要的钢帘线生产工艺流程[8-10,16,19,21-25,38-46]

钢厂	生 产 工 艺
日本原新日铁	铁水预处理—BOF—LF—CC（350 mm ×560 mm）
神户制钢加古川厂	铁水预处理—BOF（240 t LD-OTB）—LF（电弧加热 + 顶吹氧枪）—CC（320 mm ×400 mm，M-EMS，S-EMS）
原住友金属	铁水预处理—BOF（70 t）—Si 或 SiMn 脱氧—VAD 及钢渣精炼—CC（保护浇注，M-EMS，S-EMS）
日本 JFE	铁水预处理—BOF—RH/RH+钢渣精炼/吹氩—钢渣精炼—CC（400 mm ×500 mm）
日本神户	铁水预处理—BOF—钢包精炼—RH—CC（2 流，300 mm×430 mm） 铁水预处理—LD-OTB—钢包精炼—RH—CC（2 流，300 mm×430 mm，3 号和 5 号连铸机）
德国蒂森	铁水脱硫预处理—BOF（140 t）—出钢时 SiFe 脱氧—RH（脱氧）—CC（260 mm ×330 mm，M-EMS，S-EMS）
德国 Saar Stahl AG	铁水脱硫预处理—LD（165 t）—RH—TN 喷粉（喷吹 CaSi/CaC$_2$ 粉末）—CC（150 mm ×150 mm，EMS）
德国鲁尔奥特	BOF—LF +VD—CC（6 流，130 mm ×130 mm，M-EMS，强制冷却）
英国萨斯特	BOF—RH—CC（6 流，150 mm ×150 mm，S-EMS，F-EMS，强制冷却）
法国 Unimetal	铁水预处理脱磷—LD-LBE—LF—CC（360 mm ×320 mm，M-EMS，S-EMS）
韩国浦项	BOF—LF—RH—CC（300 mm ×400 mm，400 mm ×500 mm，160 mm ×160 mm，M-EMS，轻压下技术）
宝钢	（1）铁水预处理—BOF（300 t）—LF-CC（320 mm×425 mm）—开坯 142 mm×142 mm 方坯 （2）连铸工艺（一火成材）：150 t 电炉（废钢+铁水）—精炼—CC（160 mm ×160 mm） （3）连铸工艺（二火成材）：150 t 电炉（废钢+铁水）—精炼—CC（320 mm ×425 mm）

钢 厂	生 产 工 艺
首钢	LD 顶吹氧—钢包吹氩—LF—喂 CaS 线—VD 脱气—CC（16 mm ×160 mm）
武钢	铁水脱硫—转炉冶炼（100 t）—吹氩—LF—VD/RH—软吹—CC（5 流，200 mm ×200 mm，M-EMS，轻压下技术）
鞍钢	铁水脱硫—转炉吹炼—炉外精炼—VD 真空处理—CC（280 mm ×380mm，M-EMS，F-EMS，轻压下技术）
兴澄特钢	铁水预处理—BOF（100 t）—LF—RH—CC（200 mm ×200 mm，M-EMS，F-EMS，轻压下技术）
南钢	UHP-EAF 电弧炉（100 t）—LF—VD—CC（320 mm ×480 mm，轻压下技术） KR—BOF（120 t）—LF—CC（150 mm×150 mm）方坯，0.005%，双渣
邢钢	铁水脱硫预处理—复吹转炉（80 t）—LF—RH—CC（280 mm ×325 mm）
沙钢	（1）EAF（90 t）—LF—CC（140 mm ×140 mm） （2）铁水预处理—LD（180 t）—LF—RH—CC（140 mm ×140 mm，M-EMS，F-EMS）
湘钢	铁水预处理—BOF（80 t）—LF—VD—CC（150 mm ×150 mm，二冷强冷，M-EMS，F-EMS）
青钢特钢	原有：KR 铁水预处理—BOF（80 t）—LF—CC（150 mm×150 mm） 现在：KR 铁水预处理—BOF（100 t）—LF—CC（180 mm×240 mm，R10 m 六机六流）

13.4.1　电炉—炉外精炼—连铸（或模铸）工艺流程

国内外生产钢帘线采用"电炉—炉外精炼—连铸（或模铸）"工艺流程的主要企业有宝钢、南钢、沙钢和 JFE 仙台基地等。

宝钢线材产线投产于 1999 年 3 月，年设计产能 40 万吨，以钢帘线、弹簧钢、汽车用冷镦钢及高等级桥梁缆索用钢为主。2010 年，钢管事业部把市场需求较大的钢帘线等汽车用高附加值产品作为主攻目标，钢帘线生产实现历史突破，全年销量逾 12 万吨，形成了从 72 级到 92 级钢帘线全系列生产能力[38-39]。

宝钢电炉炼钢厂是三期工程的重点项目之一，集成了多项 20 世纪 90 年代电炉炼钢的最新技术，主要设备参数见表 13-7。

表 13-7　宝钢电炉流程炼钢-精炼设备主要技术参数

项　　目		参　　数
电炉	电炉公称容量/t	150
	变压器容量/MVA	99
	出钢方式	偏心炉底出钢（EBT）
LF 炉	变压器容量/MVA	22
	升温速度/℃·min^{-1}	4.4
VD	真空抽气能力/kg·h^{-1}	320
	工作真空度/Pa	66.7
	抽气时间/min	6（从 1 个大气压到 66.7 Pa）

宝钢生产钢帘线的电炉工艺路线为：

（1）废钢+铁水—150 t 电炉—精炼—连铸 160 mm×160 mm—钢坯精整—加热炉钢坯加热—高速线材轧机轧制—斯太尔摩控冷线冷却—成品检验出厂。

（2）废钢+铁水—150 t 电炉—精炼—连铸 320 mm×425 mm—初轧开成142 mm×142 mm 坯—钢坯精整—加热炉钢坯加热—高速线材轧机轧制—斯太尔摩控冷线冷却—成品检验出厂。

自 20 世纪末宝钢开始从事钢帘线产品的研制，在起初阶段，宝钢先后使用了转炉—模铸、电炉—小方坯连铸工艺的工艺流程。随后，宝钢开始采用电炉—大方坯连铸工艺，从而使得产品的品质得到显著提升，实现了从 72 级到 96 级钢帘线产品的全部覆盖。尽管如此，宝钢生产高强度钢帘线与日本生产的高强度钢帘线线材的水平相比，仍有一定差距[40]。

多年来，宝钢钢帘线、线材、钢丝的主要控制要点有：

（1）铜及其他残余元素控制。宝钢电炉的主原料有返回废钢、收购废钢、生铁和铁水等，主原料的常用配料模式有两种：一篮废钢+30%以上铁水；两篮废钢（含30%以上生铁）。电炉钢水中铜含量一般可以控制在 0.03%~0.08%范围，而残余元素含量基本达到痕量水平。

（2）非金属夹杂物及钢中总氧控制。电炉采用偏心炉底出钢及留钢操作技术，能够最大限度减少出钢过程下渣量（150 t 电炉下渣量不超过 400 kg），从而降低了钢包渣中的氧化铁、氧化锰及其他氧化物的含量。

（3）氮含量控制。相对转炉而言，电炉炼钢过程中氮的控制是一个难点，宝钢电炉冶炼低氮钢的主要措施为：通过增加铁水加入量以及生铁配入量，并提高返回钢比例，降低主原料中的氮含量。通过水冷的碳枪间断地向炉内喷入炭粉，以实现良好的泡沫渣埋弧操作，减少空气中的氮因电弧电离而溶入钢中的趋势。加强对电炉终点碳含量的控制，使电炉出钢碳含量接近成品下限，以减少出钢过程中增碳剂的加入量，从而降低增碳剂带入钢中的氮量。

（4）磷含量控制。宝钢电炉采取提前造渣、控制渣成分（渣碱度≥3.0、FeO 含量 15%~25%）、充分流渣等操作，并通过控制电炉出钢的下渣量、出钢前稠化炉渣、出钢后扒渣、采用低磷含量合金等措施，可使出钢样中磷含量基本控制在 0.004%~0.008%，成品中磷含量达到 0.010%以下。

2003 年 4 月，日本 JFE 钢铁集团调整特殊钢棒线制造基地为西日本钢铁厂仓敷地区以及仙台制造所。JFE 仙台制造所电炉冶炼硬线钢工艺流程为：130 t UHP 电炉—LF 精炼+RH 真空脱气—全弯曲型连铸 310 mm×400 mm，工艺流程图及参数如图 13-25 所示。

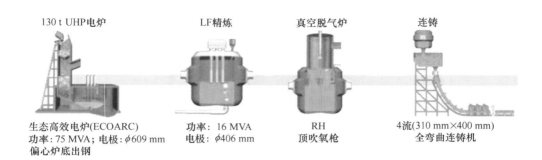

图 13-25   日本 JFE 硬线钢电炉生产工艺流程

可以看出,其电炉流程生产硬线钢的主要原料为废钢而非铁水,主要优点是低碳环保,能够稳定脱磷,偏心底出钢下渣量小,但在洁净度控制、冶炼效率及生产成本等方面存在不利因素,废钢中残留有害微量元素(Ni、Pb、Cu、Cr),钢水氧、氮含量高,渣量消耗大,冶炼成本高。

13.4.2   铁水预处理—转炉—炉外精炼—连铸(或模铸)工艺流程

国内外钢铁企业生产硬线钢以"铁水预处理—转炉—炉外精炼—连铸"流程为主,例如国内的武钢、鞍钢、宝钢、青钢、南钢等以及日本制铁、神户制钢、JFE、德国蒂森等钢铁企业,下面以典型企业为例介绍相关工艺流程。

13.4.2.1   国内硬线钢转炉生产工艺

武钢生产硬线钢的现状自 2000 年起,武钢开始用转炉工艺生产 72 级硬线钢的研发,又分别于 2004 年和 2010 年成功地研制出了 82 级和 92 级高强度硬线钢。由此成为我国第一家采用转炉—连铸工艺技术生产出 92 级超高强度级别硬线钢的钢铁企业。从 2007 年开始,武钢的 72 级和 82 级硬线钢产量逐年大幅度增加,迅速跃居国内市场第一,其中将 WLX72A 线材的市场份额于 2009 年提升到了 35%,WLX82A 线材的占有率也能达到 24%。到目前为止,武钢硬线钢的生产量已经能达到 25 万吨左右,并且形成了年产硬线钢线材近 30 万吨的生产线[41],武钢 ϕ5.5 mm 硬线钢线材化学成分及力学性能见表 13-8。武钢在硬线钢的生产过程中仍然存在不足,需要改进,例如,夹杂物的控制方面偶尔会出现大于 15 μm 的夹杂物,钢液中铝含量的增高,外来夹杂物的带入导致夹杂物总含量有所偏高等[42-43]。

鞍钢于 2005 年研制了首批 70 级、80 级硬线钢,硬线钢产量于 2010 年达到年产 13 万吨,现在的年产能大约 20 万吨。鞍钢的硬线钢生产工艺流程有以下特点:在 LF 精炼时,采用相应的工艺和技术对夹杂物的数量、种类以及分布进行有效的控制;为

表 13-8　武钢 ϕ5.5 mm 硬线钢线材化学成分及力学性能

钢种	元素含量/%										力学性能		
	C	Si	Mn	P	S	Cu	Al_s	Ni	Cr	N	R_m/MPa	A/%	Z/%
WLX72A	0.719	0.209	0.501	0.01	0.008	0.014	0.002	0.007	0.011	0.0044	1068	16.8	48.5
WLX82A	0.821	0.211	0.492	0.01	0.008	0.014	0.003	0.008	0.010	0.0042	1130	15.0	45.5

了减少钢中的偏析，在大方坯热送连轧配合高线轧制的过程中，较大的压缩比例可以使塑性夹杂物伸长以及变细。鞍钢生产的硬线钢的质量虽然已经有了较高的水平，不过与宝钢、武钢和国外先进企业相比仍存在差距，原因是鞍钢的斯太尔摩线冷却能力与其他钢厂相比比较弱。伴随着新建的精品线材基地投入生产，以及先进技术和装备的使用，鞍钢硬线钢线材的生产水平将大幅度提高[43]。

南钢为了满足硬线盘条对钢水洁净度、成分稳定、通条性能、表面质量要求，转炉生产加入 80% 以上铁水，坯料残余元素成分（Ni+Cr+Cu）质量分数为 0.04%，明显低于电炉坯料的水平，有利于线材的拉拔性能。南钢转炉生产流程为：高炉铁水脱硫预处理—120 t 顶底复吹转炉—LF 精炼—150 mm² 方坯连铸。铁水经过 KR 脱硫，硫质量分数在 0.005% 以下，减轻了精炼炉脱硫的压力，为精炼炉脱氧及造酸性渣创造了良好条件。转炉采用双渣操作，吹炼 5 min 后倒渣，重新造渣，转炉渣碱度控制在 3.0 左右，终点碳质量分数为 0.1% ~ 0.2%，终点硫含量在 0.010% 以下，磷含量在 0.008% 以下。为避免转炉渣进入钢包，采用先倒渣后出钢，采用"滑板挡渣+挡渣锥"复合挡渣，下渣厚度小于 50 mm，出钢时间在 4 min 以上，出钢过程加入低氮增碳剂、低铝低钛硅铁、金属锰、硬线钢专用合成渣，吹氩搅拌后吊精炼炉化渣。精炼过程分批次加入脱氧剂脱氧，顶渣碱度控制在 0.7~1.2，全程造酸性渣，精炼时间控制在 60 min 以内，成分调好后软吹 20 min 以上。

青岛特钢之前采用 80 t 转炉—LF—VD—CC（150 mm×150 mm）生产流程生产硬线钢，产线升级后采用 100 t 顶底复吹转炉—LF—RH—CC（R10 m 6 机 6 流 180 mm×240 mm）小矩形坯连铸机的炼钢—连铸生产工艺流程。

13.4.2.2　国外硬线钢转炉生产工艺

日本硬线钢线材生产企业主要有日本制铁（原新日铁）、神户制钢和 JFE。日本在 1981 年以前主要生产 [C]≤0.72% 的普通强度级别的硬线钢线材，1982 年开始生产 [C]≥0.82% 的高强度硬线钢线材[41,44]。从 1993 年起高强度硬线钢线材产量超过普通强度硬线钢线材产量。日本制铁共有三个线材生产基地，其中君津基地和室兰基地都生产硬线钢线材。日本制铁 2008 年的硬线钢线材产量超过 40 万吨，其生产工艺流程为：铁水预处理—转炉冶炼—精炼—连铸（350 mm×560 mm）—开坯（150 mm×150 mm）—超声波探伤、钢坯清理—加热炉加热—轧制—在线热处理。新日铁开发的DLP 在线热处理工艺保证了钢帘线产品的高质量，该工艺对高碳钢的强度和韧性调整效果明显，有利于用户在强韧化处理中简化工序[45]。

神户制钢的线材产能为 204 万吨/年，共有两条钢帘线线材生产线，分别是 66 万吨/年的神户厂 7 号线材生产线和 138 万吨/年的加古川 8 号线材生产线，其生产工艺流程为：铁水预处理—240t LD-OTB—钢包精炼—RH 炉真空处理—连铸（2 流，300 mm×430 mm；结晶器电磁搅拌+二冷电磁搅拌）—超声波探伤、涡流探伤、板坯清理—加热炉加热—高速线材轧机轧制—在线热处理，如图 13-26 所示。

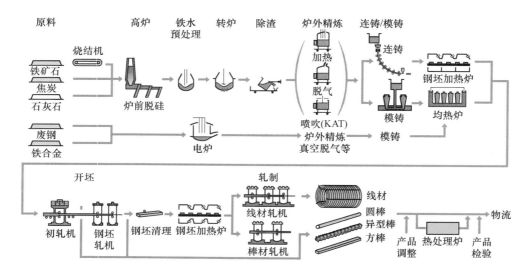

图 13-26   日本神户制钢硬线钢生产流程

硬线钢线材是神户制钢 6 大优质线材产品之一，其中 KSC97-UH（[C]：0.95%~0.99%）、KSC92-E（[C]：0.90%~0.95%）以及 KSC90（[C]：0.88%~0.92%）线材，拉拔至 ϕ0.20 mm 时钢丝的抗拉强度可达 4000 MPa。

神户制钢所于 2017 年 10 月关闭了神户制钢所的炼铁和炼钢工序，整合在加古川制铁所新流程之中。图 13-27 所示为日本神户制钢特殊钢炼钢生产体系升级脉络，加古川通过安装 3 号炉外精炼设备（2LF，4RH）和 6 号连铸机（6CC）建立了线材用特殊钢生产体系，代替神户基地产能的同时对装备和工艺进行了升级[46-47]。

整合后的加古川基地生产能力为 140 千吨/月，为了提高多品种精炼的效率，新的工艺采用了 RH/LF 方法。设计了一台 5 流坯连铸机（6CC），可以在连铸过程中高效生产所有高质量钢种，表 13-9 列出了神户制钢连铸相关参数。

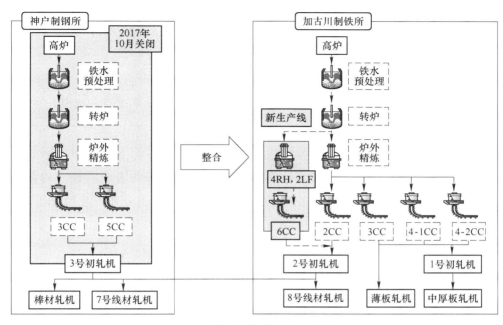

图 13-27　日本神户制钢特殊钢生产体系升级

表 13-9　神户制钢连铸机型号及参数对比

生产厂家	神户制钢所		加古川制铁所		
	3 号铸机	5 号铸机	2 号铸机	6 号铸机	备　注
投产时间	1981.1~ 2017.10	2006.9~ 2017.10	1980.12 至今	2017.1 至今	—
机型	立弯式	立弯式	弯式	立弯式	与神户制铁所 3 号铸机/5 号铸机 相同
流数	2	2	4	5	与加古川制铁所加热尺寸相适配
开坯尺寸/mm	300×430	300×430	380×630	300×430	与神户制铁所 3 号铸机/5 号铸机 相同
弯曲半径/m	10	10	15	10	与神户制铁所 3 号铸机/5 号铸机 相同
机长/m	32.3	32.4	34.4	33.4	—
最大拉速 /m·min^{-1}	1.05	1.05	0.90	1.05	与神户制铁所 3 号铸机/5 号铸机 相同
垂直段长度/m	4.7	3.0	—	4.0	平衡表面质量和内部质量的最佳 长度
中间包容量/t	20	24	48	63	大容量的中间包可实现稳定的流 量控制、夹杂物去除和实现小批量 处理

续表 13-9

生产厂家	神户制钢所		加古川制铁所		
	3 号铸机	5 号铸机	2 号铸机	6 号铸机	备　注
三次冷却	雾化冷却 (在线)	空冷 (在线)	水浴 (离线)	雾化冷却 或空冷 (在线)	为不同钢种匹配最佳的冷却方式 (雾化冷却、空冷等)

通过产线的升级,神户制钢 6 号铸机可以通过对每种铸钢等级使用不同的冷却条件来控制加热炉装料的温度,获得了比 3 号和 5 号铸机更好的表面质量,铸坯缺陷指数从 1.00 降至 0.89。日本神户超高强度钢帘线线材的化学成分及产品性能见表 13-10和表 13-11。

表 13-10　日本神户超高强度硬线钢线材的化学成分　　　　　　　(%)

牌号	C	Si	Mn	P	S	Cr	Cu
KSC97-UH	0.97	0.15	0.38	0.004	0.003	0.23	0.12
KSC92-E	0.91	0.15	0.37	0.005	0.004	0.21	0.11
KSC90	0.90	0.21	0.49	0.006	0.003	痕量	痕量

表 13-11　日本神户超高强度硬线钢线材的力学性能

直径 ϕ /mm	真应变	抗拉强度 /MPa	断后伸长率 /%	断面收缩率 /%	扭转次数 (200 d) /次
1.29	3.73	4060	3.1	39	53
1.44	3.95	4150	2.9	37	48
1.58	4.13	4190	2.8	37	43

韩国最主要的硬线钢线材生产厂是浦项制铁公司,该公司是全球少数几家能生产90 级硬线钢的企业之一。浦项共有 3 条线材生产线,产能为 200 万吨/年,3 条生产线均能生产硬线钢线材,正在建设的第 4 条线材生产线,设计产能为 70 万吨/年,2013年投产。浦项公司线材厂硬线钢线材牌号及性能见表 13-12。

表 13-12　浦项硬线钢线材牌号及性能

牌号	抗拉强度/MPa		中心碳偏析指数	脱碳层深度/mm
	ϕ5.5 mm 线材	ϕ0.2 mm 钢丝		
POSCORD 70S	961~1108	2800		
POSCORD 80S	1078~1216	3200	≤1	≤0.10
POSCORD 90 (CR)	1147~1274	3600		

浦项的硬线钢线材生产工艺为:转炉冶炼—(LF+RH)精炼—连铸(300 mm×400 mm,400 mm×500 mm,160 mm×160 mm)—超声波探伤—加热—轧制—斯太尔摩

冷却。浦项通过调控卷取温度、气冷速度、缓冷罩开闭等冷却条件，不断优化已有斯太尔摩冷却线的能力，生产出满足用户不同需求的硬线钢产品。例如，通过快速急冷来细化晶粒，以提高其拉拔性能。浦项在生产钢帘线过程，采取了以下技术措施：出钢后扒渣；在 LF 炉调整顶渣处理；在 RH 继续去除夹杂上浮；优化连铸耐火材料，将中间包滑板和浸入式水口由 Al_2O_3 质耐火材料改进为 MgO 质耐火材料；改进中间包覆盖剂提高钢水洁净度，避免空气氧化及覆盖剂卷入；优化钢包运行模式，降低钢水增铝量，钢包运行模式为：高碳 SiMn 脱氧钢—2800 MPa 硬线钢—3000 MPa 硬线钢—3200 MPa 硬线钢；优化连铸工艺参数，降低中心碳偏析，采用低过热度浇注、结晶器电磁搅拌、二冷强冷、铸坯拉速及压下量合理匹配降低中心碳偏析。采用以上工艺措施后，碳含量 0.7% 及 0.8% 的钢帘线断丝率从 29.6~5.9 次/吨降低到 2.4~1.5 次/吨。

13.4.2.3 转炉流程生产硬线钢的特点

"铁水预处理—转炉—炉外精炼—连铸（或模铸）"生产硬线高碳钢时，采用铁水预处理工艺，日本钢企则主要采用铁水"三脱"预处理和转炉脱碳炼钢相结合的方式，在转炉脱碳炼钢之前将硫、硅、磷含量控制在较低水平，便于稳定控制冶炼终点高碳、低氧出钢条件下实现钢水杂质元素成分稳定控制。国内企业主要采用铁水预脱硫处理和转炉单渣或双渣法的冶炼模式。转炉法冶炼，冶炼终点高碳含量控制（高拉碳）是非常重要的控制环节，可将冶炼终点碳含量控制在不低于 0.20%（目标 0.50%），冶炼终点氧含量则控制在 0.02% 以内。转炉低氧化性控制可以有效降低炉后增碳的成本、工序时间和带来的增氮、增硫风险，同时大幅降低之后脱氧形成的夹杂物数量和低铝、高硅复合夹杂物的控制难度。有些企业为了转炉生产的稳定，采用低拉碳-增碳法，转炉冶炼终点碳含量控制范围为 0.06%~0.012%，终点氧含量则在 0.03% 以上，虽然生产稳定性较好，但对于钢水洁净度和转炉炉衬熔损控制不利。

转炉钢包渣改质和 LF 精炼是控制硬线钢生产中夹杂物的主要环节。调整钢包渣的氧化性（FeO+MnO）≤0.5%，同时控制渣碱度 1.0 左右，Al_2O_3 含量 8% 左右。欧洲和日本主要采用炉后扒渣、换渣的炉渣改质方式，我国则主要采用出钢调渣改质的方式。精炼过程钢水铝含量也是重要的控制因素，一般控制在 0.005%~0.010%，以便在控制低氧化性的同时避免生产大颗粒、高 Al_2O_3 含量的 MgO-Al_2O_3 复合夹杂物。

对于常规强度的硬线钢（尤其是 [C]≤0.72%），一般生产企业在炼钢环节不采用真空处理，经过 LF 炉精炼后直接连铸。对于高强度或超高强度硬线钢（尤其是 [C]≥0.82%），则在 LF 精炼后，往往采用真空处理工艺。RH 或 VD 真空处理工艺都能控制气体元素（H、N）在合理的范围之内（[N]≤0.0030%，[H]≤0.00018%），但与 RH 相比，VD 过程温降大、处理效率低，若采用真空处理工艺，一般超过 120 t

的中大型转炉都采用 RH 真空处理工艺。

13.5 本 章 小 结

（1）随着子午线轮胎的发展，不断提高强度、减轻重量、延长寿命成为硬线钢的发展趋势，普通强度（NT，2800 MPa）的钢帘线正在逐步被高强度（HT，3300 MPa）、含碳量甚至达到 0.92%~0.95% 的更高强度级别牌号的钢帘线取代。目前我国钢帘线用盘条主要以普通强度和高强度钢帘线盘条为主，普通强度钢帘线的原料主要为 72 系列盘条，高强度钢帘线的原料主要为 82 系列盘条。

（2）控制钢帘线横截面显微组织为均匀一致的索氏体（细层状珠光体）组织是满足其对于力学性能和冷加工性能极高要求的关键，应控制珠光体块体尺寸小于 30 μm 并细化片层间距。钢的化学成分和轧后控冷工艺是影响硬线盘条抗拉强度的主要因素。增加钢中碳、锰、铬、钒的含量，均可提高产品的强度。从制造成本和热处理加工性的角度来看，添加碳和铬元素是强化的最佳选择。气体（[N]、[H]、[O]）含量会影响盘条断面收缩率，所以越低越好，即 [O]$\leqslant$0.0030%，[N]$\leqslant$0.0030%，[H]$\leqslant$0.00018%，为达到这一要求，应采用低 [N]、低 [O] 控制及保护浇注技术。为了降低钢中氢含量，采取 VD 或 RH 真空脱气处理工艺。

（3）帘线钢中夹杂物主要分为 CaO-SiO$_2$-Al$_2$O$_3$ 和 MnO-SiO$_2$-Al$_2$O$_3$ 两大类复合夹杂物。通常，冶金学者认为熔点是最重要的因素，熔点较低的夹杂物具有更好的塑性。然而，塑性含 Al$_2$O$_3$ 复合夹杂物在精炼过程去除效率低，而在冷拉拔过程中高 SiO$_2$ 含量夹杂物的破坏性很小。因此，基于钢帘线生产全流程氧含量及夹杂物合理控制，得出夹杂物控制要点为：严格限制高 Al$_2$O$_3$ 含量的复合夹杂物，复合夹杂物中 Al$_2$O$_3$ 含量控制在 20% 左右，以高 SiO$_2$ 含量的低熔点复合夹杂物为主。其关键冶炼技术为转炉高拉碳低氧化性，炉后炉渣改质，Si-Mn 无铝脱氧和低碱度（约 1.0）精炼渣等。

（4）通过分析国内外 20 个钢铁企业的硬线钢生产流程和工艺可知，硬线钢的冶炼工艺主要有电炉和转炉两种生产流程。由于采用高比例废钢，电炉流程生产硬线钢主要优点为低碳环保，但其在洁净度控制、冶炼效率及生产成本等方面存在较多不利因素，多数钢铁企业采用转炉流程生产硬线钢。转炉流程生产高强度硬线钢采用真空脱气（RH 或 VD），中大型转炉采用 RH 真空处理。生产普通强度硬线钢可不经过真空处理，只采用 LF 精炼工艺。

参 考 文 献

[1] 赵沛. 铁水预处理及炉外精炼实用技术手册 [M]. 北京：冶金工业出版社，2004：376.

［2］ 山﨑真吾, 浅川基男. 高炭素鋼線の歩みと最新動向［J］. ぷらすとす（日本塑性加工学会会報誌）, 2018, 1（3）: 207.

［3］ JIS G 3506 High carbon steel wire rods［S］. 2004: 1-12.

［4］ 鞍钢股份有限公司, 等. GB/T 27691—2017 钢帘线用盘条［S］. 北京: 中国标准出版社, 2017: 1-10.

［5］ 冯军, 陈伟庆. 国内外高级硬线钢实物质量对比［J］. 中国冶金, 2005（10）: 22-25.

［6］ Kazuhiko Kirihara. Production technology of wire rod for high tensile［J］. Kobelco Technology Review, 2011（30）: 63.

［7］ Yoshiro Yamada, Yasuhiro Oki. Wire rod for higher strength steel cord［J］. Kobe Steel Engineering Reports, 1986, 36（4）: 71-75.

［8］ 邹峰. 帘线钢精炼相关问题的研究［D］. 武汉: 武汉科技大学, 2015: 1-10.

［9］ 萧忠敏. 武钢炼钢生产技术进步概况［M］. 北京: 冶金工业出版社, 2003: 282.

［10］ 井敏三, 山﨑真吾. 高炭素鋼線における金属組織と材料特性［J］. Bulletin of the JSTP, 2018（1）: 111-113.

［11］ The Japan Society for Technology of Plasticity. Technology of plasticity series 6: Drawing processing［M］. Corona Publishing Co., Ltd., 1990: 272.

［12］ Takahashi T, Nagumo M, Asano. Microstructures dominating the ductility of eutectoid pearlitic steels［J］. Journal of the Japan Institute of Metals and Materials, 1978, 42（7）: 708-715.

［13］ 蒋跃东, 仇东丽, 吴超, 等. 帘线钢中非金属夹杂物控制技术［J］. 河南冶金, 2012, 20（5）: 26-29.

［14］ 赵中福, 余新河, 洪军, 等. 帘线钢中非金属夹杂物的控制技术研究［J］. 钢铁, 2009, 44（3）: 40-44.

［15］ Wei Y, Xu H C, Chen W Q. Study on inclusions in wire rod of tire cord steel by means of electrolysis of wire rod［J］. Steel Res. Int., 2014（85）: 53.

［16］ 藤本英明, 副島利行, 松本洋. 取鍋加熱精錬法の開発［J］. 鉄と鋼, 1988, 74（10）: 1962-1969.

［17］ Kimura S, et al. Fracture behavior of oxide inclusions during rolling and drawing［J］. Tetsu-to-Hagane, 2002, 88（11）: 755-762.

［18］ Tabor D. The hardness of solids［J］. Rev. Phys. Technol., 1970（1）: 145.

［19］ Zhang L F, Guo C B, Yang W, et al. Deformability of oxide inclusions in tire cord steels［J］. Metall. Mater. Trans. B, 2018, 16（49）: 803.

［20］ Stampa E, Cipparrone M. Detection of harmful inclusions in steels for tire cord［J］. Wire J. Int., 1987（20）: 44.

［21］ 王昆鹏, 姜敏, 赵昊乾, 等. 帘线钢生产过程中氧化物夹杂的演变规律［J］. 钢铁, 2016, 51（4）: 33-35.

［22］ 王立峰, 张炯明, 王新华, 等. 低碱度顶渣控制帘线钢中 $CaO-SiO_2-Al_2O_3-MgO$ 类夹杂物成分的实验研究［J］. 北京科技大学学报, 2004, 26（1）: 26.

［23］ Wang K P, Wang X, Jiang M, et al. Study on formation mechanism of $CaO-SiO_2$-based inclusions in saw wire steel [J]. Metallurgical and Materials Transactions B，2017（48）：2961-2969．

[24] 崔怀周. 帘线钢盘条的质量研究 [D]. 北京：北京科技大学，2011：23-26.

[25] 薛正良. 高碳钢连铸方坯中心偏析 [J]. 炼钢，2000，16（1）：56-58.

[26] 蔡开科. 连铸坯质量控制 [M]. 北京：冶金工业出版社，2011：177-208.

[27] Raihle C M, Sivesson P, Tukiainen M, Fredriksson H. Improving inner quality in continuously cast billets：Comparison between mould electromagnetic stirring and thermal soft reduction [J]. Ironmaking & Steelmaking，1994，21（6）：487-495.

[28] Raihle C M, Fredriksson H. On the formation of pipes and centerline segregates in continuously cast billets [J]. Metallurgical and Materials Transactions B，1994，25B：123-133.

[29] 蔡开科. 连铸技术的进展（二）[J]. 炼钢，2001（2）：1-5.

[30] 赵沛. 铁水预处理及炉外精炼实用技术手册 [M]. 北京：冶金工业出版社，2004：155-175.

[31] 冯捷. 转炉炼钢生产 [M]. 北京：冶金工业出版社，2010：103.

[32] 刘跃，刘浏，佟溥翘. 优质高碳钢高拉碳前期脱磷过程控制 [J]. 炼钢，2006（4）：27-29.

[33] Maeda S, Soejima T, Saito T. Shape control of inclusions in wire robs for high tensile tire by refining with synthetic slag [C]. 1989 Steelmaking Conference Proceedings，1989：379-385.

[34] Elliott J F, Gleiser M, Ramakrishna V. Thermochemistry for steelmaking Ⅱ [M]. London：Sddision-Wesley Pub. Co.，Reading Mass，1963.

[35] Turkdogan E T. Physical chemistry of high temperature technology [M]. New York：Academic Press，1980.

[36] Stouvenot F, Gaye H, Gatellier C. Secondary steelmaking slags treatment for inclusions control in semi-killed steels [C]. Electric Furnace Conference Proceedings，1994（52）：423-428.

[37] Zhang Lifeng. State of the art in the control of inclusions in tire cord steels [J]. Steel Research In.，2006，77（3）：160-162.

[38] 顾文兵，刘晓，杨宝权. 宝钢电炉纯净钢生产实践 [J]. 钢铁，2000（3）：16-18.

[39] 张弛，万根节，施青，蔡力. 宝钢钢帘线盘条的技术进步 [J]. 宝钢技术，2010（1）：58-63.

[40] 赵烁，古隆建，钟毅，等. 国内外帘线钢生产现状及发展趋势 [J]. 四川冶金，2008（4）：35-39.

[41] 黄宝，何立波，高真风，等. 亚洲帘线钢生产现状及发展趋势 [J]. 金属制品，2011，37（6）：43-48.

[42] 杨茂麟，赵秀芳. 帘线钢的国内外生产现状及发展趋势 [C] //中国科学技术协会，河北省人民政府. 第十四届中国科协年会第8分会场：钢材深加工研讨会论文集，2012：64-69.

[43] 余蓉，吴玮，郭永铭，张新宝. 钢帘线钢的生产与发展 [J]. 特殊钢，2005，26（6）：1-4.

[44] 潘秀兰，王艳红，梁慧智，等. 帘线钢先进炼钢工艺技术 [J]. 世界钢铁，2011，11（2）：13-18.

[45] 俞志高，姜培玉，罗奕文. 轮胎钢丝帘线技术发展 [J]. 轮胎工业，2021，41（3）：202-209.

[46] 木田慶一. 21世紀の線材・棒鋼を考える [J]. 神戸製鋼技報，2000，50（1）：3-4.

[47] 吉田康将，岡田英也，酒井宏明，斧田博之，中岡威博. 加古川製鉄所における特殊鋼生産体制の確立～第3溶鋼処理設備，第6号連続鋳造設備建設 [J]. 神戸製鋼技報，2019，69（2）：26-31.